한국산업인력공단 출제 기준에 따른

조경기사 실기 산업기사

저자 김진성

조경기사·산업기사 실기 완벽 대비 수험서

NCS 기반 출제기준에 따른
최신판

Preface

조경계에 첫 발을 내딛는 독자들에게 반가운 인사를 전합니다.

조경이란 학문은 생태적인 예술성을 띤 종합과학예술이라고 할 수 있는데, 너무나 광범위하고 다양한 분야들과 관계되어진 학문이다 보니 조경계에서 새로운 길을 찾고자 하는 이들에게 어려움을 주고 있습니다. 하지만, 너무 어렵게만 생각하지 마시길 당부 드립니다.

조경은 우리 주변의 모든 생활환경과 아주 밀접하게 연관되어져 있어서 지금 여러분이 서있는 옥외공간 어느 곳이나 조경과 관계되어지지 않은 것이 없습니다. 그러기에 작은 관심을 가져주신다면 새로운 재미를 느끼며 학업에 임할 수 있을 것입니다.

본 교재는 조경기사, 조경산업기사 자격증 취득을 목적으로 쓰인 실기 수험서로써, 조경제도, 동선설계, 공간설계, 개념도 그리기, 시설물의 종류, 포장재의 특성, 식재설계, 적산 등 자격증 취득뿐만 아니라 산업현장의 직무를 실질적으로 수행할 수 있는 기본적인 지식과 기술을 체계적으로 정리하였으며, 문제의 요구조건에 부합된 결과물을 제출할 수 있도록 자세한 답안을 제시하였습니다.

본 교재의 구성
1. 조경시공 실무
2. 조경설계 실무
3. 기출문제

교육현장에서 다년간 학생들을 지도하며 느꼈던 바를 교재에 담을 수 있도록 하였고, 또한 최소한의 내용으로 단기간에 효과를 낼 수 있도록 하였습니다. 교재의 내용 중 오타나 부족한 부분이 있을 수 있습니다. 이러한 부분은 독자분들의 양해와 질타를 부탁드리며, 추후 지적하신 부분에 대해 성심을 다해 개정판에서 반영이 되어 개선될 수 있도록 노력하겠습니다.

부디, 이 책으로 공부한 모든 독자분들이 뜻한 바 목표를 이루기 진심으로 바라며, 조경자격증을 취득한 후 독서, 현장 답사 등 다양한 실무 경험을 통해 많은 노력을 경주하여 자기 일에 보람을 갖는 창의적인 조경가의 길을 걸어갈 수 있기를 기원합니다.

아무쪼록, 이 책이 나올 때까지 물심양면으로 도와주신 도서출판 엔플북스 대표님 이하 직원 분들에게 깊은 감사의 말씀을 전합니다.
감사합니다.

저자 씀

Contents

Part I. 조경기사·산업기사 시공실무

1. 총론 ·· 2
   1. 조경 시공의 특성 ·· 2
   2. 조경공사 계약 ·· 2
2. 조경 관련 법률 ·· 5
   1. 건설산업기본법 ·· 5
   2. 도시공원 및 녹지 등에 관한 법률 ··· 6
   3. 자연공원법 ·· 10
   4. 건축법 ·· 11
3. 시방서 ·· 13
   1. 시방서의 개요 ·· 13
   2. 주요 시방서 ··· 15
4. 공사관리 ··· 35
   1. 공사관리 ·· 35
   2. 공정관리(시공관리) ·· 36
   3. 공정표 ··· 36
   4. 품질관리 ·· 41
5. 조경 적산 ·· 49
   1. 적산의 기초 ·· 49
   2. 노무비 ··· 55
   3. 재료비 ··· 56
   4. 경비 ·· 60
6. 공정별 적산 ··· 61
   1. 가설 공사 ·· 61
   2. 토공사 ··· 62
   3. 기초터파기 공사 ·· 75
   4. 인력운반 시공 ··· 79

5. 건설기계 시공 ··· 83
  6. 식재 공사 ·· 96
  7. 시설·포장 공사 ··· 114
  8. 철근콘크리트 공사 ·· 121
  9. 조적 공사 ··· 133
  10. 조경석 공사 ·· 138
  11. 돌 공사 ·· 140
  12. 도장 공사 ··· 142

7. 지형 및 측량 ··· 145
  1. 지형 ··· 145
  2. 측량 ··· 151

Part II. 조경산업기사 필답형 기출문제

- 조경산업기사 ··· 158

Part III. 조경기사 필답형 기출문제

- 조경기사 ··· 208

Part IV. 조경기사·산업기사 설계 실무

1. 조경 제도 ··· 266
  1. 조경 제도의 기초 ··· 266
  2. 선 긋기 ·· 267
  3. 인출선, 치수선 ··· 271
2. 조경 설계 ··· 272
  1. 도면 그리기 ··· 272
  2. 개념도 그리기 ·· 275
  3. 기본설계도(시설물평면도) 그리기 ····················· 280
  4. 식재설계도(식재평면도) 그리기 ························ 281
  5. 단면도 그리기 ·· 282

3. 공간 및 시설물 설계 ·· 283
    1. 휴게공간 및 휴게시설물 ··· 283
    2. 놀이공간 및 놀이시설물 ··· 286
    3. 운동공간 및 운동시설물 ··· 288
    4. 관리공간 및 관리시설물 ··· 290
    5. 수경공간 및 수경시설물 ··· 291
    6. 우배수 설계 ·· 293
    7. 계단·경사로 설계 ·· 294
    8. 주차장 설계 ·· 296
    9. 마운딩·법면 설계 ·· 298

4. 포장 설계 ··· 299
    1. 경계석 ··· 299
    2. 포장재 ··· 300

5. 식재 설계 ··· 304
    1. 식재 설계의 기초 ·· 304
    2. 수목의 표현 ·· 307
    3. 수목의 배식 ·· 309
    4. 공간별 식재 ·· 310

Part V. 조경산업기사 설계 실무 기출문제

- 조경산업기사 기출문제 ·· 314

Part VI. 조경기사 설계 실무 기출문제

- 조경기사 기출문제 ··· 402

Part VII. 조경설계 주요 수목

1. 조경수목의 분류 ·· 514
    1. 수목의 성상별 분류 ·· 514
    2. 조경수목의 외형적 특성 ·· 515

  3. 조경식물의 생리·생태적 특성 ……………………………… 516
  4. 조경수목의 구비 조건 ……………………………………… 520
2. 상록침엽교목 …………………………………………………… 521
  1. 곰솔(해송, 흑송) …………………………………………… 521
  2. 소나무(육송, 적송) ………………………………………… 521
  3. 백송 ………………………………………………………… 522
  4. 반송 ………………………………………………………… 522
  5. 스트로브잣나무 …………………………………………… 523
  6. 잣나무 ……………………………………………………… 523
  7. 구상나무 …………………………………………………… 524
  8. 젓나무(전나무) ……………………………………………… 524
  9. 주목 ………………………………………………………… 525
  10. 측백나무 …………………………………………………… 525
3. 상록활엽교목 …………………………………………………… 526
  1. 가시나무 …………………………………………………… 526
  2. 먼나무 ……………………………………………………… 526
  3. 감탕나무 …………………………………………………… 527
  4. 금목서 ……………………………………………………… 527
  5. 녹나무 ……………………………………………………… 528
  6. 후박나무 …………………………………………………… 528
  7. 동백나무 …………………………………………………… 529
  8. 태산목 ……………………………………………………… 529
4. 낙엽침엽교목 …………………………………………………… 530
  1. 메타세쿼이아 ……………………………………………… 530
  2. 은행나무 …………………………………………………… 530
5. 낙엽활엽교목 …………………………………………………… 531
  1. 감나무 ……………………………………………………… 531
  2. 계수나무 …………………………………………………… 531
  3. 벽오동 ……………………………………………………… 532
  4. 오동나무 …………………………………………………… 532
  5. 느티나무 …………………………………………………… 533
  6. 팽나무 ……………………………………………………… 533
  7. 단풍나무 …………………………………………………… 534
  8. 복자기 ……………………………………………………… 534
  9. 중국단풍 …………………………………………………… 535
  10. 때죽나무 …………………………………………………… 535

  11. 산딸나무 ·· 536
  12. 산수유 ·· 536
  13. 층층나무 ·· 537
  14. 마가목 ·· 537
  15. 매화나무(매실나무) ·· 538
  16. 모과나무 ·· 538
  17. 왕벚나무 ·· 539
  18. 산벚나무 ·· 539
  19. 산사나무 ·· 540
  20. 팥배나무 ·· 540
  21. 물푸레나무 ·· 541
  22. 이팝나무 ·· 541
  23. 모감주나무 ·· 542
  24. 배롱나무 ·· 542
  25. 백목련 ·· 543
  26. 백합나무(튤립나무) ·· 543
  27. 칠엽수 ·· 544
  28. 자작나무 ·· 544
  29. 자귀나무 ·· 545
  30. 회화나무 ·· 545

6. 상록관목 ·· **546**

  1. 광나무 ·· 546
  2. 사철나무 ·· 546
  3. 회양목 ·· 547
  4. 꽝꽝나무 ·· 547
  5. 호랑가시나무 ·· 548
  6. 금식나무 ·· 548
  7. 눈향나무 ·· 549
  8. 돈나무 ·· 549
  9. 남천 ·· 550
  10. 피라칸다 ·· 550

7. 낙엽관목 ·· **551**

  1. 개나리 ·· 551
  2. 미선나무 ·· 551
  3. 가막살나무 ·· 552
  4. 병꽃나무 ·· 552

 5. 수수꽃다리 ······································553
 6. 쥐똥나무 ······································553
 7. 낙상홍 ··554
 8. 박태기나무 ··································554
 9. 흰말채나무 ··································555
 10. 노랑말채나무 ······························555
 11. 무궁화 ······································556
 12. 보리수나무 ································556
 13. 진달래 ······································557
 14. 산철쭉 ······································557
 15. 철쭉 ··558
 16. 생강나무 ··································558
 17. 수국 ··559
 18. 화살나무 ··································559
 19. 작살나무 ··································560
 20. 해당화 ······································560

8. 덩굴식물 ···561

 1. 능소화 ··561
 2. 담쟁이덩굴 ··································561
 3. 등 ··562
 4. 인동덩굴 ····································562

조경기사·산업기사 검정 안내 및 출제기준

자연환경과 인문환경에 대한 현장조사 및 현황조사분석을 기초로 기본구상 및 기본계획을 수립하고 실시설계를 작성하여 시공 및 감리업무를 통해 조경 결과물을 도출하고 이를 관리하는 행위를 수행하는 직무 능력을 평가

◆ 시험 개요

① 응시자격
  ㉠ 산업기사 : 기능사 취득 후 실무경력 1년, 관련학과(전문)대학 졸
  ㉡ 기사 : 산업기사 후 실무경력 1년, 기능사 후 실무경력 3년, 관련학과 대학교 졸

② 시험 과목
  ㉠ 필기 시험 : 1.조경사, 2.조경계획, 3.조경설계, 4.조경식재, 5.조경시공구조학, 6.조경관리론
  ㉡ 실기 시험 : 조경설계 및 시공 실무

③ 시험 방법
  ㉠ 필기 시험 : 객관식 4지 택일형 과목당 20문항 (과목당 30분)
  ㉡ 실기 시험(복합형 4시간 30분 정도) : 도면작업(3시간 정도) 60점 + 필답형(1시간 30분) 40점

④ 합격 기준
  ㉠ 필기 시험 : 100점 만점으로 하여 과목당 40점 이상, 전 과목 평균 60점 이상
  ㉡ 실기 시험 : 100점 만점에 60점 이상

⑤ 실기 시험 검정 방법

순서	과목	배점	시간	내용	비고
1과제	조경설계	60점	3시간 소요 (2시간 30분 소요)	A2 도면 3매 작성 (A2 도면 2매 작성)	
2과제	조경 시공 실무	40점	1시간 30분 소요 (1시간 소요)	필답형 10~12 문항	

◆ 시험 일정

① 시험 시행
  ㉠ 필기 시험과 실기 시험은 연중 여러 차례 시행됩니다.
  ㉡ 정확한 시험 일정은 한국산업인력공단(Q-Net) 홈페이지에서 확인 가능합니다.

② 시험 장소
  ■ 전국 각지의 시험장에서 시행됩니다.

③ 원서 접수
  ■ 인터넷 접수 : 한국산업인력공단 (Q-Net) 홈페이지에서 접수

◆ 실기시험 출제 기준

| 직무분야 | 건설 | 중직무분야 | 조경 | 자격종목 | 조경기사 | 적용기간 | 25.01.01 ~27.12.31 |

◎ 직무내용

자연환경과 인문환경에 대한 현장조사 및 현황조사 분석을 기초로 기본구상 및 기본계획을 수립 실시설계를 작성하여 시공 및 감리업무를 통해 조경 결과물을 도출하고 이를 관리하는 행위를 수행하는 직무이다.

◎ 수행준거

1. 조경기본구상에서 수립된 내용을 종합적으로 반영한 기본계획도 (Master Plan)를 작성하고, 이에 대해서 공간별·부문별로 계획할 수 있다.
2. 설계도서를 검토하여 수량산출과 단가조사를 통해서 조경공사비를 산정하기 위한 산출근거를 만들고 공종별 내역서와 공사비 원가계산서 작성을 수행할 수 있다.
3. 식재개념 구상, 기능식재 설계, 조경식물의 선정, 식재기반 설계, 교목·관목·지피·초화류 식재설계, 훼손지 녹화 설계, 생태복원 식재설계에 따른 세부적인 설계도면을 작성할 수 있다.
4. 지형 일반과 조경기반시설에 대한 제반지식 및 설계기준을 바탕으로 조경기반시설에 관한 설계업무를 수행할 수 있다.
5. 설계도서에 따라 필요한 자재와 시설물을 구입하여 조경시설물을 기능적·심미적으로 배치하고 설치할 수 있다.
6. 식물을 굴취, 운반하여 생태적·기능적·심미적으로 식재할 수 있다.
7. 인공구조물을 대상으로 설계도서에 따라 시공계획을 수립한 후 현장여건을 고려하여 식물과 조경 시설물을 생태적·기능적·심미적으로 식재하고 설치할 수 있다.
8. 완성된 공사목적물을 발주처의 준공 승인 및 인수인계 전까지 식물의 생장과 조경시설의 기능을 유지시키기 위한 업무를 수행할 수 있다.
9. 수목관리계획 수립, 수목 생육상태 진단, 관·배수관리, 비배관리(화학/유기질비료 주기, 엽면시비, 수간주사), 제초관리, 전정관리, 병해충 방제, 수목보호 조치를 수행할 수 있다.
10. 조경시설물 연간관리 계획 수립, 놀이시설물, 편의시설물, 운동시설물, 경관조명시설물, 안내시설물, 수경시설물 등 관리를 수행할 수 있다.
11. 조경 대상지별 연간관리 계획 수립, 정원, 공원, 입체조경, 벽면녹화, 인공지반녹화, 텃밭, 인공 지반 조경공간 등 관리를 수행할 수 있다.

실기검정방법	복합형	시험시간	5시간 정도(필답형 1시간 30분, 작업형 3시간 정도)

필기과목	주요 항목	세부 항목	
조경설계 및 시공실무	1. 조경기본계획	1. 환경조사분석하기 3. 토지이용계획 수립하기 5. 기본계획도 작성하기 7. 부문별 계획하기 9. 관리계획 작성하기	2. 조경기본구상하기 4. 동선 계획하기 6. 공간별 계획하기 8. 개략사업비 산정하기 10. 기본계획보고서 작성하기
	2. 조경기초설계	1. 조경디자인요소 표현하기 3. 조경인공재료 파악하기	2. 조경식물 파악하기 4. 전산응용도면(CAD) 작성하기
	3. 조경 양식	1. 유형별 양식 파악하기	
	4. 정원설계	1. 사전 협의하기 3. 관련분야 설계 검토하기 5. 조경기반 설계하기 7. 조경시설 설계하기	2. 대상지 조사하기 4. 기본계획안 작성하기 6. 조경식재 설계하기 8. 조경설계도서 작성하기
	5. 조경기반설계	1. 부지 정지 설계하기 3. 주차장 설계하기 5. 빗물처리시설 설계하기 7. 관수시설 설계하기 9. 조경기반설계도면 작성하	2. 도로 설계하기 4. 구조물 설계하기 6. 배수시설 설계하기 8. 포장 설계하기
	6. 조경식재설계	1. 식재개념 구상하기 3. 조경식물 선정하기 5. 수목식재 설계하기 7. 훼손지 녹화 설계하기 9. 조경식재설계도면 작성하기	2. 기능식재 설계하기 4. 식재기반 설계하기 6. 지피·초화류 식재 설계하기 8. 생태복원 식재 설계하기
	7. 조경적산	1. 설계도서 검토하기 3. 단가조사서 작성하기 5. 공종별 내역서 작성하기	2. 수량산출서 작성하기 4. 일위대가표 작성하기 6. 공사비 원가계산서 작성하기
	8. 일반식재공사	1. 굴취하기 3. 교목 식재하기 5. 지피·초화류 식재하기	2. 수목 운반하기 4. 관목 식재하기
	9. 조경시설물 공사	1. 시설물 설치 전 작업하기 3. 옥외시설물 설치하기 5. 운동시설 설치하기 7. 환경조형물 설치하기 9. 펜스 설치하기	2. 안내시설물 설치하기 4. 놀이시설 설치하기 6. 경관조명시설 설치하기 8. 데크시설 설치하기
	10. 조경공사 준공 전 관리	1. 병해충 방제하기 3. 시비 관리하기 5. 전정 관리하기 7. 시설물 보수 관리하기	2. 관·배수 관리하기 4. 제초 관리하기 6. 수목 보호 조치하기
	11. 비배관리	1. 연간 비배관리 계획 수립하기 3. 화학비료 주기 5. 영양제 엽면 시비하기	2. 수목 생육상태 진단하기 4. 유기질비료 주기 6. 영양제 수간 주사하기
	12. 조경시설물 관리	1. 조경시설물 연간관리 계획 수립하기 3. 편의시설물 관리하기 5. 경관조명시설물 관리하기 7. 수경시설물 관리하기	2. 놀이시설물 관리하기 4. 운동시설물 관리하기 6. 안내시설물 관리하기
	13. 입체조경공사	1. 입체조경기반 조성하기 3. 인공지반 녹화하기 5. 인공지반조경공간 조성하기	2. 벽면 녹화하기 4. 텃밭 조성하기

◆ 조경산업기사 합격률 현황

연 도	필 기			실 기		
	응시(명)	합격(명)	합격률(%)	응시(명)	합격(명)	합격률(%)
2023년	1,874	366	19.5	555	136	24.5
2022년	1,903	375	19.7	522	179	34.3
2021년	2,219	369	16.6	527	195	37
2020년	1,834	307	16.7	556	164	29.5
2019년	2,157	417	19.3	542	178	32.8
2018년	2,130	407	19.1	594	247	41.6
2017년	2,435	459	18.9	549	192	35
2016년	2,854	496	17.4	633	219	34.6
2015년	3,188	403	12.6	607	188	31
2014년	3,995	552	13.8	861	460	53.4
평 균	2,458	415	17.36	594	215	35.37

◆ 조경기사 합격률 현황

연 도	필 기			실 기		
	응시(명)	합격(명)	합격률(%)	응시(명)	합격(명)	합격률(%)
2023년	5,073	1,118	22	1,991	652	32.7
2022년	4,516	1,202	26.6	2,035	864	42.5
2021년	4,923	1,008	20.5	1,694	730	43.1
2020년	3,884	1,056	27.2	1,632	702	43
2019년	4,505	704	15.6	1,412	561	39.7
2018년	3,858	931	24.1	1,538	691	44.9
2017년	4,371	840	19.2	1,267	555	43.8
2016년	4,289	727	17	1,228	584	47.6
2015년	5,078	831	16.4	1,402	544	38.8
2014년	6,449	396	6.1	888	544	61.3
평 균	4,694	881	19.47	1,508	642	43.74

MEMO

PART I

조경기사·산업기사

시공실무

Part 1 조경기사·산업기사 시공실무

총 론

1. 조경 시공의 특성

1) 조경 시공의 개념
① 설계도면과 시방서 그리고 해당 법규와 계약조건을 바탕으로 각종 자원과 시공기술 및 관리 기술을 활용하여 계약한 금액과 기간 안에 조경공사를 완성시키는 것
② 조경시공의 종류는 크게 기반 조성공사, 시설물 공사, 식재 공사, 유지관리 공사로 나눌 수 있다.

2) 조경 시공의 특징
① 조경공사는 최종 마무리 공사가 주를 이룬다.
② 공종이 다양하고, 소규모, 점재적 성격이 있다.
③ 수목 재료는 살아있는 생물로 계절성, 환경적응성, 지역성 등을 가진다.
④ 수목 재료는 규격화 및 표준화가 어렵다.
⑤ 작품성 및 유지관리를 해야 한다.

2. 조경공사 계약

1) 공사 시행 방법에 따른 분류
① 공사의 실시방법

구 분	내 용
직영공사	공사를 원하는 사람이 직접 시행하는 방법으로 재료구입, 인력수급, 공사감독 시행
도급공사	공사계약자(도급자 시행)를 결정하여 도급자로 하여금 설계도서에 의해 목적물을 완성하고 발주자에게 대가를 지급받는 방식으로 공사를 시공하는 것

② 직영·도급 장단점

구 분	직영 공사	도급 공사
내 용	• 재빠른 대응이 필요한 업무 • 연속해서 행할 수 없는 업무 • 진척 상황이 명확하지 않고 검사하기 어려운 업무 • 금액이 적고 간편한 업무 • 일상적으로 행하는 유지관리적인 업무	• 장기에 걸쳐 단순 작업을 행하는 업무 • 전문적 지식, 기능, 자격 등을 요하는 업무 • 규모가 크고 노력, 재료 등을 포함하는 업무 • 관리주체가 보유한 설비로는 불가능한 업무 • 직영의 관리 인원으로서는 부족한 업무

2) 도급공사 계약 유형

구 분	내 용
단가도급계약	• 자재, 노무비 단가 또는 시공량의 체적 단가만을 결정하여 공사를 계약
총액도급계약	• 공사비의 총액을 정하고 그 금액으로 공사를 완성하도록 하는 계약
실비정산계약	• 공사 실비에 미리 정한 비율 또는 금액에 따라 보수를 가산하여 지불하는 제도
공동도급계약	• 2개 이상의 건설회사가 공동으로 출자하여 기술 자본 및 위험부담을 분담
설계시공일괄도급	• Turn-key 도급으로 도급자가 대상 목적물을 완성하고 모든 것을 조달하는 제도

3) 입찰제도의 종류 및 방식

① 경쟁 형태별 입찰방식

구 분	내 용	장 점	단 점
일반경쟁입찰	• 일정한 자격을 갖춘 불특정 다수 • 가장 유리한 조건을 선정	• 공사비 절감 • 공평한 기회	• 공사의 부실 • 부적격자 배제
지명경쟁입찰	• 지명자만 입찰 참가	• 양질의 공사	• 담합 우려 • 공사비 상승
제한경쟁입찰	• 객관적 기준에 따라 입찰참가자 자격 제한(지역, 시공능력, 실적)	• 기존입찰방식 단점보완	• 신규업체 곤란
특명입찰 (수의계약)	• 단독 입찰	• 기밀유지 용이 • 공사질 향상	• 공사비 상승 • 불투명

② 낙찰자 결정 방법

구 분	내 용
최저가낙찰제	• 예정가격 내에서 최저가격으로 낙찰
적격심사낙찰제	• 최저가격 입찰자 순으로 계약이행 능력 심사 후 낙찰제 선정
내역 입찰제	• 산출내역서를 제출하게 하는 방식
부대 입찰제	• 하도급자의 계약서를 입찰서에 첨부
대안입찰제도	• 원안입찰과 함께 대안입찰이 허용되는 입찰 방식. 정부 공사나 대형 공사
PQ 제도	• 입찰참가자격의 사전심사제도 • 회사의 기술능력, 재정상태, 시공경험 등을 제출

③ PQ(Pre-Qualification) 제도의 장·단점

구 분	장 점	단 점
PQ 제도	• 부실시공 방지 • 기업의 경쟁력 확보 • 입찰자 감소로 입찰 시간과 비용 감소 • 무자격자로부터 유능업체 보호 • 적격업체 시공으로 우수 시공 기대	• 자유경쟁 원리에 위배 • 대기업에 유리한 제도 • 평가의 공정성 확보 문제 • 신규업체 참여 곤란 • PQ 통과 후 담합 우려

④ 입찰순서

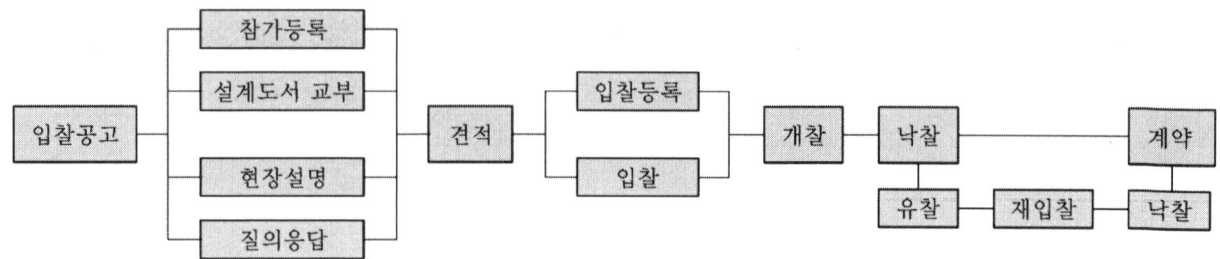

⑤ 시공 인적 용어
　㉠ 시공주 : 직영공사의 경우 시행주 자체가 시공주가 되지만 도급의 경우 공사 시행을 위한 입찰 또는 도급 계약을 체결하여 이를 집행하는 자로 개인, 기업, 법인, 공공단체, 정부기관 등이 시공주가 된다.
　㉡ 시공자 : 직영공사의 경우 시공주 자체가 시공자가 되지만 도급공사의 경우 시공주와 도급계약을 체결하여 공사를 위임받은 자 또는 회사가 시공자(도급자)가 된다.
　㉢ 발주자 : 공사의 설계 및 시공을 의뢰하는 사람
　㉣ 설계자 : 발주자와 계약을 체결한 후 충분한 자료를 수집하여 계획하고 지식과 경험을 바탕으로 설계도면 과 시방서 등을 작성하는 사람
　㉤ 현장대리인 : 현장에 상주하는 현장 책임 시공기술자

예제...1

다음 설명에 적합한 공사의 도급업자 선정 방식을 보기에서 중복됨이 없이 각각 고르시오.

보기

　A. 일반경쟁입찰　　　　B. 지명경쟁입찰　　　　C. 제한경쟁입찰
　D. 특명 입찰　　　　　E. 입찰자격 사전심사제도

① 가장 적합한 3~7 정도의 시공업자를 선정하여 입찰하는 방식으로서 도급회사의 자본금, 보유기 재, 자재 및 기술능력 등을 감안하여 지명
② 건설산업기본법에서 정한 일정자격 이외의 도급한도액, 실적, 기술보유현황 등을 정하여 입찰하는 방식
③ 입찰 참가자를 공모하여 유자격자는 모두 참가하여 입찰하는 방식
④ 입찰자의 시공경험, 기술능력, 경영상태, 신인도 등을 종합적으로 검토하여 가장 효율적으로 공사 를 수행할 수 있는 업체에 입찰자격을 부여하는 제도로서 입찰자격 사전심사제도
⑤ 건축주가 시공회사의 신용, 자산, 공사경력, 보유기재, 자재, 기술 등을 고려하여 그 공사에 적합 한 1명에게 지명하여 입찰하는 방식으로 특명에 의한 계약

해설 및 정답

　① B. 지명경쟁입찰　　　② C. 제한경쟁입찰　　　③ A. 일반경쟁입찰
　④ E. 입찰자격 사전심사제도　　　⑤ D. 특명 입찰

chapter 2. 조경 관련 법률

조경 관련 법률

1. 건설산업기본법

1) 건설업의 업종과 업종별 업무내용

구 분		업무내용	기술능력	자본금	비 고
종합 공사	토목공사업	종합적인 계획·관리 및 조정에 따라 토목공작물을 설치하거나 토지를 조성·개량하는 공사			
	건축공사업	종합적인 계획·관리 및 조정에 따라 토지에 정착하는 공작물 중 지붕과 기둥(또는 벽)이 있는 것과 이에 부수되는 시설물을 건설하는 공사			
	토목건축 공사업	토목공사업과 건축공사업의 업무내용에 해당하는 공사			
	산업·환경 설비공사업	종합적인 계획·관리 및 조정에 따라 산업의 생산시설, 환경오염을 예방·제거·감축하거나 환경오염물질을 처리·재활용하기 위한 시설, 에너지 등의 생산·저장·공급시설 등을 건설하는 공사			
	조경공사업	종합적인 계획·관리·조정에 따라 수목원, 공원 녹지의 조성 등 경관 및 환경을 조성하는 공사	• 조경기사 또는 조경분야의 중급 이상 건설기술인 중 2명을 포함한 조경분야 초급 4명 이상 • 토목분야 초급 건설기술인 1명 이상 • 건축분야 초급 건설기술인 1명 이상	• 법인 5억 이상 • 개인 10억 이상	식재+ 시설물
전문 공사	조경식재 공사업	조경수목, 잔디 및 초화류 등을 식재하거나 유지·관리하는 공사	조경분야 초급 이상의 건설기술인 또는 관련 종목의 기술 자격취득자 중 2명 이상	법인 및 개인 1억5천 이상	식재
	조경시설물 설치 공사업	조경을 위하여 조경석, 인조목, 인조암 등을 설치하거나 야외탁자, 퍼걸러 등의 조경시설물 설치 공사	조경분야 초급 이상의 건설기술인 또는 관련 종목의 기술 자격취득자 중 2명 이상	법인 및 개인 1억5천 이상	시설물

2. 도시공원 및 녹지 등에 관한 법률

1) 공원녹지

"공원녹지"란 쾌적한 도시환경을 조성하고 시민의 휴식과 정서 함양에 기여하는 다음의 공간 또는 시설을 말한다.
① 도시공원·녹지·유원지·공공공지 및 저수지
② 나무·잔디·꽃·지피식물 등의 식생이 자라는 공간
③ 그 밖에 쾌적한 도시환경을 조성하고 시민의 휴식과 정서 함양에 기여하는 공간 또는 시설로서 국토교통부령이 정하는 공간 또는 시설
　※ 국토교통부령이 정하는 공간 또는 시설
　　• 광장·보행자전용도로·하천 등 녹지가 조성된 공간 또는 시설
　　• 옥상녹화/벽면녹화 등 특수한 공간에 식생을 조성하는 등의 녹화가 이루어진 공간 또는 시설
　　• 그밖에 쾌적한 도시환경을 조성하고 시민의 휴식과 정서 함양에 기여하는 공간 또는 시설로서 그 보전을 위하여 관리할 필요성이 있다고 특별시장·광역시장·시장 또는 군수(광역시의 관할구역 안에 있는 군의 군수는 제외)가 인정하는 녹지가 조성된 공간 또는 시설

2) 도시공원

"도시공원"이란 도시지역에서 도시자연경관의 보호와 시민의 건강, 휴양 및 정서 생활의 향상에 기여하기 위하여 설치 또는 지정된 다음의 것을 말한다.
① 「국토의 계획 및 이용에 관한 법률」 제2조제6호나목에 따른 공원으로서 같은 법 제30조에 따라 도시관리계획으로 결정된 공원
② 「국토의 계획 및 이용에 관한 법률」 제38조의 2에 따라 도시관리계획으로 결정된 도시자연공원

3) 공원시설

"공원시설"이라 함은 도시공원의 효용을 다하기 위하여 설치하는 다음 시설을 말한다.

구 분	내 용
조경시설	화단, 분수, 조각, 관상용 식수대, 잔디밭, 산울타리, 그늘시렁, 못 및 폭포 등
휴양시설	파고라, 벤치, 야외탁자, 야유회장, 야영장, 경로당, 노인복지관, 수목원 등
유희시설	시소, 정글짐, 사다리, 순환회전차, 궤도, 모험놀이장, 유원시설, 낚시터 등
운동시설	야구장, 축구장, 농구장, 배구장, 철봉, 평행봉, 씨름장, 탁구장, 롤러스케이트장 등
교양시설	도서관, 독서실, 온실, 야외극장, 문화예술회관, 미술관, 과학관 등
편익시설	우체통, 공중전화실, 휴게음식점, 전망대, 시계탑, 유스호스텔 등
관리시설	창고, 차고, 게시판, 표지, 조명시설, 쓰레기처리장, 수도, 우물 등

4) 도시공원(생활권 공원)

구 분		내 용
소공원	성격·기능	• 도시지역 안의 자투리 땅 등 소규모 토지를 이용하여 도시민의 휴식 등을 위하여 설치하는 공원
	설계 지침	• 소규모 토지를 활용하여 설치하는 공원으로서 설치 규모에 대하여 제한이 없다. • 공원시설 부지면적은 당해 공원 면적의 20% 이하 • 소공원에는 필수적인 공원시설인 도로·광장 및 공원관리시설을 설치하지 아니할 수 있다.
어린이공원	성격·기능	• 근린에 거주하는 어린이의 정서생활의 향상을 목적으로 하는 놀이 공간으로서 근린주구의 공원 • 어린이의 생활 및 놀이의 행태 변화를 반영하여 시설의 질을 높이고, 어린이의 보건 및 정서 함양에 기여하는 풍요로운 공간이 되도록 한다.
	설계 지침	• 유치 거리는 250m 이하, 규모는 1,500㎡ 이상 • 공원시설 부지면적은 당해 공원면적의 60% 이하 • 안전성이 가장 중요하므로 주변으로부터 쉽게 관찰이 되도록 설치 • 획일적인 어린이 놀이시설 위주로 설치하기보다는 잔디밭, 레크리에이션 장소 등 도시지역 안에서 어린이 정서 함양에 도움이 되는 시설과 휴게시설 등이 설치 • 식재 수종은 병해충에 강하고 수형, 열매, 꽃 등이 아름다우면서도 독성, 즙액, 가시가 없는 것 • 낙엽성 교목을 식재하여 여름에는 그늘을 이용하고 겨울에는 햇빛을 충분히 받을 수 있도록 함 • 그네와 미끄럼틀은 외곽에 배치하되 햇빛과 마주 대하지 않도록 하고 북향으로 설치 • 휴게·감독 공간은 놀이공간의 시계가 확보되고 직사광선을 피할 수 있는 장소로 계획
근린공원	성격·기능	• 근린주구에 거주자 또는 근린생활권으로 구성된 지역생활권 거주자의 보건·휴양 및 정서 생활의 향상에 기여함을 목적으로 설치하는 공원 • 이용거리 등에 따라 근린생활권, 도보권, 도시지역권, 광역권 근린공원으로 구분
	설계 지침	• 공원시설 부지면적은 당해 공원면적의 40% 이하 • 이용 대상을 주변 지역 혹은 타 도시지역 주민들까지 포함하게 되는 도시지역권 근린공원과 광역권 근린공원은 주로 주말의 옥외 휴양·오락·학습 또는 체험활동 등에 적합하고 전체 주민의 종합적인 이용에 제공할 수 있는 공원시설을 설치할 수 있다. • 주 진입로에는 식별성이 뚜렷한 교목을 식재하고 진입로 양쪽으로 유도식재를 한다. • 휴게공간에는 녹음수와 경관수를 식재하고 경계지역에는 차폐식재를 한다.

※ 근린(近隣) : 한 개의 초등학교를 유지할 수 있는 인구 약 5000명. 반경 400m 면적의 주거단위
※ 주구(住區) : 주민들이 일상생활에서 벌이는 여러 활동이 중첩되어 형성되는 생활권

5) 도시공원(주제공원)

구 분		내 용
역사공원	성격·기능	• 역사적 장소나 시설물, 유적 등을 활용하여 도시민의 휴식·교육을 목적으로 설치하는 공원 • 유적지나 명승지를 중심으로 하는 공원으로서 유적지의 보존활용에 중점
	설계 지침	• 설치기준·유치 거리·규모의 제한 없음 • 보존 : 문화유산의 현재 상태의 유지·보호에 중점 • 보전 : 문화유산의 급격한 변화와 훼손을 방지 • 복원 : 원형이 훼손된 부분을 다시 만들어 넣는 것
문화공원	성격·기능	• 도시의 각종 문화적 특징을 활용하여 도시민의 휴식 교육을 목적으로 설치하는 공원 • 지역의 대표적인 인물, 지역축제, 전통문화체험, 자연, 예술 등을 주제로 지역의 문화적 정체성이나 다양한 지역 문화 활동 등을 활용하여 공원을 조성
	설계 지침	• 설치기준·유치 거리·규모의 제한 없음 • 공연장, 야외무대를 설치하는 경우에는 공원의 특성 및 기능, 이용객의 수요 등을 파악한 후 적정규모로 설치하도록 하며, 공연 등으로 인한 소음 및 진동 등의 문제가 최소화되도록 완충녹지 공간 등을 설치
수변공원	성격·기능	• 하천변·호수변 등 수변공간을 활용하여 도시민의 여가·휴식을 목적으로 설치하는 공원
	설계 지침	• 설치기준·유치 거리의 제한 없음 • 공원시설 부지면적은 당해 공원면적의 40% 이하 • 하천변에 수변공원을 조성할 때는 하천 범람주기를 확인하고 범람의 위험이 없는 지역에 한하여 공원을 조성 • 이용자가 위험을 느끼는 곳에는 설치되어서는 아니 되며 기존 물의 흐름 등을 바꾸지 않는다. • 공원시설의 설치 시에는 하천·호수 등으로 오염물질이 유입되지 않도록 완충녹지대를 설치
묘지공원	성격·기능	• 묘지 이용자에게 휴식 등을 제공하기 위하여 일정한 구역 안에 묘지와 공원시설을 혼합하여 설치하는 공원 • 정숙한 장소로 장래 시가화가 예상되지 아니하는 자연녹지지역에 설치
	설계 지침	• 유치 거리에 제한을 받지 않지만 면적은 10만m^2 이상 • 공원시설 부지면적은 당해 공원면적의 20% 이상
체육공원	성격·기능	• 운동경기나 체육활동을 통하여 건전한 신체와 정신을 배양함을 목적으로 설치하는 공원
	설계 지침	• 유치 거리에 제한을 받지 않지만 면적은 1만m^2 이상 • 공원시설 부지면적은 당해 공원면적의 50% 이하 • 운동시설에는 체력단련시설을 포함한 3종목 이상의 시설을 필수적으로 설치
도시농업 공원	성격·기능	• 도시민의 취미·여가·학습 또는 체험 등을 위하여 공원형 도시농업을 목적으로 설치하는 공원
	설계 지침	• 유치 거리에 제한을 받지 않지만 면적은 10만m^2 이상 • 공원시설 부지면적은 당해 공원면적의 40% 이하 • 도시텃밭은 생태적 성격을 고려하여 공원시설 부지면적 산정 시 포함하지 아니한다. • 도시텃밭의 설치로 인한 도시농업공원의 생태적 기능 약화와 경관적 측면을 고려하여 식재한다. • 동절기에 텃밭에 짚단 또는 인공피복재 설치 등을 통하여 공원의 경관이 훼손되지 않도록 한다.

6) 도시공원의 설치 및 규모의 기준/도시공원 시설 부지면적 기준

공원 구분			설치 기준	유치 거리	규모	공원시설의 부지면적
생활권 공원		소공원	제한 없음	제한 없음		20% 이하
		어린이공원	제한 없음(어린이)	250m 이하	1,500m² 이상	60% 이하
	근린 공원	근린생활권 근린공원	제한 없음 (근린 거주자)	500m 이하	10,000m² 이상	40% 이하
		도보권 근린공원	제한 없음 (도보권 안의 거주자)	1km 이하	30,000m² 이상	
		도시지역권 근린공원	해당 도시공원의 기능을 충분히 발휘할 수 있는 장소	제한 없음	100,000m² 이상	
		광역권 근린공원	해당 도시공원의 기능을 충분히 발휘할 수 있는 장소	제한 없음	1,000,000m² 이상	
주제 공원		역사공원	제한 없음	제한 없음	제한 없음	제한 없음
		문화공원	제한 없음	제한 없음	제한 없음	제한 없음
		수변공원	수변과 접하고 있어 친수공간을 조성할 수 있는 곳	제한 없음	제한 없음	40% 이하
		묘지공원	장래 시가지화가 예상되지 않는 자연녹지지역	제한 없음	100,000m² 이상	20% 이상
		체육공원	기능을 충분히 발휘할 수 있는 장소	제한 없음	10,000m² 이상	50% 이하
		도시농업공원	제한 없음	제한 없음	10,000m² 이상	40% 이하
		지방자치법 제175에 따른 서울특별시·광역시 및 특별자치시를 제외한 인구 50만 이상 대도시의 조례로 정하는 공원				

7) 녹지

"녹지"라 함은 도시지역 안에서 자연환경을 보전하거나 개선하고, 공해나 재해를 방지함으로써 도시경관의 향상을 도모하기 위하여 도시관리계획으로 결정된 것을 말한다.

① 완충녹지 : 대기오염·소음·진동·악취 그 밖에 이에 준하는 공해와 각종 사고나 자연재해 그 밖에 이에 준하는 재해 등의 방지를 위하여 설치하는 녹지

② 경관녹지 : 도시의 자연적 환경을 보전하거나 이를 개선하고 이미 자연이 훼손된 지역을 복원/개선함으로써 도시경관을 향상시키기 위하여 설치하는 녹지

③ 연결녹지 : 도시 안의 공원·하천·산지 등을 유기적으로 연결하고 도시민에게 산책공간의 역할을 하는 등 여가·휴식을 제공하는 선형의 녹지

3. 자연공원법

1) 자연공원의 개요

① 자연공원이란 국립공원, 도립공원, 군립공원 및 지질공원을 말한다.
② 자연의 풍경 야생 그대로의 동·식물상을 포함한 광대한 자연지역으로 자연을 보호하면서 야외 레크리에이션장으로 활용할 수 있다.
③ 국립공원은 환경부장관이 지정·관리하고 도립공원은 도지사 또는 특별자치도지사가 광역시립공원은 특별시장, 광역시장, 특별자치시장이 각각 지정·관리하며 군립공원은 군수가, 시립공원은 시장이, 구립공원은 자치구의 구청장이 각각 지정·관리한다.
④ 우리나라 최초의 국립공원 : 1967년 12월 지리산 국립공원
⑤ 우리나라 국제 생물권 보전지역 지정 : 설악산(1982년), 제주도(2002년), 신안군 다도해(2009년)

2) 자연공원의 지정 기준

구 분	내 용
자연생태계	• 자연생태계의 보전상태가 양호하거나 멸종위기 야생동식물·천연기념물·보호 야생 동식물 등이 서식할 것
자연경관	• 자연경관의 보전상태가 양호하여 훼손 또는 오염이 적으며 경관이 수려할 것
문화경관	• 국가유산 또는 역사적 유물이 있으며, 자연경관과 조화되어 보전의 가치가 있을 것
지형보존	• 각종 산업개발로 경관이 파괴될 우려가 없을 것
위치 및 이용편의	• 국토의 보전·이용·관리 측면에서 균형적인 자연공원의 배치가 될 수 있을 것

3) 자연공원의 용도지구

구 분	내 용
자연보전지구	• 자연보존상태가 원시성을 지니는 곳 • 보존할 동·식물 또는 천연기념물이 있는 곳 • 자연풍광이 수려하여 특별히 보호할 필요가 있는 곳
자연환경지구	• 자연보존지구, 취락지구, 집단시설지구를 제외한 전 지구 • 자연보전지구의 완충공간으로 보전이 필요한 지역
취락지구	• 주민의 취락 생활 근거지 • 농어민의 생활 근거지로 유지관리할 필요가 있는 곳
집단시설지구	• 공원 입장자에 대한 편익제공을 위한 시설 • 공원의 보호, 관리를 위한 시설

4. 건축법

1) 건축조례의 대지 안의 조경(서울시)

면적 200m² 이상인 대지에 건축물을 건축하고자 하는 자는 법 제32조제1항의 규정에 의하여 다음 각 호의 기준에 따른 식수 등 조경에 필요한 면적(이하 "조경 면적"이라 한다)을 확보하여야 한다.

① 연면적의 합계가 2,000m² 이상인 건축물 : 대지면적의 15% 이상
② 연면적의 합계가 1,000m² 이상 2,000m² 미만인 건축물 : 대지면적의 10% 이상
③ 연면적의 합계가 1,000m² 미만인 건축물 : 대지면적의 5% 이상

건폐율 공식	건폐율(%) = $\dfrac{건축면적}{대지면적} \times 100$	• 건축면적 : 건물 1층 바닥면적
용적률 공식	용적률(%) = $\dfrac{연면적}{대지면적} \times 100$	• 연면적 : 건물 각층 바닥면적의 합

2) 조경 기준(국토교통부고시 제 2021-1778호)

① 조경면적은 식재된 부분의 면적과 조경시설공간의 면적을 합한 면적으로 산정하며 다음 각호의 기준에 적합하게 배치하여야 한다.
  ㉠ 식재면적은 당해 지방자치단체의 조례에서 정하는 조경면적(이하 "조경의무면적"이라 한다)의 100분의 50 이상(이하 "식재의무면적"이라 한다)이어야 한다.
  ㉡ 하나의 식재면적은 한 변의 길이가 1m 이상으로서 1m² 이상이어야 한다.
  ㉢ 하나의 조경시설공간의 면적은 10m² 이상이어야 한다.

② 조경면적에는 다음 각호의 기준에 적합하게 식재하여야 한다.
  ㉠ 조경면적 1m²마다 교목 및 관목의 수량은 다음 각목의 기준에 적합하게 식재하여야 한다. 다만 조경의무면적을 초과하여 설치한 부분에는 그러하지 아니하다.
   • 상업지역 : 교목 0.1주 이상, 관목 1.0주 이상
   • 공업지역 : 교목 0.3주 이상, 관목 1.0주 이상
   • 주거지역 : 교목 0.2주 이상, 관목 1.0주 이상
   • 녹지지역 : 교목 0.2주 이상, 관목 1.0주 이상
  ㉡ 식재하여야 할 교목은 흉고직경 5cm 이상이거나 근원직경 6cm 이상 또는 수관폭 0.8m 이상으로서 수고 1.5m 이상이어야 한다.

③ 상록수 및 지역 특성에 맞는 수종 등의 식재비율은 다음 각호 기준에 적합하게 하여야 한다.
  ㉠ 상록수 식재비율 : 교목 및 관목 중 규정 수량의 20% 이상
  ㉡ 지역에 따른 특성수종 식재비율 : 규정 식재수량 중 교목의 10% 이상

Part 1 조경기사·산업기사 시공실무

서울시에 위치한 부지면적 10,000m²이고, 건축물 연면적 2,000m²인 건축물이다. 다음 물음에 답하시오. (단, 식재 밀도 기준 – 교목 : 0.3주/m²[상록 : 낙엽=5 : 5], 관목 : 0.5주/m²)

① 법정 조경면적을 구하시오.　　② 법정 자연지반 면적을 구하시오.
③ 법정 교목 수량을 구하시오.　　④ 법정 상록교목을 구하시오.
⑤ 법정 특성수 수량을 구하시오.　⑥ 법정 관목 수량을 구하시오.

해설 및 정답

① 법정 조경면적 : $10,000 \times 15\% = 1,500\text{m}^2$
② 법정 자연지반 면적 : $1,500\text{m}^2 \times 10\% = 150\text{m}^2$
③ 법정 교목 수량 : $1,500\text{m}^2 \times 0.3주/\text{m}^2 = 450주$
④ 법정 상록교목 : $450주 \times 50\% = 225주$
⑤ 법정 특성수 수량 : $450주 \times 10\% = 45주$(시목, 유실수, 무궁화, 지자체 권장 수목)
⑥ 법정 관목 수량 : $1,500\text{m}^2 \times 0.5주/\text{m}^2 = 750주$

도시 공원 및 녹지 등에 관한 법률에 의한 "도시공원의 설치 및 규모의 기준"이다. 빈칸에 유치 거리, 규모, 공원시설의 부지면적에 대해 채워 넣으시오.

공원 구분			설치 기준	유치 거리	규모	공원시설의 부지면적
생활권공원	소공원		제한 없음			
	어린이공원		제한 없음(어린이)			
	근린공원	근린생활권 근린공원	제한 없음 (근린 거주자)			
		도보권 근린공원	제한 없음 (도보권 안의 거주자)			
주제공원	체육공원		기능을 충분히 발휘할 수 있는 장소			

해설 및 정답

공원 구분			설치기준	유치 거리	규 모	공원시설의 부지면적
생활권공원	소공원		제한 없음	제한 없음		20% 이하
	어린이공원		제한 없음(어린이)	250m 이하	1,500m² 이상	60% 이하
	근린공원	근린생활권 근린공원	제한 없음 (근린 거주자)	500m 이하	10,000m² 이상	40% 이하
		도보권 근린공원	제한 없음 (도보권 안의 거주자)	1km 이하	30,000m² 이상	40% 이하
주제공원	체육공원		기능을 충분히 발휘할 수 있는 장소	제한 없음	10,000m² 이상	50% 이하

chapter 3. 시방서

시방서

1. 시방서의 개요

1) 시방서의 정의

① 설계·제조·시공 등 도면으로 나타낼 수 없는 사항을 문서(글)로 적어서 규정한 것으로 사양서라고도 한다.
② 사용재료·품질·치수 등 제조·시공상의 방법과 정도, 제품·공사 등의 성능, 특정한 재료·제조·공법 등의 지정, 완성 후의 기술적 및 외관상의 요구, 일반총칙 사항이 표시되어 도면과 함께 설계의 중요한 부분이다.

2) 시방서의 분류

구 분	내 용
표준시방서	• 조경공사 시행의 적정을 기하기 위한 표준적인 시공기준을 국토교통부에서 발행 • 재료에 관한 사항, 공법·공사 순서에 관한 사항, 시공 기계·기구에 관한 사항 등 포함
특기시방서	• 특수재료, 특수자재, 가설시설 및 중장비, 기타 표준시방서에 포함되지 않은 사항을 기술 • 해당공사만의 특별한 사항 및 전문적인 사항을 기재

※ 집행되는 공사의 설계도면과 시방서의 내용에 차이가 발생된 경우 상호 보완적인 효력을 지니는데 적용 순서는 현장설명서 → 공사시방서 → 설계도면 → 표준시방서 → 물량 내역서가 되며 모호한 경우 발주자(감독자) 지시에 따르도록 규정한다.

3) 시방서의 내용

① 사용재료의 종류와 품질(등급)
② 시공법에 대한 상세 및 유의사항 정밀도 등
③ 시방서의 적용 범위, 성능의 규정 및 지시 등

4) 조경공사 표준시방서(KCS) 편제

<table>
<tr><th colspan="4">조경공사 표준시방서(KCS)</th></tr>
<tr><th colspan="3">코드 체계</th><th rowspan="2">명 칭</th></tr>
<tr><th>대</th><th>중</th><th>소</th></tr>
<tr><td>34</td><td></td><td></td><td>조경공사</td></tr>
<tr><td></td><td>20</td><td>00</td><td>부지조성 및 대지조형</td></tr>
<tr><td></td><td></td><td>10</td><td>부지조성 및 대지조형</td></tr>
<tr><td></td><td>30</td><td>00</td><td>식재기반 조성공사</td></tr>
<tr><td></td><td></td><td>10</td><td>식재기반 조성</td></tr>
<tr><td></td><td>40</td><td>00</td><td>식재공사</td></tr>
<tr><td></td><td></td><td>05</td><td>식재공통</td></tr>
<tr><td></td><td></td><td>10</td><td>일반식재기반 식재</td></tr>
<tr><td></td><td></td><td>15</td><td>인공식재기반 식재</td></tr>
<tr><td></td><td></td><td>20</td><td>수목이식</td></tr>
<tr><td></td><td></td><td>25</td><td>잔디식재</td></tr>
<tr><td></td><td>50</td><td>00</td><td>조경시설물 공사</td></tr>
<tr><td></td><td></td><td>05</td><td>조경시설물 공통</td></tr>
<tr><td></td><td></td><td>10</td><td>조경구조물</td></tr>
<tr><td></td><td></td><td>15</td><td>현장제작설치 시설</td></tr>
<tr><td></td><td></td><td>20</td><td>옥외시설물</td></tr>
<tr><td></td><td></td><td>25</td><td>놀이시설</td></tr>
<tr><td></td><td></td><td>30</td><td>운동 및 체력단련시설</td></tr>
<tr><td></td><td></td><td>35</td><td>수경시설</td></tr>
<tr><td></td><td></td><td>40</td><td>환경조형시설</td></tr>
<tr><td></td><td></td><td>45</td><td>조경석</td></tr>
<tr><td></td><td></td><td>65</td><td>조경 급배수 및 관수</td></tr>
<tr><td></td><td>60</td><td>00</td><td>조경포장공사</td></tr>
<tr><td></td><td></td><td>05</td><td>조경포장공통</td></tr>
<tr><td></td><td></td><td>10</td><td>친환경흙포장</td></tr>
<tr><td></td><td></td><td>15</td><td>친환경블록포장</td></tr>
<tr><td></td><td></td><td>20</td><td>조경일체형 포장</td></tr>
<tr><td></td><td></td><td>25</td><td>조경포장경계</td></tr>
<tr><td></td><td>70</td><td>00</td><td>생태조경공사</td></tr>
<tr><td></td><td></td><td>05</td><td>생태복원공통</td></tr>
<tr><td></td><td></td><td>10</td><td>자연친화적 하천조경</td></tr>
<tr><td></td><td></td><td>15</td><td>자연친화적 빗물처리시설</td></tr>
<tr><td></td><td></td><td>20</td><td>생태못 및 습지조성</td></tr>
<tr><td></td><td></td><td>25</td><td>훼손지 생태복원</td></tr>
<tr><td></td><td></td><td>30</td><td>비탈면 녹화 및 복원(조경)</td></tr>
<tr><td></td><td></td><td>35</td><td>생태숲 조성</td></tr>
<tr><td></td><td></td><td>40</td><td>생태통로 조성</td></tr>
<tr><td></td><td>99</td><td>00</td><td>조경유지관리공사</td></tr>
<tr><td></td><td></td><td>05</td><td>조경유지관리공통</td></tr>
<tr><td></td><td></td><td>10</td><td>식생 유지관리</td></tr>
<tr><td></td><td></td><td>15</td><td>시설물 유지관리</td></tr>
</table>

2. 주요 시방서

1) 표토 모으기 및 활용

① 조경공사 시 수목식재 및 생태복원녹화에 알맞은 토양의 채취, 운반, 포설, 보관 등에 적용하며, 식물생장에 적합한 표토의 구분은 유기물, 무기물, 유해한 물질의 존재 여부 및 총량 등으로 결정

② 표토채집은 분포현황을 사전에 조사하여 위치도, 현황사진, 채집예정일, 예상물량, 채집방법 등을 기록한 보고서를 감독자에게 제출하여 승인받아야 하고, 채집대상 표토의 토양산도(pH)가 5.6~7.4가 되도록 하여 사용한다.

③ 강우로 인하여 표토가 습윤상태인 경우 채취작업을 피하며, 먼지가 날 정도의 이상 조건일 경우 감독자와 작업시행 여부에 대하여 협의하고, 지하수위가 높은 평탄지에서는 가능한 한 채취를 피한다.

④ 가적치 기간 중에는 표토의 성질변화, 바람에 의한 비산, 적치표토의 우수에 의한 유출, 양분의 유실 등에 유의하여 식물로 피복하거나 비닐 등으로 덮어 주어야 하며, 가적치 장소는 배수가 양호하고 평탄하며 바람의 영향이 적은 장소를 선택한다.

⑤ 가적치의 최적두께는 1.5m를 기준으로 하며 최대 3.0m를 초과하지 않는다.

⑥ 운반거리를 최소로 하고 운반량은 최대로 한다.

⑦ 토양이 중기 사용에 의하여 식재에 부적당한 토양으로 변화되지 않도록 채취, 운반, 적치 등의 적절한 작업순서를 정한다.

⑧ 수목식재 시 식재수목의 종류에 따라 적정한 두께로 펴주며, 하층토와 복원표토와의 조화를 위하여 최소한 깊이 0.2m 이상의 지반을 경운한 후 그 위에 표토를 포설한다.

⑨ 표토의 다짐은 수목의 생육에 지장이 없는 정도로 시행한다.

2) 마운딩 조성

① 마운딩 조성에 사용하는 토양은 표토를 원칙으로 하며 표토가 없는 경우에는 양질의 토사를 활용한다.

② 마운딩 조성 시에는 부등침하가 발생하지 않도록 공사시방서에서 정한 소정의 다짐을 실시한다.

③ 마운딩 형태는 공사시방서 또는 설계도면에 따라 최대한 자연스러운 경관이 나타날 수 있도록 완만한 구릉을 조성하는 것을 원칙으로 한다.

④ 마운딩은 우수의 흐름이 정체되지 않고 배수계통으로 출수되도록 시공하며, 강우 시 토사가 유실되지 않도록 한다.

⑤ 외부 반입토를 사용하여 마운딩을 조성할 때에는 사전에 감독자의 승인을 얻는다.

⑥ 공사시방서 또는 설계도면 등에 명시되지 않은 경우 마운딩의 기울기는 10~30°를 표준으로 하되, 최소 5° 이상을 유지하는 것을 원칙으로 한다.

3) 쓰레기매립장 식재기반 조성

① 매립층 바닥면 중앙부는 주변 지역보다 3~4° 정도 높게 조성하여 침출수가 일정지역에 고이는 것을 방지

② 악취가 심하게 발생할 경우에는 최종 복토를 3m 이상으로 하여 악취 성분의 유출을 최소화한다.

③ 포집된 가스를 대기확산 희석방법으로 처리할 경우에는 메탄가스(CH_4) 농도가 안전사고 및 주변수목에 문제 없도록 시행한다.

④ 가스포집관으로부터 300m 이내에는 폐쇄된 구조물을 설치하지 않는 것을 원칙으로 한다.

⑤ 침하를 고려한 여성토의 높이는 공사시방서에서 따로 정한 경우를 제외하고는 소요높이의 20%를 기준으로 한다.

⑥ 모관수의 공급 차단이 예상되는 경우에는 공사시방서에서 언급한 경우를 제외하고는 매립 최종선으로부터 2.5m 이상의 높이로 흙쌓기함을 원칙으로 한다.

4) 토양의 심도

식재 시 필요로 하는 일반토양의 최소 깊이는 다음의 생육심도를 원칙으로 한다.

구 분	생존 최소 깊이	생육 최소 깊이
잔디 및 초본류	15cm	30cm
소관목	30cm	45cm
대관목	45cm	60cm
천근성 교목	60cm	90cm
심근성 교목	90cm	150cm

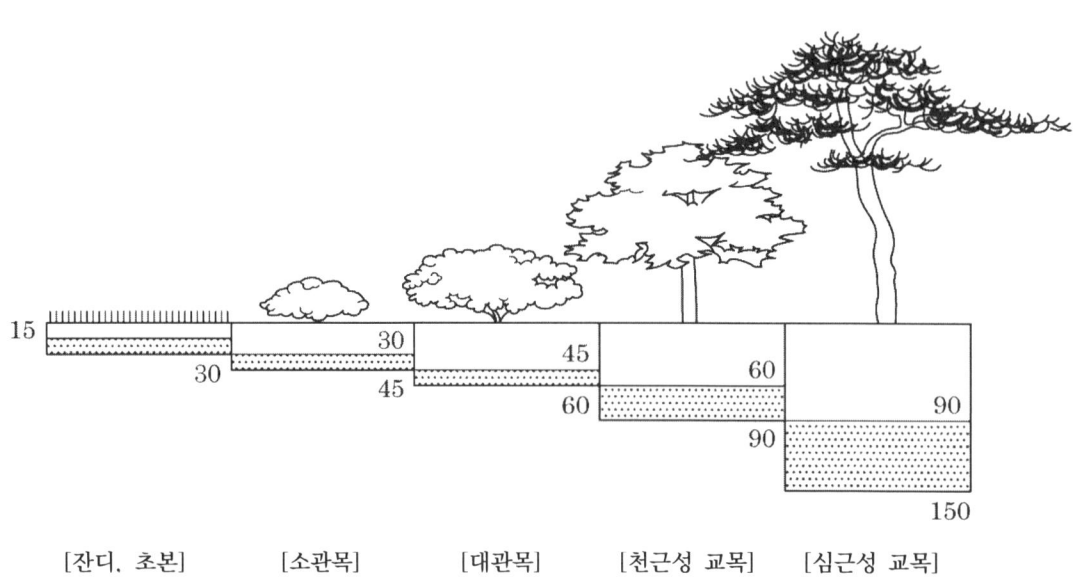

[잔디, 초본]   [소관목]   [대관목]   [천근성 교목]   [심근성 교목]

5) 임해매립지 식재기반조성

① 지하수위 조정은 수목의 뿌리분으로부터 지하 1.3~1.5m 범위 내에서 설치함을 원칙으로 한다.

② 강한 바람이 부는 곳은 감독자와 협의하여 토양수분의 증발을 억제할 수 있는 방풍망 등을 조치하며, 방풍망은 풍압에 의해 전도되지 않도록 설계도서에 따라 최대 풍압에 견딜 수 있는 구조로 설치한다.

③ 제염제는 토양의 조건, 작업환경, 작업방법 등에 따라 감독자와 협의하여 선정한다.

④ 석고를 사용하여 제염하는 경우에는 공사시방서에 따르되 석고의 응결방지를 위하여 일정량을 수차례로 나누어 살포한다.

⑤ 제염을 위한 세척수는 제염대상지 토양을 포화시킨 후 토양을 투과하여 씻어낼 수 있는 충분한 양으로 실시한다.

⑥ 준설토의 배수상태가 불량한 곳은 투수성 향상을 위해 조치한다.

⑦ 맹암거 설치의 간격과 깊이는 설계도면을 따르되 현장여건을 검토・반영한다.

⑧ 흙쌓기 가능 지역의 경우 매립 흙쌓기로 인한 침하를 고려하여 흙쌓기 소요높이의 15~20%를 가산하여 매립 흙쌓기하며 최소 흙쌓기 높이는 1.5m로 한다.

⑨ 흙쌓기가 불가능한 지역의 경우에는 생육심도를 기준의 1.2배 깊이를 양질의 토양으로 객토하되 철저히 배수 처리되도록 한다.

6) 천연단지구장, 쓰레기매립장 등 심토층 배수

① 심토층 집수정에 유입되는 물은 유출구보다 최저 0.15m 높게 설치한다.

② 배수관의 기초는 하중을 균등하게 분포시킬 수 있어야 하고, 기초에 콘크리트를 사용하지 않을 때는 잘 고르고 양질의 부드러운 모래나 흙을 깔고 잘 다져야 한다.

③ 관은 하류측 또는 낮은 쪽에서부터 설치하며, 관에 소켓이 있을 때는 소켓이 관의 상류쪽 또는 높은 곳으로 향하도록 설치한다.

④ 토양분리포, 부직포는 유공관 표면 혹은 유공관 주위의 여과골재와 외부의 일반토양과 분리 및 배수층으로 설치한 골재 또는 배수판 상부의 토양층과 분리시키기 위하여 사용하며 연결부위는 최소 0.2m 이상이 겹치도록 한다.

⑤ 배수판을 인공지반 위에 설치할 때는 설치면이 평활하고 일정 방향으로 0.5% 이상의 기울기를 두어 집수정까지 자연배수가 되도록 하며 지반이 일반토사인 경우에는 토양분리포를 깔거나 배수판이 지지될 수 있도록 별도의 배수층을 설치한다.

⑥ 다발관을 설치한 경우 부직포 위에 채움재를 약 0.05~0.1m 정도 고르게 펴서 다진 후 설치하고 연결 부위부터 채움재를 덮어 다발관의 움직임을 방지한다.

⑦ 채움재는 설계도면에 명시된 골재(ϕ20~30mm의 자갈, 쇄석, 잡석)로 충분히 충진하여 채운다.

7) 인공식재 기반 조성

① 식물의 생육에 지장을 주는 지상 또는 지하구조물의 식재기반조성에 적용한다.

② 사용되는 토양은 일반토양, 혼합토양, 인공토양을 사용하며, 인공토양의 경우 식물생육에 필요한 양분(N, P, K 및 Mg, Ca, Na 등의 미량원소)이 고루 함유되어야 하며, 흙 및 기타 불순물이 포함되지 않고, 경량이며 보수성, 통기성, 배수성, 보비성을 지녀야 한다.

③ 시공 전 설계도면과 현장여건을 확인하여 작업에 영향을 줄 수 있는 정적하중, 이동하중, 동하중, 수목성장에 따른 하중 등에 대한 전반적인 검토 후 작업에 임한다.

④ 공사착수 전 인공지반에 기조성된 플랜트 박스는 내부의 굴곡과 요철상태를 정리하고 이물질을 제거하여 배수구의 막힘을 사전에 방지한다.

⑤ 인공식재기반조성작업을 위해 필요한 경우 임시 관수시설을 준비하고 비산방지를 위해 지표면의 안정을 도모한다.

⑥ 각종 관부설 또는 시설물공사 등으로 인하여 방수막이 파괴되지 않도록 하며, 특히 식재지는 방수막 파괴를 방지하기 위한 보호모르타르 등의 보호층을 설치한다.

⑦ 콘크리트 슬래브의 바닥면은 지정 배수기울기를 확보하고 완전 방수처리 되도록 하며, 토사로 묻히는 측벽은 토사층보다 높은 곳까지의 벽면을 방수처리한다.

⑧ 식재층의 바닥면은 2% 이상의 기울기를 갖도록 한다.

⑨ 토양유실 및 배수구 막힘을 방지하기 위하여 부직포 등을 기설치한 배수층 전체에 이음매가 0.3m 정도 겹쳐

지도록 시공·부설하며, 특히 측벽 높이의 1/2 이상 높이까지 올려 토양유실을 차단한다.

⑩ 부직포는 주름지지 않도록 부설해야 하며, 7일 이내에 빨리 식재토양을 덮어야 한다.

구 분	인공토양 깊이	비 고
잔디 및 초본류	10cm	
소 관 목	20cm	
대 관 목	30cm	
교 목	60cm	

8) 벽돌쌓기

① 벽돌에 부착된 불순물은 제거하고 사전에 물축이기를 한다.

② 착수 전에 벽돌나누기를 하고, 세로 줄눈은 특별히 정한 바가 없는 한 통줄눈이 되지 않도록 쌓는다.

③ 줄눈 모르타르는 접합면 전체에 고루 배분되도록 하고 줄눈폭은 특별히 정하지 않는 한 10mm로 한다.

④ 벽돌쌓기가 끝나면 곧바로 줄눈용 시멘트로 줄눈 메우기하고 청소한다.

⑤ 1일 쌓기 높이는 1.2m를 표준으로 하고 최대 1.5m 이내로 하며, 이어쌓기 부분은 계단형으로 마감한다.

9) 콘크리트

① 시멘트는 소량이라도 응고한 시멘트를 사용해서는 안 되며, 저장은 방습구조의 사일로 또는 창고에 품종별로 구분하여 저장하고 입하 순으로 사용한다.

② 포대 시멘트는 지상 0.3m 이상에 있는 마루에 13포대 이하로 쌓아 올려서 검사나 반출에 편리하도록 배치·저장한다.

③ 골재는 깨끗하고 강하며 내구성이 좋고 적당한 입도를 갖는 동시에 흙, 먼지, 유기불순물, 염분 등의 유해물질을 함유해서는 안 된다.

④ 골재의 보관은 잔골재와 굵은골재 및 종류와 입도가 다른 골재를 각각 구분하여 보관한다.

⑤ 레디믹스트콘크리트는 포함된 염소이온 농도가 기준 농도 이하이어야 하며, 비빔을 개시한 후 1.5시간 이내에 칠 수 있도록 운반하여야 한다.

⑥ 특별한 이유로 즉시 콘크리트를 칠 수 없는 경우, 비비기로부터 치기를 마칠 때까지의 시간은 외기온도 25℃ 이상의 경우 1.5시간, 25℃ 이하일 경우 2시간을 초과하지 않도록 한다.

⑦ 일평균 기온이 4℃ 이하로 예정된 시기에는 콘크리트의 시공에 대하여 적절한 보온조치를 한다.

⑧ 철근은 조립하기 전에 녹이나 먼지, 기름 등을 제거하고 청소한 뒤에 사용하여야 하며, 직접 땅에 닿지 않도록 적절한 보관시설에 저장하거나 덮어야 한다.

⑨ 목재 및 합판 거푸집을 재사용할 때에는 깨끗하게 청소한 뒤 콘크리트와 접하는 면에 광유 등 박리제를 균일하게 도포하여 사용한다.

10) 돌쌓기

① 돌쌓기는 특별히 명시하지 않는 한 찰쌓기로 하며, 찰쌓기의 전면기울기는 높이 1.5m까지는 1 : 0.25, 3.0m까지는 1 : 0.30, 5.0m까지는 1 : 0.35를 기준으로 한다.

② 시공에 앞서 돌에 부착된 이물질을 제거하고, 쌓기는 뒷고임돌로 고정하고 콘크리트로 채워가며 쌓되, 맞물림 부위는 견칫돌의 경우 10m 이하, 막깬돌 쌓기에서는 25m 이하를 표준으로 한다.

③ 뒷면 배수를 위한 물빼기 구멍의 위치 및 구조는 특별히 정한 바가 없는 경우에 직경 50mm의 경질염화비닐 관(PVC관)을 사용하여 $3m^2$ 당 1개소의 비율로 근원부가 막히지 않도록 설치한다.

④ 1일 쌓기 높이는 1.2m를 표준으로 하고 최대 1.5m 이내로 하며, 이어쌓기 부분은 계단형으로 마감한다.

⑤ 신축줄눈은 특별히 정하는 바가 없는 경우에는 20m 간격을 표준으로 하여 찰쌓기의 높이가 변하는 곳이나 곡선부의 시점과 종점에 설치한다.

⑥ 메쌓기의 경우 맞물림 부위는 10mm 이내로 하며, 해머 등으로 다듬어 접합시키고, 맞물림 뒷틈 사이에는 조약돌을 괴고, 그 사이와 뒷면에 채움용 잡석을 충분히 채워야 한다.

⑦ 메쌓기의 전면기울기는 높이 1.5m까지는 1 : 0.3, 3.0m까지는 1 : 0.35, 5.0m까지는 1 : 0.4로 한다.

⑧ 메쌓기는 줄쌓기를 원칙으로 하여 1일 쌓기 높이는 1.0m 미만을 기준으로 한다.

⑨ 벽돌쌓기는 줄쌓기를 원칙으로 하고, 튀어나오거나 들어가지 않도록 면을 맞추고 양 옆의 돌과도 이가 맞도록 하여야 한다.

11) 원지반 정지 및 흙다짐

① 원지반 정지 및 흙다짐은 운동장, 녹지, 공원산책로 등의 개설, 정지 및 흙다짐으로 마감되는 포장공사에 적용한다.

② 모든 토공사가 완료된 후 인접한 배수시설과 구조물공사 및 뒷채움이 끝난 다음에 실시한다.

③ 원지반 포장지역의 토질은 점토성분이나 사력, 암 또는 유기물 함량이 과다하지 않아야 하고, 그렇지 않은 경우 양질의 토사로 치환하여야 한다.

④ 포장마감면은 주변 경계블록 계획고 및 포장 계획고를 감안하여 자연스런 표면배수 기울기가 되도록 조정한다. 다짐 시 다짐 대상지반이 최적함수비 상태의 작업이 되도록 시행하며, 집수정, 구조물 주변 등과 같이 다짐이 어려운 지역은 소형 평면다짐기 또는 인력다짐으로 철저히 다져야 한다.

⑤ 산책로 개설을 위해 필요 시 벌개제근 작업을 시행하여야 하고, 기존의 양호한 수목들의 훼손이 최소화될 수 있도록 임간 사이로 개설하는 등의 방법으로 시행한다.

⑥ 산책로 조성 구간 내에 강우에 의한 표토 유실 또는 세굴현상이 있거나 예상될 때 우수처리 계획을 수립·시행한다.

12) 조립블록문양 포장

① 보차도용 콘크리트 인터로킹 블록과 포장용 점토블록의 형상, 규격 및 색상은 설계 도면에 의한다.

② 블록깔기용 모래의 입도는 2~8mm, 블록 줄눈채움용 모래의 입도는 3mm 이하를 기준으로 한다.

③ 기층 및 보조기층용 골재는 견고하며, 내구적인 부순돌 또는 부순자갈, 기타의 승인을 받은 것으로 하고, 보조기층용 골재의 최대 입경은 50mm 이하로 하되, 유기물이나 불순물을 함유해서는 안 된다.

④ 기초의 침하가 발생하지 않도록 충분히 다지고 평탄하게 하여야 하되, 흙쌓기 지반의 경우 균등한 지지력을 얻을 수 있도록 0.6ton 이상의 진동롤러로 전압하여 부등침하가 일어나지 않도록 하여야 한다.

⑤ 블록을 깔기 전 보조기층의 다짐 후 두께는 주차장 또는 차도지역은 0.15m, 보도포장지역은 0.1m로 한다. 이때 다짐도는 90% 이상으로 한다.

⑥ 블록의 설치는 보행 또는 차량의 진행 방향을 기준으로 설계도면에 명시된 문양으로 마감부부터 연속적으로 포설하여야 한다. 이때 블록과 블록 사이의 간격은 2~5mm를 기준으로 한다.

⑦ 곡선 부위나 블록을 절단하여 시공해야 할 경우에는 절단기로 정교하게 절단하여 정밀 시공하여야 하며, 블

록을 깐 뒤에 모래를 표면에 골고루 깔고 블록 사이에 모래가 완전히 채워지도록 비로 쓸어 넣은 후 평면 진동기로 표면을 고르게 다진다. 이때 경계석이나 인접한 구조물에 손상을 주지 않도록 주의한다.

13) 우레탄 포장

① 육상경기장, 테니스장, 롤러스케이트장, 배구장, 배드민턴장 등의 운동장에 우레탄 바닥포장에 적용한다. 기층 부분은 일반포장의 경우와 같이 하여 설계도서의 지시대로 충분히 다져야 하며, 표면은 평평하게 고루어야 한다.

② 프라이머 도포 시공 시 화기에 주의해야 하며, 프라이머를 건조시켜 경화 후에 후속 작업을 시행한다.

③ 혼합교반은 1회 사용량을 가사 시간 내에 사용할 수 있는 양으로 하여야 하며, 제조업체의 제품시방서에 따라 기포가 흡입되지 않게 균일한 혼합 교반이 되도록 하여야 한다.

④ 우레탄 도포의 우레탄 1회 시공 두께는 5.5mm 이상 초과해서는 안 되며, 소정의 두께가 나올 때까지 수 회 되풀이 시공하며, 2회차 도포 시 균일 도포를 위해 1회 도포와 직각 방향으로 도포하고 규정된 재도포 시간 간격을 준수해야 한다.

⑤ 우레탄 마감 처리공사가 완료된 후 7일 이상 양생하여야 하며, 하중을 동반하는 통행이 없도록 조치한다.

14) 고무블록 포장

① 고무블록은 충격흡수재와 내마모성 표면재를 조합 또는 균일재료를 이중으로 조밀하게 하고 내마모성 표면재를 상부로 하여 하나의 재료를 구성시켜 공장 성형한 것으로 KS M 6951에서 규정하는 품질기준 이상이어야 한다.

② 원지반 다짐 후 콘크리트 포장에 준하여 지정된 두께로 콘크리트를 타설하고 양생한 다음 바탕 위에 고무바닥 타일을 깔고 완전히 접착시켜 마감한다.

③ 구조물에 접하여 도려낸 부위의 틈새는 최소가 되도록 하고, 틈새 폭이 10mm를 넘는 경우 타일을 걷어내고 다시 깔도록 하며, 틈새는 실링재로 채워 마감한다.

15) 인조잔디 포장

① 운동장, 실내골프장, 광장, 옥상, 눈썰매장 등의 인조잔디 포장에 적용한다.

② 인조잔디는 폴리아미드, 폴리프로필렌, 기타 섬유로 만든 직물에 일정 길이의 솔기를 단 기성품으로 하되, 각 롤의 섬유는 동일한 염료이어야 한다.

③ 기층부는 콘크리트포장의 경우와 같이 하고 암거, 측구 등을 설치하여 배수가 잘 되도록 한다.

④ 바닥은 요철이 없도록 고르게 다듬어야 하고, 접착제의 접착효과가 저하되지 않도록 오물, 먼지, 물기, 녹 등을 제거한다.

⑤ 접착제는 고르게 도포하여야 하며, 시공 중 부주의로 접착제를 잔디면에 엉키지 않도록 한다.

⑥ 외기온도 10℃ 이하 또는 습기가 많은 상태에서는 접착제의 접착력이 저하될 우려가 있으므로 감독자와 협의하여 공사를 진행한다.

⑦ 접착시킨 후 롤러로 고르게 문질러서 접착면에 틈새가 생기지 않도록 한다.

⑧ 롤러로 전압한 후에도 틈새가 생길 우려가 있는 곳은 무거운 것으로 눌러 고정시킨다.

⑨ 옥상 부위에 설치하는 경우에는 특히, 물고임으로 인하여 건물에 손상을 줄 우려가 있으므로 바닥면에 기울기를 두어 배수가 잘 되게 한다.

16) 고사식물의 하자보수 및 면제

① 수목은 수관부 가지의 약 2/3 이상이 고사하는 경우에 고사목으로 판정하고 지피·초화류는 해당 공사의 목적에 부합되는가를 기준으로 감독자의 육안검사 결과에 따라 고사 여부를 판정한다.
② 고사 여부는 감독자와 수급인이 함께 입회한 자리에서 판정한다.
③ 하자보수식재는 하자가 확인된 차기의 식재적기 만료일 전까지 이행하고 식재 종료 후 검수를 받아야 한다. 이때 하자보수 의무의 판단은 고사확인 시점을 기준으로 한다.
④ 하자보수 시의 식재수목 규격은 원 설계규격 이상으로 한다.
⑤ 하자보수의 대상이 되는 식물은 수목, 지피류, 숙근류 등 식재된 상태로 고사한 경우에 한한다.
⑥ 다음의 경우 하자보수를 면제한다.
　㉠ 전쟁, 내란, 폭풍 등에 준하는 사태
　㉡ 천재지변(폭풍, 홍수, 지진 등)과 이의 여파에 의한 경우
　㉢ 화재, 낙뢰, 파열, 폭발 등에 의한 고사
　㉣ 준공 후 유지관리비를 지급하지 않은 상태에서 혹한, 혹서, 가뭄, 염해(염화칼슘) 등에 의한 고사
　㉤ 인위적인 원인으로 인한 고사(교통사고, 동물의 침입 등)
⑦ 지급품을 식재하는 경우, 법정 하자보수기간 내에 고사목이 발생하면 발주자와 수급인이 별도 합의하지 않는 한 수급인은 다음의 기준에 따라 보수한다. 이 경우에도 수목의 고사 여부는 발주자와 수급인 쌍방이 입회하여 판정한다.

17) 수목 굴취

① 수목 굴취 시 수고 4.5m 이상의 수목은 감독자와 협의하여 가지주를 설치하고 가지치기, 기타 양생을 하여 작업에 착수한다.
② 뿌리분의 크기는 근원직경의 4배가 기준이고, 분의 깊이는 세근의 밀도가 현저히 감소된 부위로 한다.
③ 표준규격을 벗어나거나 뿌리분을 만들 필요가 없다고 판단되는 경우에는 감독자와 협의하여 승인받아야 하며, 기계 굴취의 경우 기계에 의해 굴취수목이 손상되지 않도록 주의한다.
④ 뿌리분의 둘레는 원형으로, 측면은 수직으로, 저면은 둥글게 다듬는다.
⑤ 뿌리분의 외부로 돌출한 굵은 뿌리는 약간 길게 톱질하여 자르며, 절단면은 거적 등으로 충분히 양생하고 세근이 밀생한 곳은 이를 뿌리분에 붙여 보존한다. 절단된 뿌리 부분이 일그러지거나 깨지는 등 손상을 받는 곳은 예리한 칼로 절단하고 석회유황합제 등으로 방부 처리한다.
⑥ 뿌리분은 분이 부서지지 않도록 결속재료로 잘 고정시켜서 뜨도록 한다.
⑦ 지엽이 지나치게 무성한 수목은 굴취 시 수형의 기본형이 변형되지 않는 범위 내에서 지엽을 정지하고, 필요한 경우 증산억제제 등의 약품을 처리하여 증산 억제 및 운반에 도움이 되도록 한다.
⑧ 운반에 지장을 받지 않는 범위 내에서 가지를 새끼, 밧줄 등으로 잡아맨다.
⑨ 굴취 후 지반을 고르게 정리하고 정리 방법에 대해서는 감독자의 지시에 따른다.

18) 수목 운반

① 포장, 굴취장 등으로부터 공사 현장까지의 원거리 운반과 가식장, 하치장 등에서 식재 위치까지의 근거리 운반 등 수목의 제반 운반작업에 적용한다.
② 결속·완충재는 새끼, 철선, 고무바, 가마니, 보습재, 기타 보토재료 등이다.

③ 운반 시에는 수목에 손상을 주지 않도록 주의하여 운반하고 필요에 따라 새끼, 밧줄 등으로 감거나 건조 방지를 위하여 거적, 시트 등으로 덮어 보호한다.

④ 운반 중 회복 불가능한 손상을 입거나 가지가 부러져 원형이 심하게 손상된 수목은 동종 규격품으로 교체하고, 경미한 가지 부러짐 등에 대해서는 감독자의 지시에 따라 조치한다.

⑤ 수목의 상하차는 인력에 의하거나 대형목의 경우 체인블록이나 크레인 등을 사용하여 안전하게 다룬다.

⑥ 운반 중 뿌리와 수형이 손상되지 않도록 다음과 같은 보호조치를 한다.
  ㉠ 세근이 절단되지 않도록 충격을 주지 않아야 한다.
  ㉡ 가지는 간편하게 결박한다.
  ㉢ 이중적재를 금한다.
  ㉣ 비포장도로로 운반할 때는 뿌리분이 충격을 받지 않도록 흙, 가마니, 짚 등 완충재료를 깐다.
  ㉤ 수목과 접촉하는 고형부에는 완충재를 삽입한다.
  ㉥ 운반 중 바람에 의한 증산을 억제하며 강우로 인한 뿌리분의 토양 유실을 방지하기 위하여 덮개를 씌우는 등의 조치를 취한다.
  ㉦ 차량의 용량과 수목의 무게 및 부피에 따라 적정 수량만을 적재한다.

19) 수목 가식

① 가식 장소는 공사시방서에 정하는 바가 없을 때에는 사질양토로서 배수가 잘 되는 곳으로 하여야 하며 배수가 불량할 때에는 배수시설을 한다.
② 가식 수목 간에는 원활한 통풍을 위하여 충분한 식재 간격을 확보한다.
③ 가식장은 관수 등 가식 기간 중의 관리를 위한 작업통로를 설치한다.
④ 가식 수목의 뿌리분은 충분히 복토하여 분이 공기 중에 노출되지 않도록 한다.
⑤ 가식 후에는 뿌리분 주변의 공기가 완전히 방출되도록 충분히 관수한다.
⑥ 가식장의 외주부 수목은 가지주 혹은 연결형 지주를 설치하여 수목이 바람 등에 흔들리지 않도록 한다.

20) 수목 재료의 측정 기준

① 검사는 재배지에서의 사전검사와 지정장소 반입 후 검사로 구분하여 시행한다. 사전검사에 합격해도 굴취, 운반 등의 취급이 나쁘거나 굴취 후 장기간이 경과한 것은 지정장소 검사에서 합격품으로 인정하지 아니한다. 다만, 경우에 따라서는 재배지에서의 사전검사를 생략할 수 있으며, 야생수목은 굴취 시에 검사하여 사전검사로 대신할 수 있다.

② 수고(H) : 지표에서 수목 정상부까지의 수직거리를 말하며, 도장지는 제외한다. 단, 소철, 야자류 등 열대, 아열대 수목은 줄기의 수직높이를 수고로 한다. (단위 : m)

③ 흉고직경(B) : 지표면으로부터 1.2m 높이의 수간직경을 말한다. 단, 둘 이상으로 줄기가 갈라진 수목의 경우는 다음과 같다. (단위 : cm)
  ㉠ 각 수간의 흉고직경 합의 70%가 그 수목의 최대 흉고직경보다 클 때는 흉고직경 합의 70%를 흉고직경으로 한다.
  ㉡ 각 수간의 흉고직경 합의 70%가 그 수목의 최대 흉고직경보다 작을 때는 최대 흉고직경을 그 수목의 흉고직경으로 한다.

④ 근원직경(R) : 수목이 굴취되기 전 재배지의 지표면과 접하는 줄기의 직경을 말한다. 가슴높이 이하에서 줄기가 여러 갈래로 갈라지는 성질이 있는 수목인 경우 흉고직경 대신 근원직경으로 표시한다. (단위 : cm)

⑤ 수관폭(W) : 수관의 직경을 말하며, 타원형 수관은 최대층의 수관축을 중심으로 한 최단과 최장의 폭을 합하여 나눈 것을 수관폭으로 한다. (단위 : m)

⑥ 수관길이(L) : 수관의 최대길이를 말한다. 특히, 수관이 수평으로 생장하는 특성을 가진 수목이나 조형된 수관인 경우 수관길이를 적용한다. (단위 : m)

⑦ 지하고는 지표면에서 역지 끝을 형성하는 최하단 지조까지의 수직거리를 말하며, 능수형은 최하단의 지조 대신 역지의 분지된 부위를 채택한다.

⑧ 수목 규격의 허용차는 수종별로 -5 ~ -10% 사이에서 여건에 따라 발주자가 정하는 바에 따른다. 단, 허용치를 벗어나는 규격의 것이라도 수형과 지엽 등이 지극히 우량이거나 식재지 및 주변 여건과 조화될 수 있다고 판단되어 감독자가 승인한 경우에는 사용할 수 있다.

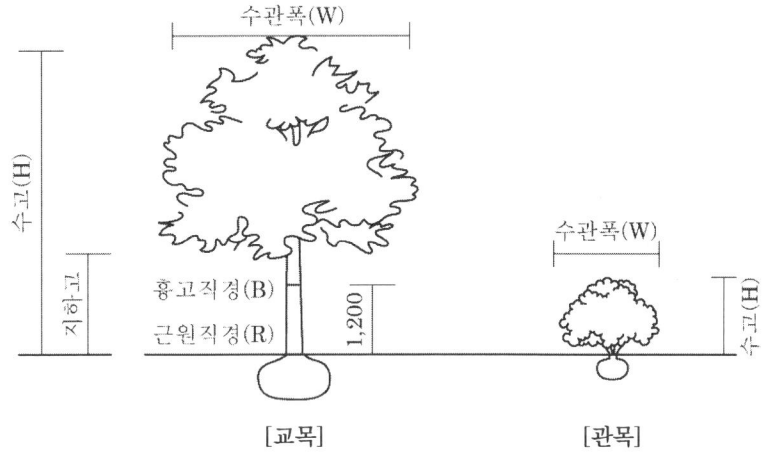

[교목] [관목]

21) 지주재 및 지주목 세우기

① 지주재는 통나무나 각재 또는 대나무 등을 사용하며, 특별히 고안된 지주를 사용할 수 있다.
② 지주목 목재는 내구성이 강하고 방부처리된 것으로 하며, 지주용 통나무는 마구리를 가공하고 절단면과 측면을 다듬어 사용한다.
③ 지주목 대나무는 3년생 이상으로, 강도가 뛰어나고 썩거나 벌레먹음, 갈라짐 등이 없어야 한다.
④ 당김줄은 12게이지의 담금질한 아연도금 강선으로 하며, 당김줄 중간에 턴버클을 부착한다.
⑤ 노끈, 새끼줄 등의 결속재료는 잘 짜여진 튼튼한 것으로 결속 후 쉽게 풀리지 않는 것으로 한다.
⑥ 지주목과 수목을 결속하는 부위에는 수간에 완충재를 대어 수목의 손상을 방지한다.
⑦ 대나무지주의 경우에는 선단부를 고정하고 결속부에는 대나무에 흠집을 넣어 유동을 방지한다.
⑧ 삼각형 지주 등은 수간, 주간, 및 기타 통나무와 교착하는 부위에 2곳 이상 결속한다.
⑨ 당김줄은 수목 주위에 일정한 간격으로 고정말뚝을 박고 이를 수목높이의 1/2 지점과 연결하여 고정한 후 팽팽하게 당겨주기 위하여 당김줄 중간에 턴버클을 부착한다. 수목과 접하는 부위에는 고무나 플라스틱 호스 등의 마찰방지재를 사용하여 수간을 보호한다.
⑩ 식재지역에 지반침하가 우려되는 경우에는 침하 후 지주목이 유동하지 않도록 조치한다.

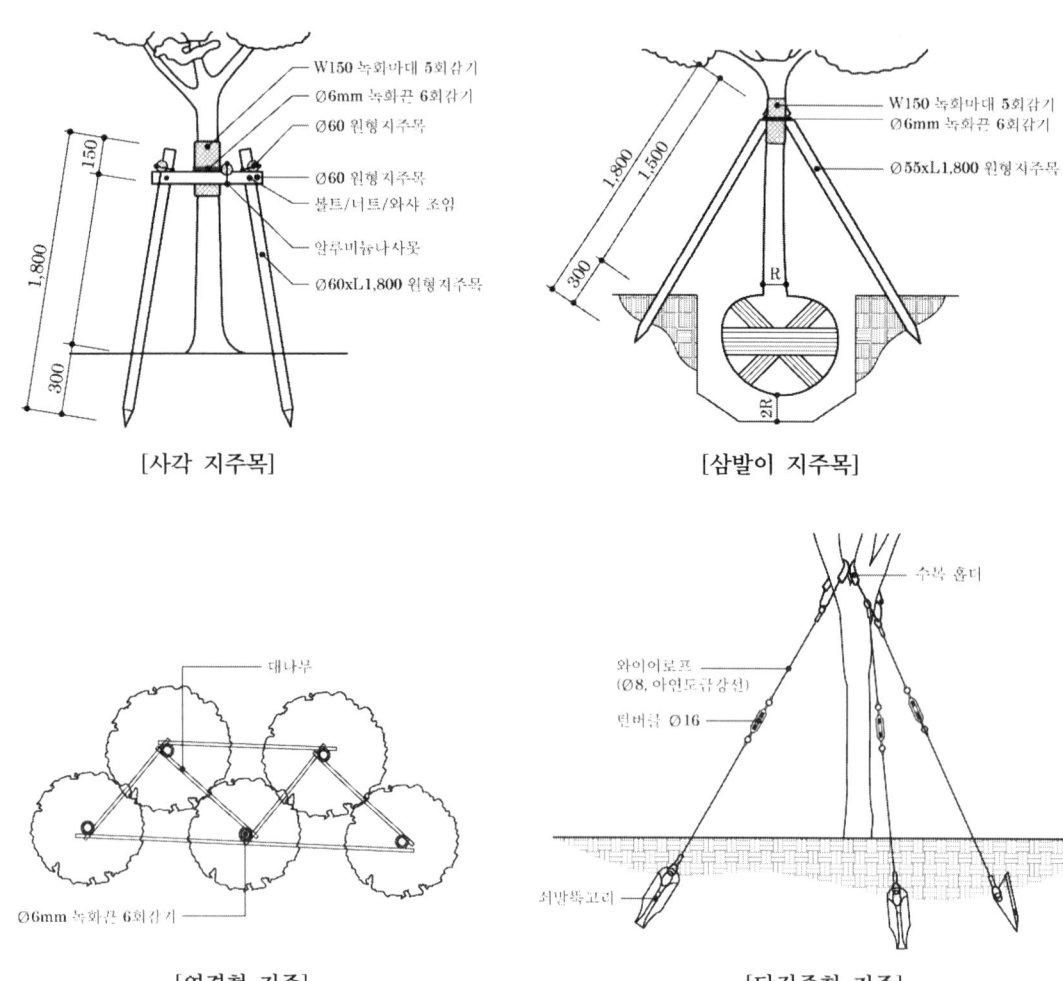

[사각 지주목]　　　　　　　[삼발이 지주목]

[연결형 지주]　　　　　　　[당김줄형 지주]

22) 수목 식재

① 수목의 굴취, 운반, 식재는 같은 날에 완료하는 것을 원칙으로 한다. 부득이한 경우에는 감독자의 승인을 받아 가식 또는 보양조치 후 식재한다.

② 보습, 보온 및 부패방지 등을 위한 활착보조재는 제품별 용법에 따라 식재구덩이에 넣거나 뿌리 부분에 접착시켜 식재한다.

③ 기비는 완숙된 유기질 비료를 식재구덩이 바닥에 넣어 수목을 앉히며, 흙을 채울 때에도 유기질 비료를 혼합하여 넣는다. 시비량은 설계도면 및 공사시방서에 따른다.

④ 식재는 뿌리를 다듬고 주간을 정돈하여 식재구덩이의 중심에 수직으로 식재한다.

⑤ 식재 시에는 뿌리분을 감은 거적과 고무밴드, 비닐끈 등 분해되지 않는 결속재료는 제거하는 것을 원칙으로 한다. 단, 뿌리분 등에 심각한 손상이 예상되는 대형목일 때 감독자와 협의하여 최소량을 존치시킨다.

⑥ 식재 시 수목이 묻히는 근원 부위는 굴취 전에 묻혔던 부위에 일치시키고 식재방향은 원래의 생육방향과 동일하게 식재함을 원칙으로 한다. 다만, 경관, 기능 등을 고려하여 조정하여 식재할 수 있다.

⑦ 식재 시 식재구덩이 내 불순물을 제거한 양질토사를 넣고 바닥을 고른다.

⑧ 수목의 뿌리분을 식재구덩이에 넣어 방향을 정하고 원지반의 높이와 분의 높이가 일치하도록 조절하여 나무를 앉힌다. 잘게 부순 양토질 흙을 뿌리분 높이의 1/2 정도 넣은 후, 수형을 살펴 수목의 방향을 재조정하고, 다시 흙을 깊이의 3/4 정도까지 추가해 넣은 후 잘 정돈시킨다.

⑨ 수목앉히기가 끝나면 물을 식재구덩이에 충분히 붓고 각목이나 삽으로 저어 흙이 뿌리분에 완전히 밀착되고 흙속의 기포가 제거되도록 한다.
⑩ 물조임이 끝나면 고인물이 완전히 흡수된 후에 흙을 추가하여 구덩이를 채우고 물받이를 낸 다음 식재구덩이의 주변을 정리한다.
⑪ 흙다짐은 흙이 습하여 뿌리가 쉽게 썩는 수종에 한하여 행하며 관수없이 흙을 계속 넣어가며 각목 등으로 다지고 뿌리분과 흙이 밀착되도록 하기 위해서 치밀하게 행하여야 한다.
⑫ 가로수식재의 마감면은 보도 연석면보다 3cm 이하로 끝마무리한다.
⑬ 배수, 지하수위 등의 식재조건이 열악한 경우에는 감독자와 협의하여 맹암거 등의 필요한 조치를 취한다.

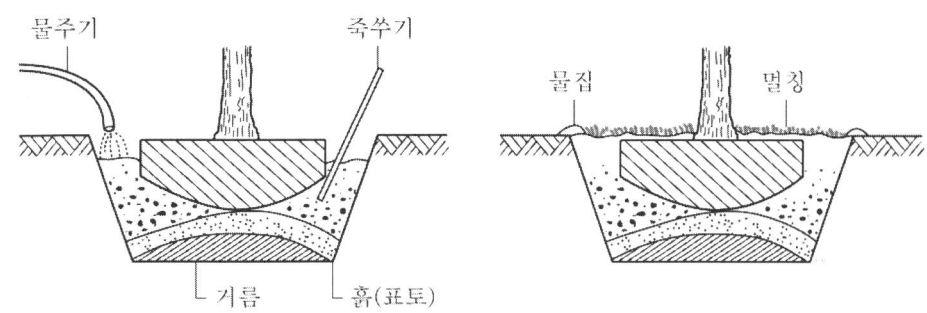

[교목 식재]

23) 가로수 식재

① 가로수는 교통장애가 없는 범위 내에서 일정한 선형을 유지하여야 하며, 구간별 수형 및 수고, 지하고가 유사한 수목을 반입하여 시공해야 한다.
② 도로의 길어깨, 도로의 곡선구간 중 내측지역, 수려한 자연경관을 차단하는 구간, 신호등 등과 같은 도로안전시설의 시계를 차단하는 지역, 장거리 이동을 주기능으로 하는 교외 지역 일반 국도도로 구역과 그 주변 지역, 교차로 교통섬 내부, 농작물 피해 우려 지역, 전기·통신시설물의 지하매설 또는 이설이 불가능한 경우는 가로수의 식재 위치를 변경하거나 식재 수량을 제한하여 시공할 수 있다.
③ 식재지역 상층부 및 하층부에 전기·통신시설 등으로 가로수의 정상적인 생육이 곤란할 경우 감독자와 협의하여 유지 및 관리방안을 수립해야 하며, 경관미를 저해하지 않는 범위 내에서 가지치기 등으로 수고, 수관폭을 조절하여 시공할 수 있다.
④ 가로수 식재 기반이 불투수층, 쓰레기 매립지 등 불량 토층을 형성할 경우 배수시설을 도입하거나 객토 등의 방법으로 수목의 하자를 방지토록 하되, 식혈작업 시 굴취된 부적합 토양과 모래 등은 전량 반출하고 양질의 토사를 반입하여 식재하여야 한다.
⑤ 수목보호대 및 보호덮개의 설치 상태와 지주목 설치의 적합성 등을 검토하고, 관수·배수시설 및 관리시설의 하자 및 손·망실 처리에 대한 책임 한계를 감독자와 협의하여야 한다.
⑥ 가을철 식재공사를 시행하는 경우 동해를 고려하여 수간을 녹화마대 등으로 감싸는 등의 보양조치를 한다.
⑦ 보도가 없는 도로에 가로수를 식재하는 경우에는 길어깨 끝으로부터 수평거리 2m 이상 떨어지도록 하여 식재해야 한다. 다만, 현지여건상 불가능한 경우에는 가지치기 등을 통해 수고, 지하고, 수관폭 등 지속적인 관리방안을 수립하여 감독자의 승인하에 1~2m 범위에 식재할 수 있다.
⑧ 식재 후 보행과 운전, 자전거 이용 등에 지장을 주는 가로수의 지하고 이하 가지 및 하향지 등은 설계도면 또는 공사시방서에서 제시한 지정 높이 이상으로 제거해야 한다.

24) 가로수 전정

① 고압선이 있는 경우 수고는 고압선보다 1m 밑까지를 한도로 유지하도록 전정하는 것을 원칙으로 하나 그 이상의 수고를 유지하고자 하는 경우는 수관 내에 고압선이 지나가도록 통로를 만들어야 한다.
② 가로수의 제일 밑가지는 가능한 한 도로와 평행이 되도록 유지하고 통행에 지장이 없도록 보도측 지하고는 2.5m 이상으로 한다. 단, 수형 등을 감안하여 2.0m까지로 할 수 있다.
③ 보도측 건축물의 건축 외벽으로부터 수관 끝이 1m 이격을 확보하도록 한다.
④ 차도 및 보도에 있어 통행, 신호, 표식 등에 지장이 발생한 경우는 별도로 한다.
⑤ 수목의 정상적인 생육장애요인의 제거 및 외관적인 수형을 다듬기 위해 6월~8월 사이에 하계전정을 실시하며 도장지, 포복지, 맹아지, 평행지 등을 제거한다.
⑥ 수형을 잡아주기 위한 굵은 가지 전정으로 수목의 휴면기간이 12~3월 사이에 동계전정을 실시하며, 허약지, 병든 가지, 교차지, 내향지, 하지 등을 잘라낸다.

25) 잔디

① 잔디는 일반 잔디와 롤형 잔디로 구분된다. 일반 잔디는 자연산 또는 재배 잔디로 규격은 가로 0.3m, 세로 0.3m, 두께 0.03m의 것을 기준으로 하되, 반입 잔디가 소규격인 경우 감독자와 협의하여 시공한다.
② 롤형 잔디는 난지형 잔디 또는 한지형 잔디를 재배한 것으로서 잔디수확기로 떼어내어 롤 형태로 말은 잔디로서 규격은 $1m^2$ 이상의 것을 사용한다.
③ 잔디의 품질은 재배품이거나 야생 잔디를 채취한 것으로 구비 조건은 다음과 같다.
   ㉠ 잡초가 없고 지하경이 치밀하게 발달한 것이어야 한다.
   ㉡ 잎이 불규칙하거나 잎 끝이 찢어지지 않은 것이어야 한다.
   ㉢ 잡초가 섞이지 않고 병충해의 피해가 없는 것이어야 한다.
   ㉣ 두께 및 크기가 균일하게 굴취된 것이어야 한다.
   ㉤ 장기간 적재에 의해 부패되지 않는 것이어야 한다.
   ㉥ 현장에 도착된 잔디는 1일 이내에 식재하는 것을 원칙으로 한다.

구 분			내 용
한국 잔디	난지형	들잔디	한국 잔디 중 가장 많이 이용되며, 성질이 강하고 답압에 잘 견딘다.
		금잔디	고려 잔디, 마닐라 잔디라고 하며, 섬세하고 유연하다.
		비로드잔디	남해안 지역에서 자생하는 잔디로, 잎이 작고 섬세하다.
서양 잔디	한지형	버뮤다그라스	겨울에 잎이 말라 죽는 하록형 잔디로 포기 번식한다.
		벤트그라스	사철 푸른 잔디로 골프장 그린에 이용된다.
		켄터키 블루그라스	봄철의 녹화가 빠르고 회복력이 좋으며 내습성·내마모성도 좋지만 잔디깎기에 약하다.
		이탈리안 라이그라스	경사지의 토양침식 방지용으로 사용되고, 조성 속도가 매우 빨라 다른 한지형 잔디를 일시적으로 피복하는 용도로도 사용된다.

26) 잔디식재

① 토양이 잔디의 생육에 부적당하다고 판단되는 경우에는 감독자와 협의하여 잔디의 생육에 적합한 토양 상태로 개량한다.

② 시공 대상지에 산재한 큰 부스러기, 쓰레기 등을 제거하고 지반을 토심 0.2m로 경운한 후 흙덩어리를 잘게 부수고 돌, 잡초 등 불순물을 제거한다.

③ 잔디 전면붙이기는 토양개량과 정지작업이 이루어진 지면을 롤러나 인력으로 고른 후 잔디를 붙인다. 일반 잔디는 서로 어긋나게 틈새 없이 붙인 후 모래나 사질토를 살포하고 다시 롤러나 인력으로 다진 후 충분히 관수하며, 롤형 잔디는 전체 지면에 틈새 없이 붙이고 모래나 사질토를 가볍게 살포한 후 롤러로 다지고 충분히 관수한다.

④ 줄떼붙이기는 설계도면 또는 공사시방서에 달리 명시하지 않은 경우 잔디장을 0.1, 0.15, 0.2m 정도로 잘라서 동일 간격으로 붙인다. 잔디의 간격이 넓기 때문에 호미 또는 괭이로 잔디 뿌리가 흙속에 묻히도록 표토를 파가면서 붙인다.

⑤ 어긋나게 붙이기는 잔디를 0.2~0.3m 간격으로 어긋나게 놓거나 서로 맞물려 여유있게 배열하여 호미 또는 괭이로 잔디뿌리가 흙속에 묻히도록 표토를 파가면서 붙인다.

⑥ 풀어심기(stolonizing 또는 sprigging)는 잔디에서 흙을 털어낸 포복경 또는 지하경을 0.05~0.1m 정도로 잘라 산파한 후 잔디뿌리가 묻히도록 흙을 덮는다.

⑦ 비탈면에 잔디를 붙일 때에는 잔디 1매당 2개의 떼꽂이로 잔디가 움직이지 않도록 고정한다.

⑧ 잔디를 고정한 후 뿌리가 노출되지 않도록 사양토로 잔디 사이를 채우고 인력이나 롤러 등으로 잔디식재면을 다진다.

27) 파종 잔디 조성

① 파종용 잔디종자는 감독자의 승인을 받아 구매하며 혼합종자의 경우 승인된 배합 비율로 사용한다.

② 파종 시기는 난지형 잔디의 경우 5~6월 초순, 한지형 잔디는 9~10월 또는 3~5월을 적기로 하되, 잔디품종의 특성을 고려하며, 공기 및 현장여건에 따라 감독자와 협의하여 결정한다.

③ 잡초의 발생이 우려되는 곳은 대상지 전면에 제초제를 살포하고 일정기간 경과하여야 한다.

④ 파종지는 인력 또는 경운기로 깊이 0.2m 이상 부드럽게 간다.

⑤ 비료를 뿌리고 흙을 곱게 부수어 고른 후 롤러로 가볍게 다진다.

⑥ 모래와 섞어 파종량의 1/2을 종으로 파종하고 나머지 1/2을 횡으로 파종한다. 파종량은 50~150kg/ha를 기준으로 하되 잔디의 종류에 따라 감독자와 협의하여 조정할 수 있다.

⑦ 파종 후 롤러로 가볍게 눌러서 종자가 흙속에 박히도록 한다.

⑧ 파종지가 충분히 젖도록 관수하되 흙이 흘러내리지 않을 정도로 물을 뿌려야 한다.

⑨ 발아를 위한 적절한 수분과 토양온도 유지를 위하여 폴리에틸렌필름(두께 0.03mm)이나 볏짚, 황마천, 차광막 등으로 피복하고 바람에 날리지 않도록 고정한다.

⑩ 시드벨트(seed belt)로 파종할 때에는 정지된 지면에 종자가 닿도록 벨트를 깔고 충분히 관수한 다음 고운 흙을 1mm 내외로 배토하고 다시 관수한 후 폴리에틸렌필름을 덮어준다.

⑪ 파종 후 종자가 발아한 것을 주시하여 웃자라거나 고온장애를 받을 우려가 있으면 즉시 폴리에틸렌필름을 제거한다.

⑫ 파종지가 건조한 경우에는 전면에 살수하되 표면이 마르지 않게 해야 한다.

⑬ 발아 후 2개월 경과 시부터 시비를 하되 한국잔디의 경우 연간 순 성분량을 기준으로 질소, 인산, 칼리를 $1m^2$ 당 각각 15g, 10g, 10g의 비율로 생육기간 중 2~3개월 간격으로 시비한다. 기타 잔디시비는 유지관리 계획에 따라 감독자와 협의하여 정한다.

⑭ 파종 후 20일 이내에 발아되지 않거나 전면에 고루 발아되지 않고 일부만 발아하는 경우에는 처음과 동일한 공법으로 재파종하여야 한다.

28) 비탈면 잔디식재

① 잔디생육에 적합한 토양의 비탈면 기울기가 1 : 1보다 완만할 때에는 비탈면을 일시에 녹화하기 위해서 흙이 붙어 있는 재배된 잔디를 사용하여 붙인다.

② 비탈면 전면(평떼)붙이기는 줄눈을 틈새 없이 붙이고 십자줄눈이 형성되지 않도록 어긋나게 붙이며, 잔디 소요 면적은 비탈면 면적과 동일하게 적용한다.

③ 비탈면 줄떼다지기는 잔디폭이 0.1m 이상 되도록 하고, 비탈면에 0.1m 이내 간격으로 수평골을 파서 수평으로 심고 다짐을 철저히 한다.

④ 선떼붙이기는 비탈면에 일정 높이마다 수평으로 단끊기 후 되메우기한 앞면에 떼를 세워 붙이되, 흙층에 완전히 밀착되도록 다지기를 잘하고 줄눈이 수평이 되도록 시공하며, 침하율을 감안하여 계획 높이보다 덧쌓기를 하고, 부위별 떼의 규격은 설계도서 및 감독자의 지시에 따라 정한다.

⑤ 잔디 고정은 떼꽂이를 사용하여 잔디 1매당 2개 이상 건실하게 고정하며, 시공 후에는 모래나 흙으로 잔디 붙임면을 얇게 덮은 후 고루 두들겨 다져준다.

⑥ 잔디판 붙이기는 비탈면의 침식방지 및 활착이 용이하도록 잔디판을 비탈면에 밀착·고정한다.

29) 지피류 및 초화류 식재

① 식재에 앞서 지반을 충분히 정지하고 쓰레기, 낙엽, 잡초 등을 제거한 후 적정량을 관수하여 식재상을 조성한다.

② 객토는 사질양토의 사용을 원칙으로 하지만 지피류, 초화류의 종류와 상태에 따라 부식토, 부엽토, 이탄토 등의 유기질 토양을 첨가할 수 있다.

③ 토심은 초장의 높이와 잎, 분얼의 상태에 따라 다르지만 표토 최소 토심은 0.3~0.4m 내외로 한다.

④ 식재하기 전 생육에 해로운 불순물을 제거한 후 바닥을 부드럽게 파서 고른다. 뿌리가 상하지 않도록 주의하면서 근원 부위를 잡고 약간 들어올리는 듯 하면서 재배 용토가 뿌리 사이에 빈틈없이 채워지도록 심고 충분히 관수한다.

⑤ 왜성 대나무류 및 지피류 식재 간격은 설계도서에 지정되지 않은 경우 $0.15m(44주/m^2)$를 표준으로 한다.

⑥ 지피류 및 초화류를 뗏장 또는 기타의 방법으로 식재하는 경우에는 제조업체의 제품시방서에 따른다.

⑦ 덩굴성 식물은 식재 후 주요 장소를 대나무 또는 지정재료로 고정한다.

⑧ 종자의 파종은 재료별 파종 방법에 따라 화단 전면에 걸쳐 균일하게 파종하며, 파종시기는 기후 조건을 고려하여 파종 직후 강우로 종자가 유출되지 않고 지나치게 건조하지 않도록 양생·관리하여 발아를 촉진시킨다.

⑨ 특수한 식물의 식재와 파종에 대해서는 각 식물별 재식 및 파종 방법 또는 공사시방서를 따른다.

⑩ 지피류 및 초화류 식재 후에는 멀칭재를 사용하여 냉해나 건조 피해를 막아 주어야 한다.

30) 저수호안의 식생

① 갯버들
  ㉠ 잎이 피기 전에는 삽순을 그대로 쓸 수 있으나 잎이 핀 후에는 미리 삽목한 묘목을 사용한다.
  ㉡ 버드나무류의 생육은 평수위보다 높은 0.3~2.0m가 적절하며, 식재방법은 ϕ0.01~0.03m, 길이 0.1~0.3m가 적당하며, 0.1m 정도를 땅에 묻어 식재한다.
  ㉢ 일정 기간이 경과한 후, 홍수의 소통에 지장을 주지 않기 위하여 갯버들의 부분 전정을 해야 한다.

② 갈대
  ㉠ 갈대 이외에 달뿌리풀을 포함하고 종자를 채취하여 재배한 것 또는 그 유역의 자연산을 채취한 것으로서 포트, 분주 등의 형태로 사용한다.
  ㉡ 갈대류의 식재 및 이식은 6월 전에 시행하여야 하며, 지하경과 뿌리를 0.3~0.5m 길이로 잘라 0.3m 정도의 깊이에 0.5~1.0m 간격으로 식재한다.

③ 물억새
  ㉠ 종가를 채취하여 재배한 것 또는 그 유역의 자연산을 채취한 것으로서 포트, 분주 등의 형태로 사용한다.
  ㉡ 비탈면의 기울기가 1 : 2보다 완만하고, 토압이 외력으로 작용하지 않는 곳이 적당하며, 뿌리의 발근을 고려하여 0.3m 이상의 근계층이 확보되어야 한다.
  ㉢ 갈대 및 달뿌리풀의 입지 조건에 비하여 상대적으로 건조하며, 관수 빈도가 작은 곳에 적당하므로 침수빈도 및 홍수 수위를 고려하여 적용하도록 한다.

31) 고수호안의 식생

① 대상지의 환경조건에 잘 적응하는 동일 수계 내에 자생하는 식물로서 번식이 용이하며 유묘의 대량생산이 가능한 식물이어야 한다.
② 호안 조건에 따른 생육환경에 잘 적응·생장하고, 생태적, 경관적으로 조화되며 자연도를 향상시킬 수 있는 식물이어야 한다.
③ 갈대, 달뿌리풀, 물억새, 잔디 및 기타 초본류의 호안식생은 줄기 및 뿌리가 잘 발달하고 강건하며 병충해가 발생하지 않은 것으로서 포기 또는 뗏장 등의 형태로 육묘된 것이어야 한다.
④ 수변에 직파할 초본류의 종자는 호안에서 채취하여 건조된 것으로서 병충해가 없고 이물질이 섞이지 않은 것이어야 한다.
⑤ 수변에 식재할 교목류는 뿌리가 심근성으로 하천 비탈면의 안정성 도모에 효과적이거나 천이 초기 단계를 이룰 수 있는 버드나무류, 오리나무류, 포플러류 및 동일 수계 내에 자라는 교목류 등을 강건하게 육묘한 것으로서 가지 및 뿌리가 잘 발달하고 병충해가 없는 것이어야 한다.
⑥ 윗가지 덮기에 쓰일 버드나무 가지의 길이는 최소 1.2m로 추후 새싹이 날 수 있는 것을 선택하며, 1m당 약 20개의 버드나무 가지를 일렬로 바닥에 설치한 뒤 줄로 엮은 것이어야 한다.

32) 생태연못

① 인공적으로 조성되는 생태연못 및 습지형 생물서식처 등에 적용한다.
② 생태연못은 안전성을 확보해야 하며 가급적 목표종을 설정하도록 한다.
③ 현장 시공 전에 인근지역의 생태조사자료를 활용하여 설계(도)서의 적합성 여부를 확인한다.
④ 진흙은 국제토양학회 분류에 의한 입경조성기준을 적용하고 점성이 강해야 하며, 내부에 유기물이 적은 것을

사용하고, 방수 등을 위한 인공재료는 식생 및 수질에 영향을 주지 않는 재료로 한다.
⑤ 벤토나이트를 사용하는 경우 pH 등 물 환경의 변화에 따라 적절히 중화 조치를 해야 한다.
⑥ 폐사목과 통나무 놓기 호안의 통나무는 수피가 있는 자연목을 활용하고, 가급적 활엽수목을 사용한다.
⑦ 수면 안에는 정수식물 및 침수식물 등 수생식물을 식재하고, 외부에는 습생식물과 호습성을 식재한다.
⑧ 생태연못에 도입되는 생물종(동·식물)은 가급적 인근지역에서 도입한다.
⑨ 시공 전후의 우수와 배수체계의 변화 및 공사 중 폭우 시의 대책을 수립한다.
⑩ 기존 수로의 변경이 필요한 경우 다른 지역에 미치는 영향을 분석하여 부정적인 영향이 없도록 시공한다.
⑪ 지하수위가 높거나 지하수가 유출되는 곳에서는 용출수를 처리하기 위한 배수시설을 설치한다.
⑫ 방수공법은 유입 가능한 물의 양과 물의 유입에 소요되는 비용을 고려하여 결정하며, 유입 가능한 물의 양이 적거나 물의 유입에 소요되는 비용이 많을 경우에는 불투수성의 시트 방수공법을 선택할 수 있다.
⑬ 진흙으로 바닥을 처리할 때에는 입자가 미세하고 점성이 강한 것을 일정한 두께로 포설한다.
⑭ 방수재를 포설하는 경우에는 재료의 손상이 없도록 하고 접합 부위는 이중으로 접합해야 한다.
⑮ 자갈을 바닥에 깔 때에는 방수재의 손상을 방지하기 위해 자갈을 포설하기 전에 보호용 재료를 도포해야 하며, 접합 부위가 분리되지 않도록 해야 한다.
⑯ 바닥면과 호안의 연결 부분은 누수를 막기 위해 진흙을 겹쳐 축조한다.
⑰ 지반의 침하가 우려되는 곳에서는 지반보강용 부직포를 방수층 아래에 포설하여 방수층에서 부등침하가 일어나지 않도록 한다.
⑱ 유입로는 사용되는 물의 종류에 따라 조성방법을 달리해야 하며, 저류조, 침전조, 여과조 등을 두어 수질정화 효과를 가져올 수 있도록 한다.
⑲ 유입로는 유입되는 유량을 고려하여 유입로의 단면과 재질 및 기울기를 결정한다.
⑳ 배수구의 높이는 목표 수위와 같아야 한다.
㉑ 호안은 물로 인한 축조면 약화를 방지하기 위해 지반 다짐 및 구조체 보완 시설을 해야 한다.
㉒ 자연석 쌓기를 할 때는 조경석 해당 항목에 따르고, 목재 등 물에 약한 재료는 방수 및 방부처리 한다.
㉓ 주변에서 유입되는 물은 자연스럽게 유입되도록 하고 과다한 물이 유입되는 경우는 월류보를 통해 집수정으로 흘러가도록 기울기를 만들어야 한다.
㉔ 호안의 조성은 다양한 생물이 서식할 수 있도록 다음과 같은 소재를 활용하여 조성한다.
  ㉠ 폐사목 놓기 호안   ㉡ 통나무 박기 호안   ㉢ 통나무 놓기 호안
  ㉣ 자연석 호안   ㉤ 자갈 및 진흙 호안   ㉥ 모래톱 호안
㉕ 호안의 기울기는 주변 지형과 환경조건에 따라 다양하게 조성하고, 완만한 기울기를 요구하는 곳에서는 최소한 1 : 7보다 완만하게 한다.
㉖ 식물 선정 시 생태적인 균형을 고려해야 하며, 가급적 향토수종을 도입하도록 해야 한다.
㉗ 연못에 도입되는 식생의 과다한 번식을 조절하기 위하여 필요 시 수중분 식재를 하거나 통나무박기 등 식생의 확산을 방지하기 위한 시설을 설치한다.
㉘ 연못의 일부분은 여름철 그늘을 형성할 수 있는 호습성 활엽수의 군식 도입을 검토할 수 있다.

33) 실내조경 일반 요구조건

① 실내조경은 식물의 특성과 대상지의 광선, 온도, 수분, 토양을 고려하여 공간성격에 적합하도록 함은 물론 환경적, 심미적, 기능적으로 만족하도록 한다.

② 실측하거나 또는 관련공사 설계도서(건축, 설비, 조명 등)를 참고하여 도입식물의 생육에 적당한 광도를 확보한다.
③ 식재지역의 실내온도를 실측 또는 예측하여 이에 부합하는 식물재료를 도입하거나 도입식물의 적정 생육온도를 확보하도록 하며, 특히 최저, 최고온도 및 일교차 등 생육 한계온도에 유의한다.
④ 도입식물의 수분요구도를 참고하여 표면관수, 점적관수, 저면관수, 이중관수 등 적당한 관수 방법을 채택하여 뿌리에 물이 고이지 않도록 배수층을 조성한다.
⑤ 실내식물의 생육 최소 광도는 1,000lux, 생존을 위한 최소 광도는 500lux로 하고 식물에 따라 인공조명을 보광할 수 있도록 한다.
⑥ 식물의 생육에 필요한 광조건을 점검하고 자연광의 유입이 하루에 3시간 이하인 경우 이에 대한 보광계획을 세워 시공한다.
⑦ 실내식물의 생육적온은 23~25℃로 하고, 32℃ 이상이거나 5℃ 이하가 되지 않도록 하며 적당히 통풍이 유지되도록 한다.
⑧ 실내의 냉·난방을 위한 기구를 설치하는 경우 식물생육에 방해되지 않는지에 대해 검토하고, 환기시설이 적당한지에 대해 점검한다.
⑨ 엽면관수 후 실내의 먼지집적으로 인해 식물생육이 불량해지지 않도록 실내환경을 점검한다.
⑩ 실내식물의 생장 기반이 되는 토양은 배수력과 보수력을 동시에 가져야 하며, 토양 개량제를 포함하는 배합토를 사용하는 경우 인공토양식재토심 기준을 적용한다.
⑪ 공사기간이 건축공사, 조명설비공사, 인테리어공사 등과 중복되는 경우에는 공정상의 문제가 야기되지 않도록 상호 협의하여 시공한다.

34) 실내조경 식재용토

① 식재용토는 식물의 종류와 여건에 적합하도록 인공토양에 산흙, 마사토, 모래, 부엽토, 바크, 피트모스, 펄라이트, 질석, 화산회토 등의 토양개량제를 설계도면에 명시된 종류와 비율로 혼합한 배합토 또는 혼합 포장되어 있는 인공배합토를 사용한다.
② 별도로 규정하지 않는 한 토양부피에 대한 토양습윤 상태하의 무게 비중이 0.6~1.2g/cm²이며, 적합한 토양산도(pH) 범위는 6.0~7.0이 되도록 한다.
③ 배합토의 비중을 가볍게 하기 위해 유기물과 공극이 큰 입자의 토양개량제를 첨가한다.
④ 토양산도를 중화시키려면 질산칼슘비료나 석회를 첨가, 산성화시키려면 토양에 피트모스를 첨가한다.
⑤ 물의 침투와 이동이 불량한 경우 무기물이나 유기물을 첨가하여 공극률을 증대시킨다.
⑥ 배합토의 통기성이 불량한 경우에는 거친 입자의 토양개량제를 첨가하여, 토양이 적당한 습윤상태에서 배합토 조성작업을 시행하고, 식재공사 과정에서 지나치게 전압하지 않도록 한다.

35) 경관석 재료 일반

① 경관석은 경질의 돌로서 표면의 질감, 색채, 광택, 무늬 등이 우수하여 관상적 가치가 있어야 한다.
② 입석은 세워서 쓰는 돌로, 전후좌우 어디에서나 관상할 수 있어야 한다.
③ 횡석은 가로로 쓰이는 돌로, 불안감을 주는 돌을 받쳐서 안정감을 가지게 한다.
④ 평석은 윗부분이 편평한 돌로 안정감을 가지게 하며, 주로 앞부분에 배석하고 화분을 올려놓기도 한다.
⑤ 환석은 둥글둥글한 돌로, 축석에는 바람직하지 못한 돌이나 무리로 배석하여 복합적인 경관이 형성될 수 있

어야 한다.

⑥ 각석은 각이 진 돌로 삼각, 사각 등으로 다양하게 이용되며, 경관미를 표현하는 배석이 되어야 한다.

⑦ 사석은 비스듬히 세워서 이용되는 돌로, 해안땅 깎기벽과 같은 풍경을 묘사할 때 적용한다.

⑧ 와석은 소가 누워 있는 것과 같은 돌로 횡석보다 더욱 안정감을 주어야 하며, 뒷부분 돌과 조합의 연결부분을 가려주기도 하여 균형미를 살릴 수 있도록 배석해야 한다.

⑨ 괴석은 흔히 볼 수 없는 특이하게 생긴 모양의 심미적 가치가 있는 자연석으로 개체미가 뛰어나다.

⑩ 경관석 선정은 단독 또는 무리지어 배석하는 자연석의 크기, 외형 및 종류를 설치 위치 및 주변 여건에 맞추어 선정하고 특수용도의 경관석은 미리 선정하여 둔다.

⑪ 경관석을 무리 지어 배석하는 경우 중심석과 보조석의 2석조가 기본이며, 특별한 경우를 제외하고는 3석조, 5석조, 7석조 등과 같은 기수로 조합하는 것을 원칙으로 한다.

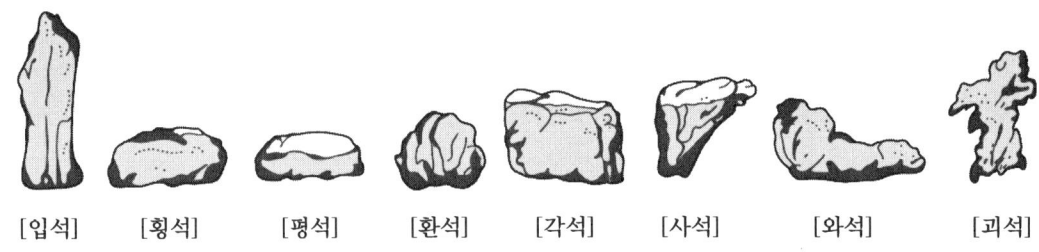

[입석] [횡석] [평석] [환석] [각석] [사석] [와석] [괴석]

36) 경관석 놓기

① 경관석을 설치하는 방향, 자세(누이기, 세우기, 빗놓기, 겹쳐놓기 등) 및 매입깊이 등을 설계도면 또는 공사시방서에 따라 감독자와 협의하고, 경관석의 고유 특징을 살릴 수 있도록 배치하되 주위 미관과 조화되도록 한다.

② 소정의 깊이를 터파기하여 앉히고 옆은 돌받침, 돌굄, 콘크리트 뒤채움 등을 하여 흔들리지 않게 한 다음 주위 흙을 빈틈없이 밀어 넣으며 다져 메운다.

③ 세운돌, 빗세운돌 설치에 있어서 쓰러지지 않도록 깊이 묻거나 돌받침, 콘크리트 뒤채움 등을 튼튼히 하고 주위 흙을 채워 다진다.

④ 생김새가 좋은 경관석을 설치할 때에는 경관석이 가진 특징을 충분히 살릴 수 있도록 관상 가치를 고려하여 설치한다.

⑤ 돌을 설치하는 작업이 끝나면 돌틈과 주위에 마른 흙을 채워 수평으로 메우고, 채우는 흙의 두께 0.3m마다 충분히 다진다.

⑥ 돌을 겹쳐놓을 때에는 흔들거리거나 무너지지 않게 상·하, 좌·우, 전·후의 돌과 잘 맞물리도록 하고 필요에 따라 받침돌, 고임돌, 콘크리트 뒤채움 등을 하며 아래에 놓는 돌은 상부에 높은 돌보다 큰 것을 사용하는 것을 원칙으로 한다.

37) 디딤돌 및 징검돌 놓기

① 보행을 위하여 공원, 정원의 잔디 또는 나지 위에 설치하는 디딤돌과 연못, 수조, 계류 등을 건너기 위하여 설치하는 징검돌 놓기 공사에 적용한다.

② 디딤돌로 쓰이는 재료는 평평한 자연석 또는 판석 등의 가공석과 단위포장재 전돌로 구분하고 그 재질, 크기, 모양새 등은 설계도면 및 공사시방서에 따른다.

③ 디딤돌의 배치 간격 및 형식 등은 설계도면에 따르되, 윗면은 수평으로 놓고 지면과의 높이는 설계도면 또는 공사시방서에서 정한 바가 없는 경우 0.05m 내외로 한다.

④ 디딤돌의 두께에 따라 터파기를 하고 지면을 다진 후 안정되게 놓고 밑에서 괴임돌 등으로 흔들리지 않게 설치한 다음 주위를 흙으로 메우고 다진다.

⑤ 징검돌은 상·하면이 평평하고 지름 또는 한 면의 길이가 0.3~0.6m, 높이 0.3m 이상인 크기의 강석을 사용한다.

⑥ 징검돌은 설계도면 또는 공사시방서에 따라 소정의 깊이까지 터파기를 하고 콘크리트기초를 한 위에 모르타르로 고정하여 설치하며, 높이는 설계도서에 따르되 평균수위보다 0.15m 내외로 높게 하는 것을 원칙으로 한다.

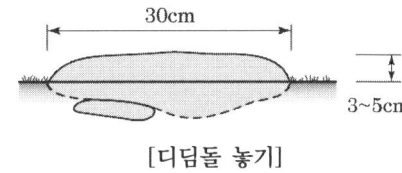

[디딤돌 놓기]

38) 조경석 쌓기

① 경관적 목적 또는 구조적 목적으로 자연석을 쌓아 단을 조성하는 경우에 적용한다.

② 조경석 쌓기에 쓰이는 돌은 자연석 및 가공 조경석을 사용하며, 기초 부분은 터파기한 지면을 다지거나 콘크리트기초를 한다.

③ 크고 작은 조경석을 서로 어울리게 배석하여 쌓되 전체적으로 하부의 돌을 상부의 돌보다 큰 것을 쓰며, 석재는 자연스러운 면이 노출되게 하고 서로 맞닿는 면은 흔들림이 없도록 한다.

④ 뒷부분에는 고임돌 및 뒤채움돌을 써서 튼튼하게 쌓아야 하며, 필요에 따라 중간에 뒷길이가 0.6~0.9m 정도의 돌을 맞물려 쌓아 붕괴를 방지한다.

⑤ 사전에 지반을 조사하여 연약지반은 말뚝박기 등으로 지반을 보강하고 필요한 경우 콘크리트나 잡석 등으로 기초를 보완하는 등 하중에 의한 침하를 방지하여야 한다.

⑥ 가로쌓기

㉠ 조경석을 약간 기울어진 수직면으로 쌓을 때에는 설계도면 및 공사시방서에 따라 석재면을 기울어지게 하거나 약간씩 들여쌓되, 돌을 기초 또는 하부돌에 안정되게 맞물리고 고임돌과 뒤채움 콘크리트 등을 처넣어 흔들리거나 무너지지 않게 쌓는다.

㉡ 상·하, 좌·우의 석재는 크기, 면, 모양새가 서로 잘 어울리고 돌틈이 크게 나지 않게 하며 잔돌을 끼우는 일이 적도록 가로로 길게 놓아 쌓는다.

㉢ 설계도면 및 공사시방서에 명시가 없을 경우 높이가 1.5m 이하일 때에는 메쌓기를 하고, 1.5m 이상인 경우와 상시 침수되는 연못, 호수 등은 찰쌓기로 한다.

⑦ 세워쌓기

㉠ 조경석을 줄지어 세워놓고 돌 주위는 뒤채움돌, 고임돌, 받침돌 또는 콘크리트를 채워 견고하게 설치한다.

㉡ 좌우돌의 겹치기, 띄기 등은 설계도면에 따라 전체가 조화되게 배열한 다음 흙을 필요한 높이까지 채워 다진다.

㉢ 둘째단 돌의 밑부분은 하부석의 윗부분 뒤에 약간 걸리게 세워놓고 주위는 흙을 채워 다지며, 다음의 돌은 둘째단의 돌 뒤에 걸리게 세워놓고 흙을 채우며 소정 높이까지 쌓는다.

㉣ 돌쌓기가 완료되면 뒤에 흙을 채워 다지며 지면 고르기를 하여 마무리한다.

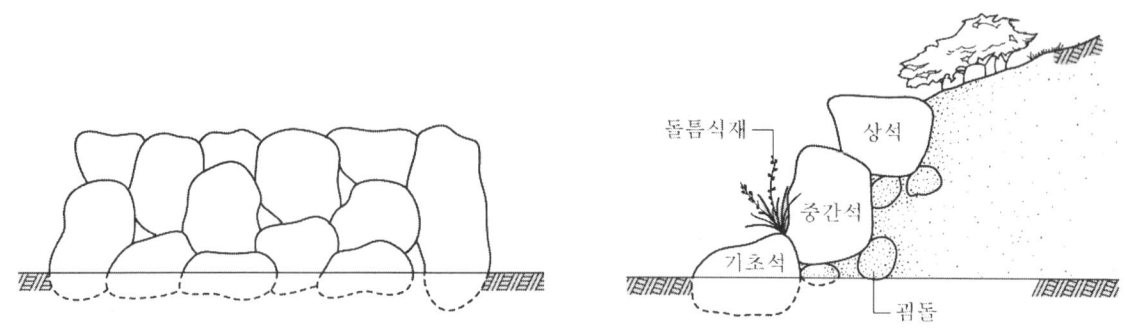

[조경석 쌓기]

39) 유희시설 안전기준

① 볼트, 관 등의 끝부분이나 땅깎기 단부 등의 돌출 부위는 둥글게 처리하여 인체나 의복 등이 걸리지 않도록 하고, 마개를 씌울 경우에는 도구를 사용하지 않으면 뺄 수 없도록 단단히 고정시킨다.
② 기초콘크리트, 유희시설의 면모서리, 구석 모서리는 둥글게 처리하거나 모따기를 한다.
③ 망루, 놀이집 등의 밀폐되는 공간은 투시형으로 하여 비도덕적이거나 비행 장소로 사용되지 않도록 한다. 망루, 난간, 그네 등의 높게 설치되는 시설물은 기어오르거나 걸터앉지 못하는 구조로 설치한다.
④ 계단, 통로 등의 디딤면은 미끄러지지 않도록 하고, 활주면 등과 같이 신체의 접촉 또는 마찰이 빈번히 발생하는 곳에는 녹이 발생하지 않도록 처리한다.
⑤ 유희시설의 기초콘크리트 등 지하 매설물은 놀이터 바닥면 위로 노출되지 않도록 하며, 모래에 매설하는 경우 모래 상단면으로부터 최저 0.05m 이상 깊게 매설한다. 또한 놀이로 인한 기초콘크리트의 노출로 신체와의 접촉이 예상되는 기초의 상단면 모서리는 모따기한다.
⑥ 그네, 회전무대 등 동적 유희시설은 시설물 주위로 2m 이상의 여유공간을 확보하고 시소 등 정적인 시설은 1.5m 이상의 여유공간을 확보하며, 시설 간 이용공간의 중복이 없도록 한다. 또한 시설 간의 간격은 어린이가 뛰어넘을 수 없도록 충분한 간격을 띄운다.
⑦ 그네, 회전무대 등 충돌의 위험이 많은 시설은 보행동선과 놀이동선이 상충 또는 가로지르지 않도록 배치한다.
⑧ 철봉, 사다리, 그네 등 시설의 착지점에는 타 시설을 설치하지 않아야 한다.
⑨ 추락위험이 있는 유희시설 주변은 모래 등 충격을 흡수, 완화할 수 있는 완충재료를 사용한다.
⑩ 유희시설이 도입되는 놀이터 경계가 옹벽, 석축으로 되어 있거나 기울기가 심한 곳은 난간, 차폐식재 등 안전시설을 설치하여야 한다.

chapter 4. 공사관리

1. 공사관리

시공계획, 시공기술, 시공관리의 세 부분으로 나눌 수 있으며, 이를 합리적으로 경제성과 품질을 높여 정해진 공사 기간 내에 결과물을 완성하는 것

1) 시공계획

① 시공계획 : 설계도면 및 시방서에 의해 지정된 공사기간 내에 공사예산을 가지고 양질의 공사와 안전성을 갖춘 결과물을 목표로 시행 가능한 계획을 작성하는 것

② 시공계획의 생산수단과 생산목표 : 5M을 가지고 5R을 목표로 하는 계획이 필요하다.

생산수단(5M)		생산목표(5R)
인력(Man)	시공기술	제품(Right Product)
재료(Materials)		품질(Right Quality)
기계(Machines)		수량(Right Quantity)
자금(Money)	시공관리	공기(Right Time)
방법(Methods)		가격(Right Price)

③ 시공계획 수립 과정

　㉠ 사전 조사 및 분석 : 현장 조사, 법규 및 인허가 사항, 도면 검토
　㉡ 공사 범위 정의 : 작업의 구체적인 범위를 명확히 정의한다(조경 식재, 포장, 시설물 설치 등).
　㉢ 공정 계획 작성 : 각 작업의 순서와 기간을 설정하여 공정표를 작성
　㉣ 자원 계획 : 인력, 장비, 자재
　㉤ 예산 관리 : 예산 수립, 원가 절감 계획
　㉥ 시공 단계별 계획 : 토목 작업, 식재 작업, 시설물 설치, 마감 작업
　㉦ 안전 관리 : 작업자 안전 교육, 장비 안전 관리, 현장 안전 대책
　㉧ 품질 관리 : 점검표 작성, 샘플 테스트, 현장 감독

2) 시공기술

결과물을 완성하기까지의 공정관리와 시공방법, 공사예산에 의한 공기와 작업계획, 올바른 기계의 선정과 운용 계획 등의 기술적인 부분으로 시공계획을 성공적으로 완료하기 위한 총체적 기술

2. 공정관리(시공관리)

정해진 공사기간 내에 경제적이며 좋은 결과물을 만들기 위해 공사 일정을 계획, 조정, 수정하는 일련의 작업으로 목표를 달성하기 위한 모든 수단과 방법을 제어하는 활동

1) 공정관리 4단계

정해진 기간 내에 공정계획에 의한 관리를 함으로써 공기뿐 아니라 품질과 원가에 대한 적정성을 확보하는 것
PDCA cycle : 계획(Plan) → 실시 (Do) → 검토(Check) → 시정(Action)
① 계획(Plan) : 공정계획에 의한 실시방법 및 관리의 생산수단 사용계획을 세운다.
② 실시(Do) : 공사의 진행, 감독, 작업의 교육 및 실시
③ 검토(Check) : 작업의 내용을 검토하여 실적자료와 계획자료를 비교·검토
④ 조치(Action) : 실시방법 및 계획을 수정하여 재발 방지 및 시정조치

2) 공정관리의 내용

① 공정관리 : 시공계획에 입각하여 합리적이고 경제적인 공정을 결정하여 공사기간을 단축한다.
② 원가관리 : 재료비, 노무비, 기타 현장 경비를 종합 분석하여 저렴한 경제성을 확보한다.
③ 품질관리 : 시방서, 설계도서에 제시된 내용보다 좋은 품질이 되도록 한다.
④ 안전관리 : 안전조치를 철저히 하여 보다 안전한 시공이 되도록 한다.

3) 품질, 원가, 공정의 상관관계

① 공기가 너무 빠르거나 늦으면 원가 상승(최적 공기의 설정)
② 원가의 낮을수록 품질은 저하(원가와 품질의 합리적 조정)
③ 공기가 너무 빠르면 품질 저하(적정 공기의 확보 필요)

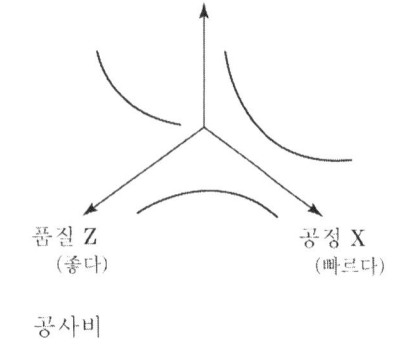

4) 최적공기

직접비와 간접비를 합한 총 공사비가 최소로 되는 가장 경제적인 공사기간
① 직접비 : 재료비, 노무비 등으로 시공속도를 높이면 공기는 단축되지만 비용이 증가한다.
② 간접비 : 관리비, 감가상각비 등으로 공기가 단축되면 비용이 줄고, 공기가 늘어나면 비용이 증가한다.

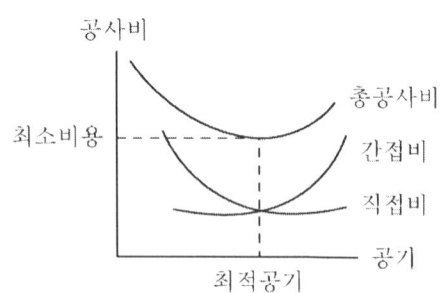

3. 공정표

지정된 공사기간 내에 계획된 예산과 품질로 완성물을 만들기 위한 계획서로, 공사의 진척상황을 쉽게 알 수 있도록 시각적인 방법으로 표시해 놓은 것이다.

1) 횡선식 공정표(간트차트, 바차트)

세로축에 공사종목별 공사명을 배열하고 가로축에 날짜를 표기, 공사의 소요 기간을 횡선의 길이로 나타낸다.

작업일 작업명	5	10	15	20	25	30	비고
측량	━━						
부지정지		━━					
포장공사			━━━━				
식재공사				━━━			
잔디식재					━━		
뒷정리						━━	

2) 사선식 공정표(S-curve, 바나나곡선, 기성고공정곡선)

세로축에 자원 또는 범위를 표시하고 가로축에 시간에 따른 프로젝트 진행 상태를 수치적으로 표시

① A점, B점 : 예정 진도와 비슷하여 그대로 진행해도 좋다.

② C점 : 예정 공정보다 진척이 많이 되었으나 상부허용한계선 밖에 있으므로 비경제적이다.

③ D점 : 하부허용한계선 밖에 있으므로 공사를 촉진해야 한다.

④ E점 : 하부허용한계선상에 있으나 지연되기 쉬우므로 중점 관리하여 촉진시켜야 한다.

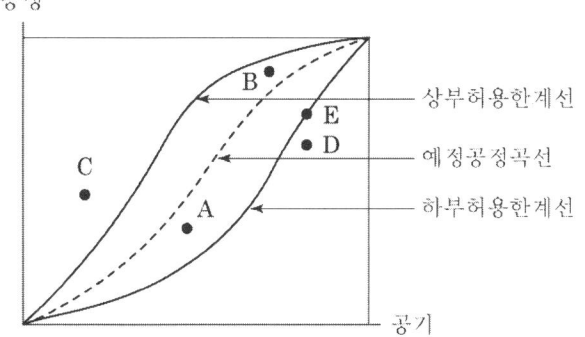

3) 네트워크 공정표

화살표과 원으로 조립된 망상도로 표현하며 도해적으로 공사의 전체 및 부분, 상호 관련성을 알기 쉽게 표현한 공정표로 계산기의 이용이 가능

① 네트워크 공정표 수립 순서

  ㉠ 순서계획
  - 프로젝트를 작업단위로 분석한다.
  - 작업순서를 정하고 네트워크에 표현한다.
  - 각 작업의 소요시간을 견적한다.

  ㉡ 일정계획
  - 시간계산을 실시한다.
  - 공정계산을 실시한다.
  - 공정표를 작성한다.

② 네트워크 공정표 구성 요소

구 분	표시 형식	내 용
작업 (Activity, Job)	작업명 → 소요시간	• 화살표로 표현
결합점 (Event, Node)	①→②	• 원으로 표현 • 작업의 시작과 끝 • 정수를 사용하여 작업진행방향으로 작은 수에서 큰 수의 순서로 부여
더미 (Dummy)	①--→②	• 파선(점선)으로 표현 • 명목상 작업으로 소요시간은 없다. • 작업의 선후관계를 표현

③ 네트워크 공정표 작성법
　㉠ 작업 전후에 반드시 결합점이 있어야 한다. 정수를 사용

　㉡ 결합점과 결합점 사이의 작업은 반드시 하나이어야 한다.

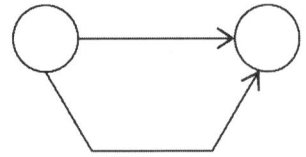 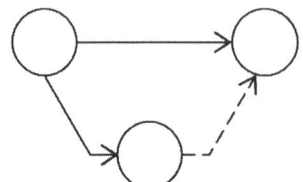 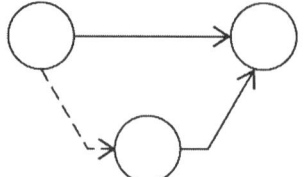

　㉢ 선행작업 종료 후 후속작업이 가능하다(종속과 독립).
　㉣ 개시와 종료 결합점은 반드시 하나이어야 한다.
　㉤ 화살표가 거꾸로 가거나 회전하면 안 된다.
　㉥ 작업(화살표)은 가능한 한 교차하지 않는다.
　㉦ 무의미한 더미는 넣지 않는다.
　㉧ 가급적 대칭형태로 만든다.

④ CPM과 PERT의 비교

구 분	PERT	CPM
개발	미 해군 개발	Dupont사 개발
주목적	공사기간 단축	공사비용 절감
활용	신규사업, 비반복사업	반복사업, 경험이 있는 사업
일정 계산	최조시간 : ET, TE(earliest time) 최지시간 : LT, TL(latest time)	최조개시시간 : EST(earliest starting time) 최지개시시간 : LST(latest starting time) 최조완료시간 : EFT(earliest finishing time) 최지완료시간 : LFT(latest finishing time)
여유 발견	정여유 : PS(positive slack) 영여유 : ZS(zero slack) 부여유 : NS(negative slack)	총여유 : TF(total float) 자유여유 : FF(free float) 종속여유 : DF(dependent float)

⑤ CPM 네트워크 공정표 일정 계산

구 분	의 미	내 용
EST	가장 빠른 개시시간	• 작업의 진행방향에 따른 전진계산 • EFT는 EST+소요시간 • EST는 선행작업의 EFT 중 최대치
EFT	가장 빠른 종료시간	
LST	가장 늦은 개시시간	• 작업의 진행방향에 대해 역진계산 • LST는 LFT-소요시간 • LFT는 후속작업의 LST 중 최소치
LFT	가장 늦은 종료시간	
CP	주공정선	• 전체 공기를 규제하는 가장 긴 경로 • 여유시간은 0 • 굵은 선으로 표현

구분	의 미	내 용
일정 계산 공식		• EFT=EST+소요시간 • LST=LFT-소요시간 • 총여유(TF)=LST-EST=LFT-EFT • 자유여유(FF)=후속작업 EST-EFT • 종속여유(DF)=TF-FF
표시 방법		LFT EFT EST LST ①→

⑥ PERT 네트워크 공정표 일정 계산

구분	의 미	내 용
ET	가장 빠른 결합점 시간	• 결합점을 기준으로 EST와 동일 • 작업의 진행 방향에 따른 전진계산 • ET는 선행 결합점 ET+소요시간 • ET 중 최대치
LT	가장 늦은 결합점 시간	• 결합점을 기준으로 LFT와 동일 • 작업의 진행 방향에 대해 역진계산 • LT는 후행 결합점 LT-소요시간 • LT 중 최소치
SL	결합점 여유	• 결합점이 갖는 여유시간 • LT-ET
표시방법		ET LT ①→

⑦ 네트워크 공정표 작성 시 기본원칙 4가지
- 공정원칙
- 단계원칙
- 활동원칙
- 연결원칙

4) 공정표 비교

구분	장 점	단 점	용 도
막대 공정표	• 전체의 공정이 일목요연하다. • 단순하여 초보자도 이해하기 쉽다. • 작업의 시작과 종료가 명확하다.	• 주공정 파악이 어렵다. • 상호관계의 파악이 어렵다. • 작업 변동 시 탄력성이 없다.	• 간단한 공사 • 개략적인 공정표
사선식 공정표	• 전체의 공정을 파악하기 쉽다. • 관리의 목표가 명확하다. • 시공속도를 파악하기 쉽다.	• 세부 진척 상황 파악이 곤란하다. • 개개의 작업을 조정할 수 없다. • 주공정표로 사용하기 어렵다.	• 공정의 경향분석 • 보조적 수단 • 공정의 경향분석
네트워크 공정표	• 공사의 전체 및 부분 파악이 쉽다. • 주공정을 파악하여 집중관리가 용이하다. • 최적비용으로 공기단축 가능하다. • 공사일정 및 자원배당에 의한 문제점 예측 가능하다.	• 작성과 검사에 많은 시간 소요 • 작성에 특별한 기능이 필요하다. • 수정 작업 시 많은 시간이 소요된다.	• 대형공사 • 복잡한 공사 • 중요한 공사

5) 공기단축

① 공기단축 : 지정된 공기보다 계산되어진 공기가 긴 경우, 공사가 지연되어 공기가 연장될 가능성이 있는 경우 시행

② MCX에 의한 공기단축 : MCX란 직접비와 간접비의 합이 최소가 될 때의 최적공기와 최소비용을 얻는 기법으로 공기단축을 할 수 있다.

　㉠ 비용구배 : 작업을 1일 단축할 때 추가되는 직접비용

$$비용구배 = \frac{특급비용 - 표준비용}{표준공기 - 특급공기}$$

　㉡ 표준비용 : 정상적인 공기에 대한 비용
　㉢ 표준공기 : 정상공기
　㉣ 특급비용 : 공기를 단축할 때의 비용
　㉤ 특급공기 : 정상공기를 단축한 공기

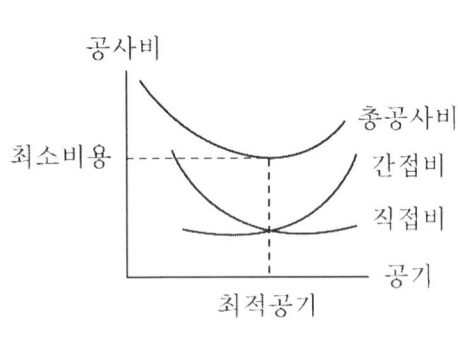
[공사비와 공기의 관계]

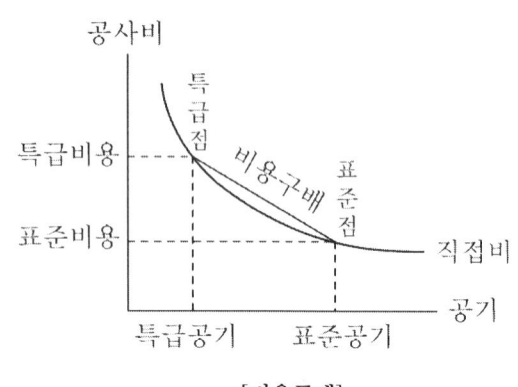
[비용구배]

③ 공기단축 순서
　㉠ 일정 계산 후 주공정선(CP)을 구한다.
　㉡ 단축 가능 일수와 비용구배를 구한다.
　㉢ 주공정선의 작업부터 Sub Path와 비교하며 단축한다.
　㉣ 공기 단축 비용을 구한다.
　㉤ 공기 단축 비용과 표준 비용을 합한 총공사비를 구한다.
　㉥ 단축 공정표를 작성한다.

④ 공기단축 유의점
　㉠ 공기를 단축한다고 해서 품질이 저하되거나 안전 문제가 발생하지 않도록 주의해야 한다.
　㉡ 직접비만을 고려한 공기단축은 비용 증가를 초래할 수 있으므로 예산 관리와 균형을 유지하는 것이 중요하다.

4. 품질관리

1) 품질관리의 개요

품질관리란 수요자의 요구에 맞는 제품을 경제적으로 만들어내기 위한 수단이다.
결과물에 대한 시험과 검사를 위주로 시공과정 및 시공방법이나 공정관리를 포함한 전과정의 관리이다.

2) 품질관리의 순서

관리의 4단계 PDCA cycle : 계획(Plan) → 실시(Do) → 검토(Check) → 시정(Action)

① 품질관리 항목 설정
② 품질기준 설정
③ 작업기준 설정
④ 품질 및 작업기준에 대한 교육 및 작업 실시
⑤ 품질시험조사 및 기준에 대한 확인
⑥ 공정의 안정성 점검
⑦ 이상원인 조사 및 수정조치
⑧ 관리한계선의 재설정

3) 품질관리의 대상

① 사람(Men)
② 기계(Machines)
③ 재료(Materials)
④ 자금(Money)
⑤ 공법(Methods)

4) 품질관리의 종류

① SQC : 시공법, 사용방법, 재료 등을 통계적으로 관리
② TQC : 설계, 시공 등 품질 우선 관리기법
③ OR : 관리활동을 수리적 모형으로 최적의 경영을 위한 의사 결정 기법
④ IE : 효율적인 업무추진을 위한 분석 개선방안 설계
⑤ SE : 설계, 시공의 효율적 운영을 위해 상세한 시방 작성
⑥ VE : 자재 및 관리기술 대체로서 원가절감에 이용

5) TQC의 7대 수법

종합적 품질관리(Total Quality Control)란 양질의 제품을 보다 경제적인 수준에서 생산하기 위해 제품생산 공정의 각 공정마다 품질 유지 및 개선의 노력을 종합적으로 조성하는 품질관리시스템을 말한다.

① 히스토그램 : 데이터가 어떤 분포를 하고 있는지를 알아보기 위해 작성하는 막대 그림
② 파레토도 : 불량 발생 건수를 항목별로 나누어 크기 순서대로 나열해 놓은 막대 그림
③ 특성요인도 : 결과에 원인이 어떻게 관계하고 있는가를 한 눈에 알 수 있도록 만든 어골형 다이어그램
④ 체크 시트 : 계수치의 데이터가 분류 항목의 어디에 집중되어 있는가를 보기 쉽게 나타낸 그림이나 표

⑤ 각종 그래프(관리도) : 한 눈에 파악되도록 숫자를 시각화한 막대그래프, 원그래프
⑥ 산점도(산포도) : 대응되는 3개의 짝으로 된 데이터를 그래프에 점으로 나타낸 그림
⑦ 층별 : 집단을 구성하고 있는 데이터를 특징에 따라 몇 개의 부분 집단으로 나눈 것

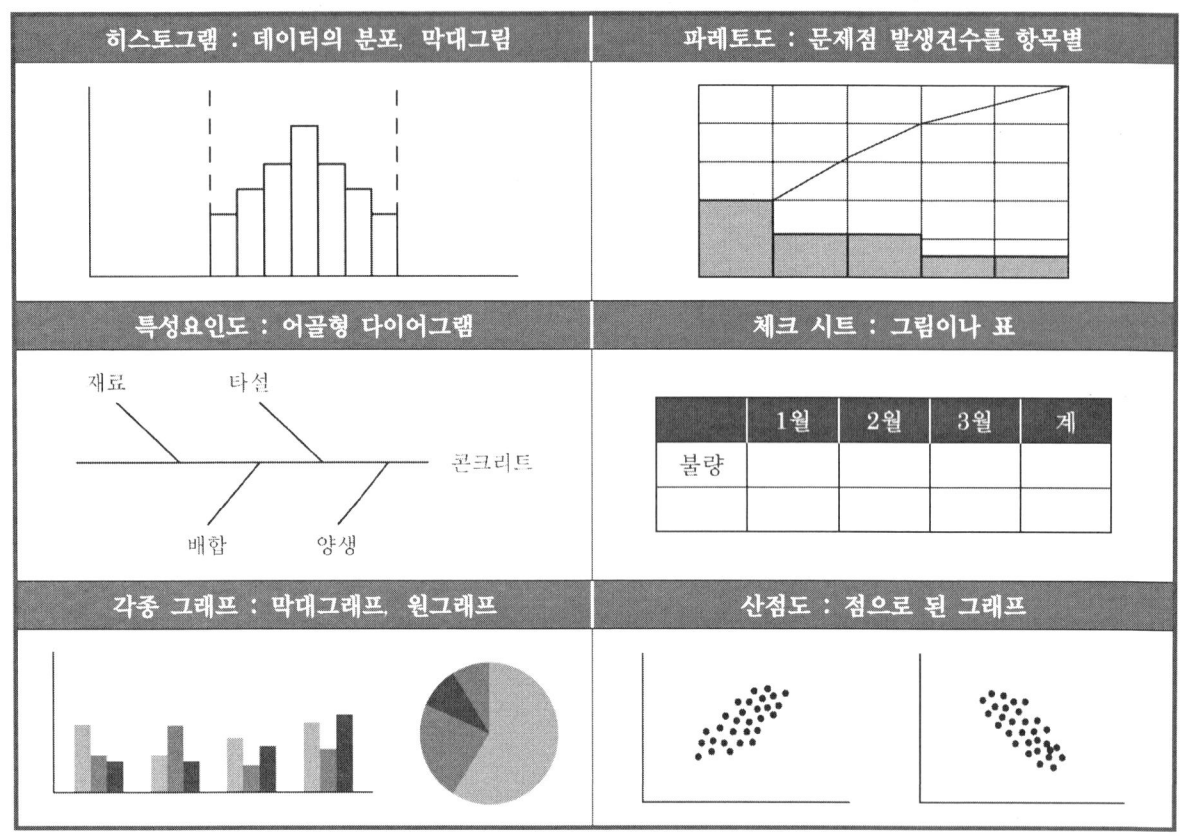

예제...1

다음 보기는 비용과 시공 속도에 대한 설명이다. (   ) 안에 알맞은 말을 기입하시오.

> 총공사비는 간접비와 직접비로 구성되고 또 직접비는 공사 시공량에 비례한다고 가정하면 시공속도를 빠르게 하면 (①)는 절감되고, (②)는 저렴하게 된다. 그러나 이것은 시공량에 비례된다고 가정하였기 때문이며 실제로는 단위 시공량에 대한 (③)는 속도를 빨리 할수록 점증하는 경향이 있다. 공기를 단축하여 (④)를 절감한 것과 (⑤)가 증대된 것을 합계하면 서로 상쇄되고 이 합계가 최소가 되도록 하는 것이 가장 적절한 시공속도가 된다.

해설 및 정답

① 간접비 ② 총공사비 ③ 총공사비
④ 간접비 ⑤ 직접비

네트워크 공정표를 작성하시오.

작업명	소요시간	선행작업
A	5	–
B	3	A
C	2	A
D	2	B, C

해설 및 정답

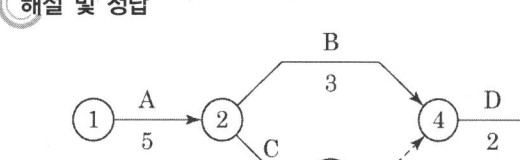

네트워크 공정표를 작성하시오.

작업명	소요시간	선행작업
A	5	–
B	3	–
C	2	A, B
D	2	B

해설 및 정답

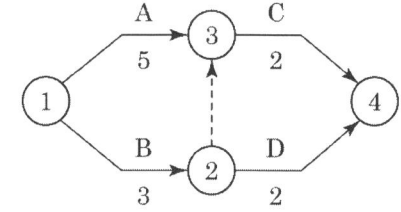

네트워크 공정표를 작성하시오.

작업명	소요시간	선행작업
A	5	–
B	3	–
C	2	A
D	2	A, B
E	6	B

해설 및 정답

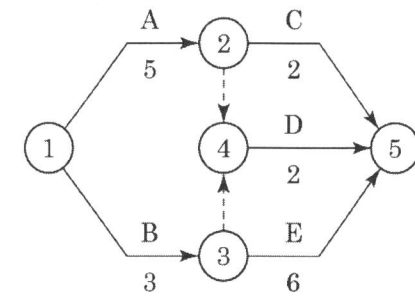

예제...5

횡선식 공정표로 네트워크 공정표를 작성하시오.

작업명	소요시간	선행작업
A	5	-
B	3	-
C	2	-
D	3	B
E	4	A, B
F	2	A, B, C

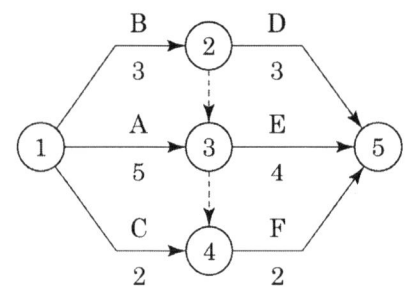

예제...6

네트워크 공정표를 작성하시고, TF, FF, DF, CP를 구하시오.

작업명	소요시간	선행작업
A	5	-
B	3	-
C	4	A
D	7	A, B

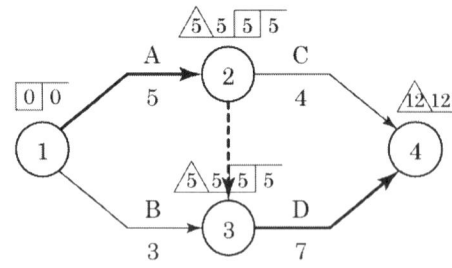

작업명	소요시간	EST (ㅁ)	EFT (EST+소요시간)	LST (LFT-소요시간)	LFT (△)	TF (LST-EST) (LFT-EFT)	FF (후속EST -EFT)	DF (TF-FF)	CP (0,0,0)
A	5	0	5 (5+0)	0 (5-5)	5	0 (5-5)	0 (5-5)	0 (0-0)	※
B	3	0	3 (3+0)	2 (5-3)	5	2 (5-3)	2 (5-3)	0 (2-2)	
C	4	5	9 (4+5)	8 (12-4)	12	3 (12-9)	3 (12-9)	0 (3-3)	
D	7	5	12 (7+5)	5 (12-7)	12	0 (12-12)	0 (12-12)	0 (0-0)	※

※ 네트워크 공정표 일정 계산 공식
- EFT=EST+소요시간
- 총여유(TF)=LST-EST=LFT-EFT
- 종속여유(DF)=TF-FF
- LST=LFT-소요시간
- 자유여유(FF)=후속작업 EST-EFT

예제...7

네트워크 공정표를 작성하시고, TF, FF, DF, CP를 구하시오.

작업명	소요시간	선행작업
A	5	-
B	5	A
C	12	-
D	3	B, C

해설 및 정답

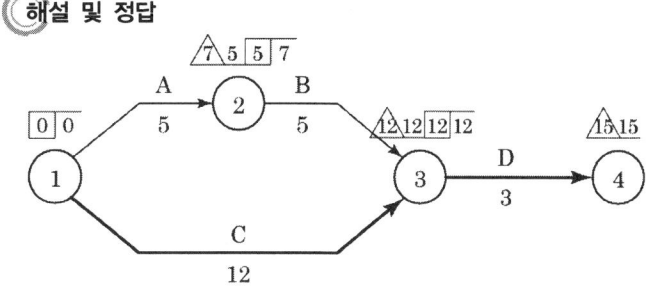

작업명	소요시간	EST	EFT	LST	LFT	TF	FF	DF	CP
A	5	0	5	2	7	2	0	2	
B	5	5	10	7	12	2	2	0	
C	12	0	12	0	12	0	0	0	*
D	3	12	15	12	15	0	0	0	*

예제...8

네트워크 공정표를 작성하시고, TF, FF, DF, CP를 구하시오.

작업명	소요시간	선행작업
A	2	-
B	5	-
C	3	-
D	4	A, B
E	3	A, B

해설 및 정답

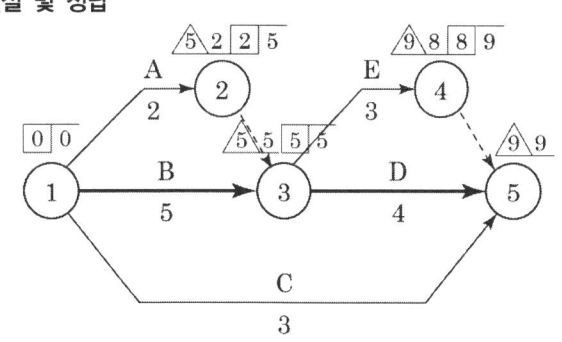

작업명	소요시간	EST	EFT	LST	LFT	TF	FF	DF	CP
A	2	0	2	3	5	3	3	0	
B	5	0	5	0	5	0	0	0	*
C	3	0	3	6	9	6	6	0	
D	4	5	9	5	9	0	0	0	*
E	3	5	8	6	9	1	1	0	

네트워크 공정표를 작성하시고, TF, FF, DF, CP를 구하시오.

작업명	소요시간	선행작업
A	5	–
B	2	–
C	4	–
D	3	A, B, C
E	4	A, B, C

해설 및 정답

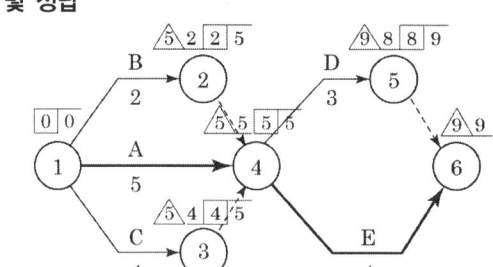

작업명	소요시간	EST	EFT	LST	LFT	TF	FF	DF	CP
A	5	0	5	0	5	0	0	0	*
B	2	0	2	3	5	3	3	0	
C	4	0	4	1	5	1	1	0	
D	3	5	8	6	9	1	1	0	
E	4	5	9	5	9	0	0	0	*

네트워크 공정표를 작성하시고, TF, FF, DF, CP를 구하시오.

작업명	소요시간	선행작업
A	5	–
B	6	–
C	5	A, B
D	7	A, B
E	3	B
F	4	B
G	2	C, E
H	4	C, D, E, F

해설 및 정답

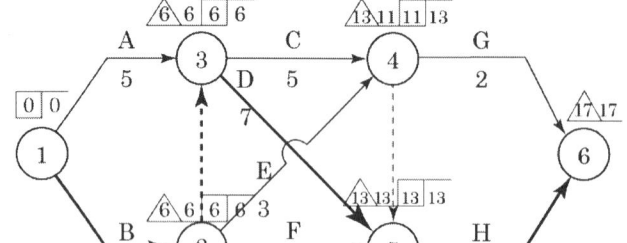

작업명	소요시간	EST	EFT	LST	LFT	TF	FF	DF	CP
A	5	0	5	1	6	1	1	0	
B	6	0	6	0	6	0	0	0	*
C	5	6	11	8	13	2	0	2	
D	7	6	13	6	13	0	0	0	*
E	3	6	9	10	13	4	2	2	
F	4	6	10	9	13	3	3	0	
G	2	11	13	15	17	4	4	0	
H	4	13	17	13	17	0	0	0	*

예제...11

네트워크 공정표를 작성하시오.

작업명	소요시간	선행작업
A	–	–
B	–	–
C	–	–
D	–	A
E	–	B
F	–	C
G	–	D, F
H	–	D, F
I	–	G
J	–	H
K	–	H
L	–	I

해설 및 정답

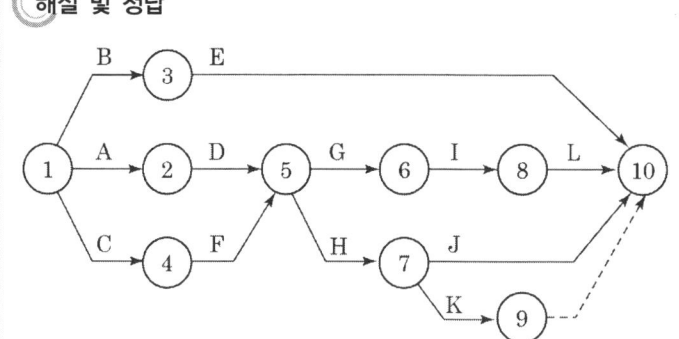

예제...12

횡선식 공정표로 네트워크 공정표를 작성하시오.

작업명	소요시간	선행작업
A		
B		
C		
D		
E		
F		
G		

해설 및 정답

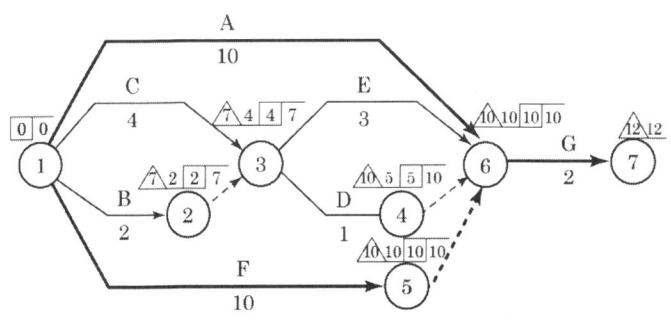

작업명	소요시간	EST
A	10	–
B	2	–
C	4	–
D	1	B, C
E	3	B, C
F	10	–
G	2	A, D, E, F

예제...13

네트워크 공정표를 작성하시고, TF, FF, DF, CP를 구하시오.

작업명	소요시간	선행작업
A	3	-
B	2	-
C	4	-
D	5	C
E	2	B
F	3	A
G	3	A, B, C, E
H	4	D, F, G

해설 및 정답

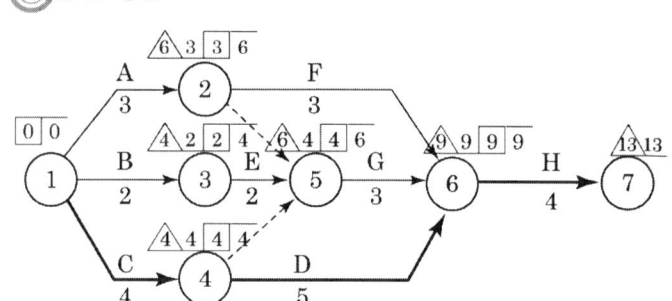

작업명	소요시간	EST	EFT	LST	LFT	TF	FF	DF	CP
A	3	0	3	3	6	3	0	3	
B	2	0	2	2	4	2	0	2	
C	4	0	4	0	4	0	0	0	*
D	5	4	9	4	9	0	0	0	*
E	2	2	4	4	6	2	0	2	
F	3	3	6	6	9	3	3	0	
G	3	4	7	6	9	2	2	0	
H	4	9	13	9	13	0	0	0	*

chapter 5 조경 적산

1. 적산의 기초

1) 적산의 개념

① 적산의 정의 : 도면과 시방서 등을 기준으로 시공계획에 따라 건설공사에 소요되는 재료·노무·경비의 수량 산출과 그 수량에 단가를 적용하여 재료비, 노무비, 경비, 일반관리비, 이윤 등을 합산하는 총공사비 산정과정을 적산이라 정의

② 품 : 몸을 움직이는 일에 드는 힘

③ 품셈 : 공사 목적물의 완성을 위한 단위 규격당 소요량

④ 표준품셈 : 공사수행의 기본 단위인 길이(m)·면적(m^2)·체적(m^3)·개소(EA) 등의 시공에 소요되는 재료·노무·경비의 기준량을 명시한 일반적이고 보편적인 원가계산 기준

2) 산출서 작성

① 수량 산출 : 작업에 필요한 자재·노무의 종류와 소요량, 시공장비의 내용과 사용량 등을 구체적으로 규정하는 절차이다. 즉, 수량산출은 표준 단위(Unit)당 시공에 소요되는 수량의 산출·집계 작업으로서 과정과 결과는 일정한 양식으로 기록된다. 재료는 표준 사용량에 운반·저장·시공 중 손실 예상량을 할증한다.

② 기계경비 산출 : 기계의 시간당 가동 비용을 산출하는 기계경비 산출과 산출된 기계경비를 바탕으로 시공대상 목적물 단위(Unit)당 소요비용을 산출하는 기계시공비 산출이 있다.

③ 단가 산출 : 재료비와 노무비 단가 산출이 있으며, 수량 산출에서 추출된 재료와 노무에 적용할 단가의 결정과정으로서 객관적이고 공정하여야 한다.

3) 일위대가, 내역서 작성

① 일위대가 : 기초 일위대가와 단위 일위대가로 나눌 수 있다.
   ㉠ 기초 일위대가는 가장 기초적인 일위대가로서, 수량 산출과 무관하게 표준품셈을 기반으로 작성할 수 있는 터파기, 콘크리트, 거푸집 등이다.
   ㉡ 단위 일위대가는 길이, 면적, 체적, 중량, 개소 등 기본 단위(Unit) 순공사비로서 산출된 세부 단위 공종량에 단가, 기초 일위대가를 곱하여 작성한다.

② 내역서 : 산출된 공사량에 항목별 단가(단위 일위대가 또는 단가)를 곱하여 산출하는 것. 내역서(순공사비)는 공종별 수량에 산정 단가를 대입하여 순공사비를 도출하는 절차이다. 즉, 도면과 산출서의 집계 수량에 단가산출, 기계시공비산출, 기초 일위대가, 단위 일위대가 등으로 작성된 단가를 대입하여(수량×단가)로 산출한다.

4) 공사비 산정

① 공사비 산정 순서

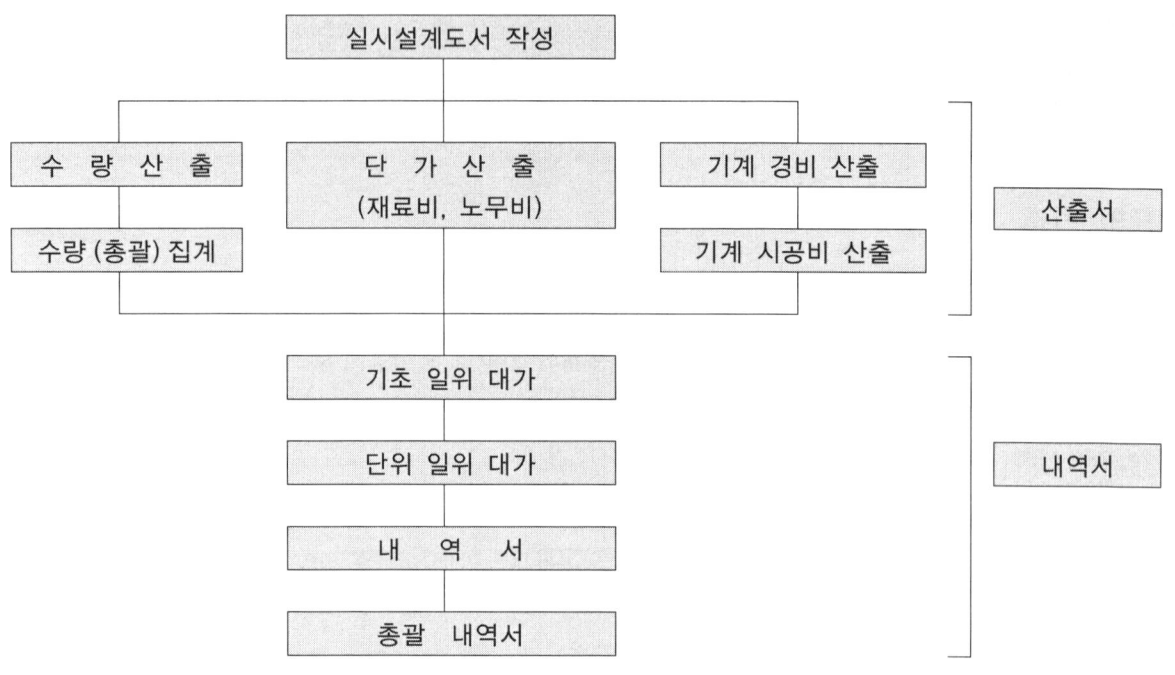

5) 공사 원가 작성

① 공사 원가

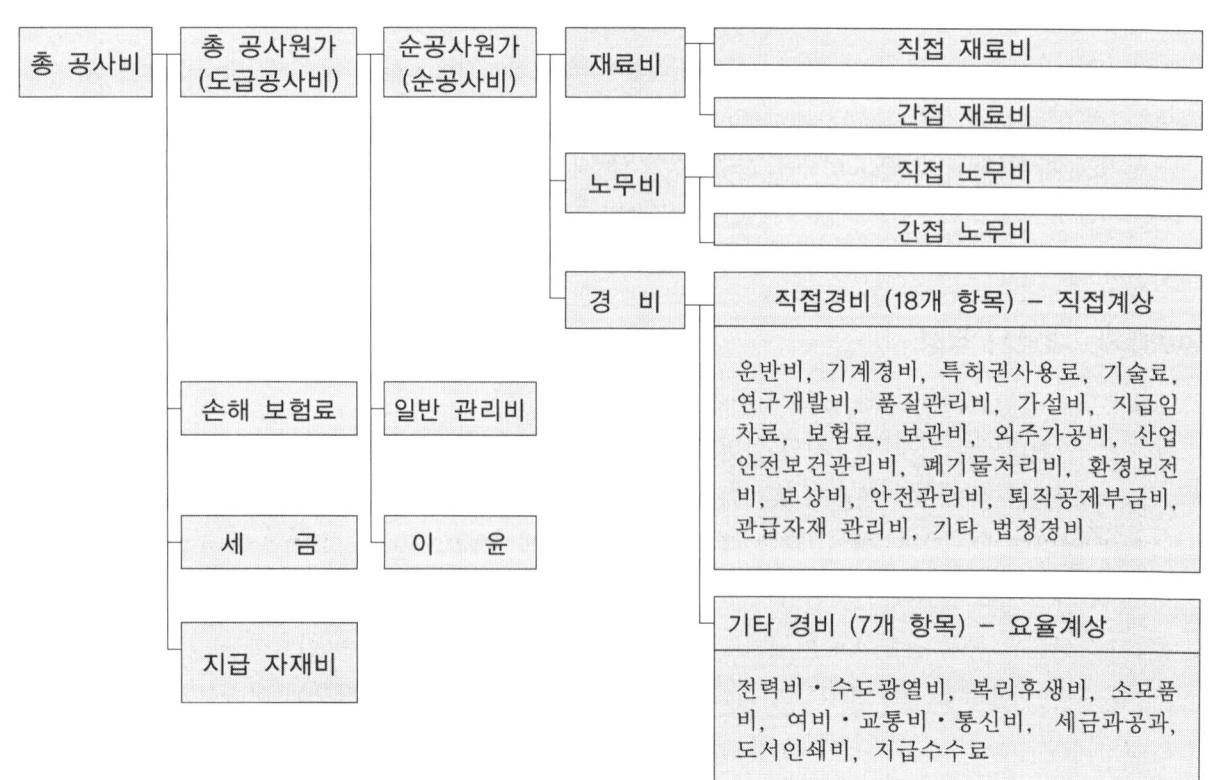

② 공사 원가계산 제비율 적용 기준

구 분	적용 대상	적용률					
① 재료비, ② 직접노무비, ③ 직접경비, □ 지급자재비							
④ 간접노무비	②	도급액 공사기간	50억 미만	50~300억	300~1000억	1000억 이상	
		6개월 이하	11.5	11.5	11.3	10.7	
		7~12 개월	11.8	11.8	11.6	10.9	
		13~36 개월	11.8	11.8	11.6	11.0	
		37개월 이상	11.7	11.7	11.5	10.9	
⑤ 산재보험료	②+④	3.73% (모든 건설공사)					
⑥ 고용보험료	②+④	기준액	(모든 건설공사, 단 2천만원이하는 적용예외 있음)				
		1700억 이상	1700~950억	950~550억	550~400억	400~220억	220~140억	140억 미만
		1.39	1.17	0.97	0.92	0.89	0.88	0.87
⑦ 국민건강보험료	②	3.335% 공사기간 1개월 이상 공사					
⑧ 노인장기 요양보험료	⑦	10.25% 공사기간 1개월 이상 공사					
⑨ 국민연금보험료	②	4.50% (공사기간 1개월 이상 공사)					
⑩ 퇴직공제부금	②	2.3% (추정금액 3억원 이상 공사)					
⑪ 건설기계대여대금 지급보증서발급수수료	①+②+③	종합건설업 0.18%, 전문건설업 0.16%					
⑫ 산업안전 보건관리비	①+②+ □ (①+②)×1.2 중 적은 금액	기준액	재료비(지급 포함)+직접노무비 = 4천만원 이상				
		도급액	5억 미만	5~50억 미만	50억 이상		
		특수 및 기타	1.85%	1.20%+3,250천원	1.27%		
⑬ 환경보전비	①+②+③	0.3% (조경공사)					
⑭ 건설 하도급대금 지급보증서 지급수수료	①+②+③	도급공사비	50억 미만	50~100억	100~300억	300억 이상	턴키·대안
		적 용 률	0.081	0.080	0.075	0.071	0.084
⑮ 기타 경비	①+②+④	도급액 공사기간	50억 미만	50~300억	300~1000억	1000억 이상	
		6개월 이하	7.8	9.2	8.1	7.1	
		7~12 개월	8.1	9.5	8.4	7.4	
		13~36 개월	9.0	10.4	9.3	8.3	
		37개월 이상	9.5	10.9	9.8	8.8	
⑯ 계 (1)	순공사원가	①+~+α+⑮					
⑰ 일반관리비	⑯	조경 공사 전문 공사	50억미만 5억 미만	50~300억 5~30억	300~1000억 30~100억	1000억 이상 100억 이상	
		적 용 률	6.0	5.5	5.0	4.5	
⑱ 이 윤	⑯+⑰-①	도급공사비	50억 미만	50~300억	300~1000억	1000억 이상	
		적 용 률	15.0	12.0	10.0	9.0	
⑲ 계 (2)	총공사원가	⑯+⑰+⑱					
⑳ 부가가치세	⑲	10%					
도급공사비		⑲+⑳					
□ 지급자재비		□					
총공사비		⑲+⑳+ □					

6) 수량의 계산

① 수량의 단위 및 소수위는 표준품셈 단위표준에 의한다.
② 수량의 계산은 지정 소수의 이하 1위까지 구하고, 끝수는 4사5입 한다.
③ 계산에 쓰이는 분도(分度)는 분까지, 원둘레율(圓周率), 삼각함수(三角函數) 및 호도(弧度)의 유효숫자는 3자리(3位)로 한다.
④ 곱하거나 나눗셈에 있어서는 기재된 순서에 의하여 계산하고, 분수는 약분법을 쓰지 않으며, 각 분수마다 그의 값을 구한 다음 전부의 계산을 한다.
⑤ 면적의 계산은 보통 수학공식에 의하는 외에 삼사법(三斜法)이나 구적기(Planimeter)로 한다. 다만, 구적기(Planimeter)를 사용할 경우에는 3회 이상 측정하여 그 중 정확하다고 생각되는 평균값으로 한다.
⑥ 체적계산은 의사공식(疑似公式)에 의함을 원칙으로 하나, 토사체적은 양단 면적을 평균한 값에 그 단면 간의 거리를 곱하여 산출하는 것을 원칙으로 한다. 단, 거리평균법으로 고쳐서 산출할 수도 있다.
⑦ 다음에 열거하는 것의 체적과 면적은 구조물의 수량에서 공제하지 아니한다.
　㉠ 콘크리트 구조물 중의 말뚝머리
　㉡ 볼트의 구멍
　㉢ 모따기 또는 물구멍(水切)
　㉣ 이음줄눈의 간격
　㉤ 포장공종의 1개소당 $0.1m^2$ 이하의 구조물 자리
　㉥ 강(鋼) 구조물의 리벳 구멍
　㉦ 철근 콘크리트 중의 철근
　㉧ 조약돌 중의 말뚝 체적 및 책동목(柵胴木)
　㉨ 기타 전항에 준하는 것
⑧ 성토 및 사석공의 준공토량은 성토 및 사석공 설계도의 양으로 한다. 그러나 지반 침하량은 지반성질에 따라 가산할 수 있다.
⑨ 절토(切土)량은 자연상태의 설계도의 양으로 한다.

7) 단위 및 소수의 표준

종 목	규 격		단위수량		비 고
	단위	소수	단위	소수	
공 사 연 장	m	2위	m	단위한	대가표는 2위까지 이하 버림
공 사 폭 원			m	1위	
직 공 인 부			인	2위	
공 사 면 적			m^2	1위	
용 지 면 적			m^2	단위한	
토지(높이, 너비)	mm		m	2위	
토 적(단면적)			m^2	1위	단 면 적
토 적(체 적)	길이 m		m^3	2위	체 적
토적(체적 합계)	지름, 높이m		m^3	단위한	집계 체적

종목	규격 단위	규격 소수	단위수량 단위	단위수량 소수	비고
떼	cm	단위한	m²	1위	
모래, 자갈	cm	단위한	m³	2위	
조약돌	cm	단위한	m³	2위	
견칫돌, 깬돌	cm	단위한	m²	1위	
견칫돌, 깬돌	cm	단위한	개	단위한	
야면석(野面石)	cm	단위한	개	단위한	
야면석(野面石)	cm	단위한	m³	1위	
야면석(野面石)	cm	단위한	m²	1위	
돌쌓기 및 돌붙임	cm	단위한	m³	1위	
돌쌓기 및 돌붙임	cm	단위한	m²	1위	
사 석(捨石)	cm	단위한	m³	1위	
다듬돌(切石, 板石)	cm	단위한	개	2위	
벽 돌	mm	단위한	개	단위한	
블 록	mm	단위한	개	단위한	
시 멘 트			kg	단위한	
모르타르			m³	2위	대가표는 3위까지 이하 버림
콘크리트			m³	2위	
석 분			kg	단위한	
석 회			kg	단위한	
화 산 회			kg	단위한	
아스팔트			kg	단위한	
목 재(판재)	길이 m	1위	m²	2위	
목 재(판재)	폭, 두께	1위	m³	3위	
목 재(판재)	cm	1위	m³	3위	
합 판	mm	단위한	장	1위	
말 뚝	길이 m 지름 mm	1위	개	단위한	
철 강 재	mm	단위한	kg	3위	총량 표시는 ton으로 단위는 3위 이하 버림
용 접 봉	mm		kg	1위	
구리판, 함석류			m²	2위	
철 근	mm	단위한	kg	단위한	
볼트, 너트	mm	단위한	개	단위한	
꺾 쇠	mm	단위한	개	단위한	
철 선 류	mm	1위	kg	2위	
P C 강 선			kg	2위	
돌 망 태	길이 m 지름, 높이 m	1위 단위한	m 개	1위 단위한	망눈(網目) cm
로 프 류	mm		m	1위	
못	길이 cm	1위	kg	2위	
석유, 휘발유, 모빌유			ℓ	2위	대가표는 3위까지 이하 버림
구 리 스			kg	2위	
넝 마			kg	2위	
화 약 류			kg	3위	
뇌 관			개	단위한	대가표는 1위까지 이하 버림
도 화 선			m	1위	

종 목	규격		단위수량		비 고
	단 위		소 수		
석탄, 목탄, 코크스 산　　소 카 바 이 트			kg ℓ kg	2위 단위한 1위	대가표는 2위까지 이하 버림
도 료(塗料) 도 장(塗裝) 관 류(管類)	길이 m 지름, 두께mm	2위 단위한	ℓ 또는 kg m² 개	2위 1위 단위한	
수 로 연 장 옹　　　벽 승강장 옹벽 및 울타리 궤 도 부 설 시 험 하 중 보오링(試錐)			m m² m km ton m	1위 1위 1위 3위 단위한 1위	
방 수 면 적 건 물 (면적) 건물(지붕, 벽부치기) 우　　　물 마　　　대	깊이		m² m² m² m 매	1위 2위 1위 1위 단위한	

8) 금액의 단위 표준

종 목	단위	지 위	비 고
설계서 총액	원	1,000	이하 버림(단, 만원 이하일 때 100원 이하 버림)
설계서 소계	원	1	미만 버림
설계서 금액	원	1	미만 버림
일위대가표 총액	원	1	미만 버림
일위대가표 금액	원	0.1	미만 버림

2. 노무비

1) 노무비

① 직접노무비 : 휴게시간을 제외하고 1일 8시간, 1주일 40시간을 기준으로 한다.
　직접 작업에 종사하는 자의 노동력의 대가(기본급, 제수당, 상여금, 퇴직급여충당금)
② 간접노무비 : 작업현장에서 보조작업에 종사하는 자의 노동력의 대가(직접노무비×간접노무비율)

2) 노임의 할증

① 군작전지구 내 : 작업 능률에 현저한 저하를 가져올 때는 작업할증률을 20%까지 가산할 수 있다.
② 도서지구, 공항, 산악지역 등 : 도서지구, 공항(김포, 김해, 제주공항 등에서 1일 비행기 이착륙 횟수 20회 이상) 및 도로개설이 불가능한 산악지역에서는 작업할증(인력품)을 50%까지 가산할 수 있다.
③ 열차 빈도별 : 본선상에서 작업 시 열차통과에 따라 작업이 중단되는 경우 열차 횟수별 지장할증을 적용. 열차운행선 인접공사 시(선로와의 이격거리 10m 이내) 열차통과에 따라 작업이 중단되어 작업능률이 저하되는 경우 대피 할증률을 적용한다.

작업 종류	본선 작업 시			인접 공사 시		
열차 회수 (8시간)	13회 미만	14~18회	19회 이상	13회 미만	14~18회	19회 이상
할증률(%)	14	25	37	3	5	7

④ 야간작업 : 야간작업을 할 경우나 공사 성질상 부득이 야간작업을 하여야 할 경우에는 품을 25%까지 가산할 수 있다.
⑤ 소단위 건축공사 : 10(m^2) 이하, 기타 이에 준하는 소단위 건축공사에서는 각 공종별 할증이 감안되지 않은 사항에 대하여 품을 50%까지 가산할 수 있다.
⑥ 지세별 : 지세구분 내역을 참조하여 평탄지는 0%, 야산지 25%, 물이 있는 논 20%, 소택지 또는 깊은 논 50%, 번화가에서 2차선 도로 30%, 4차선 도로 25%, 6차선 도로 20%, 주택가 15%의 할증을 적용한다.
⑦ 기타 : 지형별 할증률, 위험 할증률, 건물층수별 할증률, 유해별 할증률, 특수작업 할증률, 휴전시간별 할증률, 원거리작업·계속이동작업·분산작업 할증률, 원자력발전소 할증률, 기타 할증률(동일 장소에 수종의 장비 가동, 장소의 협소, 소음, 진동, 위험)이 있는 경우 품셈의 할증률 기준을 적용한다.

3. 재료비

1) 재료비

① 직접재료비 : 공사 목적물의 실체를 형성하는 물품의 가치. 수목, 콘크리트, 철근 등
② 간접재료비 : 실체를 형성하지 않으나 공사에 보조적으로 소비되는 물품의 가치. 비계, 소모성 공구 등
③ 작업설·부산물 : 시공 중에 발생하는 부산물 등으로 환금성이 있는 것은 재료비로부터 공제
④ 재료비 소계 : 직접재료비+간접재료비-작업설·부산물

2) 재료의 단위중량

구 분	형 상	단 위	중 량(kg)	비 고
암 석	화 강 암	m³	2,600~2,700	자연상태
	안 산 암	m³	2,300~2,710	〃
	사 암	m³	2,400~2,790	〃
	현 무 암	m³	2,700~3,200	〃
자 갈	건 조	m³	1,600~1,800	자연상태
	습 기	m³	1,700~1,800	〃
	포 화	m³	1,800~1,900	〃
모 래	건 조	m³	1,500~1,700	자연상태
	습 기	m³	1,700~1,800	〃
	포 화	m³	1,800~2,000	〃
점 토	건 조	m³	1,200~1,700	자연상태
	습 기	m³	1,700~1,800	〃
	포 화	m³	1,800~1,900	〃
점 질 토	보통의 것	m³	1,500~1,700	자연상태
	자갈이 섞인 것	m³	1,600~1,800	〃
	력이 섞이고 습한 것	m³	1,900~2,100	〃
모 래 질 흙		m³	1,700~1,900	자연상태
자갈섞인 토사		m³	1,700~2,000	〃
자갈섞인 모래		m³	1,900~2,100	〃
호 박 돌		m³	1,800~2,000	〃
사 석		m³	2,000	〃
조 약 돌		m³	1,700	〃
주 철		m³	7,250	
강, 주강, 단철		m³	7,850	
스테인리스	STS 304	m³	7,930	KS D 3695
〃	STS 430	m³	7,700	〃
연 철		m³	7,800	
놋 쇠		m³	8,400	
목 재	생송재(生松材)	m³	800	
소 나 무	건재(乾材)	m³	580	
미 송		m³	420~700	
시 멘 트		m³	3,150	
〃		m³	1,500	자연상태
철근콘크리트		m³	2,400	
콘 크 리 트		m³	2,300	
시멘트모르타르		m³	2,100	
고로슬래그부순돌		m³	1,650~1,850	자연상태

3) 재료의 할증률

할증이란 정미량에서 운반, 저장, 절단, 가공 및 시공과정에서 발생하는 손실량으로서, 정미량에 할증량을 너하면 총 필요량이 된다.

① 정미량(절대소요량) = 최종 설치되는 자재량
② 총소요량 = 정미량 + 할증량(시공 중 손실량)

구 분	종 류	할증률 (%)	
		정치식	기 타
콘크리트 및 포장용 재료	시 멘 트	2	3
	잔골재·채움재	10	12
	굵 은 골 재	3	5
	아 스 팔 트	2	3
	석 분	2	3
	혼 화 재	2	–
노상 및 노반재료 (선택층, 보조기층, 기층 등)	모 래	6	
	부순돌·자갈·막자갈	4	
	점 질 토	6	
관 및 구조물 기초 부설재료	모 래	4	

구 분		지반 사석두께 종류	보통 지반		모래치환 지반		연약 지반	
			2m 미만	2m 이상	2m 미만	2m 이상	2m 미만	2m 이상
해상 작업	사 석 (捨石)	기초 사석	25	20	30	25	50	40
		피복석(被覆石)	15	15	15	15	20	20
		뒤채움 사석	20	20	20	20	25	25
	토 사	치환모래(置換砂)	20		표면건조포화상태의 모래에 대한 할증률			
		깔모래(敷砂)	30					
		사항용모래(砂抗用砂)	20					
		압입모래(壓入砂)	40					
	속채움	모 래	10		케이슨 또는 세라블록 등의 속채움 시 (단, 블록 또는 콘크리트 속채움재 제외)			
		사 석	10					

구 분	종 류	할증률 (%)
강재류	원 형 철 근	5
	이 형 철 근	3
	이형 철근(복잡한 구조물의 주철근)	6~7
	일 반 볼 트	5
	고장력 볼트(HTB)	3
	강 판	10
	강관(옥외수도용 강관 제외)	5
	대형 형강(形鋼)	7
	소 형 형 강	5
	봉 강(棒鋼)	5
	평 강 대 강	5
	경량 형강, 각 파이프	5
	리 벳(제품)	5
	스테인리스강판	10
	스테인리스강관	5
	동 판	10
	동 관	5
	덕트용 금속판	28
	프레스접합식 스테인리스 강관	5
	이 음 부 속 류	5

구 분	종 류		할증률 (%)
기타 재료	목 재	각 재	5
		판 재	10
	합 판	일반용 합판	3
		수장용 합판	5
	쉬 즈 관		8
	쉬 즈 판		8
	원심력철근 콘크리트관		3
	조립식구조물(U형 플륨관 등)		3
	도 료		2
	벽 돌	붉은 벽돌	3
		시멘트 벽돌	5
		내화 벽돌	3
		경계 블록	3
		콘크리트블록	4
		호안 블록	5
	원석(마름돌용)		30
	석재판 붙임용재	정 형 돌	10
		부 정 형 돌	30
	조경용 수목		10
	잔디 및 초화류		10
	레미콘타설 (현장플랜트 포함)	무근 구조물	2
		철근 구조물	1
		철골 구조물	1
	콘크리트타설 (인력 및 믹서)	무근 구조물	3
		철근 구조물	2
		소형 구조물	5
	콘크리트포장 혼합물의 포설		4
	아스팔트콘크리트포설(현장플랜트 포함)		2
	졸 대		20
	텍 스		5
	석고판(못붙임용)		5
	석고판(본드붙임용)		8
	콜 크 판		5
	단 열 재		10
	유 리		1
	테 라 코 타		3
	블 록		4
	기 와		5
	슬 레 이 트		3
	타 일	모 자 이 크	3
		도 기	3
		자 기	3
		아 스 팔 트	5
		리 노 륨	5
		비 닐	5
		비 닐 렉 스	5
		크 링 카	3
	테 라 죠 판		6
	위생기구(도기, 자기류)		2

[주]
1. 콘크리트 및 포장용 재료 : 속채움 재료의 경우에도 이 값을 준용한다.
2. 해상작업 : 사석의 재료 할증률은 공사의 위치, 자연조건(수심, 조류, 파랑, 조위, 해저지질 등)과 제체의 규모 및 공사의 종류 등 현장조건에 적합하게 적용할 수 있다.
3. 강재류
   - 이형철근의 경우 해당 공사 또는 구조물의 시공실적에 따라 조정하여 적용할 수 있다.
   - 강관, 스테인리스강관의 할증률(%)은 옥외공사를 기준한 것이며 옥내공사용 재료의 할증률은 10% 이내로 한다.
   - 형강(形鋼)의 대형 구분은 100mm 이상을 말한다.
4. 기타 재료 : 거푸집 및 동바리공이나 가건축물 또는 품셈에 할증률이 포함 또는 표시되어 있는 것에 대하여는 본 할증률을 적용하지 아니한다.

4) 발생재의 처리

사용고재 및 발생재는 다음을 기준으로 하며, 고재처리는 미리 공제한다.

품 명	단 위	공제율
사용고재(시멘트공대 및 공드럼 제외)	%	90
강재 스크랩(Scrap)	%	70
기타 발생재	%	발생량

5) 공구손료 및 잡재료 등

① 공구손료 : 일반공구 및 시험용 계측기구류의 손료로서 공사 중 상시 일반적으로 사용하는 것을 말하며 인력품(노임할증과 작업시간 증가에 의하지 않은 품할증 제외)의 3%까지 계상하며 특수공구(철골공사, 석공사 등) 및 검사용 특수계측기류의 손료는 별도 계상한다.

② 잡재료 및 소모재료 : 설계내역에 표시하여 계상하되 주재료비의 2~5%까지 계상한다.

③ 경장비 등의 손료 : 전기용접기, 그라인더, 원치 등 중장비에 속하지 않는 동력장치에 의해 구동되는 장비류의 손료를 말하며 별도 계상한다. 경장비의 시간당 손료에 대하여는 기계경비 산정표에 명시된 가장 유사한 장비의 제수치(내용시간, 연간표준 가동시간, 상각비율, 정비비율, 연간관리비율 등)를 참조하여 계상한다.

4. 경비

1) 사용료
① 계약에 따른 특허료와 기술료 등에 대한 비용을 계상할 수 있다.
② 공사에 필요한 경비 중 전력비, 수도광열비, 운반비, 기계경비, 가설비, 시험검사비 등을 계상할 수 있다.

2) 품질관리비
① 건설공사의 품질관리에 필요한 비용은 건설기술진흥법 제56조 제1항의 규정에 따라 공사금액에 계상하여야 한다.
② 품질관리비는 동법 시행규칙 제53조 제1항에서 규정하고 있는 바와 같이 품질관리계획 또는 품질시험계획에 따른 품질관리활동에 필요한 비용을 말한다.

3) 산업안전 보건관리비
① 건설공사현장에서 산업재해 예방에 필요한 비용인 산업안전보건관리비는 산업안전보건법 제30조 제1항의 규정에 의거 공사금액에 계상하여야 한다.
② 공사금액에 계상된 산업안전보건관리비는 고용노동부가 고시한 「건설업 안전보건관리비 계상 및 사용기준」 별표2의 사용내역 및 기준에 따라 사용하여야 한다.

4) 산업재해보상 보험료 및 기타
① 공사원가계산에 있어 간접노무비, 경비, 일반관리비, 이윤과 산업재해보상 보험료 및 기타 이와 유사한 사항은 기획재정부 회계예규와 산업재해 보상보험법 등 관계규정에 따른다.
② 시공과정에 필요로 하는 보상비(직접, 간접 및 일시보상 등)는 현장 실정에 따라 별도 계상할 수 있다.

5) 환경관리비
① 건설공사에서 환경오염을 방지하고 폐기물을 적정하게 처리하기 위해 필요한 환경보전비·폐기물처리 및 재활용비 등 환경관리비는 건설기술진흥법 시행규칙 제61조 규정에 따른다.
② 공사현장에서 발생되는 건설폐기물의 일반적인 단위면적당 발생량의 산출은 다음의 표를 참조할 수 있으며, 건축물 해체의 경우는 설계도서에 따라 산출함을 우선으로 한다. (2016년 토목, 건축품셈)

6) 안전관리비
① 건설기술진흥법 제62조의 규정에 따라 건설공사의 안전관리에 필요한 안전관리비를 공사금액에 계상하여야 한다.
　㉠ 안전관리계획의 작성 및 검토비용
　㉡ 동법 시행령 제100조 제1항의 규정에 의한 안전점검비용
　㉢ 발파·굴착 등의 건설공사로 인한 주변건축물 등의 피해방지대책 비용
　㉣ 공사장 주변의 통행안전관리대책 비용
② 이 비용은 건설기술진흥법 시행규칙 제60조 제2항에서 규정하고 있는 기준에 따라 공사금액에 계상하여야 한다.

공정별 적산

1. 가설 공사

1) 가설공사의 정의
공사 목적물의 실체를 형성하지는 않지만 공사수행에 반드시 필요한 공종으로, 공사의 목적을 달성하면 바로 철거하여 취급이 간편하며 경제적인 재료로서 구조가 단순한 것

2) 가설공사의 종류
① 간접가설공사 : 현장사무소, 창고, 식당, 숙소, 화장실, 울타리
② 직접가설공사 : 공사 중에 사용되는 가설물로 규준틀, 비계 및 동바리, 거푸집, 재해 방지, 보양, 청소 및 뒷정리, 운반 등에 필요한 가설물

3) 시멘트 창고 필요면적 산출

$$A = 0.4 \times \frac{N}{n}(\mathrm{m}^2)$$

- A : 저장면적
- N : 시멘트량
- n : 쌓기 단수(최대 13포)
- 600포 이내일 때 전량을 저장
- 600포 이상일 때 1/3을 저장

4) 손율
손율이란 손실되는 비율을 말하며, 사용하면서 없어지는 비용이다. 사용기간 및 횟수에 따라 감가상각되는 가설시설물의 재료비는 거래형태 등을 고려하여 손료 또는 임대료로 산정한다.

시멘트 사용량 1,800포일 경우 저장할 시멘트 창고의 면적을 산정하시오. (단, 쌓기 단수 12단이다.)

해설 및 정답
- 시멘트 창고 면적 : $0.4 \times (600/12) = 20\mathrm{m}^2$
- 600포 이상일 때 1/3을 저장하므로 $1,800 \times 1/3 = 600$

2. 토공사

흙을 주 대상으로 하는 땅깎기(절취, 절토, 굴착, 개착)와 땅돋기(성토, 축토, 제방) 등의 작업과 그에 따른 흙의 이동, 제거 등의 처리공정과 이에 필요한 흙막이, 배수 등을 말한다.

1) 토공의 기초

① 토공의 용어
  ㉠ 시공기면(F.L) : 시공 지반의 계획고
  ㉡ 절토 : 계획면보다 높은 흙을 깎는 작업
  ㉢ 성토 : 흙을 쌓는 작업
  ㉣ 준설 : 수중의 흙을 굴착
  ㉤ 매립 : 굴착된 곳의 흙을 되메우기
  ㉥ 축제 : 제방, 도로, 철도 지역의 성토작업
  ㉦ 다짐 : 성토한 흙을 다지는 것
  ㉧ 정지 : 계획면으로 맞추기 위해 절·성토하는 작업
  ㉨ 유용토 : 절토된 흙 중 성토공사에 이용되는 흙

② 토량의 균형 : 정지작업 때 흙쌓기양과 흙깎기양의 균형을 맞추는 일은 경제적으로 매우 중요하다.

③ 토공사의 안정 : 흙이 가라앉거나 무너져 토공사의 안정이 깨지는 현상은 흙 자체의 무게와 흙에 작용하는 압력에 의하여 생긴다. 무너짐을 방지하고 안정을 유지하기 위해서는 비탈면의 경사가 안식각보다 작도록 시공해야 한다. 보통 흙의 안식각은 30~35°이다.

④ 부지 정지공사
  ㉠ 정지공사는 시공 도면에 의거하여 계획된 등고선과 표고대로 해당 부지를 시공기준면(FL)을 만드는 일
  ㉡ 부지 정지공사는 공사부지 전체를 일정한 모양으로 만들거나 수목 식재에 필요한 식재기반을 조성하는 경우 또는 구조물이나 시설물을 설치하기 위하여 가장 먼저 시행하는 공사이다.

⑤ 흙깎기(절토)
  ㉠ 흙깎기는 용도에 따라 전체 부지 조성을 위한 부지 정지의 일환으로서의 흙깎기, 연못 등을 조성하기 위한 흙깎기, 각종 시설물의 기초를 다지기 위한 흙깎기 등으로 구분된다.
  ㉡ 보통 토질에서는 흙깎기 비탈면 경사를 1 : 1 정도로 한다.
  ㉢ 식재공사가 포함된 경우의 흙깎기에서는 반드시 지표면 30~50cm 정도 깊이의 표토를 보존하여 식물의 생육에 유용하도록 한다.

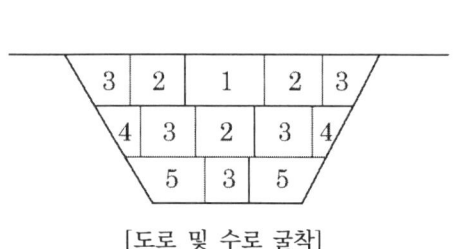

[도로 및 수로 굴착]

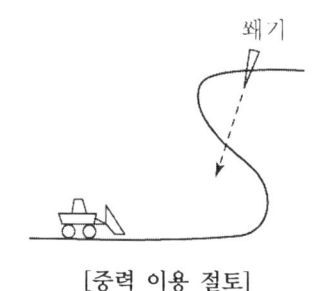

[중력 이용 절토]

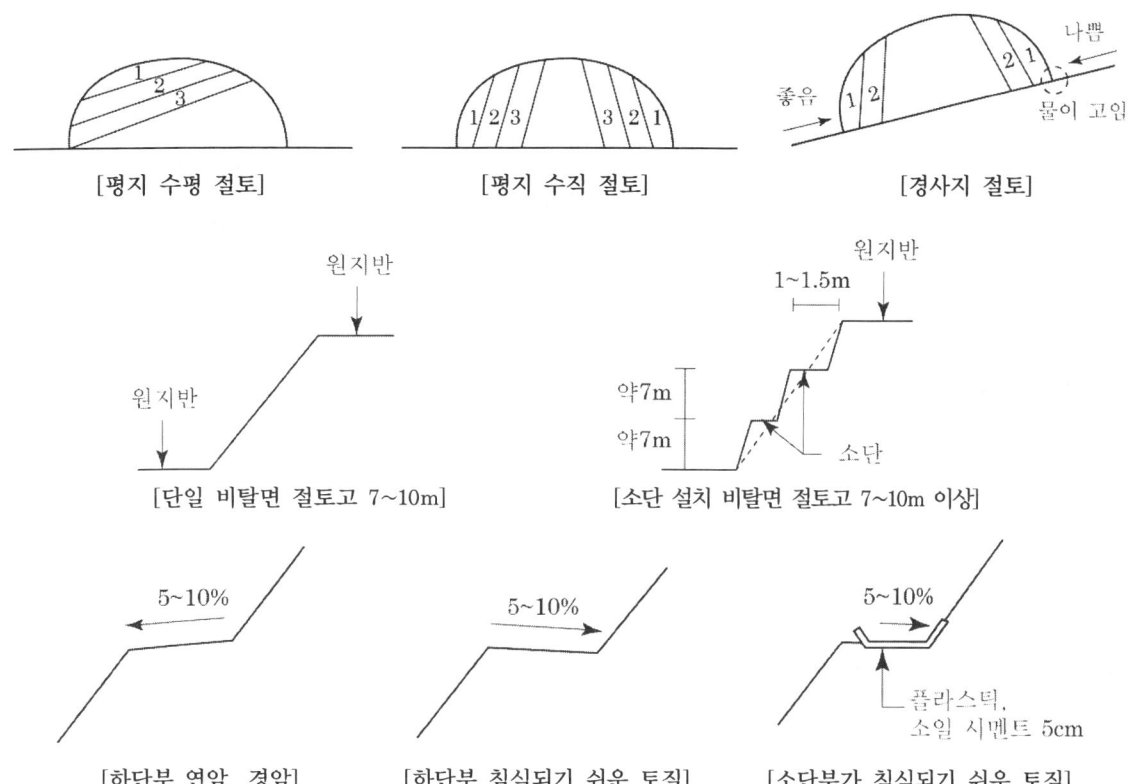

⑥ 흙쌓기(성토)
　㉠ 흙쌓기에 사용하는 흙은 입도가 좋아 잘 다져져서 쌓인 흙이 안정될 수 있어야 한다.
　㉡ 흙쌓기를 할 때는 보통 30~40cm마다 다짐을 해야 하며 그렇지 못할 경우에는 설계도면에 표시된 계획고를 유지하기 위해서 더돋기를 실시해야 한다.
　㉢ 일반적인 흙쌓기의 경사는 1 : 1.5로 한다.
　㉣ 경사지 흙쌓기 때는 층따기를 해주는 것이 안정적이며 평지에서도 원지반에 요철을 만들고 표토를 제거한 후 흙쌓기를 하는 것이 좋다.

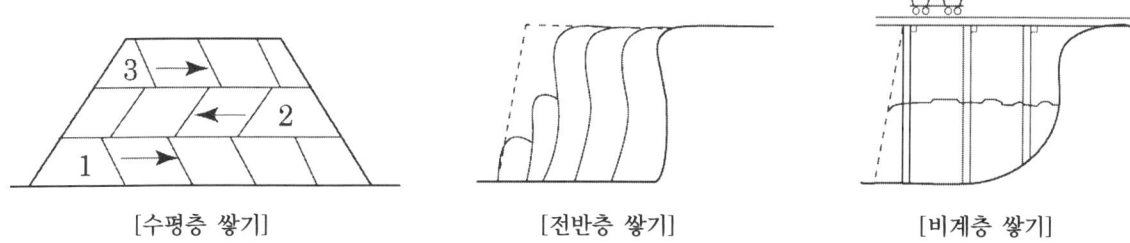

⑦ 더돋기
　㉠ 흙쌓기 시 압축과 침하에 의해 성토 높이가 계획 높이보다 줄어들 것을 예상하여 이를 방지하고자 미리 더 쌓는 흙을 여성토라 한다.
　㉡ 토질, 성토높이, 시공방법 등에 따라 다르지만 일반적으로 계획 높이의 10~15% 내외 정도이다.

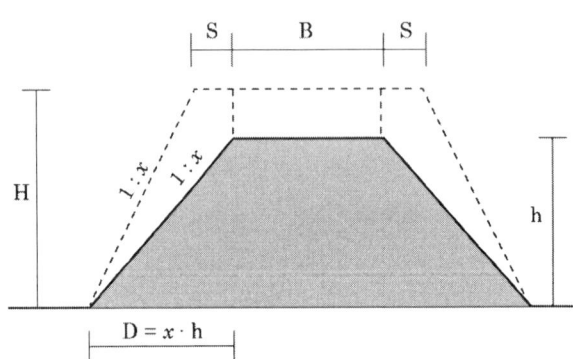

⑧ 성토 비탈면 다짐 방법

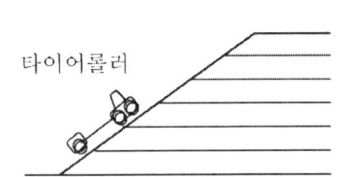

[견인식 타이어롤러 다짐 : 비탈면 경사 1 : 1.8 이하]

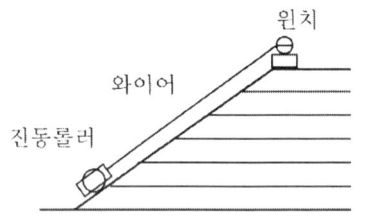

[윈치를 사용한 다짐 : 급한 비탈면]

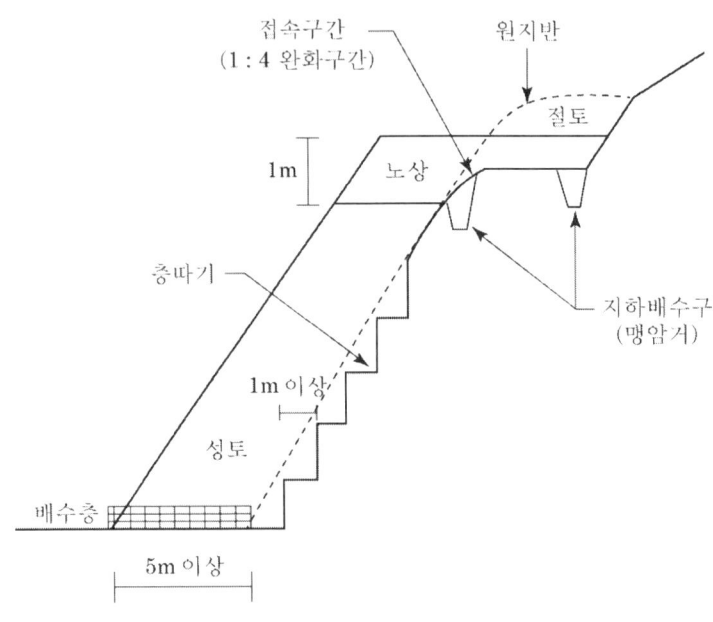

[절토와 성토의 접속부 횡단면도]

⑨ 마운딩(가산, 축산)

㉠ 경관에 변화를 주거나 방음·방풍·방설 등을 위한 목적으로 작은 동산을 만드는 작업

㉡ 마운딩은 식재기반의 조성이 주된 목적이므로 식재에 필요한 윗부분이 너무 다져져서 식물뿌리의 활착에 지장을 주는 일이 없도록 유의해야 한다.

㉢ 배수 방향을 조절하고 자연스러운 경관을 조성하며 토지이용상 공간을 분할한다.

2) 토량의 상태

① 자연상태(1)
  ㉠ 인간이나 자연재해의 외력에 의하여 손상되지 않은 자연 그대로의 흙
  ㉡ 원지반토량, 자연지반, 절토량, 굴착토량, 다지면서 되메우기한 흙량, 유용토량, 사토량
② 흐트러진 상태(L)
  ㉠ 자연상태의 흙에 인간이나 자연재해의 외력에 의하여 형태가 흐트러진 흙
  ㉡ 느슨한 토량, 운반토량, 잔토량, 잔토처리량
③ 다져진 상태(C)
  ㉠ 자연상태의 흙이나 흐트러진 상태의 흙에 외력을 가하여 압축시켰을 때의 흙
  ㉡ 성토량, 매립토량, 완성토량

3) 토량의 변화

① 토량 체적은 L(Loose), C(Compact) 값으로 표시한다.
② 성토·절토 및 사토량 등에 적용되는 모든 토량은 자연상태 기준이며, 다짐 및 지반 침하량 등은 공종별 특성에 따라 가산한다.

$$L = \frac{\text{흐트러진 상태의 체적}(m^3)}{\text{자연상태의 체적}(m^3)} \qquad C = \frac{\text{다져진 상태의 체적}(m^3)}{\text{자연상태의 체적}(m^3)}$$

4) 체적환산계수(f)

기준이 되는 q \ 구하는 Q	자연 상태의 토량	흐트러진 상태의 토량	다져진 상태의 토량
자연 상태의 토량	1	L	C
흐트러진 상태의 토량	1/L	1	C/L
다져진 상태의 토량	1/C	L/C	1

5) 토질 및 암의 분류

① 보통토사 : 보통 상태의 실트 및 점토 모래질 흙 및 이들의 혼합물로서 삽이나 괭이를 사용할 정도의 토질(삽 작업을 하기 위하여 상체를 약간 구부릴 정도)
② 경질토사 : 견고한 모래질 흙이나 점토로서 괭이나 곡괭이를 사용할 정도의 토질(체중을 이용하여 2~3회 동작을 요할 정도)
③ 고사 점토 및 자갈섞인 토사 : 자갈질 흙 또는 견고한 실트, 점토 및 이들의 혼합물로서 곡괭이를 사용하여 파낼 수 있는 단단한 토질
④ 호박돌 섞인 토사 : 호박돌 크기의 돌이 섞이고 굴착에 약간의 화약을 사용해야 할 정도로 단단한 토질
⑤ 풍화암 : 일부는 곡괭이를 사용할 수 있으나 암질(岩質)이 부식되고 균열이 1~10cm로서 굴착 또는 절취에는 약간의 화약을 사용해야 할 암질
⑥ 연암 : 혈암, 사암 등으로서 균열이 10~30cm 정도로서 굴착 또는 절취에는 화약을 사용해야 하나 석축용으

로는 부적합한 암질

⑦ 보통암 : 풍화상태는 엿볼 수 없으나 굴착, 절취에는 화약을 사용해야 하며 균열이 30~50cm 정도의 암질

⑧ 경암 : 화강암, 안산암 등으로서 굴착 또는 절취에 화약을 사용해야 하며 균열상태가 1m 이내로서 석축용으로 쓸 수 있는 암질

⑨ 극경암 : 암질이 아주 밀착된 단단한 암질

6) 체적 변화율

토양의 체적 환산은 토질 시험하여 적용하는 것을 원칙으로 하나 소량의 토량인 경우에는 표준품셈의 토량 환산 계수표에 따를 수도 있다.

종 별	L	C
경 암(硬 岩)	1.70~2.00	1.30~1.50
보통암(普通岩)	1.55~1.70	1.20~1.40
연 암(軟 岩)	1.30~1.50	1.00~1.30
풍화암(風化岩)	1.30~1.35	1.00~1.15
폐 콘크리트	1.40~1.60	별도 설계
호박돌(玉石)	1.10~1.15	0.95~1.05
력(礫)	1.10~1.20	1.05~1.10
력질토(礫質土)	1.15~1.20	0.90~1.00
고결(固結)된 력질토(礫質土)	1.25~1.45	1.10~1.30
모 래(砂)	1.10~1.20	0.85~0.95
암괴(岩塊)나 호박돌이 섞인 모래	1.15~1.20	0.90~1.00
모래질 흙	1.20~1.30	0.85~0.90
암괴(岩塊)나 호박돌이 섞인 모래질흙	1.40~1.45	0.90~0.95
점질토	1.25~1.35	0.85~0.95
력(礫)이 섞인 점질토	1.35~1.40	0.90~1.00
암괴(岩塊)나 호박돌이 섞인 점질토	1.40~1.45	0.90~0.95
점 토(粘土)	1.20~1.45	0.85~0.95
력이 섞인 점질토	1.30~1.40	0.90~0.95
암괴(岩塊)나 호박돌이 섞인 점토	1.40~1.45	0.90~0.95

7) 토공량의 산정 공식

① 토량을 계산하는 방법에는 양단면평균법, 중앙단면법, 각주법(주상체법), 점고법 등이 있다.

② 토량의 계산 방법

  ㉠ 단면법 : 도로, 제방, 폭에 비해 길이가 긴 경우 토량 계산 시 적용

단면법	양단면 평균법	$V(\mathrm{m}^3) = \dfrac{A_1 + A_2}{2} \times \ell$
	중앙 단면법	$V(\mathrm{m}^3) = A_m \times \ell$
	각주법	$V(\mathrm{m}^3) = \dfrac{\ell}{6} \times (A_1 + 4A_m + A_2)$

- A_m : 중앙 단면적
- A_1, A_2 : 양 단면적
- ℓ : 양 단면 간의 거리

ⓒ 점고법 : 운동장, 광장, 넓은 지역의 정지 작업 토량 계산 시 적용

점고법	사각 분할법	$V(\text{m}^3) = \dfrac{A}{4} \times (\sum h_1 + 2\sum h_2 + 3\sum h_3 + 4\sum h_4)$	A : 사각형 1개의 면적 $\sum h_1$: 꼭지점 1개의 합 $\cdot \ \cdot \ \cdot \ \cdot$ $\sum h_n$: 꼭지점 n개의 합
	삼각 분할법	$V(\text{m}^3) = \dfrac{A}{6} \times (\sum h_1 + 2\sum h_2 + \cdots + 8\sum h_8)$	

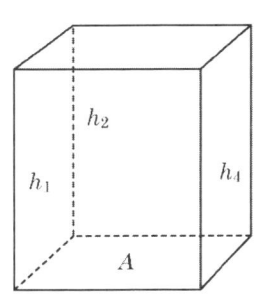

- V : 토량(m^3)
- $V(\text{m}^3) = \dfrac{A}{4} \times (h_1 + h_2 + h_3 + h_4)$
- A : 사각형 1개의 면적(m^2)

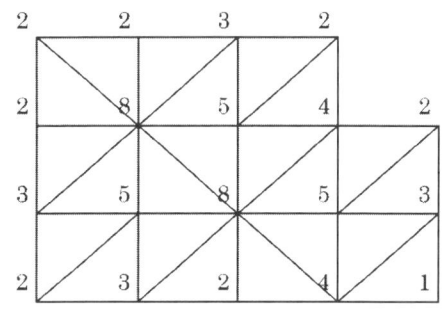

ⓒ 등고선법 : 등고선의 지형, 저수지의 용량 산정 시 적용

등고선법	등고선법	$V(\text{m}^3) = \dfrac{h}{3} \times A_1 + 4(A_2 + A_4 + .. + A_{n-1}) + 2(A_3 + .. + A_{n-2}) + A_n$
	양단면 평균법	$V(\text{m}^3) = \dfrac{A_1 + A_2}{2} \times \ell$
	원뿔공식	$V(\text{m}^3) = \dfrac{1}{3} \times (A_1 + h')$

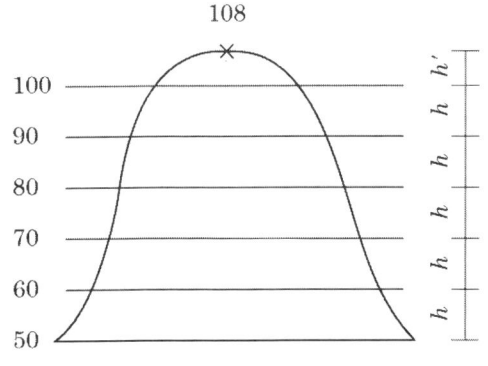

- V : 토량(m^3)
- h : 등고선 높이의 차(m)
- h' : 마지막 등고선부터 최정상까지의 높이(m)
- $A_1 \sim A_n$: 각 등고선 단면적(m^2)

8) 흙의 구성

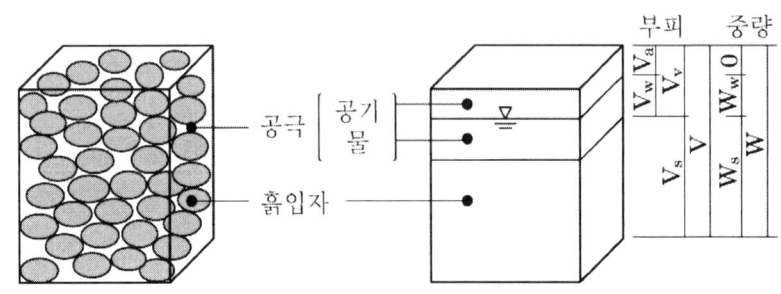

- V : 흙의 전체적
- V_s : 토립자 부분의 체적
- V_w : 함유수분의 체적
- V_a : 공기의 체적
- V_v : 공극의 체적
- W : 흙의 전중량
- W_s : 토립자 부분의 중량(건조중량)
- W_w : 함유수분의 중량

- 공극비 = $\dfrac{\text{공극부피(물+공기)}}{\text{흙입자부피}}$

- 공극률(%) = $\dfrac{\text{공극부피(물+공기)}}{\text{흙 전체부피}} \times 100(\%)$

- 함수비(%) = $\dfrac{\text{물의 중량}}{\text{흙 입자 중량}} \times 100(\%)$

- 함수율(%) = $\dfrac{\text{물 중량}}{\text{흙 전체 중량}} \times 100(\%)$

- 진비중 = $\dfrac{\text{흙입자 중량}}{\text{흙입자 부피}} \times \dfrac{1}{\text{물의 단위중량}}$

- 겉보기 비중 = $\dfrac{\text{흙 전체 중량}}{\text{흙 전체 부피}} \times \dfrac{1}{\text{물의 단위중량}}$

- 포화도(%) = $\dfrac{\text{물 부피}}{\text{공극 부피(물+공기)}} \times 100(\%)$

- 비중 : 질량과 부피의 비율, $\dfrac{\text{중량}}{\text{부피}} = \dfrac{W(\text{kg})}{V(\text{m}^3)}$

자연상태의 토량 20,000m³을 굴착하여 운반 성토하려고 한다. 이 중 사질토가 40%이고, 나머지는 점질토이다. 운반할 덤프트럭의 1회 적재량 5m³이다. 다음 물음에 답하시오. (단, 점질토의 L=1.3, C=0.85, 사질토의 L=1.2, C=0.9이다.)

① 운반할 토량   ② 덤프트럭 소요대수   ③ 성토할 토량

해설 및 정답

① 운반할 토량(흐트러진 상태)
- 사질토 : 20,000×0.4×1.2＝9,600
- 점질토 : 20,000×0.6×1.3＝15,600
- ∴ 9,600+15,600＝25,200m³

② 덤프트럭 소요대수 : 25,200m³÷5(m³/대)＝5,040대

③ 성토할 토량(다져진 상태)
- 사질토 : 20,000×0.4×0.9＝7,200
- 점질토 : 20,000×0.6×0.85＝10,200
- ∴ 7,200+10,200＝17,400m³

chapter 6. 공정별 적산

그림과 같은 지형을 GL 20m로 정지 작업하려 한다. 토공량을 산출하시오. (소수 둘째 자리까지 계산)

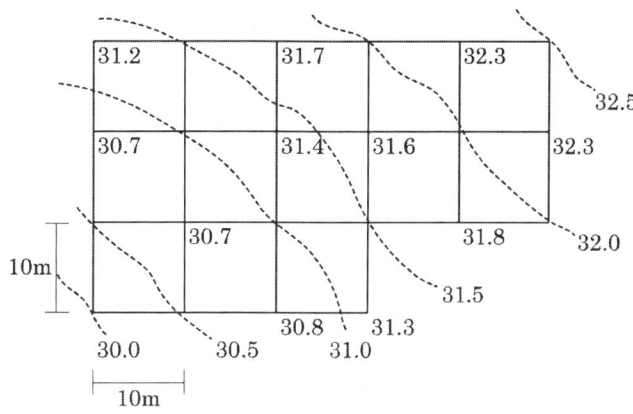

해설 및 정답

$\sum h_1 = (31.2-20)+(32.5-20)+(32.0-20)+(31.3-20)+(30.0-20) = 57$

$\sum h_2 = (31.5-20)+(31.7-20)+(32.0-20)+(32.3-20)+(32.3-20)+(31.8-20)+(30.8-20)+(30.5-20)$
$\qquad +(30.5-20)+(30.7-20) = 114.1$

$\sum h_3 = (31.5-20) = 11.5$

$\sum h_4 = (31.0-20)+(31.4-20)+(31.6-20)+(32.0-20)+(31.0-20)+(30.7-20) = 67.7$

$\therefore V = \dfrac{10 \times 10}{4}(57+2\times114.1+3\times11.5+4\times67.7) = 14,762.5\text{m}^3$

신설 예정도로를 10m 간격으로 노선 횡단 측량한 결과이다. 절토량, 성토량을 구하시오.

측점	거리 (m)	단면적(m²)		토량(m³)	
		절토	성토	절토	성토
NO. 1	10	0	43.0	C-1	B-1
NO. 2	10	22.4	21.4	C-2	B-2
NO. 3	10	18.0	15.6	C-3	B-3
NO. 4	10	24.0	19.0		

해설 및 정답

절토		성토	
C-1	$\dfrac{0+22.4}{2}\times10 = 112.0\text{m}^3$	B-1	$\dfrac{43.0+21.4}{2}\times10 = 322.0\text{m}^3$
C-2	$\dfrac{22.4+18.0}{2}\times10 = 202.0\text{m}^3$	B-2	$\dfrac{21.4+15.6}{2}\times10 = 185.0\text{m}^3$
C-3	$\dfrac{18.0+24.0}{2}\times10 = 210.0\text{m}^3$	B-3	$\dfrac{15.6+19.0}{2}\times10 = 173.0\text{m}^3$

부지의 지형을 측량한 결과이다. 절취와 성토의 균형을 이루기 위해 시공기준면의 높이를 얼마로 산출하여야 하는가?
(소수 3자리까지)

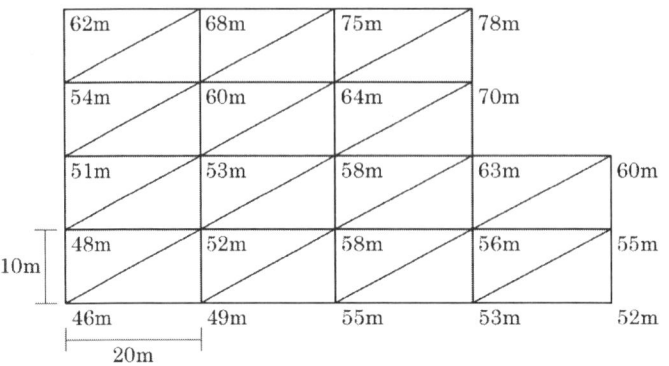

$\sum h_1 = 62+52 = 114$

$\sum h_2 = 78+60+46 = 184$

$\sum h_3 = 68+75+70+55+56+55+49+45+51+54 = 578$

$\sum h_4 = 63$

$\sum h_6 = 60+64+58+56+58+52+53 = 401$

$V = \dfrac{10 \times 10}{4}(114 + 2 \times 184 + 3 \times 578 + 4 \times 63 + 6 \times 401) = 162{,}466.666 \text{m}^3$

$\therefore \text{F.L} = \dfrac{\text{전체 토량}(\text{m}^3)}{\text{전체 면적}(\text{m}^2)} = \dfrac{162{,}466.666}{20 \times 10 \times 14} = 58.023\text{m}$

예제...5

8m 도로를 시공하기 위한 횡단측량 결과이다. 각 측점별 횡단면도를 그리고 횡단면적과 절취 토량을 구하시오.
(단, 측점 간 거리 20m, C는 절토높이, 단위는 m)

측점	좌	중앙	우
NO. 1	C 2.0/8.0	C 4.0/0.0	C 3.0/10.0
NO. 2	C 1.0/6.0	C 5.0/0.0	C 2.0/8.0
NO. 3	C 3.0/7.0	C 2.0/0.0	C 1.0/6.0

• NO. 1

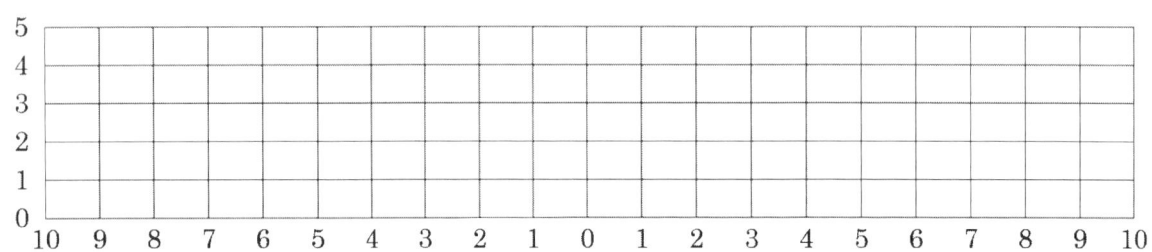

• NO. 2

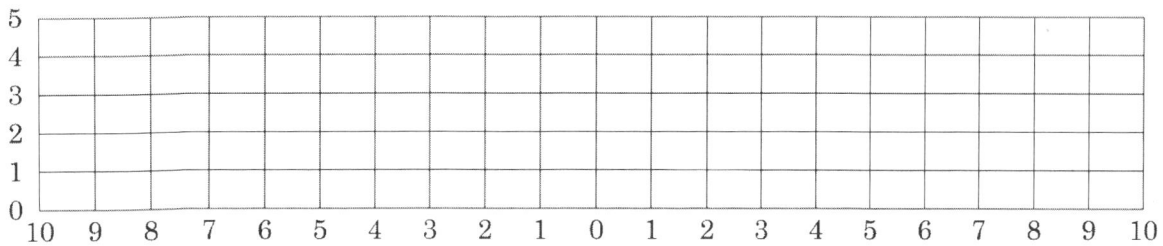

• NO. 3

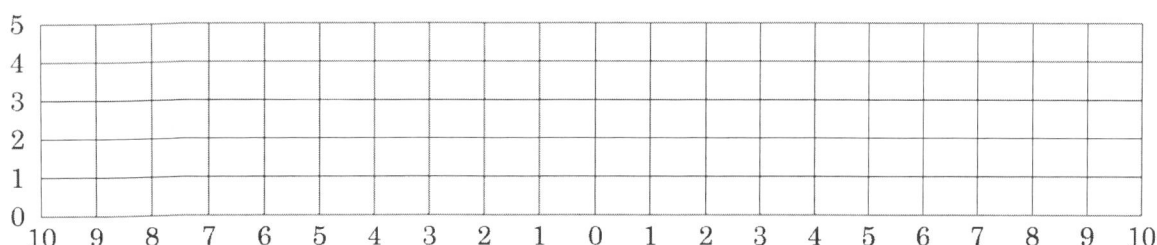

해설 및 정답

① 절취 토량(양단면평균법)

- NO.1 ~ O.2 : $\dfrac{46+41}{2} \times 20 = 870\text{m}^3$

- NO.2 ~ NO.3 : $\dfrac{41+21}{2} \times 20 = 620\text{m}^3$, 870+620=1,490$\text{m}^3$

② 횡단면적

- NO. 1 : $A = (18 \times 4) - \dfrac{(2 \times 8 + 1 \times 10 + 4 \times 2 + 6 \times 3)}{2} = 46\text{m}^3$

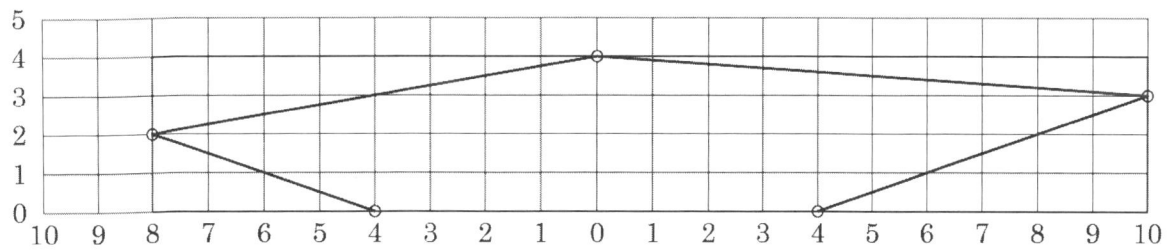

- NO. 2 : $A = (14 \times 5) - \dfrac{(6 \times 4 + 8 \times 3 + 2 \times 1 + 4 \times 2)}{2} = 41\text{m}^3$

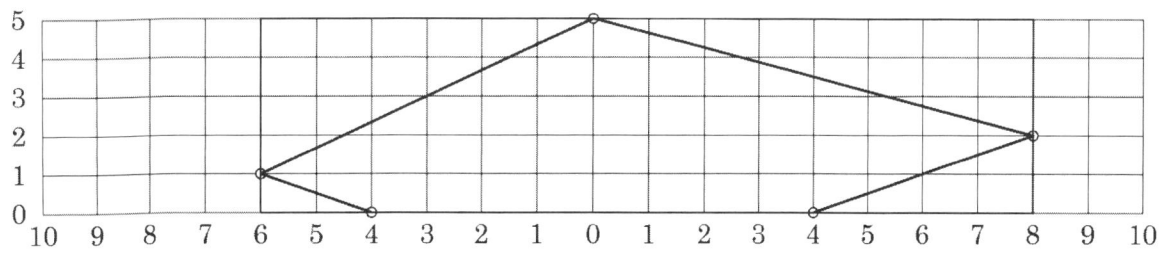

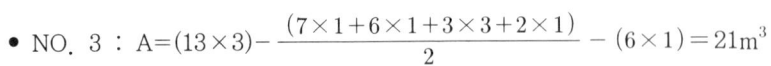

- NO. 3 : $A = (13 \times 3) - \dfrac{(7 \times 1 + 6 \times 1 + 3 \times 3 + 2 \times 1)}{2} - (6 \times 1) = 21 \text{m}^3$

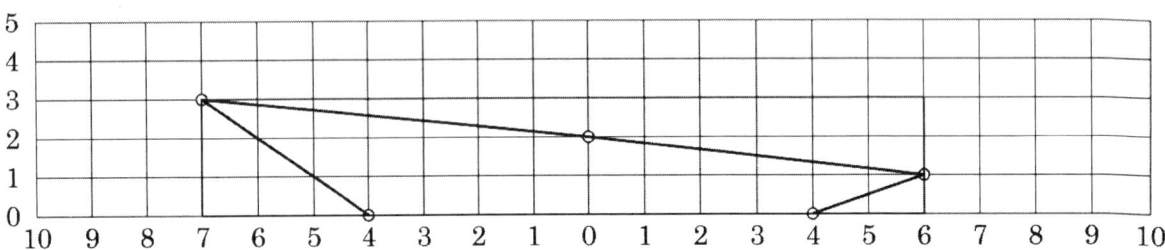

예제...6

지형도와 등고선의 면적을 보고 전체토량을 구하시오. (소수 3자리까지 계산하고 이하는 버림)

등고선(m)	면적(m²)
50	10,500
60	7,800
70	3,400
80	1,200
90	560
100	100

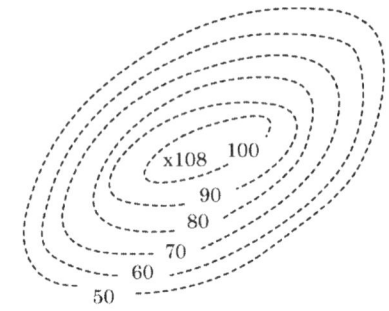

① 등고선법   ② 양단면평균법   ③ 원뿔공식   ④ 전체 토량

해설 및 정답

① 등고선법 : $V = \dfrac{10}{3}\{10{,}500 + 4(7{,}800 + 1{,}200) + 2(3{,}400) + 560\} = 179{,}533.333 \text{m}^3$

② 양단면평균법 : $V = \dfrac{560 + 100}{2} \times 10 = 3{,}300 \text{m}^3$

③ 원뿔공식 : $V = \dfrac{10}{3}(100 \times 8) = 266.666 \text{m}^3$

④ 전체 토량 : $179{,}533.333 + 3{,}300 + 266.666 = 183{,}099.999 \text{m}^3$

예제...7

지반고 0m 기준으로 굴착하여 우측 그림과 같이 성토를 하려고 한다. 이 토량운반에 4m³ 적재 트럭 몇 대가 필요한가? 또한 성토 연장길이를 구하시오. (단, L=1.1, C=0.85)

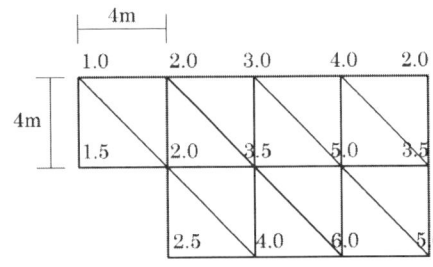
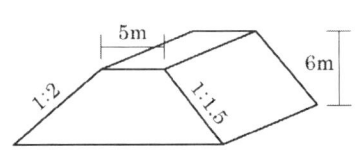

해설 및 정답

$\sum h_1 = 1.5+2.0+2.5 = 6.0$

$\sum h_2 = 1.0+5.0 = 6.0$

$\sum h_3 = 2.0+3.0+4.0+3.5+6.0+4.0 = 22.5$

$\sum h_5 = 2.0$

$\sum h_6 = 3.5+5.0 = 8.5$

$V = \dfrac{4 \times 4}{6}(6.0 + 2 \times 6.0 + 3 \times 22.5 + 5 \times 2 + 6 \times 8.5) = 390.67 \text{m}^3$

① 트럭 대수 = $\dfrac{390.67 \times 1.1}{4} = 107.44 ≒ 108$대

② 성토 연장길이 = $\dfrac{390.67 \times 0.85}{4} = 3.57\text{m}$

※ 사다리꼴 단면적

  1 : 2 = 6 : x, $x = 12\text{m}$

  1 : 1.5 = 6 : x, $x = 9\text{m}$

  $(12 \times 6 \times 0.5)+(5 \times 6)+(9 \times 6 \times 0.5) = 93\text{m}^2$

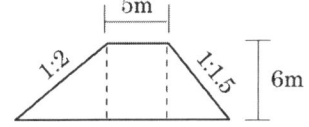

예제...8

계획등고선(점선)과, 기존등고선(실선)을 보고 NO.별 횡단면도를 완성한 후 절토·성토면적을 구하고 양단면평균법에 의한 절토량, 성토량을 구하시오. (단, 그림상의 단위는 m, 단면도상의 성토지역은 빗금으로 표시하시오.)

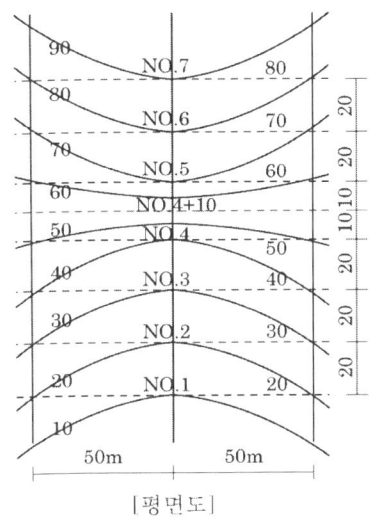

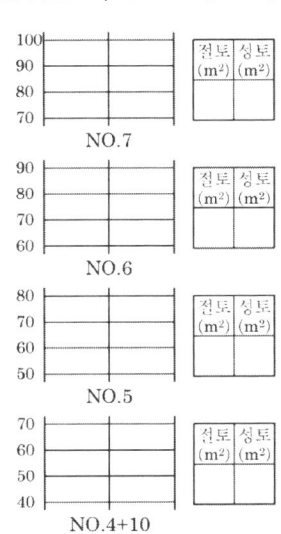

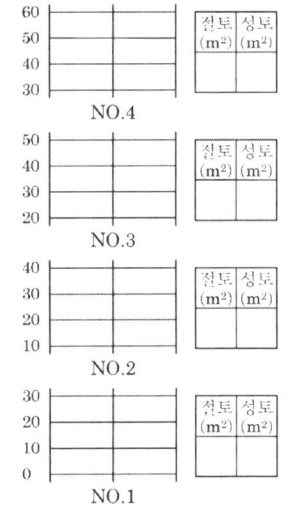

해설 및 정답

① 성토 :

- NO.1~NO.2 : $\dfrac{500+500}{2} \times 20 = 10{,}000$
- NO.2~NO.3 : $\dfrac{500+500}{2} \times 20 = 10{,}000$
- NO.3~NO.4 : $\dfrac{500+500}{2} \times 20 = 10{,}000$
- NO.4~NO.4+10 : $\dfrac{500+0}{2} \times 10 = 2{,}500$

∴ $10{,}000+10{,}000+10{,}000+2{,}500 = 32{,}500\text{m}^3$

② 절토

- NO.4+10~NO.5 : $\dfrac{0+500}{2}\times 10=2{,}500$
- NO.5~NO.6 : $\dfrac{500+500}{2}\times 20=10{,}000$
- NO.6~NO.7 : $\dfrac{500+500}{2}\times 20=10{,}000$

∴ 2,500+10,000+10,000＝22,500m³

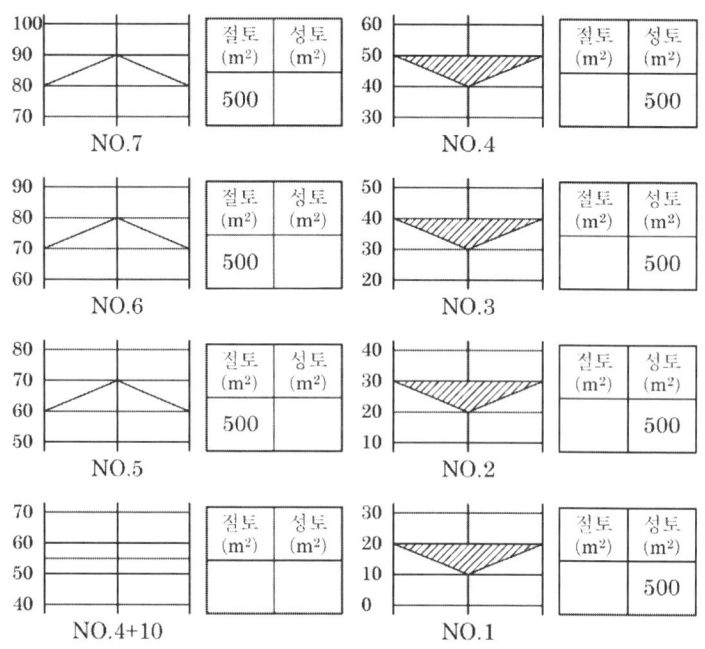

예제...9

다음 보기를 참조하여 물음에 답하시오.

보기

- 전체 흙 용적 : 3m³
- 전체 흙 중량 : 4.5ton
- 순토립 용적 : 2m³
- 순토립 중량 : 4ton
- 물만의 용적 : 0.5m³
- 물만의 중량 : 0.5ton
- 공기만의 용적 : 0.5m³
- 15℃ 증류수 밀도 : 999kg/m³

① 간극비 ② 간극률 ③ 함수비 ④ 함수율
⑤ 진비중 ⑥ 포화도 ⑦ 겉보기비중

해설 및 정답

① 간극비 : $\dfrac{0.5-0.5}{2}=0.5$

② 간극률 : $\dfrac{0.5-0.5}{3}\times 100=33.33\%$

③ 함수비 : $\dfrac{0.5}{4}\times 100=12.5\%$

④ 함수율 : $\dfrac{0.5}{4.5}\times 100=11.11\%$

⑤ 진비중 : $\dfrac{4}{2}\times\dfrac{1}{0.999}=2$

⑥ 포화도 : $\dfrac{0.5}{0.5+0.5}\times 100=50\%$

⑦ 겉보기비중 : $\dfrac{4.5}{3}\times\dfrac{1}{0.999}=1.5$

3. 기초터파기 공사

1) 용어 정리

① 기초 : 상부 구조물의 무게를 받아 지반에 안전하게 전달하기 위하여 땅속에 만드는 구조물
② 지정 : 기초를 보강하거나 지반의 지지력을 증가시키는 일
③ 터파기 : 구조물의 기초공사 및 지하구조물 설치를 위한 흙을 굴착하는 작업
④ 터파기 여유 : 작업공간 확보를 위해 기초판의 측면에서 여유폭을 둔다.
⑤ 흙의 휴식각(안식각) : 안정된 사면
⑥ 되메우기 : 잔여공간에 되메우기, 터파기-기초부 체적
⑦ 잔토 처리 : 기초부 체적. (터파기량-되메우기량)×L
⑧ 흙 돋우기량 : 흙 되메우기 체적×1/C

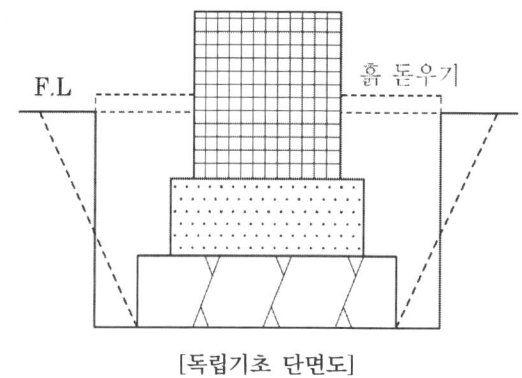

[독립기초 단면도]

2) 기초의 종류

구 분	내 용
직접기초	• 기초의 지정형식상 분류 중 하나로 조경구조물에 가장 많이 쓰이며 기초판이 하중을 지면으로 직접 전달하는 기초
독립기초	• 독립된 기초판 위에 단일기둥을 받치는 것으로 기둥간격이 넓고 지반의 지지력이 강한 경우
복합기초	• 하나의 기초판 위에 2개 이상의 기둥을 받치는 것으로 보통 기둥 간격이 좁은 경우
연속기초	• 줄기초라고도 하며 기다란 기초판 위에 담장이나 여러 개의 기둥을 일렬로 받치는 기초
온통기초	• 전면기초라고도 하며 하나의 기초판 위에 구조물 바닥의 전면을 받치는 것으로 지반의 지지력이 비교적 약한 경우

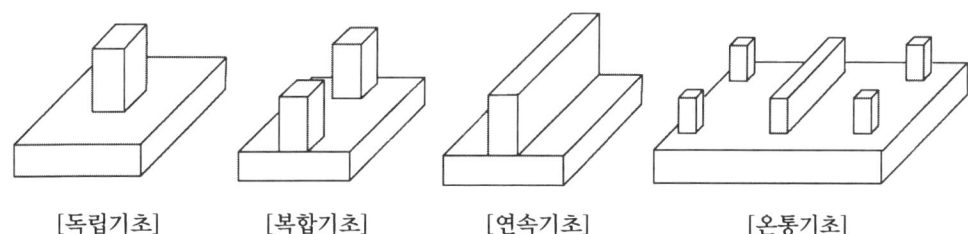

[독립기초]   [복합기초]   [연속기초]   [온통기초]

3) 터파기의 여유

작업공간을 확보하기 위해 기초판의 측면에서 여유폭을 둔다.

구 분	터파기 높이	터파기 여유폭	비 고
흙막이가 없는 경우	1.0m 이하	20cm	수직 터파기
	2.0m 이하	30cm	휴식각 터파기
	3.0m 이하	50cm	
	4.0m 이하	60cm	
흙막이가 있는 경우	5.0m 이하	60~90cm	
	5.0m 이상	90~120cm	

4) 독립기초

구조물을 지지하는 기둥마다 기초가 받치는 구조

$$V = \frac{h}{6}(2a+a')b + (2a'+a)b'$$

- a : 장변
- a' : 장변
- b : 단변
- b' : 단변
- h : 높이

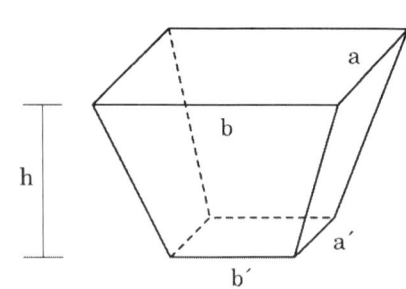

5) 줄기초

동일한 단면을 가진 기초가 직선 모양의 같은 방향으로 이어지는 구조

$$V = \frac{(a+b)}{2} \times h \times \ell$$

※ 중심선을 기준으로 길이를 산정할 경우 중복부분을 공제해야 한다.

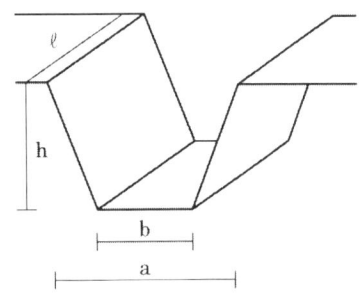 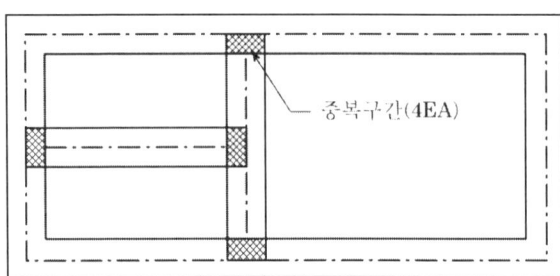

중복구간(4EA)

- a : 장변
- b : 단변
- h : 높이
- ℓ : 길이

chapter 6. 공정별 적산

터파기의 여유폭은 10cm씩 주고 직각 터파기 한다. 다음 물음에 답하시오. (소수 3자리까지 계산)

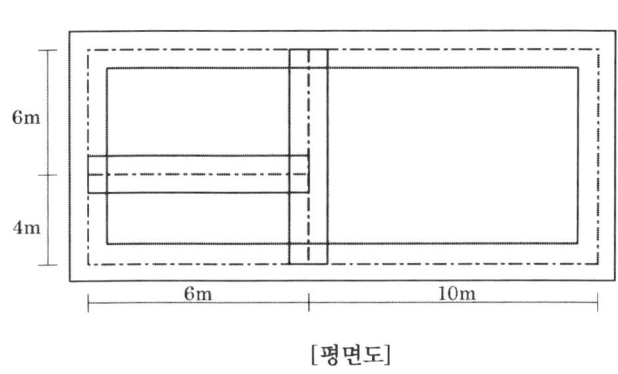

[평면도]

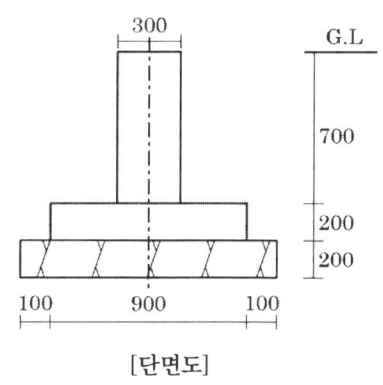

[단면도]

① 터파기량(m^3)   ② 잡석량(m^3)   ③ 콘크리트량(m^3)
④ 되메우기량(m^3)   ⑤ 잔토처리량(m^3)

해설 및 정답

※ 기초 중심거리 : 10+10+10+16+16+6＝68m   ※ 중복구간 : 4개소

① 터파기량 : $1.3×1.1×\{68-(0.65×4)\}＝93.522m^3$

② 잡석량 : $1.1×0.2×\{68-(0.55×4)\}＝14.476m^3$

③ 콘크리트량 : $0.9×0.2×\{68-(0.45×4)\}+0.3×0.7×\{68-(0.15×4)\}＝26.07m^3$

④ 되메우기량 : $93.552-(14.476+26.07)＝52.976m^3$

⑤ 잔토처리량 : $14.476+26.07＝40.546m^3$

예제...2

다음 그림과 같은 정방형 콘크리트 구조물의 터파기량, 되메우기량, 잔토처리량을 구하시오. (단, 건축표준품셈을 따른다. 잡석 250mm, 버림콘크리트 80mm임. C=0.9, L=1.25)

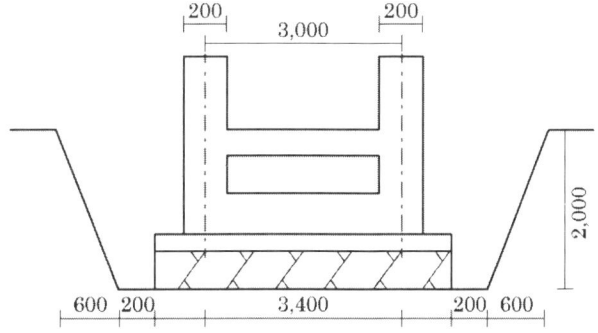

해설 및 정답

※ 터파기 윗변길이 : 3.8+0.6+0.6＝5.0m   ※ 터파기 밑변길이 : 3.4+0.2+0.2＝3.8m

① 터파기량 : $\dfrac{2.0}{6}\{(2×3.8+5.0)3.8+(2×5.0+3.8)5.0\}＝38.96m^3$

② 되메우기량 : $38.96-(3.4×3.4×0.33+3.2×3.2×1.67)＝18.04m^3$

③ 잔토처리량 : $(38.96-18.04)×1.25＝26.15m^3$

Part 1 조경기사·산업기사 시공실무

예제...3

굴착할 토량은 사질토로 L=1.2, C=0.8이다. 다음 물음에 답하시오. (소수 3자리까지 계산하고 이하 버릴 것)

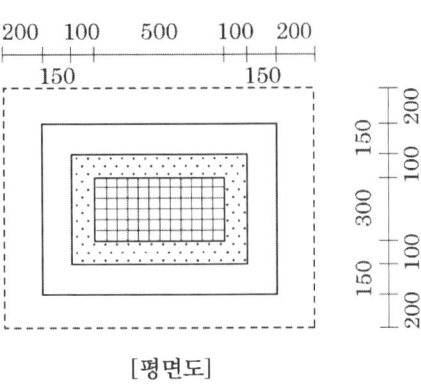

[평면도]

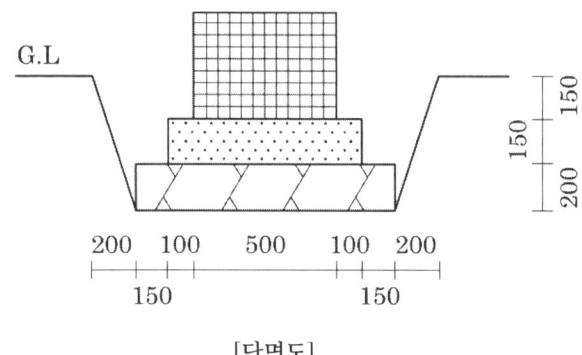

[단면도]

① 터파기할 흙량(자연상태) ② 터파기한 흙량
③ 되메우기할 흙량(자연상태) ④ 다지면서 되메우기한 흙량
⑤ 잔토처리 흙량(자연상태) ⑥ 굴토한 흙의 잔토처리량

해설 및 정답

① 터파기할 흙량(자연상태) : $\dfrac{0.5}{6}\{(2\times1.2+0.8)1.4+(2\times0.8+1.2)1.0\}=0.606\,\mathrm{m}^3$

② 터파기한 흙량 : $0.606\times1.2=0.727\,\mathrm{m}^3$

③ 되메우기할 흙량(자연상태) : $0.606-\{(1.0\times0.8\times0.2)+(0.7\times0.5\times0.15)+(0.5\times0.3\times0.15)\}=0.371\,\mathrm{m}^3$

④ 다지면서 되메우기한 흙량 : $0.371\times\dfrac{1}{0.8}=0.463\,\mathrm{m}^3$

   ※ 다지면서 되메우기할 흙량을 구하기 위해 되메우기 흙량(자연상태)에 더돋기량을 추가해야 함

⑤ 잔토처리 흙량(자연상태) : $0.606-0.371=0.235\,\mathrm{m}^3$

⑥ 굴토한 흙의 잔토처리량 : $0.235\times1.2=0.282\,\mathrm{m}^3$

4. 인력운반 시공

1) 소운반

품에서 포함된 것으로 규정된 소운반 거리는 20m 이내의 거리를 말하므로 소운반이 포함된 품에 있어서 소운반 거리가 20m를 초과할 경우에는 초과분에 대하여 이를 별도 계상하며 경사면의 소운반 거리는 직고 1m를, 수평거리 6m의 비율로 본다.

2) 인력운반 기본 공식(리어카 운반)

$$Q = N \times q = \frac{VT}{120L \times Vt} \times q$$

- Q : 1일 운반량(m³/일 또는 kg/일)
- q : 1회 운반량(m³/회 또는 kg/회)
- t : 적재·적하 시간(분)
- L : 운반거리(m), 환산거리 고려
- N : 1일 운반횟수(회/일)
- T : 1일 실작업시간(분)
- V : 평균왕복속도(m/hr)

3) 고갯길 운반

$$환산거리 = a \times L$$

- a : 경사 및 운반 방법에 따른 계수
- L : 운반거리(m)

① a값

경사\운반	1	2	3	4	5	6	7	8	9	10	12	20
리어카	1.05	1.11	1.18	1.25	1.33	1.43	1.54	1.67	1.82	2.0	–	–
트롤리	1.03	1.08	1.13	1.18	1.23	1.31	1.38	1.56	1.71	1.85	2.04	2.8

4) 지게 운반

경사\운반	적재·적하시간(t)	평균왕복속도(m/hr)		
		양호	보통	불량
토사류	1.5분	3,000	2,500	2,000
석재류	2분			

[주] 1. 1회 운반량 q=50kg, 삽 작업이 가능한 토석재 기준
2. 적재·운반·적하=1인 기준
3. 고갯길인 경우에는 직고 1m를 수평거리 6m의 비율로 본다.

5) 리어카 운반

경사\운반	적재·적하시간(t)	평균왕복속도(m/hr)		
		양호	보통	불량
토사류	4분	3,000	2,500	2,000
석재류	5분			

[주] 1. 1회 운반량 q=250kg, 삽 작업이 가능한 토석재 기준
2. 적재·운반·적하=2인 기준

6) 우마차 운반

운반\경사	적재·적하시간(t)	평균왕복속도(m/hr)		
		양호	보통	불량
토사류	11분	3,500	3,000	2,500
석재류	13분			

[주] 1. 1회 운반량 q=800kg, 삽 작업이 가능한 토석재 기준
2. 적재·운반·적하=2인 기준, 운반=1인

7) 목도 운반비

$$\frac{A}{T} \times M \times \left(\frac{120L}{V} + t\right)$$

- 1회 운반량 q=40kg/인
- M : 목도공수(인) = $\frac{총운반량}{1인당\ 1회\ 운반량}$
- t : 준비작업 시간(분)
- L : 운반거리(m)
- A : 목도공 노임(원/인)
- T : 1일 실작업시간(분)
- V : 평균왕복속도(m/hr)

3,000m²의 면적에 잔디 식재할 때 다음 물음에 답하시오.

① 잔디(0.3×0.3×0.03)의 소요매수를 구하시오.
② 리어카 1일 운반 횟수
   (1일 작업시간 450분, 운반거리 800m, 적재·적하 시간 4분, 왕복평균속도 3,000m/hr, 2인 기준)
③ 1회 운반 잔디 50매일 때 왕복 횟수를 구하시오
④ 보통 인부 50,000원/일일 때 운반비를 구하시오.

해설 및 정답

① 잔디 소요매수 : 3,000×11＝33,000매
   ※ 1m²당 잔디 소요매수는 11매로 한다.
② 리어카 1일 운반 횟수(N) : $\dfrac{3,000 \times 450}{120 \times 800 + 3,000 \times 4} = 12.5$회
③ 왕복 횟수 : 33,000÷50＝660회
④ 운반비 : (660÷12.5)×50,000×2＝5,280,000원

자연석 20kg짜리 5개, 10kg짜리 20개를 50m 지점에 목도로 운반한다. 운반로 중 20m는 20% 경사임, 운반로 상태는 보통, 평균왕복속도 1.6km/hr, 경사로 20%의 환산계수 3, 1회 운반량은 40kg/인, 준비작업시간 4분, 하루 작업시간 400분/일, 목도공 노임 80,000원/일이다. 다음 물음에 답하시오.

① 목도공수(M) ② 운반비(원)

해설 및 정답

※ 총무게 : 200×50+100×20＝3,000kg ※ 거리 : 20×3+(50−20)＝90m

① 목도공수 : $\dfrac{3,000}{40} = 75$인

② 운반비 : $\dfrac{80,000}{400} \times 75 \times \left(\dfrac{120 \times 90}{1,600} + 4 \right) = 161,250$원

예제...3

수평거리 60m에 10%의 경사를 갖는 불량한 운반로에서 리어카로 잔디를 운반하여 320m²의 면적에 잔디를 평떼로 식재하려 할 때 물음에 답하시오. (단, 소수는 셋째자리 이하 버림)

- 조경공 : 60,000원/일, 보통 인부 : 36,000원/일
- 1일 작업시간 : 450분
- 평떼 1m²당 소요량 : 11매   ※ 잔디식재는 보통인부 작업, 할증률은 무시한다.

• 리어카 운반

구분 종류	적재·적하시간 (t)	평균왕복속도(m/hr)		
		양호	보통	불량
토사류	4분	3,000	2,500	2,000
석재류	5분	3,000	2,500	2,000

• 떼 운반

구분 종류	줄떼 적재량 (매)	평떼 적재량 (매)	싣고 부리는 시간(분)	싣고 부리는 인부(인)
지게	30	10	2	1
리어카	150	50	5	2

• 고갯길 운반 환산거리계수

경사 종류	2	4	6	8	10	12
리어카	1.11	1.25	1.43	1.67	2.00	2.4
트롤리	1.08	1.18	1.31	1.56	1.85	2.04

• 떼 식재(100m²당)

구분	공종	들떼뜨기(인)	떼붙임(인)
줄떼		3.0	6.2
평떼		6.0	6.9

① 하루에 운반할 수 있는 횟수
② 잔디를 모두 운반할 수 있는 횟수
③ 잔디운반에 드는 노임
④ 잔디식재에 필요한 인부수
⑤ 잔디식재에 드는 노임
⑥ 잔디를 운반하고 식재하는데 드는 노임

해설 및 정답

① 하루에 운반할 수 있는 횟수 $N = \dfrac{2{,}000 \times 450}{120 \times (60 \times 2) + 2{,}000 \times 5} = 36.88$회

② 잔디를 모두 운반할 수 있는 횟수 : 식재면적×단위면적당 소요량 = 3,520÷50 = 70.4회
   ※ 1m²당 잔디 소요매수는 11매이므로 320×11 = 3,520매

③ 잔디운반에 드는 노임 : $\dfrac{70.4}{36.88} \times 36{,}000 \times 2 = 136{,}800$원

④ 잔디식재에 필요한 인부수 : $\dfrac{320}{100} \times 6.9 = 22.08$인

⑤ 잔디식재에 드는 노임 : 22.08×36,000 = 794,880원

⑥ 잔디를 운반하고 식재하는데 드는 노임 : 136,800+794,880 = 931,680원

5. 건설기계 시공

1) 건설기계의 종류

구 분			내 용
굴착	트랙터계	불도저	흙깎기, 흙운반, 고르기, 도랑파기 작업에 이용, 경제적인 작업 범위는 50m임
	셔블계	백호우	지면보다 낮은 곳을 굴착하는데 유리하며 조경공사에서 가장 많이 사용
		파워셔블	기계가 놓인 지면보다 높은 곳을 굴착할 때 이용
		드레그라인	토사나 암석을 긁어내는 작업을 하며 기계가 놓인 지면보다 낮은 곳을 굴착
		클램셜	조개껍질처럼 양쪽으로 열리는 버킷으로 수중 굴착에 이용
적재	로더		연약지반의 흙을 깎아 싣거나 모아 놓은 흙, 골재 등의 적재에 이용
운반	크레인		무거운 물건, 대형수목을 들어올려 운반하는 등 옥상조경에 주로 쓰임
	트럭크레인		적재함이 있는 트럭에 크레인을 설치한 장비
	덤프트럭		적재함이 들리며, 흙의 장거리 운반에 이용
	체인블록		도르래, 쇠사슬 등을 조합시켜 무거운 물건을 달아 올리는 기계 정원석 쌓기에 적합
정지	모터그레이더		운동장 등 넓은 대지나 노면을 고르거나 필요한 흙쌓기 높이를 조절하는데 이용
다짐	댐퍼		강한 압력으로 연속적 충격을 발생시켜 지면을 다지는 장비로 좁은 장소에 유용
	진동컴팩터		기계의 몸체가 완전히 튀어 올라서 충격을 주어 다지는 기계로 좁은 장소에 유용
	진동롤러		롤러에 진동기를 달아 구르면서 진동을 하여 다짐하는 기계

[불도저]

[백호우]

[로더]

[덤프트럭]

2) 건설기계 선정기준

① 건설기계 선정기준 (※ 작업 종류별)

작업 종류	건설기계 종류
벌개 · 제근	불도저(레이크도우저)
굴 삭	로더, 굴삭기, 불도저, 리퍼
적 재	로더, 버킷식 엑스커베이터
굴삭 · 적재	로더, 굴삭기, 버킷식 엑스커베이터
굴삭 · 운반	불도저, 스크레이퍼
운 반	불도저, 덤프트럭, 벨트컨베이어
부 설	불도저, 모터그레이더
함수량 조절	살수차
다 짐	롤러(타이어, 탬핑, 진동, 로드), 불도저, 진동콤팩터, 램머, 탬퍼
정 지	불도저, 모터그레이더
도랑 파기	굴삭기, 트렌처

② 건설기계 선정기준 (※ 운반 거리별)

작업 구분	운반거리	표 준
절붕 · 압토	평균 20m	• 불도저
토 운 반	60m 이하	• 불도저
	60~100m	• 불도저 • 로더+덤프트럭 • 굴삭기+덤프트럭
	100m 이상	• 로더+덤프트럭 • 굴삭기+덤프트럭 • 모터 스크레이퍼

③ 공사 규모별 표준건설기계

㉠ 건설공사 설계 시 적정 공사비 산정과 기계화 시공의 합리적인 발전을 위해 당해 건설공사의 제반사항을 감안하여 대규모 공사에서는 대형건설기계, 중규모 공사에서는 중형건설기계, 소규모 공사에는 소형건설기계를 적용한다.

㉡ 공사 규모(시공량)는 100,000m^3 이상의 공사는 대규모 공사, 100,000~10,000m^3의 공사를 중규모 공사, 10,000m^3 미만을 소규모 공사로 구분한다.

작업 규모	불도저	스크레이퍼	굴삭기	덤프트럭
소 규 모	13ton(습지, 연약토)	5.4~9.0m^3	0.4m^3	8ton 이하
중 규 모	19ton(중규모)	11.0~18.0m^3	0.7m^3	8~15ton
대 규 모	32ton(대규모)	18.0m^3 이상	1.0m^3 이상	15ton 이상

3) 건설기계 시공능력 기본 공식

$$Q = n \times q \times f \times E = \frac{60 \times q \times f \times E}{C_m}$$

- Q : 시간당 작업량(m³/hr 또는 ton/hr)
- n : 시간당 작업 사이클 횟수(#)
- q : 1회 작업 사이클당 표준작업량(m/회 또는 ton/회) ※ 토량인 경우에는 흐트러진 상태에서 취급
- f : 체적환산계수(1/L)
- E : 작업효율
- C_m : 1회 사이클 시간(분)

① 계산값의 맺음
  ㉠ Q : 소수점 이하 3자리까지 계산하고 사사오입한다.
  ㉡ n : 소수점 이하 2자리까지 계산하고 사사오입한다.
  ㉢ C_m : 소수점 이하 3자리까지 계산하고 사사오입한다.

② 기계의 작업시간 : 기계의 시간당 작업량은 기계의 운전시간당 작업량으로 하고, 이 운전시간은 기계의 주기관이 회전하거나 주작동부가 가동하는 시간을 말하며 주목적의 작업을 하는 실작업 시간 외에 작업 중의 기계이동, 기관 또는 주작동부의 예비가동, 운전시간 중의 점검 또는 조정, 주유, 조합기계 때의 대기 등이 포함된다.

③ 시간당 작업량(Q) : 토공에 있어서의 작업능력은 일반적으로 (m³/hr)로 표시되고 자연상태의 토량, 흐트러진 상태의 토량, 다져진 후의 토량의 세 가지 표시방법이 있으며, 기계종류에 따라서 ton/hr, m³/hr, m/hr 등으로 작업량을 표시할 때도 있다.

④ 1회 작업 사이클당 표준작업량(q) : 기계는 일련의 동작을 되풀이하는 작업을 하게 되고, 이때의 1회 사이클의 동작으로 이루어지는 표준적인 작업조건과 작업관리 상태에 있어서의 작업량을 1회 작업 사이클당 표준작업량이라고 하며 토량인 경우에는 흐트러진 상태에서 취급되는 것이 일반적이고 보통 (m³) 또는 (ton)으로 표시한다.

⑤ 시간당 작업 사이클 수(n) : $n = \dfrac{60}{C_m(\min)}$ 또는 $\dfrac{3,600}{C_m(\sec)}$ 으로 표시, C_m는 사이클 시간으로서 기계의 작업속도나 주행속도에 따라 분(min) 또는 초(sec)로 표시한다.

⑥ 작업 효율(E) : 기계의 시간당 작업량은 기계고유의 일정한 값이 아니고 작업현장의 제반조건에 따라 변화하는 것이므로 표준적인 작업 능력에 작업현장의 여러 가지 여건에 알맞은 효율을 고려하여 산정함이 필요하며, 이 작업 효율은 일반적으로 능력적 요소와 시간적 요소로 구분된다.

  ※ 작업 효율(E)=(현장작업 능력 계수×실작업 시간율)

⑦ 현장작업 능력 계수 : 기계의 표준적인 작업능력에 영향을 미치는 기상, 지형, 토질, 공사규모, 시공방법, 기계의 종류, 기계 조정원의 기능도, 해상에서는 파도 및 풍향 등의 작업현장 여건을 고려한 계수를 말한다.

⑧ 실작업 시간율 : 기계의 상태, 공사 규모, 시공 방법 등에 의하여 변화하며 다음과 같이 표시한다.

  ※ 실작업 시간율=(실작업 시간 / 운전시간)

4) 불도저

불도저 규격 기준은 7ton으로 한다. 표준 작업 거리는 굴착 운반과 운반토 정지·전압은 20m, 잔토처리(기계펴기)는 30m를 기준으로 작업조건에 의하여 조정할 수 있다.

① 기본 공식

$$Q = \frac{60 \times q \times f \times E}{C_m}, \quad q = q_o \times e, \quad C_m = \frac{L}{V_1} + \frac{L}{V_2} + t$$

- Q : 시간당 작업량(m³/hr 또는 ton/hr)
- q_o : 거리를 고려하지 않은 삽날의 용량
- f : 체적환산계수(1/L)
- C_m : 1회 사이클 시간(분)
- V_1 : 전진속도, V_2 : 후진속도
- q : 삽날의 용량(m³)
- e : 운반거리계수
- E : 작업효율
- L : 운반거리
- t : 기어의 변속 시간(0.25분)

② 불도저 – 무한궤도의 작업속도(V_1 및 V_2)

규 격 (ton)	전진 속도(m/분)				후진 속도(m/분)		
	1단	2단	3단	4단	1단	2단	3단
4(초습지)	40	57	100	–	63	85	–
7	43	67	92	116	53	78	107
10	42	64	88	116	50	75	105
12	40	55	75	107	48	70	100
13(습지)	40	55	75	–	48	70	–
19	40	55	75	103	46	70	98
32	40	52	70	91	43	58	78

[주] 1. 굴착 또는 굴착 운반, 발근, 석재류 집적 작업 등에는 전진 1단, 후진 1단을 사용한다.
2. 흐트러진 상태의 토사운반 작업 등에는 전진 2단, 후진 2단을 사용한다.
3. 평탄하고 흐트러진 상태의 정지 전압작업 등의 작업에는 전진 3단, 후진 3단을 사용한다.
4. 제방과 같은 상향 작업 시에는 전진 1단, 후진 2단을 사용한다.
5. 수중 작업 시에는 전진 1단, 후진 1단을 사용한다.
6. 작업 현장에서의 이동에는 전진 3단 또는 4단을 사용한다.

③ 불도저 – 타이어형의 작업속도(V_1 및 V_2)

규 격(ton)	전진 속도 (m/분)			후진 속도 (m/분)	
	1단	2단	3단	1단	2단
15	83	200	415	92	125
28	92	200	482	92	200
33	92	210	546	110	250

[주] 1. 흐트러진 상태의 토량운반, 연약지반의 굴착 운반작업 등에는 전진 1단, 후진 1단을 사용한다.
2. 평탄하고 흐트러진 상태의 정지 및 전압작업 등에는 전진 2단, 후진 2단을 사용한다.
3. 작업현장에서의 이동에는 전진 2단 또는 3단을 사용한다.

④ 불도저 - 삽날의 용량(q_o)

종별\규격(톤)	4 (초습지)	7	10	12	13 (습지)	15	19	28	32	33
무한궤도	0.5	1.1	1.5	2.0	1.5	-	3.2	-	5.5	-
타이어	-	-	-	-	-	3.1	-	4.0	-	5.7

⑤ 불도저 - 운반거리계수(e)

운반거리(m)	10 이하	20	30	40	50	60	70	80
e	1.00	0.96	0.92	0.88	0.84	0.80	0.76	0.72

⑥ 불도저 - 작업효율(E)

토질명\현장 조건	자연 상태			흐트러진 상태		
	양호	보통	불량	양호	보통	불량
모래, 사질토	0.80	0.65	0.50	0.85	0.70	0.55
자갈섞인 흙, 점성토	0.70	0.55	0.40	0.75	0.60	0.45
파쇄암	-	-	-	-	0.35	0.25

[주] 1. 양호 : 작업현장이 넓고(배토판 폭의 3배 이상), 지반의 요철 등에 의한 미끄럼이 없고, 또한 하향구배 등으로서 작업속도가 충분히 기대되는 조건인 경우
2. 보통 : 작업현장은 넓으나 작업속도가 기대되지 않는 경우, 작업현장은 좁으나(배토판 폭의 3배 미만) 작업속도가 충분히 기대되는 등 제조건이 중간으로 판단되는 경우
3. 불량 : 작업현장이 좁고 지반상태를 고려한 미끄럼이 많고 또 상향 구배 등으로서 작업속도를 저해하는 조건인 경우
4. 정지작업을 겸하는 경우는 0.1을 뺀 값으로 한다.
5. 터파기에 대해서는 0.05를 뺀 값으로 한다.
6. 리핑한 것은 리핑된 상태를 고려하여 그 상태에 해당하는 토질에서의 값을 취한다.

5) 굴삭기(백호, 셔블)

굴삭기의 규격 기준은 0.4m³로 한다. 선회각도(사이클 타임)는 조경구조물의 터파기·되메우기, 운반토 정지전압, 잔토처리는 135도를, 간단한 소형 구조물과 조경시설물의 터파기·되메우기 및 토사류 절취·상차는 90도를 기준으로 한다. 조경시설물의 터파기공사 등은 타 공종과의 간섭 등을 감안하여 불량을 기준으로 하며, 작업조건에 의하여 조정할 수 있다.

① 기본 공식

$$Q = \frac{3,600 \times q \times k \times f \times E}{C_m}$$

- Q : 시간당 작업량(m³/hr 또는 ton/hr)
- q : 버킷 용량(m³)
- k : 버킷 계수
- f : 체적환산계수(1/L)
- E : 작업효율
- C_m : 1회 사이클 시간(초)

② 굴삭기 – 버킷계수(K)

현 장 조 건	K
용이하게 굴착할 수 있는 연한 토질로서 버킷에 산적으로 가득찰 때가 많은 조건이 좋은 모래, 보통토인 경우	1.10
위의 토질보다 약간 단단한 토질로서 버킷에 거의 가득 채울 수 있는 모래, 보통토 및 조건이 좋은 점토인 경우	0.90
버킷에 가득 채우기가 어렵거나 가벼운 발파를 필요로 하는 것으로서 단단한 점토질. 점토, 역토질인 경우	0.70
버킷에 넣기 어렵고 불규칙한 공극이 생기는 것으로서 발파 또는 리퍼작업 등에 의하여 얻어진 암과 파쇄암, 호박돌, 역 등인 경우	0.55

[주] 1. 굴삭기는 위치한 지면보다 낮은 데 있는 토량의 굴착에 사용되는 것이 일반이다.
2. 버킷계수는 굴착하는 토질과 굴착작업의 높이 또는 깊이에 따라 다르나 작업현장 조건을 고려하여 기종이 선택되므로 특수한 경우를 제외하고는 굴착작업의 깊이는 버킷계수에 영향을 주지 않는 것으로 한다.
3. 굴삭기는 굴착된 토량을 운반하는 기계와의 상태가 작업상 균형이 유지되고 굴삭기에 대한 운반기계의 적재높이가 적합하도록 이루어져야 한다.

③ 굴삭기 – 사이클 시간(C_m)

규격(m³) \ 각도(도)	사이클 시간(C_m)			
	45	90	135	180
0.12~0.4	13	15	18	20
0.6~0.8	16	18	20	22
1.~1.2	17	19	21	23
2.0	22	25	27	30

④ 굴삭기 – 작업효율(E)

토질명 \ 현장조건	자연상태 양호	자연상태 보통	자연상태 불량	흐트러진 상태 양호	흐트러진 상태 보통	흐트러진 상태 불량
모 래, 사 질 토	0.85	0.70	0.55	0.90	0.75	0.60
자갈섞인 흙, 점성토	0.75	0.60	0.45	0.80	0.65	0.50
파 쇄 암	–	–	–	–	0.45	0.35

[주] 1. 자연상태의 굴삭 시 작업효율
- 양호 : 자연지반이 무르고, 절토작업이 최적으로 연속작업이 가능하고, 작업방해가 없는 등의 조건인 경우
- 보통 : 자연지반은 단단하지만 절토작업이 최적인 경우 또는 자연지반은 무르지만 절토작업이 곤란한 경우 등 제 조건이 중간으로 판단되는 경우
- 불량 : 자연지반이 단단하고 또한 연속작업이 곤란하며 작업방해가 많은 등의 조건인 경우
2. 흐트러진 상태의 적용은 상기 1항의 조건 중 자연지반 상태의 조건을 제외한 기타의 조건을 감안하여 결정한다.
3. 작업장소가 수중 또는 용수작업인 경우는 불량을 적용한다.
4. 터파기에 대하여는 0.05를 뺀 값으로 한다.
5. 리핑한 것은 리핑된 상태를 고려하여 그 상태에 해당되는 토질에서의 값을 취한다.
6. 굴착작업 시 지하매설물(각종 매설관 등)로 인하여 작업이 현저하게 저하하는 경우는 작업효율을 별도로 정할 수 있다.
7. 주택가지역에서 상하수도 관로부설 등의 공사 시 작업장소가 협소하고 지하매설물 등으로 인하여 작업이 현저하게 저하하는 다음의 경우에는 작업효율(E)을 모래·사질토는 보통인 경우 0.30, 불량인 경우 0.19를 자갈섞인 흙·점성토는 보통인 경우 0.26, 불량인 경우 0.15를 적용할 수 있다.
- 보통 : 작업현장이 보통의 경우나, 지하장애물이 약간 있는 경우로서 연속적인 굴착이 불가능한 지역
- 불량 : 작업현장이 협소한 경우나, 지하장애물이 많은 경우로서 연속적인 굴착이 불가능한 지역

6) 로더

로더는 대규모의 토공이나 골재의 상차 등에 적용한다.

① 기본 공식

$$Q = \frac{3{,}600 \times q \times k \times f \times E}{C_m}, \quad C_m = (m \times L) + t_1 + t_2$$

- Q : 시간당 작업량(m^3/hr 또는 ton/hr)
- k : 버킷 계수
- E : 작업효율
- m : 계수(무한궤도 2.0, 타이어식 1.8)
- t_1 : 버킷에 흙을 담는 시간(초)
- q : 버킷 용량(m^3)
- f : 체적환산계수(1/L)
- C_m : 1회 사이클 시간(초)
- L : 편도주행거리(8m)
- t_2 : 기어변화 등 기본시간(14초)

② 로더 – 적재시간(t_1, 초)

기종별	무한 궤도식		타이어식	
작업방법 현장조건	산적 상태에서 담을 때	지면부터 굴착 집토하여 담을 때	산적 상태에서 담을 때	지면부터 굴착 집토하여 담을 때
용이한 경우	5	20	6	22
보통인 경우	8	29	9	32
약간 곤란한 경우	9	36	14	41
곤란한 경우	11	–	18	–

③ 로더 – 버킷계수(K)

현 장 조 건	계수
굴착기계로 깎거나 쌓아 모은 산적상태에서 적재하는 것으로 굴착력을 필요로 하지 않고 쉽게 버킷에 산적할 수 있는 것, 즉 조건이 좋은 모래, 보통토 등	1.2
흐트러진 산적 상태에서 적재하는 것으로 위 상태보다 약간 삽날이 들어가기 어려운 토질로서 버킷에 가득 채울 수 있는 것, 즉 점토, 역질토	1.0
모래, 사력 보통토, 점토, 역질토 등 직접 자연상태에서 굴착 적재할 수 있는 여건으로 버킷에 평적에 약간 미달되게 채울 수 있는 것	0.9
버킷에 가득 채울 수 없는 것으로 다른 기계로 쌓아 모아 놓은 부순돌 및 점질토나 역질토로서 굳어진 덩어리 상태로 되어 있는 것	0.7
버킷에 넣기 어렵고 허술하며 불규칙한 공극이 생긴 것. 예를 들면 발파 또는 리퍼로 깎은 암괴, 호박돌, 역 등	0.55

[주] 1. K치의 적용에 있어 토질 분류에 의한 판단보다는 실지 적재 가능한 양의 판단에 따라 적용하여야 한다.
    2. 위 표는 타이어식 로더를 기준으로 한 것이다. 단, 발파암 및 암괴 등을 적재할 경우는 무한궤도식 로더로 계상할 수 있다.
    3. 함수 조건에 따라 차이가 있는 것으로 저지대 작업 등 특별한 경우에는 현실에 맞게 조정할 수 있다.

④ 로더 – 작업효율(E)

토질명 \ 현장조건	자연상태			흐트러진 상태		
	양호	보통	불량	양호	보통	불량
모 래, 사 질 토	0.70	0.55	0.40	0.75	0.60	0.45
자갈섞인 흙, 점성토	0.60	0.45	0.30	0.60	0.50	0.35
파 쇄 암	–	–	–	–	0.35	0.25

[주] 1. 양호 : 자연지반이 무르고, 적입형식이 덤프트럭 이동형으로서 작업방해가 없고 절토높이가 최적(1~3m) 등의 조건인 경우
2. 보통 : 적입형식은 덤프트럭 이동형이지만 작업방해 등이 있는 경우 또는 적입형식은 덤프트럭 정치형이지만, 작업방해가 없는 경우 등 제조건이 중간으로 판단되는 경우
3. 불량 : 자연지반이 단단하여 굴삭이 곤란하고, 적입형식은 덤프트럭 정치형으로서 작업방해가 많고, 절토높이가 최적이 아닌 경우
4. 흐트러진 상태의 토사적재의 경우는 상기의 조건 중 단단한 조건을 뺀 기타의 조건을 감안하여 수치를 정하는 것으로 한다.
5. 터파기에 대하여 0.05를 뺀 값으로 한다.
6. 리핑한 것은 리핑된 상태를 고려하여 그 상태에 해당되는 토질에서의 값을 취한다.
7. 작업방해란 도로개량공사 등에서 시간당 최대교통량이 100대 이상이거나, 현장조건이 이와 유사하다고 판단되는 경우를 말한다.
8. 타이어식 로더의 적용은 흐트러진 상태에서 파쇄암 이외의 토질 적재 시 현장조건은 양호한 것으로 한다.

7) 덤프트럭

덤프트럭의 규격 기준은 8ton으로 한다. 대기시간은 적재장소는 넓지 않으나 목적 장소에 불편없이 진입할 수 있을 때인 0.42분, 적재함 덮개 설치 및 해체 시간은 자동덮개시설인 0.5분을 기준으로 한다. 적재와 공차 시 평균 주행속도는 사토장(토취장) 및 사업지구 내 운반거리 150m 미만은 7, 8(km/hr), 150~250m는 10, 15(km/hr), 250m 이상은 15, 20(km/hr)를 기준하며, 간선도로 포장공사의 노상 완료 시나 포장용 혼합골재 완료 시 15, 20(km/hr), 기층 완료 시 20, 25(km/hr), 표층 완료 시 30, 35(km/hr)를 기준으로 하되 작업조건에 의하여 조정할 수 있다.

① 기본 공식

$$Q = \frac{60 \times q \times f \times E_s}{C_m}, \quad q = \frac{T}{r^t} \times L, \quad C_m = t_1 + t_2 + t_3 + t_4 + t_5$$

$$t_1 = \frac{C_{ms} \times n}{60 \times E_s}, \quad n = \frac{q_t}{q_s \times k_s}, \quad t_2 = \left(\frac{\text{운반거리}}{\text{적재 시 속도}} + \frac{\text{운반거리}}{\text{공차 시 속도}}\right) \times 60$$

- Q : 시간당 작업량(m^3/hr 또는 ton/hr)
- q : 흐트러진 상태의 1회 적재량(m^3)
- f : 체적환산계수(1/L)
- E : 작업효율
- T : 덤프트럭 적재용량(ton)
- r^t : 자연상태에서의 토석단위중량(ton/m^3)
- C_m : 1회 사이클 시간(분)
- t_1 : 적재시간(분)
- t_2 : 왕복시간(분)
- t_3 : 적하시간(분)
- t_4 : 대기시간(분)
- t_5 : 적재함 덮개 설치 및 해체시간(분)
- C_{ms} : 적재기계의 1회 사이클 시간(초)
- E_s : 적재기계의 작업효율
- n : 덤프트럭 1대의 토량을 적재하는데 소요되는 적재기계의 사이클 횟수
- q_t : 덤프트럭 1대의 적재토량(m)
- q_s : 적재기계의 버킷용량(m^3)
- k_s : 적재기계의 버킷계수

② 덤프트럭 – 인력 적재시간(t_1), 적재방법으로 인력과 기계로 구분한다.

구 분	적재시간(분/m^3)	조 건
토 사 류	10	적재 인부 5인 기준
석 재 류	12	평지인 경우

③ 덤프트럭 – 운반도로와 평균주행속도(t_2)

도 로 상 태	평균속도 (km/hr)	
	적재	공차
토취장 또는 토사장 등 열악한 조건의 도로	7	8
교차가 힘든 산간지도로 및 제방 등의 도로	10	15
교차가 가능한 산간지도로 및 제방도로, 미포장도로	15	20
2차로 이상의 공사용 도로	30	35
2차로 교통량 및 교통대기가 많은 시가지 포장도로(7,000대/일 이상) 4차로 이상의 교통량 및 교통대기가 많은 시가지 포장도로(40,000대/일 이상)	20	25
2차로 시가지 포장도로(7,000~2,000대/일)	25	30
4차로 이상의 시가지 포장도로(40,000대/일 미만) 2차로 교외 포장도로(2,000대/일 이상) 4차로 이상의 교외 포장도로(40,000대/일 이상)	30	35
2차로 교외 포장도로(2,000대/일 미만) 4차로 이상의 교외 포장도로(40,000대/일 미만)	35	35
2차로 고속도로 또는 교통량(편도) 1일 40,000대 이상의 4차로 고속도로	50	55
4차로 고속도로(편도 교통량 1일 40,000대 미만)	60	60

[주] 차로는 왕복기준이며, 주행속도는 차로수·교통량 등 현장조건에 따라 주행속도를 측정하여 사용할 수 있다.

④ 덤프트럭 – 적하시간(t_3)

토 질	작 업 조 건 (분)		
	양 호	보 통	불 량
모래, 역, 호박돌	0.5	0.8	1.1
점질토, 점토	0.6	1.05	1.5

[주] 1. 양호 : 사토장이 넓고 정지된 상태에서 일시에 적하하는 경우
    2. 보통 : 사토장이 넓으나 움직이는 상태에서 적하하는 경우
    3. 불량 : 사토장이 넓지 않고 천천히 움직이는 상태에서 적하하는 경우

⑤ 덤프트럭 – 대기시간(t_4)

현 장 조 건	대기시간(분)
적재장소가 넓어서 트럭이 자유로이 목적 장소에 진입할 수 있을 때	0.15
적재장소가 넓지는 않으나 목적 장소에 불편없이 진입할 수 있을 때	0.42
적재장소가 좁아서 목적 장소에 진입하는데 불편을 느낄 때	0.70

⑥ 덤프트럭 – 적재함 덮개 설치 및 해체시간(t_5)

구 분	인력에 의한 경우	자동덮개 시설의 경우
시 간 (분)	3.77	0.5

19ton 무한궤도 불도저로 작업거리 60m에서 토공작업을 하려 한다. 종 작업거리 60m에서 전·후진 속도를 3단으로 작업할 때, 1회 사이클 시간(C_m)과 작업량(Q)을 구하시오.

구분	전진 속도(m/분)				후진 속도(m/분)			비고
	1단	2단	3단	4단	1단	2단	3단	
12	40	55	75	107	48	70	100	• 배토판 : 3.2m³ • 토량환산계수 : 1
19	40	55	75	103	46	70	98	• 운반거리계수 : 0.8 • 작업효율 : 0.8
32	40	52	75	91	43	52	78	• 기어변속시간 : 0.2분

① 1회 사이클 시간(C_m) ② 작업량(Q)

해설 및 정답

① 사이클 시간 $C_m = \dfrac{60}{75} + \dfrac{60}{98} + 0.2 = 1.61$분

② 작업량 $Q = \dfrac{60 \times 3.2 \times 0.8 \times 1 \times 0.8}{1.61} = 76.32 \text{m}^3/\text{hr}$

버킷용량이 0.7m³인 유압식 백호로 토사를 굴착하여 8ton 덤프트럭에 적재한 후 10km 지점에 사토. 백호의 버킷계수 0.9, 작업효율 0.6, 적재작업 시 회전각도 180도, 1회 사이클 시간 36초, 토량변화율 1.15, 토량의 단위 중량 1.65ton/m³, 덤프트럭 주행 속도는 적재 시 25km/hr, 공차 시 40km/hr, 작업효율 0.9, 적하시간 0.8분, 대기시간 0.42분일 때, 다음 물음에 답하시오.

① 백호의 시간당 작업량
② 덤프트럭 1대에 적재할 수 있는 토사의 양
③ 덤프트럭 1대에 토량을 적재하는 데 소요되는 백호의 사이클 횟수
④ 덤프트럭 1대에 적재하는 데 걸리는 시간
⑤ 덤프트럭의 왕복 주행시간
⑥ 덤프트럭의 1회 사이클 시간
⑦ 덤프트럭의 시간당 작업량

해설 및 정답

① $Q = \dfrac{3600 \times 0.7 \times 0.9 \times \dfrac{1}{1.15} \times 0.6}{36} = 32.869 ≒ 32.87 \text{m}^3/\text{hr}$

② $q = \dfrac{8}{1.65} \times 1.15 = 5.575 ≒ 5.58 \text{m}^3$

③ $n = \dfrac{5.58}{0.7 \times 0.9} = 8.857 ≒ 8.86$회

④ $t_1 = \dfrac{36 \times 8.86}{60 \times 0.6} = 8.86$분

⑤ $t_2 = \left(\dfrac{10}{25} + \dfrac{10}{40}\right) \times 60 = 39$분

⑥ $C_m t = 8.86 + 39 + 0.8 + 0.42 = 49.08$분

⑦ $Q = \dfrac{60 \times 5.58 \times \dfrac{1}{1.15} \times 0.9}{49.08} = 5.338 ≒ 5.34 \text{m}^3/\text{hr}$

chapter 6. 공정별 적산

예제...3

1회 적재량이 5m³인 덤프트럭으로 1,400m 지점에 토사를 운반. 덤프트럭 적재 시 속도 30km/hr, 공차 시는 적재 시보다 25% 증가한다. $f=1.2$, $E=0.9$, 적재시간 12분, 적하시간 1분, 대기시간 0.4분일 때 시간당 작업량을 구하시오. (단, 소수점 3자리까지 계산한다.)

해설 및 정답

- $t_2 = \left(\dfrac{1.4}{30} + \dfrac{1.4}{(30 \times 1.25)}\right) \times 60 = (0.046+0.037) \times 60 = 4.98$분
- $C_m = 12+4.98+1+0.4 = 18.38$분
- $Q = \dfrac{60 \times 5 \times 1.2 \times 0.9}{18.38} = 17.627 \text{m}^3/\text{hr}$

예제...4

버킷용량이 0.96m³인 타이어 로더로 흐트러진 상태로 쌓여 있는 사질양토를 8ton 덤프트럭에 적재한 후 20km 지점으로 운반함. 덤프트럭의 주행속도는 적재 시 25km/hr, 공차 시 40km/hr, 적하시간 0.9분, 대기시간 0.5분, 작업효율 0.9, 사질양토의 단위중량 1.65ton/m³, 토량변화율과 환산계수는 각각 1, 로더버킷계수 1.0, 버킷에 흙담는 시간 10초, 작업효율 0.6, L=8m, t_2=14초, m=1.8초/m이다. 다음 질문에 답하시오. (단, 소수 2자리까지 계산한다.)

① 로더의 1회 사이클 시간 ② 로더의 시간당 작업량
③ 덤프트럭의 1회 적재량 ④ 덤프트럭 1대에 적재하는 로더의 사이클 횟수
⑤ 덤프트럭 1대에 적재하는 소요시간 ⑥ 덤프트럭 왕복 주행시간
⑦ 덤프트럭의 시간당 작업량

해설 및 정답

※ 흐트러진 상태가 작업량 산정의 기준이기 때문에 체적환산계수는 1이다.

① $C_m = (1.8 \times 8) + 10 + 14 = 38.4$초 ② $Q = \dfrac{3600 \times 0.96 \times 1 \times 1 \times 0.6}{38.4} = 54 \text{m}^3/\text{hr}$

③ $q = \dfrac{8}{1.65} \times 1 = 4.84 \text{m}^3$ ④ $n = \dfrac{4.84}{0.96 \times 1.0} = 5.04$회

⑤ $t_2 = \dfrac{38.4 \times 5.04}{60 \times 0.6} = 5.37$분 ⑥ $t_2 = \left(\dfrac{20}{25} + \dfrac{20}{40}\right) \times 60 = 78$분

⑦ $Q = \dfrac{60 \times 4.84 \times 1.0 \times 0.9}{84.77} = 3.08 \text{m}^3/\text{hr}$

※ $C_m t = 5.37 + 78 + 0.9 + 0.5 = 84.77$분

6. 식재 공사

1) 굴취

수목을 이식하기 위해 캐내는 작업

① 굴취 방법

구분	내용
뿌리감기 굴취법	• 뿌리를 절단한 후 뿌리 주위에 기존의 흙을 붙이고 짚과 새끼 등으로 뿌리 감기를 하여 뿌리분을 만드는 방법 • 교목류, 상록수, 이식력이 약한 나무, 희귀한 나무, 부적기 이식 때 쓰인다.
나근 굴취법 (맨뿌리 캐기)	• 뿌리를 절단한 후 뿌리에 기존 흙을 붙이지 않고 맨뿌리로 캐내는 방법 • 캐낸 직후 젖은 거적, 짚, 수태, 비닐 등으로 감싸 주어 뿌리의 건조를 막는 것이 중요하다. • 이식이 잘되는 낙엽수를 낙엽 기간 중에 이식할 때와 이식이 쉬운 작은 나무나 묘목
동토법	• 사질토로 토립을 보유할 수 없는 경우 2주 정도 동결시킨 후 이식하는 방법
닭발식 캐내기	• 뿌리에 전혀 흙을 붙지 않은 상태로 캐내는 방법. 수양버들, 플라타너스 등
추적굴취법	• 흙을 파헤쳐 뿌리의 끝부분을 추적해 가며 캐내는 방법. 등나무, 담쟁이덩굴 등

② 뿌리분의 크기

㉠ 수목을 이식할 때는 뿌리 부분을 어느 정도 크기를 가진 반구형으로 굴취하는데 이처럼 흙과 합해진 뿌리 덩어리를 뿌리분이라 한다.

㉡ 뿌리분의 크기는 일반적으로 근원직경의 4~6배로 하는데, 보통 4배 정도를 기준으로 한다.

㉢ 뿌리분의 둘레는 원형 수직으로 하고 밑면은 둥글게 다듬어 팽이 모양이 되게 한다.

㉣ 뿌리분의 모양
- 접시분 : 자작나무, 편백, 독일가문비, 향나무 등의 천근성 수종
- 보통분 : 벚나무, 측백나무 등 일반적 수종
- 조개분 : 느티나무, 소나무, 회화나무, 주목 등 심근성 수종

③ 뿌리분 뜨기

㉠ 뿌리분 뜨기에 앞서 고사지, 쇠약지, 밀생한 가지 등을 전정하고 수관을 모아서 매어 놓고 작업을 한다.

㉡ 뿌리분 범위에 있는 잡초나 오물을 제거하고 다진 다음 삽이나 곡괭이를 사용하여 수직으로 파내려 간다.

㉢ 뿌리분 감기할 때의 굴취 폭은 분 크기보다 30cm 이상 크게 하여 분감기 작업을 할 수 있도록 여유공간을 주고 굵은 뿌리(3cm 이상)는 톱이나 전정 가위로 깨끗이 절단한다.

④ 뿌리분 감기

㉠ 뿌리분 감기는 뿌리분 주위를 1/2 정도 파내려 갔을 때부터 시작하고 나머지 흙을 파고 다시 분감기를 실시해야 분흙이 분리되지 않는다.

㉡ 준비한 끈으로 뿌리분의 허리감기를 먼저하고 다음에 위아래 감기를 한다.

2) 조경수목의 규격

구분	기호	단위	내용
수고	H	m	• 지표면으로부터 수관의 상단부까지의 수직높이
지하고	BH	m	• 지표면에서부터 수관의 맨 아래 가지까지의 수직높이
수관폭	W	m	• 전정을 한 정형수나 형상수는 수관의 최대 폭을 측정하지만 타원형의 일반 • 수형은 최소 폭과 최대 폭을 합한 평균값으로 결정
흉고직경	B	cm	• 가슴높이(지표면에서부터 1.2m)에서 잰 나무줄기의 지름 • 쌍간일 경우 각 간의 흉고직경 합의 70%나 해당 수목의 최대 흉고직경 중 큰 것
근원직경	R	cm	• 지표면과 접한 줄기의 지름 • 가슴높이 이하에서 줄기가 여러 갈래로 갈라진 교목, 덩굴성 수목, 묘목 등
수관길이	L	m	• 수관이 수평으로 생장하는 특성을 가진 수목의 최대 길이를 측정

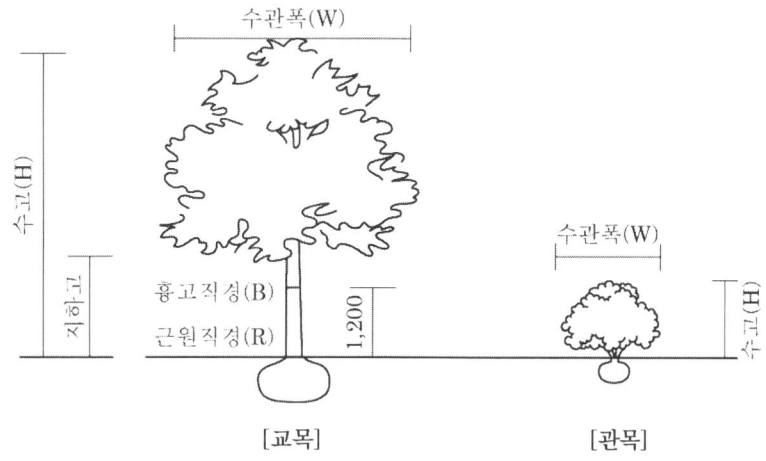

성상	기호	주요 수종
교목	수고(H)×수관폭(W)	일반 상록침엽수, 구상나무, 잣나무, 스트로브잣나무, 전나무, 측백나무, 주목 등
	수고(H)×근원직경(R)	흉고직경 측정이 곤란한 수종, 소나무, 감나무, 꽃사과나무, 느티나무, 대추나무, 모과나무, 배롱나무, 목련, 단풍나무 등 대부분의 교목
	수고(H)×흉고직경(B)	가죽(가중)나무, 메타세쿼이아, 벽오동, 수양버들, 왕벚나무, 은단풍, 은행나무, 자작나무, 백합나무, 플라타너스, 현사시나무 등
관목	수고(H)×수관폭(W)	일반 관목류
	수고(H)×근원직경(R)	노박덩굴
	수고(H)×수관폭(W) ×수관길이(L)	눈향나무
	수고(H)×가지의 수	개나리, 덩굴장미
만경목	수고(H)×근원직경(R)	능소화, 등
묘목	간장×근원직경×근장	• 간장 : 줄기의 길이 • 근장 : 뿌리의 길이

3) 이식(移植)

① 식물을 이전의 생육지에서 다른 장소로 자리를 바꾸어 심는 작업(옮겨심기)
  ㉠ 가식(假植) : 이식 후에 다시 옮겨 심을 필요가 있는 것
  ㉡ 정식(定植) : 그대로 수확까지 두는 것(아주심기)
② 초화류는 뿌리를 자르기에 따라 뿌리내림이 과밀해지므로 육묘 중에 옮겨심기를 하는데 이 경우의 옮겨심기를 이식이라고 하며 일시적으로 심어 놓는 것을 가식이라고 한다.
③ 수목은 어느 계절에 이식하느냐에 따라 활착 가능성이 크게 좌우된다.

4) 수목의 중량

① 기본 공식

$$\text{지상부 중량}(W_1) + \text{지하부 중량}(W_2) = \text{수목의 중량}$$

수목의 중량	지상부 중량	$W_1 = k \times \pi \times (\dfrac{d}{2})^2 \times H \times w_1 \times (1+p)$	• k : 수간형상계수 • d : 흉고직경 • H : 수고 • w_1 : 수간의 단위체적중량 • p : 지엽의 다수에 의한 할증률
	지하부 중량	$W_2 = V \times w_2$	• V : 뿌리분의 체적 • w_2 : 뿌리분의 단위체적중량 • r : 뿌리분의 반지름

② 뿌리분의 형태와 체적

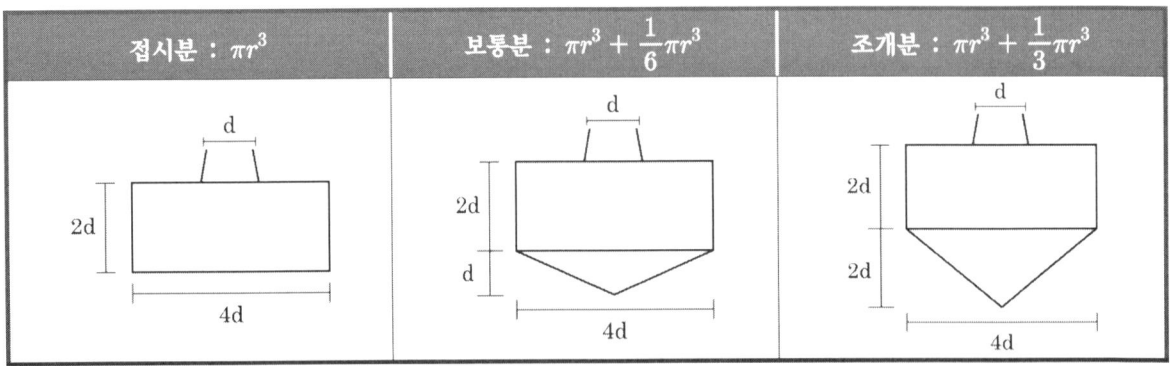

접시분 : πr^3 보통분 : $\pi r^3 + \dfrac{1}{6}\pi r^3$ 조개분 : $\pi r^3 + \dfrac{1}{3}\pi r^3$

5) 교목 식재

① 식재 지반의 조성
  ㉠ 이식 수목의 식재지반은 자연지반과 인공지반으로 나눈다.
  ㉡ 인공지반은 옥상 정원 등과 같이 인위적으로 조성하는 것으로 지반을 형성하는 토양환경은 식물의 생육에 가장 중요한 요인이므로 토양의 구조, 토성, 양분, 산도(pH) 등이 적절히 조성되어 있어야 한다.
  ㉢ 토양환경이 조성되지 않은 경우 토양개량을 통하여 식물생육에 적합하도록 개선하거나 완전히 객토를 실시해서 수목의 생육 토심을 확보할 수 있도록 해주어야 한다.
  ㉣ 비탈면에 교목을 식재하려면 1 : 3보다 완만해야 하며, 관목을 식재하려면 1 : 2보다 완만하고, 잔디 및 초화류는 1 : 1 보다 완만해야 한다.

② 식재 시기
    ㉠ 가급적 수종 및 수목 특성별로 적합한 시기를 선택하되 수목의 굴취와 활착이 어려운 혹한기(12월~2월)나 혹서기(7월~8월)는 피한다.
    ㉡ 부적기에 식재할 경우 이에 따른 특별한 보호조치를 강구한다.

구 분	식재 시기	
낙엽수	• 봄 이식 : 해토 직후~4월 상순	• 가을 이식 : 10월~11월
상록활엽수	• 봄 이식 : 3월 하순~4월 중순	• 장마철 이식 가능
침엽수	• 봄 이식 : 해토 직후~4월 상순	• 가을 이식 : 9월 하순~10월 하순
대나무류	• 봄 이식 : 4월 죽순이 나오기 직전	

③ 식재 순서

순서	공종	내 용
1	전정	• 운반한 수목의 불필요한 가지를 전정한다.
2	구덩이 파기	• 구덩이는 뿌리분 크기의 1.5배 이상으로 파고 뿌리분을 놓는데, 식재 깊이와 방향은 해당 수목의 원래 깊이와 방향을 맞추어 준다.
3	시비	• 완숙된 유기질 거름을 부드러운 흙과 섞어 구덩이 바닥에 놓고 그 위에 다시 흙을 덮는데 중앙 부분이 약간 볼록하도록 한다.
4	죽쑤기	• 표토나 양질토양을 넣으며 구덩이를 채우는데 2/3~3/4 정도 채운 다음 물을 충분히 주고 나무 막대기 등으로 쑤셔(죽쑤기) 뿌리분과 흙을 밀착시키고 기포가 없어지도록 한다.
5	물집, 관수	• 물이 스며든 다음 흙을 덮고 물집을 만든 후 다시 관수한다.
6	멀칭	• 발아 촉진과 우수나 관수에 의한 토양의 침식과 유실을 최소화하기 위해 멀칭한다. • 멀칭 재료 : 볏짚, 바크, 톱밥 등
7	지주목	• 수목 규격에 맞는 지주목을 설치

㉠ 물쫌(죽쑤기) : 흙을 덮고, 충분히 관수하여 반죽한 후 나머지의 흙으로 채워서 공극을 없앤다.
㉡ 흙쫌 : 물 사용이 어려울 경우 조금씩 흙을 넣어 가면서 말뚝으로 다진다. (소나무)

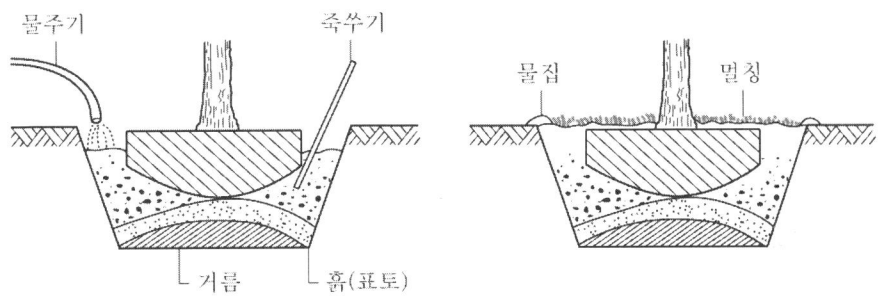

[교목 식재]

④ 지주 세우기
    ㉠ 지주란 수목을 식재한 후 바람으로 인한 뿌리의 흔들림이나 강풍에 의해 쓰러지는 것을 방지하고 활착을 촉진시키기 위해 목재, 철재 파이프, 철선, 와이어 로프, 플라스틱을 수목에 견고하게 부착시켜 수목을 고정시키는 것을 말한다.
    ㉡ 지주는 수목이 정상적으로 활착하고 그 후 생육이 충분해질 때까지 설치해 놓아야 하는데 수목의 모양, 크기, 풍향, 입지 조건 등을 고려해 수목과 조화를 이루는 형식과 재료를 선정해야 하며 무엇보다도 견고

하고 아름다워야 한다.
ⓒ 지주를 설치할 때는 지주가 닿는 부분의 수피가 상하지 않도록 새끼, 마닐라로프, 녹화마대 등으로 보호조치를 해주어야 하며 땅속에 깊이 고정시켜야 하는데 이때 뿌리가 상하지 않도록 유의한다.
ⓔ 지주는 방부 처리한 것을 사용해야 한다.

구 분	내 용
단각 지주	• 수고 1.2m 이하의 소교목, 묘목, 수양버들, 위성류 등
이각 지주	• 수고 1.2~2.0m의 교목에 사용
삼발이 지주	• 수고 2m 이상의 교목에 사용 • 통행량이 적고 경관상 주요 지점이 아닌 곳에 설치, 안전성이 높음 • 지면과 지주의 각도는 45~75° 유지
삼각 지주	• 적당한 높이에 3개의 가로목과 중간목을 설치
사각 지주	• 가로수와 같이 보행량이 많은 곳에 주로 설치 • 미관상 아름답고 삼각지주보다 견고하나 가격이 비쌈
연결형 지주	• 교목의 군식이나 열식에 대나무를 이용하여 설치 • 지주목을 여러 군데 박고 대나무를 수평으로 설치
매몰형 지주	• 경관상 중요한 곳 또는 지상 설치가 불가능한 경우 사용
당김줄형 지주	• 와이어 로프, 턴버클을 이용하여 대형 교목(5m 이상)에 사용하며 시각적으로 양호
피라미드형 지주	• 말뚝 3개 정도를 위로 좁혀가며 덩굴식물을 올리는데 사용 • 덩굴장미, 능소화, 클레마티스 등에 설치

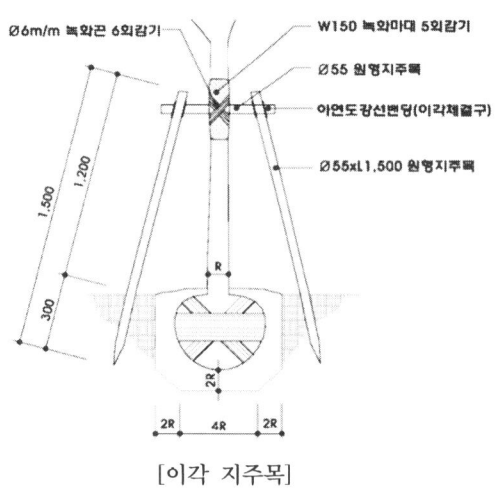

[이각 지주목]

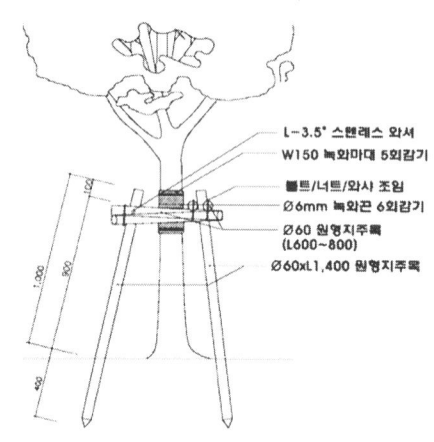

[삼각 지주목]

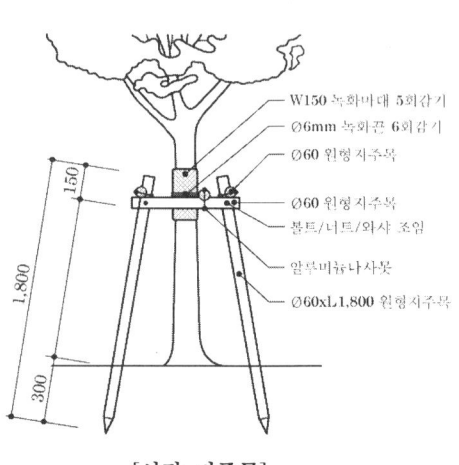

[사각 지주목]

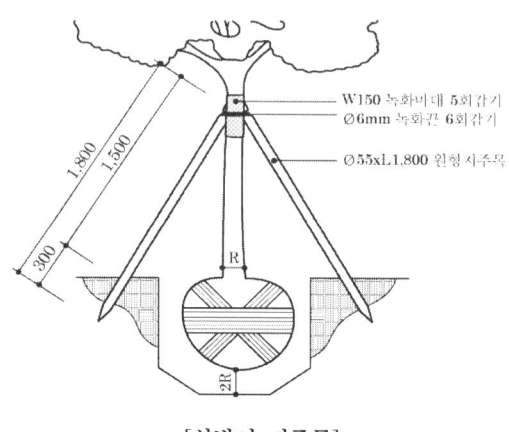

[삼발이 지주목]

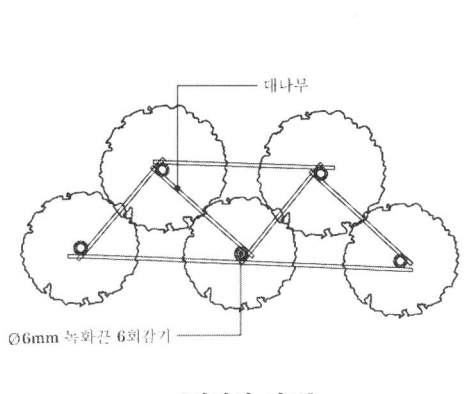 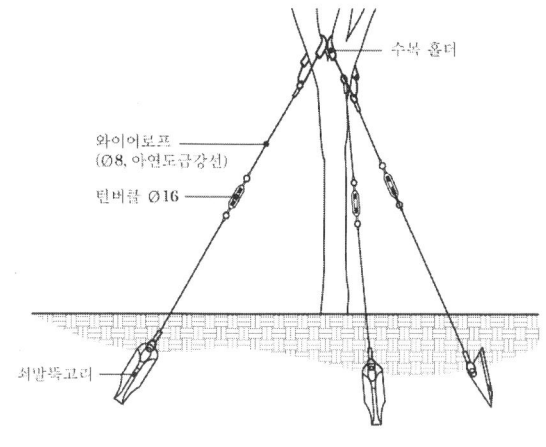

[연결형 지주]　　　　　　　　[당김줄형 지주]

[지주목의 종류]

6) 잔디 식재

① 잔디의 조건
  ㉠ 떼심기에 사용하는 잔디는 땅속 줄기가 굵고 생육이 왕성하여 발근력이 좋아야한다.
  ㉡ 떼의 규격은 사방 30cm에 3cm 두께로 흙을 붙인 흙잔디와 흙을 턴 흙털이 잔디가 있다.
  ㉢ 흙털이 잔디는 운반이 어렵거나 중요하지 않은 장소 등에 쓰인다.
  ㉣ 떼심기는 연중 가능하나 여름, 겨울은 피한다.

② 잔디 식재 방법 및 순서

구분		내용
떼심기 방법	전면 떼붙이기 (평떼 붙이기)	• 떗장 사이를 1~3cm 정도로 어긋나게 배열하여 전체 면에 심는다. • 조기에 잔디경관을 조성해야 할 곳에 적용하지만, 떗장이 많이 소요된다.
	어긋나게 붙이기	• 떗장을 20~30cm 간격으로 어긋나게 놓거나 서로 맞물려 어긋나게 배열하여 심는다.
	줄떼 붙이기	• 떗장을 5cm, 10cm, 15cm 정도로 잘라서 10~30cm의 간격을 두고 심는다.
떼심기 순서	① 경운	• 잡초를 제거한 후 20~30cm 깊이로 갈아 엎는다.
	② 시비	• 생육에 필요한 유기질 비료를 시비한다.
	③ 정지	• 레이크 등으로 표면이 평평하도록 하고 표면배수가 되도록 경사를 준다.
	④ 떼 붙임	• 떗장의 이음새와 떗장의 가장자리 부분에 흙이 충분히 채워져야 하며, 떗장 위에도 떗밥을 뿌려 주어야 한다. • 흙털이 잔디는 떗밥이 잔디 사이사이에 잘 채워지도록 한다. • 경사면 시공 때는 떗장 1매당 2개의 떼꽂이를 박아 떗장을 고정해야 하며 경사면의 아래쪽부터 위쪽으로 심어 나간다.
	⑤ 전압	• 잔디면을 60~80kg 정도 무게의 롤러로 전압하거나 삽으로 다져 준다.
	⑥ 관수	• 관수를 충분히 하여 흙과 밀착되도록 한다.

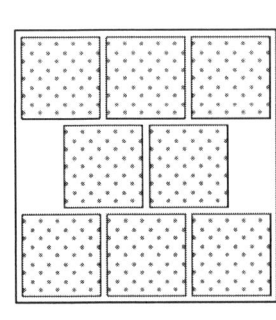
[전면 붙이기]

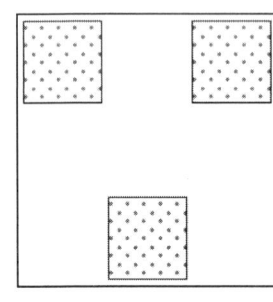
[어긋나게 붙이기]

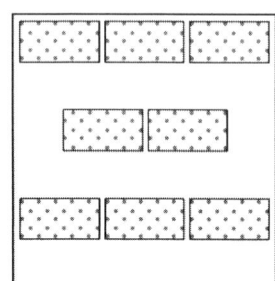
[줄떼 붙이기]

7) 품셈

① 나무높이에 의한 굴취(주당)

나무높이(m)	조경공(인)	보통인부(인)
1.0 이하	0.06	0.01
1.1 ~ 1.5	0.07	0.02
1.6 ~ 2.0	0.08	0.02
2.1 ~ 2.5	0.10	0.03
2.6 ~ 3.0	0.11	0.03
3.1 ~ 3.5	0.13	0.03
3.6 ~ 4.0	0.15	0.04
4.1 ~ 4.5	0.17	0.04
4.6 ~ 5.0	0.19	0.05
비 고	- 분이 없는 경우 굴취품의 20%를 감한다.	

[주] 1. 본 품은 흉고직경 또는 근원직경을 추정하기 어려운 수종 기준이다.
　　2. 분은 근원직경의 4~5배로 한다.
　　3. 준비, 구덩이파기, 뿌리절단, 분뜨기, 운반준비 작업을 포함한다.
　　4. 분뜨기, 운반준비를 위한 재료비는 별도 계상한다.
　　5. 굴취 시 야생일 경우에는 굴취품의 20%까지 가산할 수 있다.
　　6. 현장의 시공조건, 수목의 성상에 따라 기계사용이 불가피한 경우 별도 계상한다.
　　7. 굴취수목의 운반을 위하여 운반로를 개설하여야 하는 경우에는 그 비용을 별도 계상한다.

② 근원(흉고)직경에 의한 굴취(주당)

근원(흉고)직경(cm)	조경공(인)	보통인부(인)	굴삭기(hr)	크레인(hr)
4 이하	0.08	0.02	-	-
5 (4이하)	0.10	0.03	-	-
6~7 (5~6)	0.17	0.04	-	-
8~9 (7~8)	0.27	0.07	-	-
10~11 (9)	0.15	0.06	0.49	-
12~14 (10~12)	0.26	0.08	0.59	-
15~17 (13~14)	0.40	0.10	0.71	-
18~19 (15~16)	0.51	0.11	0.81	-
20~24 (17~20)	0.67	0.13	0.95	0.19
25~29 (21~24)	0.90	0.16	1.15	0.23
30~34 (25~28)	1.12	0.19	1.35	0.27
35~39 (29~32)	1.35	0.22	1.55	0.31

근원(흉고)직경(cm)	조경공(인)	보통인부(인)	굴삭기(hr)	크레인(hr)
40~44 (33~37)	1.57	0.25	1.74	0.35
45~49 (38~41)	1.80	0.28	1.94	0.39
50~54 (42~45)	2.02	0.31	2.14	0.43
55~59 (46~49)	2.25	0.34	2.34	0.47
60 (50)	2.38	0.36	2.46	0.50
비 고	분이 없는 경우 굴취품의 20%를 감한다.			

[주] 1. 본 품은 교목류 수종의 굴취 기준이다.
2. 분은 근원직경의 4~5배로 한다.
3. 준비, 구덩이파기, 뿌리절단, 분뜨기, 운반준비 작업을 포함한다.
4. 현장의 시공조건, 수목의 성상에 따라 기계사용이 불가피한 경우 별도 계상한다.
5. 분뜨기, 운반준비를 위한 재료비는 별도 계상한다.
6. 굴취 시 야생일 경우에는 굴취품의 20%까지 가산할 수 있다.
7. 굴취수목의 운반을 위하여 운반로를 개설하여야 하는 경우에는 그 비용을 별도 계상한다.
8. 장비 규격은 다음을 기준으로 한다.
   - 근원직경 10~19cm : 굴삭기 0.4(m^3)
   - 근원직경 20~26cm : 굴삭기 0.6(m^3), 트럭탑재형크레인 10(ton)
   - 근원직경 27~39cm : 굴삭기 0.6(m^3), 트럭탑재형크레인 15(ton)
   - 근원직경 40~60cm : 굴삭기 0.6(m^3), 크레인(타이어) 25~50(ton)

③ 관목 굴취(10주당)

구 분	단위	수량(나무높이)			
		0.3m 미만	0.3~0.7m	0.8~1.1m	1.2~1.5m
조 경 공	인	0.07	0.14	0.22	0.34
보 통 인 부	인	0.01	0.03	0.04	0.06

[주] 1. 본 품은 근원부에서 분지되어 다년생으로 자라는 관목수종에 적용한다.
2. 본 품은 분 보호재(녹화마대, 녹화끈 등)를 활용하여 분을 보호하지 않은 상태로 굴취되는 작업을 기준한 것이다.
3. 나무높이가 1.5m를 초과할 때는 나무높이에 비례하여 할증할 수 있다.
4. 나무높이보다 수관폭이 더 클 때는 그 크기를 나무높이로 본다.
5. 굴취수목의 운반을 위하여 운반로를 개설하여야 하는 경우에는 그 비용을 별도 계상한다.
6. 녹화마대, 녹화끈을 사용하여 분을 보호할 경우 (굴취-나무높이)를 적용한다.
7. 굴취 시 야생인 경우에는 굴취품의 20%까지 가산할 수 있다.

④ 나무높이에 의한 식재(주당)

나무높이 (m)	인력 시공		기계 시공		
	조경공(인)	보통인부(인)	조경공(인)	보통인부(인)	굴삭기(hr)
1.0 이하	0.07	0.06	-	-	-
1.1 ~ 1.5	0.09	0.07	-	-	-
1.6 ~ 2.0	0.11	0.09	-	-	-
2.1 ~ 2.5	0.15	0.12	0.10	0.06	0.19
2.6 ~ 3.0	0.19	0.14	0.11	0.07	0.23
3.1 ~ 3.5	0.23	0.17	0.13	0.07	0.26
3.6 ~ 4.0	0.29	0.20	0.15	0.08	0.31
4.1 ~ 4.5	0.33	0.23	0.16	0.09	0.35
4.6 ~ 5.0	0.38	0.27	0.17	0.10	0.40
비 고	지주목을 세우지 않을 시 (인력시공 : 인력품의 10%), (기계시공 : 인력품의 20%)를 감한다.				

[주] 1. 본 품은 흉고 또는 근원직경을 추정하기 어려운 수종에 적용한다.
2. 재료소운반, 터파기, 나무세우기, 묻기, 물주기, 지주목세우기, 뒷정리 작업을 포함한다.
3. 식재 시 1회 기준의 물주기는 포함되어 있으며, 유지관리는 유지보수 품에 따라 별도 계상한다.
4. 물주기를 위해 살수차 등의 장비가 필요한 경우 기계경비는 별도 계상한다.
5. 암반식재, 부적기식재 등 특수식재 시는 품을 별도 계상할 수 있다.
6. 굴삭기 규격은 0.4m³를 기준으로 한다.

⑤ 흉고(근원)직경에 의한 식재(주당)

흉고(근원)직경(cm)	구 분			
	조경공(인)	보통인부(인)	굴삭기(hr)	크레인(hr)
4(5) 이하	0.10	0.06	–	–
5 (6)	0.17	0.08	–	–
6~7 (7~8)	0.26	0.13	–	–
8~9 (9~11)	0.19	0.11	0.37	–
10~11 (12~13)	0.24	0.13	0.43	–
12~14 (14~17)	0.31	0.15	0.52	–
15~17 (18~20)	0.39	0.17	0.64	–
18~19 (21~23)	0.47	0.20	0.72	0.21
20~24 (24~29)	0.56	0.22	0.85	0.26
25~29 (30~35)	0.69	0.26	1.03	0.34
30~34 (36~41)	0.83	0.30	1.21	0.42
35~39 (42~47)	0.97	0.35	1.39	0.50
40~44 (48~53)	1.11	0.38	1.56	0.58
45~49 (54~59)	1.24	0.43	1.75	0.66
50 (60)	1.33	0.45	1.85	0.70
비 고	지주목을 세우지 않을 시 (인력시공 : 인력품의 10%), (기계시공 : 인력품의 20%)를 감한다.			

[주] 1. 본 품은 교목류 수종에 적용한다.
2. 재료소운반, 터파기, 나무세우기, 묻기, 물주기, 지주목세우기, 뒷정리 작업을 포함한다.
3. 식재 시 1회 기준의 물주기는 포함되어 있으며, 유지관리는 유지보수 품에 따라 별도 계상한다.
4. 물주기를 위해 살수차 등의 장비가 필요한 경우 기계경비는 별도 계상한다.
5. 흉고직경은 지표면에서 높이 1.2m 부위의 나무줄기 지름이다.
6. 암반식재, 부적기식재 등 특수식재 시는 품을 별도 계상할 수 있다.
7. 현장의 시공조건, 수목의 성상에 따라 기계시공이 불가피한 경우는 별도 계상한다.
8. 장비 규격은 다음을 기준으로 한다.
  • 흉고직경 8~17cm : 굴삭기 0.4(m³)
  • 흉고직경 18~22cm : 굴삭기 0.6(m³), 트럭탑재형 크레인 10(ton)
  • 흉고직경 23~34cm : 굴삭기 0.6(m³), 트럭탑재형 크레인 15(ton)
  • 흉고직경 35~50cm : 굴삭기 0.6(m³), 크레인(타이어) 25~50(ton)

⑥ 관목 식재 – 단식(10주당)

구 분	단위	수량(나무높이)			
		0.3m 미만	0.3~0.7m	0.8~1.1m	1.2~1.5m
조 경 공	인	0.19	0.24	0.40	0.57
보 통 인 부	인	0.06	0.08	0.13	0.18

[주] 1. 본 품은 근원부에서 분지되어 다년생으로 자라는 관목수종의 식재 기준이다.
2. 터파기, 가지치기, 나무세우기, 묻기, 물주기, 손질, 뒷정리 작업을 포함한다.
3. 나무높이가 1.5m를 초과할 때는 나무높이에 비례하여 할증할 수 있다.
4. 나무높이 보다 수관폭이 더 클 때에는 그 수관폭을 나무높이로 본다.
5. 식재 시 1회 기준의 물주기는 포함되어 있으며, 유지관리는 유지보수 품에 따라 별도 계상한다.

[주] 6. 물주기를 위해 살수차 등의 장비가 필요한 경우 기계경비는 별도 계상한다.
　　 7. 암반식재, 부적기식재 등 특수식재는 품을 별도 계상할 수 있다.

⑦ 관목 식재 – 군식(10주당)

구 분	단위	수량(나무높이)			
		0.3m 미만	0.3~0.7m	0.8~1.1m	1.2~1.5m
조 경 공	인	0.07	0.10	0.15	0.21
보 통 인 부	인	0.02	0.03	0.05	0.07

[주] 1. 본 품은 근원부에서 분지되어 다년생으로 자라는 관목수종의 식재 기준이다.
　　 2. 터파기, 가지치기, 나무세우기, 묻기, 물주기, 손질, 뒷정리 작업을 포함한다.
　　 3. 나무높이가 1.5m를 초과할 때는 나무높이에 비례하여 할증할 수 있다.
　　 4. 나무높이 보다 수관폭이 더 클 때에는 그 수관폭을 나무높이로 본다.
　　 5. 식재 시 1회 기준의 물주기는 포함되어 있으며, 유지관리는 유지보수 품에 따라 별도 계상한다.
　　 6. 물주기를 위해 살수차 등의 장비가 필요한 경우 기계경비는 별도 계상한다.
　　 7. 암반식재, 부적기식재 등 특수식재는 품을 별도 계상할 수 있다.
　　 8. 군식은 일반적으로 20cm는 32주/m^2, 30cm는 14주/m^2, 40cm는 8주/m^2, 50cm는 5주/m^2, 60cm는 4주/m^2, 80cm는 2주/m^2, 100cm는 1주/m^2의 식재밀도 이상인 경우이다.

⑧ 잔디붙임(100m^2당)

구 분	단위	수 량	
		줄떼	평떼
조 경 공	인	0.84	0.99
보 통 인 부	인	1.96	2.31

[주] 1. 본 품은 재배잔디를 붙이는 기준이다.
　　 2. 홈파기, 뗏밥주기, 물주기 및 마무리 작업을 포함한다.
　　 3. 식재 시 1회 기준의 물주기는 포함되어 있으며, 유지관리는 유지보수 품에 따라 별도 계상한다.
　　 4. 줄떼는 10~30cm 간격을 표준으로 한다.

⑨ 초화류

　㉠ 초화류 식재(100주당)

구 분	단위	수 량		
		양 호	보 통	불 량
조 경 공	인	0.10	0.15	0.24
보 통 인 부	인	0.05	0.08	0.13

[주] 1. 본 품은 초화류 식재, 물주기 및 마무리를 포함한다.
　　 2. 특수화단(화문화단, 리본화단, 포석화단)은 품을 20%까지 가산할 수 있다.
　　 3. 식재 시 1회 기준의 물주기는 포함되어 있으며, 유지관리는 유지보수 품에 따라 별도 계상한다.
　　 4. 초화류 식재품의 적용은 아래의 조건을 감안하여 적용한다.
　　　 • 양호 : 작업장소가 넓고 평탄하며, 식재의 내용이 단순하여 작업속도가 충분히 기대되는 조건인 경우
　　　 • 보통 : 작업장소에 교목류, 조경석 등 지장물이 있어 식재 작업에 지장을 받는 경우
　　　 • 불량 : 작업장소가 경사지로서 작업조건이 복잡한 경우, 도로변・하천변・절개지 등 안전사고의 위험이 있는 경우

ⓛ 지피식물 표준 식재밀도(본/m²당)

구 분	규 격	식재밀도 (본/m²)	비 고
감 국	8cm	25	
관 중	15cm	16	
구 절 초	8cm	25	
기 린 초	8cm	36	
꽃 잔 디	8cm	36	
꽃 창 포	2~3분얼	25	
담쟁이 덩굴	0.4m	4	열식(본/m)
돌 나 물	8cm	36	
돌 단 풍	10cm	25	
두 메 부 추	2~3분얼	36	
마 가 렛	8cm	25	
매 발 톱 꽃	10cm	25	
맥 문 동	3~5분얼	49	
바 위 취	8cm	36	
백 리 향	10cm	36	
벌 개 미 취	8cm	25	
부 처 꽃	8cm	25	
붓 꽃	7~10분얼	25	
비 비 추	4~5분얼	25	
세 덤	8cm	36	
자주꿩의비름	8cm	25	
좀 씀 바 귀	8cm	36	
줄 사 철	0.6m	4	열식(본/m)
층 꽃 나 무	10cm	36	

예제...1

수고 10m, 흉고직경 20cm인 수목의 전체 중량을 구하시오. (단, 보통분, 수간의 형상계수 0.5, 수간의 단위체적중량 1,200kg/m³, 지엽의 할증률 0.1, 뿌리분의 직경 1.2m, 뿌리분의 단위당 중량 1.4ton/m³, 소수 2자리까지 계산)

해설 및 정답

① 지상부(W_1) : $0.5 \times 3.14 \times 0.1 \times 0.1 \times 10 \times 1200 \times 1.1 = 207.24$

② 지하부(W_2) : $\{(3.14 \times 0.6 \times 0.6 \times 0.6) + (\frac{1}{6} \times 3.14 \times 0.6 \times 0.6 \times 0.6)\} \times 1400 = 1,107.79$

∴ 수목의 전체 중량 : $207.24 + 1,107.79 = 1,315.03$ kg

예제...2

다음 조건을 참고하여 일위대가표와 내역서를 작성하시오. (단, 조경공 130,000원, 보통인부 80,000원, 원단위 미만의 금액은 버리시오.)

- 수량 및 단가

재료명	규격	단위	수량	단가	재료명	규격	단위	수량	단가
은행나무	H4.0×B10	주	6	240,000	향나무	H2.5×W1.0	주	4	80,000
자작나무	H3.5×B8	주	8	150,000	명자나무	H1.0×W0.6	주	80	8,000
느티나무	H4.0×R12	주	8	280,000	회양목	H0.5×W0.5	주	40	33,000
목련	H2.5×R8	주	7	120,000	데이지	4치포트	주	500	1,800
잣나무	H3.5×W1.8	주	5	250,000	잔디(평떼)	0.3×0.3×0.03	m²	650	4,500

- 식재품

수고에 의한 식재			흉고직경에 의한 식재			근원직경에 의한 식재		
수고(m)	조경공(인)	보통인부(인)	흉고직경(cm)	조경공(인)	보통인부(인)	근원직경(cm)	조경공(인)	보통인부(인)
2.1~2.5	0.15	0.12	6	0.32	0.19	8	0.37	0.22
2.6~3.0	0.19	0.14	8	0.5	0.29	10	0.51	0.3
3.1~3.5	0.23	0.17	10	0.68	0.39	12	0.65	0.39

관목의 식재			잔디 식재(100m² 당)		초화류 식재	
수고(m)	조경공(인)	보통인부(인)	구 분	보통인부(인)	조경공 1인당	
0.3 미만	0.01	0.01	평떼	6.0	식재	400주
0.3~0.7	0.03	0.02	줄떼	4.5	파종	30m²
0.8~1.1	0.05	0.03				

품명	규격	단위	수량	재료비		노무비		합계	
				단가	금액	단가	금액	단가	금액

chapter 6. 공정별 적산

품명	규격	단위	수량	재료비		노무비		합계	
				단가	금액	단가	금액	단가	금액

품명	규격	단위	수량	재료비		노무비		합계	
				단가	금액	단가	금액	단가	금액

Part 1 조경기사·산업기사 시공실무

해설 및 정답

품명	규격	단위	수량	재료비 단가	재료비 금액	노무비 단가	노무비 금액	합계 단가	합계 금액
1. 호표	은행나무 식재								
은행나무	H4.0×B10	주	1	240,000	240,000			240,000	240,000
조경공		인	0.68			130,000	88,400	130,000	88,400
보통인부		인	0.39			80,000	31,200	80,000	31,200
소계					240,000		119,600		359,600
2. 호표	자작나무 식재								
자작나무	H3.5×B8	주	1	150,000	150,000			150,000	150,000
조경공		인	0.5			130,000	65,000	130,000	65,000
보통인부		인	0.29			80,000	23,200	80,000	23,200
소계					150,000		88,200		238,200
3. 호표	느티나무 식재								
느티나무	H4.0×R12	주	1	280,000	280,000			280,000	280,000
조경공		인	0.65			130,000	84,500	130,000	84,500
보통인부		인	0.39			80,000	31,200	80,000	31,200
소계					280,000		115,700		395,700
4. 호표	목련 식재								
목련	H2.5×R8	주	1	120,000	120,000			120,000	120,000
조경공		인	0.37			130,000	48,100	130,000	48,100
보통인부		인	0.22			80,000	17,600	80,000	17,600
소계					120,000		65,700		185,700
5. 호표	잣나무 식재								
잣나무	H3.5×W1.2	주	1	250,000	250,000			250,000	250,000
조경공		인	0.23			130,000	29,900	130,000	29,900
보통인부		인	0.17			80,000	13,600	80,000	13,600
소계					250,000		43,500		293,500
6. 호표	향나무 식재								
향나무	H2.5×W1.0	주	1	80,000	80,000			80,000	80,000
조경공		인	0.15			130,000	19,500	130,000	19,500
보통인부		인	0.12			80,000	9,600	80,000	9,600
소계					80,000		29,100		109,100

품명	규격	단위	수량	재료비 단가	재료비 금액	노무비 단가	노무비 금액	합계 단가	합계 금액
7. 호표	명자나무 식재								
명자나무	H1.0×W0.6	주	1	8,000	8,000			8,000	8,000
조경공		인	0.05			130,000	6,500	130,000	6,500
보통인부		인	0.03			80,000	2,400	80,000	2,400
소계					8,000		8,900		16,900
8. 호표	회양목 식재								
회양목	H0.5×W0.5	주	1	33,000	33,000			33,000	33,000
조경공		인	0.5			130,000	3,900	130,000	3,900
보통인부		인	0.29			80,000	1,600	80,000	1,600
소계					33,000		5,500		38,500
9. 호표	데이지 식재								
데이지	4치포트	주	1	1,800	1,800			1,800	1,800
조경공		인	0.0025			130,000	325	130,000	325
소계					1,800		325		2,125
10. 호표	잔디 식재								
잔디	0.3×0.3×0.03	m²	1	4,500	4,500			4,500	4,500
보통인부		인	0.22			80,000	4,800	80,000	4,800
소계					4,500		4,800		9,300
[내역서]									
은행나무	H4.0×B10	주	6	240,000	1,440,000	119,600	717,600	359,600	2,157,600
자작나무	H3.5×B8	주	8	150,000	1,200,000	88,200	705,600	238,200	1,905,600
느티나무	H4.0×R12	주	8	280,000	2,240,000	115,700	925,600	395,700	3,165,600
목련	H2.5×R8	주	7	120,000	840,000	65,700	459,900	185,700	1,299,900
잣나무	H3.5×W1.2	주	5	250,000	1,250,000	43,500	217,500	293,500	1,467,500
향나무	H2.5×W1.0	주	4	80,000	320,000	29,100	116,400	109,100	436,400
명자나무	H1.0×W0.6	주	80	8,000	640,000	8,900	712,000	16,900	1,352,000
회양목	H0.5×W0.5	주	40	33,000	1,320,000	5,500	220,000	38,500	1,540,000
데이지	4치포트	주	500	1,800	900,000	325	162,500	2,125	1,062,500
잔디	0.3×0.3×0.03	m²	650	4,500	2,925,000	4,800	3,120,000	9,300	6,045,000
소계					13,075,000		7,357,100		20,432,100

다음의 표를 보고 물음에 답하시오.

- 조경공 : 60,000원/일, 보통인부 : 34,000원/일, 흙 값 : 80,000원/m^3
- 수량 및 단가

수종	규격	수량	단위	단가	단위	비고
잣나무	H2.5×W1.0	9	주	150,000	객토 필요, 지주목 필요	• 지주목을 세우지 않을 때에는 식재품에서 20% 감한다. • 객토를 할 경우에는 식재품의 10%를 가산한다.
노각나무	H2.5×R5	14	주	28,000	객토 불필요, 지주목 불필요	
모과나무	H3.0×R8	11	주	72,000	객토 필요, 지주목 불필요	
메타세쿼이아	H3.5×B8	4	주	80,000	객토 필요, 지주목 필요	
은행나무	H3.5×B10	18	주	185,000	객토 불필요, 지주목 필요	

- 식재품

수고에 의한 식재				흉고직경에 의한 식재				근원직경에 의한 식재			
수고 (m)	조경공 (인)	보통인부 (인)	객토량 (m^3)	흉고직경 (cm)	조경공 (인)	보통인부 (인)	객토량 (m^3)	근원직경 (cm)	조경공 (인)	보통인부 (인)	객토량 (m^3)
1.6~2.0	0.11	0.09	0.099	6	0.32	0.19	0.217	5	0.17	0.1	0.101
2.1~2.5	0.15	0.12	0.141	8	0.5	0.29	0.345	8	0.37	0.22	0.183
2.6~3.0	0.19	0.14	0.189	10	0.68	0.39	0.513	10	0.51	0.3	0.256

① 식재비를 구하시오.

수종	수량	단위	산출근거	재료비	노무비	계
잣나무	9	주				
노각나무	14	주				
모과나무	11	주				
메타세쿼이아	4	주				
은행나무	18	주				
계						

② 필요한 객토량과 객토할 흙값을 구하시오.

해설 및 정답

① 식재비를 구하시오.

수종	수량	단위	산출근거	재료비	노무비	계
잣나무	9	주	재료비 : 9×150,000 노무비 : 9×(0.15×60,000+0.12×34,000)×1.1	1,350,000	129,492	1,479,492
노각나무	14	주	재료비 : 14×28,000 노무비 : 14×(0.17×60,000+0.1×34,000)×0.8	392,000	152,320	544,320
모과나무	11	주	재료비 : 11×72,000 노무비 : 11×(0.37×60,000+0.22×34,000)×0.9	792,000	293,832	1,085,832
메타세쿼이아	4	주	재료비 : 4×80,000 노무비 : 4×(0.5×60,000+0.29×34,000)×1.1	320,000	175,384	495,384
은행나무	18	주	재료비 : 18×185,000 노무비 : 18×(0.68×60,000+0.39×34,000)	3,330,000	973,080	4,303,080
계				6,184,000	1,724,108	7,908,108

② 객토량 = 0.141×9+0.183×11+0.345×4 = 4.66m³

객토 할 흙값 = 4.66×80,000 = 372,800원

7. 시설·포장 공사

1) 포장 공사

① 포장은 도시나 공원 내 도로를 안전하고 기능적으로 이용할 수 있도록 하며 나아가 미관을 향상시키고 도시나 공원의 경관을 보다 풍부하게 만들어 쾌적하고 매력적인 공간을 제공한다.
② 포장재료를 선택할 때는 우선 해당 공간의 용도를 고려한다.
③ 보도나 차도에 포장공사를 할 때는 우선 지반 조건이나 예상 하중 등을 고려하여 포장 보조기층을 만들고 포장재료를 시공할 때는 배수에 특히 유의하여 물이 고이는 부분이 없도록 해야 한다.
④ 포장재료가 바뀌는 부분이나 가장자리의 연석 처리에 주의하여 포장면이 침하하거나 변형되는 것을 방지해야 한다.

2) 품셈

① 보도용 블록 설치(일당)

배치 인원 (인)		사용기계(1대)		형 식	시 공 량(m^2)	
		명 칭	규 격		직선부(지장물이 면적대비 5% 미만)	직선부(지장물이 면적대비 5% 이상) 또는 곡선부
특별 인부	2	플레이트 콤팩터 굴삭기	1.5ton 0.6m^3	소형 고압블록 (T6~8cm)	300	좌측 시공량의 40%까지 감하여 적용한다.
				대형 블록 (50×50×4.5cm)	270	
보통 인부	4			보도용 콘크리트블록 (30×30×6cm)	370	

[주] 1. 본 품은 보도용 블록 포장의 모래포설 및 다짐과 블록 설치에 대한 품이다.
2. 잡재료는 인력품의 5%까지 계상할 수 있다.
3. 재료비(블록, 받침층 모래, 채움모래 등)를 별도 계상한다.
4. 기층에 콘크리트나 아스팔트 등의 안정처리 기층을 사용할 경우 별도 계상한다.
5. 본 품은 준비, 모래부설 및 고르기, 기타 정리품이 포함되어 있다.
6. 다짐 및 지반침하방지가 필요할 경우는 현장여건에 따라 별도 계상할 수 있다.
7. 본 품의 규격 및 품질은 관련 KS 규정에 따른다.
8. 본 품은 마무리 작업에 필요한 블록 절단품이 포함되어 있으며 절단 시 그라인딩 장비를 사용할 경우 기계경비는 별도 계상한다.
9. 공구손료는 인력품의 3%로 계상한다.
10. 본 품의 100m^2당 재료비는 다음과 같다.
 • 소형 고압블록포장 : 블록(T6~8cm) 108m^2, 모래(t4cm 기준) 4.4m^3
 • 대형 블록포장 : 블록(50×50×4.5cm) 400개, 모르타르 3m^3
 • 보도용 콘크리트블록포장 : 콘크리트블록(30×30×6cm) 1,100개, 모래(줄눈간격 3mm) 0.2m^3

② 점토블록 바닥포장(m^2당)

구 분	규 격	단 위	수 량
점 토 블 록	T6~8cm	m^2	1.04
모 래	T3cm 기준	m^3	0.033
특 별 인 부		인	0.034
보 통 인 부		인	0.080

[주] 1. 블록은 할증률이 포함되어 있다.
2. 본 품은 준비, 모래부설 및 고르기, 기타 정리품이 포함되어 있다.
3. 폭 2.0m 전후의 곡선형 산책로 구간 등은 인력품의 5%까지 추가 계상할 수 있다.
4. 포장하부 다짐은 포장하부 다짐 기준인 진동롤러(4.4ton, 6회), 콤팩터(1.5ton, 3회)를 적용한다.
5. 보조기층 다짐은 보조기층-인력식 소규모 장비사용 시공을 적용한다.

③ 콘크리트 포장 - 표층 포설(일당)

배치 인원 (인)		포장 두께	시 공 량(m^3)	
			콘크리트 믹서트럭 직접 타설인 경우	콘크리트 믹서트럭 후진 진입 또는 경운기 등으로 운반인 경우
포장공	3	20cm	100	좌측 시공량의 50%까지 감하여 적용한다.
보통 인부	3	30cm	150	
		40cm	200	

[주] 1. 본 품은 콘크리트 포장의 인력포설에 대한 품으로, 비닐깔기 및 철망깔기, 콘크리트 포설, 양생 등이 포함된 것이며, 거푸집 설치 해체 및 줄눈작업은 포함되지 않은 것이다.
2. 양생에 필요한 재료비(비닐, 양생재 등) 및 철망재료비는 별도 계상한다.
3. 현장여건상 콘크리트믹서 트럭의 진입이 어려워 경운기 등 기타 방법으로 콘크리트를 운반하여야 하는 경우 소운반 비용은 별도 계상한다.
4. 현장여건상 재료수급이 원활하지 않아 레미콘의 지속적인 공급이 어려운 경우, 두께 20cm는 10%까지, 두께 30cm는 20%까지, 두께 40cm는 30%까지 시공량을 감하여 적용한다. 단, 콘크리트 믹서트럭 후진 진입 또는 경운기 등으로 운반인 경우는 적용하지 않는다.
5. 스크리드 등의 기계기구 손료는 인력품의 5%로 계상한다.
6. 잡재료는 인력품의 2%로 계상한다.
7. 콘크리트와 노반과의 접착부 처리품(모래층 깔기 등)은 별도 계상한다. 모래 부설 시 일당 작업량은 보통인부 2인 기준 두께 3cm시 660m^2, 두께 6cm시 410m^2이다.

④ 판석 포장 – 습식 공법(m^2당)

구 분	단위	수 량			
		테라조판		화강석	
		바닥	계단부	바닥	계단부
석 공	인	0.26	0.29	0.31	0.35
보 통 인 부	인	0.12	0.13	0.14	0.16

[주] 1. 본 품은 모르타르를 사용한 바닥 및 계단부(계단챌판, 계단디딤판, 계단참)에 석재판을 붙이는 기준이다.
2. 모르타르 비빔, 모르타르 포설 및 고르기, 석재판 절단 및 붙임, 줄눈채움, 보양

⑤ 보차도 경계석 - 화강암(일당)

구 분	규 격	단위	수량	규 격	시공량(m)	
					직선구간	곡선구간
특별 인부		인	3	180×200×1,000mm	125	105
보통 인부		인	1	200×250×1,000mm	90	70
트럭탑재형 크레인	5Ton	대	1	200×300×1,000mm	55	45
				250×250×1,000mm	55	45
				210×300×1,000mm	55	45

[주] 1. 본 품은 화강암을 이용한 보차도 경계석을 시공하는 품으로, 신설공사를 기준한 것이다.
2. 본 품은 경계블록 설치 및 조정, 이음모르타르 바름을 포함한다.
3. 기초 콘크리트, 터파기, 되메우기, 잔토처리는 현장 여건에 따라 별도 계상한다.

⑥ 보차도 및 도로경계블럭 - 콘크리트(일당)

구 분	규 격	단위	수량	규 격	시공량(m)	
					직선구간	곡선구간
특 별 인 부 보 통 인 부 트럭탑재형 크레인	5Ton	인 인 대	3 1 1	120×120×120×1,000mm	165	145
				150×120×120×1,000mm	160	140
				150×150×120×1,000mm	155	135
				150×150×150×1,000mm	135	115
				150×170×200×1,000mm	125	105
				180×205×250×1,000mm	90	75
				180×210×300×1,000mm	55	45

[주] 1. 본 품은 콘크리트 블록을 이용한 보차도 및 도로 경계블록을 시공하는 품으로, 신설공사를 기준한 것이다.
　　 2. 본 품은 경계블록 설치 및 조정, 이음모르타르 바름을 포함한다.
　　 3. 기초 콘크리트, 터파기, 되메우기, 잔토처리는 현장 여건에 따라 별도 계상한다.

⑦ 도로경계블럭 - 인력(100m당)

구 분	규 격	특별인부(인)	보통인부(인)
콘크리트	120×120×120×1,000mm 150×150×120×1,000mm 150×150×150×1,000mm	5	7
합성수지 유색	〃	1.8	3

[주] 1. 기초 콘크리트와 이음 모르타르는 현장여건(규격, 지반 등)에 따라 계상한다.
　　 2. 본 품은 소운반품이 포함되어 있다.
　　 3. 터파기, 되메우기, 잔토처리는 별도 계상한다.
　　 4. 본 품은 제작품을 설치하는 품이다.

예제...1

15m×15m의 휴게공간을 아래 단면도와 같이 벽돌포장하려 한다. 공사비를 구하시오. (단, 금액의 원 단위 미만은 버리시오.)

- 토공 및 지정(m³)

구분	규격	수량	단위	단가	금액
터파기	인력	0.2	인	70,000	14,000
잔토처리	인력	0.2	인	70,000	14,000
잡석지정	인력	1.0	인	70,000	70,000
잡석	쇄석	1.0	m³	5,000	5,000

- 벽돌포장(m²)

구분	규격	수량	단위	단가	금액
벽돌	표준형	78	장	200	15,600
모르타르	1:3	0.041	m³	46,000	1,886
벽돌공		0.2	인	120,000	24,000
보통인부		0.07	인	87,000	6,090

- 콘크리트 배합/타설(m³)

구분	규격	수량	단위	단가	금액
시멘트	보통	220	kg	80	17,600
모래		0.47	m³	12,000	5,640
자갈		0.94	m³	10,000	9,400
콘크리트공		0.9	인	110,000	99,000

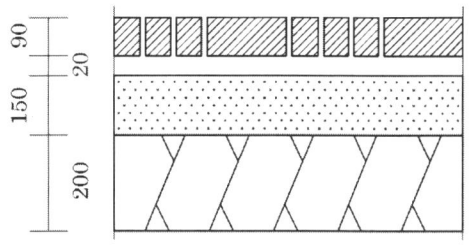

해설 및 정답

① 재료비 : 5,260,950원

잡석 : 15×15×0.2×5,000=225,000 시멘트 : 15×15×0.15×17,600=594,000
모래 : 15×15×0.15×5,640=190,350 자갈 : 15×15×0.15×9,400=317,250
몰탈 : 15×15×1,886=424,350   벽돌 : 15×15×15,600=3,510,000

② 노무비 : 18,802,125원

터파기 : 15×15×0.46×14,000=1,449,000   잔토처리 : 15×15×0.46×14,000=1,449,000
잡석지정 : 15×15×0.2×70,000=3,150,000   콘크리트공 : 15×15×0.15×99,000=3,341,250
보통인부 : 15×15×0.15×78,300=2,642,625   벽돌공 : 15×15×24,000=5,400,000
보통인부 : 15×15×6,090=1,370,250

폭 3m, 길이 100m의 구간에 보도블록 포장하려 한다. 아래의 조건을 참고로 보도블록 포장의 시공 단면도를 용지에 맞게 축척은 자유로 균형감 있게 그리고 치수와 재료명을 정확하게 기재하시오. (단, 잡석다짐 20cm, 콘크리트(1:3:6)치기 6cm, 모래깔기 3cm, 보도블록(30cm×30cm×6cm)의 줄눈은 3mm로 한다. 시공 후 보도블록의 표면 높이는 지면과 같다.)

해설 및 정답

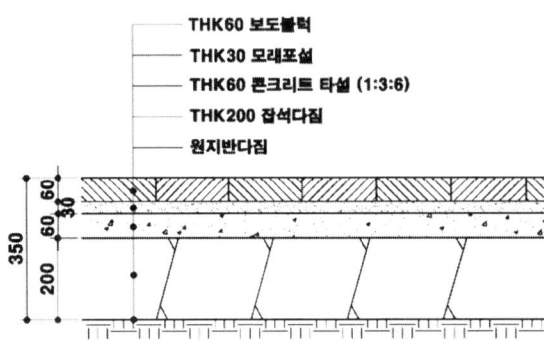

다음의 조건과 평면도를 기준으로 단면 상세도를 작성하시오.

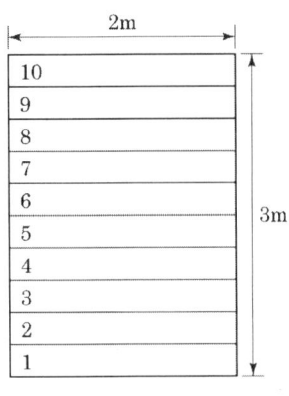

- 화강석 통석계단 150×300
- 길이 3m, 높이 1.5m, 계단 폭 2m
- T40 붙임모르타르, T150 콘크리트
- #8 와이어메시, T60 버림콘크리트
- T200 잡석

해설 및 정답

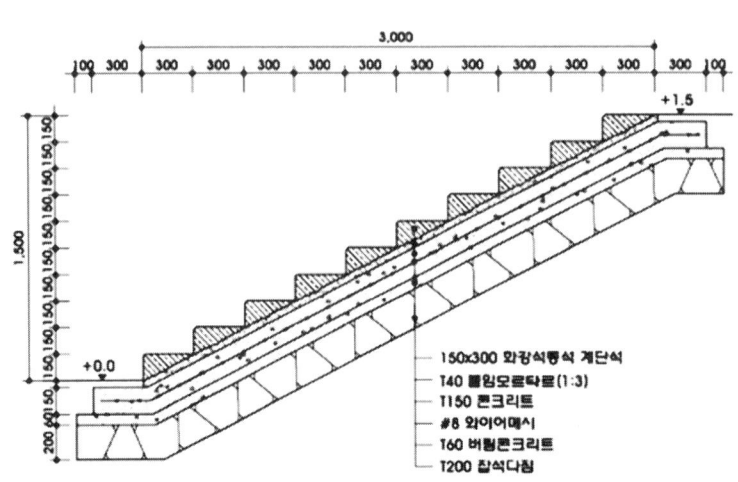

평의자 기초 터파기는 각 50cm, 직각 터파기한다. 다음 물음에 답하시오. (소수 3자리까지 계산하고, 철근 단위중량 0.995kg/m)

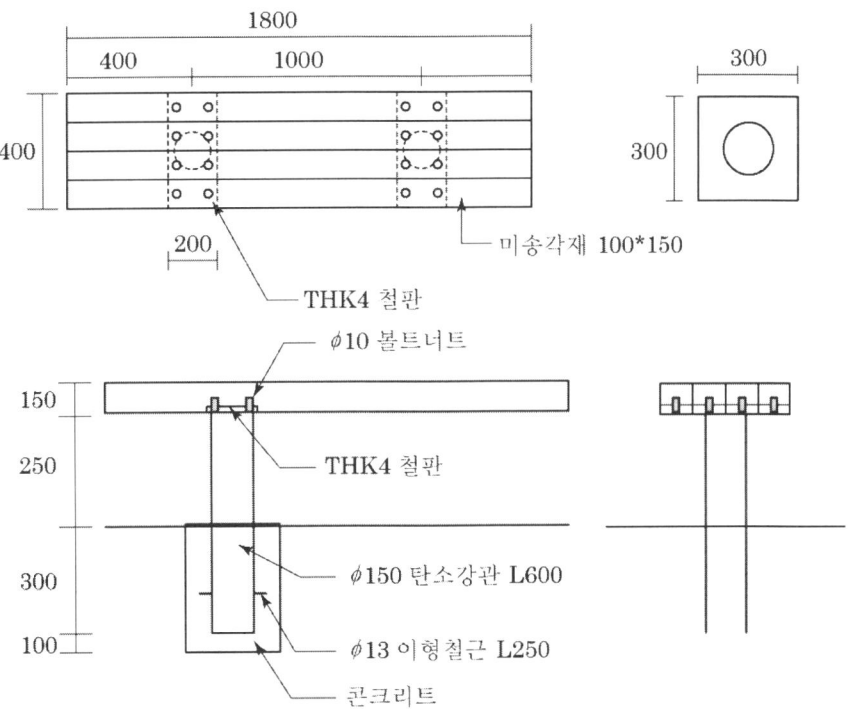

① 터파기(m^3)
② 잔토처리(m^3)
③ 되메우기(m^3)
④ 콘크리트(m^3)
⑤ 합판거푸집(m^2)
⑥ 탄소강관(m)
⑦ 철근(kg)
⑧ 미송각재(m^3)
⑨ 철판(m^2)
⑩ 볼트 너트(개)

해설 및 정답

① 터파기(m^3) : $0.5 \times 0.5 \times 0.4 \times 2 = 0.2 m^3$

② 잔토처리(m^3) : $0.3 \times 0.3 \times 0.4 \times 2 = 0.072 m^3$

③ 되메우기(m^3) : $0.2 - 0.072 = 0.128 m^3$

④ 콘크리트(m^3) : $\{(0.3 \times 0.3 \times 0.4) - (3.14 \times 0.075 \times 0.075 \times 0.3)\} \times 2 = 0.062 m^3$

⑤ 합판거푸집(m^2) : $0.4 \times 0.3 \times 4 \times 2 = 0.96 m^2$

⑥ 탄소강관(m) : $0.6 \times 2 = 1.2 m$

⑦ 철근(kg) : $0.25 \times 0.995 \times 2 = 0.497 kg$

⑧ 미송각재(m^3) : $0.1 \times 0.15 \times 1.8 \times 4 = 0.108 m^3$

⑨ 철판(m^2) : $0.2 \times 0.4 \times 2 = 0.16 m^2$

⑩ 볼트 너트(개) : $8 \times 2 = 16$개

플랜터 벽체 1m당 수량을 산출하시오. 직각터파기로 10cm 여유폭, 1.0B 쌓기 매당 149매, 재료할증은 없다. (소수 3자리까지 계산)

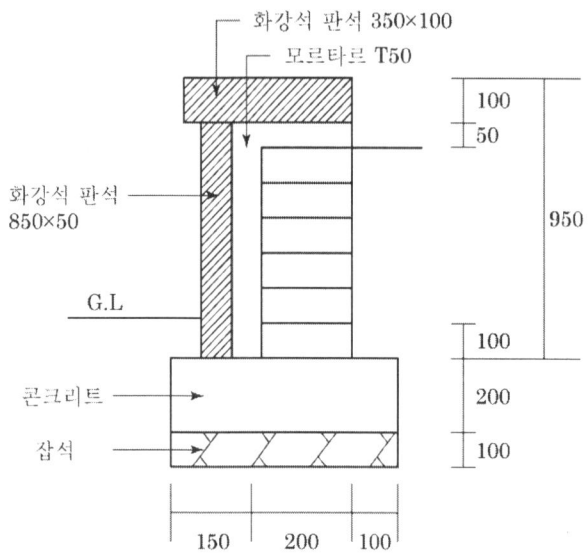

① 터파기(m³)
② 잔토처리(m³)
③ 되메우기(m³)
④ 잡석(m³)
⑤ 콘크리트(m³)
⑥ 합판거푸집(m²)
⑦ 시멘트벽돌(매)
⑧ 화강석판석 T100(m²)
⑨ 화강석판석 T50(m²)
⑩ 모르타르(m³)

해설 및 정답

① 터파기(m³) : $0.65 \times 0.4 \times 1.0 = 0.26 m^3$
② 잔토처리(m³) : $(0.45 \times 0.3 \times 1.0) + (0.29 \times 0.1 \times 1.0) = 0.164 m^3$
③ 되메우기(m³) : $0.26 - 0.164 = 0.096 m^3$
④ 잡석(m³) : $0.45 \times 0.1 \times 1.0 = 0.045 m^3$
⑤ 콘크리트(m³) : $0.45 \times 0.2 \times 1.0 = 0.09 m^3$
⑥ 합판거푸집(m²) : $0.2 \times 1.0 \times 2 = 0.4 m^2$
⑦ 시멘트벽돌(매) : $0.8 \times 1.0 \times 149 = 119.2 ≒ 120$매
⑧ 화강석판석 T100(m²) : $0.35 \times 1.0 = 0.35 m^2$
⑨ 화강석판석 T50(m²) : $0.85 \times 1.0 = 0.85 m^2$
⑩ 몰탈(m³) : $(0.05 \times 0.85 \times 1.0) + (0.19 \times 0.05 \times 1.0) = 0.052 m^3$

8. 철근콘크리트 공사

1) 콘크리트

① 콘크리트의 개요

㉠ 콘크리트(Concrete)는 시멘트와 모래·자갈 또는 부순돌 등을 골고루 섞은 것을 물로 개어 굳힌 인조석(Artificial Stone)을 말하며 만드는 방법이 간단하고 형상을 임의로 변형시킬 수 있으며 내구성과 내수성이 크므로 그 용도가 매우 넓다.
- 시멘트+물= 시멘트 풀(Cement Paste)
- 시멘트+물+모래= 모르타르(Mortar)
- 시멘트+물+모래+자갈= 콘크리트(Concrete)

㉡ 보통 콘크리트의 용적 구성은 약 70%가 골재이고 나머지는 시멘트 풀이다.

㉢ 콘크리트의 배합은 시멘트·잔골재·굵은골재를 보통 콘크리트는 1 : 3 : 6, 철근콘크리트는 1 : 2 : 4, 중요하지 않은 것은 1 : 4 : 8의 비로 한다.

② 콘크리트의 장·단점

구 분	장 점	단 점
내 용	• 모양을 임의로 만들 수 있으며 재료의 채취와 운반이 용이 • 철근을 피복하여 녹을 방지하고 철근과의 부착력이 높음 • 압축강도가 큼 • 내화, 내수, 내구적이 큼	• 균열이 생기기 쉬움 • 개조 및 파괴가 어려움 • 무겁고 인장강도 및 휨강도가 작음 • 품질 유지 및 시공관리가 어려움 • 인장강도가 약함 • 자중이 큼

③ 콘크리트의 성질

㉠ 워커빌리티(Workability) : 콘크리트를 혼합한 후 운반, 타설, 다지기 및 마무리할 때까지 굳지 않은 콘크리트의 성질로, 콘크리트 시공 시 작업 난이도 및 재료분리에 저항하는 정도를 나타낸다.

㉡ 성형성(Plasticity) : 거푸집에 쉽게 다져 넣을 수 있고 거푸집을 제거하면 천천히 형상이 변하기는 하지만 허물어지거나 재료가 분리되지 않은 콘크리트 성질

㉢ 블리딩(Bleeding) 현상 : 타설 후 골재나 시멘트가 침강하여 콘크리트 표면에 물이 뜨는 현상으로 일종의 재료분리 현상이다. 블리딩이 크면 내구성과 수밀성, 부착력 등이 저하되므로 주의해야 한다.

㉣ 레이턴스(Laitance) : 블리딩에 의해 콘크리트 표면에서 침전하고 말라붙어 표피를 형성하는 것

④ 콘크리트-구조물별 타설 기준

구 분	타 설 기 준
소형 구조물	• 단독구조물 : 인력비빔 3m³, 기계비빔 10m³, 레미콘 6m³ 이하 • 연속구조물 : 0.2m³/m 이하
철근 구조물	• 철근가공조립의 복잡 이상 구조물
무근 구조물	• 무근, 철근가공조립의 보통 이하 구조물

⑤ 슬럼프 시험

㉠ 굳지 않은 콘크리트의 반죽질기를 의미하며 워커빌리티는 슬럼프값으로 표시하는데 반죽질기를 측정하는

방법

ⓛ 반죽한 콘크리트를 철재 원통 시험기구인 슬럼프콘에 10cm씩 3번 나누어 넣어 다진 후, 콘을 연직으로 들어올려 콘크리트가 무너진 높이를 잰 값. 단위는 cm

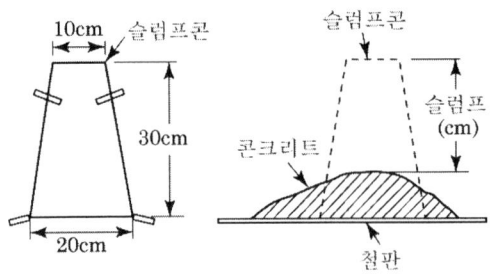

2) 시멘트

① 시멘트의 개요

㉠ 석회암과 점토(질흙), 광석찌꺼기 등을 혼합하여 구운 다음 가루로 만든 일종의 결합제이다.

㉡ 우리나라에서 생산되는 시멘트의 90%는 보통포틀랜드시멘트이다.

㉢ 일반적으로 포틀랜드시멘트는 수경성이고 강도가 크며 비중은 3.05~3.15, 무게는 1,500kg/m³이다.

㉣ 시멘트는 그 응결시간의 길고 짧음에 따라 급결 시멘트와 완결 시멘트로 구분하며, 시멘트를 제조할 때 탄산칼슘($CaCO_3$), 탄산나트륨(Na_2CO_3)을 넣으면 급결성이 되고 석고를 넣으면 완결성이 된다.

② 시멘트의 종류

구 분		내 용
포틀랜드 시멘트	보통 포틀랜드 시멘트	• 주성분은 실리카(SiO_2), 알루미나(Al_2O_3), 석회(CaO)이며, 건축구조물이나 콘크리트제품 등에 이용
	중용열시멘트	• 보통포틀랜드시멘트와 조강포틀랜드시멘트의 중간 성질을 가진 시멘트로, 댐, 터널공사 등 큰 덩어리 콘크리트에 적합하다.
	조강포틀랜드 시멘트	• 보통포틀랜드시멘트 원료와 거의 같으나 급경성(急境性)을 갖게 한 고급 시멘트로서, 단기에 높은 강도를 내고 수밀성이 좋으며 저온에서도 강도 발현이 우수해 겨울철, 수중, 해중 공사 등에 적합하다. • 수화열의 축적으로 콘크리트에 균열이 가기 쉬운 것이 단점이다.
	백색포틀랜드 시멘트	• 산화철(Fe_2O_3)의 함량(0.3%)이 보통 시멘트(3.0%)보다 적어 건축물 도장, 타일 및 인조대리석 가공, 치장용 등에 주로 쓰인다.
혼합 시멘트	슬래그시멘트	• 보통포틀랜드시멘트에 비하여 분말도가 높고 응결 및 강도발현이 약간 느리지만 화학적 저항성이 크고 발열량이 적어 해수나 기름의 작용을 받는 구조물이나 공장폐수, 오수의 배수로 구축 등에 쓰인다.
	플라이애시 시멘트	• 분탄을 연료로 하는 보일러 연통에서 채집한 재를 넣어 만든 시멘트이다. • 후기 강도가 높고 건조수축이 적으며 화학적 저항성이 강하다.
	포졸란시멘트 (실리카시멘트)	• 동결융해작용에 대한 저항성은 작지만 화학적 저항성은 커서 해수나 공장 폐수, 하수 등을 취급하는 구조물이나 광산과 같은 특수목적 구조물에 사용된다.
특수 시멘트	알루미나 시멘트	• 산화알루미늄으로 구성된 보크사이트와 석회석을 혼합하여 만든 시멘트이다. • 조기 강도가 매우 크며 화학적 저항성이 크고 내화성도 우수하여 내화용 콘크리트에 적합하다.

3) 골재

① 골재의 개요

㉠ 콘크리트나 모르타르를 만들 때 모래나 자갈, 부순 모래 등을 섞어서 만드는데 이처럼 혼합용으로 쓰이는 입자형의 모든 재료를 골재라 한다.

㉡ 풍화나 침식 등의 작용에 저항하는 구조로 되어 있고 콘크리트에서 골재가 차지하는 비율은 60~80%이며 결합체의 변화에 따른 변형을 방지한다.

㉢ 잔골재 : KS A 5101(표준체)에 규정되어 있는 10mm체를 전부 통과하고 5mm체를 거의 통과하는 골재로 보통 모래를 말한다.

㉣ 굵은골재 : 5mm체에 거의 남는 골재로 자갈에 해당한다.

㉤ 골재는 용도에 따라 댐 콘크리트용(150mm 이하), 철근·포장 콘크리트용(50mm 이하), 무근 콘크리트용(100mm 이하)으로 분류한다.

㉥ 골재는 비중에 따라 경량골재(2.50 이하), 보통골재(2.50~2.65), 중량골재(2.70 이상)로 구분하고 콘크리트용 골재의 비중은 표준비중인 2.60이다.

㉦ 단위용적중량 : 잔골재 1,450~1,700kg/m³, 굵은골재 1,550~1,850kg/m³, 혼합골재 1,760~2,000kg/m³

② 골재의 함수 상태

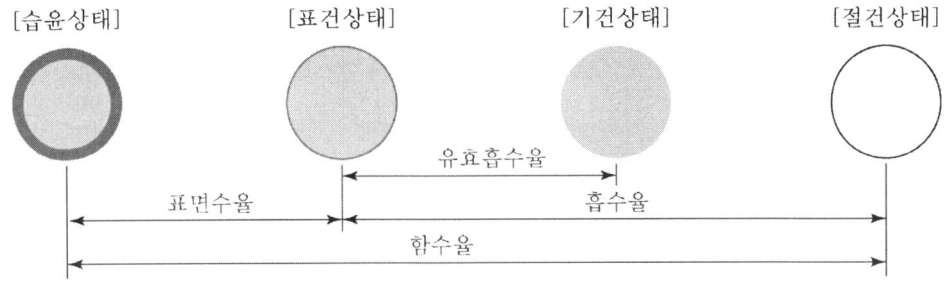

③ 골재의 함수 상태 공식

- 함수율(%) = $\dfrac{습윤중량 - 절건중량}{절건중량} \times 100(\%)$
- 표면수율(%) = $\dfrac{습윤중량 - 표건중량}{표건중량} \times 100(\%)$
- 함수율(%) = $\dfrac{표건중량 - 절건중량}{절건중량} \times 100(\%)$
- 유효흡수율(%) = $\dfrac{표건중량 - 기건중량}{기건중량} \times 100(\%)$
- 진비중 = $\dfrac{절건중량}{절건중량 - 수중중량}$
- 표면비중 = $\dfrac{표건중량}{표건중량 - 수중중량}$
- 겉보기비중 = $\dfrac{절건중량}{표건중량 - 수중중량}$
- 비중 : 질량과 부피의 비율, $\dfrac{중량}{부피} = \dfrac{W(kg)}{V(m^3)}$

4) 물

① 물의 개요

㉠ 불순물(산, 알칼리, 기름, 염류, 유기물 등)이 포함되지 않은 청정한 물

㉡ 수돗물, 하천수, 호숫물 등을 사용, 공장폐수 등에 오염되지 않은 물

㉢ 적은 양이라도 불순물이 있으면 경화 강도, 체적 변화, 백화 현상, 워커빌리티 등에 악영향을 미치게 됨

㉣ 해수는 철근 또는 강선을 부식시킬 우려가 있으므로 절대 사용해서는 안 됨

㉤ 염분이나 오염의 염려가 있는 물은 화학적으로 분석하여 사용 여부를 결정해야 한다.

② 물·시멘트비 : 콘크리트에 들어가는 물의 양을 나타내는 것으로, 시멘트의 중량을 기준량으로 하여 물의 비율을 말함

$$물·시멘트비 = \frac{W}{C} \times 100(\%)$$

- C : 시멘트(kg)
- W : 물(kg)

③ 물·시멘트비의 결정 방법

㉠ 정산식(콘크리트의 내구성을 고려한 W/C 산출식) : 통계적 자료를 기준으로 콘크리의 소요강도에 대응하는 물·시멘트비를 선정하는 방법으로 강도에 대한 충분한 안전율을 고려해서 비율을 산정해야 한다.

$$\frac{W}{C} = \frac{61}{\frac{\delta_{28}}{k} + 0.34}$$

- δ_{28} : 콘크리트 재령 28일 압축강도
- k : 시멘트 압축강도

㉡ 약산식(콘크리트의 압축강도를 고려한 W/C 산출식)

$$\delta_{28} = -210 + \left(215 \times \frac{C}{W}\right) \rightarrow \frac{W}{C} = \frac{215}{\delta_{28} + 210} \times 100(\%)$$

- δ_{28} : 콘크리트 재령 28일 압축강도
- C : 시멘트(kg)   • W : 물(kg)

④ 물·시멘트 비의 범위 : 물·시멘트비가 크면 시공연도는 증가하나 강도와 내구성이 저하되며, 작으면 시공연도가 낮아지고 균열 발생의 원인이 되므로 범위는 40~70% 정도로 하되 AE제나 부순돌 등을 사용할 때는 다소 조정한다.

⑤ 물·시멘트비의 최대값
   ㉠ 수밀 콘크리트의 시공 : 50% 이하
   ㉡ 마모가 예상되거나 내구성이 필요한 곳 : 55% 이하
   ㉢ 극한기 콘크리트의 시공 : 60% 이하

5) 혼화재료

4요소로 콘크리트의 성질을 개선하거나 공사비를 절약할 목적으로 사용

구분		내용
혼화재		• 시멘트의 성질을 개량할 목적으로 사용하는 재료로서, 시멘트량의 5% 이상을 첨가하므로 그 부피가 배합계산에 포함되는 것
	포졸란	• 수밀성, 내구성, 강도 등을 높이고 수화열을 저하시킴 • 응결 경화는 느리지만 장기강도 증가 • 천연포졸란 : 화산재, 규조토, 응회암 등 • 인공포졸란 : 플라이애시, 소성점토, 실리카겔 등
	플라이 애시	• 화력발전소의 미분탄 연소 시 발생하는 미립분으로 대표적인 인공포졸란이며 포졸란 반응을 통해 콘크리트의 성질을 개량 • 콘크리트에 혼합 시 워커빌리티를 개선하고 수화열이 감소하며 내구성·수밀성·저항성이 증가하지만 조기강도를 저하시키는 단점 • 고분말일수록 포졸란 반응을 크게 활성화시켜 콘크리트의 내구성을 향상 시키지만 중성화를 촉진하는 단점
	슬래그	• 용광로에서 생성된 광재(slag)로 내해수성 및 내화학성이 강하고 장기 강도를 증진

구 분		내 용
혼화제		• 혼화재와 같이 시멘트의 성질 개량을 목적으로 사용하지만 시멘트량의 1% 이하만 첨가하므로 그 부피가 배합계산에 포함되지 않는 것
	AE (공기연행제)	• 워커빌리티를 개선하고 동결융해에 대한 저항성이 증가하는 장점이 있지만 압축강도와 철근과의 부착력이 감소하는 단점
	분산제 (감수제)	• 소정의 컨시스턴시를 얻기 위해 필요한 단위중량을 감소시켜 워커빌리티를 증대시킴
	응결·경화 촉진제 (급결제)	• 겨울철이나 수중공사, 콘크리트 뿜어붙이기 등에 필요한 조기강도의 발생 촉진시킴 • 염화칼슘(시멘트량의 1% 정도)이나 규산나트륨(시멘트량의 3% 정도)을 사용하고 이외에 탄산나트륨, 염화나트륨, 염화마그네슘 등
	지연제	• 수화작용을 지연시켜 슬럼프 저하를 적게 하거나 다량의 콘크리트를 타설할 때, 뜨거운 여름철, 운반시간이 길 때 사용한다.
	방수제	• 수밀성 방수제 : 지방산 비누, 명반, 규산나트륨, 분산제 등 • 콘크리트 속의 공극을 충전시키는 방수제 : 소석회, 점토, 규산백토, 돌가루 등 • 콘크리트가 물에 직접적으로 접촉하는 것을 막는 방수제 : 아스팔트, 타르, 파라핀 유제 등

6) 콘크리트 배합

안전한 소요강도(설계강도)나 신속한 시공을 위한 연도 등을 얻기 위한 재료량을 결정하는 과정이다.

① 비벼내기량 산출법

㉠ 표준 계량 용적 배합량 : 배합비 1 : m : n이고, 물·시멘트비가 x일 경우

$$V = \frac{1 \times W_c}{G_c} + \frac{m \times W_s}{G_s} + \frac{n \times W_g}{G_g} + W_c \times X$$

- V : 콘크리트의 비벼내기량(m³)
- W_c : 시멘트의 단위용적 중량(t/m³ 또는 kg/ℓ)
- W_s : 모래의 단위용적 중량(t/m³ 또는 kg/ℓ)
- W_g : 자갈의 단위용적 중량(t/m³ 또는 kg/ℓ)
- G_c : 시멘트의 비중
- G_s : 모래의 비중
- G_g : 자갈의 비중

㉡ 현장 용적 콘크리트 배합량 : 배합비 1 : m : n이고, 물·시멘트비를 고려하지 않는 경우

$$V = 1.1m + 0.57n$$

- m : 모래
- n : 자갈

② 배합비에 따른 재료량 : 배합비 1 : m : n인 콘크리트 1m³당 재료량

시멘트량(C) = $\frac{1}{V} \times 1{,}500\text{kg/m}^3$(단위용적중량)	모래량(S) = $\frac{m}{V}$(m³)
자갈량(G) = $\frac{n}{V}$(m³)	물의 양(W) = 시멘트 중량 × 물·시멘트비

7) 거푸집

① 거푸집의 조건
  ㉠ 강도와 강성이 크고 외력에 대하여 변형이 없을 것
  ㉡ 조립 및 해체가 용이할 것
  ㉢ 내구성이 크고 반복사용이 가능할 것
  ㉣ 형상 및 치수가 정확할 것
  ㉤ 수밀성이 있어야 하고, 시멘트 풀이 새어나가지 않을 것

② 거푸집 면적계산
  ㉠ 거푸집은 면적(m^2)으로 구하며 정미량으로 산출한다.
  ㉡ $1m^2$ 이하의 개구부는 거푸집 면적에서 공제하지 않는다.
  ㉢ 거푸집은 거의 기초 부분에 국한되어 있으므로 콘크리트의 옆 면적(수직면적)을 구하면 된다.

③ 줄기초 거푸집 수량산출 : 수직면만 계상한다.
  ㉠ 기초판 : $h_1 \times 2 \times l$ ㉡ 기초벽 : $h_2 \times 2 \times l$

④ 사다리꼴 독립기초 거푸집 수량산출 : 경사 기울기에 따라 계상한다.
  ㉠ $\theta \geq 30°$인 경우 비탈면 거푸집 계상하고, $\theta < 30°$인 경우 수직면만 거푸집 계상한다.
    ex) $\tan 30° = 0.577$
  ㉡ 수직면 거푸집 : ⓐ $= (a+b) \times 2 \times h_1$
  ㉢ 경사면 거푸집 : ⓑ $= \left(\dfrac{a+a'}{2} \times \sqrt{x^2 + h_2^2} \right) \times 4$면

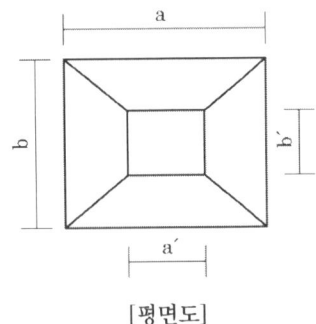

[평면도]

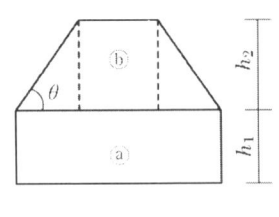

[단면도]

8) 철근

① 철근은 종별, 지름별 총 연장(m)을 산출하고 단위중량을 곱하여 총중량을 구한다.
② 수량산출 시 정미량으로 산정하고 조건에 할증이 주어지면 할증률을 가산한다.
③ 철근의 길이=부재적용 길이+이음길이+정착길이
  ㉠ 이음길이 및 정착길이 : 큰 인장력 부분 40d, 작은 인장력 25d
  ㉡ 기초판에 정착되는 수직철근 길이는 40cm와 $\dfrac{기초폭}{2}$ 중 작은 수 적용

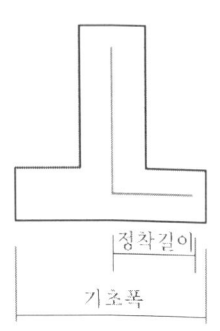

④ 철근의 개수

시작과 끝이 있는 구간(폐합되지 않은 구간)의 철근 개수	시작과 끝이 없는 구간(폐합된 구간)의 철근 개수
$\dfrac{\text{구간 길이}(L)}{\text{간격}(@)} + 1$	$\dfrac{\text{구간 길이}(L)}{\text{간격}(@)}$

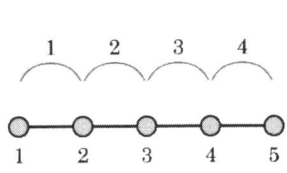

[폐합되지 않은 구간]　　　　[폐합된 구간]

9) 품셈

① 레디믹스트 콘크리트 타설(m³당)

유형	구분	규격	단위	수량		
				무근 구조물	철근 구조물	소형 구조물
인력운반 타설	콘크리트공		인	0.12	0.14	0.24
	보통 인부		인	0.15	0.16	0.30
장비사용 타설	콘크리트공		인	0.06	0.07	0.09
	보통 인부		인	0.02	0.02	0.02
	굴삭기	0.6~0.8m³	hr	0.09	0.10	0.31
비고	본 품의 타설 유형은 다음의 경우에 적용한다. • 인력운반타설 : 인력운반 장비(손수레 등)로 콘크리트를 운반하여 시공하는 기준이다. • 장비사용타설 : 믹서 트럭에서 콘크리트를 굴삭기로 공급받아 근접된 타설 위치에 직접 시공하는 기준이다.					

[주] 1. 본 품은 현장 내 콘크리트 운반, 타설, 다짐 및 양생준비를 포함한다.
　　 2. 소형 구조물은 개소별 소량(6m³ 이하)의 타설 위치가 산재되어 있는 경우에 적용한다.
　　 3. 미장공에 의한 표면 마무리가 필요한 경우 표면마무리를 따른다.
　　 4. 양생은 양생방법 및 시간을 고려하여 별도 계상한다.
　　 5. 공구손료 및 경장비(콘크리트 진동기 등) 기계경비는 인력품의 2%로 계상한다.

② 현장비빔타설(m³당)

유형	구분	단위	수량		
			무근 구조물	철근 구조물	소형 구조물
기계비빔타설	콘크리트공	인	0.15	0.17	0.24
	보통 인부	인	0.46	0.68	0.94
인력비빔타설	콘크리트공	인	0.85	0.87	1.29
	보통 인부	인	0.82	0.99	1.36

[주] 1. 본 품은 현장내 콘크리트 운반, 타설, 다짐 및 양생준비를 포함한다.
　　 2. 소형 구조물은 소량의 콘크리트 구조물(인력비빔 3m³ 내외, 기계비빔 10m³ 내외)이 산재되어 있는 경우에 적용한다.

[주] 3. 미장공에 의한 표면 마무리가 필요한 경우 표면마무리를 따른다.
4. 콘크리트 용수를 현장에서 구득하기 어려운 경우에는 운반비를 별도 계상한다.
5. 양생은 양생방법 및 시간을 고려하여 별도 계상한다.
6. 비빔 및 타설에 필요한 장비(배합기, 진동기 등)의 기계경비는 별도 계상한다.

③ 합판거푸집 – 사용횟수

사용횟수	유 형	구 조 물
1~2회	제물치장	• 제물치장 콘크리트
2회	매우 복잡/소규모	• T형보, 난간, 복잡한 구조의 교각, 교대, 수문관의 본체 등 매우 복잡한 구조 • 소규모 : 조적턱, 창호턱 등 소규모로 산재되어 있는 구조물
3회	복잡	• 교대, 교각, 파라펫트, 날개벽 등 복잡한 벽체 구조, 건축 라멘구조의 보, 기둥
4회	보통	• 측구, 수로, 우물통 등 비교적 간단한 벽체 구조, 교량 및 건축 슬래브
6회	간단	• 수문 또는 관의 기초, 호안 및 보호공의 기초 등 간단한 구조

[주] 1. 사용횟수는 구조물 형상 또는 현장조건에 제한을 받는 경우에는 이를 고려하여 결정한다.
2. 제물치장의 경우 2회 사용 시 자재수량을 참고한다.
3. 극히 간단한 구조에서는 6회 이상을 적용한다.
4. 현장 여건상 특수거푸집을 제작 사용할 경우 별도 계상한다.

④ 합판거푸집 – 자재수량(m^2당)

구 분	단 위	수량		1회 사용 자재비의 %				
			1회	2회	3회	4회	5회	6회
합 판	m^2	1.03		55.0%	44.3%	38.0%	35.0%	32.7%
각 재	m^3	0.038						
소모 자재(박리재 등)	주자재비의 %	4.0%		7.0%	8.0%	9.0%	10.0%	11.0%

[주] 1. 자재수량은 설계 조건에 따라 별도 계상할 수 있다.
2. 2회 이상에서는 1회 사용수량에 대해 해당 요율을 적용한다.
3. 제물치장에 소요되는 볼트, 나무덧쇠, 파이프 등은 별도 계상한다.
4. 폼타이(Form Tie) 사용 시 소요수량은 콘크리트의 측압에 따라 다음에 의거 계상한다. (조/m^2당)
  • 규격 7.9mm : 측압 3(t/m^2)=1.07, 측압 4(t/m^2)=1.42, 측압 5(t/m^2)=1.80, 측압 6(t/m^2)=2.14
  • 규격 9.5mm : 측압 3(t/m^2)=0.71, 측압 4(t/m^2)=0.97, 측압 5(t/m^2)=1.19, 측압 6(t/m^2)=1.43
  • 규격 12.7mm : 측압 3(t/m^2)=0.53, 측압 4(t/m^2)=0.72, 측압 5(t/m^2)=0.88, 측압 6(t/m^2)=1.07
    ㉠ 폼타이(D형 1/2인치 경우) 소요량은 거푸집 m^2당 2.14본(1.07조)으로 하고 사용횟수는 10회로 한다.
    ㉡ 특수한 경우(거푸집 측압이 6t/m^2 이상)에는 폼타이 수량을 적의 조정하여 사용한다.
    ㉢ 세퍼레이터는 필요한 경우에 소모재료로 계상한다.
5. 폼타이 제거 후 구멍땜이 필요한 경우 다음 표를 기준으로 계상한다. (100개소 당)
  • 시멘트 : 6.99(kg) : 배합비 1 : 3 기준
  • 모래 : 0.015(m^3)
  • 혼화재 : –(g) : (필요에 따라서 별도계상)
  • 보통인부 : 0.62(인)
    ㉠ 폼타이 규격은 12.7mm를 기준한 것임
    ㉡ 코킹재를 사용할 경우 별도 계상함

⑤ 합판거푸집 - 설치 및 해체(m²당)

구 분	단위	유 형					
		제물치장	매우 복잡/소규모	복 잡	보 통	간 단
형 틀 목 공	인	0.23	0.18	0.16	0.11	0.10
보 통 인 부	인	0.14	0.05	0.04	0.03	0.02
비 고	• 제물치장의 경우 자재 1회 사용 기준이며, 2회 사용 시 본 품의 60%를 적용한다. • 본 품은 수직고 7m까지 적용하며, 이를 초과하는 경우 매 3m마다 인력품을 10%까지 가산한다. (현장 여건에 따라 장비가 필요한 경우 양중장비를 계상하고, 인력품을 가산하지 않는다.) • 지붕 슬래브 설치(경사도 20도 미만)에서는 인력품을 20% 가산한다.					

[주] 1. 본 품은 설치면적을 기준한 것이며, 합판거푸집(내수합판 12mm 기준)의 가공, 제작, 조립, 해체를 포함한다.
2. 본 품에는 청소, 박리제 바름 및 보수품이 포함되어 있으며, 동바리 설치(재료 포함)는 제외되어 있다.
3. 곡면 및 특수형상 부분의 품은 별도 계상한다.
4. 공구손료 및 경장비 기계경비는 인력품의 1%로 계상한다.

⑥ 철근가공조립 - 현장가공 및 조립(ton당)

구조별	가 공		조 립		계	
	철근공(인)	보통인부(인)	철근공(인)	보통인부(인)	철근공(인)	보통인부(인)
간 단	1.07	0.35	1.69	0.69	2.76	1.04
보 통	1.24	0.45	1.84	0.75	3.08	1.20
복 잡	1.51	0.50	1.92	0.80	3.43	1.30
매우 복잡	1.69	0.60	2.14	0.86	3.83	1.46

[주] 1. 간단한 것이란 측구, 간단한 기초 및 중력식 옹벽 등을 말하며, 보통의 것이란 수문, 반중력식 옹벽 및 교대 등을 말하고, 복잡한 것이란 교량의 슬래브, 암거, 우물통, 부벽식 옹벽 등을 말하며, 매우 복잡한 것이란 구주식(기둥형) 교대, 교각, 지하철, 터널 등을 말한다.
2. 철골과 병용하는 가공 및 조립은 복잡한 가공 및 조립에 준한다.
3. PC 강선인 경우에는 복잡한 가공 및 조립품의 40%까지 가산할 수 있다. 다만, 정착에 소요되는 기구의 손료는 노력품의 2%를 계상한다.
4. 가공은 절단, 절곡(밴딩) 등 철근의 변형을 요하는 작업이며, 철근가공에 사용되는 기계기구(철근가공기 등) 손료는 노력품(가공)의 2%를 계상한다.
5. 산재되어 있는 소형 구조물(콘크리트 10m³ 미만)에서는 그 조립에 대한 노력품을 50%까지 가산할 수 있다.
6. 결속선은 0.9mm를 표준으로 하고, 간단한 구조에서는 5kg, 보통구조에서는 6.5kg, 복잡한 구조에서는 8kg을 표준 사용량으로 한다.
7. 수직고 7m 이상에서 크레인 등 장비 사용 시 기계경비는 별도 계상한다.

콘크리트 1m³ 제작에 단위 시멘트량 200kg을 사용하여 재령 28일 압축강도가 240kg/cm²이 되도록 배합할 때 각 재료의 절대용적을 구하시오. (단, 시멘트 비중 3.15, 자갈 비중 2.60, 모래 비중 2.50, 공기량 5%, 절대 잔골재율 32%, 골재의 함수율은 표면건조포화상태, 소수 3자리까지 계산)

① 물의 절대용적(m³)   ② 시멘트 절대용적(m³)
③ 잔골재 절대용적(m³)   ④ 굵은골재 절대용적(m³)

해설 및 정답

※ 비중 $= \dfrac{W}{V} = \dfrac{중량(무게)}{부피(체적, 용적)}$

※ 압축강도 $240 = -210 + 215 \times \dfrac{200}{W}$, $W = 95.555\text{kg}$

※ 물 비중 : $1 = 1{,}000\text{kg/m}^3$

※ 시멘트 비중 : $3.15 = 3{,}150\text{kg/m}^3$

① 물의 절대용적 : $\dfrac{95.555}{1{,}000} = 0.095\text{m}^3$

② 시멘트 절대용적 : $\dfrac{200}{3{,}150} = 0.063\text{m}^3$

③ 잔골재 절대용적 : $1\text{m}^3 - 물 - 시멘트 - 공기 = 1 - 0.095 - 0.063 - 0.05 = 0.792$
  $0.792 \times 0.32 = 0.253\text{m}^3$

④ 굵은골재 절대용적 : $0.792 - 0.253 = 0.539\text{m}^3$

콘크리트 배합비 1 : 3 : 6, 물시멘트비 70%일 때 콘크리트 1m³당 각 재료량을 구하시오. (단, 시멘트 비중 3.15, 모래/자갈 비중 2.65, 시멘트 단위용적중량 1.5ton/m³, 모래/자갈 단위용적 중량 1.7ton/m³, 물 단위용적중량 1.0ton/m³)

① 배합량(m³)   ② 시멘트량(포대)   ③ 모래량(m³)
④ 자갈량(m³)   ⑤ 물의 양(L)

해설 및 정답

① 배합량 $V = \dfrac{1 \times 1.5}{3.15} + \dfrac{3 \times 1.7}{2.65} + \dfrac{6 \times 1.7}{2.65} + (1.5 \times 0.7) = 7.299 ≒ 7.3\text{m}^3$

② 시멘트량 : $\dfrac{1}{7.3} \times 1500\text{kg/m}^3 \div 40\text{kg/포대} = 5.14 ≒ 6\text{포대}$

③ 모래량 : $\dfrac{3}{7.3} = 0.41\text{m}^3$

④ 자갈량 : $\dfrac{6}{7.3} = 0.82\text{m}^3$

⑤ 물의 양 : $205\text{kg} \times 0.7 = 143.5\text{kg} = 143.5\,l$

콘크리트 배합비 1 : 3 : 6일 때, 콘크리트 1m³당 각 재료량을 구하시오.

① 배합량(m³) ② 시멘트량(포대)
③ 모래량(m³) ④ 자갈량(m³)

해설 및 정답

① 배합량 : $V = 1.1 \times 3 + 0.5 \times 6 = 6.72\,\text{m}^3$

② 시멘트량 : $\dfrac{1}{6.72} \times 1500\,\text{kg/m}^3 \div 40\,\text{kg/포대} = 5.58 ≒ 6\,\text{포대}$

③ 모래량 : $\dfrac{3}{6.72} = 0.45\,\text{m}^3$ ④ 자갈량 : $\dfrac{6}{6.72} = 0.89\,\text{m}^3$

철근콘크리트 독립기초 2개소 시공에 필요한 재료량을 정미량으로 구하시오.

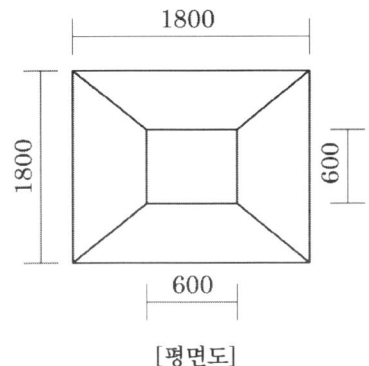

[평면도]

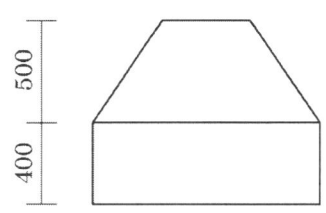

[단면도]

① 콘크리트량(m³) ② 거푸집(m²)
③ 1 : 2 : 4, 현장계량 용적배합일 때 시멘트량(포대) ④ 물/시멘트비가 60%일 때 물의 양(L)

해설 및 정답

① 콘크리트량

ⓐ $1.8 \times 1.8 \times 0.4 = 1.3$ ⓑ $\dfrac{0.5}{6}\{(2 \times 0.6 + 1.8)0.6 + (2 \times 1.8 + 0.6)1.8\} = 0.78$

∴ $(1.3 + 0.78) \times 2 = 4.16\,\text{m}^3$

② 거푸집

ⓐ $1.8 \times 0.4 \times 4 = 2.88$ ⓑ $\dfrac{0.6 + 1.8}{2} \times 0.78 \times 4 = 3.75$

∴ $(2.88 + 3.75) \times 2 = 13.26\,\text{m}^2$

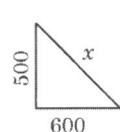 $x = \sqrt{0.5^2 + 0.6^2}$
    $= 0.78$
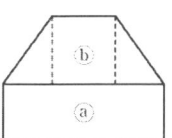

③ 시멘트량
- 콘크리트 배합량 = 1.1m + 0.57n = 1.1 × 2 × 0.57 × 4 = 4.48 m³

- 시멘트량 = $\dfrac{1}{4.48} \times 4.16 \times 1{,}500 \text{kg/m}^3 = 1{,}392.86 \text{kg}$

  ∴ 1,392.86kg ÷ 40kg/포대 = 34.82 ≒ 35포대
④ 물/시멘트비가 60%일 때 물의 양 : 1,392.86×0.6=835.72kg=835.72 l

플랜터 박스의 단면도를 보고 수량을 산출하시오. (단, 플랜터 박스 길이는 5.0m, 수평철근은 양끝단까지 배근한다. 철근 D13=0.995kg/m, 철근 D10=0.56kg/m, 철근가격은 300,000원/ton, 철근의 할증량 3.0%, 모든 계산은 소수점 3에서 반올림한다.)

① 수직 철근량(m) ② 수평 철근량(m) ③ 철근 총 중량(ton)
④ 철근 가격(원) ⑤ 노임(가공, 조립) (원)

해설 및 정답

① 수직 철근량 : (0.95×2+0.8)×(5÷0.25)=54 ∴ 54×1.03=55.62m
② 수평 철근량 : (0.8×20+5×12)=76 ∴ 76×1.03=78.28m
③ 철근 총 중량 : (55.62×0.995+78.28×0.56)÷1,000=(55.34+43.84)÷1,000=0.099≒0.1ton
④ 철근 가격 : 0.1×300,000=30,000원
⑤ 노임 : 24,000+7,480=31,480원, 철근공 4.0×60,000×0.1=24,000, 보통인부 2.2×34,000×0.1=7,480

굵은골재 최대치수 25mm, 4kg을 물속에서 채취한 후의 표면건조 내부포화상태중량이 3.95kg, 절대건조중량이 3.60kg, 수중중량이 2.45kg일 때, 다음 물음에 답하시오.

① 흡수율 ② 표면건조 내부포화상태 비중
③ 겉보기 비중 ④ 진비중

해설 및 정답

① 흡수율 : $\dfrac{3.95-3.6}{3.6}\times 100 = 9.72\%$

② 표면건조 내부포화상태 비중 : $\dfrac{3.95}{3.95-2.45}=2.63$

③ 겉보기 비중 : $\dfrac{3.6}{3.95-2.45}=2.4$

④ 진비중 : $\dfrac{3.6}{3.6-2.45}=3.13$

9. 조적 공사

1) 벽돌쌓기

① 벽돌의 종류 : 시멘트 벽돌, 붉은 벽돌(점토벽돌)

② 벽돌의 규격

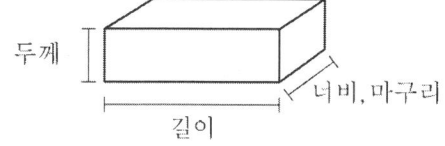

㉠ 표준형 : 190mm×90mm×57mm

㉡ 기존형 : 210mm×100mm×60mm

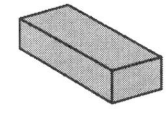 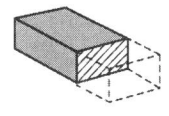 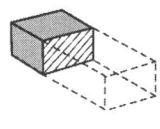 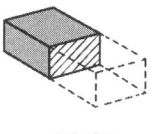 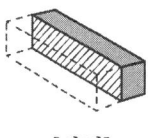 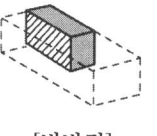

[온장]   [칠오토막]   [이오토막]   [반장]   [반절]   [반반절]

③ 벽돌쌓기 방식

㉠ 길이 쌓기 : 쌓기의 두께를 1.0B라 한다.

㉡ 마구리 쌓기 : 쌓기의 두께를 0.5B라 한다.

㉢ 벽돌의 두께 : 벽돌을 쌓는 두께는 벽돌의 길이를 기준으로 하여 0.5B 쌓기(반 장), 1.0B 쌓기(한 장), 1.5B 쌓기(한 장 반), 2.0B 쌓기(두 장) 등으로 나타낸다.

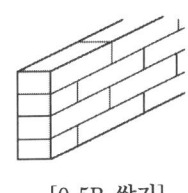 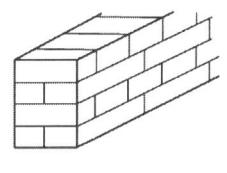 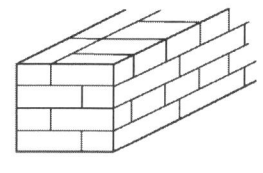 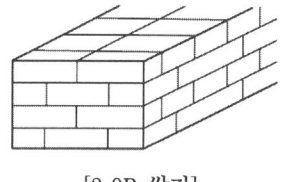

[0.5B 쌓기]   [1.0B 쌓기]   [1.5B 쌓기]   [2.0B 쌓기]

④ 줄눈

㉠ 줄눈 : 모르타르의 두께는 10mm를 기준으로 한다.

㉡ 통줄눈 : 가로 줄눈과 세로 줄눈이 교차

㉢ 막힌줄눈 : 통줄눈과는 다르게 위아래 세로 줄눈이 서로 어긋난 형태로 하중이 고르게 분포되어 안전하며 가장 일반적인 줄눈이다.

㉣ 치장줄눈 : 줄눈을 여러 형태로 아름답게 처리하여 벽돌을 쌓아 면 전체가 미관상 보기 좋게 할 수 있다.

2) 품셈

① 벽돌쌓기 기준량(m²)

벽돌 규격 \ 벽두께	0.5B(매)	1.0B(매)	1.5B(매)	2.0B(매)	2.5B(매)	3.0B(매)
190mm×90mm×57mm 표준형(기본형)	75 (74.5)	149	224	298	373	447
210mm×100mm×60mm 기존형	65 (65)	130	195	260	325	390

[주] 1. 본 품은 정량을 사용한 것이며 벽돌의 할증률은 붉은 벽돌일 때 3%, 시멘트 벽돌일 때 5%로 한다.
　　 2. 본 품은 줄눈 나비 10mm일 때를 기준으로 한 것이다.

② 벽돌쌓기 기준량(1,000매당)

구분		모르타르(m³)	시멘트(kg)	모래(m³)	조적공(인)	보통인부(인)
표준형	0.5B	0.25	127.5	0.275	1.8	1.0
	1.0B	0.33	168.3	0.363	1.6	0.9
	1.5B	0.35	178.5	0.385	1.4	0.8
	2.0B	0.36	183.6	0.396	1.2	0.7
	2.5B	0.37	188.7	0.407	1.0	0.6
	3.0B	0.38	193.8	0.418	0.8	0.5
기존형	0.5B	0.3	153	0.33	2.0	1.0
	1.0B	0.37	188.7	0.407	1.8	0.9
	1.5B	0.40	204	0.44	1.6	0.8
	2.0B	0.42	241.2	0.462	1.4	0.7
	2.5B	0.44	224.4	0.484	1.2	0.6
	3.0B	0.45	229.5	0.495	1.0	0.5

[주] 1. 벽 높이 3.6~7.2m일 때는 인력품의 20%, 7.2m를 초과하는 경우 30%를 가산한다.
2. 본 품은 벽돌 1,000매 이상일 때를 기준으로 한 것이며, 5,000매 미만일 때는 품을 15%, 5,000매 이상 10,000매 미만일 때는 품을 10% 가산한다.
3. 벽돌 소운반은 별도 계상한다.
4. 본 품에는 모르타르의 할증과 모르타르 소운반 품이 포함되어 있다.

③ 모르타르 배합(m³당)

배합적용비	시멘트(kg)	모래(m³)	보통인부(인)
1 : 1	1,093	0.78	1.0
1 : 2	680	0.98	1.0
1 : 3	510	1.10	1.0
1 : 4	385	1.10	0.9
1 : 5	320	1.15	0.9

[주] 1. 본 품에는 재료의 할증률이 포함되어 있다.
2. 본 품에는 공구손료 및 소운반품이 포함되어 있다.
3. 모르타르 배합의 선정은 다음 표를 참고로 한다.

배합적용비	1 : 1	1 : 2	1 : 3	1 : 4	1 : 5
사용 부위	치장줄눈, 방수 및 중요 부분	미장용 마감 바르기 및 중용한 부분	미장용 마감 바르기 및 쌓기 줄눈	미장용 초벌 바르기	중요하지 아니한 부분

chapter 6. 공정별 적산

예제...1

높이 2m, 길이 10m의 표준형 벽돌 담장 1.5B일 때, 다음 물음에 답하시오. (단, 줄눈은 10mm, 벽돌할증 5%, 소수 3자리까지 계산)

① 벽돌 수량(매)   ② 모르타르의 양(m^3)

해설 및 정답

① 벽돌 수량 : 2×10×224 = 4,480매(정미량), 4,480×1.05 = 4,704매(할증량)

② 모르타르 : 4,480×0.35÷1,000 = 1.568m^3 ※ 벽돌 정미량에 품셈 물량 적용

예제...2

높이 1.8m, 길이 20m의 표준형 벽돌 담장 한 장 쌓기, 모르타르 배합비 1 : 3일 때, 다음 물음에 답하시오. (단, 줄눈은 10mm, 벽돌 할증 5%, 소수 3자리까지 계산하여 반올림, 벽돌 100원/매, 시멘트 100원/kg, 모래 8,000원/m^3)

● 벽돌쌓기(1,000매당)

구분	모르타르(m^3)	시멘트(kg)	모래(m^3)
0.5B	0.25	127.5	0.275
1.0B	0.33	168.3	0.363
1.5B	0.35	178.5	0.385

● 벽돌쌓기 기준량(매/m^2)

구분	0.5B	1.0B	1.5B
표준형	75	149	224
기존형	65	130	195

① 벽돌 금액(원)   ② 시멘트의 금액(원)   ③ 모래의 금액(원)

해설 및 정답

① 벽돌 금액 : 1.8×20×149 = 5,364매(정미량), 5,364×1.05 = 5,632.2 ≒ 5,633매(할증량)
∴ 5,633×100 = 563,300원

② 시멘트의 금액 : 5,364×168.3÷1,000 = 902.76kg   ※ 벽돌 정미량에 품셈 물량 적용
∴ 902.76×100 = 90,276원

③ 모래의 금액 : 5,364×0.363÷1,000 = 1.95m^3 ∴ 1.95×8,000 = 15,600원

예제...3

길이 20m, 높이 1.5m의 담장에 필요한 수량을 산출하시오. (단, 계산은 소수 2자리까지 하시오. 표준형 1.5B, L=1.25, C=0.85)

● 벽돌쌓기(1,000매당)

구분	모르타르(m^3)	시멘트(kg)	모래(m^3)
0.5B	0.25	127.5	0.275
1.0B	0.33	168.3	0.363
1.5B	0.35	178.5	0.385

● 벽돌쌓기 기준량(매/m^2)

구분	0.5B	1.0B	1.5B
표준형	75	149	224
기존형	65	130	195

Part 1 조경기사·산업기사 시공실무

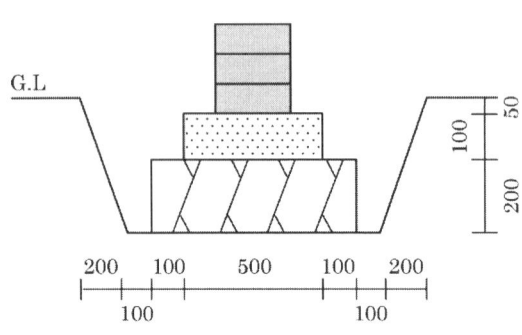

① 터파기(m³) ② 되메우기(m³) ③ 잔토처리(m³) ④ 잡석(m³)
⑤ 콘크리트(m³) ⑥ 모르타르(m³) ⑦ 벽돌(매)

해설 및 정답

① 터파기 : $\dfrac{1.3+0.9}{2} \times 0.35 \times 20 = 7.7\,\mathrm{m^3}$

② 되메우기 : $7.7 - \{2.8 + 1.0 + (0.29 \times 0.05 \times 20)\} = 3.61\,\mathrm{m^3}$
  ※ 표준형 1.5B일 때 담장의 폭은 290mm, G.L 아래 290mm×50mm도 포함

③ 잔토처리(흐트러진 상태) : $(7.7 - 3.61) \times 1.25 = 5.11\,\mathrm{m^3}$

④ 잡석 : $0.7 \times 0.2 \times 20 = 2.8\,\mathrm{m^3}$

⑤ 콘크리트 : $0.5 \times 0.1 \times 20 = 1.0\,\mathrm{m^3}$

⑥ 모르타르 : $6,944 \times 0.35 \div 1000 = 2.43\,\mathrm{m^3}$

⑦ 벽돌 : $1.55 \times 20 \times 224 = 6,944$매 ※ G.L 아래 50mm도 포함

쌓기 면적이 100m²인 곳에 190×90×57의 벽돌을 사용하여 2.0B로 쌓으려고 한다. 다음 표를 참고하여 수량 산출표를 작성하시오. (단, 벽돌의 매수와 금액은 소수점 이하 버린다. 모르타르 배합비는 1:3이며, 벽돌의 할증량은 3%이다.)

● 벽돌쌓기 기준량(매/m²)

구분	0.5B	1.0B	1.5B	2.0B
표준형	75	149	224	298
기존형	65	130	195	260

● 모르타르(m³당)

배합적용비	시멘트(kg)	모래(m³)	보통인부(인)
1 : 2	680	0.98	1.0
1 : 3	510	1.1	1.0

● 벽돌쌓기(1,000매당)

구분	모르타르(m³)	시멘트(kg)	모래(m³)	조적공(인)	보통인부(인)
0.5B	0.25	127.5	0.275	1.8	1.0
1.0B	0.33	168.3	0.363	1.6	0.9
1.5B	0.35	178.5	0.385	1.4	0.8
2.0B	0.36	183.6	0.396	1.2	0.7

● 단가(원)

구분	벽돌(매)	시멘트(kg)	모래(m³)	조적공(인)	보통인부(인)
단가 (원/일)	100	80	7,000	58,000	34,000

① 빈칸을 채우시오.

구분		단위	수량	재료비		노무비		합계
				단가	금액	단가	금액	
재료비	벽돌							
	모르타르							
	시멘트							
	모래							
노무비	조적공							
	보통인부							
계								

② 벽돌량　　　③ 모르타르량　　　④ 시멘트량　　　⑤ 모래량
⑥ 조적공　　　⑦ 보통인부　　　⑧ 총공사비

해설 및 정답

구분		단위	수량	재료비		노무비		합계
				단가	금액	단가	금액	
재료비	벽돌	매	30,694	100	3,069,400			3,069,400
	모르타르	m^3	10.73					
	시멘트	kg	5,472.3	80	437,784			437,784
	모래	m^3	11.8	7,000	82,600			82,600
노무비	조적공	인	35.76			58,000	2,074,080	2,074,080
	보통인부	인	31.59			34,000	1,074,060	1,074,060
계					3,589,784		3,148,140	6,737,924

② 벽돌량 : 100×298＝29,800매(정미량), 29,800×1.03＝30,694매(할증량)

③ 모르타르량 : 29,800×0.36÷1000＝10.73m^3

④ 시멘트량 : 10.73×510＝5,472.3kg

⑤ 모래량 : 10.73×1.1＝11.8m^3

⑥ 조적공 : 29,800×1.2÷1000＝35.76인

⑦ 보통인부 : (29,800×0.7÷1000)+(10.73×1.0)＝31.59인

⑧ 총공사비 : 6,737,924원

10. 조경석 공사

1) 조경석 쌓기

① 조경석 쌓기 및 놓기는 질감, 색채, 무늬 등이 우수한 조경용 석재를 이용 목적이나 장식적으로 설치하는 것
② 자연석이란 인공을 가하지 않은 천연상태의 돌, 가공석이란 원석이나 깬 돌을 가공한 돌로서 가공자연석(굴림자연석)과 현장유용석으로 구분된다.
③ 조경석 쌓기는 높이×뒷길이×길이×실적률×비중에 의하여 중량으로 적용한다.
④ 높이는 사면높이(또는 수직높이×사면 기울기)로서 사면안정용으로 땅속에 묻는 부분도 계상하여야 하며, 뒷길이는 설계에 의하되 일반적으로 석재 중간 규격으로 한다. 실적률은 70%를 표준으로 중첩도가 높은 경우 실적률이 높아지므로 적용에 유의하며, 비중은 (2.65ton/m³)를 기준으로 한다.

자연석 쌓기	총중량(ton)	체적(m³)×단위중량(ton/m³)×실적률
	체적(m³)	높이(m)×뒷길이(m)×거리(m)
	실적률(%)	체적 중의 실적 용적을 백분율로 나타낸 값
	공극률(%)	체적 중의 공극을 백분율로 나타낸 값

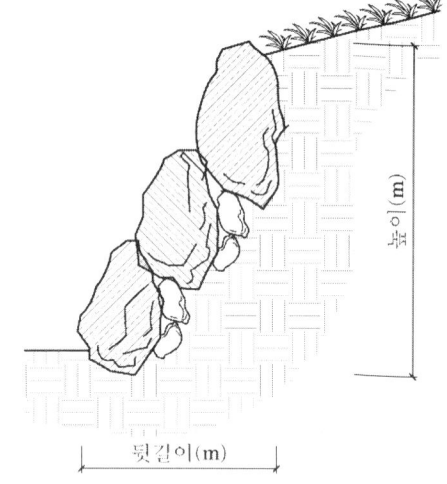

2) 품셈

① 정원석 쌓기 및 놓기(ton당)

구 분	규 격	단 위	수 량			
			쌓 기		놓 기	
			20ton 미만	20ton 이상	20ton 미만	20ton 이상
조 경 공		인	1.212	1.040	0.968	0.836
굴 삭 기	0.7m³	hr	0.657	0.684	0.657	0.684

[주] 1. 본 품은 수석, 자연석 또는 조경석을 단독 또는 무리로 설치하여 미관이 고려된 경관(글자석, 상징석 등)을 조성하는 경우에 적용한다.
2. 본 품은 다짐 및 정지 작업을 포함한다.
3. 지형 등 작업의 난이도에 따라 20%까지 가산할 수 있다.
4. 공구손료는 인력품의 3%로 계상한다.
5. 사이목 식재는 별도 계상한다.

② 조경유용석 쌓기 및 놓기(10ton당)

구 분		규 격	단 위	수 량
인력	조경공		인	0.84
	석 공		인	2.51
장비	굴삭기	0.6m³	hr	5.88

[주] 1. 본 품은 조경석이나 현장유용석을 활용하여 긴 선형의 화단, 수로 경계 등의 수직 방향의 사면을 조성하는 경우에 적용한다.
2. 본 품은 재료소운반, 위치 선정, 쌓기 및 놓기, 다짐 및 정지 작업을 포함한다.
3. 운반비는 별도 계상한다.
4. 사이목 식재는 별도 계상한다.

③ 정원석 석축공 – 인력(ton당)

구 분	조경공 (인)	보통인부 (인)
쌓 기	2.50	2.50
놓 기	2.00	2.00

[주] 1. 본 품에는 다짐 및 정지 품이 포함된다.
2. 운반비는 별도 가산한다.
3. 지형 등 작업의 난이도에 따라 20%까지 증감할 수 있다.
4. 본 품은 평지에 자연석 또는 수석을 기술적으로 배치하여 경관을 조성하는 경우이다.
5. 여기에 정원석이란 2목도 이상되는 돌을 말한다.

길이가 50m, 높이 1.5m의 자연석 쌓기할 때 다음 물음에 답하시오. (단, 평균 뒷길이 1m, 공극률 40%, 자연석 중량 2.6ton/m^3, 조경공 50,000원/인, 굴삭기 30,000원/hr, 자연석 80,000원/ton)

• 정원석 쌓기 및 놓기(ton당)

구분		공사 규모	조경공	굴삭기
쌓기		20ton 미만	1.212	0.657
		20ton 이상	1.040	0.684
놓기		20ton 미만	0.968	0.657
		20ton 이상	0.836	0.684

해설 및 정답

① 자연석 총 중량 : $1.5 \times 1.0 \times 50 \times 0.6 \times 2.6 = 117$ton
② 공사비(재+노+경) : 17,844,840원
 재료비(자연석) : $117 \times 80,000 = 9,360,000$원
 노무비(조경공) : $117 \times 50,000 \times 1.04 = 6,084,000$원
 경비(굴삭기) : $117 \times 30,000 \times 0.684 = 2,400,840$원

11. 돌 공사

1) 돌쌓기

돌공사는 일반적으로 석재로 사면안정 또는 마감면을 치장하는 공종이다. 여기에서는 석재의 가공, 쌓기 및 깔기, 붙임 등에 적용한다.

2) 품셈

① 메쌓기(m²당) : 모르타르를 사용하지 않고 뒷고임에 조약돌 등을 채워 쌓는 방법

구 분	규 격	단위	수량(뒷길이)		
			35cm 이하	55cm 이하	75cm 이하
석 공		인	0.10	0.09	0.08
보 통 인 부		인	0.05	0.04	0.03
굴 삭 기 + 부 착 용 집 게	0.6m³	hr	0.39	0.37	0.35

[주] 1. 본 품은 잡석을 채움재로 사용하는 깬돌 및 깬잡석의 골쌓기 기준이다.
2. 경사도가 1 : 1 보다 급한 경우이며, 높이 3m 이하 기준이다.
3. 규준틀 설치, 돌쌓기, 잡석 채움, 배수파이프 설치 작업을 포함한다.
4. 기초 다짐 및 뒤채움은 기초 다짐 및 뒤채움을 따른다.
5. 굴삭기 규격은 작업여건(작업범위, 위치 등)에 따라 변경할 수 있다.
6. 재료량은 설계수량을 적용한다.

② 찰쌓기(m²당) : 돌과 돌 사이에 모르타르를 다져 넣고, 뒷고임에 콘크리트를 채워 쌓는 방법

구 분	규 격	단위	수량(뒷길이)		
			35cm 이하	55cm 이하	75cm 이하
석공	-	인	0.09	0.08	0.07
보통 인부	-	인	0.05	0.04	0.03
굴삭기+ 부착용 집게	0.6m³	hr	0.31	0.30	0.28

[주] 1. 본 품은 콘크리트를 채움재로 사용하는 깬돌 및 깬잡석의 골쌓기 기준이다.
2. 경사도가 1 : 1 보다 급한 경우이며, 높이 3m 이하 기준이다.
3. 규준틀 설치, 돌쌓기, 콘크리트 채움, 배수파이프 설치, 줄눈메꿈 작업을 포함한다.
4. 기초 다짐 및 뒤채움은 기초 다짐 및 뒤채움을 따른다.
5. 굴삭기 규격은 작업여건(작업범위, 위치 등)에 따라 변경할 수 있다.
6. 재료량은 설계수량을 적용한다.

③ 메붙임(m²당)

구 분	규 격	단위	수량(뒷길이)		
			35cm 이하	55cm 이하	75cm 이하
석공		인	0.13	0.12	0.11
보통 인부		인	0.04	0.03	0.02
굴삭기+ 부착용 집게	0.6m³	hr	0.25	0.24	0.22

[주] 1. 본 품은 잡석을 채움재로 사용하는 깬돌 및 깬잡석의 돌붙임 기준이다.
2. 경사도가 1 : 1 보다 완만한 경우이며, 높이 5m 이하 기준이다.
3. 규준틀 설치, 돌붙임, 잡석 채움, 배수파이프 설치 작업을 포함한다.
4. 기초 다짐 및 뒤채움은 기초 다짐 및 뒤채움을 따른다.
5. 굴삭기 규격은 작업여건(작업범위, 위치 등)에 따라 변경할 수 있다.

④ 찰붙임(m²당)

구 분	규 격	단위	수량(뒷길이)		
			35cm 이하	55cm 이하	75cm 이하
석공		인	0.11	0.10	0.09
보통 인부		인	0.04	0.03	0.02
굴삭기+ 부착용 집게	0.6m³	hr	0.22	0.21	0.20

[주] 1. 본 품은 잡석을 채움재로 사용하는 깬돌 및 깬잡석의 돌붙임 기준이다.
2. 경사도가 1 : 1 보다 완만한 경우이며, 높이 5m 이하 기준이다.
3. 규준틀 설치, 돌붙임, 잡석 채움, 배수파이프 설치 작업을 포함한다.
4. 기초 다짐 및 뒤채움은 기초 다짐 및 뒤채움을 따른다.
5. 굴삭기 규격은 작업여건(작업범위, 위치 등)에 따라 변경할 수 있다.

⑤ 돌쌓기 규격별 소요량

구 분		단위	수 량 (뒷길이)						
			25cm	30cm	35cm	45cm	55cm	60cm	75cm
돌의 전면 규격		cm	17×17	20×20	25×25	30×30	35×35	40×40	50×50
m²당 개수		개	33	24	17	12	9	6	4
고임돌 (돌쌓기)	깬잡석	m³	0.09	0.11	0.13	0.16	0.19	0.21	0.26
	깬돌	m³	-	0.10	0.12	0.15	0.18	0.20	0.25
틈메우기돌(돌붙임)		m³	고임돌(돌쌓기)의 15%까지 계상할 수 있다.						
채움 콘크리트		m³	0.11	0.14	0.16	0.20	0.25	0.27	0.34
줄눈메꿈 모르타르		m³	0.009	0.009	0.009	0.009	0.009	0.009	0.009

[주] 돌의 중량은 돌의 형상, 종류, 부피 등을 고려하고 재료의 단위중량을 참고하여 계상한다.

12. 도장 공사

1) 도장재료

도료(塗料)를 칠하거나 바르는 재료를 말하며, 바탕 재료의 부식을 방지하고 미적 효과를 증대시키기 위한 목적으로 사용

① 도장재료의 종류

구분		내용
수성 페인트		• 안료를 결합제와 혼합하고 물로 희석하여 사용하는 페인트 • 취급이 용이하고 건조속도가 빠르며 냄새가 적게 난다. • 내구성과 내수성이 약하고 지속력이 부족하여 수명이 짧다.
	에멀젼 페인트	• 물에 아스팔트, 유성페인트, 수지성 페인트 등을 현탁시킨 유화액상 페인트이며 주로 건축물의 내외벽에 도장을 한 후 마감하는데 사용.
유성 페인트		• 안료를 건성유와 혼합하고 전용 희석제로 희석하여 사용하는 페인트 • 내구성과 내수성이 강하고 접착력이 뛰어나며 물체의 손상이나 변형을 방지 • 건조속도가 느리고 특유의 냄새가 강하게 나기 때문에 시공 후 환기가 필요하다.
	에나멜 페인트	• 시너(Thinner)를 희석제로 사용하며 도막이 견고하고 접착력이 뛰어나 목재나 철제 등 다양한 재질에 사용 가능하다. • 다양한 색깔의 제품이 많지만 투명색은 없고 페인트위에 덧칠할 수 있다. • 특유의 냄새가 강하고 인체에 유해하므로 취급에 주의가 필요하다.
	래커 페인트	• 시너를 희석제로 사용하며 주로 표면을 보호하거나 부패를 막아주는 마감용 코팅제 • 다양한 색과 함께 투명색도 있어 나무 사용하면 나무의 무늬와 질감을 잘 표현할 수 있다.
녹막이 페인트		• 강제의 표면에 칠하여 외기와의 접촉을 막아 부식을 방지하는 방청용 페인트
	광명단	• 사삼산화납와 보일유를 혼합한 오렌지색 방청안료로 철재 녹막이에 사용
	징크로메이트	• 크롬산아연을 주성분으로 한 방청안료로 알루미늄 녹막이에 사용
	워시프라이머	• 뿜어서 칠하는 것으로 인산을 첨가한 도료
	방청산화철	• 내구성이 매우 우수
바니시 (니스)		• 천연수지나 합성수지를 건성유나 휘발성 용제로 용해시켜 제조 • 무색 또는 담갈색의 투명도료로 장판이나 나무, 가구 등에 칠하여 광택을 내고 부식을 방지
합성수지도료		• 건조시간이 빠르고 내산성, 내알칼리성이 있어 콘크리트면에 칠한다. • 페놀수지, 비닐계수지, 에폭시, 아크릴, 요소, 실리콘제 등
퍼티		• 석고를 건성유로 반죽한 접합제의 일종 • 판자 도장, 목공품의 균열 방지 및 못질 마무리 작업 시 구멍 메우기 등에 사용

[주] 보일유 : 건조성이 강하여 페인트, 인쇄 잉크, 안주, 그림물감 따위를 용해시키는데 사용

② 도장 작업순서

㉠ 목부 바탕 : 바탕처리 → 연마 → 초벌칠 → 퍼티 → 연마 → 재벌칠 1회 → 연마 → 재벌칠 2회 → 연마 → 정벌칠

㉡ 철부 바탕 : 바탕처리 → 녹막이칠(초벌 1회) → 연마 → 녹막이칠(초벌 2회) → 퍼티 → 연마 → 재벌칠 1회 → 연마 → 재벌칠 2회 → 연마 → 정벌칠

㉢ 수성페인트 : 바탕만들기 → 바탕누름 → 초벌칠 → 연마 → 정벌칠

ⓔ 바니시칠(니스칠) : 바탕처리 → 초벌칠 → 연마 → 재벌칠 → 연마 → 정벌칠

2) 품셈

① 수성페인트 붓칠(m²당)

구 분	단 위	수 량
도 장 공	인	0.022
보 통 인 부	인	0.004
비 고	- 천장은 본 품의 20%를 가산한다.	

[주] 1. 본 품은 수성페인트를 1회 칠하는 기준이다.
    2. 바탕 만들기는 콘크리트·모르타르면 바탕 만들기에 준하여 별도 계상한다.
    3. 비계 사용 시 높이별 품 할증은 콘크리트·모르타르면 바탕 만들기에 준하여 계상한다.
    4. 재료량은 다음을 참고하며, 상세 수량은 도료 종류에 따라 제조사에서 제시하고 있는 수량을 적용할 수 있다.
      • 에멀션페인트 : 1회=0.098(l), 2회=0.197(l), 3회=0.296(l)

② 유성페인트 붓칠(m²당)

구 분		단 위	수 량
바 탕 면	인 력		
철 재 면	도 장 공	인	0.020
	보 통 인 부	인	0.004
콘크리트면·모르타르면 석 고 보 드 면	도 장 공	인	0.024
	보 통 인 부	인	0.004
비 고	- 천장은 본 품의 20%를 가산한다.		

[주] 1. 본 품은 유성페인트를 1회 칠하는 기준이다.
    2. 재료량은 다음을 참고하며, 상세 수량은 도료 종류에 따라 제조사에서 제시하고 있는 수량을 적용할 수 있다.
      • 철재면 - 조합페인트 : 1회=0.081(l), 2회=0.166(l), 3회=0.246(l)
            시   너 : 1회=0.004(l), 2회=0.008(l), 3회=0.012(l)
      • 콘크리트·모르타르면, 석고보드면 - 조합페인트 : 1회=0.099(l), 2회=0.199(l), 3회=0.282(l)
                                      시   너 : 1회=0.004(l), 2회=0.008(l), 3회=0.012(l)

③ 녹막이 페인트칠(m²당)

구 분	단 위	수 량
도 장 공	인	0.015
보 통 인 부	인	0.003
비 고	- 천장은 본 품의 20%를 가산한다.	

[주] 1. 본 품은 철재면에 방청 페인트를 붓으로 1회 칠하는 기준이다.
    2. 철재면 바탕 만들기는 공장에서 기수행 후 반입된 기준으로 별도 계상하지 않는다.
    3. 비계 사용 시 높이별 품 할증은 콘크리트·모르타르면 바탕 만들기에 준하여 계상한다.
    4. 재료량은 다음을 참고하며, 상세 수량은 도료 종류에 따라 제조사에서 제시하고 있는 수량을 적용할 수 있다.
      • 녹막이페인트 : 1회=0.080(l), 2회=0.161(l), 3회=0.182(l)
      • 시   너 : 1회=0.004(l), 2회=0.008(l), 3회=0.012(l)
      ※ 위 재료량은 할증이 포함된 것이며, 각 횟수의 재료량은 합산한 누계 수치이다.
      ※ 잡재료비는 주재료(페인트, 시너)비의 3%로 계상한다.

④ 오일스테인칠(m²당)

구 분	단 위	수 량
도 장 공	인	0.021
보 통 인 부	인	0.004
비 고	– 바탕처리용 스테인 휠러는 별도 가산하고, 품은 m²당 도장공 0.021~0.03 인을 가산한다.	

[주] 1. 본 품은 목재면에 오일스테인을 붓으로 1회 칠하는 기준이다.
    2. 비계 사용 시 높이별 품 할증은 콘크리트·모르타르면 바탕 만들기에 준하여 계상한다.
    3. 재료량은 다음을 참고하며, 상세 수량은 도료 종류에 따라 제조사에서 제시하고 있는 수량을 적용할 수 있다.
      • 오일스테인 : 1회=0.091(kg), 2회=0.150(kg)
      • 시   너 : 1회=0.008(l), 2회=0.018(l)
      • 퍼   티 : 1회=0.006(kg), 2회=0.006(kg)
      ※ 위 재료량은 할증이 포함된 것이며, 각 횟수의 재료량은 합산한 누계 수치이다.
      ※ 잡재료비(가솔린, 넝마)는 주재료(오일스테인, 시너)의 6%로 계상한다.

chapter 7 지형 및 측량

1. 지형

1) 등고선의 개요

등고선은 같은 높이의 모든 점을 연결한 선으로 각 높이의 선을 평면 위에 겹쳐놓은 그림이다.

① 등고선의 종류
  ㉠ 주곡선 : 각 지형의 높이를 표시하는 데 기본이 되는 등고선이다.
  ㉡ 계곡선 : 주곡선 5개마다 굵게 표시한 등고선이다.
  ㉢ 간곡선 : 주곡선 간격의 1/2
  ㉣ 조곡선 : 간곡선 간격의 1/2

구분 축척	기호	1/5,000 1/10,000	1/25,000	1/50,000
계곡선	굵은 실선	25	50	100
주곡선	가는 실선	5	10	20
간곡선	가는 파선	2.5	5	10
조곡선	가는 점선	1.25	2.5	5

② 등고선의 성질
  ㉠ 등고선상의 높이는 모두 같은 높이이다.
  ㉡ 서로 다른 높이의 등고선은 절벽이나 동굴을 제외하고는 교차되거나 폐합되지 않는다.
  ㉢ 등고선은 등경사지에서는 등간격이며, 등경사 평면인 지형에서는 같은 간격의 평행선이 된다.
  ㉣ 등고선은 반드시 폐합한다.
  ㉤ 등고선이 최종적으로 폐합되는 경우는 산정상이나 가장 낮은 요(凹)지에 나타난다.
  ㉥ 등고선 사이의 최단거리의 방향은 그 지표면의 최대 경사로서 등고선에 수직한 방향이며 강우 시 배수 방향이다.
  ㉦ 등고선의 간격은 지형의 경사도를 반영하며 간격이 넓으면 완경사지이고, 좁으면 급경사를 이루는 지형이다.
  ㉧ 등고선과 등고선 사이의 경사는 평경사를 이룬다고 가정한다.

2) 경사면의 종류

① 오목사면 : 등고선 간격은 높은 곳으로 갈수록 좁아지고, 낮은 곳으로 갈수록 넓어진다.
② 볼록사면 : 오목사면과 반대
③ 평사면 : 등고선 간격이 일정하다.

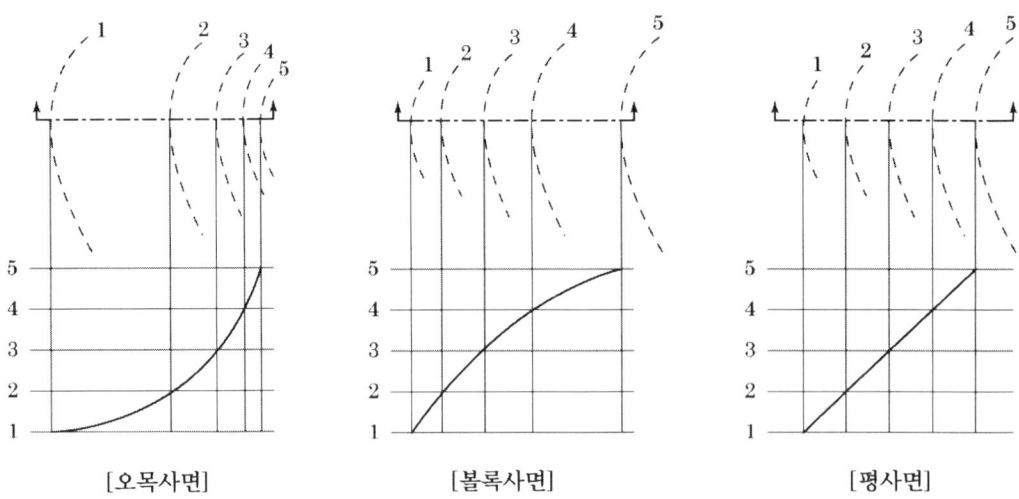

[오목사면]　　　　[볼록사면]　　　　[평사면]

3) 등고선 변경

① 등고선 변경이란 지형의 변경을 위해서 등고선을 조작하는 지형 설계를 말한다.
② 절토 시 등고선은 높은 쪽으로 이동한다.
③ 성토 시 등고선은 낮은 쪽으로 이동한다.
④ 등고선의 연결 부위나 모서리 등은 곡선으로 표현한다.

4) 부지 조성

① 절토에 의한 등고선 변경
　㉠ 절토 시 등고선은 높은 쪽으로 이동한다.
　㉡ 등고선의 연결 부위나 모서리 등은 곡선으로 표현한다.

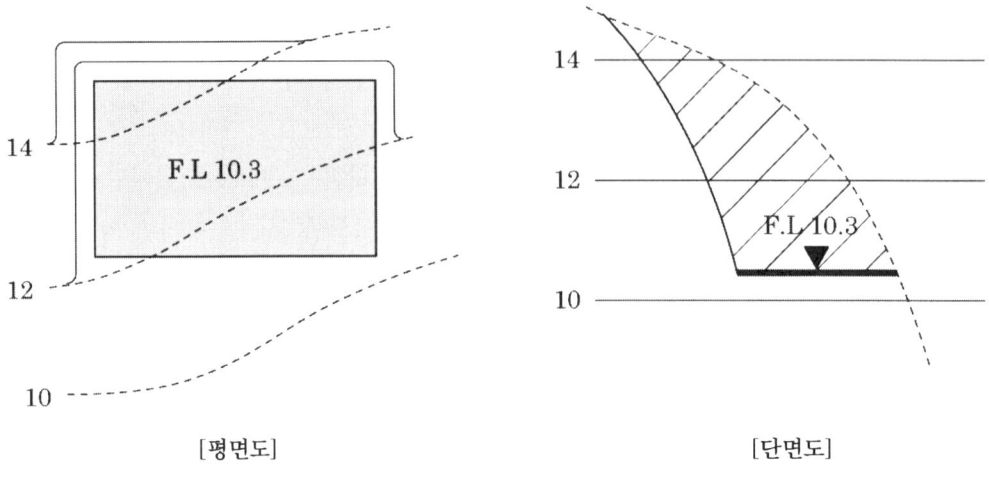

[평면도]　　　　　　　　　[단면도]

② 성토에 의한 등고선 변경
  ㉠ 성토 시 등고선은 낮은 쪽으로 이동한다.
  ㉡ 등고선의 연결부위나 모서리 등은 곡선으로 표현한다.

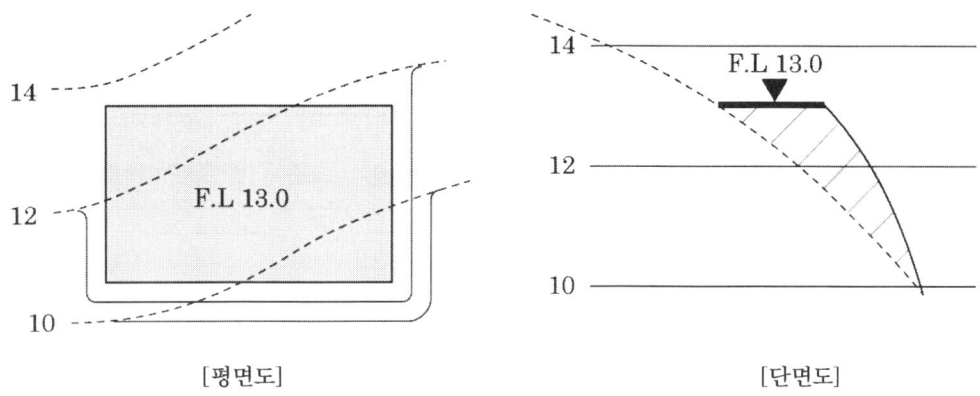

③ 절·성토에 의한 등고선 변경
  ㉠ 절토 시 등고선은 높은 쪽으로 이동한다.
  ㉡ 성토 시 등고선은 낮은 쪽으로 이동한다.

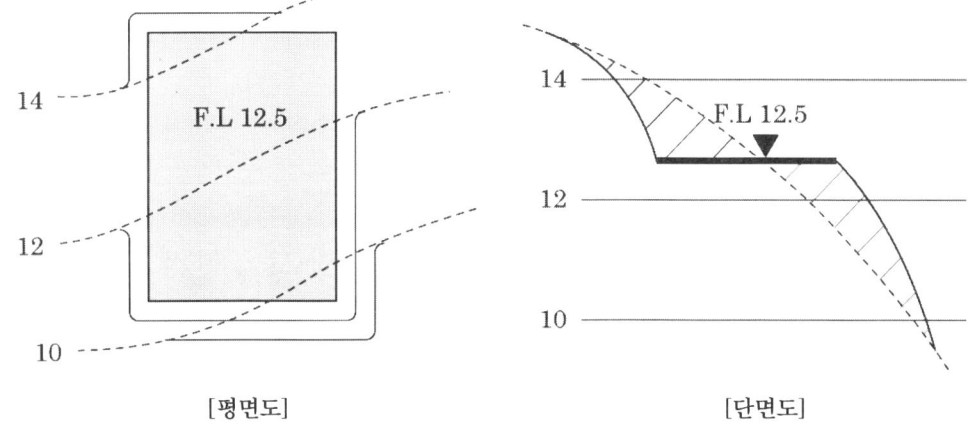

④ 경사진 옹벽 설치 시 등고선 변경
  ㉠ 부지의 활용성을 높이기 위해 절토면이나 성토면에 옹벽을 설치한다.
  ㉡ 옹벽의 경사도에 따라 옹벽의 외부면에 조밀한 등고선이 생긴다.

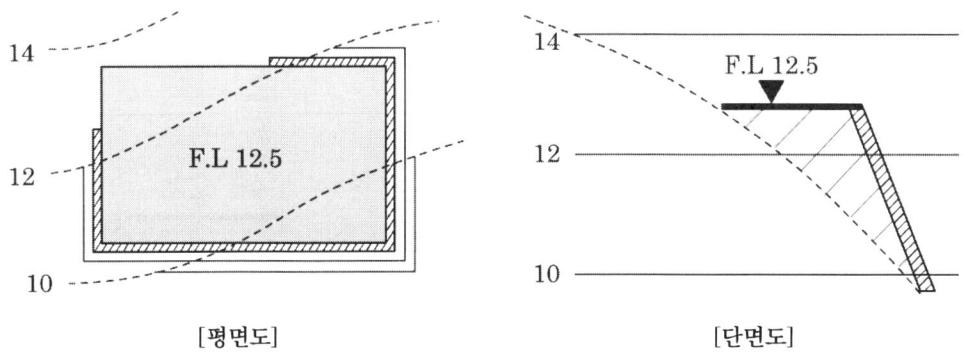

⑤ 수직 옹벽 설치 시 등고선 변경

　㉠ 수직 옹벽 형태로 절벽과 같은 형태이다.

　㉡ 등고선이 옹벽면에 겹쳐져 옹벽이 곧 등고선이다.

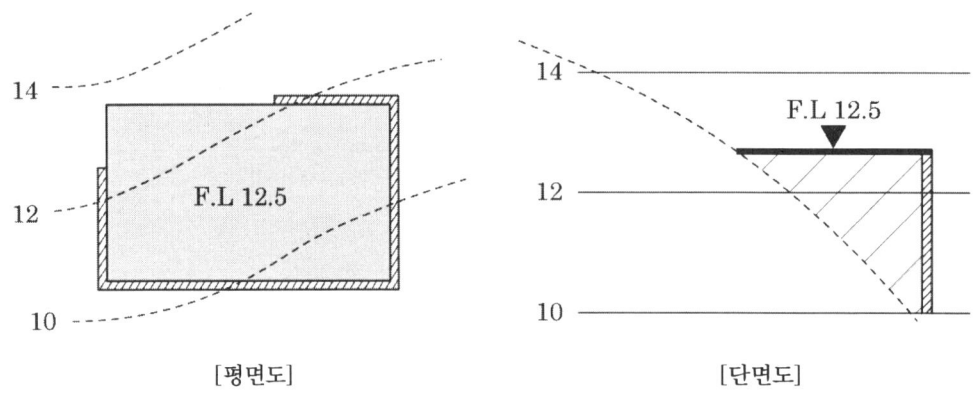

5) 도로 조성

① 절토에 의한 도로 조성

　㉠ 절토 시 등고선은 높은 쪽으로 이동한다.

　㉡ 등고선의 연결 부위나 모서리 등은 곡선으로 표현한다.

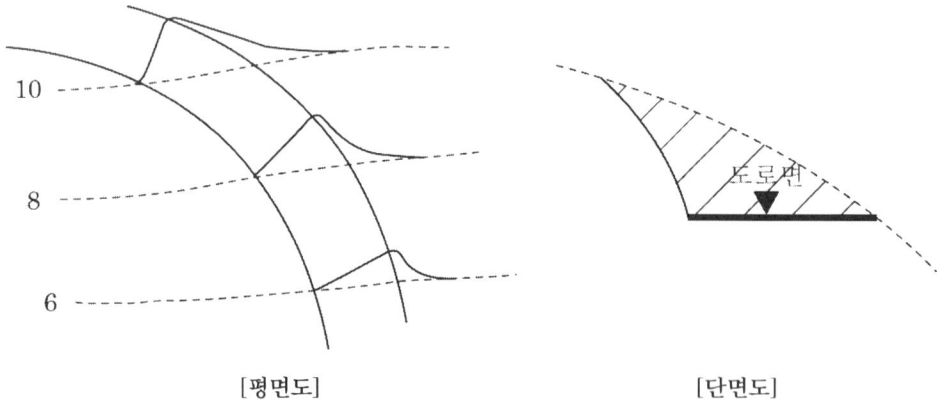

② 성토에 의한 도로 조성

　㉠ 성토 시 등고선은 낮은 쪽으로 이동한다.

　㉡ 등고선의 연결 부위나 모서리 등은 곡선으로 표현한다.

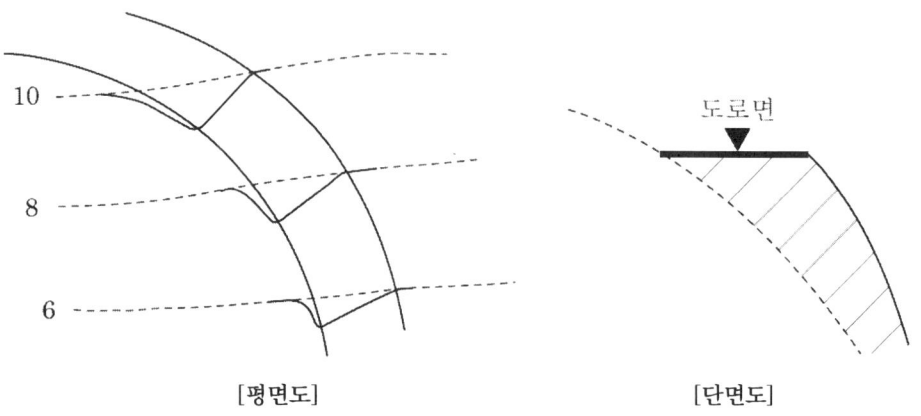

③ 절·성토에 의한 도로 조성
  ㉠ 절토 시 등고선은 높은 쪽으로 이동한다.
  ㉡ 성토 시 등고선은 낮은 쪽으로 이동한다.
  ㉢ 노선에 수직인 횡단선을 노선에 걸쳐진 등고선의 1/2위치를 지나도록 한다.

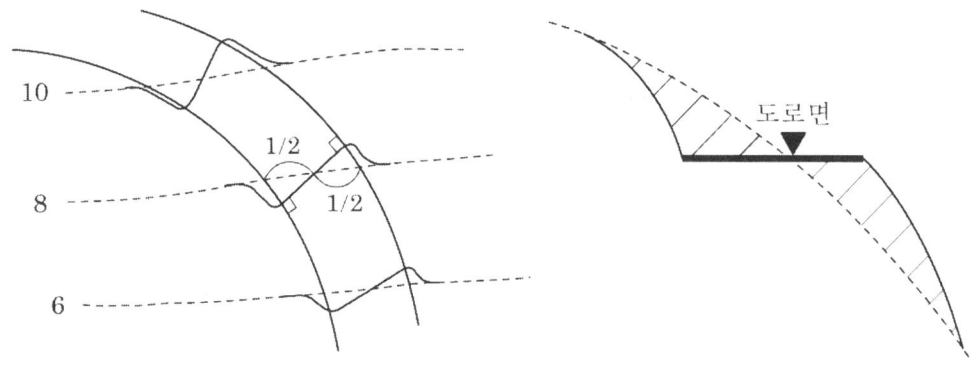

④ 경계석이 있는 도로의 등고선 변경
  ㉠ 도로의 경계석 윗면에서 차도면까지 흙을 파내야 하므로 절토이다.
  ㉡ 절토 시 등고선은 높은 쪽으로 이동한다.
  ㉢ 도로의 배수를 위하여 중앙선 부분은 경계석이 있는 가장자리보다 볼록하게 표현한다.

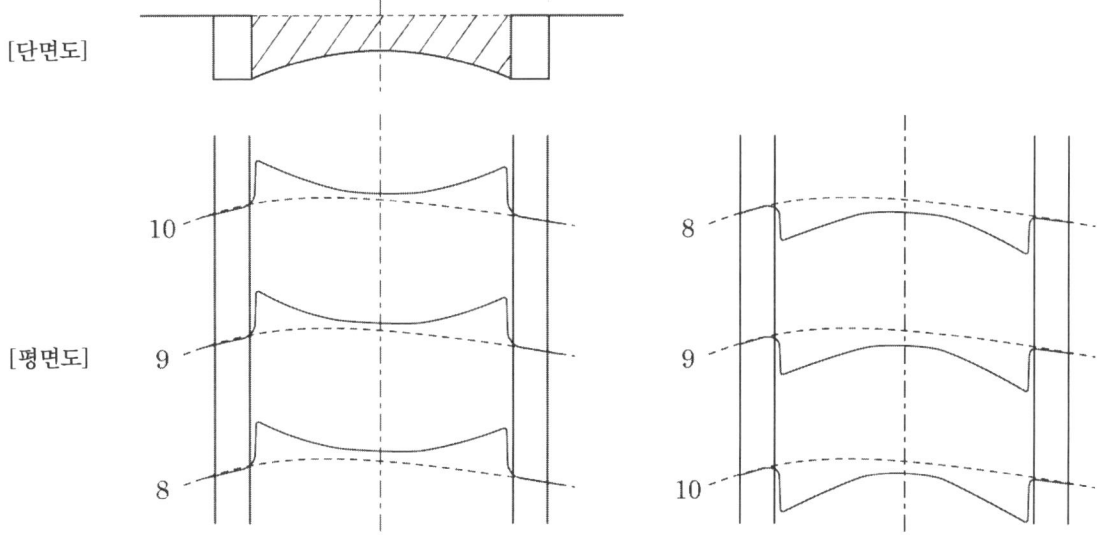

6) 경사도

① 경사도(%) = $\dfrac{수직거리(높이\ 차)}{수평거리} \times 100(\%)$

② $1 : x$ = 높이 : 밑변 = 수직 : 수평

예제...1

계곡, 능선의 지형을 갖는 등고선을 그리고 차이점을 설명하시오.

해설 및 정답

① 계곡 : 등고선의 형태는 대개 V자형으로 바닥이 좁거나 뾰족하다. V자형 모양의 등고선 바닥이 높은 등고선 쪽으로 향한다.
② 능선 : 등고선의 형태는 대개 U자형으로 바닥이 둥글고 원만하다. U자형 모양의 등고선 바닥이 낮은 등고선 쪽으로 향한다.

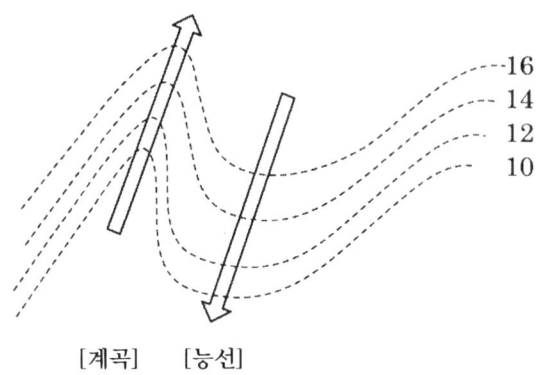

[계곡]   [능선]

예제...2

직사각형의 소광장을 조성하려 한다. 부지 하단 A, B에 점표고를 기입하고 계획 등고선은 굵은 실선으로 나타내어 정지계획을 완성하시오. (단, 부지의 모든 절성토의 경사는 100% 이하로 한다.)

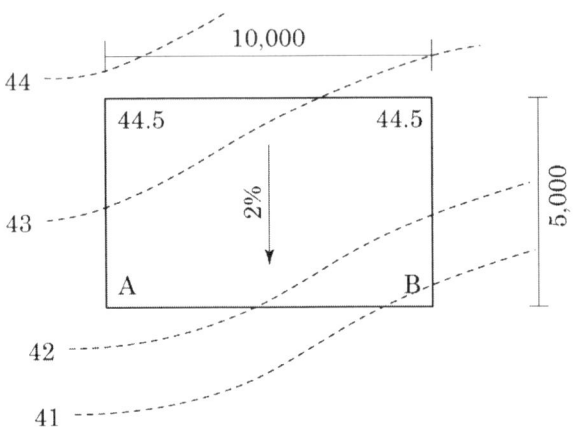

해설 및 정답

- 경사도 $= \dfrac{수직거리}{수평거리} \times 100 = \dfrac{x}{5} \times 100 = 2\%$

  ∴ 수직거리 $= 0.1\text{m}$

- A, B의 점표고 $= 44.5 - 0.1 = 44.4$

  ∴ A : 44.4, B : 44.4

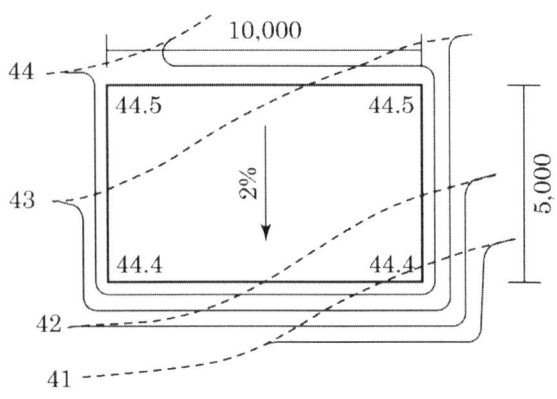

2. 측량(測量, Surveying)

측량은 지구의 표면이나 물체의 위치, 형태, 크기, 면적 등을 측정하여 이를 도면이나 데이터로 표현하는 기술

1) 측량의 종류

① 지적측량 : 토지 경계를 설정하고 면적을 측정하여 토지 소유권을 명확히 하기 위한 측량
② 수준측량 : 지형의 표고차를 구하는 측량
③ 지형측량 : 지표면의 높낮이와 형태를 측정하여 지형도를 작성
④ 노선측량 : 길이에 비해 폭이 비교적 좁은 도로, 철도, 수로 등의 계획 및 설계를 위한 측량
⑤ 수로측량 : 하천, 항만 등에 관한 측량 수위, 유량, 조류, 수심 등의 측정이 포함된 측량
⑥ 지하측량 : 터널, 지하 구조물, 광산 등의 위치와 크기를 측정
⑦ 천문측량 : 별, 태양 등 천체의 위치를 기준으로 지구 표면의 위치를 계산
⑧ 사진측량 : 항공사진이나 위성사진을 이용하여 지형이나 구조물의 정보를 수집

2) 거리측량

① 축척

축척	거리	$\dfrac{1}{m} = \dfrac{도상거리}{실제거리} = \dfrac{초점거리(f)}{촬영고도(H)} = \dfrac{사진상\ 길이}{실제거리}$
	면적	$\left(\dfrac{1}{m}\right)^2 = \dfrac{도상면적(m^2)}{실제면적(m^2)}$

② 오차

㉠ 정오차(누적오차) : 일정한 크기와 일정한 방향으로 나타나는 오차로서 원인이 분명하면 제거가 가능
  • 기계식 오차 : 사용하는 기계 기구에 의한 오차
  • 개인적 오차 : 측량관측자의 습관에 의한 오차
  • 자연적 오차 : 자연현상 및 주위 환경에 따른 오차

㉡ 정오차 계산식
  • 총 누적오차 = 1회 측정 오차 × 횟수(n)
  • 실제거리 = $\dfrac{부정길이 \times 관측길이}{표준거리}$
  • 실제면적 = $\dfrac{(부정길이)^2 \times 관측길이}{(표준거리)^2}$

㉢ 부정오차(우연오차) : 원인이 불명확하여 제거하기가 어려워 통상 +오차와 −오차의 발생확률이 같다.
  • 총 우연오차 = ±1회 측정오차 × $\sqrt{횟수(n)}$

3) 사진측량

사진측량은 사진영상을 이용하여 피사체의 지형도 작성 및 판독에 이용된다.

① 항공사진 축척

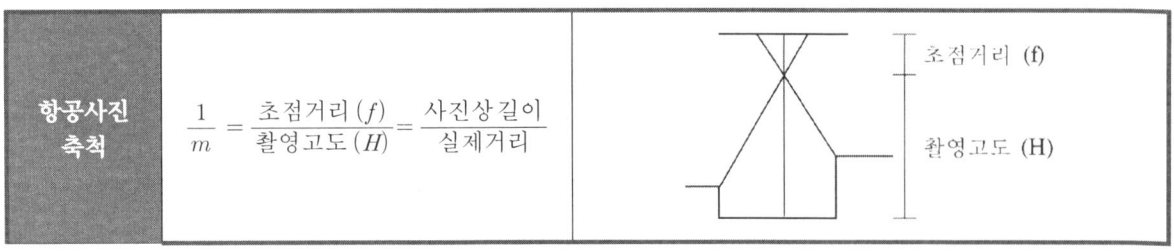

② 촬영기선길이

　㉠ 사진촬영 시 비행경로 방향으로 겹쳐지는 부분(종중복)을 제외한 길이

　㉡ B=m×a(1-p)

　　• a : 사진 1변의 길이　　• p : 종중복도(보통 50~60% 사용)

③ 촬영경로길이

　㉠ 사진촬영 시 비행경로 간 겹쳐지는 부분(횡중복)을 제외한 길이

　㉡ C=m×a(1-q)

　　• a : 사진 1변의 길이　　• q : 횡중복도(보통 20~30% 사용)

④ 사진 면적

　㉠ 사진 1매의 피복(실제)면적 $A = (m \times a)^2$

　㉡ 사진 1매의 유효면적 $A = B \times C$

⑤ 사진매수

　㉠ 안전율을 고려한 경우 $N = \dfrac{F}{A} \times (1 + 안전율)$

　㉡ 안전율을 고려하지 않은 경우 $N = \dfrac{F}{A}$

　　• F : 촬영 대상지역의 면적　　• A : 사진 1매의 유효면적

4) 수준측량

지표면상에 있는 점들의 고저차를 관측하며 레벨측량이라고도 한다.

① 수준측량 용어

　㉠ 기준면(Datum Level) : 높이의 기준이 되는 수평면(평균해수면)

　㉡ 수준점(BM, Bench Mark) : 기준면으로부터 정확한 높이를 측정하여 정해 놓은 점. 우리나라 기준점 26.6871m

　㉢ 기계고(IH, Instrument Height) : 기준면에서 망원경 기준선까지의 높이($H_A + a$)

　㉣ 후시(BS, Back Sight) : 기지점에 세운 표척의 읽음값(a)

　㉤ 전시(FS, Fore Sight) : 표고를 구하려는 점에 세운 표척의 읽음값(b)

　㉥ 이기점(TP, Turning Point) : 전시와 후시의 연결점. 기계 위치가 변함

ⓐ 중간점(IP, Intermediate Point) : 전시만 취하는 점. 기계 위치가 변하지 않음

ⓞ 지반고(GH, Ground Height) : 지점의 표고(H_A, H_B)

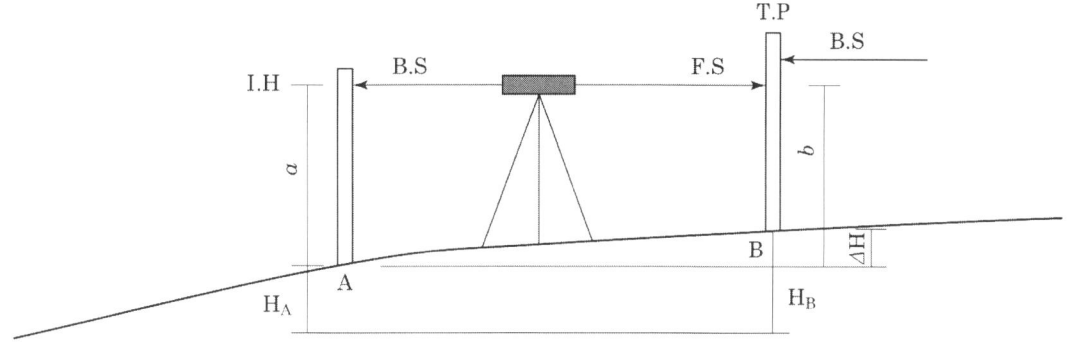

② 수준측량 공식

　㉠ 기계고＝지반고＋후시＝GH＋BS　（※ 지 더 후 기）

　㉡ 지반고＝기계고－전시＝IH－FS　（※ 기 마 전 지）

　㉢ 두 지점의 고저차(ΔH)＝후시(a)－전시(b)

　　• 시작점은 후시이다.

　　• 기계가 있으면 후시가 있다.

　　• 후시와 만난 점이 전시(TP)이다.

　　• 마지막 점은 전시(TP)이다.

③ 야장기입법

　㉠ 고차식 야장법 : 전시의 합과 후시의 합의 차로써 고저차를 구하는 방법이다.

　㉡ 기고식 야장법 : 현재 가장 많이 사용하는 방법. 중간시가 많을 때 이용되며 종・횡단 측량에 널리 이용되지만 중간시에 대한 완전 검산이 어렵다.

　㉢ 승강식 야장법 : 후시값과 전시값의 차가 ＋이면 승란에, －이면 강란에 기입하는 방법. 중간시가 많을 때는 시간 및 비용이 많이 소요되는 단점이 있다.

예제...1

초점거리가 100mm인 카메라로 고도 3,000m 상공에서 지표고 500m 지점을 촬영한 사진의 축척을 구하시오.

해설 및 정답

$$\text{사진의 축척} = \frac{\text{초점거리}}{\text{촬영고도}} = \frac{0.1}{3,000 - 500} = \frac{1}{25,000}$$

예제...2

실제거리가 3,000m인 지점을 지도상에서 측정해 보니 15cm일 때 축척을 구하시오.

해설 및 정답

$$\text{지도의 축척} = \frac{\text{도상거리}}{\text{실제고도}} = \frac{0.15}{3,000} = \frac{1}{20,000}$$

예제...3

1/25,000인 도면에 두 점간의 거리는 5.65cm이고, 축척이 다른 지도상에서 같은 두 점간의 거리를 재어 보니 47.08cm이다. 이 지도의 축척을 구하시오.

해설 및 정답

지도 ① : $\dfrac{\text{도상거리}}{\text{실제고도}} = \dfrac{1}{2,500} = \dfrac{5.65}{x}$ $x = 25,000 \times 5.65 = 141,250 \text{cm}$

지도 ② : $\dfrac{\text{도상거리}}{\text{실제고도}} = \dfrac{47.08}{141,250} = \dfrac{1}{x} = \dfrac{1}{3,000}$ $x = 141,250 \div 47.08 = 3,000$

예제...4

실제면적이 4km²인 토지를 지도상에서 면적 25cm²로 표시하려면 얼마의 축척을 사용하는지 구하시오.

해설 및 정답

$$(\text{축척})^2 = \frac{\text{도상면적}}{\text{실제면적}} = \frac{25\text{cm}^2}{4\text{km}^2} = \frac{0.0025\text{m}^2}{4,000,000\text{m}^2}$$

$$\therefore \text{축척} = \sqrt{\frac{1}{1,600,000,000}} = \frac{1}{40,000}$$

예제...5

1/5,000 지도상에서 면적이 40.52cm²일 때 실제면적(km²)을 구하시오.

해설 및 정답

$$(축척)^2 = \frac{도상면적}{실제면적} = \frac{1}{5,000^2} = \frac{40.52\,\text{cm}^2}{x\,\text{km}^2} = \frac{0.000000004052\,\text{km}^2}{x\,\text{km}^2}$$

$$\therefore x = 5,000^2 \times 0.000000004052 = 0.1\,\text{km}^2$$

예제...6

다음 수준측량 스케치를 보고 기고식 야장을 작성하시오.

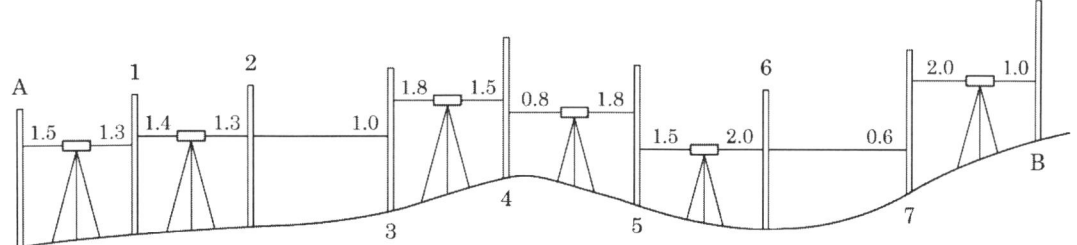

측 점	BS	IH	FS (TP)	FS (IP)	GH	비고
A	1.5	101.5			100.0	
1	1.4	101.6	1.3		100.2	
2	1.0	101.3	1.3		100.3	
3				1.8	99.5	IP
4	0.8	100.6	1.5		99.8	
5				1.8	98.8	IP
6	2.0	101.1	1.5		99.1	
7	2.0	102.5	0.6		100.5	
B			1.0		101.5	
계	8.7		7.2			
검산	ΣBS − ΣFS(TP) = 8.7 − 7.2 = 1.5 = GH_B − GH_A = 101.5 − 100.0 = 1.5					

해설 및 정답

측 점	BS	IH (지반고+후시)	FS		GH (기계고-전시)	비고
			TP	IP		
A	1.5	101.5 (100+1.5)			100	
1	1.4	101.6 (100.2+1.4)	1.3		100.2 (101.5-1.3)	
2				1.3	100.3 (101.6-1.3)	
3	1.8	102.4 (100.6+1.8)	1.0		100.6 (101.6-1.0)	
4	0.8	101.7 (100.9+0.8)	1.5		100.9 (102.4-1.5)	
5	1.5	101.4 (99.9+1.5)	1.8		99.9 (101.7-1.8)	
6				2.0	99.4 (101.4-2.0)	
7	2.0	102.8 (100.8+2.0)	0.6		100.8 (101.4-0.6)	
B			1.0		101.8 (102.8-2.0)	
계	9.0		7.2			
검산		9.0-7.2=1.8			100+1.8=101.8	

※ 수준측량 공식
  기계고= 지반고+후시＝GH+BS　（※ 지 더 후 기）
  지반고= 기계고-전시＝IH-FS　　（※ 기 마 전 지）
  두 지점의 고저차(ΔH)＝후시(a)-전시(b)

PART II

조경산업기사 필답형

기출문제

Part 2 조경산업기사 필답형 기출문제

자격종목(선택분야)	시험시간	형 별	수검번호	성 명	감독위원 확인란
조경산업기사(제1과제)	1시간	A			
조경기사(제1과제)	1시간 30분				

★★ 답안 작성 시 유의사항 ★★

1. 시험문제지의 총 면수, 문제번호 순서, 인쇄상태 등을 확인한다.
2. 수검번호, 성명은 답안지 매장마다 반드시 흑색 필기구(연필류 제외)로 기재한다.
3. 답안 작성 시 반드시 흑색 필기구(연필류 제외)를 계속 사용하여야 하며, 기타의 필기를 사용한 답항은 0점 처리한다.
4. 답안을 정정할 때에는 반드시 정정부분을 두 줄로 그어 표시하여야 하며 두 줄로 긋지 않은 답안은 정정하지 않은 것으로 본다.
5. 답란에는 문제와 관련 없는 불필요한 낙서나 특이한 기록사항 등 부정의 목적이 있었다고 판단될 경우에는 모든 득점이 0점으로 처리된다. (단, 계산연습이 필요한 경우는 주어진 계산 연습란을 이용한다.)
6. 계산식란이 주어진 문제에서는 계산식(계산과정)이 없는 답은 0점 처리한다.
7. 계산과정에서 소수가 발생되면 최우선으로 문제의 요구사항에 따르고, 명시가 없으면 계산과정은 반올림 없이 계산하고, 최종 결과값에서 소수점 이하 셋째자리에서 반올림하여 소수점 둘째자리까지만 요구하여 답한다.
8. 문제의 요구사항에서 단위가 주어졌을 경우에는 답에서 단위가 생략되어도 좋으나, 그렇지 아니한 경우는 답에 단위가 없으면 틀린 답으로 처리된다.
9. 문제에서 요구한 가지 수(항 수) 이상을 답란에 표기한 경우에는 답한 기재 순으로 요구한 가지 수(항 수)만을 채점한다.
10. 시험의 전 과정(필답형, 작업형)을 응시치 않은 경우 채점대상에서 제외시킨다.

2008년 산업기사 필답형

1. 수목 보기 중에 심근성, 천근성, 일반수종을 분류하고, 뿌리분의 형태를 그림으로 나타내시오.

> 보기
> 전나무, 후박나무, 자목련, 참나무, 낙우송, 버드나무, 독일가문비, 편백,
> 사철나무, 때죽나무, 은행나무, 소나무, 자귀나무, 이팝나무, 은단풍

해설 및 정답

① 접시분 : 천근성	② 보통분 : 일반수종	③ 조개분 : 심근성
버드나무, 편백, 사철나무, 때죽나무, 낙우송	독일가문비, 자귀나무, 이팝나무, 은단풍	전나무, 후박나무, 자목련, 은행나무, 소나무, 참나무

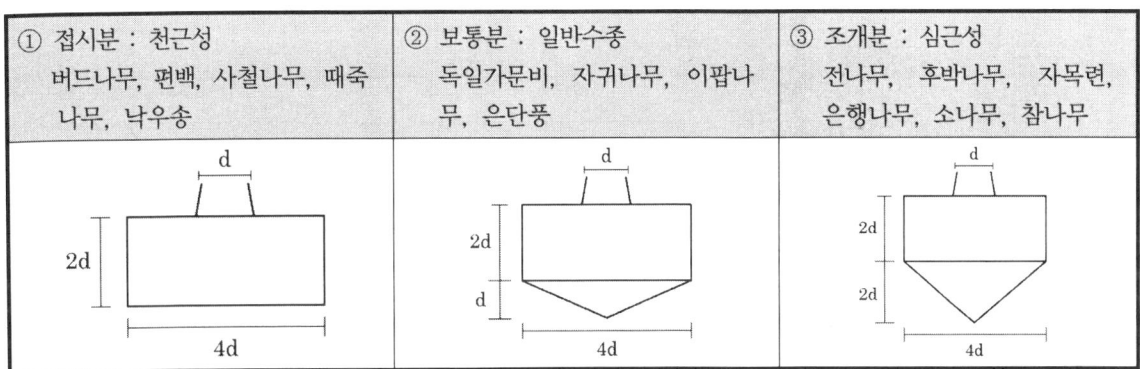

2. 수고 7m, 흉고직경 20cm인 수목의 전체 중량을 구하시오. (단, 조개분, 수간의 형상계수 0.5, 수간의 단위체적 생체중량 1,300kg/㎥, 지엽의 할증률 0.1, 뿌리분의 직경 1.2m, 뿌리분의 단위당 중량 1.4ton/㎥)

해설 및 정답

- 지상부 W_1 : $0.5 \times 3.14 \times 0.1 \times 0.1 \times 7 \times 1,300 \times (1+0.1) = 157.157 ≒ 157.16$ kg
- 지하부 W_2 : $\{(3.14 \times 0.6 \times 0.6 \times 0.6) \, (\frac{1}{3} \times 3.14 \times 0.6 \times 0.6 \times 0.6)\} \times 1,400 = 1,266.048 ≒ 1,266.05$
- ∴ 수목의 전체 중량 = $157.16 + 1,266.05 = 1,423.21$ kg

3. 수중에 있는 골재 채취 시 무게가 1,000g, 표면건조 내부포화상태의 무게 900g, 대기건조상태의 시료 무게 860g, 완전건조상태 시료무게 850g일 때 다음을 구하시오.

① 흡수율(%) ② 표면수율(%)

해설 및 정답

① 흡수율 : $\frac{900-850}{850} \times 100 = 5.88\%$

② 표면수율 : $\frac{1,000-900}{900} \times 100 = 11.11\%$

4. 기초도면을 보고 물량을 산출하시오. (단, 철근의 이음 및 정착길이는 고려하지 않고, 물량 산출 시 중복부분을 제외한다. 철근 D13=0.995kg/m, 직각 터파기로 하며 여유폭은 잡석면에서 좌우 각각 10cm로 한다. C=0.9, L=1.2)

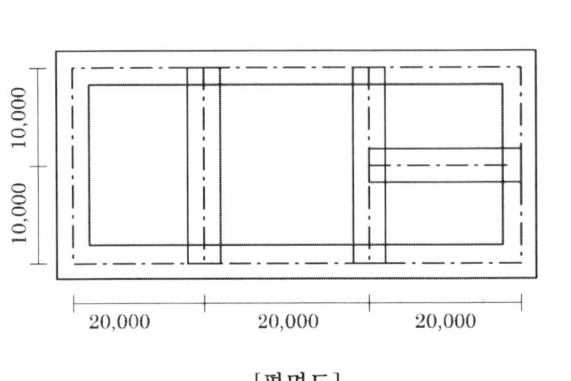

[평면도]

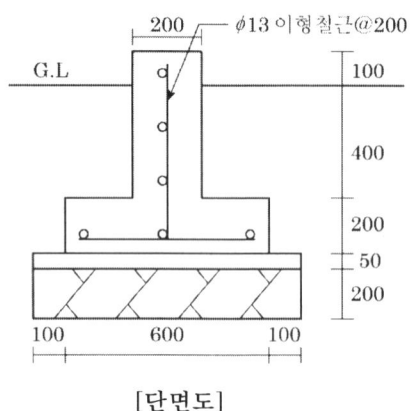

[단면도]

공사 내용		단위	수량	수량산출근거
터파기량		m³		
잡석다짐량		m³		
콘크리트량		m³		
버림 콘크리트량		m³		
되메우기량		m³		
잔토처리량		m³		
거푸집량		m²		
철근	기초판	kg		
	기초벽	kg		

해설 및 정답

공사내용		단위	수량	수량산출근거
터파기량		m³	184.45	$1.0 \times 0.85 \times (220-(0.5 \times 6)) = 184.45 m^3$
잡석다짐량		m³	34.82	$0.8 \times 0.2 \times (220-(0.4 \times 6)) = 34.816 ≒ 34.82 m^3$
콘크리트량		m³	48.12	기초판 : $0.6 \times 0.2 \times (220-(0.3 \times 6)) = 26.18$ 기초벽 : $0.2 \times 0.5 \times (220-(0.1 \times 6)) = 21.94$ ∴ 기초판+기초벽 $= 26.18+21.94 = 48.12 m^3$
버림 콘크리트량		m³	8.7	$0.8 \times 0.05 \times (220-(0.4 \times 6)) = 8.7 m^3$
되메우기량		m³	97.20	$184.45 - \{34.82+8.7+48.12-(0.2 \times 0.1 \times (220-(0.1 \times 6)))\}$ $= 97.198 ≒ 97.20 m^3$
잔토처리량		m³	104.71	$(184.45-97.19) \times 1.2 = 104.71 m^3$
거푸집량		m²	305.36	기초판 : $0.2 \times (220-(0.3 \times 6 \times 2)) \times 2면 = 86.56$ 기초벽 : $0.5 \times (220-(0.1 \times 6 \times 2)) \times 2면 = 218.8$ ∴ 기초판+기초벽 $= 305.36 m^2$
철근	기초판	kg	1,313.4	$220 \times 3EA+0.6 \times (220 \div 0.2) \times 0.995 = 1,313.4 kg$
	기초벽	kg	1,422.85	$220 \times 3EA+0.7 \times (220 \div 0.2) \times 0.995 = 1,422.85 kg$

5. 아래 표를 보고 물음에 답하시오.

작업명	선행작업	시간	비고
A	1	–	1. CP는 굵은선으로 표시한다.
B	2	–	2. 결합점에는 다음과 같이 표시한다.
C	3	–	
D	6	A, B	EST│LST LFT│EFT
E	5	A, B	
F	4	C	

① 최장기일은 (   )일   ② 네트워크 공정표를 작성하시오.

> 해설 및 정답

① 최장기일 : 2+6=8일   ②

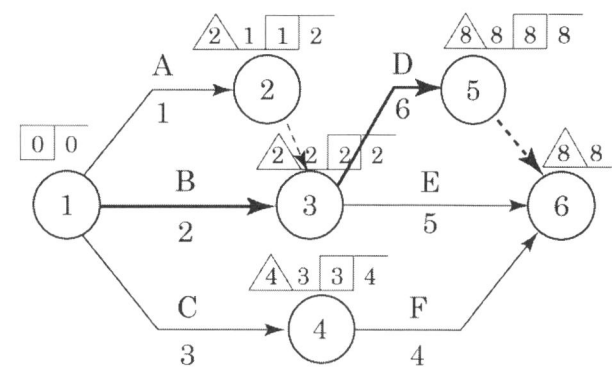

6. 도시공원 및 녹지 등에 관한 법률상 정하는 "도시공원 안의 공원시설 부지면적"에서 공원별 공원시설 부지면적을 쓰시오.

공원구분	공원면적	공원시설부지면적
소공원	전부 해당	
어린이공원	전부 해당	
근린공원	3만m² 이상 10만m² 미만	
수변공원	전부 해당	
체육공원	3만m² 이상 10만m² 미만	

> 해설 및 정답

공원구분	공원면적	공원시설부지면적
소공원	전부 해당	20% 이하
어린이공원	전부 해당	60% 이하
근린공원	3만m² 이상 10만m² 미만	40% 이하
수변공원	전부 해당	40% 이하
체육공원	3만m² 이상 10만m² 미만	50% 이하

Part 2 조경산업기사 필답형 기출문제

7. 수평거리 80m인 불량한 운반로에서 리어카와 우마차로 잔디를 운반하여 식재하려 한다. 식재면적 1,500㎡ 이며, 줄떼로 식재하려 할 때 다음 물음에 답하시오. (단, 소수는 둘째자리 이하 버리고, 원 단위 미만도 버리시오.)

- 조경공 : 50,000원/일, 보통인부 : 36,000원/일
- 1일 작업시간 : 450분
- 줄떼 1㎡당 소요량 : 11매(잔디식재는 보통인부 작업, 할증률은 무시한다.)
- 운반속도

속도 \ 구분	적재적하시간(t)	평균왕복속도(m/hr)		
		양호	보통	불량
리어카	5분	3,000	2,500	2,000
우마차	13분	3,500	3,000	2,500

- 떼 운반

종류 \ 종별	줄떼적재량(매)	평떼적재량(매)	싣고 부리는 시간(분)	싣고 부리는 인부(인)
리어카	150	50	5	2
우마차	480	160	13	2

1) 리어카
  ① 하루에 운반할 수 있는 횟수를 구하시오.
  ② 하루 운반량을 구하시오.
  ③ 잔디를 운반하는 데 드는 노임을 구하시오.

2) 우마차
  ① 하루에 운반할 수 있는 횟수를 구하시오.
  ② 하루 운반량을 구하시오.
  ③ 잔디를 운반하는 데 드는 노임을 구하시오.

해설 및 정답

※ 1㎡당 잔디 소요 매수는 11매로 한다. 1,500×11=16,500매

1) 리어카
  ① 1일 운반 횟수
  $$N=\frac{2,000 \times 450}{120 \times 80 + 2,000 \times 5}=45.9회$$
  ② 1일 운반량
  $Q=45.9 \times 150=6,885$매
  ③ 잔디 운반 시 노임
  $$\frac{16,500}{6,885} \times 36,000 \times 2 = 165,600원$$

2) 우마차
  ① 1일 운반 횟수
  $$N=\frac{2,500 \times 450}{120 \times 80 + 2,500 \times 13}=26.7회$$
  ② 1일 운반량
  $Q=26.7 \times 480=12,816$매
  ③ 잔디 운반 시 노임
  $$\frac{16,500}{12,816} \times 36,000 \times 2 = 86,400원$$

8. 사질점토 70,000㎥와 경암 80,000㎥를 가지고 성토할 경우에 운반토량과 다져서 성토가 완료된 토량을 각 각 구하시오. (단, 사질점토 L=1.25, C=0.9, 경암 L=1.6, C=1.4, 경암의 채움재는 20%이다.)

① 운반토량을 구하시오.
② 다져진 토량을 구하시오.

해설 및 정답

① 운반토량 $V=70,000 \times 1.25 + 80,000 \times 1.6 = 215,500$㎥
② 다져진 토량 $V=70,000 \times 0.9 + 80,000 \times 1.4 \times 0.8 = 152,600$㎥
  ※ 경암의 채움재 20%는 다져진 토량에서 제외한다.

2009년 산업기사 필답형

1. 다음의 데이터를 이용하여 네트워크 공정표를 작성하시오.

작업명	소요시간	선행작업	공사비	비 고
A	3	–	70,000	1. CP는 굵은선으로 표시한다.
B	4	–	60,000	2. 결합점 일정계산은 PERT 기법에 의거하여 다음과 같이 계산한다.
C	4	A	50,000	
D	6	A	90,000	ET | LT
E	5	A	70,000	
F	3	B, C, D	80,000	

① 네트워크 공정표   ② 공사비   ③ 최대 작업일수

해설 및 정답

① 네트워크 공정표

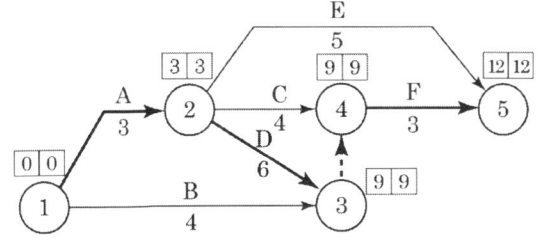

② 공사비 : 70,000+60,000+50,000+90,000+
　　　　　+70,000+80,000＝420,000

③ 최대 작업일수 : 3+6+3＝12일

2. 백호와 덤프트럭의 조합토공에서 현장의 조건이 아래와 같다. 다음 물음에 답하시오.

  보기

- 토량변화율 : L=1.25, C=0.85
- 백호의 버킷계수 : 1.1
- 백호의 버킷용량 : 0.7m³
- 덤프트럭 1회 적재량 : 6m³
- 백호의 사이클 시간 : 19초
- 백호의 작업효율 : 0.7
- 트럭의 작업효율 : 0.9
- 덤프트럭의 사이클 시간 : 60분

① 백호의 시간당 작업량을 구하시오.
② 덤프트럭의 시간당 작업량을 구하시오.
③ 백호 1대당 필요한 덤프트럭 소요대수를 구하시오.

해설 및 정답

① 백호의 시간당 작업량 $Q = \dfrac{3{,}600 \times 0.7 \times 1.1 \times \dfrac{1}{1.25} \times 0.7}{19} = 81.70\,\text{m}^3/\text{hr}$

② 덤프트럭의 시간당 작업량 $Q = \dfrac{60 \times 6 \times \dfrac{1}{1.25} \times 0.9}{60} = 4.32\,\text{m}^3/\text{hr}$

③ 백호 1대당 덤프트럭 소요대수 $N = \dfrac{81.70}{4.32} = 18.91 ≒ 19$대

3. 표준형 벽돌을 사용하여 80m^2의 면적에 1.5B쌓기를 하려 한다. 다음 사항을 참고로 하여 표를 완성하시오. (단, 모든 계산과정은 반올림 없이 계산하고, 최종 결과값에서 소수점 이하 셋째자리에서 반올림하여 소수점 둘째자리까지만 답한다. 또한 벽돌의 매수와 금액은 최종 결과값에서 소수점 이하 버린다. 사용하는 모르타르의 배합비 1 : 3이며, 벽돌할증 3%이다.)

- 벽돌쌓기(1,000매당)

쌓기 구분	모르타르(m^3)	시멘트(kg)	모래(m^3)	조적공(인)	보통인부(인)
0.5B	0.25	127.5	0.275	1.8	1.0
1.0B	0.33	168.3	0.363	1.6	0.9
1.5B	0.35	178.5	0.385	1.4	0.8

- 벽돌 쌓기 기준량(매/m^2)

벽돌형 쌓기	0.5B	1.0B	1.5B	2.0B
표준형	75	149	224	298
기존형	65	130	195	260

- 모르타르(m^3당)

배합적용비	시멘트(kg)	모래(m^3)	보통인부(인)
1 : 2	680	0.98	1.0
1 : 3	510	1.1	1.0

- 단가(원)

구분	벽돌(매)	시멘트(kg)	모래(m^3)	조적공(인)	보통인부(인)
단가(원/일)	200	80	8,000	58,000	34,000

① 빈칸을 채우시오.

구분		단위	수량	재료비 단가	재료비 금액	노무비 단가	노무비 금액	산출근거
재료비	벽돌							
	모르타르							
	시멘트							
	모래							
노무비	조적공							
	보통인부							
계								
총공사비								

해설 및 정답

구분		단위	수량	재료비		노무비		산출근거
				단가	금액	단가	금액	
재료비	벽돌	매	18,457	200	3,691,400			80×224×1.03
	모르타르	m³	6.27					80×224×0.35÷1,000
	시멘트	kg	3,197.7	100	319,770			6.27×510
	모래	m³	6.9	8,000	55,200			6.27×1.1
노무비	조적공	인	25.09			58,000	1,455,220	17,920×1.4÷1,000
	보통인부	인	20.61			34,000	700,740	17,920×0.8÷1,000+6.27×1.0
계					4,066,370		2,155,960	
총공사비				6,222,330				4,066,370+2,155,960

4. 다음 골재의 함수상태 그림을 보고 ( ) 안에 알맞게 기입하시오.

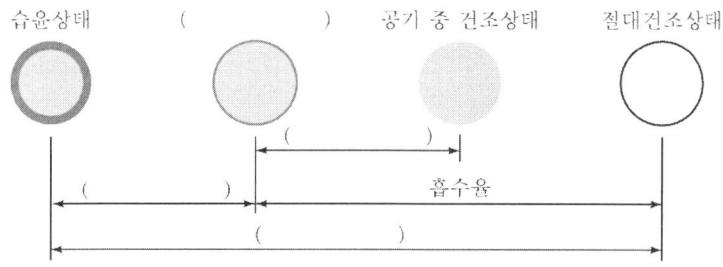

해설 및 정답

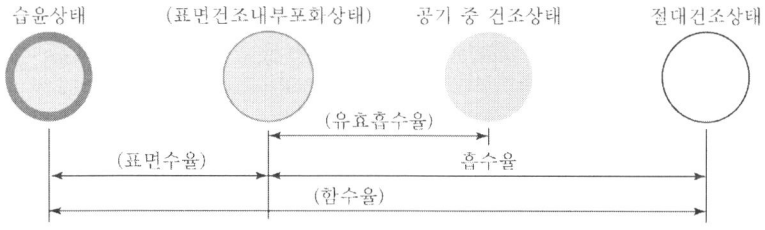

5. 다음의 보기를 참조하여 물음에 답하시오.

> 보기
>
> - 전체 흙 용적 : 3m³
> - 전체 흙 중량 : 4.5ton
> - 순토립 용적 : 2m³
> - 물만의 중량 : 0.5ton
> - 물만의 용적 : 0.5m³
> - 순토립 중량 : 4ton
> - 공기만의 용적 : 0.5m³

① 간극비를 구하시오. ② 함수율을 구하시오.

해설 및 정답

① 간극비 : $\dfrac{0.5+0.5}{2}=0.5$ ② 함수율 : $\dfrac{0.5}{4.5}\times 100 = 11.11\%$

6. 다음의 데이터를 이용하여 네트워크 공정표를 작성하시오.

작업명	소요시간	선행작업	비 고
A	3	–	1. CP는 굵은선으로 표시한다.
B	6	–	2. 결합점 일정계산은 PERT 기법에 의거하여 다음과 같이 계산한다.
C	2	A, B	
D	1	A, B	
E	2	D	
F	2	C, E	
G	2	F	
H	5	C, E	
I	1	G, H	

① 네트워크 공정표 ② 최대 작업일수

해설 및 정답

① 네트워크 공정표

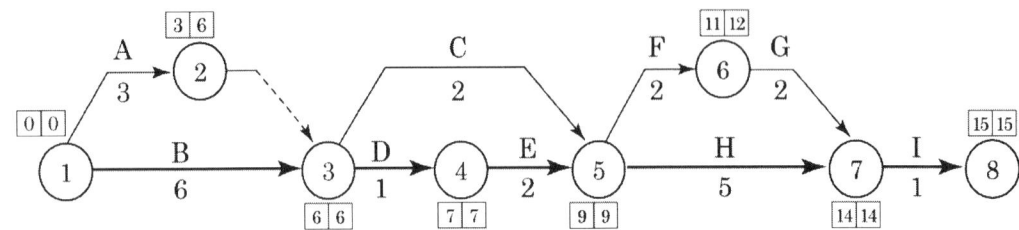

② 최대 작업일수 : 6+1+2+5+1=15일

2010년 산업기사 필답형

1. M.C.M(Mimimum Cost Expediting) 기법을 이용하여 다음에 제시된 공기단축 순서를 옳게 나열하시오.

> **보기**
> ㉠ 주공정선상의 단축 가능한 작업을 선택한다.
> ㉡ 보조주공정선의 동시 단축 경로를 고려한다.
> ㉢ 단축한계까지 단축한다.
> ㉣ 비용구배가 최소인 작업을 단축한다.
> ㉤ 보조주공정선의 발생을 확인한다.

해설 및 정답

㉠ → ㉣ → ㉢ → ㉤ → ㉡

2. 불도저로 굴착하여 모아놓은 토사를 타이어식 로더로 적재하여 운반하려고 한다. 조건이 다음과 같을 때 물음에 답하시오. (단, 소수 4자리에서 반올림할 것)

> **보기**
> - 흙의 단위중량 : 1.75ton/m³
> - 로더 : 버킷용량 0.96m³, 버킷계수 1.0, 버킷에 흙 담는 시간 9초, 기어변화 14초, 작업효율 0.6, 계수(타이어식 1.8, 무한궤도 2.0), 편도 주행거리 8m
> - 덤프트럭 : 적재량 10ton, 편도 주행거리 5km, 적재 주행속도 20km/hr, 공차 주행속도 25km/hr, 적하시간 0.8분, 대기시간 0.15분, 적재함 덮개 설치 및 해체시간 0.5분, 작업효율 0.9

① 로더의 1회 사이클 시간
② 로더의 시간당 작업량
③ 덤프트럭의 1회 적재량
④ 덤프트럭 1대를 적재하는 데 소요되는 로더의 사이클 횟수
⑤ 덤프트럭 1대를 적재하는 데 소요되는 시간
⑥ 덤프트럭의 왕복시간
⑦ 덤프트럭의 시간당 작업량

해설 및 정답

※ 흐트러진 상태가 작업량 산정의 기준이기 때문에 체적환산계수는 1이다.

① 로더의 1회 사이클 시간 $C_m = (1.8 \times 8) + 9 + 14 = 37.4$초

② 로더의 시간당 작업량 $Q = \dfrac{3600 \times 0.96 \times 1 \times 1 \times 0.6}{37.4} = 55.4438 ≒ 55.444 m^3/hr$

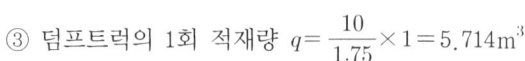

③ 덤프트럭의 1회 적재량 $q = \dfrac{10}{1.75} \times 1 = 5.714 \text{m}^3$

④ 덤프트럭 1대를 적재하는 데 소요되는 로더의 사이클 횟수 $n = \dfrac{5.714}{0.96 \times 1.0} = 5.952$회

⑤ 덤프트럭 1대를 적재하는 데 소요되는 시간 $t_1 = \dfrac{37.4 \times 5.952}{60 \times 0.6} = 6.183$분

⑥ 덤프트럭의 왕복시간 $t_2 = \left(\dfrac{5}{20} + \dfrac{5}{25}\right) \times 60 = 27$분, $C_m t = 6.183 + 27 + 0.8 + 0.15 + 0.5 = 34.633$분

⑦ 덤프트럭의 시간당 작업량 $Q = \dfrac{60 \times 5.714 \times 1.0 \times 0.9}{34.633} = 8.9093 ≒ 8.909 \text{m}^3/\text{hr}$

3. 자연상태의 모래질 흙을 그림과 같이 도로의 토공계획 시에 필요한 성토량을 토취장에서 15ton 덤프트럭으로 운반하여 시공하려 한다. 측점별 단면적 $A_0 = 0\text{m}^2$, $A_1 = 10\text{m}^2$, $A_2 = 20\text{m}^2$, $A_3 = 40\text{m}^2$, $A_4 = 42\text{m}^2$, $A_5 = 10\text{m}^2$, $A_6 = 0\text{m}^2$임. (단, L=1.25, C=0.88, 흙의 단위중량 1.7ton/m^3, A_0는 측점 No.0의 단면적임)

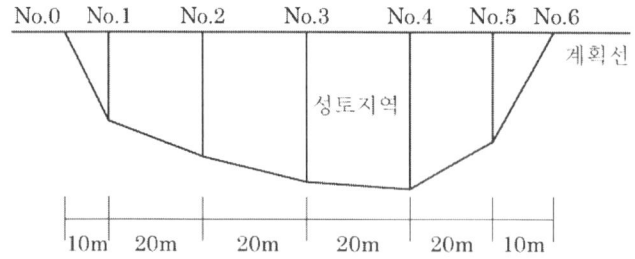

① 성토에 필요한 흐트러진 상태의 토량(양단면평균법)   ② 성토에 필요한 총 덤프트럭 대수

해설 및 정답

① 성토에 필요한 흐트러진 상태의 토량(양단면평균법)

- No.0~No.1 : $\dfrac{0+10}{2} \times 10 = 50$
- No.1~No.2 : $\dfrac{10+20}{2} \times 20 = 300$
- No.2~No.3 : $\dfrac{20+40}{2} \times 20 = 600$
- No.3~No.4 : $\dfrac{40+42}{2} \times 20 = 820$
- No.4~No.5 : $\dfrac{42+10}{2} \times 20 = 520$
- No.5~No.6 : $\dfrac{10+0}{2} \times 10 = 50$

∴ $V = (50+300+600+820+520+50) \times \dfrac{1.25}{0.88} = 3,323.86 \text{m}^3$

② 성토에 필요한 총 덤프트럭 대수 : $\dfrac{3,323.86}{11.03} = 301.35 ≒ 302$대 (※ 덤프트럭 적재량 $q = \dfrac{15}{1.7} \times 1.25 = 11.03 \text{m}^3$)

4. 작업량 3,840m^3의 굴착·성토 작업을 불도저 2대로 시공할 때 시간당 작업량과 소요 공기를 계산하시오. (단, 평균 운반거리는 60m, 사이클 타임 3분, 1회 삽날의 용량 2.5m^3, 작업효율은 0.6, 토량환산계수는 0.8, 하루 평균작업시간 8시간, 실제 가동률 50%이다.)

① 시간당 작업량   ② 소요공기

해설 및 정답

① 시간당 작업량 $Q = \dfrac{60 \times 2.5 \times 0.8 \times 0.6 \times 0.5}{3} = 12 \text{m}^3/\text{hr}$ ② 소요공기 : $\dfrac{3,840}{12 \times 8 \times 2} = 20$일

5. 다음 줄기초 도면을 보고 물량을 산출하시오. (단, C=0.9, L=1.2)

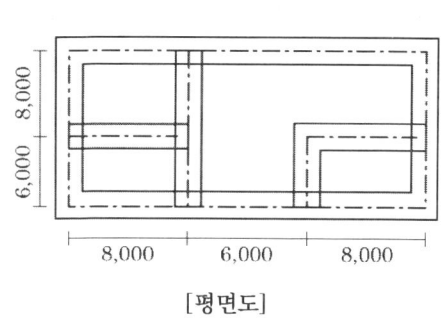

[평면도]

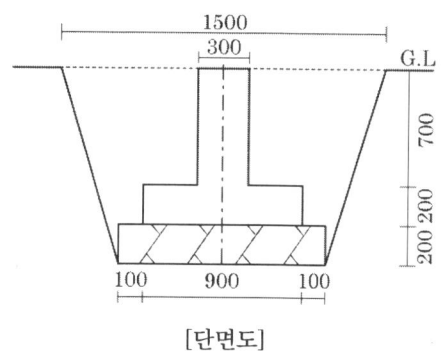

[단면도]

① 터파기량　　　　② 되메우기량　　　　③ 잔토처리량

해설 및 정답

※ 기초 중심거리 : $22 \times 2 + 8 \times 2 + 14 \times 3 + 6 = 108m$　　※ 중복구간 : 6개소

① 터파기량 : $V = \dfrac{1.1 + 1.5}{2} \times 1.1 \times \{108 - (0.65 \times 6)\} = 148.86m^3$

② 되메우기량 : $V = 148.86 - (23.03 + 41.45) = 84.38m^3$

　※ 잡석 : $V = 1.1 \times 0.2 \times \{108 - (0.55 \times 6)\} = 23.03m^3$

　※ 콘크리트 : $V = 0.9 \times 0.2 \times \{108 - (0.45 \times 6)\} + 0.3 \times 0.7 \times \{108 - (0.15 \times 6)\} = 41.45m^3$

③ 잔토처리량 : $V = (148.86 - 84.38) \times 1.2 = 77.38m^3$

6. 수중에 있는 골재의 채취 시 시료무게가 1,000g, 표면건조 내부포화상태 무게 900g, 대기 건조상태의 무게 860g, 완전 건조상태의 무게 850g일 때 물음에 답하시오.

① 함수율(%)　　② 표면수율(%)　　③ 흡수율(%)　　④ 유효흡수율(%)

해설 및 정답

① 함수율 : $\dfrac{1,000 - 850}{850} \times 100 = 17.65\%$

② 표면수율 : $\dfrac{1,000 - 900}{900} \times 100 = 11.11\%$

③ 흡수율 : $\dfrac{900 - 850}{850} \times 100 = 5.88\%$

④ 유효흡수율 : $\dfrac{900 - 860}{860} \times 100 \times 100 = 4.65\%$

2011년 산업기사 필답형

1. 불도저 2대로 시공할 때, 다음 조건으로 물음에 답하시오.

 보기

- 평균운반거리 : 60m
- 운반거리계수 : 0.8
- 불도저 1일 작업시간 : 8시간
- 가동률 : 50%
- 거리를 고려하지 않은 삽날의 용량 : 3.2m³
- 체적환산계수 : 1
- 작업효율 : 0.5
- 1회 사이클 시간 : 3분

① 시간당 작업량
② 불도저 2대의 1일 작업량

해설 및 정답

※ 삽날의 용량 $q = 3.2 \times 0.8 = 2.56 \text{m}^3$

① 시간당 작업량 $Q = \dfrac{60 \times 2.56 \times 1 \times 0.5 \times 0.5}{3} = 12.8 \text{m}^3/\text{hr}$

② 불도저 2대의 1일 작업량 $Q = 12.8 \times 8 \times 2 = 204.8 \text{m}^3/\text{day}$

2. 잔골재의 밀도시험을 위한 시료의 결과이다. 다음 물음에 답하시오.

 보기

- 표면건조포화상태 시료의 중량 : 500g
- 공기 중 노건조상태 시료의 중량 : 494.6g
- 플라스크 검정선까지 채운 물과 플라스크 중량 : 697.2g
- 플라스크 검정선까지 채운 물과 플라스크, 시료의 중량 : 1,004.1g

① 겉보기 비중
② 표면건조포화상태의 비중
③ 진비중
④ 흡수율

해설 및 정답

※ 수중 중량 $1,004.1 - 697.2 = 306.9 \text{g}$
※ 공기 중 노건조상태 = 절건상태

① 겉보기 비중 : $\dfrac{494.6}{500 - 306.9} = 2.56$

② 표면건조포화상태의 비중 : $\dfrac{500}{500 - 306.9} = 2.59$

③ 진비중 : $\dfrac{494.6}{494.6 - 306.9} = 2.64$

④ 흡수율 : $\dfrac{500 - 494.6}{494.6} \times 100 = 1.09\%$

3. 다음의 표를 보고 식재공사 내역서를 작성하시오. (단, 할증은 고려하지 않고, 계산은 하단의 여백을 이용하시오. 노임단가 : 조경공 50,000원, 보통인부 36,000원)

- 식재품

수고에 의한 식재			흉고직경에 의한 식재			근원직경에 의한 식재			관목류의 식재		
수고(m)	조경공(인)	보통인부(인)	흉고직경(cm)	조경공(인)	보통인부(인)	근원직경(cm)	조경공(인)	보통인부(인)	수고(m)	조경공(인)	보통인부(인)
1.1~1.6	0.09	0.07	4 이하	0.14	0.09	4 이하	0.11	0.07	0.3 미만	0.01	0.01
1.7~2.0	0.11	0.09	5	0.23	0.14	5	0.17	0.1	0.3~0.7	0.03	0.02
2.1~2.5	0.15	0.12	10	0.68	0.39	6	0.23	0.14	0.8~1.1	0.05	0.03
2.6~3.0	0.19	0.14	15	1.12	0.66	7	0.3	0.18			

- 식재공사 내역서

번호	수종	규격	수량	합계(원)		노무비(원)		재료비(원)	
				단가	계	단가	계	단가	계
1	벚나무	H3.0×B10	20					125,000	
2	벽오동	H2.5×B5	10					18,000	
3	모과나무	H3.0×R6	20					15,000	
4	소나무	H2.5×W1.2	30					30,000	
5	박태기	H1.2×W0.7	20					6,000	
6	회양목	H0.3×W0.3	100					2,800	
7	쥐똥나무	H1.0×W0.3	300					900	
8	소계	-	-	-		-		-	

해설 및 정답

- 벚나무 : 0.68×50,000+0.39×36,000=48,040원
- 벽오동 : 0.23×50,000+0.14×36,000=16,540원
- 모과나무 : 0.23×50,000+0.14×36,000=16,540원
- 소나무 : 0.15×50,000+0.12×36,000=11,820원
- 박태기나무 : 0.09×50,000+0.07×36,000=7,020원
- 회양목 : 0.03×50,000+0.02×36,000=2,220원
- 쥐똥나무 : 0.05×50,000+ .03×36,000=3,580원

번호	수종	규격	수량	합계(원)		노무비(원)		재료비(원)	
				단가	계	단가	계	단가	계
1	벚나무	H3.0×B10	20	173,040	3,460,800	48,040	960,800	125,000	2,500,000
2	벽오동	H2.5×B5	10	34,540	345,400	16,540	165,400	18,000	180,000
3	모과나무	H3.0×R6	20	31,540	630,800	16,540	330,800	15,000	300,000
4	소나무	H2.5×W1.2	30	41,820	1,254,600	11,820	354,600	30,000	900,000
5	박태기	H1.2×W0.7	20	13,020	260,400	7,020	140,400	6,000	120,000
6	회양목	H0.3×W0.3	100	5,020	502,000	2,220	222,000	2,800	280,000
7	쥐똥나무	H1.0×W0.3	300	4,480	1,344,000	3,580	1,074,000	900	270,000
8	소계	-	-		7,798,000		3,248,000		4,550,000

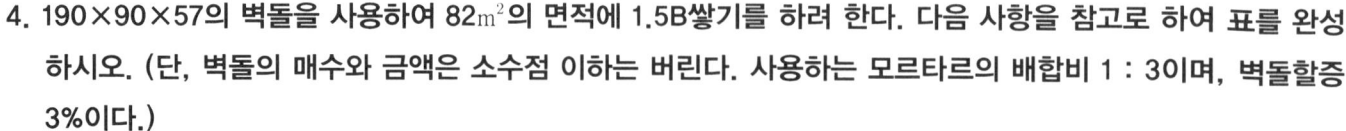

4. 190×90×57의 벽돌을 사용하여 82m²의 면적에 1.5B쌓기를 하려 한다. 다음 사항을 참고로 하여 표를 완성하시오. (단, 벽돌의 매수와 금액은 소수점 이하는 버린다. 사용하는 모르타르의 배합비 1 : 3이며, 벽돌할증 3%이다.)

- 벽돌 쌓기 기준량(매/m²)

구 분	0.5B	1.0B	1.5B	2.0B
표준형	75	149	224	298
기존형	65	130	195	260

- 모르타르(m³)

배합적용비	시멘트(kg)	모래(m³)	보통인부(인)
1 : 2	680	0.98	1.0
1 : 3	510	1.1	1.0

- 벽돌 쌓기(1,000매당)

구 분	모르타르(m³)	시멘트(kg)	모래(m³)	조적공(인)	보통인부(인)
0.5B	0.25	127.5	0.275	1.8	1.0
1.0B	0.33	168.3	0.363	1.6	0.9
1.5B	0.35	178.5	0.385	1.4	0.8

- 단가(원)

벽돌(매)	시멘트(kg)	모래(m³)	조적공(인)	보통인부(인)
200	100	8,000	58,000	34,000

① 빈칸을 채우시오.

구분		단위	수량	재료비 단가	재료비 금액	노무비 단가	노무비 금액	합계 금액
재료비	벽돌					−	−	
	모르타르			−	−	−	−	
	시멘트					−	−	
	모래					−	−	
노무비	조적공			−	−			
	보통인부			−	−			
	계							

② 벽돌량　③ 모르타르량　④ 시멘트량　⑤ 모래량
⑥ 조적공　⑦ 보통인부　⑧ 총공사비

해설 및 정답

구분		단위	수량	재료비 단가	재료비 금액	노무비 단가	노무비 금액	합계 금액
재료비	벽돌	매	18,919	200	3,783,800	−	−	3,783,800
	모르타르	m³	6.43	−	−	−	−	−
	시멘트	kg	3,279.3	100	327,930	−	−	327,930
	모래	m³	7.07	8,000	56,560	−	−	56,560
노무비	조적공	인	25.72	−	−	58,000	1,491,760	1,491,760
	보통인부	인	21.12	−	−	34,000	718,080	718,080
	계	−	−	−	4,168,290	−	2,209,840	6,378,130

② 벽돌량 : 82×224=18,368매(정미량), 18,368×1.03=18,919매(할증량)
③ 모르타르량 : 18,368×0.35÷1000=6.43m³　④ 시멘트량 : 6.43×510=3,279.3kg
⑤ 모래량 : 6.43×1.1=7.07m³　⑥ 조적공 : 18,368×1.4÷1000=25.72인
⑦ 보통인부 : (18,368×0.8÷1000)+(6.43×1.0)=21.12인　⑧ 총공사비 : 6,378,130원

5. 다음 데이터를 이용하여 네트워크 공정표를 작성하시오.

작업명	소요시간	선행작업	비 고
A	5	–	
B	8	A	
C	4	A	1. CP는 굵은선으로 표시한다.
D	6	A	2. 결합점에는 다음 같이 표시한다.
E	7	B	
F	8	B, C, D	
G	4	D	
H	6	E	
I	4	E, G	
J	8	E, F, G	
K	4	H, I, J	

해설 및 정답

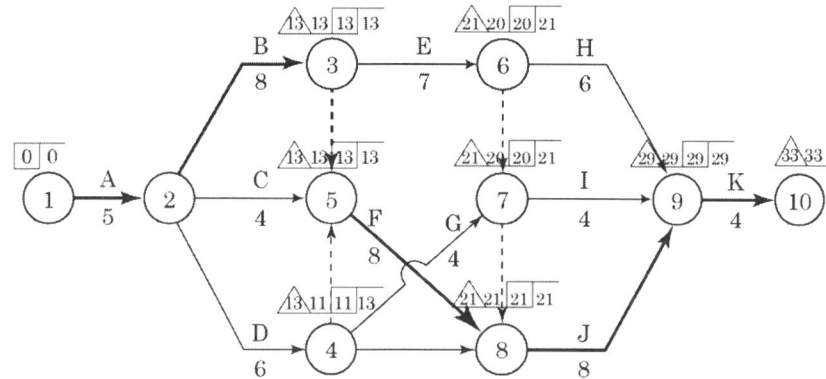

2012년 산업기사 필답형

1. 다음 도면은 시공기면상의 높이를 측정한 값으로 다음과 같다. 이때의 전토량을 구하시오.

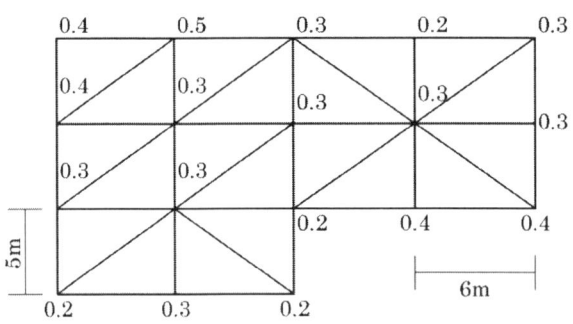

해설 및 정답

- $\sum h_1 = 0.4\text{m}$
- $\sum h_2 = 0.2+0.3+0.3+0.4+0.4+0.2+0.3+0.2 = 2.3\text{m}$
- $\sum h_3 = 0.5+0.4+0.3 = 1.2\text{m}$
- $\sum h_4 = 0.3+0.2 = 0.5\text{m}$
- $\sum h_5 = 0.3\text{m}$
- $\sum h_6 = 0.3\text{m}$
- $\sum h_7 = 0.3\text{m}$
- $\sum h_8 = 0.3\text{m}$

$$\therefore V = \frac{5 \times 6}{6} \times (0.4+2 \times 2.3+3 \times 1.2+4 \times 0.5+5 \times 0.3+6 \times 0.3+7 \times 0.3+8 \times 0.3) = 92.0\text{m}^3$$

2. 도로를 만들기 위한 자연상태의 토량 50,000㎥가 있다. 다음 도면은 성토될 도로의 단면적이다. 다음 물음에 답하시오. (단, L=1.2, C=0.9, 15톤 덤프트럭 사용, 흙의 단위중량 1.6ton/㎥)

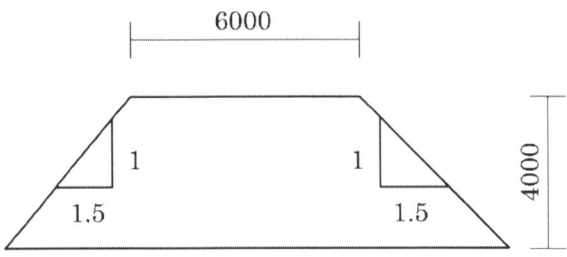

① 흐트러진 상태의 토량
② 덤프트럭으로 운반할 경우 차량대수
③ 도로의 사다리꼴 단면적
④ 다져졌을 때 도로의 길이를 몇 m로 만들 수 있는지 구하시오.

해설 및 정답

① 흐트러진 상태의 토량 $V = 50,000 \times 1.2 = 60,000\text{m}^3$

② 덤프트럭으로 운반할 경우 차량대수 $N = 60,000 \div 11.25 = 5,333.33 ≒ 5,334$대

※ 덤프트럭 적재량 $q = \dfrac{15}{1.6} \times 1.2 = 11.25\text{m}^3$

③ 도로의 사다리꼴 단면적 $A = \dfrac{6+18}{2} \times 4 = 48\text{m}^3$ ※ 경사에 따른 밑변거리 $1 : 1.5 = 4 : x$ ∴ $x = 6$

④ 다져졌을 때 도로의 길이 $L = \dfrac{5,000 \times 0.9}{48} = 937.5\text{m}$

3. 다음 데이터를 보고 네트워크 공정표를 작성하고, 여유시간을 구하시오.

작업명	소요시간	선행작업	비 고
A	5	–	1. CP는 굵은선으로 표시한다. 2. 결합점에는 다음 같이 표시한다. 　EST│LST　△LFT\EFT
B	3	–	
C	2	–	
D	2	A, B	
E	5	A, B, C	
F	4	A, C	

① 네트워크 공정표
② 여유시간

작업명	소요시간	EST	EFT	LST	LFT	TF	FF	DF	CP
A									
B									
C									
D									
E									
F									

해설 및 정답

① 네트워크 공정표

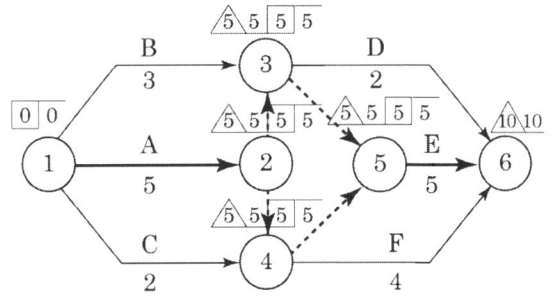

② 여유시간

작업명	소요시간	EST	EFT	LST	LFT	TF	FF	DF	CP
A	5	0	5	0	5	0	0	0	*
B	3	0	3	2	5	2	2	0	
C	2	0	2	3	5	3	3	0	
D	2	5	7	8	10	3	3	0	
E	5	5	10	5	10	0	0	0	*
F	4	5	9	6	10	1	1	0	

2013년 산업기사 필답형

1. 아래 도면을 참고하여 절·성토량을 구하시오. (단, 계획고는 85m, 1개의 격자넓이는 $8m^2$, 각 지점의 표고를 고려하여 계산하시오.)

91.3	91.7	89.8		
92.8	88.6	91.5	87.4	
87.3	90.1	91.5	90.5	90.6
92	92.1	92	83.1	89.5

해설 및 정답

- $\sum h_1 = 6.3+4.8+2.4+5.6+7.0+4.5 = 30.6$
- $\sum h_2 = 6.7+7.8+2.3+7.1+7.0-1.9 = 29$
- $\sum h_3 = 6.5+5.5 = 12.0$
- $\sum h_4 = 3.6+5.1+6.5 = 15.2$
- $V = \dfrac{10 \times 10}{4}(30.6+2\times 29+3\times 12.0+4\times 15.2) = 370.8m^3$

∴ 절토 $370.8m^3$ (※ +일 경우 절토, -일 경우 성토)

2. 불도저로 굴착하여 모아놓은 단위체적중량이 $1.8ton/m^3$인 사질토 $10,000m^3$를 셔블을 이용하여 싣고, 적재량 10톤 덤프트럭을 이용해 사토시키고자 한다. 셔블이 쉬지 않고, 작업하기 위한 덤프트럭의 대수를 구하시오.

> 보기
> - 셔블 : 버킷용량 $1.48m^3$, 버킷계수 1.1, 토량환산계수 1.0, 작업효율 0.75, 사이클 시간 48초
> - 덤프트럭 : 토량변화율 1.0, 적재시간 3.65분, 왕복주행속도 50km/hr, 적재시간 등 기타 소요시간 5분, 편도주행거리 10km, 작업효율 0.9

① 덤프트럭의 대수 ② 셔블의 총 작업시간

해설 및 정답

① 덤프트럭의 대수 $N = \dfrac{91.58}{9.2} = 9.95 ≒ 10$대

② 셔블의 총 작업시간 : $\dfrac{10,000}{91.58} = 109.19 ≒ 110hr$

- 흐트러진 상태가 작업량 산정의 기준이기 때문에 체적환산계수 f는 1이다.

- 서블의 시간당 작업량 $Q = \dfrac{3600 \times 1.48 \times 1.1 \times 1 \times 0.75}{48} = 91.58 \mathrm{m^3/hr}$

- 덤프트럭의 1회 적재량 $q = \dfrac{10}{1.8} \times 1 = 5.56 \mathrm{m^3}$

- 덤프트럭의 왕복시간 $t_2 = \dfrac{10}{50} \times 2 \times 60 = 24$분

- 덤프트럭의 1회 사이클 $C_m t = 3.65 + 24 + 5 = 32.65$분

- 덤프트럭의 시간당 작업량 $Q = \dfrac{60 \times 5.56 \times 1.0 \times 0.9}{32.65} = 9.2 \mathrm{m^3/hr}$

3. 아래 그림은 10×10m의 사각분할된 표고를 측정한 결과이다. 표고 34m로 정지작업을 할 때 다음 물음에 답하시오.

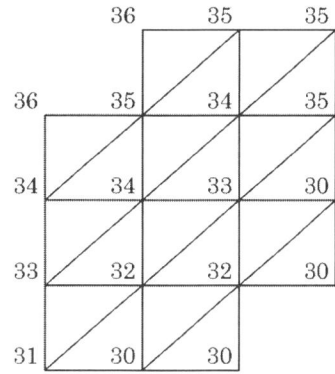

① 계획 표고 34m를 기준으로 토량을 구하시오. ② 절토인지 성토인지를 구분하시오.

해설 및 정답

① 계획 표고 34m를 기준으로 토량
- $\sum h_1 = 2+2-4-4 = -4$
- $\sum h_2 = 1-3 = -2$
- $\sum h_3 = 1+1+0-4-4-1 = -7$
- $\sum h_5 = 1-2 = -1$
- $\sum h_6 = 0+0-1-2 = -3$
- $V = \dfrac{8}{4}\{(-4) + 2\times(-2) + 3\times(-7) + 5\times(-1) + 6\times(-3)\} = -866.67 \mathrm{m^3}$

② 성토 $-866.67 \mathrm{m^3}$ (※ +일 경우 절토, -일 경우 성토)

4. 굵은골재 최대치수 25mm, 4kg을 물속에서 채취한 후의 표면건조 내부포화상태 중량이 3.95kg, 절대건조 중량이 3.6kg, 수중중량 2.45kg, 20℃ 물의 밀도가 0.997g/cm³일 때, 다음 물음에 답하시오.

① 표면건조 내부포화상태밀도 ② 절대건조밀도 ③ 진밀도

해설 및 정답

① 표면건조 내부포화상태밀도 : $\dfrac{\text{표건중량}}{(\text{표건중량} - \text{수중중량}) \times \text{비중}} = \dfrac{3.95}{(3.95 - 2.45) \times 0.997} = 2.64 \mathrm{(g/cm^3)}$

② 절대건조밀도 : $\dfrac{\text{절건중량}}{(\text{표건중량} - \text{수중중량}) \times \text{비중}} = \dfrac{3.6}{(3.95 - 2.45) \times 0.997} = 2.41 \mathrm{(g/cm^3)}$

③ 진밀도 : $\dfrac{\text{절건중량}}{(\text{절건중량} - \text{수중중량}) \times \text{비중}} = \dfrac{3.6}{(3.6 - 2.45) \times 0.997} = 3.14 \mathrm{(g/cm^3)}$

2014년 산업기사 필답형

1. 덤프트럭으로 굴착한 토량 1,200m³를 운반하려 할 때, 다음의 조건으로 1일에 마칠 수 있는 트럭의 소요대수를 구하시오.

   - 트럭의 적재량 : 5m³
   - 트럭의 속도(상·하차 포함) : 6km/hr
   - 운반거리 : 4km
   - 1일 작업시간 : 8시간

   해설 및 정답

   - 사이클 시간 $C_m = \dfrac{4}{6} \times 2 \times 60 = 80$분
   - 작업량 $Q = \dfrac{60 \times 5 \times 1}{80} = 3.75 \text{m}^3/\text{hr}$
   - ∴ 트럭의 소요대수 : $\dfrac{1,200}{3.75 \times 8} = 40$대

2. 네트워크 공정표를 작성하시오.

작업명	소요시간	선행작업	비 고
A	5	–	1. 주공정선은 굵은선으로 표시한다.
B	6	–	2. 결합점에는 다음과 같이 표시한다.
C	5	A	
D	2	A, B	
E	3	A	
F	4	C, E	
G	2	D	
H	3	G, F	

   해설 및 정답

   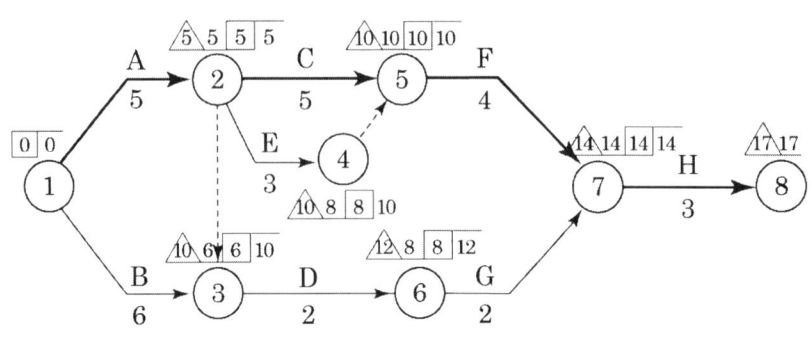

3. 다음 도면을 보고 토공량, 잡석, 콘크리트량을 산출하시오. (단, L=1.2, C=0.9)

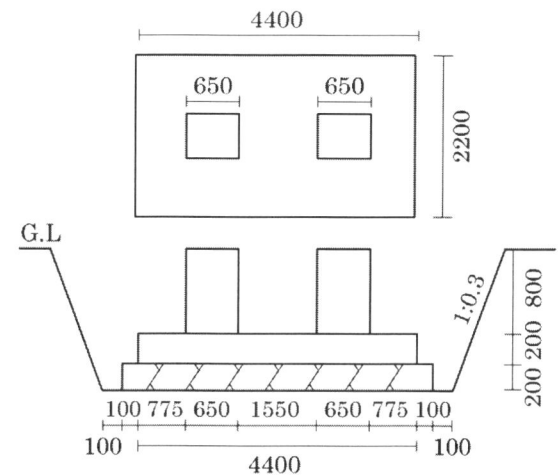

① 터파기량 ② 콘크리트량 ③ 잡석량
④ 되메우기량 ⑤ 잔토처리량

해설 및 정답

① 터파기량 : $\dfrac{1.2}{6}\{(2\times3.32+2.6)5.52+(2\times2.6+3.32)4.8\}=18.38\mathrm{m}^3$

- 경사에 따른 밑변거리 $1:0.3=1.2:x$ ∴ $x=0.36$
- 터파기 윗변길이(장변) : $4.8+0.36+0.36=5.52\mathrm{m}$
- 터파기 윗변길이(단변) : $2.6+0.36+0.36=3.32\mathrm{m}$

② 콘크리트량 : $(4.4\times2.2\times0.2)+(0.65\times0.65\times0.8\times02)=2.61\mathrm{m}^3$

③ 잡석량 : $4.6\times2.4\times0.2=2.21\mathrm{m}^3$

④ 되메우기량 : $18.38-(2.61+2.21)=13.56\mathrm{m}^3$

⑤ 잔토처리량 : $(18.38-13.56)\times1.2=5.78\mathrm{m}^3$

2015년 산업기사 필답형

1. 다음 표의 조건을 참고하여 각각의 일위대가표를 작성하시오. (단, 조경공 60,000원, 새끼줄 10원/m, 거적 1,000원/m²)

재료명	규격	조경공 굴취(인)	조경공 식재(인)	뿌리분 새끼(m)	뿌리분 거적(m²)
자작나무	H6.0×B11	0.9	1.2	25	3.0
은행나무	H4.0×B10	0.6	0.9	20	2.5
가중나무	H4.0×B8	0.5	0.8	20	2.5

① 자작나무

구분	규격	단위	수량	재료비 단가	재료비 금액	노무비 단가	노무비 금액	계 단가	계 금액
굴취	조경공	인							
식재	조경공	인							
뿌리분 새끼	φ13	m							
거적	가마니	m²							
소계									

② 은행나무

구분	규격	단위	수량	재료비 단가	재료비 금액	노무비 단가	노무비 금액	계 단가	계 금액
굴취	조경공	인							
식재	조경공	인							
뿌리분 새끼	φ13	m							
거적	가마니	m²							
소계									

③ 가중나무

구분	규격	단위	수량	재료비 단가	재료비 금액	노무비 단가	노무비 금액	계 단가	계 금액
굴취	조경공	인							
식재	조경공	인							
뿌리분 새끼	φ13	m							
거적	가마니	m²							
소계									

해설 및 정답

① 자작나무

구분	규격	단위	수량	재료비 단가	재료비 금액	노무비 단가	노무비 금액	계 단가	계 금액
굴취	조경공	인	0.9			60,000	54,000	60,000	54,000
식재	조경공	인	1.2			60,000	72,000	60,000	72,000
뿌리분 새끼	φ13	m	25	10	250			10	250
거적	가마니	m²	3.0	1,000	3,000			1,000	3,000
소계					3,250		126,000		129,250

② 은행나무

구분	규격	단위	수량	재료비 단가	재료비 금액	노무비 단가	노무비 금액	계 단가	계 금액
굴취	조경공	인	0.6			60,000	36,000	60,000	36,000
식재	조경공	인	0.9			60,000	54,000	60,000	54,000
뿌리분 새끼	φ13	m	20	10	200			10	200
거적	가마니	m²	2.5	1,000	2,500			1,000	2,500
소계					2,700		90,000		92,700

③ 가중나무

구분	규격	단위	수량	재료비 단가	재료비 금액	노무비 단가	노무비 금액	계 단가	계 금액
굴취	조경공	인	0.5			60,000	30,000	60,000	30,000
식재	조경공	인	0.8			60,000	48,000	60,000	48,000
뿌리분 새끼	φ13	m	20	10	200			10	200
거적	가마니	m²	2.5	1,000	2,500			1,000	2,500
소계					2,700		78,000		80,700

2. 어느 지역에서 10,000m³ 토양을 파내어 다른 지역의 10,000m³를 메우고자 한다. 다음 물음에 답하시오. (단, L=1.3, C=0.85)

① 운반할 토량을 구하시오.
② 메우기할 때 과부족 토량을 본바닥 상태로 구하시오.

해설 및 정답

① 운반할 토량 $V = 10,000 \times 1.3 = 13,000 \text{m}^3$
※ 본 바닥 상태는 자연상태의 토량이다.

② 메우기할 때 과부족 토량
$V = \{10,000 - (10,000 \times 0.85)\} \times (1/0.85) = 1,764.705 ≒ 1,764.71 \text{m}^3$

3. 축척 1/500의 도상에서 각 변의 길이가 32.4mm, 20.5mm, 28.5mm인 삼각형으로 구획된 곳의 실제면적을 구하시오.

해설 및 정답

[헤론의 공식]

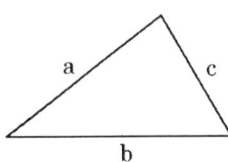

$$s = \frac{a+b+c}{2} \quad \text{여기서 a, b, c는 삼각형의 각변}$$
$$A = \sqrt{s(s-a)(s-b)(s-c)}$$

- 변의 길이

  a : $\frac{1}{500} = \frac{0.0324}{x}$, $x = 16.2$ b : $\frac{1}{500} = \frac{0.0205}{x}$, $x = 10.25$ c : $\frac{1}{500} = \frac{0.0285}{x}$, $x = 14.25$

- $s = \frac{16.2 + 10.25 + 14.25}{2} = 20.35$

∴ 실제면적 $A = \sqrt{20.35(20.35 - 16.2)(20.35 - 10.25)(20.35 - 14.25)} = 72.13 \text{m}^2$

4. 등고선을 굴착하여 오른편 그림과 같은 도로 성토를 하려고 한다. 다음 물음에 답하시오. (단, L=1.2, C=0.9, 토량은 각주공식 사용)

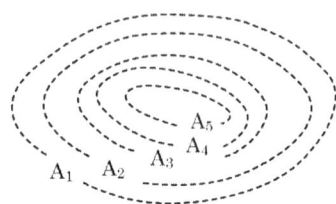

면적(m^2)
$A_1 = 1,400$ $A_2 = 950$
$A_3 = 600$ $A_4 = 250$
$A_5 = 100$
등고선 높이 20m

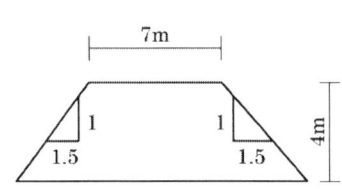

셔블의 q : 1
셔블의 C_m : 20sec
Dipper 계수 : 0.95
작업효율 : 0.8
1일 운전시간 : 6hr
유류소모량 : 4ℓ/h

① 도로의 길이는 몇 m를 만들 수 있는지 구하시오.
② 그림과 같은 조건에서 1m^3 파워 셔블 5대가 굴착할 때 작업일수를 구하시오.
③ 총 유류소모량(파워 셔블)을 구하시오.

해설 및 정답

① 도로의 길이 : $\frac{50,000 \times 0.9}{52} = 865.38\text{m}$

- 굴착토량 : $\frac{20}{3}\{1,400 + 4(950 + 250) + 2(600) + 100\} = 50,000\text{m}^3$

- 도로의 사다리꼴 단면적 : $\frac{7 + 19}{2} \times 4 = 52\text{m}^2$

- 경사에 따른 밑변길이 1 : 1.5 = 4 : x ∴ $x = 6$

② 파워 셔블 5대가 굴착할 때 작업일수 : $\frac{50,000}{114 \times 6 \times 5} = 14.62 ≒ 15$일

- 파워 셔블의 시간당 작업량 $Q = \frac{3,600 \times 1 \times 0.95 \times \frac{1}{1.2} \times 0.8}{20} = 114.0\text{m}^3/\text{hr}$

③ 총 유류소모량 : $\frac{50,000}{114} \times 4 = 1,754.385 ≒ 1,754.39\text{L}$

2016년 산업기사 필답형

1. 도로를 만들기 위한 자연상태의 토량 20,000m³가 있다. 다음 도면은 성토될 도로의 단면적이다. (단, 토량 중 사질토와 점질토는 6 : 4의 비율을 갖는다.)

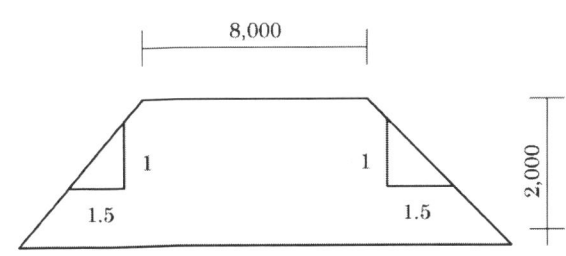

- 사질토 : L=1.2, C=0.9, r_t=1,600kg/m³
- 점질토 : L=1.25, C=0.85, r_t=1,400kg/m³
- 덤프트럭 적재량 : 10ton
- 백호 : q=0.7m³, K=1.1, E=0.9, C_m=22초

① 덤프트럭으로 운반할 경우 차량대수를 구하시오.
② 조성할 수 있는 도로의 길이를 구하시오.
③ 적재할 백호의 시간당 작업량(흐트러진 상태)을 구하시오.

해설 및 정답

① 덤프트럭으로 운반할 경우 차량대수
 $N = (20,000 \times 0.6 \times 1.2) \div 7.5 + (20,000 \times 0.4 \times 1.25) \div 8.93 = 3,039.82 ≒ 3,040$대

- 덤프트럭 적재량(사질토) $q = \dfrac{10}{1.6} \times 1.2 = 7.5\text{m}^3$

- 덤프트럭 적재량(점질토) $q = \dfrac{10}{1.4} \times 1.25 = 8.93\text{m}^3$

② 조성할 수 있는 도로의 길이 $L = \dfrac{10}{1.6} \dfrac{20,000 \times (0.6 \times 0.9 + 0.4 \times 0.85)}{22} = 800\text{m}$

- 도로의 사다리꼴 단면적 $A = \dfrac{8+14}{2} \times 2 = 22\text{m}^2$

③ 적재할 백호의 시간당 작업량 : $Q = \dfrac{3,600 \times 0.7 \times 1.1 \times 1 \times 0.9}{22} = 113.4\text{m}^3/\text{hr}$

- 흐트러진 상태가 작업량 산정의 기준이기 때문에 체적환산계수 f는 1이다.

Part 2 조경산업기사 필답형 기출문제

2. 다음 내용에 맞는 오차를 구분하시오.

① 인위적으로 제거할 수 없는 오차
② 기계의 구조나 불완전에 기인하여 생기는 오차
③ 기압의 차, 광선의 굴절 등으로 생기는 오차
④ 원인을 조사하여 제거할 수 있는 오차
⑤ 측정을 반복하여 통계적으로 처리하는 오차
⑥ 크기와 방향을 알 수 있는 오차
⑦ 관찰자의 시각적 특성 등의 버릇에 의하여 생기는 오차
⑧ 최소자승법에 의하여 보정되는 오차

해설 및 정답

- 정오차 : ②, ④, ⑥, ⑦
- 부정오차(우연오차) : ①, ③, ⑤, ⑧

3. 다음 그림에서 A지역의 자연상태 흙을 B, C지역에 성토한 후 다지려고 한다. (단, 점질토를 먼저 유용하고, 토량 계산 시 소숫점 이하는 버린다.)

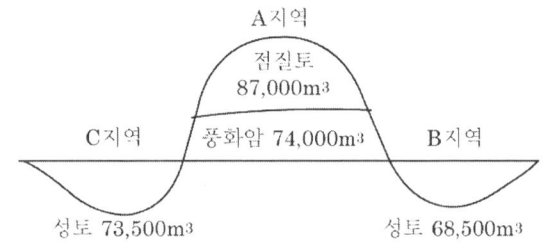

- 점질토 : L=1.25, C=0.9, r_t=1,700kg/m³
- 풍화암 : L=1.35, C=1.1, r_t=1,800kg/m³
- 덤프트럭 적재량 : 8ton

① 풍화암 사토량을 본바닥 상태로 구하시오.
② 사토할 덤프트럭 대수를 구하시오.

해설 및 정답

① 풍화암 사토량(자연상태)

142,000−78,300=63,700m³, $63,700 \times \dfrac{1}{1.1} = 57,909$m³,   74,000−57,909=16,091m³

- 총 성토량(다져진 상태)=73,500+68,500=142,000m³
- 점질토 성토량(다져진 상태)=87,000×0.9=78,300m³
- 풍화암 성토량(다져진 상태)=74,000×1.1=81,400m³

② 사토할 덤프트럭 대수

- 트럭 적재량 $q = \dfrac{8}{1.1} \times 1.35 = 6$m³
- 덤프트럭 대수 N=16,091÷6=2,681.83≒2,682대

4. 표준형 벽돌을 사용하여 높이 2.5m, 길이 50m의 1.0B 담장을 쌓으려 한다. 담장에 들어가는 벽돌량 및 모르타르량을 산출하시오. (단, 담장에는 2.0m×3.0m의 개구부가 2개소 있고, 벽돌 할증 3%)

- 벽돌쌓기(1,000매당)

구 분	모르타르(m^3)	시멘트(kg)	모래(m^3)	조적공(인)	보통인부(인)
0.5B	0.25	127.5	0.275	1.8	1.0
1.0B	0.33	168.3	0.363	1.6	0.9
1.5B	0.35	178.5	0.385	1.4	0.8

- 벽돌쌓기 기준량(매/m^2)

구 분	0.5B	1.0B	1.5B	2.0B
190×90×57	75	149	224	298
210×100×60	65	130	195	260

① 벽돌량(매)　　　　　　　② 모르타르량(m^3)

해설 및 정답

- 벽돌쌓기 면적＝2.5×50−(2.0×3.0×2)＝113m^2　　※ 개구부 면적 제외
① 벽돌량 : 113×149＝16,837매(정미량), 16,837×1.03＝17,342.11≒17,343매(할증량)
② 모르타르량 : 16,837×0.33÷1,000＝5.56m^3

2017년 산업기사 필답형

1. 셔블과 덤프트럭의 조합토공에서 현장의 조건이 아래와 같다. 다음 물음에 답하시오.

> **보기**
> - 토량변화율 : L=1
> - 셔블의 버킷계수 : 1.1
> - 셔블의 버킷용량 : 1.34m³
> - 덤프트럭 1회 적재량 : 6m³
> - 셔블의 사이클 시간 : 19초
> - 셔블의 작업효율 : 0.75
> - 트럭의 작업효율 : 0.9
> - 덤프트럭의 사이클 시간 : 37분

① 셔블의 시간당 작업량을 구하시오.
② 셔블 1대당 필요한 덤프트럭 소요대수를 구하시오.

해설 및 정답

① 셔블의 시간당 작업량 $Q = \dfrac{3{,}600 \times 1.34 \times 1.1 \times 1 \times 0.75}{19} = 209.46\,\text{m}^3/\text{hr}$

② 셔블 1대당 덤프트럭 소요대수 $N = 23.91 ≒ 24$대
- 덤프트럭의 시간당 작업량 $Q = \dfrac{60 \times 6 \times 1 \times 0.9}{37} = 8.76\,\text{m}^3/\text{hr}$

2. 그림과 같은 줄기초의 길이가 100m일 때, 물음에 답하시오.

> **보기**
> - D10=0.56kg/m
> - D13=0.995kg/m
> - 이음길이는 무시

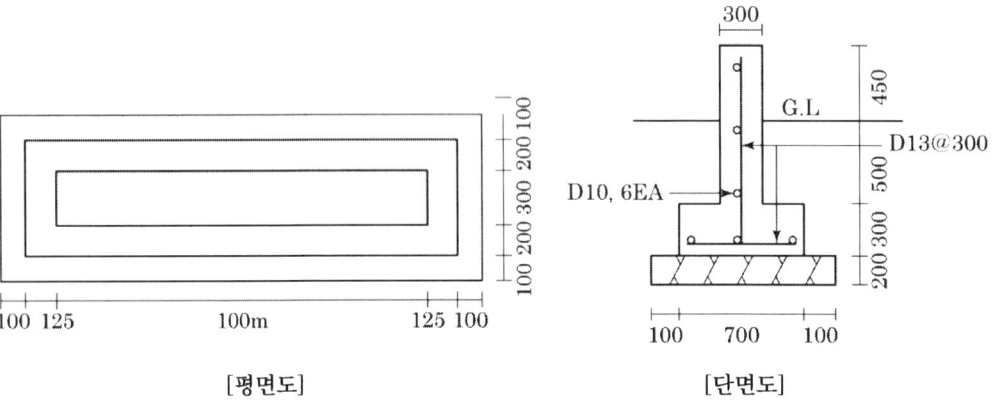

[평면도]   [단면도]

① 콘크리트량(m³)   ② 철근량(ton)   ③ 거푸집량(m²)

해설 및 정답

① 콘크리트량 : $0.7 \times 0.3 \times 100.25 + 0.3 \times 0.95 \times 100 = 49.55 m^3$

② 철근량(ton) : $\dfrac{(300.75+300) \times 0.56 + (235.2+536) \times 0.995}{1,000} = 1.1 ton$

- 기초판 D10 $= 3 \times 100.25 = 300.75 m$

- 기초판 D13 $= (0.7 \times (\dfrac{100.25}{0.3}+1) = 0.7 \times 336 = 235.2 m$

- 기둥판 D10 $= 3 \times 100 = 300 m$

- 기둥판 D13 $= (1.25+0.35) \times (\dfrac{100}{0.3}+1) = 1.6 \times 335 = 536 m$

※ 정착길이는 기초판 길이의 $\dfrac{1}{2}$을 적용한다.

③ 거푸집량 : $(0.3 \times 100.25 + 0.3 \times 0.7) \times 2 + (0.95 \times 100 + 0.95 \times 0.3) \times 2 = 251.14 m^2$

2018년 산업기사 필답형

1. 버킷용량이 3.0m³인 셔블과 15톤 덤프트럭을 사용하여 자연상태의 토공사를 하고 있다. 다음 조건을 기준으로 물음에 답하시오.

   보기
   - 토량변화율 : L=1.2
   - 셔블 버킷계수 : 1.1
   - 셔블 1회 사이클 시간 : 30초
   - 셔블의 작업효율 : 0.5
   - 트럭 작업효율 : 0.8
   - 트럭 1회 사이클 시간 : 30분
   - 흙의 단위중량 : 1.8톤/m³

   ① 셔블의 시간당 작업량
   ② 덤프트럭 시간당 작업량
   ③ 셔블 1대당 덤프트럭 소요대수

   해설 및 정답

   ① 셔블의 시간당 작업량 $Q = \dfrac{3{,}600 \times 3.0 \times 1.1 \times \dfrac{1}{1.2} \times 0.5}{30} = 165.0 \text{m}^3/\text{hr}$

   ② 덤프트럭의 시간당 작업량 $Q = \dfrac{60 \times 10 \times \dfrac{1}{1.2} \times 0.8}{30} = 13.33 \text{m}^3/\text{hr}$

   - 덤프트럭의 1회 적재량 $q = \dfrac{15}{1.8} \times 1.2 = 10 \text{m}^3$

   ③ 셔블 1대당 덤프트럭의 소요대수 $N = \dfrac{165.0}{13.33} = 12.38 ≒ 13$대

2. 다음 보기의 내용은 자연석 쌓기에 대한 표준시방서 내용이다. 빈 칸에 알맞은 단어를 쓰시오.

   보기
   - 자연석 쌓기의 가장 아랫부분에 놓이는 자연석은 평균높이의 (①)이 지표선 아래에 있어야 하며, 연약지반에 공사를 할 경우에는 (②) 등의 지반공사를 한 후 공사를 시행한다.
   - 자연석의 배치는 아래쪽에 크기가 (③)을 위로 올라갈수록 (④)을 사용하며, 콘크리트 위의 자연석 쌓기는 콘크리트 타설 후 최소한 (⑤) 경과한 후에 공사를 시작한다.
   - 찰쌓기의 전면 기울기는 높이가 1.5m까지는 (⑥)를 기준으로 하며, 이어쌓기 부위는 (⑦)으로 마감하고, 신축줄눈은 특별히 정한 바가 없는 경우에는 (⑧) 간격을 표준으로 한다. 찰쌓기 시공 후 즉시 (⑨) 등으로 덮고 적당히 물을 뿌려 (⑩)로 유지하여야 한다.

해설 및 정답

① 1/3 이상　　② 말뚝박기　　③ 큰 것　　④ 작은 것　　⑤ 7일 이상
⑥ 1 : 0.25　　⑦ 계단형　　⑧ 20m　　⑨ 거적　　⑩ 습윤상태

2019년 산업기사 필답형

1. 다음 주어진 횡선식 공정표로 네트워크 공정표를 작성하시오. (단, CP는 굵은선으로 표시한다. 결합점에는 다음과 같이 표시한다.)

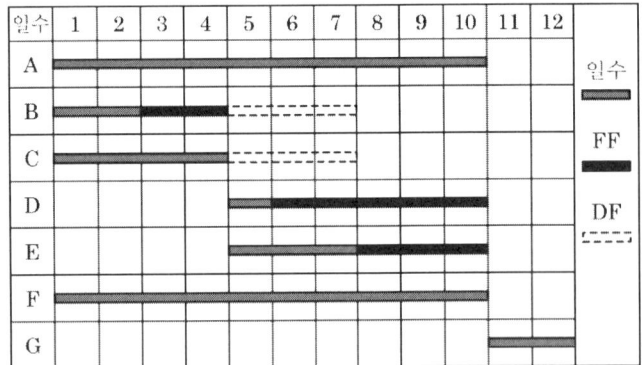

해설 및 정답

작업명	소요시간	선행작업
A	10	-
B	2	-
C	4	-
D	1	B, C
E	3	B, C
F	10	-
G	2	A, D, E, F

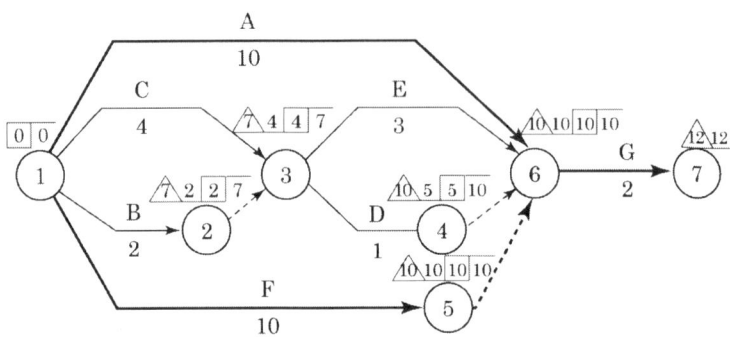

2. 기존형 벽돌을 사용하여 두께 한 장 쌓기, 높이 60cm, 줄눈 간격 10mm, 맨 윗단은 모로세워 쌓기로 한다. 그리고 기초는 잡석다짐 60×20cm, 콘크리트(1 : 3 : 6) 40×15cm로 하되 축척 1/10의 단면도를 그리시오.

해설 및 정답

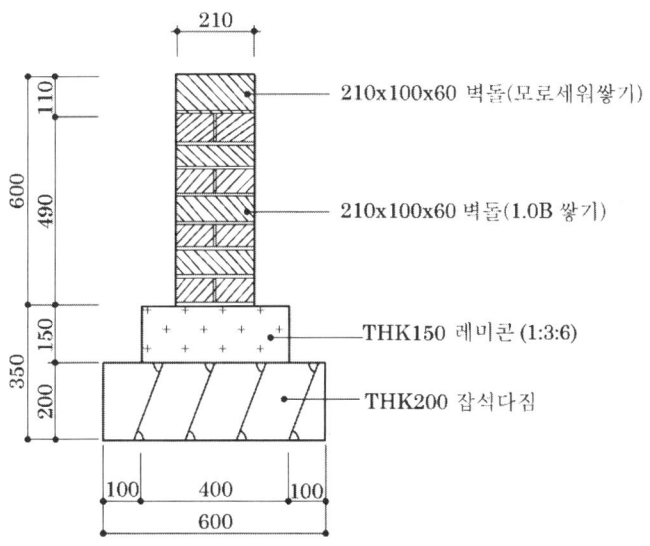

2020년 산업기사 필답형

1. 다음 보기의 내용은 표준품셈에 대한 표준시방서 내용이다. 빈 칸에 알맞은 단어를 쓰시오.

   > **보기**
   > - 품에서 포함된 것으로 규정된 소운반 거리는 (①)m 이내의 거리를 말하며, 경사면의 소운반은 직고 1m를 수평거리 (②)m 비율로 본다.
   > - 1회 운반량은 보통토사 (③)kg으로 하고, 삽 작업이 가능한 토석재를 기준으로 한다.
   > - 인력굴착의 경우 굴착기계를 투입 시공할 수 없는 협소한 지역으로 원지반으로부터 깊이 (④)m 이상 굴착은 터파기로 보고, 그 외는 절취로 본다.
   > - 조경수목과 잔디 및 초화류의 할증률은 (⑤)%이며, 목재 중 각재의 할증률은 (⑥)%이다.

   해설 및 정답

   ① 20m ② 6m ③ 25kg
   ④ 0.3m ⑤ 10% ⑥ 5%

2. 다음 조건의 콘크리트 1m³를 만드는데 필요한 잔골재량(S)과 굵은 골재량(G)을 구하시오. (단위시멘트량 280kg, 물·시멘트비 58%, 잔골재율 33%, 공기량 2%, 시멘트 비중 3.15, 모래의 비중 2.6, 자갈의 비중 2.65)

   해설 및 정답

   ※ 비중 $= \dfrac{W}{V} = \dfrac{중량(무게)}{부피(체적, 용적)}$

   ※ 물의 비중 1 = 1,000kg/m³　　※ 시멘트 비중 3.15 = 3,150kg/m³
   ※ 모래 비중 2.6 = 2,600kg/m³　　※ 자갈 비중 2.65 = 2,650kg/m³

   ① 잔골재량(S) : 1m³ × (물+시멘트+공기) = 1 × (0.162+0.088+0.02) = 0.73m³
   　　　　　　0.73 × 0.33 = 0.24m³　　　0.24 × 2,600 = 624kg

   　물의 절대용적 : 물·시멘트비 $\dfrac{W}{C} = 0.58 \rightarrow W = 0.58 \times 280 = 162.4$kg

   　　　　　∴ $\dfrac{162.4}{1,000} = 0.162$m³

   　시멘트 절대용적 : $\dfrac{280}{3,150} = 0.088$m³

   ② 굵은 골재량(G) : 0.73 − 0.24 = 0.49m³ → 0.49 × 2,650 = 1,298.5kg

2021년 산업기사 필답형

1. 다음 노선측량의 결과를 보고 토량을 계산하시오. (단, C=0.9)

측 점	거리 (m)	절토			성토				차인토량 (m³)	누가토량 (m³)
		단면적 (m²)	평균 단면적 (m²)	토량 (m³)	단면적 (m²)	평균 단면적 (m²)	토량 (m³)	보정 토량 (m³)		
NO. 1	0	100			300					
NO. 2	100	300			150					
NO. 3	100	150			200					
NO. 3+45	45	200			100					
NO. 4	55	200			150					
NO. 5	100	100			150					
NO. 6	100	150			100					
NO. 6+30	30	300			300					
NO. 7	70	200			100					
NO. 8	100	100			150					

해설 및 정답

측 점	거리 (m)	절토			성토				차인토량 (m³)	누가토량 (m³)
		단면적 (m²)	평균 단면적 (m²)	토량 (m³)	단면적 (m²)	평균 단면적 (m²)	토량 (m³)	보정 토량 (m³)		
NO. 1	0	100	50		300	150				
NO. 2	100	300	200	20,000	150	225	22,500	25,000	−5,000	−5,000
NO. 3	100	150	225	22,500	200	175	17,500	19,444.44	3,055.56	−1,944.44
NO. 3+45	45	200	175	7,875	100	150	6,750	7,500	375	−1,569.44
NO. 4	55	200	200	11,000	150	125	6,875	7,638.89	3,361.11	1,791.67
NO. 5	100	100	150	15,000	150	150	15,000	16,666.67	−1,666.67	125
NO. 6	100	150	125	12,500	100	125	12,500	13,888.89	−1,388.89	−1,263.89
NO. 6+30	30	300	225	6,750	300	200	6,000	6,666.67	83.33	−1,180.56
NO. 7	70	200	250	17,500	100	200	14,000	15,555.56	1,944.44	763.88
NO. 8	100	100	150	15,000	150	125	12,500	13,888.89	1,111.11	1,874.99

※ 평균 단면적 = $\dfrac{A_1 \text{단면적} \times A_2 \text{단면적}}{2}$

※ 토량 = 평균단면적 × 측점 간의 거리

※ 누가토량 = Σ 차인토량

※ 성토 보정토량 = 성토량 × $\dfrac{1}{C}$ (자연상태로 환원해 준 토량)

※ 차인토량 = 절토량 − 성토보정토량

2022년 산업기사 필답형

1. 식재공사에서 안전관리비를 구하시오.

> **보기**
> • 재료비 : 5,000,000   • 노무비 : 3,000,000   • 경비 : 2,500,000   • 안전관리비율 : 3%

해설 및 정답

- 안전관리비=(재료비+노무비)×안전관리 비율=(5,000,000+3,000,000)×3%=240,000원

2. 농약 살포액을 조제할 때 주의해야 할 사항을 3가지 쓰시오.

해설 및 정답

① 정확한 농약량 : 농약의 사용량을 정확히 측정하고, 사용법에 맞게 조제해야 한다.
② 혼합금지 농약 확인 : 서로 반응하여 효과가 감소하거나 유해할 수 있는 농약끼리는 혼합하지 않도록 주의해야 한다.
③ 혼합 순서 : 농약과 물을 혼합할 때는 반드시 물에 농약을 차례대로 넣어야 하며, 농약끼리 혼합할 때에는 순서에 맞게 넣어야 한다.
④ 적절한 보호장비 착용 : 농약 조제 시 피부나 눈에 노출되지 않도록 장갑, 보호안경 등을 착용해야 한다.
⑤ 조제 장소 : 농약을 조제하는 장소는 통풍이 잘 되는 곳이어야 하며, 화기 근처에서 작업하지 않도록 주의해야 한다.
⑥ 농약 보관 : 농약을 보관할 때는 어린이와 동물이 접근할 수 없는 곳에 보관해야 하며, 제품의 유통기한을 체크해야 한다.

3. 공원녹지기본계획의 주요 내용에 대해 서술하시오.

해설 및 정답

① 공원녹지의 기본 방향 설정 : 지역 특성과 주민의 요구를 반영하여 공원녹지의 발전 방향과 목표를 설정
② 공원녹지의 네트워크 구축 : 공원과 녹지를 효율적으로 연결하여 시민들이 쉽게 접근할 수 있도록 공원녹지 네트워크를 계획
③ 공원녹지의 유형과 기능 구분 : 도시 내 공원과 녹지의 유형을 구분하고, 각 유형별로 적합한 기능을 설정
④ 공원녹지의 수요 예측 및 확대 계획 : 인구 증가와 생활 수준 향상 등을 고려하여 공원녹지의 수요를 예측하고, 부족한 지역에 대한 확대 계획을 수립
⑤ 친환경적 공원녹지 조성 : 생태적 가치와 환경 보호를 고려하여 친환경적이고 지속 가능한 공원녹지 공간을 설계
⑥ 공원녹지의 관리 및 유지 방안 : 공원녹지의 지속적인 관리와 유지보수를 위한 방안을 마련하고, 주민 참여를 유도하여 효율적인 관리 체계를 구축

4. 벽면 녹화 시 부착형 덩굴식물을 보기에서 고르시오.

> **보기**
> • 담쟁이덩굴   • 다래   • 포도   • 등
> • 줄사철나무   • 멀꿀   • 눈향나무

해설 및 정답

담쟁이덩굴, 줄사철나무

5. 콘크리트를 작업할 때 얼마나 쉽게 다룰 수 있는지를 나타내는 특성으로, 콘크리트 혼합물이 잘 유동되고, 다루기 쉽고, 성형하기 용이한 정도를 무엇이라고 하는가? 이 측정 방법을 3가지 쓰시오.

해설 및 정답

① 워커빌리티
② 워커빌리티 측정법
- 슬럼프 시험 : 수밀성 평판위의 시험통 속에 콘크리트를 채운 후 시험통을 제거하여 콘크리트의 무너진 높이를 측정하는 시험
- 흐름 시험 : 흐름판을 상하 운동시켜 금속제 콘 속에 있는 콘크리트의 흐름값을 구하는 시험
- 구관입 시험 : 구관입 시험기를 콘크리트 표면에 놓아 구(ball) 자중에 의해 콘크리트 속으로 가라앉은 관입깊이 측정

6. 아래 도면을 참고하여 절·성토량을 구하시오. (단, 계획고는 88m, 1개의 격자 넓이는 20m, 각 지점의 표고를 고려하여 계산하시오)

	91.3	91.7	89.8	
92.8	88.6	91.5	87.4	
87.1	85.7	91.5	90.5	90.6
90	92.1	87.2	83.1	89.5

해설 및 정답

- $\sum h_1 = 3.3+1.8-0.6+2.6+2.0+1.5 = 10.6$
- $\sum h_2 = 3.7+4.8-0.9+4.1-0.8-4.9 = 6.0$
- $\sum h_3 = 3.5+2.5 = 6.0$
- $\sum h_4 = 0.6-2.3+3.5 = 1.8$
- $V = \dfrac{20}{4}(10.6+2\times 6.0+3\times 6.0+4\times 1.8) = 239\,m^3$

∴ 절토 239m^3

7. 다음 수준측량 스케치를 보고 기고식 야장을 작성하시오.

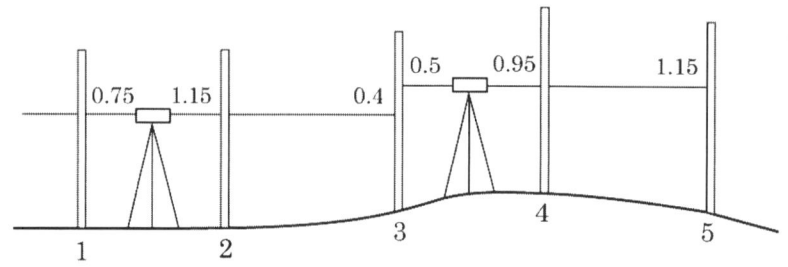

측점	BS	IH	FS		GH	비고
			TP	IP		
1					11.1	
2						
3						
4						
5						
계						

해설 및 정답

측점	BS	IH	FS		GH	비고
			TP	IP		
1	0.75	11.85 (11.1+0.75)			11.1	
2				1.15	10.7 (11.85−1.15)	
3	0.5	11.95 (11.45+0.5)	0.4		11.45 (11.85−0.4)	
4				0.95	11.00 (11.95−0.95)	
5			1.15		10.8 (11.95−1.15)	
계	1.25		1.55		11.1 − 0.3=10.8	

※ 수준측량 공식
- 기계고＝지반고+후시＝GH+BS　　（※ 지 더 후 기）
- 지반고＝기계고-전시＝IH-FS　　（※ 기 마 전 지）
- 두 지점의 고저차(ΔH)＝후시(a)−전시(b)

2023년 산업기사 필답형(1회)

1. 다음 식재 기능을 보기에서 제시된 식재에 맞게 구분하시오.

> **보기**
> • 녹음식재   • 경계식재   • 경관식재   • 유도식재   • 차폐식재   • 방화식재

① 환경조절기능 : (　　　), (　　　)　　② 경관조절기능 : (　　　), (　　　)
③ 공간조절기능 : (　　　), (　　　)

해설 및 정답

① 환경조절기능 : 녹음식재, 방화식재　　② 경관조절기능 : 경관식재, 차폐식재
③ 공간조절기능 : 경계식재, 유도식재

2. 다음 보기의 내용은 표준품셈에 대한 표준시방서 내용이다. 빈 칸에 알맞은 단어를 쓰시오.

> **보기**
> • 품에서 포함된 것으로 규정된 소운반 거리는 (①)m 이내의 거리를 말하며, 경사면의 소운반은 직고 1m를 수평거리 (②)m 비율로 본다.
> • 1회 운반량은 보통토사 (③)kg으로 하고, 삽 작업이 가능한 토석재를 기준으로 한다.
> • 인력굴착의 경우 굴착기계를 투입 시공할 수 없는 협소한 지역으로 원지반으로부터 깊이 (④)m 이상 굴착은 터파기로 보고, 그 외는 절취로 본다.
> • 조경수목과 잔디 및 초화류의 할증률은 (⑤)%이며, 목재 중 각재의 할증률은 (⑥)%이다.

해설 및 정답

① 20m　② 6m　③ 25kg　④ 0.3m　⑤ 10%　⑥ 5%

3. 품의 할증에 적합한 내용을 (　) 안에 쓰시오.

① 군작전 지구대 : 작업품 할증률을 표준품셈 인부품의 (　)%까지 가산함
② 산악지역, 공항지역, 도서지구 : 작업여건이 어려움을 감안하여 작업품 할증률을 표준품셈 인부품의 (　)%까지 가산함
③ 지세별 : 야산지 25%, 물이 있는 논 20%, 주택가 (　)%의 할증을 적용한다.

해설 및 정답

① 20%   ② 50%   ③ 15%

4. 수목의 생육 토심에 관한 내용이다. ( )의 빈칸을 채우시오.

구분	생존 최소 깊이	생육 최소 깊이
잔디 및 초본류	15cm	30cm
소관목	30cm	(③)
대관목	45cm	60cm
천근성 교목	(①)	90cm
심근성 교목	(②)	(④)

해설 및 정답

① 60cm   ② 90cm   ③ 45cm   ④ 150cm

5. 인공지반의 식재기반 조성 시 유의사항이다. ( )의 빈칸을 채우시오.

① 배수판 아래의 구조물 표면은 ( )%의 표면 기울기를 유지시킨다.
② 옥상조경에서는 옥상 1면에 최소 2개소의 배수공을 설치하고, 그 관경은 최소 ( )mm 이상으로 설치한다.
③ 인공지반의 옥상조경에서 옥상면의 배수구배는 최소 ( )% 이상

해설 및 정답

① 1.5~2.0%   ② 75mm   ③ 1.3%

6. 교목 식재 순서이다. ( )의 빈칸을 채우시오.

배식 → (①) → 식재 → (②) → 물죽쑤기 → (③) → 뒷정리

해설 및 정답

① 구덩이 파기   ② 흙 채우기   ③ 멀칭

7. 잡초 방제 유형에 대한 설명이다. ( )의 빈칸을 채우시오.

① 새로운 잡초종의 침입 방지 및 오염을 방지하는 방제 : ( )
② 잡초를 제거하는 기구를 사용 : ( )
③ 농약을 사용 : ( )

해설 및 정답

① 예방적 방제   ② 기계적 방제   ③ 화학적 방제

8. 포장설계기준에 의한 포장면 기울기에 관한 설명이다. ( )의 빈칸을 채우시오.

① 포장면 종단기울기는 1/12 이하가 되도록 하고 휠체어 이용자를 고려하는 경우 ( ) 이하로 한다.
② 포장면 횡단경사는 배수처리가 가능한 방향으로 ( )%를 기준으로 한다.
③ 광장의 기울기는 ( )% 이내로 하는 것이 일반적이다.

해설 및 정답

① 1/18   ② 2%   ③ 3%

9. 19ton 무한궤도 불도저로 작업거리 70m에서 토공 작업을 하려 한다. 전·후진 속도 2단으로 할 때 1회 사이클 시간(C_m)과 작업량(Q)을 구하시오.

구분	전진속도(m/분)				후진속도(m/분)			비고
	1단	2단	3단	4단	1단	2단	3단	
12	40	55	75	107	48	70	100	• 배토판 : 3.2m³ • 토량환산계수 : 1
19	40	55	75	103	46	70	98	• 작업효율 : 0.7 • 운반거리계수 : 0.8
32	40	52	75	91	43	52	78	• 기어변속시간 : 0.25분

① 1회 사이클 시간(C_m)   ② 작업량(Q)

해설 및 정답

① 사이클 시간 $C_m = \dfrac{70}{55} + \dfrac{70}{70} + 0.25 = 2.52$분

② 작업량 $Q = \dfrac{60 \times 2.56 \times 1 \times 0.7}{2.52} = 42.67 \text{m}^3/\text{hr}$

10. 아래 도면을 참고하여 절·성토량을 구하시오. (단, 계획고는 10m이다.)

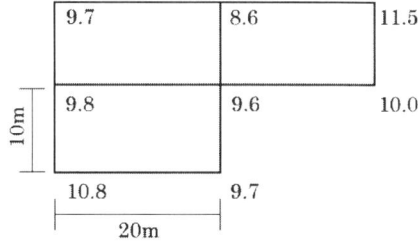

해설 및 정답

- $\sum h_1 = (9.7-10.0)+(11.5-10.0)+(10.0-10.0)+(9.7-10.0)+(10.8-10.0) = 1.7$
- $\sum h_2 = (8.6-10.0)+(9.8-10.0) = -1.6$
- $\sum h_3 = (9.6-10.0) = -0.4$
- $V = \dfrac{10 \times 20}{4}(1.7 + 2 \times -1.6 + 3 \times -0.4) = -135.0 \text{m}^3$

∴ 성토 135.0m^3

2023년 산업기사 필답형(3회)

1. 다음 토공에서 인력운반에 관한 내용이다. ( )의 빈칸을 채우시오.

   ① 지게 운반 시 1회 운반량은 보통토사 ( )kg으로 하고 삽작업이 가능해야 한다.
   ② 지게 운반 시 적재, 운반, 적하는 ( )인을 기준으로 한다.
   ③ 지게 운반 시 고갯길인 경우에 수직고 1m를 수평거리 ( )m의 비율로 본다.
   ④ 리어카 운반 시 1회 운반량은 삽작업이 가능한 토석재로 ( )kg으로 한다.

   해설 및 정답

   ① 50kg ② 1인 ③ 6m ④ 250kg

2. 다음은 잔디붙이기 방법에 대한 방법에 대한 설명이다. ( )의 빈칸을 채우시오.

   ① ( ) : 잔디를 5, 10, 15cm 정도로 잘라서 동일 간격으로 붙이는 방법
   ② ( ) : 잔디를 20~30cm 간격으로 어긋나게 놓거나 서로 맞물려 여유있게 배열하여 붙이는 방법
   ③ ( ) : 단기간에 잔디밭을 조성할 때, 식재면을 정리한 다음 롤러나 인력으로 다진 후 잔디를 서로 어긋나게 빈틈없이 붙이는 방법

   해설 및 정답

   ① 줄떼 붙이기 ② 어긋나게 붙이기 ③ 전면붙이기

3. 다음은 병해충에 대한 설명이다. ( )의 빈칸을 채우시오.

   ① ( ) : 1963년 고흥에서 처음 발생된 것으로 추정되며 40여 년간 북쪽과 서쪽 방향으로 확산된 해충
   ② ( ) : 1988년 부산 금정산에서 최초로 발생하여 2005년을 정점으로 피해 면적이 점점 줄어들었으나 인위적인 확산 가능성이 높은 병해충
   ③ ( ) : 2000년대 중반 이후부터 피해가 나타나기 시작하였고, 현재 국도변 가로수에서 피해가 심각하며 이른 봄 새잎이 나면서 포자도 함께 발생하는 병해충

   해설 및 정답

   ① 솔껍질깍지벌레 ② 소나무 재선충병 ③ 벚나무 빗자루병

4. 다음은 시멘트의 저장에 대한 설명이다. (   )의 빈칸을 채우시오.

   ① 지면에서 (   )cm 이상 떨어진 마루 위에 쌓고 방습처리 한다.
   ② 꼭 필요한 출입구, 채광창 외에는 (   )를 설치하지 않는다.
   ③ 저장일이 (   )개월이 경과 했거나, 습기가 침투되었다고 의심이 되는 시멘트는 반드시 재시험을 하여 사용한다.
   ④ 장기간 저장할 시멘트는 (   )포대 이상을 쌓지 않아야 한다.

   해설 및 정답
   ① 30cm   ② 개구부   ③ 3개월   ④ 7포대

5. 다음은 토공의 기초와 관련된 내용이다. (   )의 빈칸을 채우시오.

   ① (   ) : 공사에 필요한 흙을 얻기 위해서 굴착하거나 높은 지역의 흙을 깎는 작업
   ② (   ) : 현장 내에서 절토된 흙 중 성토, 매립에 이용되는 흙
   ③ (   ) : 수중에서 흙을 굴착하는 작업
   ④ (   ) : 흙을 쌓아올렸을 때 시간이 경과함에 따라 자연붕괴가 일어나 안정된 사면을 이루게 되는데 이 사면과 수평면과의 각도

   해설 및 정답
   ① 절토   ② 유용토   ③ 준설   ④ 안식각

6. 다음은 농약의 혼용 시 유의사항이다. (   )의 빈칸을 채우시오.

   ① 두 가지 이상의 약제를 섞어서 한꺼번에 살포하는 (   )은 시간과 인건비를 절약하기 위하여 사용한다.
   ② 혼용은 기본적으로 (   )를 섞는 것을 원칙으로 한다.
   ③ 유제와 (   )의 혼용은 가급적 피한다.
   ④ 일반적으로 (   )와 살균제를 섞어서 쓰는 경우가 대부분이다.

   해설 및 정답
   ① 약제 혼용   ② 두 약제   ③ 수화제   ④ 살충제

7. 수경공간의 구성 요소를 4가지 이상 쓰시오.

   해설 및 정답
   ① 계류   ② 벽천   ③ 분수   ④ 연못

8. 다음 그림 2개소는 횡단 측량한 결과이다. 양 단면의 면적을 각각 구해 그 사이의 토량을 계산하시오. (단, 양 단면 간격은 20m이다.)

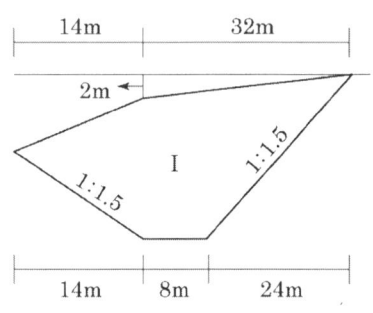
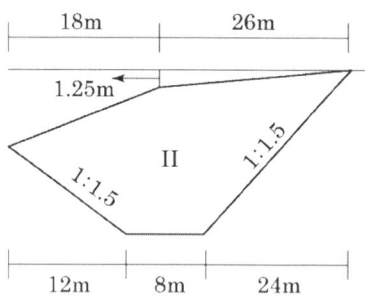

해설 및 정답

- Ⅰ 단면적 : $46 \times 16 - \{14 \times 2 + 0.5(32 \times 2 + 14 \times 4.67 + 14 \times 9.33 + 24 \times 16)\} = 386.0 \text{m}^2$
- Ⅱ 단면적 : $44 \times 16 - \{18 \times 1.25 + 0.5(26 \times 1.25 + 18 \times 6.75 + 12 \times 8 + 24 \times 16)\} = 364.5 \text{m}^2$

∴ 토량 $V = \dfrac{386.0 + 364.5}{2} \times 20 = 7,505 \text{m}^3$

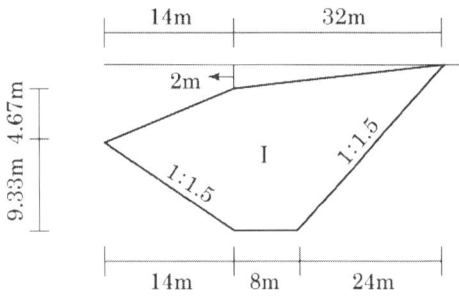
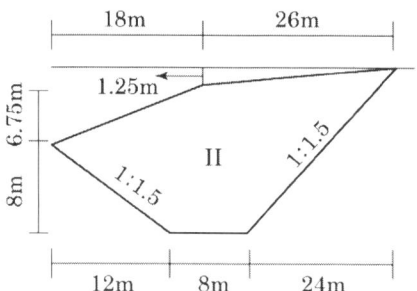

2024년 산업기사 필답형(3회)

1. 다음 재료의 단위중량(m^3/kg)을 보기에서 고르시오.

   보기
   - 350kg
   - 580kg
   - 800kg
   - 1,500kg
   - 2,300kg
   - 1,500~1,700kg
   - 1,700~1,800kg
   - 1,800~2,000kg
   - 2,600~2,700kg

   ① 모래(건조) : (   )m^3/kg
   ② 소나무 (건재) : (   )m^3/kg
   ③ 시멘트 : (   )m^3/kg
   ④ 호박돌 : (   )m^3/kg

   해설 및 정답

   ① 1,500~1,700　　② 580　　③ 1,500　　④ 1,800~2,000

2. 다음 보기에서 아황산가스(SO_2)에 약한 수종을 4가지 이상 고르시오.

   보기
   - 소나무
   - 아왜나무
   - 용버들
   - 단풍나무
   - 팔손이
   - 일본잎갈나무
   - 일본목련
   - 자작나무
   - 태산목
   - 녹나무

   해설 및 정답

   소나무, 일본잎갈나무, 단풍나무, 자작나무

3. 설계도면 및 시방서에 의해 지정된 공사기간 내에 공사예산을 가지고 양질의 공사와 안전성을 갖춘 결과물을 목표로 시행 가능한 계획을 작성하는 것을 시공계획이라고 한다. 이에 시공계획의 생산수단(5M)과 생산목표(5R)를 적으시오.

   해설 및 정답
   - 생산수단(5M) : 인력(Man), 재료(Materials), 기계(Machines), 자금(Money), 방법(Methods)
   - 생산목표(5R) : 제품(Right Product), 품질(Right Quality), 수량(Right Quantity), 공기(Right Time), 가격(Right Price)

4. 멀칭이란 뿌리분 부위에 자갈, 분쇄목, 짚, 바크 등을 5~10cm 두께로 덮어주는 작업을 말한다. 이 멀칭의 효과에 대해 설명하시오.

   해설 및 정답
   - 잡초의 발생을 최소화한다.
   - 수분 증발을 억제하고 표토가 유실되는 것을 막아 준다.
   - 여름철 토양온도의 상승을 억제하고 겨울철 토양의 동결을 완화한다.
   - 토양이 다져지는 것을 방지하고 토양의 공극률을 높인다.

5. 다음은 흉고직경에 대한 설명이다. ( )의 빈칸을 채우시오.

   ① 가슴높이 ( )m 에서 잰나무 줄기의 지름
   ② 쌍간일 경우 각 간의 흉고직경 합의 ( )%나 해당 수목의 최대 흉고직경 중 큰 것

   해설 및 정답
   ① 1.2   ② 70

6. 자연공원법상 자연공원의 종류를 적으시오.

   해설 및 정답
   국립공원, 도립공원, 군립공원, 지질공원

7. 다음은 수경시설과 관련된 내용이다. (수(水))의 빈칸을 채우시오.

   ① 아래에서 위로 흐르는 물 : (수(水))
   ② 위에서 아래로 흐르는 물 : (수(水))
   ③ 평지에서 흐르는 물 : (수(水))
   ④ 옆으로 흐르는 물 : (수(水))

   해설 및 정답
   ① 분수   ② 낙수   ③ 평정수   ④ 유수

8. 질량 113kg의 목재를 절대건조시켜서 100kg으로 되었다면 전건량기준 함수율을 구하시오.

   해설 및 정답
   ※ 함수율 : (건조 전 중량-건조 후 중량)/건조 후 중량×100
   계산식 : (113-100)/100×100=13%

9. 환경심리학에서 대인과의 거리에 따른 의사소통 유형에 대한 설명이다. ( )의 빈칸을 채우시오.

> 보기
> • 친밀한 거리 • 사회적 거리 • 개인적 거리 • 공적 거리

① 아기를 안아주는 가까운 관계, 유지 거리 0~45cm : (　　　)
② 친한 사람 간의 일상적 대화가 가능한 거리, 유지 거리 45~120cm : (　　　)
③ 업무상 대화에서 유지되는 거리, 유지 거리 120~360cm : (　　　)
④ 개인과 청중 사이의 거리, 유지 거리 360cm 이상 : (　　　)

해설 및 정답

① 친밀한 거리　　② 개인적 거리　　③ 사회적 거리　　④ 공적 거리

MEMO

PART III

조경기사 필답형

기출문제

2008년 기사 필답형

1. 1/25,000인 도면에 나타낸 격자 한 개의 면적이 1ha이다. 같은 격자판으로 축척 1/5,000의 도면에서 1개의 격자는 몇 ha인지 계산하시오.

   해설 및 정답

   - $25,000^2 : 5,000^2 = 1 : x \quad \therefore x = \dfrac{5,000^2}{25,000^2} = 0.04\,\text{ha}$

2. 불도저로 굴착하여 모아놓은 토사를 백호로 덤프트럭에 적재하여 버리려 한다. 현장의 조건이 아래와 같다. 다음 물음에 답하시오. (단, 모든 계산은 소수점 3자리만 적용)

   보기
   - 백호 : 버킷용량 $0.7\,\text{m}^3$, 버킷계수 0.9, 작업효율 0.5, 회전각도 $180°$, 사이클 시간 22초
   - 덤프트럭 : 적재용량 8ton, 편도주행거리 8km, 작업효율 0.9, 대기시간 0.15, 적하시간 0.5분, 주행속도 적재 시 45km/hr, 공차 시는 적재 시의 20% 속도 증가
   - 토사 : 단위중량 $1,630\,\text{kg/m}^3$, 토량변화율 1.25

   ① 백호의 시간당 작업량
   ② 덤프트럭의 1회 적재량
   ③ 백호의 적재 시 사이클 횟수
   ④ 덤프트럭 한 대에 적재할 경우 걸리는 시간
   ⑤ 덤프트럭 1회 왕복시간
   ⑥ 덤프트럭 1회 사이클 시간
   ⑦ 덤프트럭 시간당 작업량

   해설 및 정답

   ※ 흐트러진 상태가 작업량 산정의 기준이기 때문에 체적환산계수 f는 1이다.

   ① 백호의 시간당 작업량 $Q = \dfrac{3,600 \times 0.7 \times 0.9 \times 1.0 \times 0.5}{22} = 51.545\,\text{m}^3/\text{hr}$

   ② 덤프트럭의 1회 적재량 $q = \dfrac{8}{1.63} \times 1.25 = 6.133\,\text{m}^3$

   ③ 백호의 적재 시 사이클 횟수 $N = \dfrac{6.133}{0.7 \times 0.9} = 9.734$회

   ④ 덤프트럭 한 대에 적재할 경우 걸리는 시간 $t_1 = \dfrac{22 \times 9.734}{60 \times 0.5} = 7.138$분

   ⑤ 덤프트럭의 1회 왕복시간 $t_2 = \left(\dfrac{8}{45} + \dfrac{8}{45 \times 1.2}\right) \times 60 = 19.5$분

   ⑥ 덤프트럭의 1회 사이클 시간 $C_m t = 7.138 + 19.5 + 0.5 + 0.15 = 27.288$분

   ⑦ 덤프트럭의 시간당 작업량 $Q = \dfrac{60 \times 6.133 \times 1.0 \times 0.9}{27.288} = 12.136\,\text{m}^3/\text{hr}$

3. 지형도와 등고선의 면적을 보고 전체 토량을 구하시오. 등고선의 간격은 10m이고, 정점의 표고는 74m, 등고선으로 둘러싸인 면적은 $A_1=4,170m^2$, $A_2=3,080m^2$, $A_3=2,200m^2$, $A_4=1,560m^2$, $A_5=840m^2$, $A_6=220m^2$이다. (단, 계산 과정의 중간값과 결과값은 소수 둘째자리에서 반올림한다.)

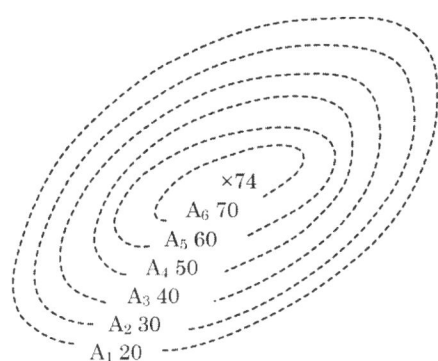
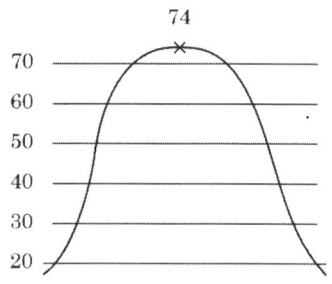

해설 및 정답

- 등고선법 $V=\dfrac{10}{3}\{4,170+4(3,080+1,560)+2(2,200)+840\}=92,301m^3$

- 양단면평균법 $V=\dfrac{840+220}{2}\times 10=5,300m^3$

- 원뿔 공식 $V=\dfrac{4}{3}\times 220=286m^3$

∴ 총 토량 : $92,301+5,300+286=97,887m^3$

4. 아래 도면은 15×20m의 사각분할된 표고를 측정한 결과이다. 표고 10m로 정지작업을 할 때, 다음 물음에 답하시오. (단, L=1.25, C=0.9, 흙의 단위중량 1.8ton/m^3, 운반할 덤프트럭 적재용량 4ton임)

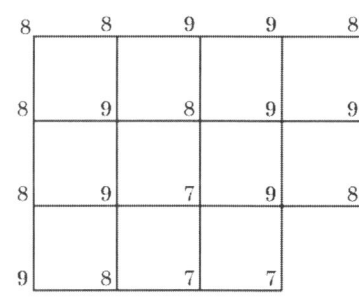

① 성토량을 구하시오.
② 덤프트럭 1회 적재량을 구하시오.
③ 성토할 토량을 운반하는 데 트럭이 몇 대 필요한가?

해설 및 정답

① 성토량 : $\sum h_1=2+2+2+1+3=10$ $\sum h_2=2+1+1+2+2+ +2+3=14$

$\sum h_3=1$ $\sum h_4=1+2+1+1+3=8$

- $V=\dfrac{15\times 20}{4}(10+2\times 14+3\times 1+4\times 8)=5,475m^3$

② 덤프트럭 1회 적재량 $q=\dfrac{4}{1.8}\times 1.25=2.78m^3$

③ 성토할 토량을 운반하는 데 필요한 트럭 대수 $N=\left(5,475\times\dfrac{1.25}{0.9}\right)\div 2.78=2,735.31≒2,736$대

5. 다음의 데이터를 이용하여 네트워크 공정표를 작성하시오.

작업명	소요시간	선행작업	비고
A	5	–	1. CP는 굵은선으로 표시한다.
B	7	–	2. 결합점 일정계산은 PERT 기법에 의거하여 다음과 같이 계산한다.
C	3	–	
D	4	A, B	
E	8	A, B	
F	6	B, C	
G	5	B, C	

① 네트워크 공정표
② 최대 작업일수

해설 및 정답

① 네트워크 공정표

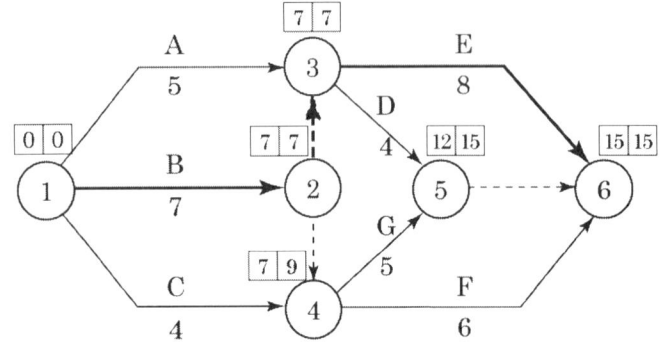

② 최대 작업일수 : 7+8=15일

2009년 기사 필답형

1. 지하의 구조물에 영향을 주지 않도록 중간에 차수 시설을 한 후 그 위에 아래와 같은 조건으로 식재지반을 조성하려고 한다. 다음 조건을 보고 단면도를 비례감 있게 표현하시오.

   ① 재료의 단면 구조
   - 혼합객토층(밭흙 60%, 부숙톱밥 20%, 펄라이트 10%, 질석 10%) : 90cm
   - 폴리 펠트(토목섬유, 여과층) THK : 7mm
   - 자갈층 깊이 : 30cm
   - 유공 P.V.C관(φ200)
   - 차수용 폴리피렌 매트 THK : 2mm

   ② 위의 재료를 참고하여 순서에 맞게 단면도를 작성한다.
   ③ 유공관을 향하여 좌우의 지반에 6%의 물매를 둔다.
   ④ 차수를 위한 폴리피렌 매트는 지형의 굴곡에 맞추어 시공한다.

해설 및 정답

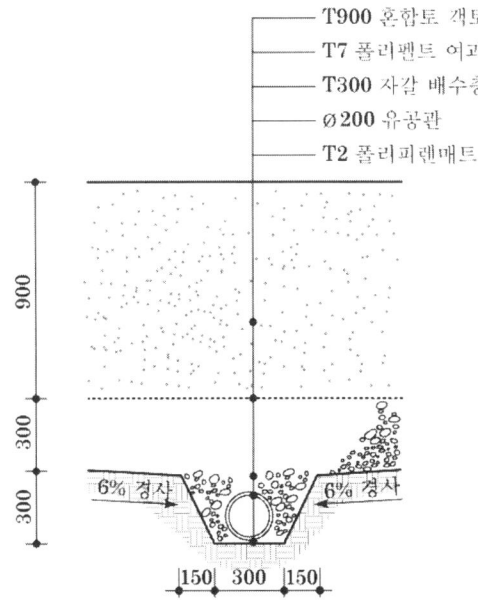

- T900 혼합토 객토층
- T7 폴리펠트 여과층
- T300 자갈 배수층
- ø200 유공관
- T2 폴리피랜매트 차수층

2. 다음 네트워크 공정표를 보고 최조착수일(TE)과 최지착수일(TL)을 구하시오.

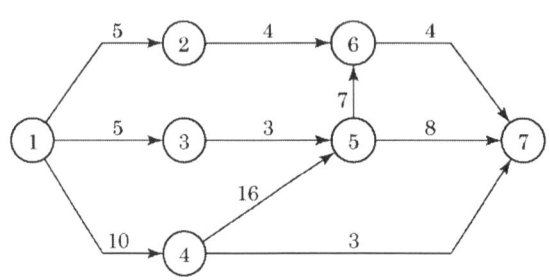

해설 및 정답

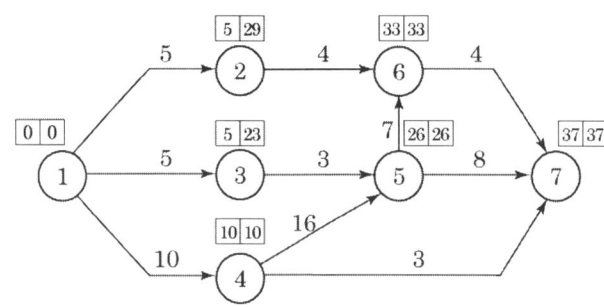

3. 축척 1 : 25,000 지도상에서 두 점 a, b 거리가 4cm, 초점거리 150mm, 화면크기 23cm×23cm의 사진기로 촬영한 연직사진상에서 이 a와 b의 관측결과가 5cm이라면, 이 값을 이용하여 다음 사항을 구하시오. (단, 종중복 60%, 횡중복 30%, 계산은 반올림하여 거리는 m 단위까지, 면적은 m^2 단위까지 구한다.)

① 사진의 축척 ② 촬영고도 ③ 촬영기선길이
④ 촬영경로거리 ⑤ 사진 1매의 피복면적

해설 및 정답

① 사진의 축척 : $\dfrac{1}{25,000} = \dfrac{4\,cm}{x\,m} = \dfrac{0.04\,m}{x\,m}$ ∴ $x = 25,000 \times 0.04 = 1,000\,m$, $\dfrac{0.05}{1,000} = \dfrac{1}{20,000}$

② 촬영고도 : $\dfrac{1}{20,000} = \dfrac{150\,mm}{x\,m} = \dfrac{0.15\,m}{x\,m}$ ∴ $x = 20,000 \times 0.15 = 3,000\,m$

③ 촬영기선길이 = 사진가로길이 − 종중복

$\dfrac{1}{20,000} = \dfrac{23\,cm}{x\,m} = \dfrac{0.23\,m}{x\,m}$ ∴ $x = 20,000 \times 0.23 \times (1 - 0.6) = 1,840\,m$

④ 촬영경로거리 = 사진세로길이 − 횡중복

$\dfrac{1}{20,000} = \dfrac{23\,cm}{x\,m} = \dfrac{0.23\,m}{x\,m}$ ∴ $x = 20,000 \times 0.23 \times (1 - 0.3) = 3,220\,m$

⑤ 사진 1매의 피복면적 : $(20,000 \times 0.23)^2 = 21,160,000\,m^2$

4. 초점 거리가 150mm인 카메라로 고도 3.5km 상공에서 지표고 500m 지점을 촬영한 사진의 축척을 구하시오.

해설 및 정답

항공사진의 축척 = $\dfrac{0.15}{3,500 - 500} = \dfrac{1}{20,000}$

5. 원지반 20,000m³를 버킷용량이 2.4m³인 백호로 굴착하여 토사장까지 14ton 덤프트럭으로 운반하고, 이를 다시 원지반에 되메운 후 다짐을 하려 한다. 다음 사항을 구하시오.)

 보기

- 토량환산계수 : L=1.2, C=0.85
- 백호 버킷계수 : 0.8
- 백호의 작업효율 : 0.7
- 원지반의 단위체적중량 1.4ton/m³
- 백호 사이클 타임 : 30초

① 사토장까지의 운반토량
② 사토장까지 운반 시 덤프트럭 대수
③ 덤프트럭 1대당 적재 소요시간
④ 되메운 후 과부족 토량(느슨한 상태 기준)

해설 및 정답

① 사토장까지의 운반토량 : $20,000 \times 1.2 = 24,000 m^3$

② 사토장까지의 운반 시 덤프트럭 소요대수 $N = \dfrac{24,000}{12} = 2,000$대

- 덤프트럭의 1회 적재량 $q = \dfrac{14}{1.4} \times 1.2 = 12 m^3$

③ 덤프트럭 1대당 적재 소요시간 : $\dfrac{30 \times 6.25}{60 \times 0.7} = 4.46$분

- 적재횟수 $N = \dfrac{12}{2.4 \times 0.8} = 6.25$회

④ 되메운 후 과부족 토량 $V = (20,000 - 20,000 \times 0.85) \times \dfrac{1.2}{0.85} = 4,235.29 m^3$

6. 다음 종단 수준측량의 결과도를 야장 정리하고, 성토고, 절토고를 구하시오. (단, NO.0의 지반고와 계획고를 120.300m로 하고, 구배는 3% 상향구배, 소수 4자리에서 반올림한다. 단위는 m)

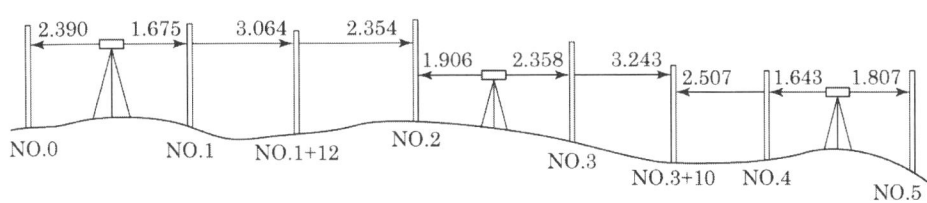

| 측점 | 추가거리(m) | BS | FS | | IH | GH | 계획고 | 성토고 | 절토고 |
			TP	IP					
NO.0	0					120.300	120.300		
NO.1	20								
NO.1+12	32								
NO.2	40								
NO.3	60								
NO.3+10	70								
NO.4	80								
NO.5	100								

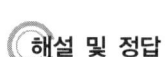

해설 및 정답

측 점	추가거리(m)	BS	FS TP	FS IP	IH	GH	계획고	성토고	절토고
NO.0	0	2.39			122.690	120.300	120.300		
NO.1	20			1.675		121.015	120.900		0.115
NO.1+12	32			3.064		119.626	121.260	1.634	
NO.2	40	1.906	2.354		122.242	120.336	121.500	1.164	
NO.3	60			2.358		119.884	122.100	2.216	
NO.3+10	70	2.507	3.243		121.506	118.999	122.400	3.401	
NO.4	80			1.643		119.863	122.700	2.837	
NO.5	100			1.807		119.699	123.300	3.601	

① 기계고(지반고+후시)
  - NO.0 = 120.3+2.39 = 122.690
  - NO.2 = 120.336+1.906 = 122.242
  - NO.3+10 = 118.999+2.507 = 121.506

② 지반고(기계고-전시)
  - NO.1 = 122.690-1.675 = 121.015
  - NO.1+12 = 122.690-3.064 = 119.626
  - NO.2 = 122.690-2.354 = 120.336
  - NO.3 = 122.242-2.358 = 119.884
  - NO.3+10 = 122.242-3.243 = 118.999
  - NO.4 = 121.506-1.643 = 119.863
  - NO.5 = 121.506-1.807 = 119.699

③ 계획고(지반고×0.03) 상향구배이므로 높이는 증가한다.
  - NO.1 = 120.3+(20×0.03) = 120.9
  - NO.1+12 = 120.3+(32×0.03) = 121.26
  - NO.2 = 120.3+(40×0.03) = 121.5
  - NO.3 = 120.3+(60×0.03) = 122.1
  - NO.3+10 = 120.3+(70×0.03) = 122.4
  - NO.4 = 120.3+(80×0.03) = 122.7
  - NO.5 = 120.3+(100×0.03) = 123.3

※ 절·성토고(지반고-계획고) : +는 절토, -는 성토

7. 다음 데이터를 보고 바 차트를 작성하고, 공기를 14일로 단축했을 때, 네트워크 공정표를 작성하시오. 공기를 단축함으로써 추가되는 추가 최소공사비를 산출하시오.

작업명	소요시간	선행작업	1일 단축 시 비용	비 고
A	4	-	50,000	1. CP는 굵은선으로 표시한다.
B	2	-	40,000	2. 결합점에는 다음과 같이 표시한다.
C	3	-	15,000	
D	2	B	20,000	EST | LST LFT | EFT
E	3	A	10,000	
F	5	E	18,000	
G	4	D, C	25,000	
H	2	D, C	23,000	3. 공기단축은 작업일수/2를 초과할 수 없다.
I	3	H	37,000	
J	2	G, F	45,000	
K	4	I, J	42,000	

① 바 차트 작성

일수	1	2	3	4	5	6	7	8	9	10	11	12	13	14	15	16	17	18	비고
A																			
B																			일수
C																			
D																			FF
E																			
F																			DF
G																			
H																			
I																			
J																			
K																			

② 단축된 네트워크 공정표　　　③ 추가공사 비용

> 해설 및 정답

① 바 차트 작성

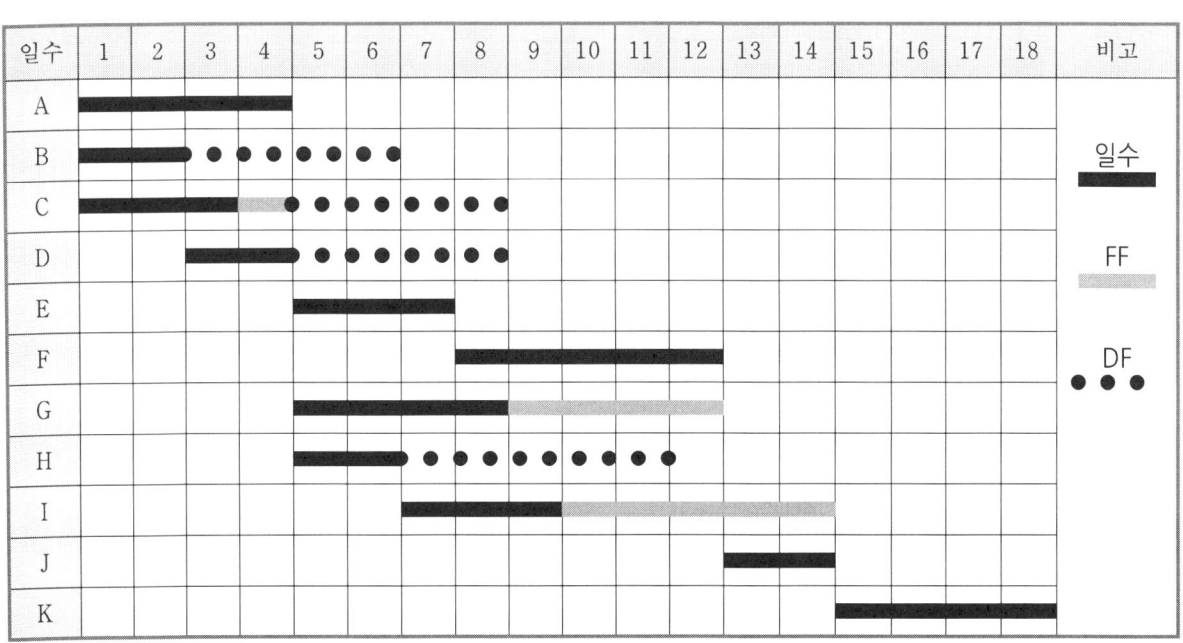

② 단축된 네트워크 공정표

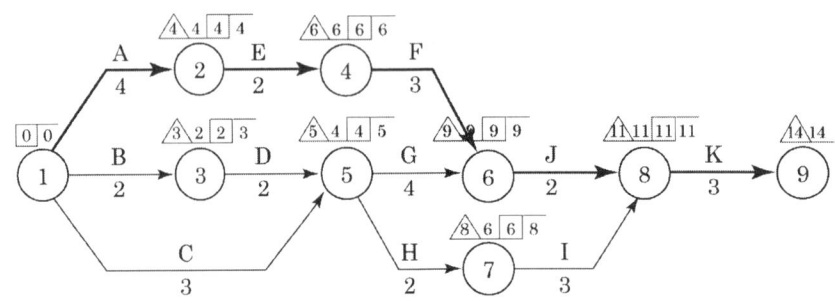

③ 추가공사 비용(CP : A, E, F, J, K)
- A : 50,000
- E : 10,000×1일=10,000
- F : 18,000×2일=36,000
- J : 37,000
- K : 42,000×1일=42,000
∴ 소계 : 88,000원

8. 구조물 기초를 시공하기 위하여 평평한 지반을 다음 그림과 같이 굴착하고자 한다. 굴착할 흙의 단위중량은 1.8ton/m³이고, 다음 물음에 답하시오. (단, 토량환산계수 C=0.8, L=1.2이다. 토공량은 양 단면 평균법을 이용하시오.)

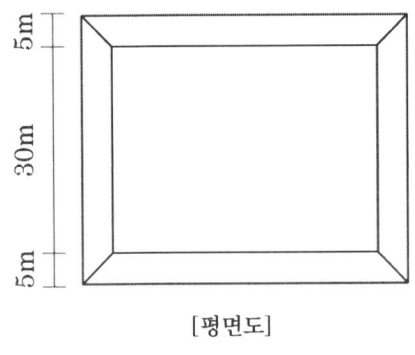

[평면도]

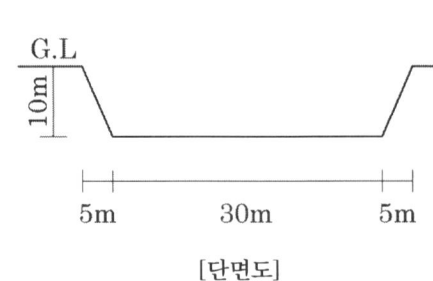

[단면도]

① 터파기 결과 발생하는 굴착토량은 몇 ton인가?
② 1대당 10m³를 적재할 수 있는 덤프트럭을 사용한다면 굴착된 흙을 운반하는 데 총 몇 대 필요한가?
③ 굴착된 흙을 4,000m²의 면적을 가진 성토장에 평평하게 성토하고 다질 경우 성토높이는 얼마인가? (단, 비탈구배는 연직으로 가정한다.)

해설 및 정답

① 굴착토량 $V = \dfrac{(30 \times 30) + (40 \times 40)}{2} \times 10 = 12,500 \text{m}^3$ ∴ 12,500×1.8 = 22,500ton

② 덤프트럭 소요대수 $N = \dfrac{12,500 \times 1.2}{10} = 1,500$대

③ 성토높이 $H = \dfrac{12,500 \times 0.8}{4,000} = 2.5 \text{m}$

2010년 기사 필답형

1. 다음 그림은 CPM 고찰에 의한 비용과 시간증가율을 표시한 것이다. 다음 기호에 해당하는 용어를 쓰시오.

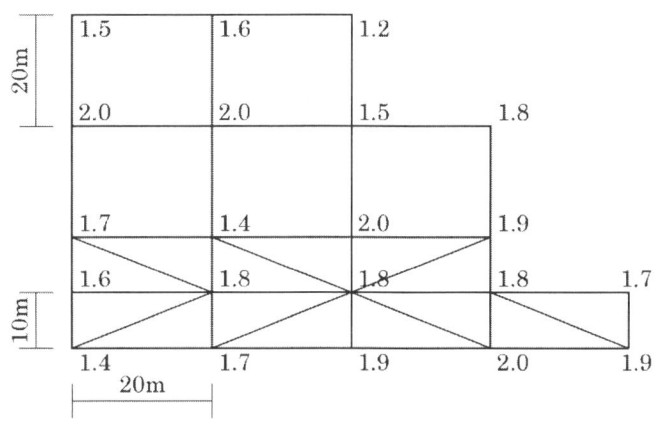

① 사각형 절토량　　　② 삼각형 절토량　　　③ 총 절토량

해설 및 정답

① 사각형 절토량
- $\sum h_1 = 1.5+1.2+1.8+1.7+1.9 = 8.1\text{m}$
- $\sum h_2 = 1.6+2.0+1.4+2.0 = 7.0\text{m}$
- $\sum h_3 = 1.5\text{m}$
- $\sum h_4 = 2.0\text{m}$

$$\therefore V = \frac{20 \times 20}{4}(8.1+2\times7.0+3\times1.5+4\times2.0) = 3,460\text{m}^3$$

② 삼각형 절토량
- $\sum h_1 = 1.7\text{m}$
- $\sum h_2 = 1.7+2.0+1.9+1.6+1.4+1.9+1.9 = 12.4\text{m}$
- $\sum h_3 = 1.4+1.7+2.0 = 5.1\text{m}$
- $\sum h_4 = 1.8\text{m}$
- $\sum h_6 = 1.8\text{m}$
- $\sum h_8 = 1.8\text{m}$

$$\therefore V = \frac{10 \times 20}{6}(1.7+2\times12.4+3\times5.1+4\times1.8+6\times1.8+8\times1.8) = 2,473.33\text{m}^3$$

③ 총 절토량　$V = 3,460+2,473.33 = 5,933.33\text{m}^3$

2. 자연석 160kg을 목도로 운반하려고 한다. 운반거리가 50m일 때 운반비를 구하시오.

- 준비작업시간 : 4분
- 1일 작업시간 : 360분
- 1인 1회 운반량 : 40kg
- 보통인부 : 72,000원/일
- 평균왕복속도 : 2.0km/hr

해설 및 정답

① 목도공수　$M = \dfrac{160}{40} = 4$인

② 목도운반비 : $\dfrac{72,000}{360} \times 4 \times \left(\dfrac{120 \times 50}{2,000} + 4\right) = 5,600$원

3. 가로 30km, 세로 20km인 장방형 지역을 초점거리 150mm, 화면크기 23cm×23cm의 엄밀수직 사진으로 찍은 항공사진상에서 a, b의 거리가 150mm이고, 이에 대응하는 삼각점의 평면좌표(x, y)는 A(24,763.48m, 23,545.09m), B(22,763.48m, 21,309.02m)이며, 비행코스 방향의 중복도를 60%로 하고 비행코스 간의 중복도를 20%로 하였을 때 다음의 사항을 구하시오.

① 사진의 축척 ② 촬영고도 ③ 촬영기선길이
④ 촬영경로 간의 거리 ⑤ 사진 1매의 피복면적 ⑥ 사진 매수

해설 및 정답

① 사진의 축척 : $\dfrac{0.15}{3,000} = \dfrac{1}{20,000}$

- 실제거리 : $\sqrt{(24,763.48-22,763.48)^2 + (23,545.09-21,309.02)^2} = 3,000\text{m}$

② 촬영고도 : $\dfrac{1}{20,000} = \dfrac{150\text{mm}}{x\text{m}} = \dfrac{0.15\text{m}}{x\text{m}}$ ∴ $x = 20,000 \times 0.15 = 3,000\text{m}$

③ 촬영기선 길이(사진 가로길이-비행코스 방향의 중복도)

$\dfrac{1}{20,000} = \dfrac{23cm}{x\,\text{m}} = \dfrac{0.23\,\text{m}}{x\,\text{m}}$ ∴ $x = 20,000 \times 0.23 \times (1-0.6) = 1,840\text{m}$

④ 촬영경로 간의 거리(사진 세로길이-비행코스 간의 중복도)

$\dfrac{1}{20,000} = \dfrac{23\,\text{cm}}{x\,\text{m}} = \dfrac{0.23\,\text{m}}{x\,\text{m}}$ ∴ $x = 20,000 \times 0.23 \times (1-0.2) = 3,680\text{m}$

⑤ 사진 1매의 피복면적 : $(20,000 \times 0.23)^2 = 21,160,000\text{m}^2$

⑥ 사진 매수 : $\dfrac{30,000 \times 20,000}{1,840 \times 3,680} = 88.61 ≒ 89\text{매}$

2011년 기사 필답형

1. 다음 조건을 반영한 통기·관수시설 설치 단면도를 균형감 있게 해당 그림에 완성하시오.

   - 가로수 중심으로부터 50cm 되는 곳에 지름 10cm 이상의 유공관을 4개 이상 설치하여 통기성을 개선하고 우수나 관수 시 땅속 깊이 물이 스며들 수 있도록 1m 이상 깊이로 설치한다.
   - 유공관 내부는 지름 2cm 가량의 쇄석으로 채운다.

   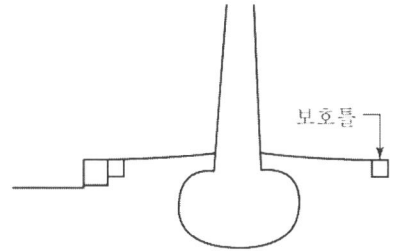

   해설 및 정답

   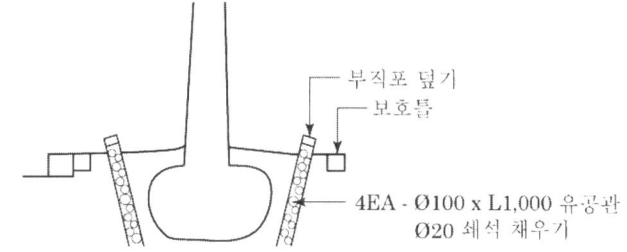

2. Network 공정표 작성상의 기본원칙 4가지를 쓰시오.

   해설 및 정답

   ① 공정 원칙 : 모든 작업은 독립적이며, 작업의 순서에 따라 배열되어야 하며, 모든 공정은 반드시 수행 완료되어야 한다.
   ② 단계 원칙 : 어느 단계에 연결되어 있는 모든 활동이 완료되기 전까지는 후속작업을 개시할 수 없다.
   ③ 활동 원칙 : 결합점 사이에는 하나의 활동(작업)이 요구되며 필요에 따라 명목상 활동(더미)을 도입해야 한다.
   ④ 연결 원칙 : 공정표상 각 활동은 화살표 한쪽 방향으로 표시하며 개시와 종료 결합점은 하나이어야 한다.

3. 다음 습윤토에 대한 조건을 참조하여 다음 물음에 답하시오.

   보기

   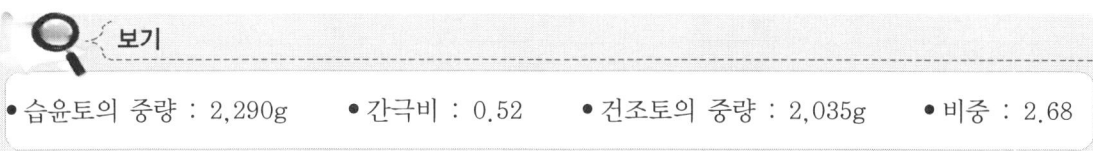
   - 습윤토의 중량 : 2,290g
   - 간극비 : 0.52
   - 건조토의 중량 : 2,035g
   - 비중 : 2.68

   ① 습윤토의 전체 체적 중 공기가 차지하는 비율은 얼마인가?
   ② 이 흙의 함수비를 18%로 만들려면 이 흙에 물을 얼마나 넣어야 하는가?

해설 및 정답

① 습윤토 체적 중 공기가 차지하는 비율 = 1,154.18 : 100 = 139.85 : x, 공기의 비율 $x = 12.12\%$
- 흙 입자만의 중량 : 2,035g
- 흙 입자만의 체적 : 비중 = $\dfrac{\text{흙 입자만의 중량}}{\text{흙 입자만의 체적}}$ → $2.68 = \dfrac{2.035}{x}$ $x = 759.33\text{cm}^3$
- 물의 중량 = 습윤토 - 건조토 = 2,290 - 2,03 = 255g   • 물의 체적 255cm³
- 공극의 체적 : 간극비 = $\dfrac{\text{공극의 체적}}{\text{흙 입자만의 체적}}$ → $0.52 = \dfrac{x}{759.33}$ $x = 394.85\text{cm}^3$
- 공기의 체적 = 공극의 체적 - 물의 체적 = 394.85 - 255 = 139.85cm³
- 흙의 전체 체적 = 흙 입자만의 체적 + 공극의 체적 = 759.33 + 394.85 = 1,154.18cm³

② 함수비 18%일 때의 물의 부족량 = 366.3 - 255 = 111.3g   ∴ 추가할 물의 양 : 0.11*l*
- 함수비 = $\dfrac{\text{물의 중량}}{\text{흙만의 중량}} \times 100$ → $18\% = \dfrac{x}{2,035} \times 100$ ∴ 물의 중량 $x = 366.3$g

4. 다음 수준측량 스케치를 보고 승강식 야장을 작성하시오. (단, 지반고 72.30m)

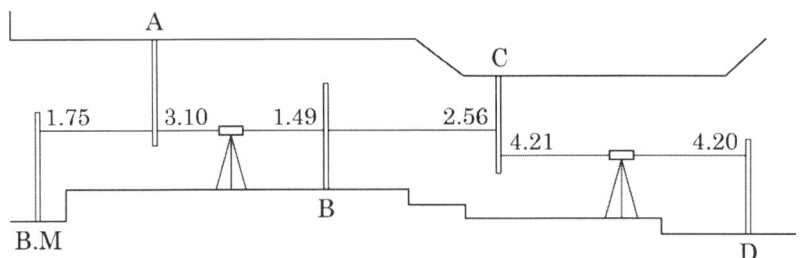

측점	BS	FS		승(+)	차(-)	GH
		TP	IP			
B.M						72.30
A						
B						
C						
D						

해설 및 정답

측점	BS	FS		승(+)	차(-)	GH
		TP	IP			
B.M	1.75					72.30
A			-3.1	4.85		77.15
B			1.49	0.26		72.56
C	-4.21	-2.56		4.31		76.61
D		4.2			8.41	68.2

① 승·차 (후시-전시)
- A = 1.75 - (-3.1) = 4.85(승) • B = 1.75 - 1.49 = 0.26(승)
- C = 1.75 - (-2.56) = 4.31(승) • D = -4.21 - 4.2 = -8.41(차)

② 지반고
- A = 72.3 + 4.85 = 77.15   • B = 72.3 + 0.26 = 72.56
- C = 72.3 + 4.31 = 76.61   • D = 76.61 - 8.41 = 68.2

5. 축척 1 : 20,000 지도상에서 가로 10km, 세로 20km인 지역이 있다. 다음을 구하시오. (단, 종중복 60%, 횡중복 30%, 사진기 23cm×23cm이다.)

① 촬영기선길이
② 촬영경로거리
③ 사진 1매의 유효면적
④ 안전율을 고려한 사진 매수(안전율 20%)
⑤ 안전율을 고려하지 않은 사진 매수

해설 및 정답

① 촬영기선길이(사진 가로길이-종중복)

$$\frac{1}{20,000} = \frac{23\,cm}{x\,m} = \frac{0.23\,m}{x\,m} \qquad \therefore x = 20,000 \times 0.23 \times (1-0.6) = 1,840\,m$$

② 촬영경로거리(사진 세로길 -횡중복)

$$\frac{1}{20,000} = \frac{23\,cm}{x\,m} = \frac{0.23\,m}{x\,m} \qquad \therefore x = 20,000 \times 0.23 \times (1-0.3) = 3,220\,m$$

③ 사진 1매의 유효면적 : $1,840 \times 3,220 = 5,924,800\,m^2$

④ 안전율을 고려한 사진 매수 : $\dfrac{10,000 \times 20,000}{5,924,800} \times 1.2 = 40.51 ≒ 41$매

⑤ 안전율을 고려하지 않은 사진 매수 : $\dfrac{10,000 \times 20,000}{5,924,800} = 33.76 ≒ 34$매

6. 종합적 품질관리(TQC)의 7가지 도구명을 쓰시오.

해설 및 정답

① 히스토그램 : 데이터가 어떤 분포를 하고 있는지를 알아보기 위해 작성하는 그림
② 파레토도 : 불량 발생건수를 항목별로 나누어 크기 순서대로 나열해 놓은 그림
③ 특성요인도 : 결과에 원인이 어떻게 관계하고 있는가를 한 눈에 알 수 있도록 작성한 그림
④ 체크 시트 : 계수치의 데이터가 분류 항목의 어디에 집중되어 있는가를 보기 쉽게 나타낸 그림이나 표
⑤ 각종 그래프 : 한 눈에 파악되도록 숫자를 시각화한 각종 그래프
⑥ 산점도 : 대응되는 2개의 짝으로 된 데이프를 그래프에 점으로 나타낸 그림
⑦ 층별 : 집단을 구성하고 있는 데이터를 특징에 따라 몇 개의 부분집단으로 나눈 것

7. 측량 스케치를 보고 기고식 야장을 작성하시오.

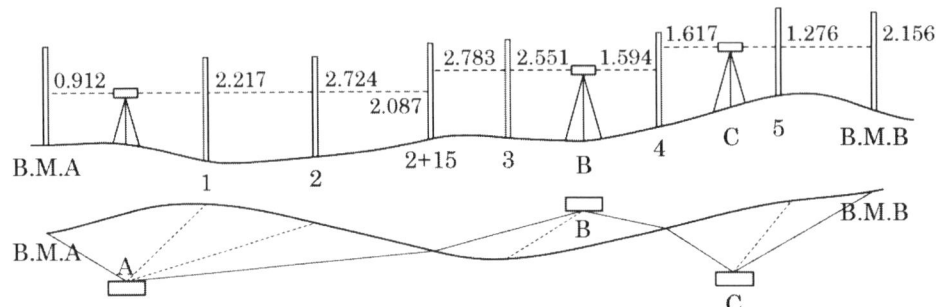

측점	거리(m)	BS	IH	FS		GH	비고
				TP	IP		
B.M.A	0					10.000	
1	20						
2	20						
2+15m	15						
3	5						
4	20						
5	20						
B.M.B	16						
계							

해설 및 정답

측점	거리(m)	BS	IH	FS		GH	비고
				TP	IP		
B.M.A	0	0.912	10.912			10.000	
1	20				2.217	8.695	
2	20				2.724	8.188	
2+15m	15	2.783	11.608	2.087		8.825	
3	5				2.551	9.057	
4	20	1.617	11.631	1.594		10.014	
5	20				1.276	10.355	
B.M.B	16			2.156		9.475	
계		5.312		5.837		−0.525	

① 기계고(지반고+후시)
- B.M.A = 10.0+0.912 = 10.912
- NO.4 = 10.014+1.671 = 11.631
- NO.2+15 = 8.825+2.783 = 11.608

② 지반고(기계고−전시)
- NO.1 = 10.912−2.217 = 8.695
- NO.2+15 = 10.912−2.087 = 8.825
- NO.4 = 11.608−1.594 = 10.014
- B.M.B = 11.631−2.156 = 9.475
- NO.2 = 10.912−2.724 = 8.188
- NO.3 = 11.618−2.551 = 9.057
- NO.5 = 11.631−1.276 = 10.355

2012년 기사 필답형

1. 다음은 종단측량의 스케치도이다. 아래 조건에 의하여 기고식으로 야장을 정리하고, 계획고, 성토고, 절토고를 구하시오. (단, 계획선은 측점 NO.0의 계획고를 101.5m로 하여 1.15% 하향 경사이다.)

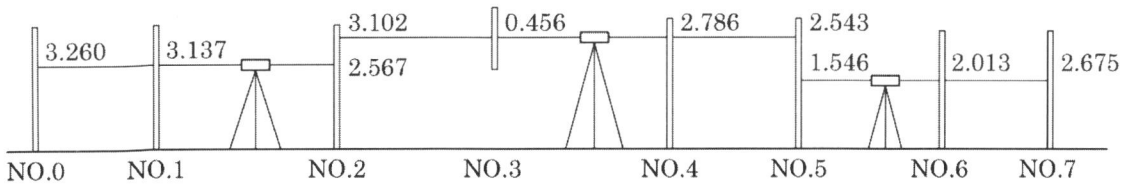

- 야장 기입표

측 점	추가거리(m)	후시	전시		기계고	지반고	계획고	성토고	절토고
			이기점	중간점					
NO.0	0					100.00	101.500		
NO.1	20								
NO.2	40								
NO.3	60								
NO.4	80								
NO.5	100								
NO.6	120								
NO.7	140								

해설 및 정답

측 점	추가거리(m)	후시	전시		기계고	지반고	계획고	성토고	절토고
			이기점	중간점					
NO.0	0	3.260			103.260	100.000	101.500	1.500	
NO.1	20			3.137		100.123	101.270	1.147	
NO.2	40	3.102	2.567		103.795	100.693	101.040	0.347	
NO.3	60			-0.456		104.251	100.810		3.441
NO.4	80			2.786		101.009	100.580		0.429
NO.5	100	1.546	2.543		102.798	101.252	100.350		0.902
NO.6	120			2.013		100.785	100.120		0.665
NO.7	140		2.675			100.123	99.890		0.233

① 기계고(지반고+후시)
  - NO.0 = 100+3.26 = 103.26
  - NO.2 = 100.693+3.102 = 103.795
  - NO.3+10 = 101.252+1.546 = 102.798
② 지반고(기계고-전시)
  - NO.1 = 103.26-3.137 = 100.123
  - NO.2 = 103.26-2.567 = 100.693

- NO.3=103.795-(-0.456)=104.251
- NO.4=103.795-2.786=101.009
- NO.5=103.795-2.543=101.252
- NO.6=102.798-2.013=100.785
- NO.7=102.798-2.675=100.123

③ 계획고(지반고×0.0115) 하향 구배이므로 높이는 감소한다.
- NO.1=101.5-(20×0.0115)=101.27
- NO.2=101.5-(40×0.0115)=101.04
- NO.3=101.5-(60×0.0115)=100.81
- NO.4=101.5-(80×0.0115)=100.58
- NO.5=101.5-(100×0.0115)=100.35
- NO.6=101.5-(120×0.0115)=100.12
- NO.7=101.5-(140×0.0115)=99.89

※ 절·성토고(지반고-계획고) +는 절토, -는 성토

2. 1/25,000인 도면에 나타낸 격자 한 개의 면적이 1ha이다. 같은 격자판으로 축척 1/6,000의 도면에서 1개의 격자는 몇 ha인지 계산하시오.

해설 및 정답

$$25,000^2 : 6,000^2 = 1 : x, \quad x = \frac{6,000^2}{25,000^2} = 0.06\,\text{ha}$$

3. 0.6m^3 용량의 백호와 15t 덤프트럭의 조합 토공현장에서 현장의 조건이 아래와 같다. 다음 물음에 답하시오.

> **보기**
> - 백호 : 버킷계수 1.1, 작업효율 0.7, 사이클 시간 30초
> - 덤프트럭 : 편도 주행거리 6km, 작업효율 0.9, 대기시간 0.5, 흙 부리기 시간 1분, 주행속도 적재 시 30km/hr, 귀환 시 25km/hr
> - 토사 : 단위중량 $1.7\text{t}/\text{m}^3$, 토량변화율 L=1.25, C=0.85

① 백호의 시간당 작업량
② 덤프트럭의 시간당 작업량
③ 백호 1대당 덤프트럭의 소요대수

해설 및 정답

① 백호의 시간당 작업량 $Q = \dfrac{3600 \times 0.6 \times 1.1 \times \frac{1}{1.25} \times 0.7}{30} = 44.35\,\text{m}^3/\text{hr}$

② 덤프트럭의 시간당 작업량 $Q = \dfrac{60 \times 11.03 \times \frac{1}{1.25} \times 0.9}{39.84} = 11.96\,\text{m}^3/\text{hr}$

- 덤프트럭의 1회 적재량 $q = \dfrac{15}{1.7} \times 1.25 = 11.03\,\text{m}^3$
- 백호의 적재 시 사이클 횟수 $N = \dfrac{11.03}{0.6 \times 1.1} = 16.71$회
- 적재하는 데 소요되는 시간 $t_1 = \dfrac{30 \times 16.71}{60 \times 0.7} = 11.94$분
- 덤프트럭의 왕복시간 $t_2 = \left(\dfrac{6}{30} + \dfrac{6}{25}\right) \times 60 = 26.4$분
- 덤프트럭 1회 사이클 시간 $C_m t = 11.94 + 26.4 + 1.0 + 0.5 = 39.84$분

③ 백호 1대당 덤프트럭 소요대수 $N = \dfrac{44.35}{11.96} = 3.71 ≒ 4$대

2013년 기사 필답형

1. 식재품셈표를 참고하여 식재공사 내역서를 작성하시오. (단, 조경공 60,000원, 보통인부 34,000원, 흙값 80,000원/m³, 원 단위 미만의 금액은 버리시오.)

• 수량 및 단가

재료명	규격	단위	수량	단가	조건	비고
잣나무	H2.5×W1.0	주	10	150,000	객토 필요, 지주목 필요	• 지주목을 세우지 않을 때에는 식재품에서 20% 감한다. • 객토를 할 경우에는 식재품의 10%를 가산한다.
노각나무	H2.5×R5	주	15	28,000	객토하지 않음, 지주목 세우지 않음	
벽오동	H3.0×B8	주	20	72,000	객토 필요, 지주목 세우지 않음	
회양목	H0.3×W0.4	주	85	1,200	객토하지 않음, 지주목 세우지 않음	

• 식재품

수고에 의한 식재				흉고직경에 의한 식재			
수고(m)	조경공(인)	보통인부(인)	객토량(m³)	흉고직경(cm)	조경공(인)	보통인부(인)	객토량(m³)
1.6~2.0	0.11	0.09	0.099	6	0.32	0.19	0.217
2.1~2.5	0.15	0.12	0.141	8	0.5	0.29	0.345
2.6~3.0	0.19	0.14	0.189	10	0.68	0.39	0.513

근원직경에 의한 식재			관목류 식재		
근원직경(cm)	조경공(인)	보통인부(인)	수고(m)	조경공(인)	보통인부(인)
5	0.17	0.1	0.3 미만	0.01	0.01
8	0.37	0.22	0.3~0.7	0.03	0.02
10	0.51	0.3	0.8~1.1	0.05	0.03

① 식재비를 구하시오.

재료명	규격	수량	단위	산출근거	금액
잣나무	H2.5×W1.0	9	주		
노각나무	H2.5×R5	14	주		
벽오동	H3.0×B8	11	주		
회양목	H0.3×W0.4	4	주		
계					

② 식재에 필요한 객토량과 흙값을 계산하시오.

해설 및 정답

① 식재비를 구하시오.

재료명	규격	수량	단위	산출근거	금액
잣나무	H2.5×W1.0	9	주	재료비 : 10×150,000 노무비 : 10×(0.15×60,000+0.12×34,000)×1.1	1,643,880
노각나무	H2.5×R5	14	주	재료비 : 15×28,000 노무비 : 15×(0.17×60,000+0.1×34,000)×0.8	583,200
벽오동	H3.0×B8	11	주	재료비 : 20×72,000 노무비 : 20×(0.5×60,000+0.29×34,000)×0.9	2,157,480
회양목	H0.3×W0.4	4	주	재료비 : 85×1,200 노무비 : 85×(0.03×60,000+0.02×34,000)	312,800
계					4,697,360

② 객토량 : 0.141×10+0.345×20=8.31m³   객토할 흙값 : 8.31×80,000=664,800원

2. 아래의 이각지주목 그림과 조건을 참고하여 삼각지주목의 평면도와 단면도를 그리고 각각의 치수 및 재료명을 기입하시오..

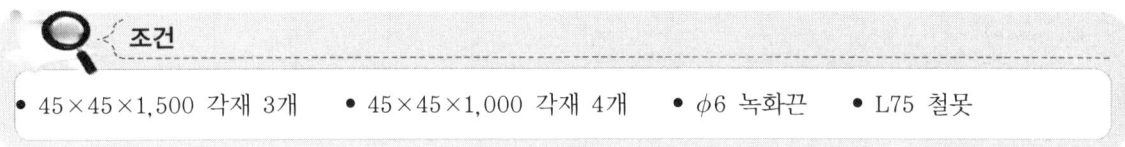

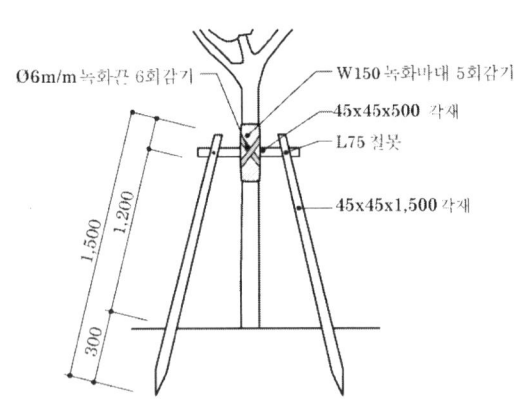

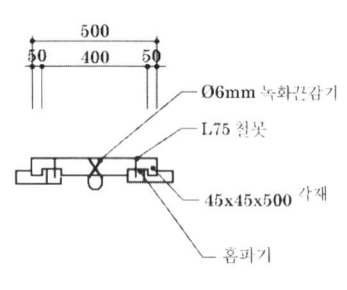

해설 및 정답

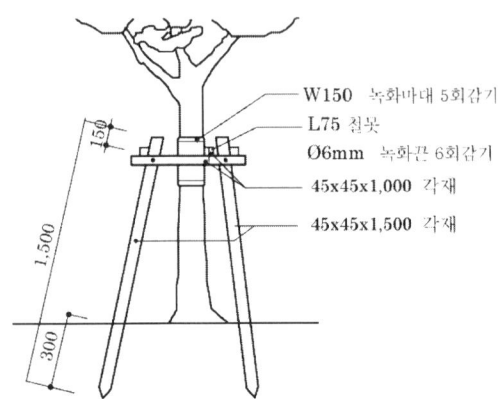

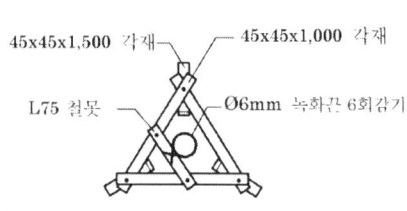

3. 그림과 같이 백호로 굴착을 하고 통로박스를 시공하고 되메우기 했을 때, 다음 조건을 보고 물음에 답하시오. (단, L=1.25, C=0.8, 15톤 덤프트럭 2대 사용, 1회 사이클 시간 300분, 1일 작업시간 6시간, 암거 길이 10m, 덤프트럭 작업효율 0.9, 흙의 단위중량 1.8ton/㎥)

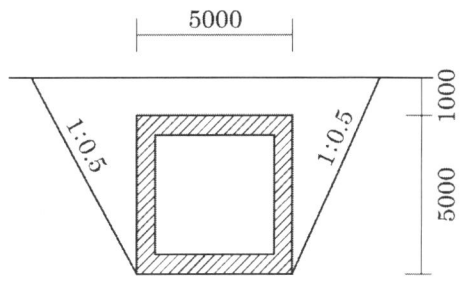

① 사토량을 본바닥 상태로 구하시오.   ② 덤프트럭 1대의 시간당 작업량
③ 덤프트럭 2대로 사토할 경우 소요일수

해설 및 정답

- 터파기 : $\dfrac{5+11}{2} \times 6 \times 10 = 480\,\mathrm{m^3}$

- 경사에 따른 밑변길이 $1 : 0.5 = 6 : x$ ∴ $x = 3$

- 잔토처리 : $5 \times 5 \times 10 = 250\,\mathrm{m^3}$

- 되메우기 : $480 - 250 = 230\,\mathrm{m^3}$

- 본바닥 상태(다지면서 되메우기한 양)가 $230\,\mathrm{m^3}$이기 때문에 더돋기량을 추가함. $230 \times \dfrac{1}{0.8} = 287.5\,\mathrm{m^3}$

① 사토량 : $480 - 287.5 = 192.5\,\mathrm{m^3}$

② 덤프트럭 1대의 시간당 작업량 $Q = \dfrac{60 \times 10.42 \times \dfrac{1}{1.25} \times 0.9}{300} = 1.5\,\mathrm{m^3/hr}$

- 덤프트럭 1회 적재량 $q = \dfrac{15}{1.8} \times 1.25 = 10.42\,\mathrm{m^3}$

③ 덤프트럭 2대로 사토할 경우 소요일수 $\dfrac{192.5}{1.5 \times 6 \times 2} = 10.69 ≒ 11$일

2014년 기사 필답형

1. 다음의 조건으로 화강석 판석깔기 단면도를 NONE SCALE로 그리시오. 포장은 화강석 판석(300×300×30), 모르타르(THK30), 와이어 메시(#6), 콘크리트 C종(1 : 3 : 6, THK100), 콘크리트 분리막(THK0.02 PE 필름), 혼합골재(THK100) 원지반 다짐 후 시공한다.

 해설 및 정답

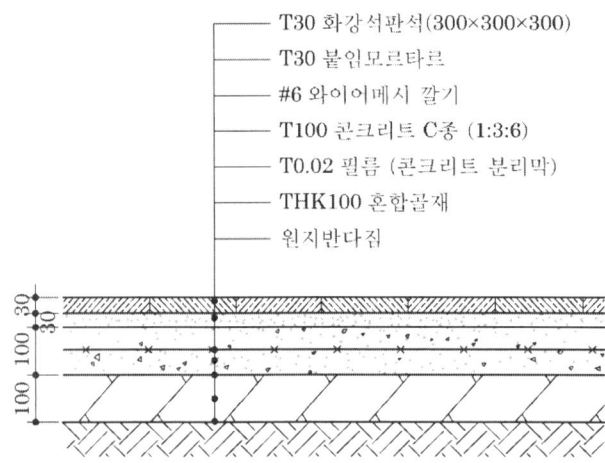

2. 다음 그림과 같이 표고가 20m씩 차이나는 지형의 흙을 굴착한 후 택지조성하려 한다. 버킷용량이 $1.0m^3$인 굴삭기 2대를 사용할 때 다음 물음에 답하시오. 소수 둘째자리까지 계산한다.

> 조건
> - 굴삭기 1회 사이클 시간 : 20초
> - 버킷계수 : 0.8
> - 1일 작업시간 : 8시간
> - 작업효율 : 0.8
> - 토량환산계수 : 1.2
> - 등고선 면적 $A_1=100m^2$, $A_2=70m^2$, $A_3=50m^2$

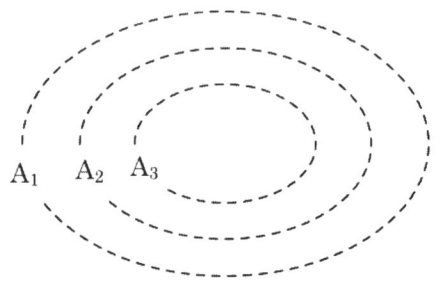

① 굴착할 토량   ② 굴삭기 시간당 작업량   ③ 굴착작업 소요공기

해설 및 정답

① 굴착할 토량 $V = \dfrac{20}{3}\{100+4(70)+50\} = 2,866.66\,\text{m}^3$

② 굴삭기 시간당 작업량 $Q = \dfrac{3,600 \times 1.0 \times 0.8 \times 1.2 \times 0.8}{20} = 138.24\,\text{m}^3/\text{hr}$

③ 굴착작업 소요공기 $\dfrac{2,866.66}{138.24 \times 8 \times 2} = 1.3 ≒ 2$일

3. 네트워크 공정표를 작성하시오.

작업명	소요시간	선행작업	비 고
A	6	–	
B	4	–	
C	3	–	
D	3	A	
E	6	A, B	
F	5	A, C	

비고:
- EST | LST △ LFT | EFT
- i →(작업명/작업일수)→ j
- TF   FF   (DF)

① 네트워크 공정표와 여유시간 ② 최대 작업일수

해설 및 정답

① 네트워크 공정표와 여유시간

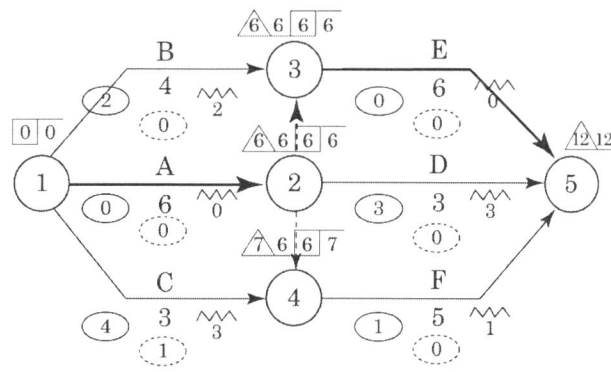

② 최대 작업일수 : 6+6=12일

2015년 기사 필답형

1. 기본형 블록을 사용하여 H 1.0m, L 4.0m의 담장을 만들려고 할 때, 다음의 조건에 맞추어 물음에 답하시오. (단, 블록은 390×190×150 사용, 금액의 소수는 버리시오.)

- 블록 쌓기(m²당)

구 분	매	모르타르(m³)	시멘트(kg)	모래(m³)	조적공(인)	보통인부(인)
390×190×190	13	0.01	5.1	0.011	0.15	0.06
390×190×150	13	0.009	4.59	0.01	0.13	0.07
390×190×100	13	0.006	3.06	0.007	0.11	0.06

- 단가표

구 분	단 위	단가(원)	구 분	단 위	단가(원)
블록	매	600	조경공	인	60,000
시멘트	포대	8,000	보통인부	인	34,000
모래	m³	52,000			

① 1m²당 블록 소요량을 구하시오.

② 다음 일위대가표를 작성하시오.

구분	단위	수량	재료비 단가	재료비 금액	노무비 단가	노무비 금액	계 단가	계 금액
블록								
시멘트								
모래								
조적공								
보통인부								
계								

③ 총 공사비를 구하시오.

해설 및 정답

① 1m² 당 블록 소요량 : $\dfrac{1}{(0.39+0.01)\times(0.19+0.01)} = 12.5 ≒ 13$매

② 일위대가표

구분	단위	수량	재료비		노무비		계	
			단가	금액	단가	금액	단가	금액
블록	매	13	600	7,800			600	7,800
시멘트	kg	4.59	200	918			200	918
모래	m³	0.01	52,000	520			52,000	520
조적공	인	0.13			60,000	7,800	60,000	7,800
보통인부	인	0.07			34,000	2,380	34,000	2,380
계				9,238		10,180		19,418

③ 총공사비
- 재료비 : 1×4×9,238＝36,952원
- 노무비 : 1×4×10,180＝40,720원
- ∴ 합계 : 36,952+40,720＝77,672원

2. 횡선식 공정표로 네트워크 공정표를 작성하고, CP는 굵은선으로 표시하시오.

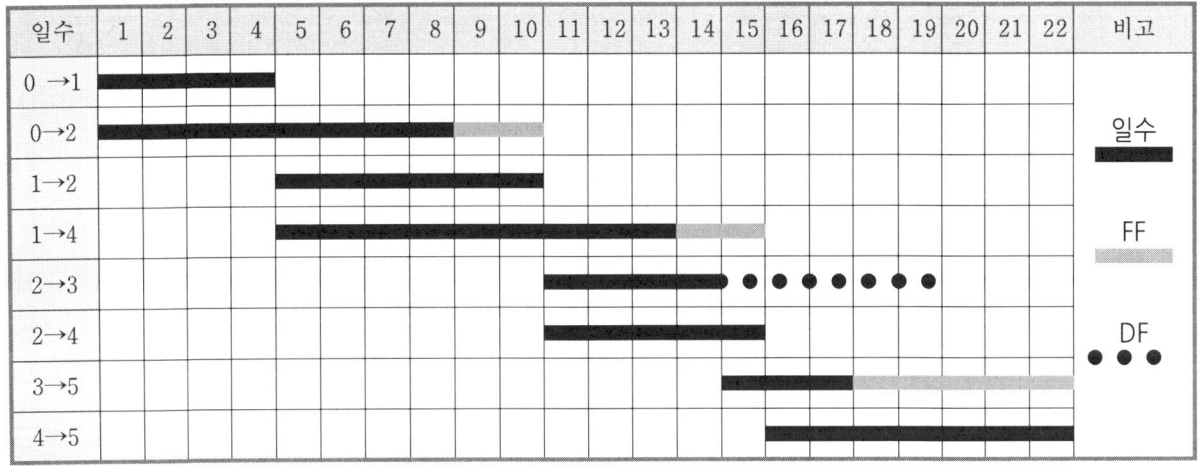

◉ 해설 및 정답

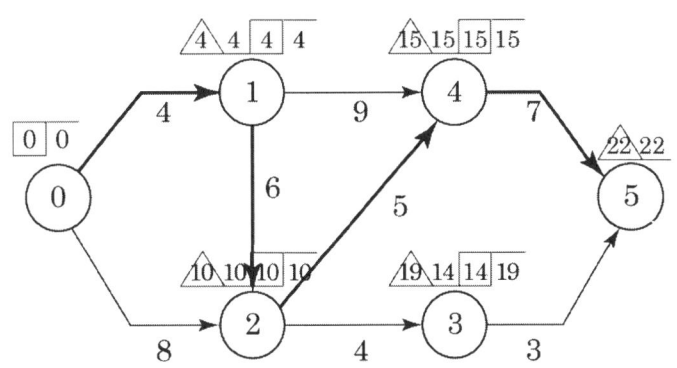

3. 측량 스케치를 보고 물음에 답하시오. (단, 소수는 4자리에서 반올림하고, 단위는 m이다.)

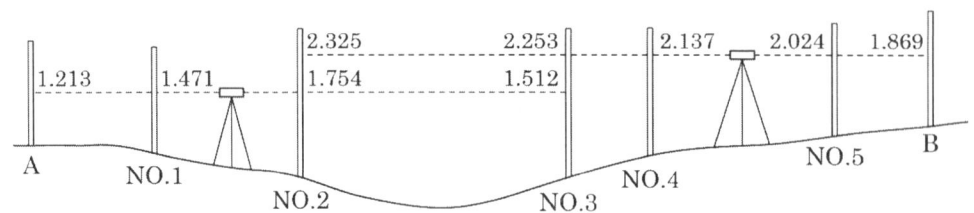

① 측점 NO.2와 측점 NO.3의 고저차를 구하시오.
② 측점 NO.3의 지반고를 구하시오.
③ 다음 야장을 완성하시오.

측점	B.S	FS		I.H	G.H	비고
		T.P	I.P			
A					10.0m	
NO.1						
NO.2						

측점	B.S	FS		I.H	G.H	비고
		T.P	I.P			
NO.3						
NO.4						
NO.5						
B						

해설 및 정답

① 측점 NO.2와 측점 NO.3의 고저차 : $\frac{1}{2}(1.754-1.512)+(2.325-2.253)=0.157$m

② 측점 NO.3의 지반고 : 9.459+0.157=9.616m

③ 야장

측점	B.S	FS		I.H	G.H	비고
		T.P	I.P			
A	1.213			11.213	10.0m	
NO.1			1.471		9.742	
NO.2		1.754			9.459	

측점	B.S	FS		I.H	G.H	비고
		T.P	I.P			
NO.3	2.253			11.869	9.616	
NO.4			2.137		9.732	
NO.5			2.024		9.845	
B		1.869			10.0	

2016년 기사 필답형

1. 다음 데이터를 보고 네트워크 공정표를 작성하고, CP를 표시하시오. 또한 총공사비(간접비+직접비)가 가장 적게 들기 위한 최적공기를 구하시오. (단, 간접비는 1일당 20만원이 소요된다.)

작업명	선행작업	후속작업	표준 일수	표준 직접비(만원)	특급 일수	특급 직접비(만원)	비 고
A	–	B, C	3	30	2	33	
B	A	D	2	40	1	50	
C	A	E	7	60	5	80	1. CP는 굵은선으로 표시한다.
D	B	F	7	100	5	130	2. 결합점에는 다음과 같이 표시한다.
E	C	G, H	7	80	5	90	
F	D	G, H	5	50	3	74	
G	E, F	I	5	70	5	70	
H	E, F	I	1	15	1	15	
I	G, H	–	3	20	3	20	

① 네트워크 공정표를 작성하시오. ② 최적공기를 구하시오.

해설 및 정답

① 네트워크 공정표

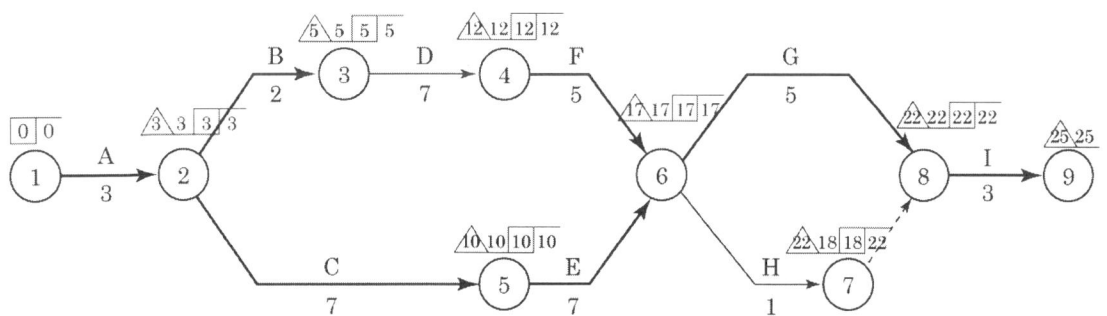

② 최적공기 : 25-3=22일(정상공기 : 25일)

※ CP가 2개이므로 공기를 줄이려면 양쪽에서 단축해야 한다.
※ 최적공기는 1일당 추가되는 직접비가 20만원 이하일 때까지 줄인다.

- A : (33-30)=3 < 20 ∴ 1일 단축
- B+C : (50-0)+(80-60)÷2=20 ∴ 0일 단축
- B+E : (50-40)+(90-80)÷2 < 20 ∴ 1일 단축
- D+C : (130-100)÷2+(80-60)÷2 > 20 ∴ 0일 단축
- D+E : (130-100)÷2+(90-80)÷2=20 ∴ 0일 단축
- F+C : (74-50)÷2+(80-60)÷2 > 20 ∴ 0일 단축
- F+E : (74-50)÷2+(90-80)÷2 < 20 ∴ 1일 단축

2. 다음 단면도와 같은 도로를 설치하려 한다. 오른쪽 그림의 각 단면의 높이와 구간거리를 참고하여 성토할 체적을 구하시오. (단, 토량 산정 시 양 단면 평균법을 이용하시오.)

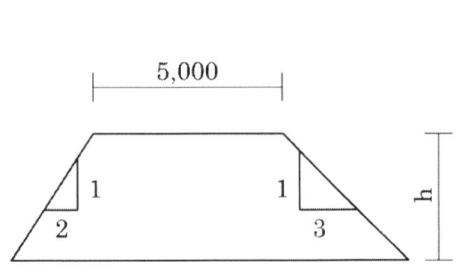
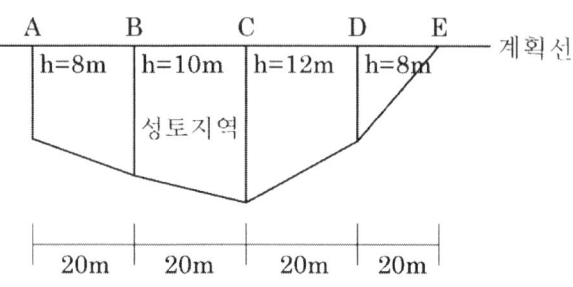

① 각 단면의 단면적　　　　② 성토할 체적

해설 및 정답

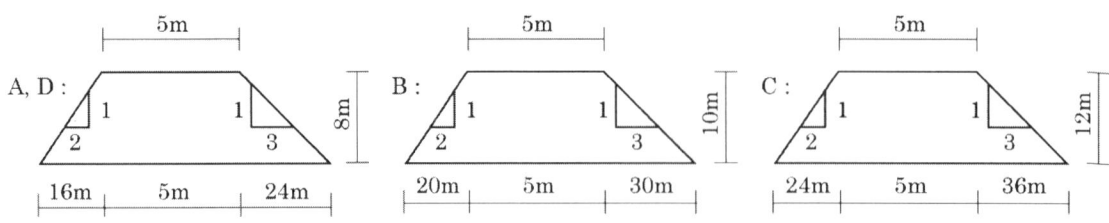

① 각 단면의 단면적

- A, D : $\dfrac{45+5}{2} \times 8 = 200\text{m}^2$
- B : $\dfrac{55+5}{2} \times 10 = 300\text{m}^2$
- C : $\dfrac{65+5}{2} \times 12 = 420\text{m}^2$

② 성토할 체적

- A~B : $\dfrac{200+300}{2} \times 20 = 5,000\text{m}^3$
- B~C : $\dfrac{300+420}{2} \times 20 = 7,200\text{m}^3$
- C~D : $\dfrac{420+200}{2} \times 20 = 6,200\text{m}^3$
- D~E : $\dfrac{200+0}{2} \times 20 = 2,200\text{m}^3$

∴ $V = 5,000 + 7,200 + 6,200 + 2,200 = 20,400\text{m}^3$

2017년 기사 필답형

1. 다음 도면을 참조하여 절성토량이 균형이 되도록 시공 기준면(F.L)의 높이를 산출하시오. (단, 단위는 m, 소수 3자리까지 구하시오.)

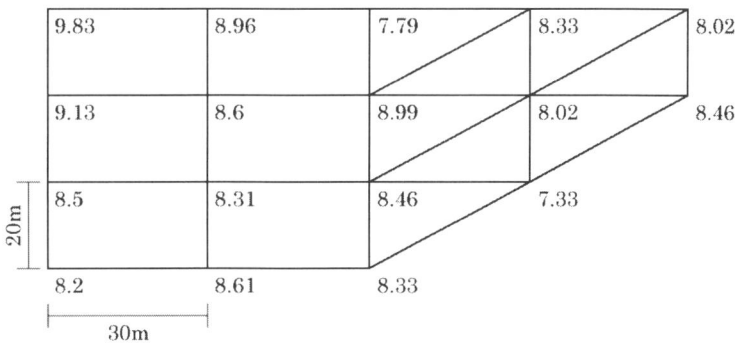

해설 및 정답

① 사각분할법
- $\sum h_1 = 9.83+7.79+8.33+8.2 = 34.15$
- $\sum h_2 = 8.96+8.99+8.46+8.61+8.5+9.13 = 52.65$
- $\sum h_4 = 8.6+8.31 = 16.91$

$\therefore V = \dfrac{20 \times 30}{4}(34.15+2\times 52.65+4\times 16.91) = 31,063.5\,\text{m}^3$

② 삼각분할법
- $\sum h_1 = 7.79+8.33 = 16.12$
- $\sum h_2 = 8.02+8.46 = 16.48$
- $\sum h_3 = 8.33+7.33+8.46+8.99 = 33.11$
- $\sum h_6 = 8.02$

$\therefore V = \dfrac{20 \times 30}{4}(16.12+2\times 16.48+3\times 33.11+6\times 8.02) = 19,653\,\text{m}^3$

③ $F.L = \dfrac{\text{전체 토량}(\text{m}^3)}{\text{전체 면적}(\text{m}^2)} = \dfrac{31,063.5+19,653}{20\times 30\times 10} = 8.4527 ≒ 8.453\,\text{m}$

2. 다음 참고사항을 적용하여 근린공원 18개월짜리 공사원가 계산서를 작성하시오. (단, 총공사비는 1,000원 이하 버리고, 기타는 원 단위 미만 버림, 이윤율 15%)

- 간접노무비율

구분		간접노무비율	구분		간접노무비율	구분		간접노무비율
공사 종류	건축공사	14.5%	공사 규모	5억 미만	14%	공사 개월	6개월 미만	13%
	토목공사	15%		5~30억 미만	15%		6~12개월	15%
	특수공사	15.5%		30억 이상	16%		12월 이상	17%
	기타	15%						

235

Part 3 조경기사 필답형 기출문제

- 일반관리비 비율

구분	5억 미만	5~30억 미만	30억 미만
일반관리비	6.0%	5.5%	5.0%

- 공사원가 계산서

구분			산출근거	금액
순공사원가	재료비	직접재료비		375,486,419
		간접재료비		48,500,723
		작업설/부산물		13,210,354
		소계	( )	
	노무비	직접노무비		164,370,262
		간접노무비	( )	
		소계		
	경비	기계경비		17,562,739
		기타 경비	( )×6.3%	
		안전관리비	(재료비+직접노무비)×0.91%+1,647,000	
		산재보험료	( )×3.4%	
		소계		
일반관리비			( )	
이윤			( )	
총공사비			( )	

해설 및 정답

구분			산출근거	금액
순공사원가	재료비	직접재료비		375,486,419
		간접재료비		48,500,723
		작업설/부산물		13,210,354
		소계	(직·재+간·재-부산물)	410,776,788
	노무비	직접노무비		164,370,262
		간접노무비	(직·노×15.83%)	26,019,812
		소계		190,390,074
	경비	기계경비		17,562,739
		기타 경비	(재+노)×6.3%	37,873,512
		안전관리비	(재료비+직접노무비)×0.91%+1,647,000	6,880,838
		산재보험료	(노무비)×3.4%	6,473,262
		소계		68,790,351
일반관리비			{(재+노+경)×5.5%}	36,847,646
이윤			{(노+경+일·관) ×15%이내}	44,404,210
총공사비			(재+노+경+일·관+이윤)	751,200,000

※ 간접노무비율 = (15.5+15+17)÷3 = 15.83

3. 계획등고선과 기존등고선을 보고 답하시오.

> **보기**
> - 측점(STA.n) 간의 간격(STA.n+1)은 20m
> - STA.0에서 STA.1까지의 거리는 20m
> - STA.n의 거리는 0에서 70m까지임
>
> ———— 기존 등고선
> ------ 계획 등고선

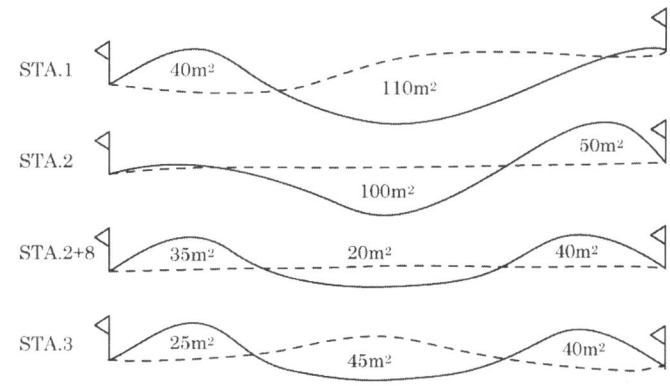

① 양 단면 평균법에 의한 성토량을 구하시오.   ② 중앙 단면법에 의한 절토량을 구하시오.

해설 및 정답

① 양 단면 평균법에 의한 성토량

- S.0~S.1 : $\dfrac{0+110}{2} \times 20 = 1,100$
- S.1~S.2 : $\dfrac{110+100}{2} \times 20 = 2,100$
- S.2~S.2+8 : $\dfrac{100+20}{2} \times 8 = 480$
- S.2+8~S.3 : $\dfrac{20+45}{2} \times 12 = 390$
- S.3~S.n : $\dfrac{45+0}{2} \times 10 = 225$

∴ 성토량 $V = 1,100 + 2,100 + 480 + 390 + 225 = 4,295 \text{m}^3$

② 중앙 단면법에 의한 절토량

- S.1 : $40 \times (10+10) = 800$
- S.2+8 : $(35+40) \times (4+6) = 750$
- S.2 : $50 \times (10+4) = 700$
- S.3 : $(25+40) \times (6+5) = 715$

∴ 절토량 $V = 800 + 700 + 750 + 715 = 2,965 \text{m}^3$

2018년 기사 필답형

1. 함수비 10%인 자연상태의 토사를 이용하여 물다짐 후의 함수비 20%가 되도록 하기 위한 관수량을 구하시오. (단, 한 층의 다짐두께는 30cm, C=0.9, 자연상태의 용적 밀도=1.8t/㎥로 한다.

    ◎ 해설 및 정답

    - 자연상태 토사의 중량 $1.0 \times 0.3 \times \dfrac{1}{0.9} \times 1.8 = 0.6 \text{ton}$
    - 자연상태 토사 중 흙의 중량 $\dfrac{0.6 - x}{x} = 0.1$, $x = \dfrac{0.6}{1 + 0.1} = 0.55 \text{ton}$
    - 자연상태 토사 중 물의 중량 : 자연상태 토사의 중량 − 흙만의 중량 = 0.6 − 0.55 = 0.05ton
    - 함수비 20%일 때의 물의 중량

      함수비 = $\dfrac{\text{물의 중량}}{\text{흙의 중량}}$, $\dfrac{x}{0.55} = 0.2$ ∴ $x = 0.11 \text{ton}$
    - 추가 관수량 = 0.11 − 0.05 = 0.06ton ∴ 60L

2. 콘크리트의 혼화재와 혼화제에 대해 설명하고, 보기에서 예를 고르시오.

    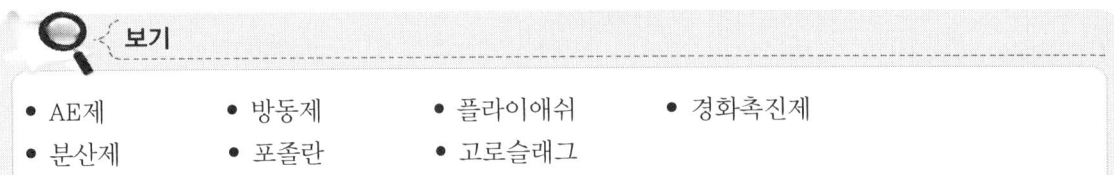

    보기
    - AE제
    - 방동제
    - 플라이애쉬
    - 경화촉진제
    - 분산제
    - 포졸란
    - 고로슬래그

    ◎ 해설 및 정답

    ① 혼화재 : 시멘트의 성질을 개량할 목적으로 사용하는 재료로서 시멘트량의 5% 이상으로 사용되므로 시멘트의 대체재료로 이용된다. 그 부피가 배합계산에 포함되는 것을 말한다. (포졸란, 고로슬래그, 플라이애시)
    ② 혼화제 : 시멘트의 성질을 개량할 목적으로 사용하는 재료이나 시멘트량의 1% 이하로 사용되므로 배합계산에서는 고려하지 않는다. (AE제, 경화촉진제, 분산제, 방동제)

2019년 기사 필답형

1. 다음 내용은 가로수 전정에 대한 표준시방서 내용이다. 빈칸에 알맞은 단어를 쓰시오.

   > **보기**
   > - 수목의 전정 시 하계전정은 (①), 동계전정은 (②) 사이에 실시한다.
   > - 가로수의 생육공간을 확보하기 위하여 고압선이 있는 경우 수고는 고압선보다 (③) 밑가지를 한도로 유지하고, 제일 밑가지는 통행에 지장이 없도록 보도측지하고는 (④)으로 하되, 수고와 수형을 감안하여 (⑤)까지로 할 수 있다. 또한 보도측 건물의 건축 외벽으로부터 수관 끝이 (⑥) 이격을 확보하도록 한다.

   해설 및 정답

   ① 6~8월 ② 12~3월 ③ 1m ④ 2.5m 이상
   ⑤ 2.0m 이상 ⑥ 1m

3. 다음 빈칸에 알맞은 내용을 보기에서 고르시오.

   > **보기**
   > - 기비 · 추비 · 화목류 시비 · 환상시비
   > - 방사형 시비 · 압력식 · 자연압력방식

   - (①)는 늦가을 낙엽 후 10월 하순~11월 하순의 땅이 얼기 전까지, 또는 2월 하순~3월 하순의 잎 피기 전까지 사용하고, (②)는 수목 생장기인 4월 하순~6월 하순까지 사용한다.
   - (③)는 잎이 떨어진 후에 효과가 빠른 비료를 준다.
   - (④)는 뿌리가 손상되지 않도록 뿌리분 둘레를 깊이 0.3m, 가로 0.3m, 세로 0.5m 정도로 흙을 파내고 소요량의 퇴비를 넣은 후 복토한다.
   - (⑤)는 1회 시에는 수목을 중심으로 2개소에, 2회 시에는 1회 시비의 중간 위치 2개소에 시비 후 복토한다.
   - 수간주입방법은 높이 차이에 따른 (⑥)과 수간주입기 제품의 압력발생방법의 (⑦) 제품으로 구분할 수 있다.

   해설 및 정답

   ① 기비 ② 추비 ③ 화목류 시비 ④ 환상시비
   ⑤ 방사형 시비 ⑥ 자연압력방식 ⑦ 압력식

2020년 기사 필답형

1. 품질문제 해결 단계를 다음의 보기에서 골라 순서에 맞게 나열하시오.

 보기

- 품질관리
- 표본추출
- 데이터 분석처리
- 의사결정
- 검토
- 모집단 구성
- 모집단 정보
- 조치행동
- 관측

해설 및 정답

① 모집단 구성 → ② 표본추출 → ③ 관측 → ④ 데이터 분석처리 → ⑤ 모집단 정보 → ⑥ 검토 → ⑦ 의사결정 → ⑧ 조치행동 → ⑨ 품질관리

2. 다음의 그림을 보고 성토량을 구하시오. (단, 최저 깊이는 18m이고, I 구간은 $V=\dfrac{1}{3}(A_1 \times h')$의 식으로 구하고, II~IV 구간은 양단면 평균법으로 구한다.)

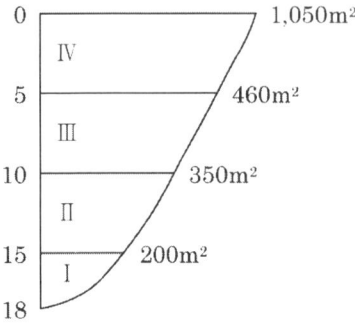

해설 및 정답

- I 구간 $V = \dfrac{3}{3} \times 200 = 200\,\mathrm{m}^3$
- II 구간 $V = \dfrac{200+350}{2} \times 5 = 1,375\,\mathrm{m}^3$
- III 구간 $V = \dfrac{350+460}{2} \times 5 = 2,025\,\mathrm{m}^3$
- IV 구간 $V = \dfrac{460+1,050}{2} \times 5 = 3,775\,\mathrm{m}^3$

∴ 총토량 = 200 + 1,375 + 2,025 + 3,775 = 7,375 m^3

2021년 기사 필답형

1. 다음 보기의 내용은 투수콘크리트에 대한 표준시방서 내용이다. 올바른 작업 순서대로 나열하시오.

> **보기**
> ㉠ 원지반 다짐
> ㉡ 쇄석 포설 다짐(T150)
> ㉢ 줄눈시공(실리콘)
> ㉣ 초기 양생(덮개로 덮어 보호)
> ㉤ 표면보호제 도포(에폭시 프라이머)
> ㉥ 후기 양생(살수 양생)
> ㉦ 포장 절단
> ㉧ 모래포설 다짐(T50)
> ㉨ 투수콘크리트 포장(T100)

해설 및 정답

㉠ → ㉧ → ㉡ → ㉨ → ㉣ → ㉥ → ㉤ → ㉦ → ㉢

2. 다음 보기의 내용은 수목굴취에 대한 표준시방서 내용이다. 빈칸에 알맞은 단어를 쓰시오.

> **보기**
> - 뿌리돌림은 수종 및 이식시기를 충분히 고려하여 일부의 큰 뿌리는 절단하지 않도록 하며 적절한 폭으로 (①)까지 둥글게 다듬어야 한다.
> - 수목 굴취 시 수고 (②) 이상의 수목은 감독자와 협의하여 가지주를 설치하고 가지치기, 기타 양생을 하여 작업에 착수한다.
> - 표준적인 뿌리분의 크기는 근원직경의 (③)를 기준으로 하며, 분의 깊이는 세근의 밀도가 현저히 감소된 부위로 한다.
> - 뿌리분의 형태
>
>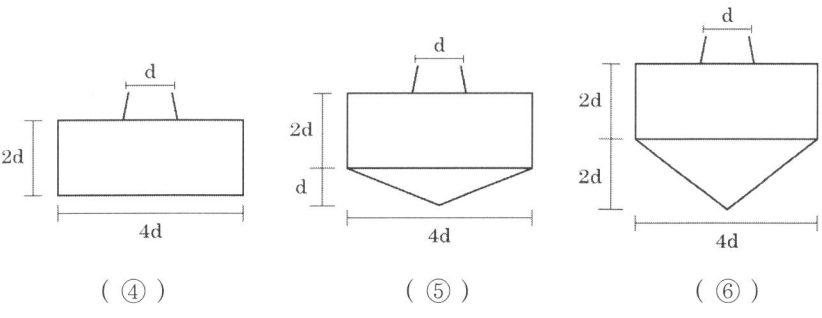
>
> (④)   (⑤)   (⑥)

해설 및 정답

① 형성층   ② 4.5m   ③ 4배   ④ 접시분   ⑤ 보통분   ⑥ 조개분

2022년 기사 필답형

1. 다음의 그림은 진도 관리곡선을 나타낸 것이다. 다음 물음에 답하시오.

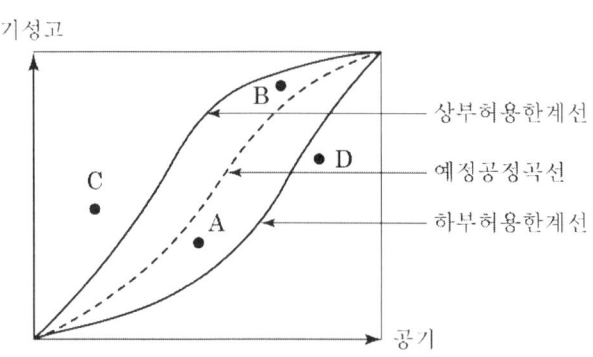

① 바나나 곡선의 정의를 쓰시오.　　　② 그림의 A, B, C, D의 현황 및 해결방안을 답하시오.

해설 및 정답

① 바나나 곡선의 정의 : 계획공정표와 실적공정표를 비교하여 현재 공정 진행 사항을 파악하고 전체 공기를 준수할 수 있도록 만든 공정표
② 그림 A, B, C, D의 현황 및 해결방안
- A점, B점 : 예정 진도와 비슷하여 그대로 진행해도 좋다.
- C점 : 예정 공정보다 진척이 많이 되었으나, 상부 허용한계선 밖에 있으므로 비경제적이다.
- D점 : 하부 허용한계선 밖에 있으므로 공사를 촉진해야 한다.

2. 국토교통부 고시에 의한 옥상조경 및 인공지반의 식재토심을 다음 표에 기입하시오.

구분	식재토심	인공토량 사용시
잔디 및 초본류		
소관목		
대관목		
교목		

해설 및 정답

구분	식재토심	인공토량 사용시
잔디 및 초본류	0.15m	0.1m
소관목	0.3m	0.2m
대관목	0.45m	0.3m
교목	0.7m	0.6m

2023년 기사 필답형(1회)

1. 다음 설명에 해당하는 린치(K. Lynch)의 도시경관 분석에서 제시된 5가지 물리적 요소를 쓰시오.

   > 보기
   > - 린치는 도시를 구성하는 요소들이 어떻게 시각적으로 인식되고 의미를 전달하는지에 중점을 두었다.
   > - 도시 이미지를 형성하는 중요한 물리적 요소를 다섯 가지로 구분하였다.
   > - 요소들은 도시의 형태적 특성과 사람들이 도시를 어떻게 인식하는지를 나타낸다.

   해설 및 정답
   ① 도로(paths, 통로)　② 결절점(Nodes, 접합점)　③ 경계(Edges, 모서리)
   ④ 지역(Districts)　⑤ 랜드마크(Landmark)

2. 「국토의 계획 및 이용에 관한 법률」에 의하여 구분된 용도지역 4가지를 쓰시오.

   해설 및 정답
   ① 도시지역　② 관리지역　③ 농림지역　④ 자연환경보전지역

3. 다음 설명에 해당하는 수목의 전기전도도를 측정하는 기구의 이름을 쓰시오.

   > 보기
   > - 이 기구는 수목의 전기전도도를 측정하여 수목의 활력도를 평가하는 데 사용된다.
   > - 주로 수목의 건강 상태나 수분 스트레스를 파악하는 데 사용된다.
   > - 수목의 생리적 상태를 분석하는데 중요한 역할을 한다.

   해설 및 정답
   사이고미터

Part 3 조경기사 필답형 기출문제

4. 다음은 우리나라 경복궁에 관한 설명이다. ( )의 빈칸을 채우시오.

① ( ) : 연회, 과거시험, 궁술구경, 정치적 행사를 하던 곳
② ( ) : 경복궁 후원의 중심을 이루는 연못
③ ( ) : 벽면에 매, 죽, 도, 석류, 모란, 국화가 부조, 만(卍), 수(壽)를 새긴 곳
④ ( ) : 평지에 인공적으로 축산한 계단식 정원

해설 및 정답

① 경회루   ② 향원정 지원   ③ 화문장   ④ 교태전 후원

5. 다음 보기에서 설명하는 조선 시대 궁원 관리를 담당한 관청을 쓰시오.

> **보기**
> - 조선시대 왕실 소유의 농장과 토지, 즉 궁원을 관리하는 업무를 맡았던 관청
> - 조선 왕조의 왕실에 과일 공급 등을 관리

해설 및 정답

장원서

6. 다음은 원가계산서 작성에 대한 설명이다. ( )의 빈칸을 채우시오.

① 간접노무비=( )×요율   ② 산재보험료=( )×요율
③ 국민건강보험료=( )×요율   ④ 기타경비=( )×요율

해설 및 정답

① 직접노무비   ② 노무비   ③ 직접노무비   ④ 재료비+노무비

7. 다음은 광합성과 관련된 미량원소에 대한 설명이다. 보기를 참조하여 ( )의 빈칸을 채우시오.

> **보기**
> • 붕소   • 철   • 아연   • 염소   • 망간   • 몰리브덴   • 구리   • 유황

① ( ) : 호흡효소부활제, 단백질 합성효소의 구성
② ( ) : 엽록소 합성 단백질의 활성화
③ ( ) : 화분관의 생장에 관여, 핵산과 섬유소 합성에 관여
④ ( ) : 광합성 시 물의 광분해 촉진

해설 및 정답
① 망간　　　② 철　　　③ 붕소　　　④ 염소

8. 다음 보기에서 붉은색 열매를 맺는 수종을 모두 고르시오.

> **보기**
> • 산수유　• 자금우　• 팥배나무　• 산딸나무　• 모과나무
> • 좀작살나무　• 낙상홍　• 쥐똥나무　• 인동덩굴　• 담쟁이덩굴

해설 및 정답
산수유, 자금우, 팥배나무, 산딸나무, 낙상홍

9. 다음은 데크 설치공사에 대한 설명이다. (　　)의 빈칸을 채우시오.

- 데크 시설물 설치 시 기초공사에 있어 (①)는 (②)에 비하여 안정성이 높다.
- 데크의 하부 구조공사에는 각관이나 목재로 (③)을 설치한다.

해설 및 정답
① 줄기초　　② 독립기초　　③ 장선

10. 본 바닥토를 굴착하여 A 및 B구역에 성토를 하고자 한다. 아래 토양변화율을 고려하여 유용토량(자연상태)과 사토량(흐트러진 상태)을 계산하시오.

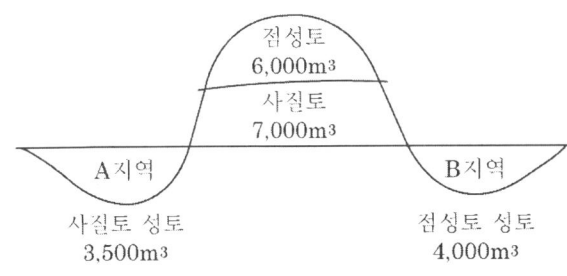

구분	C	L
사질토	0.9	1.25
점성토	0.85	1.3

① 유용토량(자연상태) :　• 사질토　　　• 점성토
② 사토량(흐트러진 상태) : • 사질토　　　• 점성토

해설 및 정답
① 유용토량(자연상태)
- 사질토 : $3,500 \times \dfrac{1}{0.9} = 3,888.89 \mathrm{m}^3$
- 점성토 : $4,000 \times \dfrac{1}{0.85} = 4,705.88 \mathrm{m}^3$

② 사토량(흐트러진 상태)
- 사질토 : $(7,000 - 3,888.89) \times 1.25 = 3,888.89 \mathrm{m}^3$
- 점성토 : $(6,000 - 4,705.88) \times 1.3 = 1,682.36 \mathrm{m}^3$

11. 자연상태의 토량인 모래질흙 1,000m³와 점토질흙 2,000m³를 굴착하여 10톤 덤프트럭으로 운반한 후 성토하려 한다. 다음 물음에 답하시오. (단, 덤프트럭 적재량 7m³, 모래질흙 L=1.25, C=0.85, 점토질흙 L=1.3, C=0.9)

① 느슨해진 토량을 구하시오.
② 덤프트럭의 총 소요대수를 구하시오.
③ 다짐 후 성토량을 구하시오.

해설 및 정답

① 느슨해진 토량 : $1,000 \times 1.25 + 2,000 \times 1.3 = 3,850 \text{m}^3$

② 덤프트럭 소요 대수 : $\dfrac{3,850}{7} = 550$대

③ 다짐 후 성토량 : $1,000 \times 0.85 + 2,000 \times 0.9 = 2,650 \text{m}^3$

12. 0.9m³ 용량의 백호와 4t 덤프트럭의 조합 토공에서 현장의 조건이 아래와 같다. 다음 물음에 답하시오. (단, 소수는 셋째자리에서 반올림하고, 시간당 작업량을 구할 때는 느슨한 상태로 구하시오.)

 보기

- 백호 : 버킷계수 0.7, 작업효율 0.6, 사이클 시간 0.6분
- 덤프트럭 : 운반거리 2km, 작업효율 0.9, 대기시간 5분, 흙 부리기 시간 1분, 주행속도 적재 시 25km/hr, 공차 30km/hr
- 토사 : 단위중량 1.6t/m³, 토량변화율 L=1.4

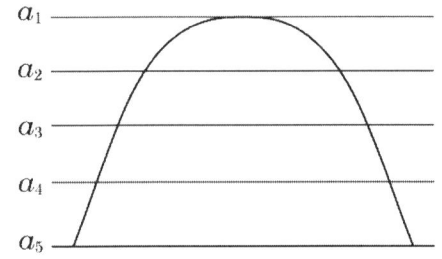

등고선	면적(m²)
a_5	500
a_4	300
a_3	100
a_3	50

① 백호로 굴착해서 2km 떨어진 곳에 성토할 때 토량을 구하시오. (단, h=5m, 각주공식을 이용하시오.)
② 백호의 시간당 작업량
③ 덤프트럭의 시간당 작업량
④ 백호를 효율적으로 쓰기 위한 덤프트럭 소요대수

해설 및 정답

① 백호로 굴착해서 성토할 때 토량 $V = \dfrac{10}{3}\{500+4(300+50)+2(100)+0\} = 3,507 \text{m}^3$
- 느슨한 상태가 작업량 산정의 기준이기 때문에 체적환산계수 f는 1이다.

② 백호의 시간당 작업량 $Q = \dfrac{3,600 \times 0.9 \times 0.7 \times 1.0 \times 0.6}{0.6 \times 60} = 37.8 \text{m}^3/\text{hr}$

③ 덤프트럭의 시간당 작업량 $Q = \dfrac{60 \times 3.5 \times 1.0 \times 0.9}{20.56} = 9.19 \text{m}^3/\text{hr}$

- 덤프트럭의 1회 적재량 $q = \dfrac{4}{1.6} \times 1.4 = 3.5 \mathrm{m}^3$

- 백호의 적재 시 사이클 횟수 $n = \dfrac{3.5}{0.9 \times 0.7} = 5.555 ≒ 5.56$회

- 적재하는 데 소요되는 시간 $t_1 = \dfrac{36 \times 5.56}{60 \times 0.6} = 5.56$분

- 덤프트럭의 왕복시간 $t_2 = \left(\dfrac{2}{30} + \dfrac{2}{25}\right) \times 60 = 9.0$분

- 덤프트럭 1회 사이클 시간 $C_m t = 5.56 + 9.0 + 1 + 5 = 20.56$분

④ 백호를 효율적으로 쓰기 위한 덤프트럭 소요대수 $N = \dfrac{37.8}{9.19} = 4.11 ≒ 5$대

2023년 기사 필답형(2회)

1. 일본 평안(헤이안)시대에 나온 일본 조경 문화에 큰 영향을 미친 일본 최초의 조원 지침서(작정기)를 저술한 인물을 쓰시오.

   해설 및 정답

   귤준망

2. 다음은 표준품셈에 대한 설명이다. ( )의 빈칸을 채우시오.

   ① 품에서 자재의 소운반은 포함하며, 품에서 포함된 것으로 규정된 소운반 거리는 ( )m 이내의 거리를 의미한다.
   ② 경사면의 소운반 거리는 직고 1m를 수평거리 ( )m의 비율로 본다.
   ③ 건설노동자의 일일 작업시간 ( )시간을 기준한 것이다.

   해설 및 정답

   ① 20m ② 6m ③ 8시간

3. 「자전거 이용시설의 구조·시설 기준」에 관한 설명이다. ( )의 빈칸에 곡선반경을 채우시오.

   ① 설계속도 시속 30km 이상 : ( )m
   ② 설계속도 시속 20km 이상 30km 미만 : ( )m
   ③ 설계속도 시속 10km 이상 20km 미만 : ( )m

   해설 및 정답

   ① 27m ② 12m ③ 5m

4. 다음 병해충 피해목 처리법을 보기에서 고르시오.

   보기
   • 도포법 • 훈증법 • 분무법 • 분사법 • 연무법 • 침지법

① 고온의 가스를 사용하여 나무에 서식하는 병해충을 제거하는 방법
② 피해부위의 줄기를 1m 이내로 잘라 가급적 1~2m³ 정도로 규격화하여 쌓은 후 메탐소듐을 1m³당 1L의 양을 골고루 살포하고 비닐로 완전히 밀봉한다.
③ 잠복 가능한 2cm 이상의 잔가지를 모두 수거하여 처리한다.
④ 피해목을 옮기지 않고 처리 가능하여 가장 많이 사용하는 방법이다.
⑤ 나무와 주변 환경에 약물이나 소독제를 분사하는 대신, 특정 가스를 이용해 병원균과 해충을 퇴치

훈증법

5. 다음 병원균의 대표적인 수목병을 보기에서 고르시오.

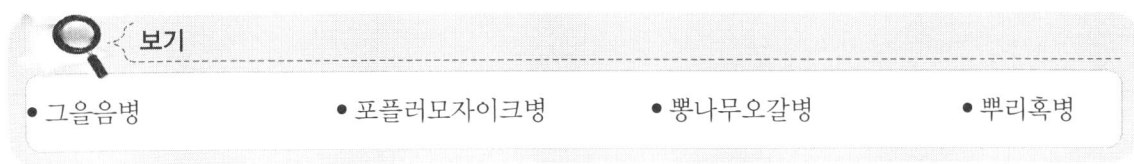

① 세균   ② 곰팡이(진균)   ③ 바이러스   ④ 파이토플라즈마

해설 및 정답

① 세균 : 뿌리혹병   ② 곰팡이 : 그을음병
③ 바이러스 : 포플러모자이크병   ④ 파이토플라즈마 : 뽕나무오갈병

6. 다음은 「놀이시설 안전 관리법」에 대한 설명이다. 이에 해당하는 검사 종류를 쓰시오.

> 보기
>
> • 어린이 놀이시설을 설치하는 자는 관리주체가 인도하기 전, 안전검사 기관으로부터 검사를 받아야 한다.
> • 시설이 어린이들에게 안전하게 사용될 수 있는지 평가하는 중요한 절차이다.
> • 검사 기관은 설치된 놀이시설의 구조적 안전성, 재료, 높이, 안정성 등을 확인한다.

설치검사

7. 다음 참나무 설명에 알맞은 수종을 보기에서 고르시오.

① 잎이 좁고 길며 엽병이 있는 수종 : (   ), (   )

② 잎이 크고 엽병이 거의 없는 수종 : ( ), ( )
③ 비교적 잎이 작고 엽병이 있는 수종 : ( ), ( )

해설 및 정답

① 상수리나무, 굴참나무 ② 신갈나무, 떡갈나무 ③ 갈참나무, 졸참나무
※ 엽병 : 잎자루

8. 다음 보기의 무기질 비료를 구분하여 ( )의 빈칸을 채우시오.

> **보기**
> • 황산암모늄(유안)   • 염화암모늄   • 과린산석회
> • 용과린산석회   • 요소   • 용성인비

① 질소질 비료 : ( ), ( ), ( )   ② 인산질 비료 : ( ), ( ), ( )

해설 및 정답

① 황산암모늄(유안), 염화암모늄, 요소   ② 과린산석회, 용과린산석회, 용성인비

9. 다음은 배수에 대한 설명이다. ( )의 빈칸을 보기에서 고르시오.

> **보기**
> • 맹암거   • 맨홀   • 빗물받이   • 횡단배수구   • 0.5
> • 1.0   • 1.5   • 2.0

- 포장지역의 표면은 배수구나 배수로 방향으로 최소 (①)% 이상의 구배를 준다.
- 산책로 등 선형 구간에는 배수를 위해 적정거리마다 (②), (③)를 설치한다.

해설 및 정답

① 0.5%   ② 횡단배수구   ③ 빗물받이

10. 버킷용량이 1.0m³인 백호와 15ton 덤프트럭의 조합 토공 현장에서 현장의 조건이 아래와 같을 경우 다음 물음에 답하시오.

> **보기**
> • 토량변화율 : L=1.2   • 백호 버킷계수 : 0.9   • 백호 1회 사이클 타임 : 20초
> • 백호의 작업효율 : 1.0   • 흙의 단위중량 : 1.9t/m³

① 덤프트럭의 1회 적재량   ② 백호의 적재 시 사이클 횟수   ③ 적재하는데 소요되는 시간

해설 및 정답

① 덤프트럭의 1회 적재량 $q = \dfrac{15}{1.9} \times 1.2 = 9.47 \mathrm{m}^3$

② 백호의 적재 시 사이클 횟수 $n = \dfrac{9.47}{1.0 \times 0.9} = 10.52$회

③ 적재하는 데 소요되는 시간 $t_1 = \dfrac{20 \times 10.52}{60 \times 1.0} = 3.51$분

11. 아래 그림과 같은 지형을 표고 33m로 정지 작업하려 한다. 절·성토량은 얼마인지 구하시오.

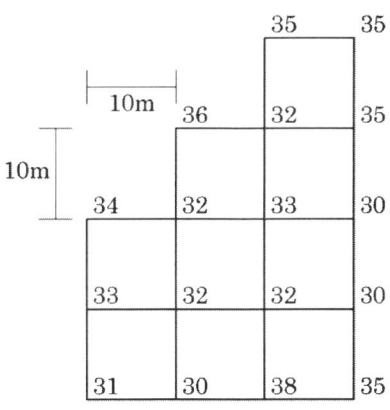

해설 및 정답

- $\sum h_1 = 2+2+3+1-2+2 = 8$
- $\sum h_2 = 0+2-3-3-3+5 = -2$
- $\sum h_3 = -1-1 = -2$
- $\sum h_4 = 0-1-1 = -2$
- $V = \dfrac{10 \times 10}{4}(8 + 2 \times (-2) + 3 \times (-2) + 4 \times (-2)) = -250 \mathrm{m}^3$

∴ 성토 $250 \mathrm{m}^3$ (※ +일 경우 절토, -일 경우 성토)

12. 사질토 $3{,}000 \mathrm{m}^3$와 점성토 $2{,}000 \mathrm{m}^3$의 본바닥을 굴착하여 $4 \mathrm{m}^3$ 용량의 덤프트럭으로 운반하여 다짐하였다. 다음을 구하시오. (단, 사질토 L=1.25, C=0.88, 점성토 L=1.3, C=0.9)

① 전체 느슨한 토량 ② 총 소요트럭 ③ 다짐 후 성토량

해설 및 정답

① 전체 느슨한 토량 : $3{,}000 \times 1.25 + 2{,}000 \times 1.3 = 6{,}350 \mathrm{m}^3$

② 총 소요트럭 대수 : $\dfrac{6{,}350}{4} = 1{,}587.5 ≒ 1{,}588$대

③ 다짐 후 성토량 : $3{,}000 \times 0.88 + 2{,}000 \times 0.9 = 4{,}440 \mathrm{m}^3$

2023년 기사 필답형(4회)

1. 다음 보기에서 설명하는 정원의 이름을 쓰시오.

> **보기**
> - 조선시대 양산보가 조영한 자연과 조화를 이루는 정원
> - 대나무, 계류, 연못 등 자연적 요소로 이루어진 공간
> - 48영시로 그 아름다움과 철학을 표현함

해설 및 정답

소쇄원

2. 다음은 수생식물에 대한 설명입니다. 이 식물의 이름을 쓰시오.

> **보기**
> - 학명 : Typha orientalis
> - 길쭉한 잎과 원통형 꽃차례를 가지며 습지에서 자라는 식물
> - 꽃은 6~7월에 노란색으로 피고 단성화이며 원주형의 꽃이삭에 달린다.

해설 및 정답

부들

3. 다음 보기에서 설명하는 제도의 이름을 쓰시오.

> **보기**
> - 환경에 중대한 영향을 미칠 수 있는 계획이나 사업에 대해 사전에 환경적 영향을 평가하고 대안을 모색하는 제도
> - 개발 초기 단계에서 환경 문제를 고려하여 지속 가능한 발전을 도모하기 위한 정책적 수단
> - 대한민국 「환경정책기본법」 제25조에 따라 시행되며, 국가계획과 사업계획을 대상으로 함
> - 환경영향평가보다 상위 계획 수준에서 이루어지는 사전평가제도

해설 및 정답

전략환경영향평가

4. 다음 설명에 해당하는 물질의 이름을 쓰시오.

 보기

- 식물이 방출하는 자연의 항균 물질로, 공기 중의 유해 미생물과 세균을 억제하는 역할을 함
- 생물체가 자신을 보호하거나 다른 생물체에 어떤 영향을 끼치기 위하여 배출하는 화학물질
- 식물의 화학적 자기방어 물질

해설 및 정답
타감물질

5. 다음 보기의 조건을 참조하여 최대일 이용자수와 최대시 이용자수를 구하시오.

 보기

- 년간 이용자수 : 150,000명
- 최대일률 : 3계절형
- 평균체제시간 : 4시간
- 회전율 : 1.7

해설 및 정답
① 최대일 이용자수 = 년간 이용자수 × 최대일률 = 150,000 × 1/60 = 2,500인
② 최대시 이용자수 = 최대일 이용자수 × 회전율 = 2,500 × 1/1.7 = 1,470.59 ≒ 1,471인

6. 다음 보기에서 설명하는 병의 이름을 쓰시오.

 보기

- 중간숙주 식물인 향나무가 주위에 있고 비가 자주 오면 발병이 잦다.
- 잎에 등황색 작은 반점이 생기고 차차 커지며 표면에 작은 과립체를 형성한다.
- 배나무의 잎과 열매에 반점이 생기고, 심하면 수확량에 영향을 미침
- 배나무 주위의 향나무를 제거하는 것이 가장 좋은 방제법이다.

해설 및 정답
배나무붉은무늬병

7. 다음 설명에 해당하는 미생물의 이름을 쓰시오.

> **보기**
> - 식물의 뿌리와 공생하여 질소를 고정하는 박테리아
> - 주로 콩과 식물의 뿌리에서 발견되며, 식물에 질소를 공급함
> - 질소 고정 작용으로 토양의 비옥도를 높여주는 역할을 함
> - 이 박테리아는 곰팡이와 뿌리에 공생

해설 및 정답

뿌리혹박테리아

8. 다음 설명에 해당하는 정부 조달 관련 제도의 이름을 쓰시오.

> **보기**
> - 정부가 계약을 체결할 때, 입찰자가 제출한 가격 중 가장 낮은 가격을 선정하는 제도
> - 이 제도는 공공부문에서 비용 절감을 목표로 하며, 국가 및 지방자치단체의 구매에 적용됨
> - 가격이 가장 낮은 입찰자가 계약을 체결하는 방식으로, 공정성과 효율성을 강조

해설 및 정답

최저가격

9. 다음의 ( ) 안에 할증률을 쓰시오.

① 목재 (판재) : ( )%   ② 목재(각재) : ( )%
③ 벽돌 (시멘트 벽돌) : ( )%   ④ 잔디 및 초화류 : ( )%
⑤ 테라코타 : ( )%

해설 및 정답

① 10%   ② 5%   ③ 5%   ④ 10%   ⑤ 3%

10. 다음 수경공간 연출법과 관련있는 내용을 보기에서 고르시오.

> **보기**
> - 낙수형   • 유수형   • 분수형   • 평정수형

① 수로를 따라 낮은 곳으로 흐르는 물로서 움직임과 에너지 등을 나타내는 활동적 요소로 이용된다.
② 물을 분사하여 형성시키며 낙수의 특성과 대조적이며 수직성과 빛에 의한 특징적 경관을 연출한다.
③ 연못이나 호수와 같이 정적이 양태로서 평화로운 이미지를 나타낸다.
④ 폭포와 같이 위에서 떨어지는 효과로 역동적이며 시선 유인 효과가 크다.

해설 및 정답

① 유수형 　　② 분수형 　　③ 평정수형 　　④ 낙수형

11. 다음 나뭇잎 사진을 보고 나무 이름을 쓰시오.

① (　　　　) 　　② (　　　　) 　　③ (　　　　)

해설 및 정답

① 중국단풍 　　② 복자기 　　③ 신나무

12. 19ton 무한궤도 불도저로 작업거리 60m에서 토공작업을 하려 한다. 작업거리 중 40m는 전·후진 속도 3단, 20m는 전·후진속도 2단으로 할 때 1회 사이클 시간(C_m)과 작업량(Q)을 구하시오.

구분	전진속도 (m/분)				후진속도 (m/분)			비고
	1단	2단	3단	4단	1단	2단	3단	
12	40	55	75	107	48	70	100	• 배토판 : 3.2m³　• 토량환산계수 : 1
19	40	55	75	103	46	70	98	• 운반거리계수 : 0.8　• 작업효율 : 0.6
32	40	52	75	91	43	52	78	• 기어변속시간 : 0.2분

① 1회 사이클 시간(C_m) 　　② 작업량(Q)

해설 및 정답

① 1회 사이클 시간

$$C_m = \left(\frac{40}{75} + \frac{20}{55}\right) + \left(\frac{40}{98} + \frac{20}{70}\right) + 0.2 = (0.533 + 0.363) + (0.408 + 0.285) + 0.2 = 1.789 ≒ 1.79분$$

② 작업량

$$Q = \frac{60 \times 3.2 \times 0.8 \times 1 \times 0.6}{1.79} = 51.49 m^3/hr$$

2024년 기사 필답형(1회)

1. 리튼(Litton)의 산림경관요소는 산림경관을 분석하고 평가하기 위해 사용되는 개념으로, 주요 구성 요소 4가지를 쓰시오.

   해설 및 정답

   선, 형태, 질감, 색채

2. 다음 설명과 관련된 정원의 이름을 쓰시오.

   보기
   - 조선 중기의 처사 이담로가 조성한 별서정원
   - 전라남도 강진군 성전면 월하리에 있는 조선시대 정원으로, 호남의 3대 정원이라고 불린다.
   - 조선 후기 문학 작품의 배경이 되었고 대표적으로 초의선사에 의한 그림과 다산 정약용은 12가지 풍경을 시로 지어 백운첩이라는 문집을 남겼다.

   해설 및 정답

   강진 백운동 원림

3. 다음 설명과 관련된 인물의 이름을 쓰시오.

   보기
   - 적지분석 중 여러 가지 도면을 중첩하는 분석 방법을 썼다.
   - 도면을 겹쳐서 가용지 분석을 제안한 조경가
   - 1969년 출간된 Design with Nature에서 GIS(지리정보시스템)의 개념적 기초를 제시한 학자

   해설 및 정답

   이안 맥하그

4. 다음 해충 사진을 보고 해충의 이름을 쓰시오.

① (　　　)　　　② (　　　)　　　③ (　　　)

해설 및 정답

① 사철나무혹파리　② 미국흰불나방　③ 가루깍지벌레

5. 다음 수목의 개화시기를 쓰시오.

① 생강나무 : (　)월　　② 이팝나무 : (　)월　　③ 산딸나무 : (　)월
④ 수국 : (　)월　　⑤ 능소화 : (　)월

해설 및 정답

① 3월　　② 4월　　③ 5월　　④ 6월　　⑤ 7월

6. 다음 설명과 관련된 용어를 쓰시오.

> 보기
> - 발광 다이오드로, 전기를 이용해 빛을 방출하는 반도체 소자의 약자
> - 고효율, 저전력 소비, 긴 수명을 특징으로 하며, 조명, 디스플레이 등 다양한 분야에서 사용되는 광원
> - 스마트폰, TV, 자동차 조명 등에 사용되며, Light Emitting Diode의 약자로 불리는 기술

해설 및 정답

LED

7. 다음은 계단 설계 기준에 대한 설명이다. (　)의 빈칸을 채우시오.

① 계단의 폭은 연결도로의 폭과 같거나 그 이상의 폭으로 하고, 단높이는 (　)cm 이하, 단너비는 26cm 이상으로 한다.
② 높이 2m를 넘는 계단에는 2m이내 마다 계단의 유효폭 이상의 폭으로 너비 (　)cm 이상인 참을 둔다.
③ 높이 1m를 초과하는 계단으로 계단 양측에 벽, 기타 이와 유사한 것이 없는 경우에는 (　)을 두고, 계단의 폭이 3m를 초과하면 매 3m 이내마다 난간을 설치한다.
④ 옥외에 설치하는 계단의 단수는 최소 (　)단 이상으로 하며 계단 바닥은 미끄러움을 방지할 수 있는 구조로 설계한다.

해설 및 정답

① 18cm　　② 120cm　　③ 난간　　④ 2단

8. 다음 설명은 수목의 건조 피해에 대한 설명이다. 이에 관련된 현상을 쓰시오.

> **보기**
> - 강한 햇빛이나 과도한 비료 사용으로 인해 식물의 잎 끝이 갈색으로 변하며 손상되는 현상
> - 고온이나 강한 자외선, 염류 농도의 증가로 인해 식물 잎에 발생하는 갈변 현상을 나타내는 용어
> - 비료의 과다 시비나 수분 부족 등으로 인해 잎의 가장자리가 마르고 타들어가는 증상을 일컫는 용어

해설 및 정답

엽소(잎타기)

9. 마그네슘(Mg)과 길항 관계를 갖는 미량 원소를 쓰시오.

해설 및 정답

- 망간(Mn) : 마그네슘이 과도하게 많으면 망간의 흡수를 방해할 수 있으며, 반대로 망간이 너무 많으면 마그네슘의 흡수가 방해될 수 있다. 마그네슘은 광합성에서 중요한 역할을 하고, 망간은 광합성 효소의 활성화에 필요하므로 이 둘의 균형이 중요하다.
- 철(Fe) : 마그네슘이 많으면 철의 흡수가 어려워질 수 있으며, 철이 과잉일 경우 마그네슘의 흡수에 영향을 미칠 수 있다. 철은 엽록소 합성에 중요한 역할을 하므로, 마그네슘과 철의 균형이 잘 맞아야 한다.

10. 다음은 인간 활동이나 자연적 요인으로 인해 훼손된 생태계를 원래의 상태로 회복하려는 방법에 대한 설명이다. (　)의 빈칸을 채우시오.

① 자연화기법 : 수목식재 → 자연적 경쟁 → 극상림 유도
② 개척화기법 : 나지조성 → 식생 정착환경 제공
③ 자연재생기법 : 산림 종자원 → 주변식생 발달 유도
④ (　　) : 패치형태 수목식재 → 핵심종 안착 → 자연재생기법 가속화 유도

해설 및 정답

핵화기법

11. 다음 기초공사에 소요되는 터파기량, 되메우기량, 잔토처리량을 산출하시오. (단, 토량환산계수 C=0.9, L=1.2이다.)

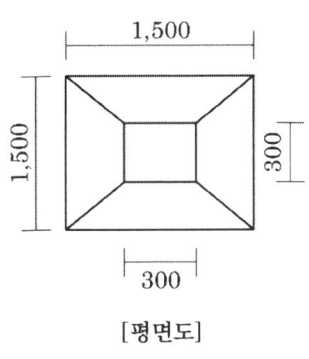

[평면도]

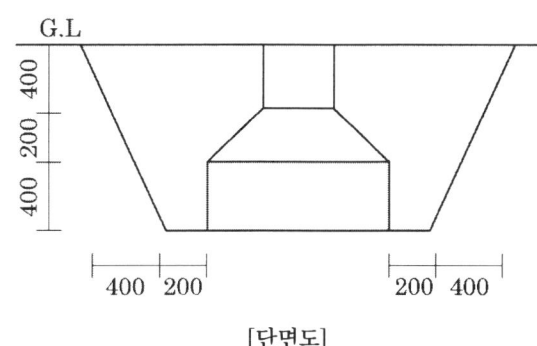

[단면도]

① 터파기량   ② 되메우기량   ③ 잔토처리량

해설 및 정답

① 터파기량 : $\frac{1}{6}\{(2\times2.7+1.9)2.7+(2\times1.9+2.7)1.9\} = 5.34m^3$

② 되메우기량 : $5.34-1.12 = 4.22m^3$
   - 기초부 체적 : $1.5\times1.5\times0.4+\{(2\times1.5+0.3)1.5+(2\times0.3+1.5)0.3\}+0.3\times0.3\times0.4 = 1.12m^3$

③ 잔토처리량 : $(5.34-4.22)\times1.2 = 1.34m^3$

12. 수평거리 30m이고, 12%의 고갯길 경사를 보통 운반로에서 리어카로 잔디를 운반하여 식재하려 한다. 식재면적 430m이며, 잔디를 평떼로 식재하려 한다. 공식과 품셈표, 노임표, 기타 사항을 참고하여 다음을 계산하시오. (단, 소수는 셋째자리 이하 버리고 원단위 미만도 버리시오.)

- 노임 – 조경공 : 15,000원/일, 보통인부 : 8,000원/일
- 기타 – 1m²에 소요되는 잔디는 11매이다. 리어카는 2인 작업, 1일 작업시간은 450분, 잔디식재는 보통인부, 할증률은 무시한다.

[리어카 운반]

구분 종류	적재·적하 시간(t)	평균왕복속도(m/hr)		
		양호	보통	불량
토사류	4분	3,000	2,500	2,000
석재류	5분			

[떼 운반]

구분 종류	줄떼 적재량 (매)	평떼 적재량 (매)	싣고 부리는 시간(분)	싣고 부리는 인부(인)
지게	30	10	2	1
리어카	150	50	5	2

[고갯길 운반 환산거리계수]

경사 종류	2	4	6	8	10	12
리어카	1.11	1.25	1.43	1.67	2.00	2.4
트롤리	1.08	1.18	1.31	1.56	1.85	2.04

[떼 식재(100m²당)]

공종 구분	들떼뜨기(인)	떼붙임(인)
줄떼	3.0	6.2
평떼	6.0	6.9

① 하루에 운반할 수 있는 횟수
② 잔디를 모두 운반할 수 있는 횟수
③ 잔디 운반에 드는 노임
④ 잔디식재에 필요한 인부수
⑤ 잔디식재에 드는 노임
⑥ 운반, 식재하는 데 드는 노임

Part 3 조경기사 필답형 기출문제

해설 및 정답

① 하루에 운반할 수 있는 횟수 $N = \dfrac{2,500 \times 450}{120 \times (30 \times 2.4) + 2,500 \times 5} = 53.21$회

② 잔디를 모두 운반할 수 있는 횟수 : 식재면적×단위면적당 소요량=4,730÷50=94.6회
- 430×11=4,730매 (※ $1m^2$당 잔디 소요매수는 11매로 한다.)

③ 잔디운반에 드는 노임 : $\dfrac{94.6}{53.21} \times 8,000 \times 2 = 1.77 \times 8,000 \times 2 = 28,320$원

④ 잔디식재에 필요한 인부수 : $\dfrac{430}{100} \times 6.9 = 4.3 \times 6.9 = 29.67$인

⑤ 잔디식재에 드는 노임 : 29.67×8,000=237,360원

⑥ 잔디운반 및 식재에 드는 노임 : 28,320+237,360=265,680원

2024년 기사 필답형(2회)

1. 여러 설계 도면을 중첩하여 분석함으로써 설계 요소 간의 충돌이나 간섭을 파악하고 조화를 이루는 설계를 도출하는 방법이다. 이 방법은 조경 설계에서 공간 활용을 최적화하고 문제를 사전에 식별하는데 사용된다. 다음 설계법은 무엇인가?

   해설 및 정답
   도면중첩법

2. 다음은 녹화기법에 대한 설명이다. 보기를 참조하여 ( )의 빈칸을 채우시오.

   > **보기**
   > • 하수형 녹화   • 면적형 녹화   • 등반형 녹화   • 등반보조형 녹화

   ① ( ) : 부착형 덩굴 식물을 벽면의 기부에 식재하여 덩굴의 신장에 따라 벽면에 직접 부착시켜 등반 녹화시킴
   ② ( ) : 벽면의 상부, 옥상 등에 식재 용지를 설치하여 덩굴을 하수시켜 녹화하는 방법
   ③ ( ) : 지면에서 10cm 정도 떨어진 전면에 네트, 격자 등의 보조자재를 설치하고 줄기감기형 덩굴식물을 식재하여 녹화
   ④ ( ) : 넓은 벽면의 요소요소에 주머니 모양의 식재공간을 설치하여 덩굴을 사방으로 부착시켜 녹화하는 방법

   해설 및 정답
   ① 등반형 녹화   ② 하수형 녹화   ③ 등반보조형 녹화   ④ 면적형 녹화

3. 다음은 수목에 대한 설명이다. 보기가 맞으면 ○, 틀리면 ×로 표현하시오.

   > ① 메타세쿼이아는 어긋나기하고, 낙우송는 마주나기한다. : ( )
   > ② 꽝꽝나무는 어긋나기하고, 회양목은 마주나기한다. : ( )
   > ③ 편백은 뒷면에 W모양 기공선이 있고, 화백은 Y모양이다. : ( )
   > ④ 광나무는 낙엽수이고, 쥐똥나무는 상록수이다. : ( )

   해설 및 정답
   ① ×   ② ○   ③ ×   ④ ×

4. 조경공간 내에 휴게시설을 설치하고자 한다. 이에 재료, 설치, 배치 시 고려해야 할 사항 3가지를 쓰시오.

   해설 및 정답

   안정성, 기능성, 내구성, 미관성, 환경친화성

5. 다음 설명은 서리에 대한 내용이다. 이를 나타내는 용어를 적으시오.

   > **보기**
   >
   > 늦은 봄에 수목이 휴면을 타파하고 생장을 시작한 후 뒤늦게 닥친 저온으로 인하여 어린가지와 잎이 피해를 입어 치수는 고사하고 성목은 수세가 약해지는 것

   해설 및 정답

   만상

6. 다음은 토양 수분에 대한 설명이다. 보기를 참조하여 ( )의 빈칸을 채우시오.

   > **보기**
   >
   > • 중력수   • 모관수   • 흡습수

   ① ( ) : 분자 간 인력에 의해 토양입자 표면에 강하게 부착되어 있는 수분
   ② ( ) : 토양입자 사이 작은 공극 내에 모세관 현상으로 표면장력에 의해 보유되는 수분
   ③ ( ) : 중력에 의해 밑으로 제거되는 수분

   해설 및 정답

   ① 흡습수   ② 모관수   ③ 중력수

7. 다음 보기 수목 중에 척박지에서 잘 자라는 수종을 고르시오.

   > **보기**
   >
   > • 소나무   • 마가목   • 주목   • 자귀나무   • 팥배나무

   해설 및 정답

   소나무, 자귀나무, 팥배나무

8. 다음은 설문조사 기법에 대한 설명이다. 이에 관련된 기법을 보기에서 고르시오.

> 보기
> • 심층 인터뷰 • 혼합형 설문조사 • 온라인 설문조사 • 전화 설문조사

① 한 명의 응답자와의 개별적인 면담을 통해 심도 있는 정보를 수집하는 방법
② 질문이 자유롭게 주어지며, 질문에 대한 응답을 통해 응답자의 생각, 경험, 태도 등을 파악하는 데 중점

 해설 및 정답

심층인터뷰

9. 대기 중의 질소를 고정하여 토양에 필요한 질소를 공급하고, 이를 통해 토양의 비옥도를 높이고, 다른 식물들의 성장에 기여하는 식물을 무엇이라고 하는지 쓰시오.

해설 및 정답

질소고정식물

10. 다음 보기는 사람이 사는 터를 정하는 기준을 기록한 고서에 대한 설명이다. 이 고서의 이름을 쓰시오.

> 보기
> • 조선 후기의 실학자 이중환이 1751년 저술한 인문 지리서
> • 사민총론, 팔도총론, 복거총론 등으로 구성
> • 조선을 팔도로 나누고 그 지방의 지역성을 출신 인물과 결부시켜 밝혔고, 복거총론에는 살만한 곳을 입지 조건에 맞게 설명

 해설 및 정답

택리지

11. 다음은 나무가 환경 변화에 어떻게 적응하고 있는지를 나타내는 지표로, 수목의 건강 상태와 생리적 기능을 평가하는 중요한 요소에 대한 설명이다. 이에 대한 용어를 쓰시오.

> 보기
> • 대기오염에 의한 수목의 쇠약 정도를 이르는 것
> • 수간주사를 놓을지 확인 가능한 지표
> • 측정방법으로 주기적인 관찰을 통해 잎, 가지, 줄기, 뿌리의 상태를 점검한다.

 해설 및 정답

수목 활력도

12. 호안에 자연석을 쌓으려고 한다. 길이가 30m이고, 높이가 1.5일 때 다음 물음에 답하시오. (단, 평균뒷길이 50cm, 공극률 40%, 자연석 중량 2.65ton/m, 조경공 100,000원/일, 2.5인/ton, 보통인부 60,000원/일, 2.5인/ton, 자연석 70,000원/ton, 소수 셋째자리까지만 구하시오.)

① 공사량을 구하시오. ② 공사비를 구하시오.

해설 및 정답

① 공사량 : $30 \times 1.5 \times 0.5 \times 0.6 \times 2.65 = 35.775$ ton
② 공사비(재료비+노무비) : 16,814,250원
- 재료비 : $35.775 \times 70,000 = 2,504,250$
- 노무비 : $35.775 \times (2.5 \times 100,00 + 2.5 \times 60,000) = 14,310,000$원

PART IV

조경기사 · 산업기사

설계실무

Part 4 조경기사·산업기사 설계실무

chapter 1 조경 제도

1. 조경 제도의 기초

1) 제도 용구

구 분	내 용
제도판	• 제도용지를 올려놓고 그리는 판. 평행자가 부착된 제품이 사용하기 편리하다.
T자, 삼각자	• T자를 이용하여 평행선을 긋거나, 삼각자와 조합하여 수직선과 사선을 긋는다.
템플릿	• 원형 템플릿은 수목을 표현할 때 사용하고, 종합 템플릿은 시설물을 표현할 때 사용한다.
운형자	• 여러 가지 곡선 모양을 본떠 만든 것으로 불규칙한 곡선을 그을 때 사용한다.
삼각축척	• 실물의 크기를 도면 내 축소한 치수로 표시하는데 사용한다.
컴퍼스	• 원 또는 원호를 그릴 때 사용한다.
빗자루	• 지우개로 지운 후 손으로 도면을 쓸게 되면 지저분해지므로 빗자루를 이용해 깨끗이 쓸어낸다.
종이테이프	• 용지를 제도판에 고정시킬 때 사용하며, 테이프를 붙였다 떼어내도 자국이 남지 않는다.
홀더	• 굵은 선(2.0mm)을 그을 수 있는 필기 도구이다.
샤프	• 굵기와 진한 정도에 따라 여러 종류로 나뉘는데 일반적으로 0.5mm, HB를 가장 많이 이용한다.
지우개	• 말랑말랑한 고무지우개를 사용하는 것이 좋다.
지우개판	• 얇은 철판에 새겨진 구멍을 이용하여 지우고자 하는 부분을 세밀하게 지우는데 사용한다.

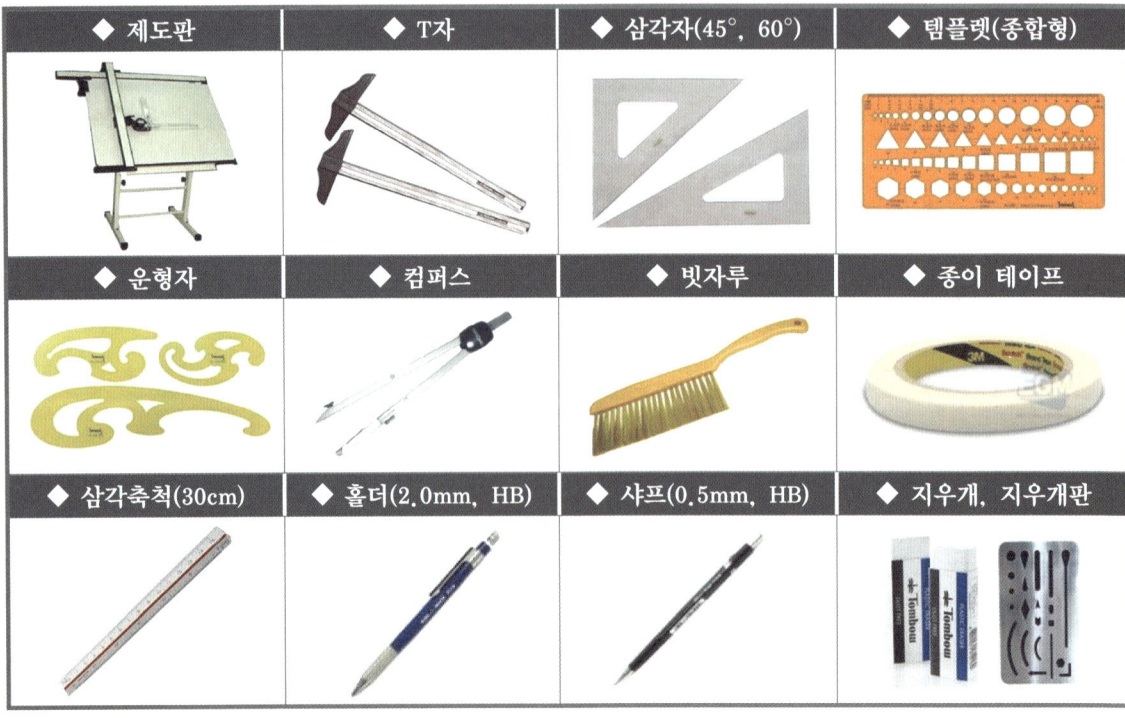

2. 선 긋기

1) 선 긋기 요령

① 수평선 긋기 : 좌에서 우로 너무 힘을 주지 말고 일정한 힘으로 한 번에 돌리면서 긋는다.
② 수직선 긋기 : 아래에서 위로 긋는다. 선을 그을 때 자세는 상체를 우측으로 돌린 상태에서 팔꿈치를 위로 끌어올리면서 긋는다.
③ 사선 긋기 : 사선은 좌에서 우로 일정한 힘으로 긋는다. 삼각자가 흔들리지 않도록 주의한다.
④ 한 도면에 같은 목적으로 사용하는 선의 굵기는 동일해야 한다.
⑤ 자와 종이를 밀착시킨 후 샤프를 기울여서 긋는다.

2) 선의 종류와 용도

구분	굵기	용도	비고
굵은선	━━━━━━	도면의 외곽선, 건축물 외관선, 단면선, 개념도	홀더
중간선	─────	물체의 외형선, 경계석, 계단, 시설물	샤프(강한 세기)
가는선	────	주차선, 인출선, 치수선, 해칭선, 운동공간	샤프(약한 세기)
파선	─ ─ ─ ─	숨은선, 등고선	
일점쇄선	─ · ─ · ─	부지경계선, 물체의 중심선	
이점쇄선	─ ·· ─ ·· ─	가상선, 1점 쇄선과 구분할 필요가 있을 때	

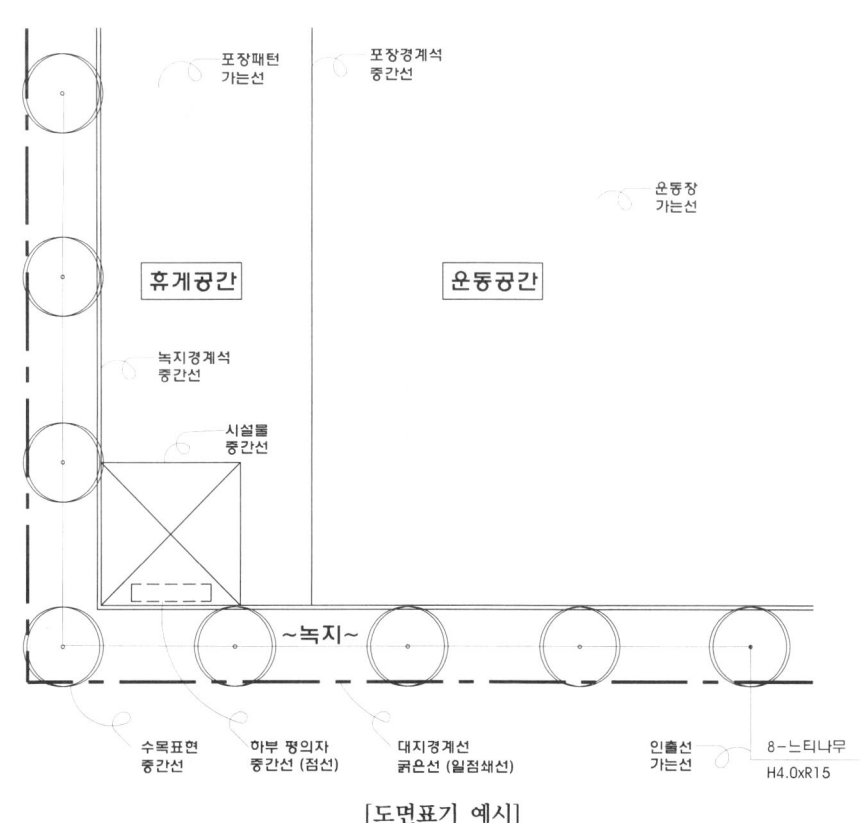

[도면표기 예시]

3) 자를 이용한 선 긋기 - 평행자, 삼각자 사용법

① 평행자, 삼각자 사용법

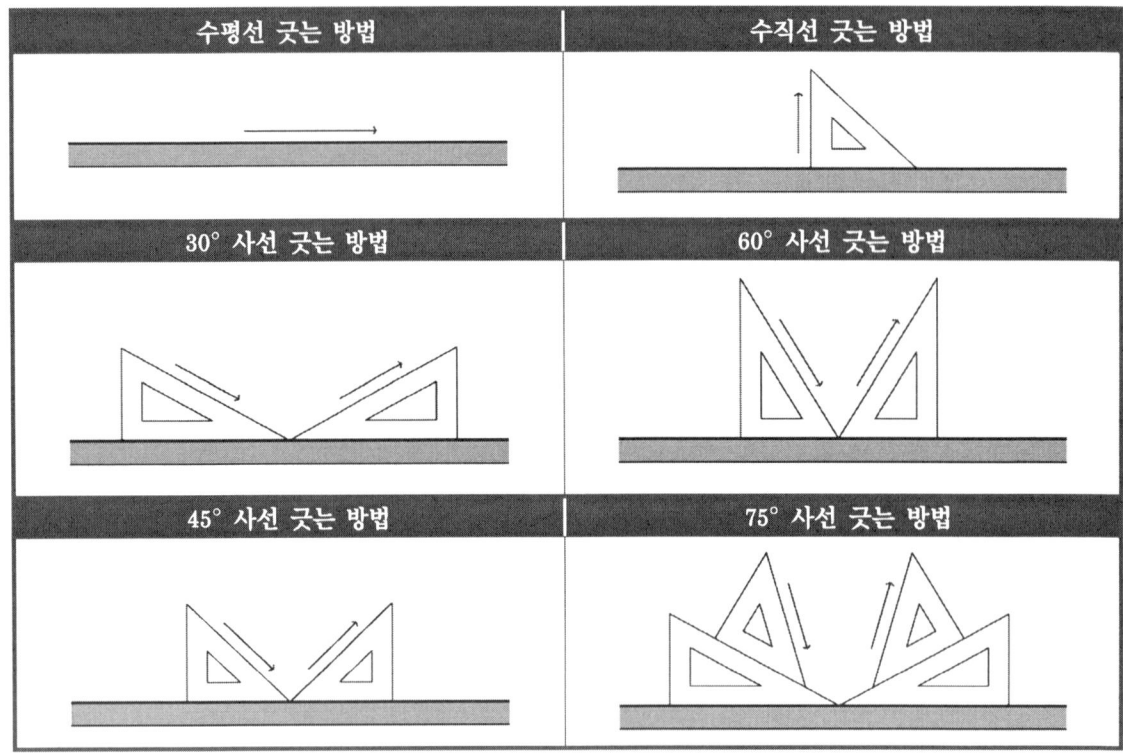

② 선 긋기 예시

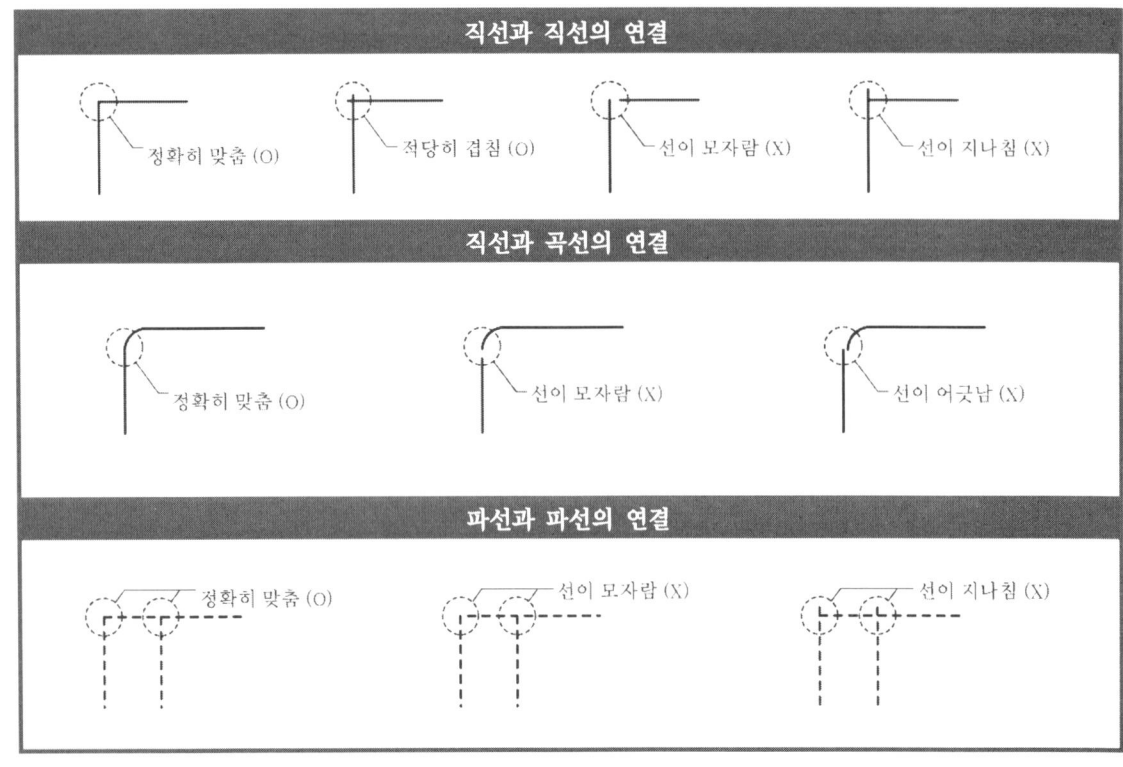

4) 제도용 글씨

① 제도용 글씨는 고딕체로 명확하게 쓰며 흘겨쓰지 않도록 주의한다.
② 가는선으로 보조선을 긋고 최대한 수평이 맞도록 기입한다.
③ 글씨의 크기는 정해진 것이 없으며, 도면 사이즈에 비례하여 시각적으로 보기 좋게 크기를 설정한다.

제도용 글씨체
평면도 정면도 측면도 단면도 배치도
개념도 설계설명서 시설물배치도

제도용 글씨체(경사형)
1 2 3 4 5 6 7 8 9 0
가 나 다 라 마 바 사 아 자 차 카 타 파 하

5) 설계에 사용되는 약어

표기	내용	표기	내용
ELE(ELEV.)	표고(Elevation)	B.C	커브시점(Beginning of Curve)
G.L	지반고(Ground Level)	E.C	커브종점(End of Curve)
F.L	계획고(Finish Level)	DN	내려감(Down)
W.L	수면 높이(Water Level)	UP	올라감(Up)
F.H	마감 높이(Finish Height)	D10	지름(내경, 이형) 이형철근, 원목 등의 직경
B.M	표고 기준점(Bench Mark)		
w=1.5m	너비, 폭(Width)	@100	간격(재료, 거리, 배열) 10cm 간격
H=2.0m	높이(Height)		
L=1,000	길이(Length)	CONC.	콘크리트
⌀500	지름(외경)	STL, ST	철재(Steel)
T, THK 30	두께(Thickness)	P.C	Precast Concrete
r=500	반지름(Radius)	EXP.JT	신축줄눈(Expansion Joint)
EA	개수(Each)		
TYP.	표준형(Typical)	MH	맨홀

6) 기타 도면 표기법

상세도의 단면이나 입면 표시에서 사용되는 기호로써 제대로 표시하여 설계자의 의도를 정확히 표현하도록 한다.

평면도	입면도	단면도
계획 법면	자연 법면	수위
경사도	지반 (흙)	잡석다짐
콘크리트 (무근)	콘크리트 (와이어메시)	콘크리트 (철근)
석재	벽돌	목재(치장재)
모래	자갈	점표고
		+1.0

3. 인출선, 치수선

1) 인출선의 사용

① 내용을 대상 자체에 기입하기 어려울 때 사용한다.
② 수량, 수목명, 규격을 기입한다.
③ 가는 실선으로 표현한다.
④ 인출선의 방향과 길이를 일정하게 긋는 것이 좋다.

2) 수목 인출선 그리기

① 한 도면에서 인출선의 기울기는 가능한 한 방향으로 한다.

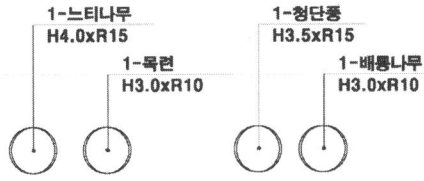

② 여러 주의 교목 인출선은 처음이나 마지막에 인출한다.

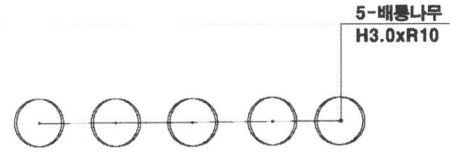

③ 인출선이 교차할 때는 점프선을 사용한다.

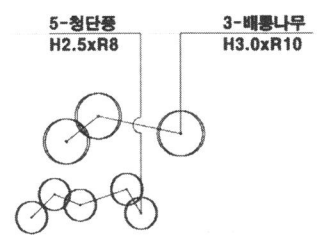

④ 멀리 떨어진 수목은 연결하지 않고 별도로 인출한다.

3) 치수선의 사용

① 치수의 단위는 mm를 적용한다.
② mm 단위를 사용하지 않을 경우에는 따로 단위를 명시한다.
③ 치수선, 치수보조선은 가는 실선으로 표현한다.
④ 치수는 치수선 중앙부 위에 치수선과 평행하게 기입한다.

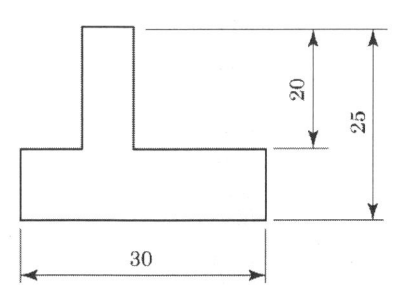

… Part 4 조경기사·산업기사 설계실무

2 조경 설계

1. 도면 그리기

1) 도면의 구성 및 배치

① 도면은 설계 영역과 표제란 영역으로 구분되고, 두 영역을 적절히 배분한다.

② 아래 도면을 참조하여 테두리선을 그어 도면의 안정감을 주도록 한다.

③ 설계 영역에 중심선을 그어 중심을 잡고 도면을 작성한다.

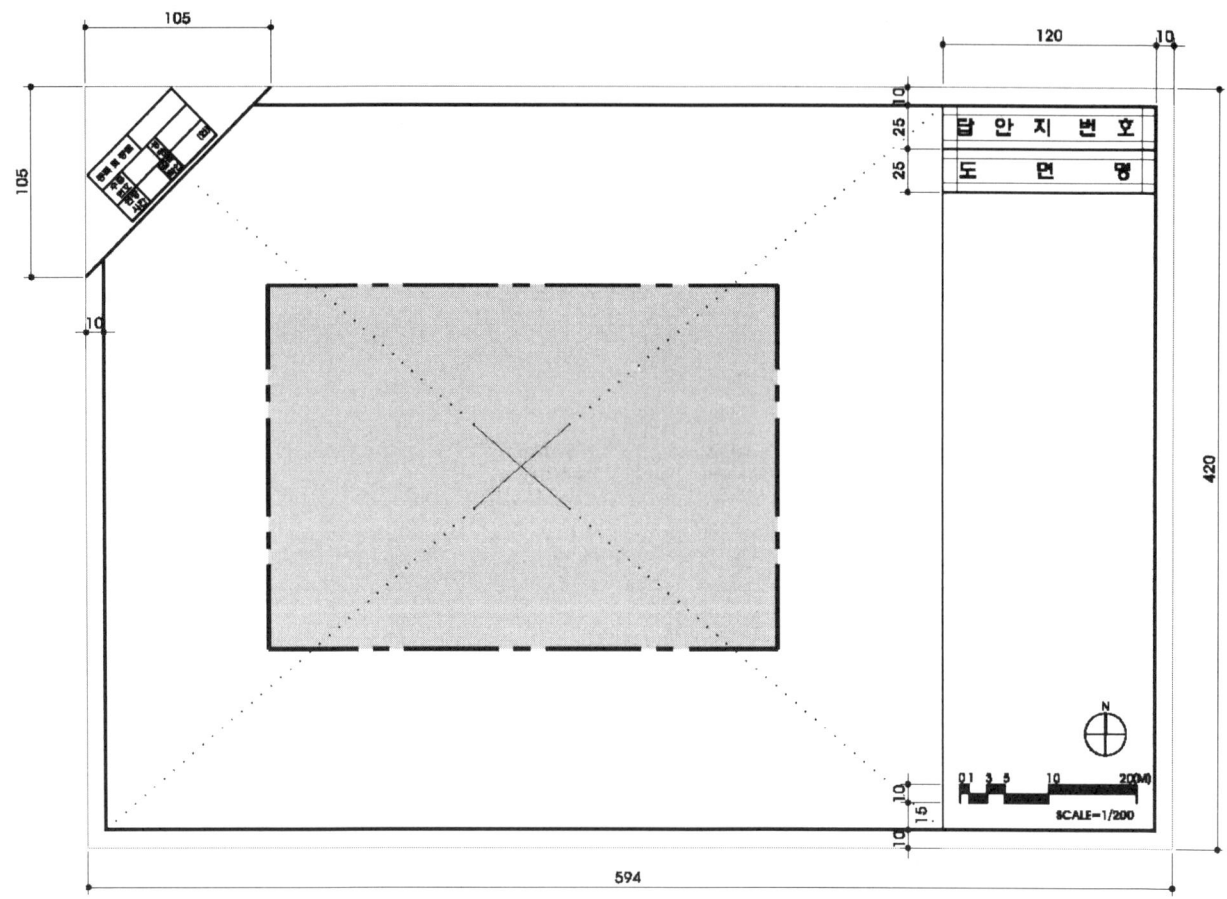

[평면도 구성]

2) 테두리선

① 시험용지 : A2(420×594)

② 제도판에 A2 용지를 수평이 맞게 놓고 종이가 울지 않도록 종이테이프로 고정한다.

③ 좌측 상단에 수평길이 105mm, 45°로 수험번호, 이름 쓰는 난을 작성한 후 사방 10mm 폭으로 굵게 테두리선

chapter 2. 조경 설계

을 긋는다.

3) 표제란

① 표제란 폭을 10~12cm로 그린다(현황도 크기에 따라 조절할 수 있다).
② 위부터 2.5cm씩 2칸을 그려서 공사명(답안지 번호), 도면명을 적는다.
③ 수량표, 스케일바와 방위표를 반드시 그린다.

4) 개념도 범례표

① 개념도의 범례표는 2칸으로 양분하고 간격은 2cm로 그린다.
② 기호 : 공간을 나타낼 수 있는 기호를 프리핸드로 그린다.
③ 표시 : 공간명을 고딕체로 깨끗하게 적는다.

5) 수목 수량표

① 수량표의 줄 간격은 0.8~1.0cm로 작성하고, 글씨는 보조선을 가는선으로 그리고 오와 열에 맞춰 적는다.
② 성상 : 상록교목, 낙엽교목, 관목, 초화, 지피 순으로 적는다.
③ 수목명 : 지역에 맞는 수종을 선정한다. (중부지방, 남부지방)
④ 규격 : 시험 조건에 맞는 규격을 사용한다.
⑤ 수량 : 도면 내용과 일치하여 수량을 기입한다.
⑥ 단위 : 수목의 단위는 "주"이다.

6) 시설물 수량표

① 기호 : 평면도의 기호를 그리거나, 번호를 기입한다.
② 시설명 : 시험 조건에 주어진 시설명을 기입한다.
③ 규격 : 시험 조건에 주어진 규격을 기입하고, 없을 경우에는 교재에 있는 규격을 참조한다.
④ 수량 : 도면 내용과 일치하여 수량을 기입한다.

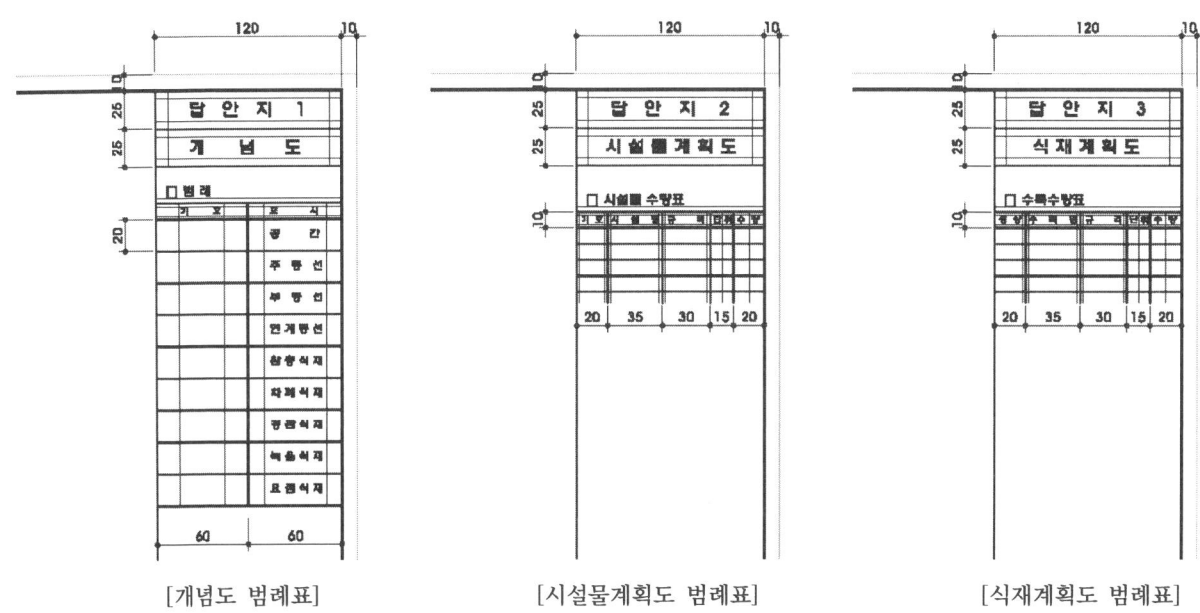

[개념도 범례표]　　　　　[시설물계획도 범례표]　　　　　[식재계획도 범례표]

7) 스케일 바 그리기

① 도면의 축척을 대략적인 크기로 나타낼 때 사용한다.
② 표제란의 하단부 여백에 적당한 크기로 그려준다.
③ 문제 요구조건에 맞는 스케일로 작성한다.
④ 다양한 스케일 바 중에서 그리기 쉬운 것으로 표현한다.

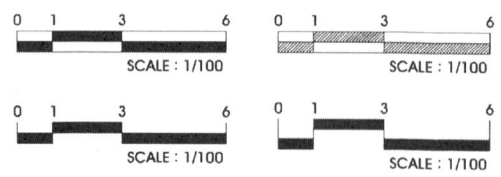

[스케일 바]

8) 방위표 그리기

① 화살표의 방향으로 북쪽(N)을 나타낸다.
② 다양한 방위표 중에서 그리기 쉬운 것으로 표현한다.
③ 특별히 잘 그릴 필요는 없지만, 도면의 필수 요소로서 누락 시 벌점이 부과되므로 반드시 표시하여야 한다.

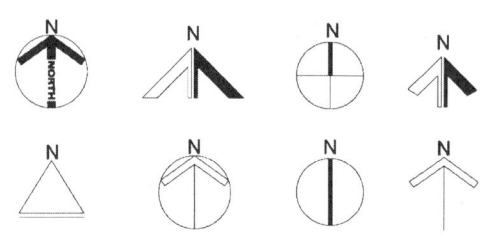

[방위표]

9) 현황 베이스 그리기

① 설계 영역에서 삼각자를 이용하여 대각선으로 교차점을 표시하고 도면의 중심을 잡는다.
② 교차점을 중심으로 하여 상하좌우 반씩 균등하게 분할하여 제시한 축척에 맞게 현황도를 그린다.
③ 도면의 방위는 북쪽이 위쪽으로 향하게 배치하는 것이 일반적이다.

10) 시설물 그리기

① 문제의 요구조건을 정확히 파악한 후 치수와 수량에 맞게 설치한다.
② 놀이시설은 안전거리를 확보하여 배치한다.
③ 휴게시설은 녹지면에 접하여 배치한다.

11) 포장 그리기

① 공간의 기능에 따라 포장재료를 선정하여야 한다.
② 공간의 일부분만 경계선을 표현하고 포장 패턴을 그린다.
③ 포장 패턴 옆에 포장명을 기입한다.
④ 포장 설계 완료 후 식재 설계한다.

2. 개념도 그리기

1) 개념도 그리기 순서

① 설계 요구조건 파악 : 요구조건을 제대로 파악하여 도면 작성 시 누락되지 않도록 한다.

② 진입구 지정

　㉠ 위치가 정해진 경우 : 조건을 그대로 따르며, 추가로 설치하지 않는다.

　㉡ 위치가 정해지지 않은 경우 : 반드시 도로와 접해야 하며, 주변 여건을 고려한다.

③ 동선 배치

　㉠ 동선의 위계를 정한다. (차량동선, 주동선, 부동선, 산책동선, 연계동선)

　㉡ 동선은 가급적 단순하고 명쾌하게 수립한다.

　㉢ 주동선은 큰 도로에 접하거나 이용도가 많이 예상되는 관통도로로 정한다.

　㉣ 차량동선, 보행자 동선은 반드시 분리한다.

　㉤ 산책동선은 대상지를 순환할 수 있도록 한다.

④ 공간 배치

　㉠ 대상지의 목적에 따라 필요한 공간을 결정한다.

　㉡ 규모 산정 $\sqrt{x\text{m}^2}$ = 가로×세로

　　ex) $\sqrt{150\text{m}^2}$ = 12.2m, $\sqrt{200\text{m}^2}$ = 14.2m, $\sqrt{300\text{m}^2}$ = 17.3m

⑤ 식재와 공간명 기입 : 각 식재와 공간의 성격과 기능을 기입한다.

2) 동선 그리기

① 동선의 성격과 기능

구 분	내 용	도입 포장
차량동선	• 공원 내 주차장 이용자를 위한 동선 • 직선 형태로 가급적 짧게 조성 • 공원 내 차도의 최소 폭 : 3m (2차선 : 5.5m)	아스콘 포장, 잔디블록 포장
주동선	• 공원 주출입구에서 시작되는 동선 • 공원 내의 각 공간과 시설을 연계하는 주통로로 하위 동선과 분리	소형 고압블록 포장, 점토벽돌 포장
부동선	• 공원 부출입구에서 시작되는 동선 • 주동선에 비해 이용도가 낮은 동선으로 주동선보다 원로 폭원이 좁다.	소형고압블록 포장, 점토벽돌 포장
산책동선	• 공원 이용객의 산책을 위한 동선 • 보행자 2인이 나란히 통행 폭 : 1.5~2.0m • 보행자 1인이 통행 폭 : 0.8~1.0m	자연석판석 포장, 목재데크 포장, 마사토 포장
연계동선	• 동선과 공간을 연결하는 동선 • 공간과 공간을 연결하는 동선	소형 고압블록 포장, 점토벽돌 포장

② 출입구가 결정된 동선 그리기
  ㉠ 동선이 자연스럽게 연결되어 공간을 적절히 배치할 수 있는 경우 출입구에서 바로 동선을 그린다.

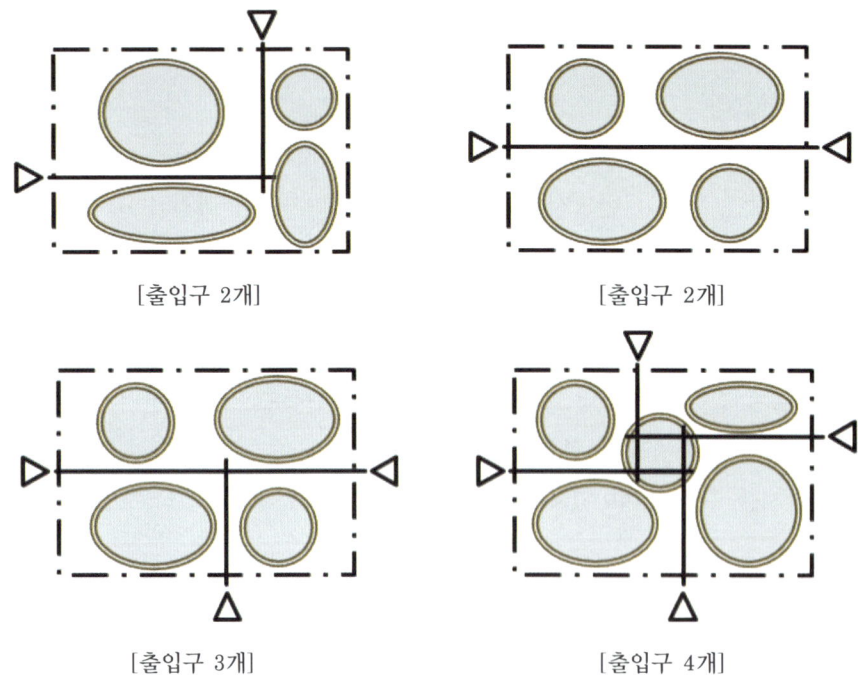

  ㉡ 동선이 바로 연결되지 않거나 한쪽으로 치우칠 경우에 내부 동선을 굴절 또는 위치를 이동하여 공간을 적절히 배치한 후에 동선을 그린다.

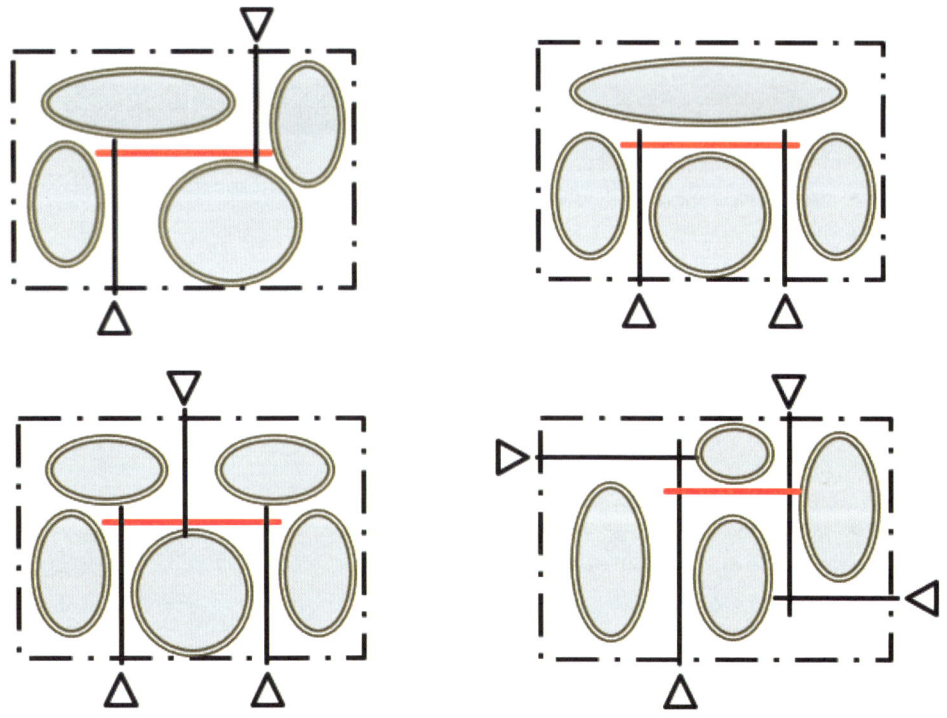

[내부 동선 위치 이동]

chapter 2. 조경 설계

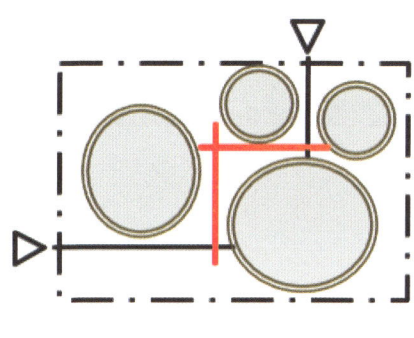 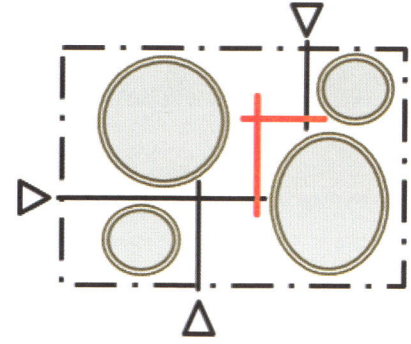

[내부 동선 굴절]

③ 출입구가 결정되지 않은 동선 그리기

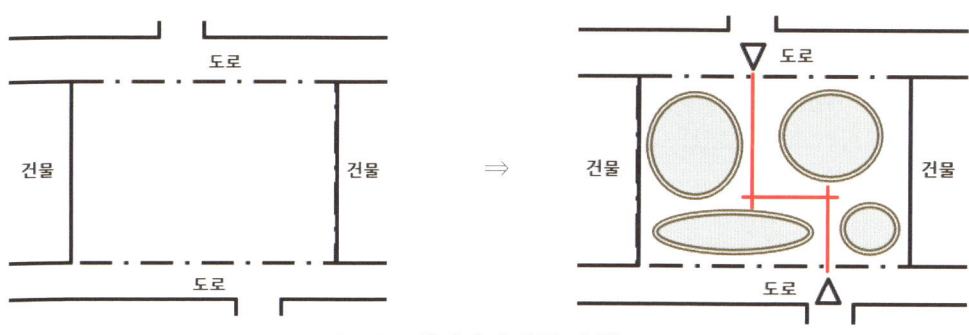

[도로 교차점에 출입구 개설]

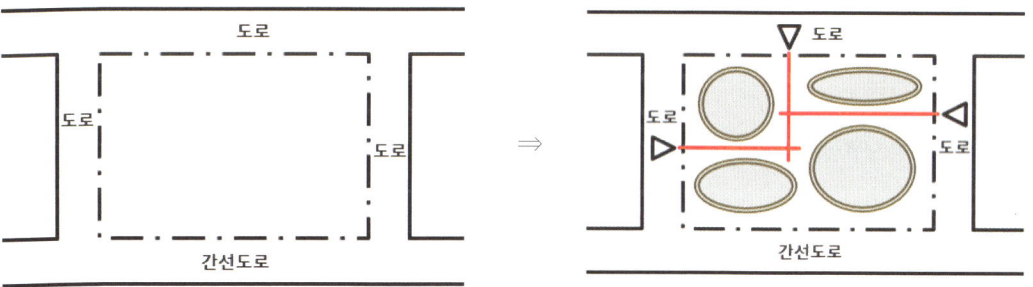

[간선도로 외 도로에 출입구 개설]

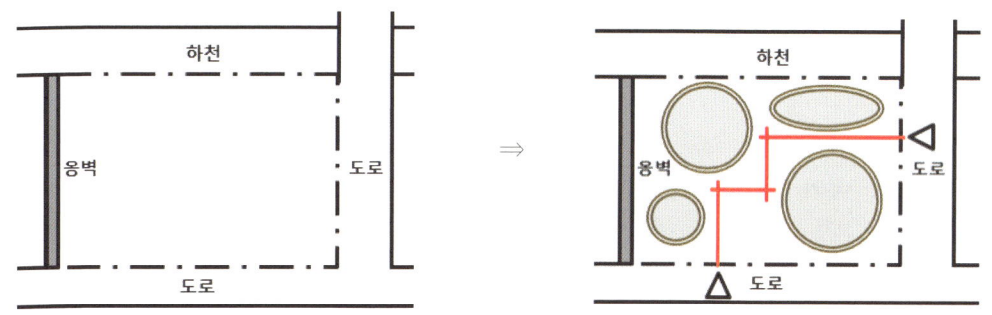

[하천, 옹벽 외 도로에 출입구 개설]

3) 공간의 성격과 기능

구분	성격과 기능	주요시설	도입포장
중앙광장	• 의사소통의 공공영역으로 만남과 정보 교환을 위한 공간 • 공원의 성격을 나타내는 상징적 공간 • 각 공간의 기능을 증대시킬 수 있는 개방적 공간	분수, 기념상징물, 퍼걸러, 등의자, 평의자, 수목보호대	화강석판석포장, 사고석포장, 점토벽돌포장
진입광장	• 외부에서 대상지로 원활한 진입과 접근성 증대를 위한 공간	관리사무소, 펜스, 수목보호대, 안내판	화강석판석포장, 점토벽돌포장
휴게공간	• 만남과 휴식, 대화를 위한 편안한 공간 • 편안한 공간구조를 갖는 안정된 공간 • 정적 공간으로 편안한 만남의 장소 제공	퍼걸러, 벤치, 휴지통, 수목보호대, 야외 테이블	자연석판석포장, 목재데크포장, 벽돌포장
놀이공간	• 어린이의 동적 활동공간으로 안전한 놀이와 신체 단련을 위한 공간 • 유아의 활동을 위한 공간으로 안전성을 확보한 공간	미끄럼대, 그네, 시소, 구름사다리, 정글짐	고무매트포장, 고무칩포장, 모래포설
운동공간	• 동적 공간으로 이용자의 건강증진을 목적으로 하는 공간 • 이용자의 활동성 증대 및 체력단련을 위한 공간	다목적운동장, 각종 운동시설	우레탄포장, 마사토포장
관리공간	• 이용객의 안전한 공원 이용을 위한 유지관리 공간	관리사무소, 창고	ILP 포장
편익공간	• 이용객의 휴식과 편익을 위한 공간	화장실, 매점	ILP 포장
수경공간	• 수경시설을 감상하며 심적 안정감과 정서적 감성을 증진시킬 수 있는 공간	분수, 벽천, 부천, 계류, 연못	화강석판석포장, 사고석포장

4) 식재의 성격과 기능

구분	내용	주요 수목
요점식재	• 상징성을 주고 시각적 유인성을 갖는 관상 가치가 높은 수종 식재	주목, 구상나무, 소나무, 반송, 모과나무, 배롱나무 등
지표식재	• 특징적 수형을 가진 수목의 식재로 랜드마크 역할	소나무, 곰솔, 단풍나무 등
유도식재	• 대상지내 진입의 방향성을 제시하는 식재 • 보행자나 차량의 동선을 안내하는 식재	은행나무, 느티나무, 왕벚나무, 이팝나무, 메타세퀘이아, 등
녹음식재	• 햇빛을 차단하여 그늘을 제공할 수 있는 수관폭이 넓은 수목 • 식재 공간에 그늘을 제공하고 경관을 향상 시킬 수 있는 식재	회화나무, 느티나무, 팽나무, 칠엽수, 은행나무, 백합나무 등
차폐식재	• 시각적으로 불량한 요소를 차단할 수 있는 상록교목 식재 • 불량지와 시선을 차단하고 소음을 저감 시킬 수 있는 식재	잣나무, 스트로브잣나무, 서양측백, 사철나무, 광나무 등
완충식재	• 외주부와 공간을 분리하는 식재 상충된 성격의 공간을 분리하는 식재	잣나무, 스트로브잣나무, 서양측백, 화백, 쥐똥나무 등
경관식재	• 자연미를 제공하여 시각적 아름다움을 느낄 수 있는 식재 • 주변 경관과의 연결성을 증대시킬 수 있는 식재	칠엽수, 모감주, 소나무, 이팝나무 등

5) 개념도 표현기법

동선·공간명	표현 기법	식재명	표현 기법
차량동선		요점식재	
주동선		지표식재	
부동선		유도식재	
산책동선		녹음식재	
연계동선		차폐식재	
진입표시	ENT.	완충식재	
도입공간		경계식재	
점적요소		경관식재	

3. 기본설계도(시설물평면도) 그리기

설계 개념이 수립된 후 동선과 시설 공간을 그리고 시설물을 배치한다.

1) 기본설계도 그리기 순서

① 축척에 맞춰 부지경계선을 그린다.
② 녹지경계석, 포장경계석을 통해 동선과 시설 공간을 나누고 녹지와 구분한다.
③ 공간과 공간의 레벨을 체크하여 적절한 계단과 램프를 설치한다.
④ 동선 및 시설 공간에 시설물을 그린다.
⑤ 동선 및 시설 공간에 포장 재질과 패턴을 표시한다.
⑥ 시설 인출선을 기입하고 수량표를 작성한다.

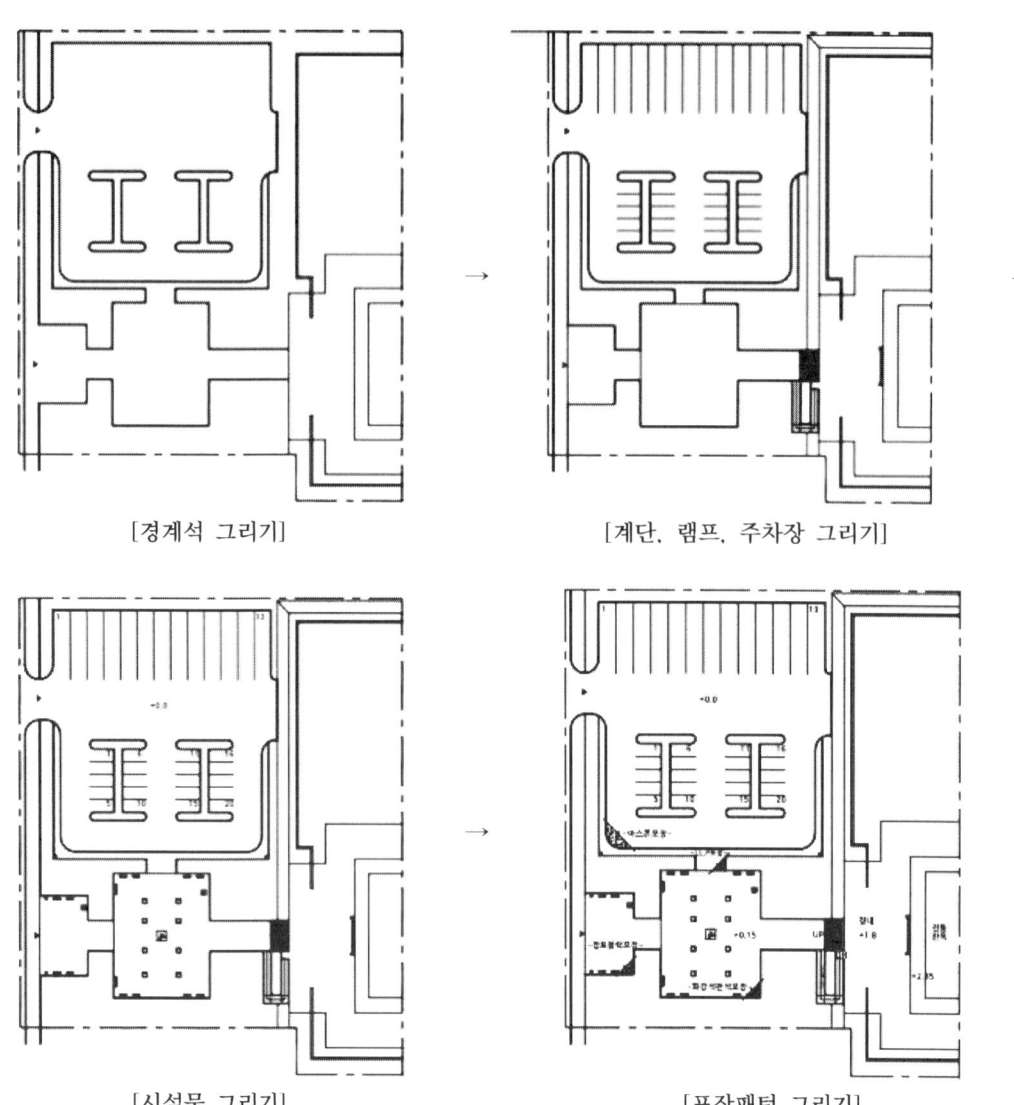

[경계석 그리기]   [계단, 램프, 주차장 그리기]

[시설물 그리기]   [포장패턴 그리기]

4. 식재설계도(식재평면도) 그리기

기본설계도를 기준으로 녹지공간에 배식한다.

1) 식재설계도 그리기 순서

① 기본설계도와 같은 평면을 작성하고 녹지공간을 확보한다.
② 진입부 주변이나 중요 지점에 요점식재, 지표식재 한다.
③ 광장, 휴게공간 내 휴게시설 주변, 수목보호대에 녹음식재 한다.
④ 원로 주변 녹지에 유도식재 한다.
⑤ 외주부에 차폐, 완충, 경계식재 한다.
⑥ 나머지 공간에 경관식재를 적절히 하여 빈 녹지공간이 없도록 한다.
⑦ 원로 모서리, 기능이 상충된 공간 사이, 마운딩 된 녹지 등에 자연스런 형태로 관목, 지피를 군식한다.

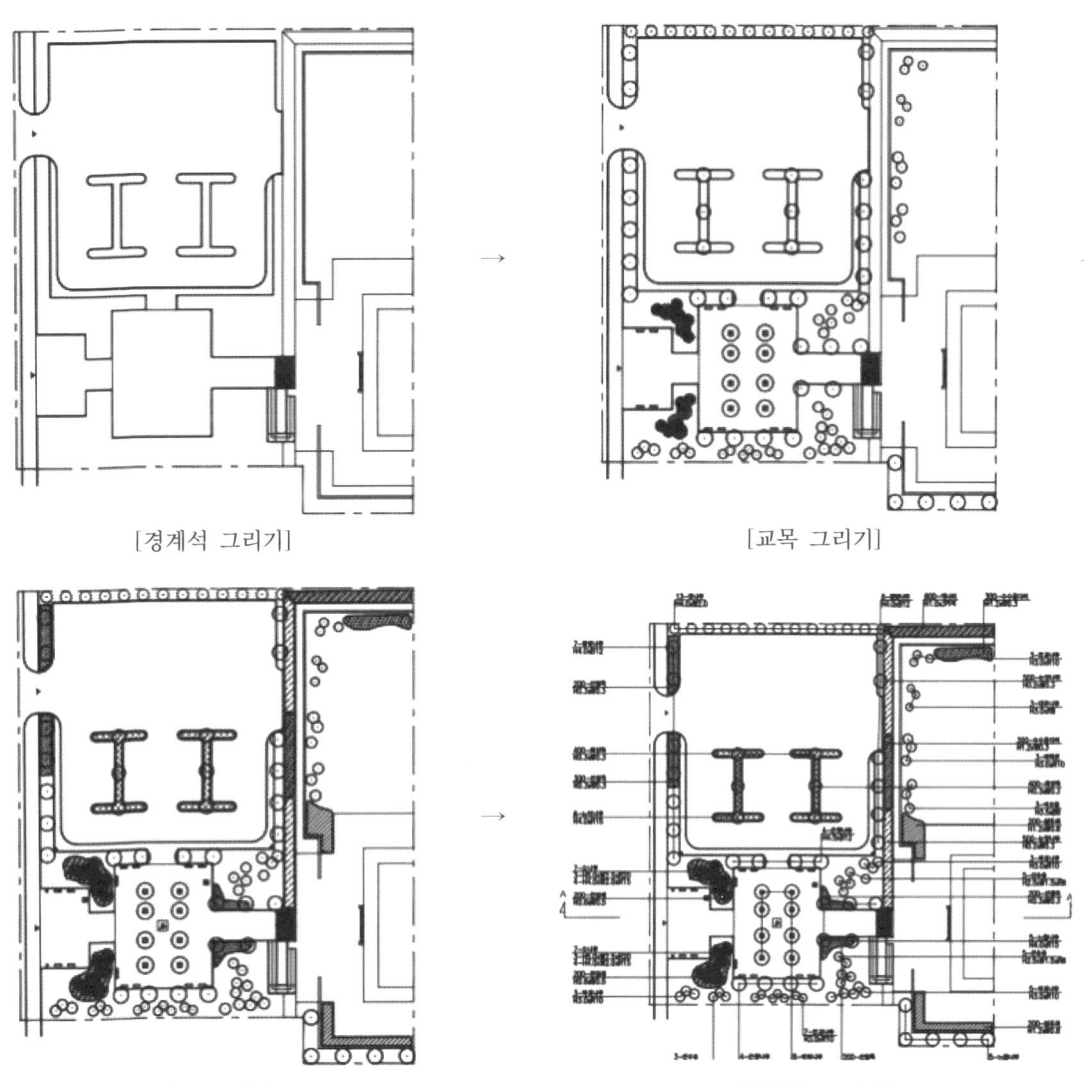

[경계석 그리기]   [교목 그리기]

[관목 그리기]   [인출선 그리기]

5. 단면도 그리기

특정 지역을 수직으로 절단하여 절단면을 바라본 그림으로 입체적으로 공간을 이해할 수 있다.

1) 단면도 그리기 순서

① 기본설계도상에 단면표시선(A-A') 위치와 화살표 방향을 확인하여 단면 표기를 한다.
② 단면도의 폭을 고려하고, 지면선과 보조선을 1m 간격으로 긋는다.
③ 평면도의 단면 표시선이 수평이 되게 제도판에 붙이고 경계석과 주요시설물을 지면선에 표시하고 공간을 구획한다.
④ 수목을 수고에 맞게, 시설물을 규격에 맞게 그려주고, 이용자를 휴먼스케일에 맞게 표기한다.
⑤ 인출선이나 공간구획선, 레벨 등을 표시하고 특징이나 명칭을 작성한다.
⑥ 지반선은 굵은 선으로 표현하고 마무리한다.

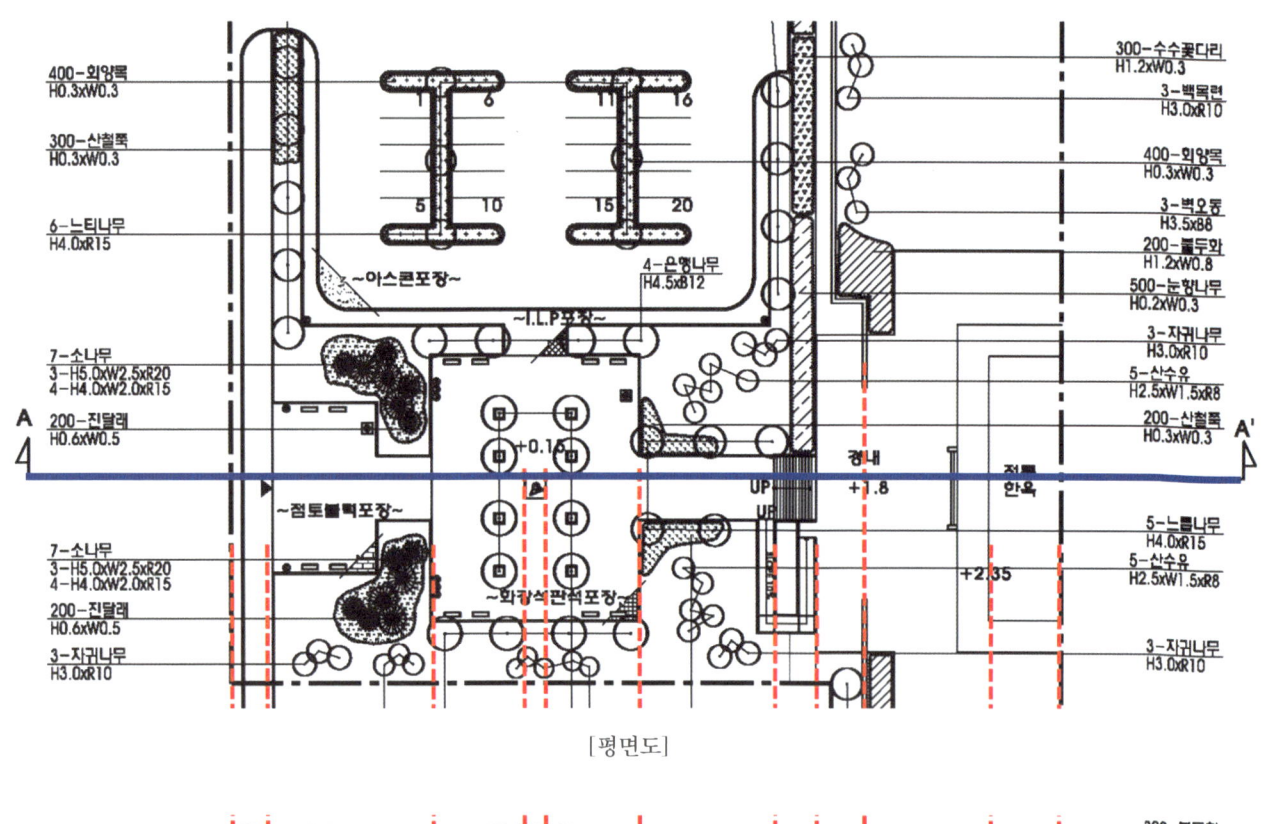

[평면도]

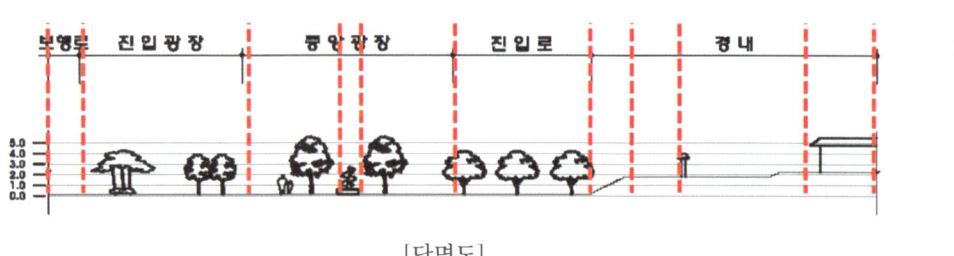

[단면도]

chapter 3. 공간 및 시설물 설계

공간 및 시설물 설계

1. 휴게공간 및 휴게시설물

1) 휴게공간의 특성

① 정적 공간으로 공원의 필수 공간이다.
② 만남, 휴식, 대기, 감시 기능이 있다.
③ 주변 경관이 양호한 곳이나 전망이 좋은 곳에 배치한다.
④ 요구 조건에 맞게 공간의 크기를 정한다.
⑤ 주변에 녹음식재와 경관식재를 도입한다.
⑥ 3면이 녹지에 접하는 것이 좋다.
⑦ 광장, 운동공간, 놀이공간 등과 같이 연계하여 배치한다.
⑧ 그늘을 제공하는 시설물과 앉아서 쉬는 시설물을 배치한다.

2) 휴게시설물

① 파고라, 정자를 설치하여 그늘을 제공하고, 평의자, 등의자, 앉음벽 등 휴식에 필요한 시설을 도입한다.
② 음수대, 휴지통, 수목보호대 등 시설물을 도입한다.
③ 점토벽돌포장, 자연석판석 등 바닥포장은 편안하게 휴식을 취할 수 있는 분위기를 조성할 수 있는 재료를 선정한다.

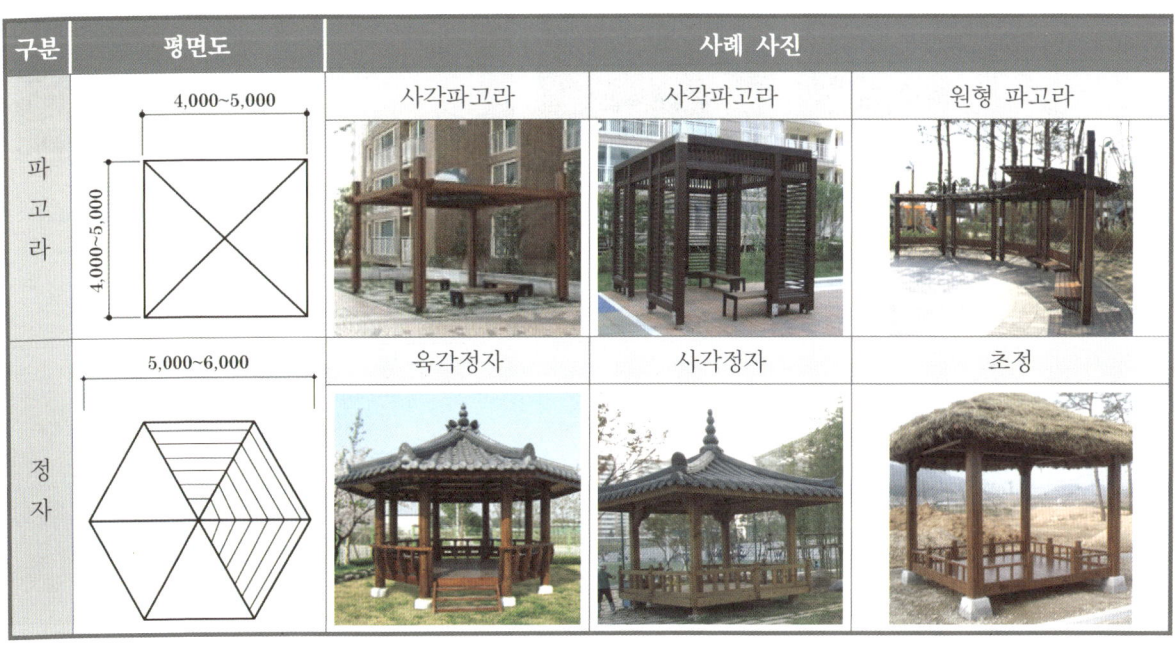

283

구 분	내 용			
의자	평의자 (1,800×400)	등의자 (1,800×650)	야외탁자 (1,800×1,200)	평상 (2,000×2,000)
앉음벽	석재마감 (H400×W400)	석재+목재 마감 (H400×W400)	벽돌+목재 마감 (H400×W400)	산석+목재 마감 (H400×W400)
기타 시설	티테이블	파라솔	그늘막	그네의자

3) 앉음벽 및 플랜터

앉음벽(벽돌 마감) (H400×W400)

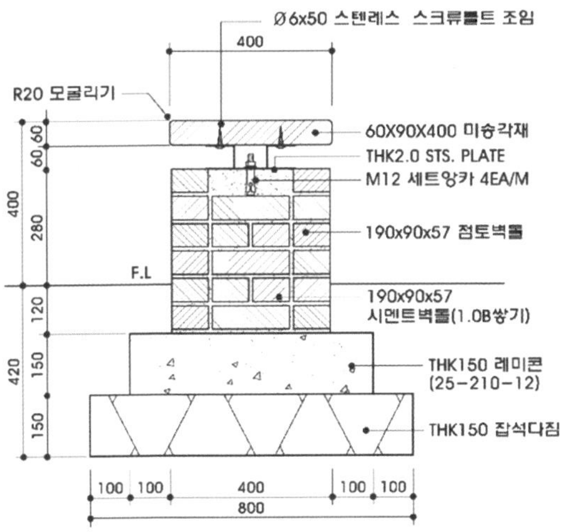

옹벽(산석 마감) (H1,250×W450)

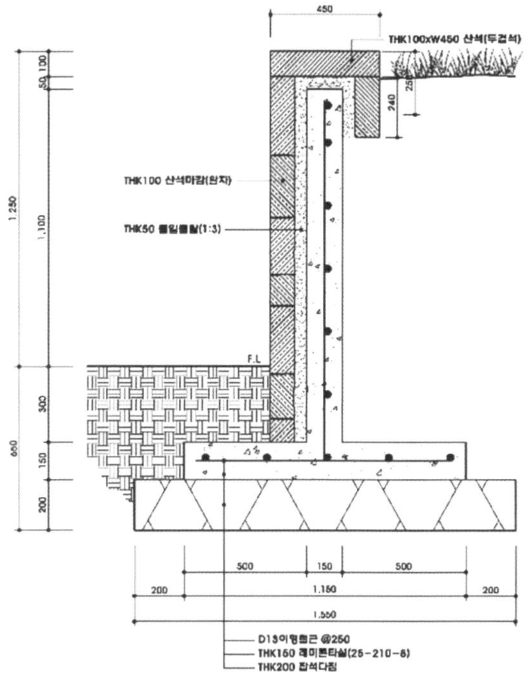

플랜터(벽돌 마감) (H400×W400)

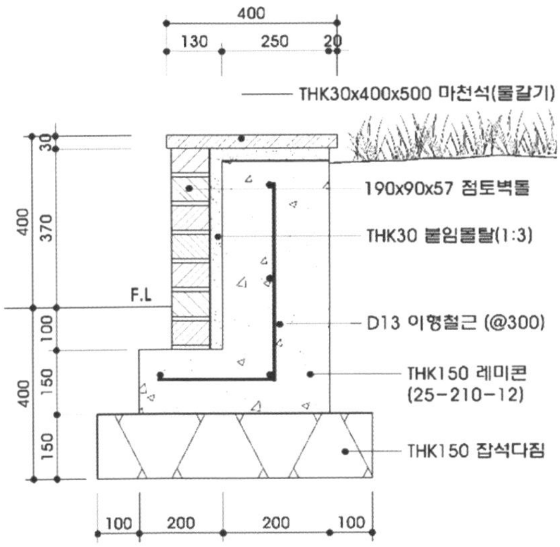

플랜터(산석 마감) (H450×W400)

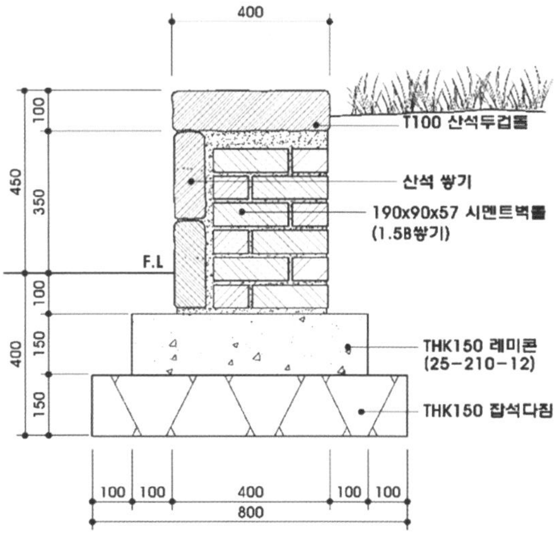

2. 놀이공간 및 놀이시설물

1) 놀이공간의 특성

① 동적 공간으로 공원의 필수 공간이다.
② 공원 내에 구석진 곳은 피하고 광장이나 휴게공간과 연계하여 배치한다.
③ 이용 계층에 따라 유아 놀이공간, 유소년 놀이공간으로 분리할 수 있다.
④ 요구 조건에 맞게 공간의 크기를 정한다.
⑤ 주변에 녹음식재를 도입하고, 유아 놀이공간과 유소년 놀이공간이 분리되어 있을 경우 완충녹지대를 조성한다.

2) 놀이시설물

① 조합놀이대는 놀이공간 중심부에 배치하고, 그네, 회전무대 등 요동시설은 중심부나 출입구 쪽을 피하여 구석에 설치한다.
② 햇빛에 의한 눈부심을 방지하기 위해 그네, 미끄럼대는 북향으로 설치한다.
③ 바닥분수, 도섭지 등 물놀이시설은 휴게 및 수경공간과 연계되도록 설치한다.
④ 바닥 포장은 모래깔기를 많이 사용하나, 고무칩이나 고무매트를 사용할 경우에는 별도의 모래밭을 조성한다.
⑤ 모래깔기 하부에는 맹암거를 설치하여 배수를 원활하게 한다.
⑥ 놀이시설물 간에는 2~3m의 여유공간을 반드시 확보한다.

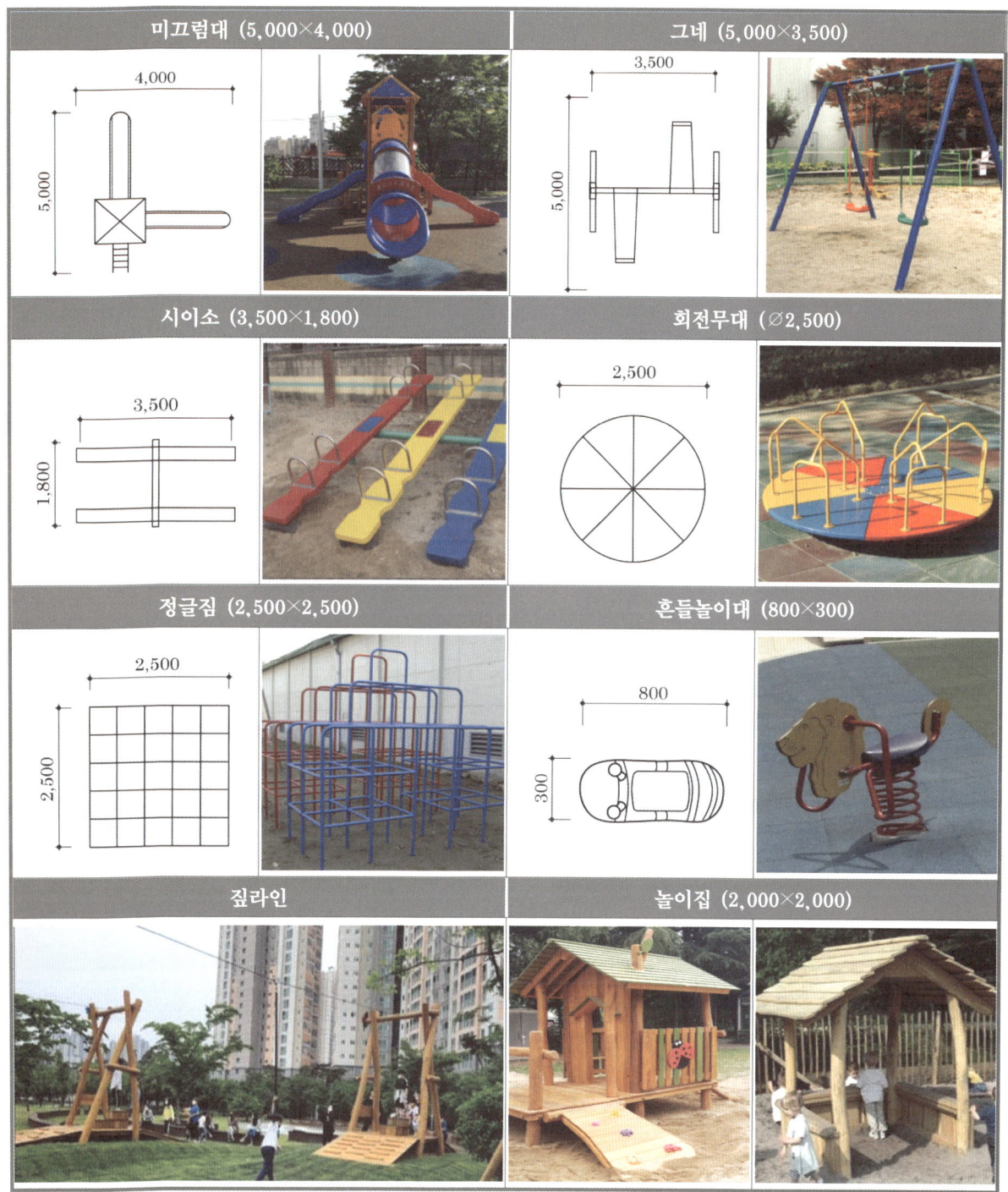

3. 운동공간 및 운동시설물

1) 운동공간의 특성

① 동적 공간으로 공원의 필수 공간이다.
② 경기장 장축을 남북방향으로 배치하고, 여건상 어려운 경우 동쪽이나 서쪽으로 조금 기울어져도 무방하다.
③ 요구 조건에 맞게 공간의 크기를 정하고, 개별공간 중에 가장 큰 공간이므로 제일 먼저 고려하여 배치한다.
④ 운동공간 주변에는 외곽주거지에 소음 피해가 없도록 적정거리를 유지하며 완충식재나 차폐식재를 하여야 한다.

2) 운동시설물

① 허리돌리기, 평행봉, 철봉, 역기 들어올리기, 윗몸 일으키기 등 체력단련시설은 운동공간 가장자리에 설치한다.
② 공간에 여유가 있을 경우에는 휴게시설, 관람시설을 설치한다.
③ 경기장의 사방 3m의 여유 공간을 확보한다.
④ 바닥 포장은 마사토 포장을 주로 사용하나, 인조잔디나 우레탄 포장을 설치할 수 있다.
⑤ 마사토포장 하부에는 맹암거를 설치하여 배수를 원활하게 한다.

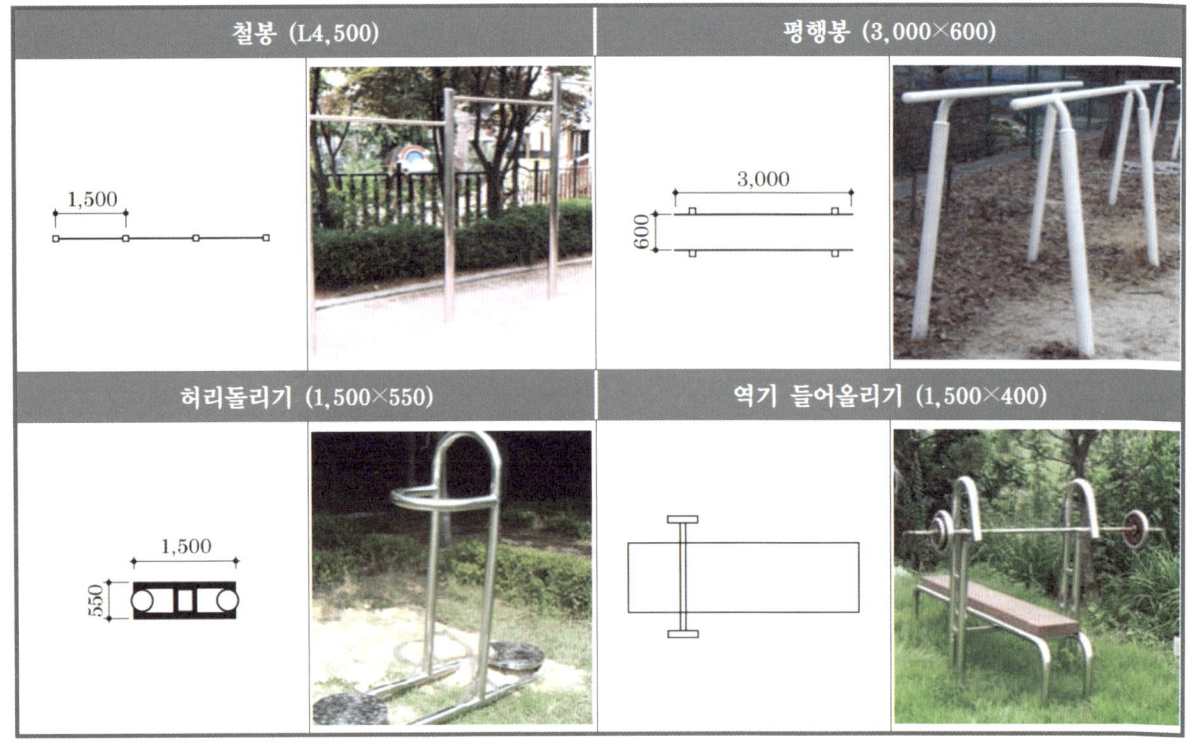

3) 운동장 규격

① 배드민턴장 : 길이 13.4m×너비 6.1m
② 배구장 : 길이 18m×너비 9m
③ 테니스장 : 길이 23.77m×너비 10.97m(복식), 8.23m(단식)
④ 농구장 : 길이 28m×너비 15m
⑤ 축구장 : 길이 100~110m×너비 64~75m
⑥ 게이트볼장 : 길이 25m×너비 20m

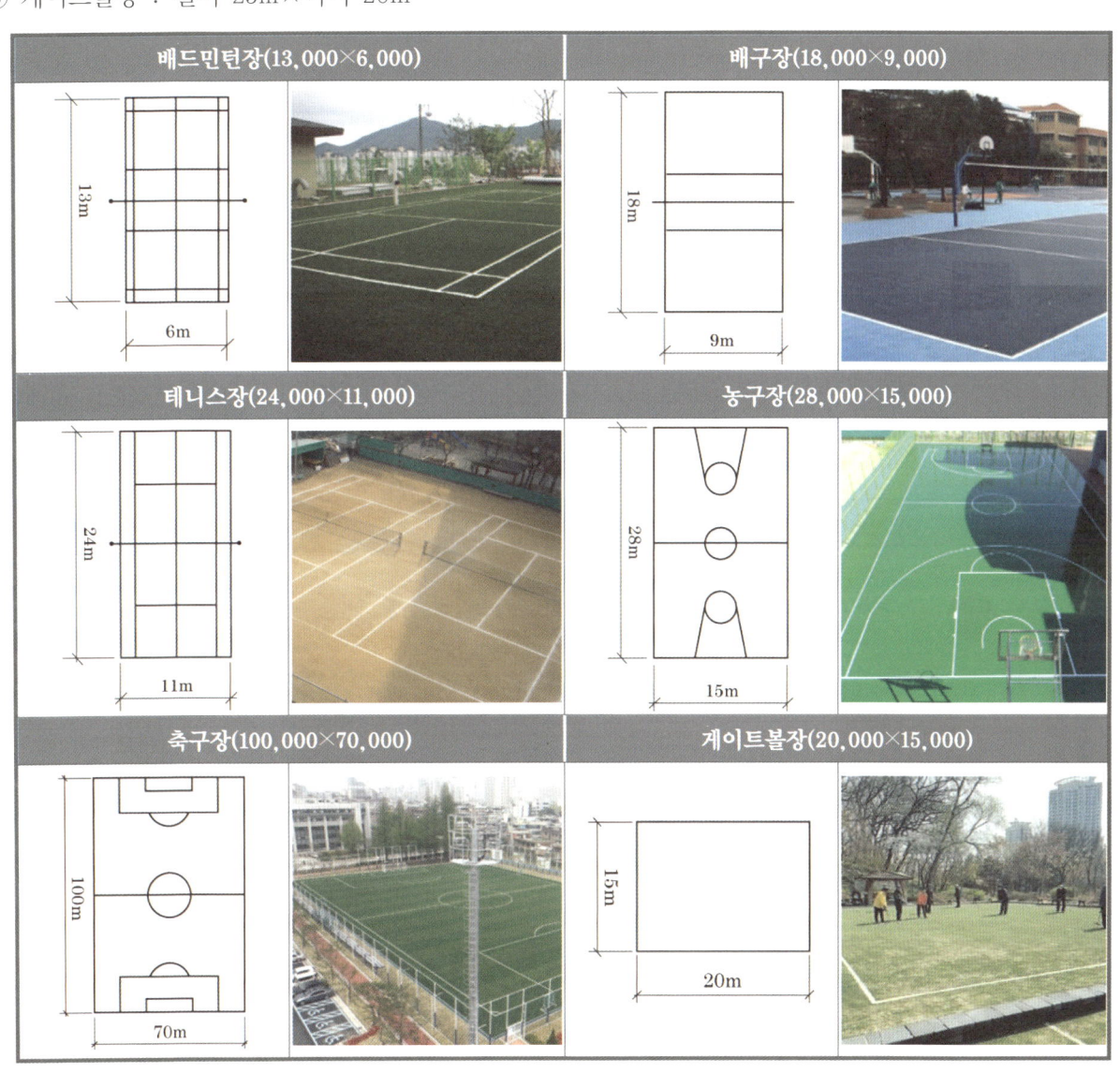

4. 관리공간 및 관리시설물

1) 관리공간의 특성

① 관리사무소는 관리 공간, 화장실, 상점은 편익 공간이라 한다.
② 화장실 주변에는 생울타리 등으로 완충식재를 한다.

2) 관리시설물

① 건축물, 수목보호대는 축척에 맞게 표기하고, 기타 시설물은 잘 보이게끔 축척보다 크게 그린다.
② 휴게공간, 동선 주변에 휴지통이나 음수전을 설치한다.
③ 차량의 진입을 통제해야 하는 곳에 볼라드(단주)를 설치한다.
④ 광장 중앙, 건물과 연계된 공간, 휴게공간 중심부에 수목보호대를 설치한다.

관리사무소(10,000×5,000×3,500)	화장실(10,000×5,000×3,500)
볼라드(Ø450)	휴지통(φ600)	음수대(500×500)	수목보호홀덮개(1,000×1,000)
펜스(H2,000)	안내판(1,500×300)	이동식 화분(φ1,500)	조명등(H4,500)

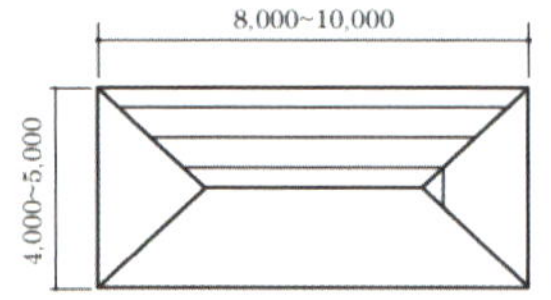

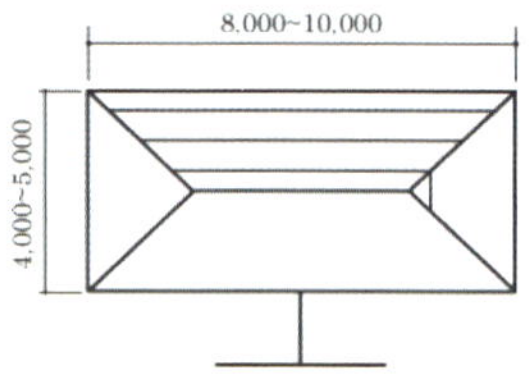

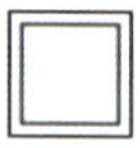

5. 수경공간 및 수경시설물

1) 수경공간의 특성

① 물을 이용하여 설계 대상 공간의 경관을 연출하기 위한 시설 공간이다.
② 휴게공간과 연계할 때는 연못이나 벽천 등 경관의 포인트가 되는 정적시설 도입
③ 놀이공간과 연계할 때는 도섭지나 바닥분수 등 들어가서 이용할 수 있는 동적 시설 도입
④ 수경공간은 2개의 시설을 연계하여 설치하면 좋은 효과를 낼 수 있다.
⑤ 수경공간 주변에는 경관식재의 개념으로 식재한다.
⑥ 벽천 뒷면에는 차폐·완충식재의 개념으로 식재한다.

2) 수경시설물

① 수경시설 설치 시 펌프 및 조명 배선, 급수설비, 배수설비를 고려하여야 한다.
② 수경시설 주변 보이지 않는 곳에 순환펌프실을 설치한다.
③ 생태연못, 계류는 녹지 내에 설치한다.
④ 도섭지, 바닥분수, 캐스케이드는 포장 내에 설치한다.
⑤ 도섭지, 바닥분수 주변은 화강석판석포장, 사고석포장, 자연석판석포장 등을 설치한다.

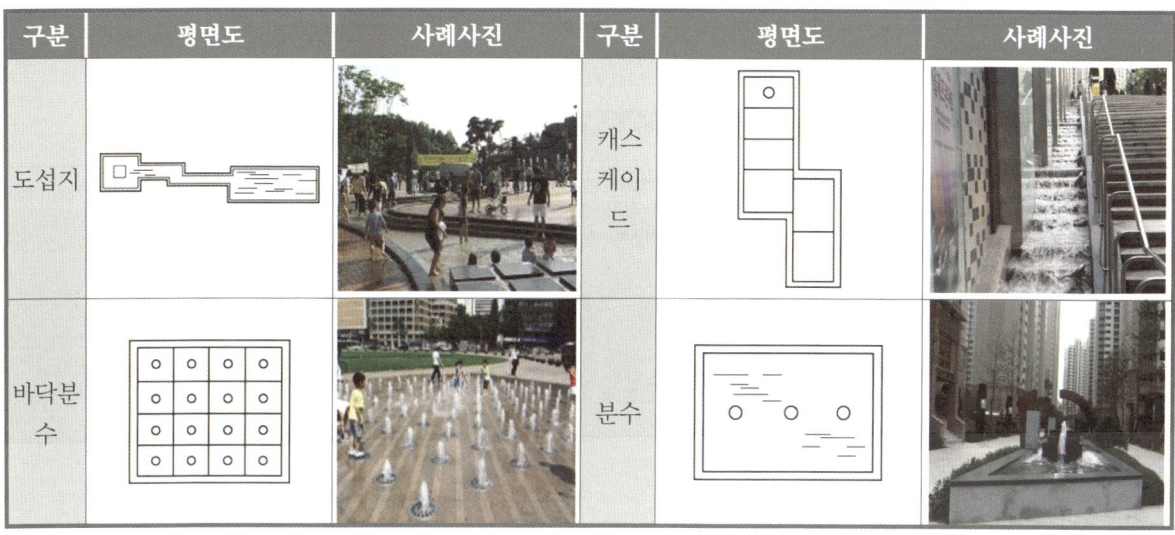

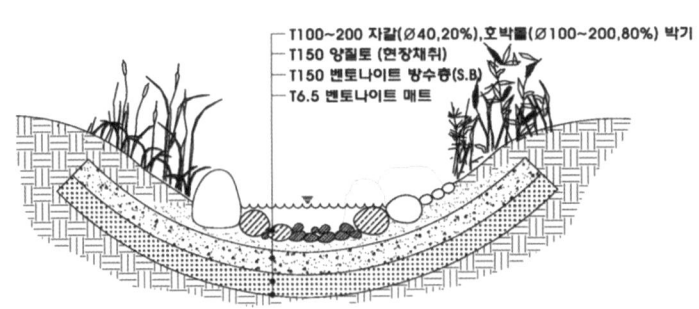

[생태연못 단면도]

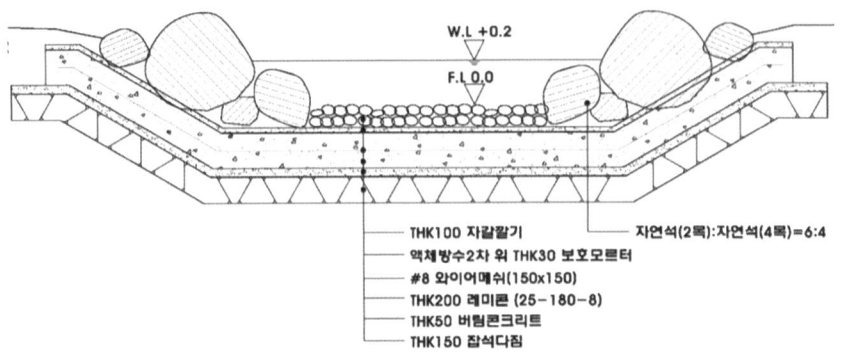

[연못 단면도]

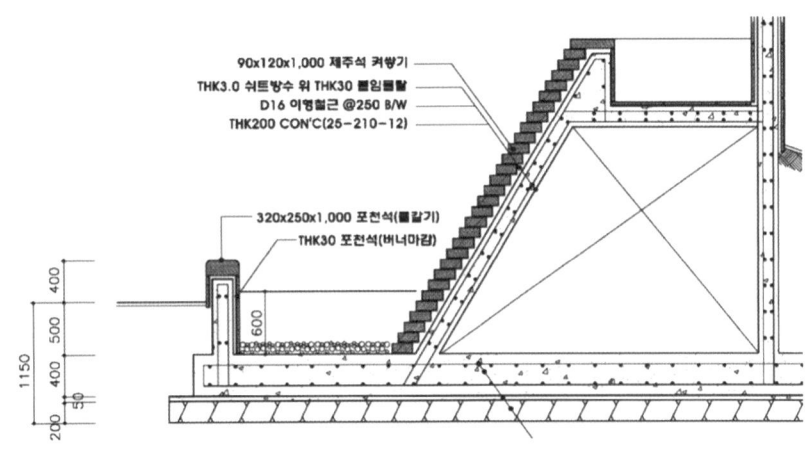

[벽천 단면도]

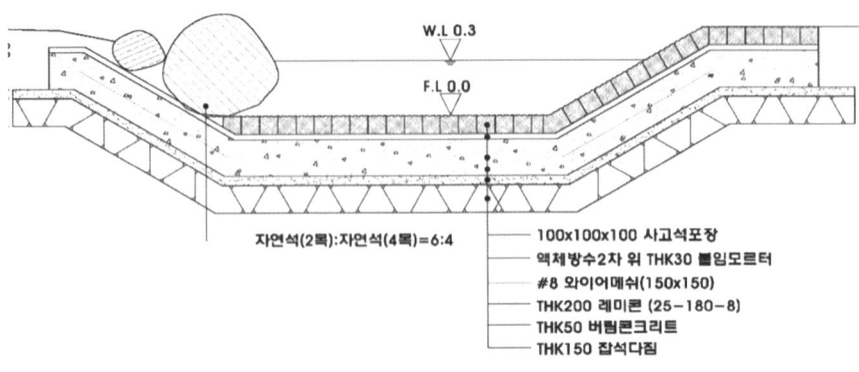

[도섭지 단면도]

chapter 3. 공간 및 시설물 설계

6. 우배수 설계

1) 심토층 배수

① 지하수위를 낮추기 위해 지하수를 배수하는 것
② 마사토포장, 모래포장 하부에 적용
③ 맹암거 간선과 지선의 각도 : 45도
④ 맹암거 지선 간의 거리 : 6m
⑤ 녹지경계석과의 거리 : 1m
⑥ 지대가 낮은 곳에 집수정(600×600)을 설치
⑦ 우수관으로 공원 외곽 기존 배수로나 맨홀에 연결
⑧ 점선으로 표현

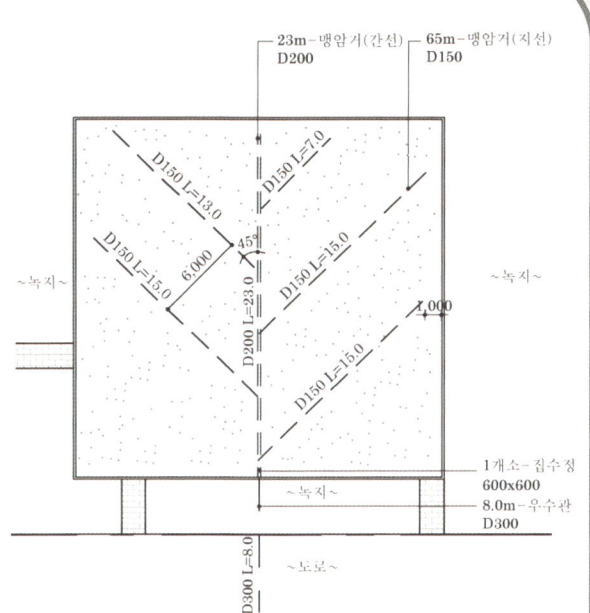

2) 지표면 배수

① 지표면의 빗물을 배수하는 것
② 빗물받이 : 빗물을 하수구로 보내는 설비
③ 집수정 : 빗물받이 여러 개가 연결된 곳
④ 맨홀 : 집수정이 여러 개가 연결된 곳

7. 계단·경사로 설계

1) 계단 설계

① 계단 폭 : 연결도로 폭과 같게 하거나 그 이상으로 한다.
② 단 너비 : 30cm(26cm 이상)
③ 단 높이 : 15cm
④ 높이 2m가 넘는 경우 2m 이내마다 너비 1.2m 이상의 계단참을 설치
⑤ 높이 1m가 넘는 경우 난간 설치
⑥ 옥외에 설치하는 계단의 단수는 최소 2단 이상으로 하며 미끄럼을 방지한다.
⑦ 계단 중앙부에 화살표와 선을 그려서 올라갈 때는 UP, 내려갈 때는 DN을 표시한다.

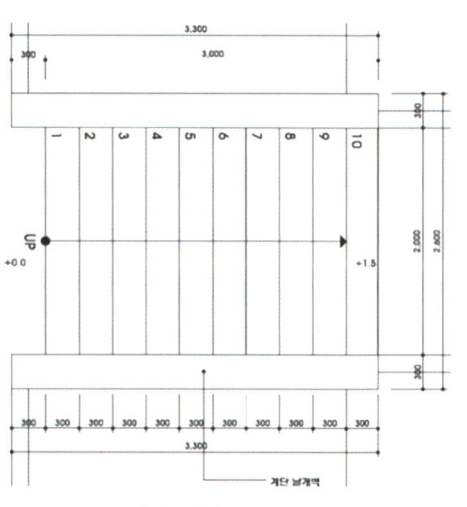

[계단 평면도]

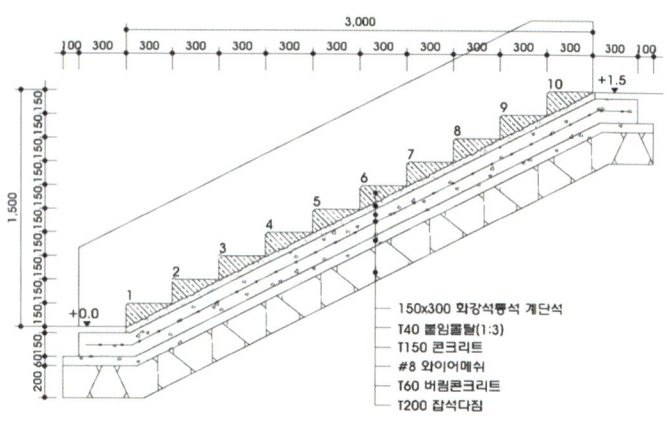

[계단 단면도]

2) 경사로 설계

① 평지가 아닌 곳에 보행로를 설치할 경우 「장애인·노인·임산부 편의 증진에 관한 법률」 등의 관련 법규에 적합한 경사로를 설계하여야 한다.
② 적정 램프 폭 : 1.5m~2.0m (최소 폭 : 1.2m)
③ 경사로가 연속될 경우에 30m마다 1.5m×1.5m 이상의 수평면으로 된 참을 설치한다.
④ 장애인 통행이 가능한 경사로의 기울기는 1/18(5.5%) 이하로 하며, 지형상 곤란한 경우에는 1/12(8.3%)까지 완화하여 수평거리를 정한다.
⑤ 일반인이 가능한 경사도는 10% 정도로 한다.
⑥ 경사율(%) : (수직거리/수평거리)×100 = (1/18)×100
⑦ 계단은 여러 곳에 설치되어도 램프는 단차마다 한 곳만 설치한다.
⑧ "―"자형(높이차 0.6m 이하), "ㄷ"자형, "U"자형(높이차 0.6m 이상)

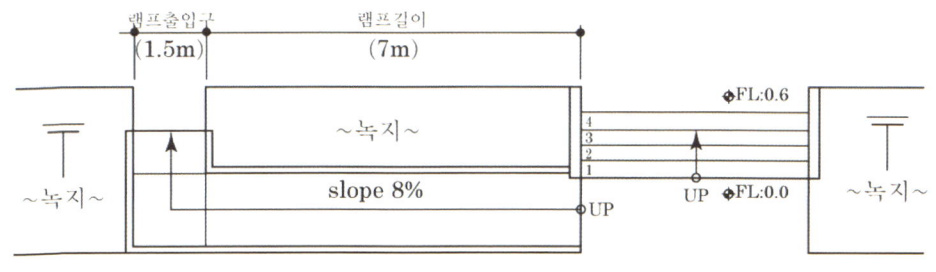

[ㅡ자형 램프]

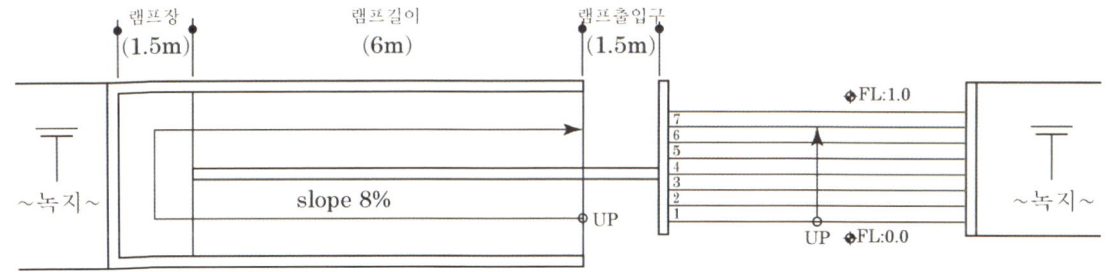

[ㄷ자형 램프]

[계단, 경사로]

8. 주차장 설계

1) 주차장 설계

① 진입도로에서 출입이 원활한 곳에 위치 선정
② 단지 내 차량 이용 동선을 짧게 설치
③ 일반적으로 직각주차를 설치(같은 면적 내에 가장 많은 주차대수 확보)
④ 좁은 공간이거나 대형차량의 경우 자동차 진행 방향으로 평행주차 설치
⑤ 장애인 주차는 출입구에서 가장 접근성이 양호한 곳에 설치
⑥ 주차 댓수가 짝수이면 반으로 나누어 배치
⑦ 포장재료는 아스코 포장, 잔디블록포장 등을 적용한다.
⑧ 배수를 위한 경사도는 2~4%

2) 주차장 규격

① 주차장의 주차구획(평행주차 형식)

구 분	너비	길이
경형	1.7m 이상	4.5m 이상
일반형	2.0m 이상	6.0m 이상
보도와 차도의 구분이 없는 주거지역의 도로	2.0m 이상	5.0m 이상

② 주차장의 주차구획(평행주차 형식 외)

구 분	너비	길이
경형	2.0m 이상	3.6m 이상
일반형	2.5m 이상	5.0m 이상
확장형	2.6m 이상	5.2m 이상
장애인 전용	3.3m 이상	5.0m 이상
대형차 (버스)	3.25m 이상	13.0m 이상

③ 노외 주차장의 차로 너비

| 주차 형식 | 차로 너비 ||
	출입구가 2개 이상인 경우	출입구가 1개인 경우
평행주차	3.3m	5.0m
직각주차	6.0m	6.0m
60° 대향주차	4.5m	5.5m
45° 대향주차	3.5m	5.0m
교차주차	3.5m	5.0m

chapter 3. 공간 및 시설물 설계

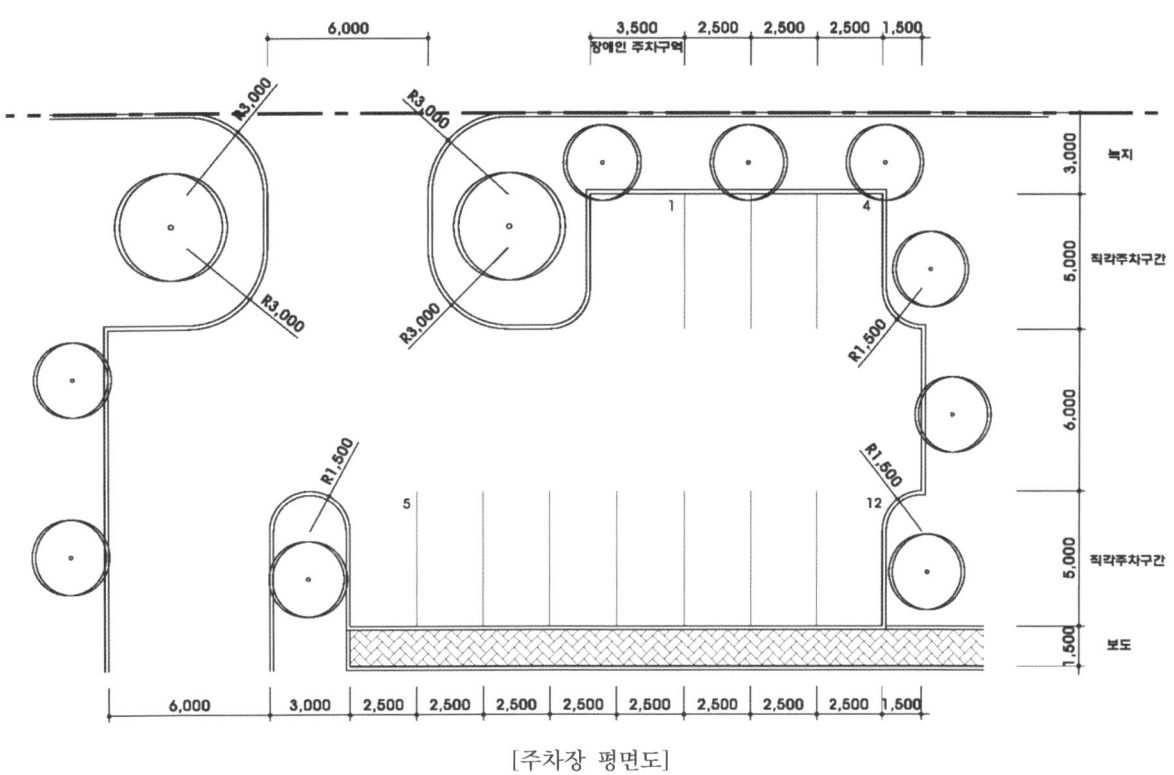

[주차장 평면도]

④ 주차장 면적, 주차 댓수 산정 공식

주차장 면적	(최대시 이용자수×교통수단별 분담율×회전율×차 1대당 소요면적)/차 1대당 승차인원
주차 댓수	주차장 면적/차 1대당 소요면적

3계절형(최대일률 1/60)이고, 연간이용객수는 120,000명이며, 이용자수의 65%는 관광버스를 이용하고, 10%는 승용차, 25%는 영업용 택시, 노선버스 이용한다. 회전율은 1/2.5이다. 이에, 관광버스 주차대수, 승용차 주차대수를 구하시오.

해설 및 정답

- 최대이용자수 : 120,000×(1/60)=2,000명
- 교통수단별 분담률 : 관광버스 65%, 승용차 10%
- 회전율 : 1/2.5=0.4
- 차 1대당 소요면적 : 관광버스 75m², 승용차 35m²
- 차 1대당 승차인원 : 관광버스 40명, 승용차 4명
- 관광버스 주차장면적 : (2000명×65%×0.4×75m²)/40명=975m²
- 관광버스 주차대수 : 975m²/75m²=13대
- 승용차 주차장면적 : (2000명×10%×0.4×35m²)/4명=700m²
- 승용차 주차대수 : 700m²/35m²=20대

9. 마운딩·법면 설계

1) 마운딩

① 마운딩은 토양의 배수를 개선하고 수분을 유지하는 데 도움을 준다.
② 뿌리 주변의 온도를 일정하게 유지하는 데 기여하여 토양 온도를 높여 식물의 생장을 돕는다.
③ 마운딩을 통해 퇴비나 유기물을 추가할 수 있어 식물에 필요한 영양분을 공급할 수 있다.
④ 경관을 다양하게 만들어 주며, 식물의 배치나 형태를 강조하는 데 효과적이다.
⑤ 등고선의 높이는 0.5m 간격으로 설계한다.
⑥ 보조선을 사용하여 자유곡선으로 형태를 잡고 그 위에 파선으로 표현한다.

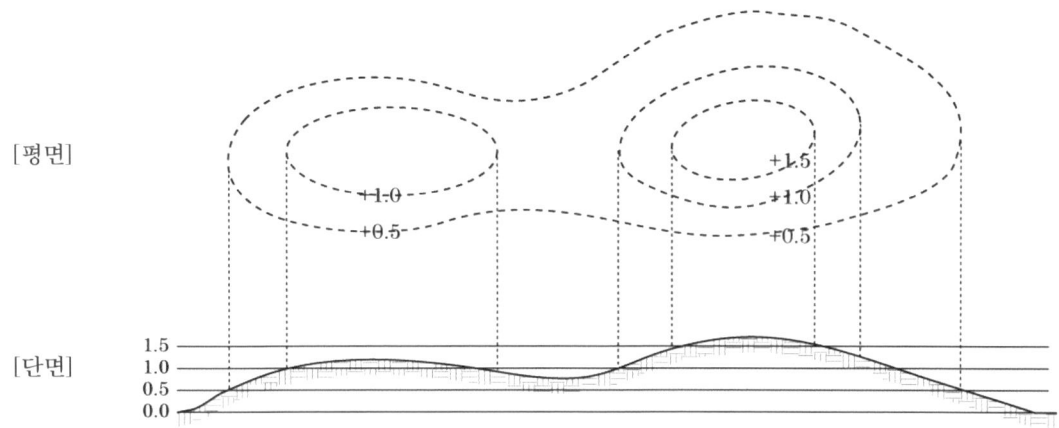

2) 법면

① 경사율(%) = $\dfrac{\text{높이}}{\text{거리}} \times 100$

② $1 : x =$ 높이 : 거리
  - 성토 법면 1 : 2
  - 절토 법면 1 : 1.5

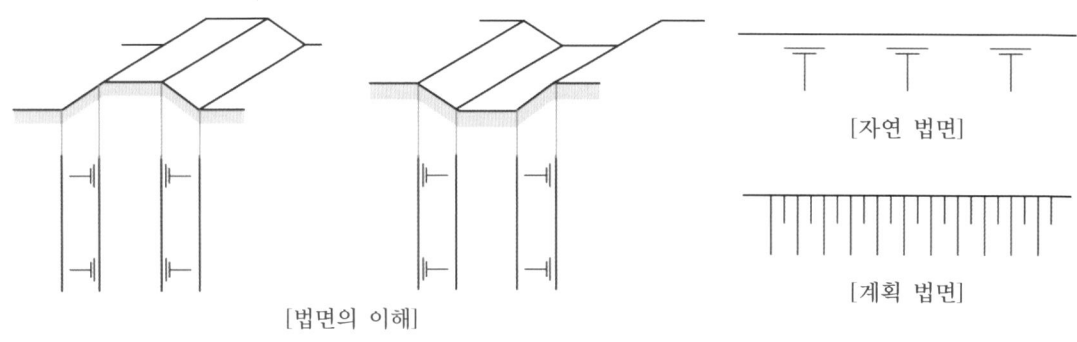

chapter 4. 포장 설계

1. 경계석

1) 경계석의 종류

① 경계석이란 공간과 공간, 공간과 녹지, 포장과 포장을 나눠주는 역할을 한다.
② 모래막이 : 모래포설 주변의 경계석으로 점토블럭, 원주목을 사용한다.
③ 녹지경계석 : 공간과 녹지를 구분 짓는 역할을 하는 경계석이다. 주로 화강석을 사용한다.
   도면에 표기 시 식재지역 쪽으로 1mm 정도 한 줄을 더 그려서 두 줄로 표현한다.
④ 포장경계석 : 서로 다른 포장재를 구분한다.
⑤ 보차도경계석 : 보도와 차도를 구분하는 경계석이다.

구분	단면도	사례 사진	
모래막이	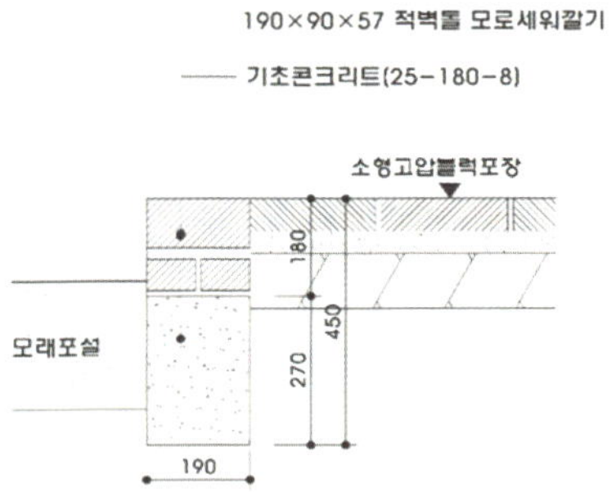 190×90×57 적벽돌 모로세워깔기 / 기초콘크리트(25-180-8) / 소형고압블럭포장 / 모래포설	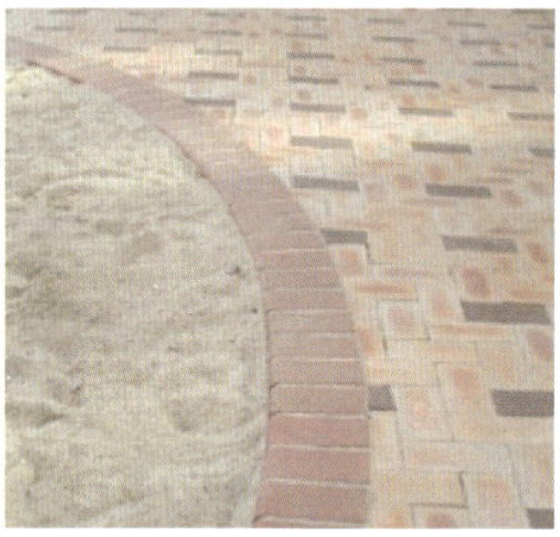	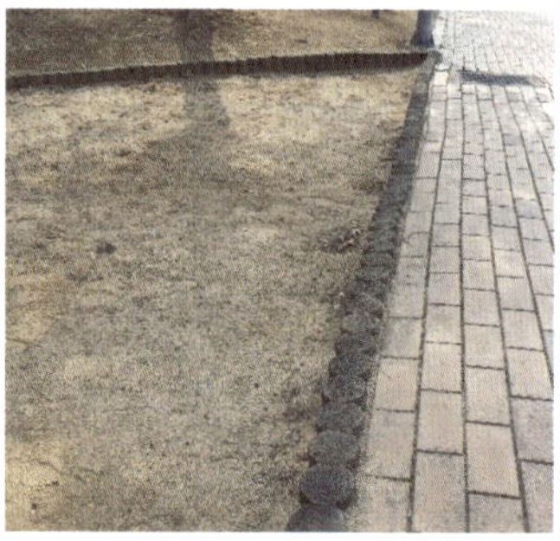
녹지경계석	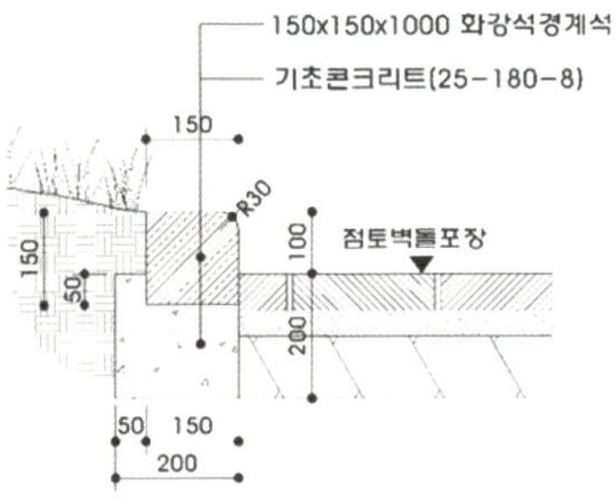 150x150x1000 화강석경계석 / 기초콘크리트(25-180-8) / 점토벽돌포장	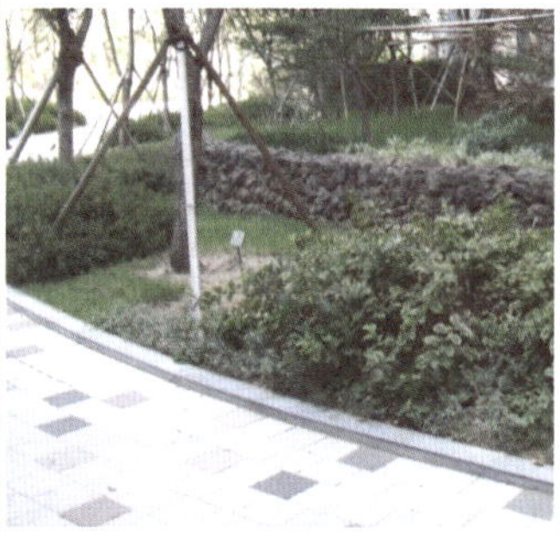	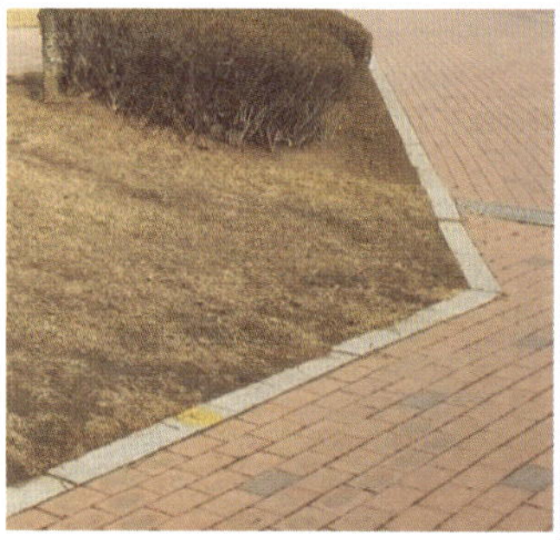
포장경계석	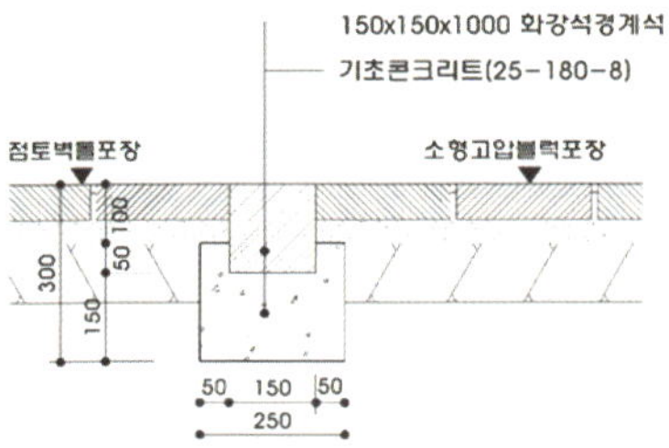 150x150x1000 화강석경계석 / 기초콘크리트(25-180-8) / 점토벽돌포장 / 소형고압블럭포장	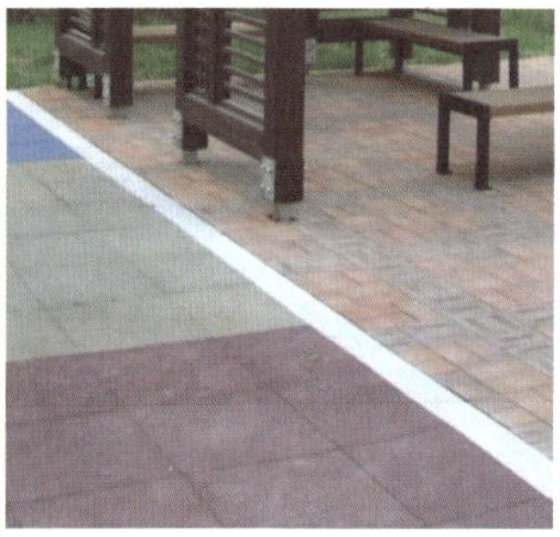	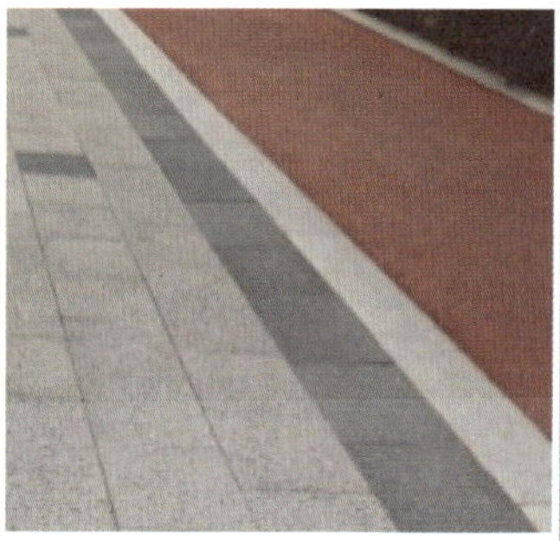

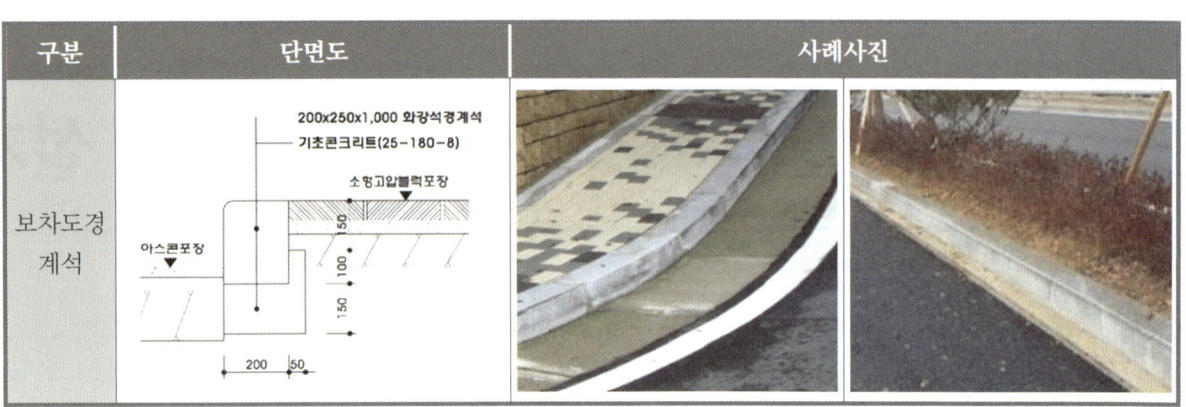

2. 포장재

1) 포장 재료의 종류

① 보행자 및 자전거, 차량 통행과 공간의 원활한 기능 유지를 목적으로 원지반 위를 각종 재료로 덮는 것을 포장이라 한다.

② 지면의 지지대 증대, 토양유실 방지, 평탄성 확보, 아름다운 경관 조성 등 기능성과 미적 요건을 높일 수 있다.

③ 각 공간의 기능에 적합한 포장 재료를 선정하는 것이 중요하다.

chapter 4. 포장 설계

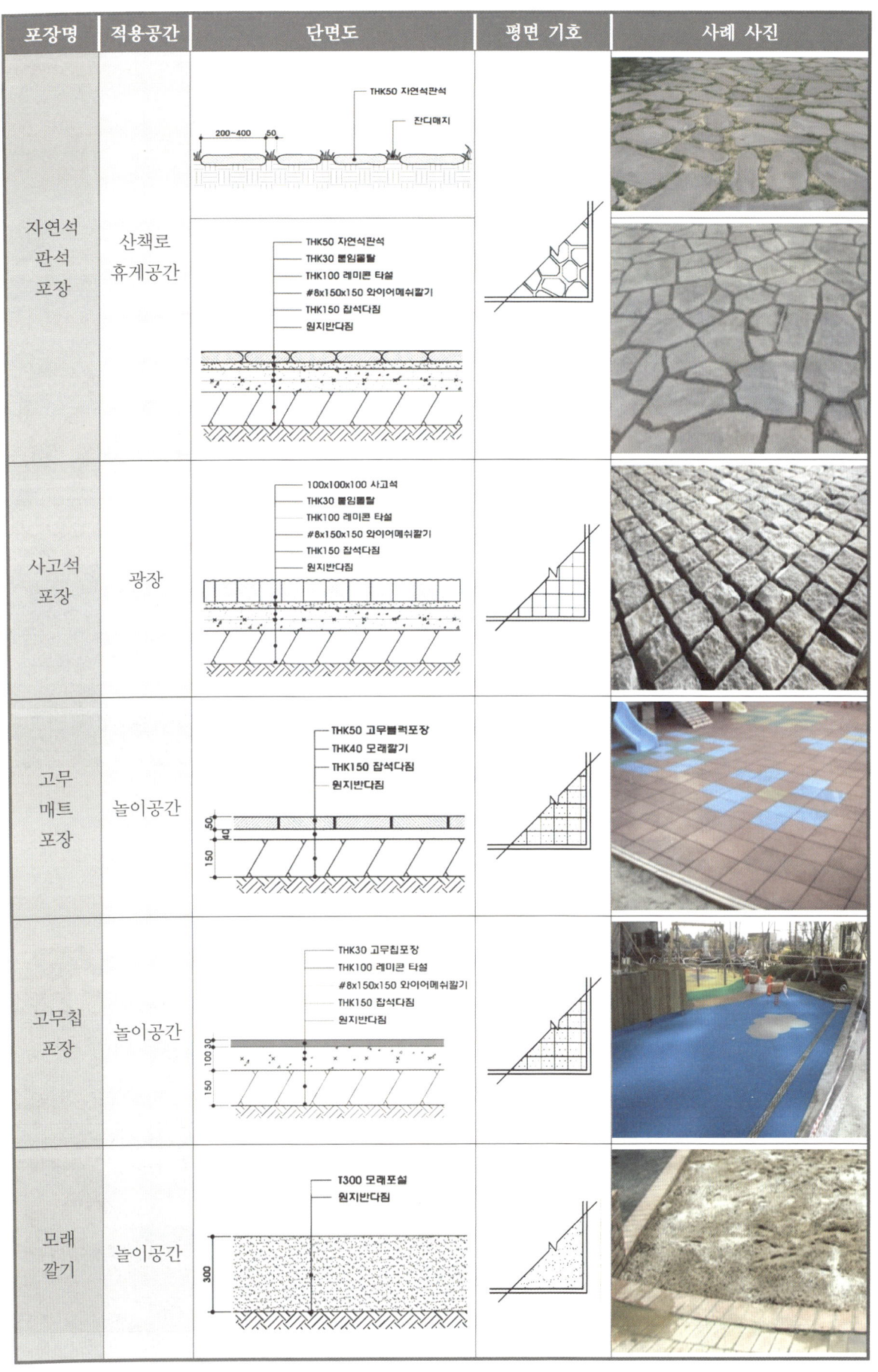

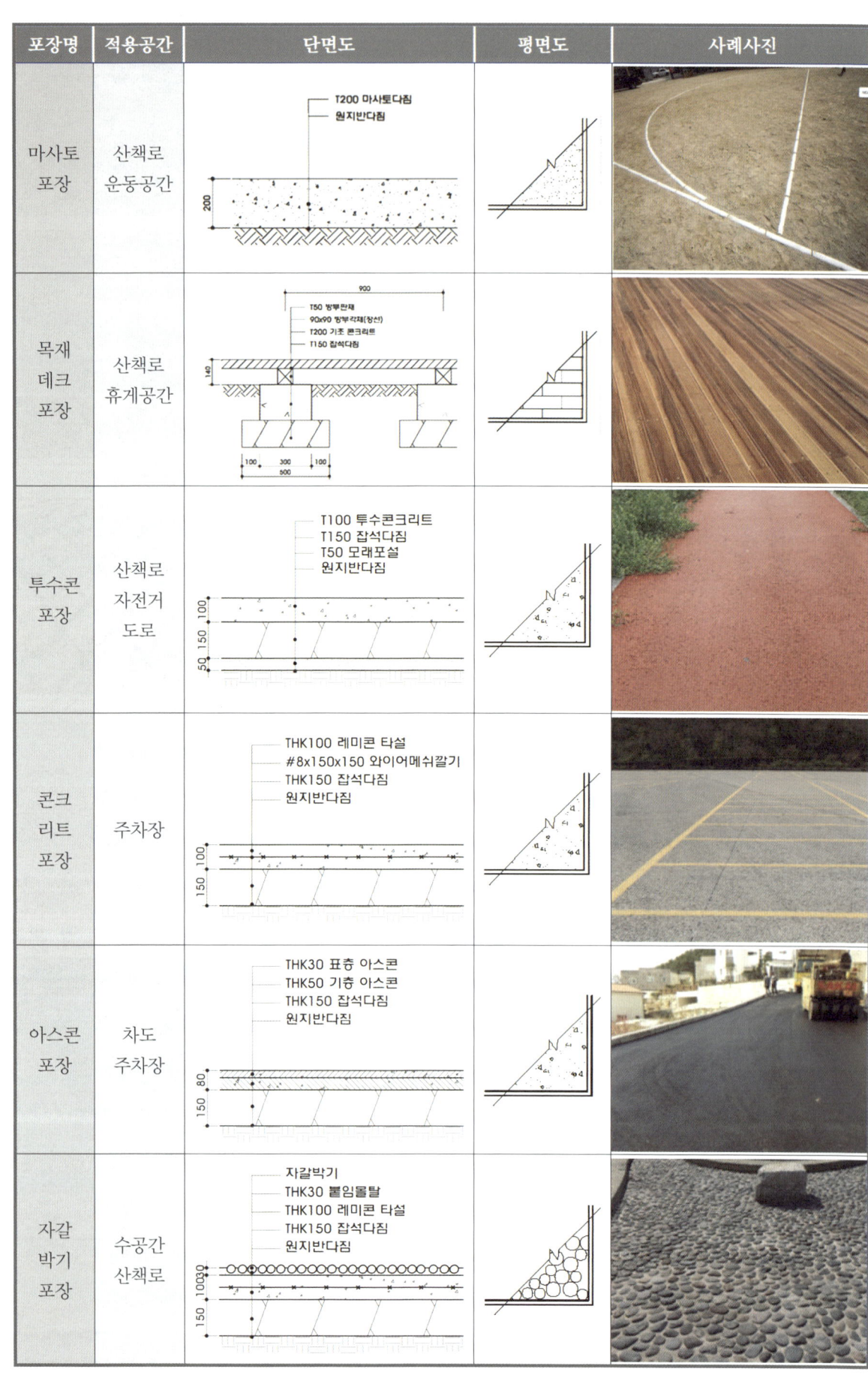

chapter 4. 포장 설계

포장명	적용공간	단면도	평면도	사례 사진
잔디블록포장	잔디광장 주차장	THK80 잔디블럭 / THK100 식생표토 / THK100 잡석다짐 / 원지반다짐		
우레탄포장	운동공간	THK13 우레탄포장 / THK100 레미콘 타설 / #8x150x150 와이어메쉬 / THK100 잡석다짐 / 원지반다짐		

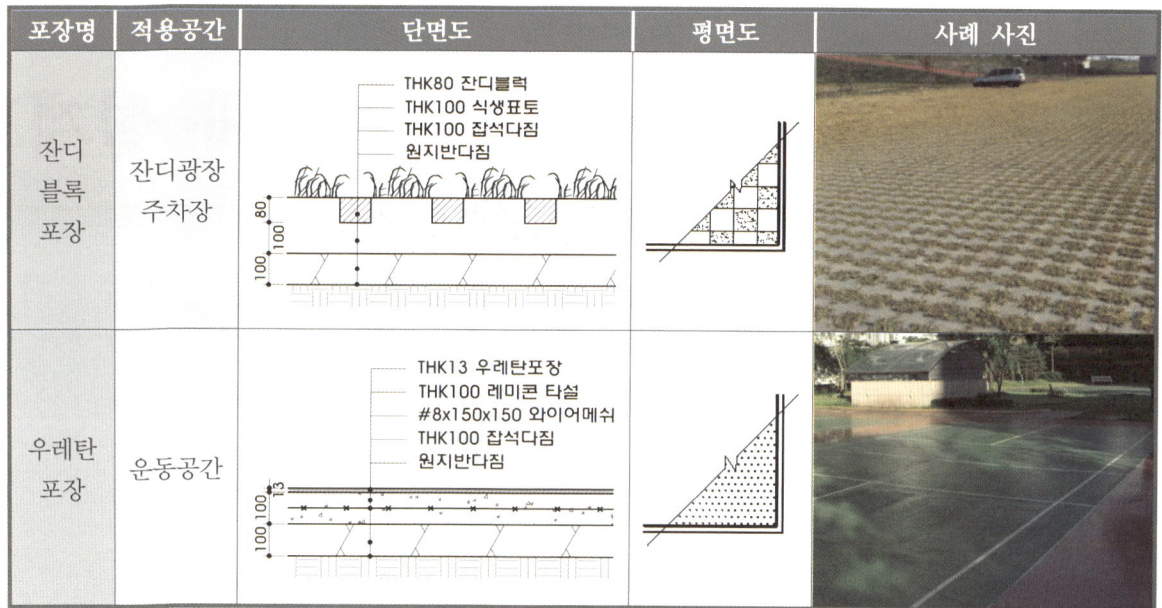

식재 설계도

1. 식재 설계의 기초

1) 수목의 종류

① 교목 : 줄기가 하나이며 일정 높이 이상에서 가지가 퍼져 나옴
  ㉠ 상록교목 : 잣나무(H2.5×W1.2), 전나무(H2.5×W1.2), cf) 소나무(H4.5×R15)
  ㉡ 낙엽교목 : 느티나무(H4.0×R15), 왕벚나무(H4.0×B12), 은행나무(H4.0×B10) 등
② 관목 : 원줄기와 가지의 구분이 불분명
  ㉠ 상록관목 : 회양목(H0.3×W0.3), 눈주목(H0.3×W0.3), 사철나무(H1.5×W0.3) 등
  ㉡ 낙엽관목 : 산철쭉(H0.3×W0.3), 쥐똥나무(H1.5×W0.5), 개나리(H1.2×5가지) 등
③ 덩굴식물 : 담쟁이덩굴, 줄사철, 능소화, 인동덩굴 등
④ 지피 초화류, 수생식물 : 꽃창포(2~3분얼), 맥문동(2~3분얼), 비비추((2~3분얼) 등

2) 배식 일반원칙

① 대상지 내 각 공간의 기능에 따라 수목의 기능적, 생태적, 경관적 측면을 고려하고 친환경적 설계를 위한 수목의 생태적 특성 및 생태적 연관성을 바탕으로 설계
② 자생수종을 반영하고 이식과 유지관리가 쉬운 수종을 선정하여 설계
③ 상록수는 공간분할, 차폐, 완충, 경계, 경관 조성을 위하여 단식, 군식, 열식 한다.
④ 낙엽수는 휴식이나 만남의 장소에 녹음을 제공하도록 배식 설계한다.
⑤ 대상지 내 토지이용계획, 시설물과 조화될 수 있는 배식 설계를 한다.
⑥ 배식은 상층목, 중층목, 하층목이 조화로울 수 있도록 다층 식재한다.
⑦ 화훼류의 도입은 다년생 숙근초로 군식한다.

3) 수목의 선정기준

① 지역적 분포한계 고려 : 중부지방, 남부지방
② 토양적 특성을 고려 : 내습성, 내건성
③ 공간적, 기능적, 생태적 특성을 고려 : 요점식재, 녹음식재, 차폐식재, 경관식재
④ 대상지의 주변 여건을 고려 : 주거지, 산림지, 공장지대, 매립지
⑤ 병충해 및 생리적 특성으로 인한 피해가 심하고 하자율이 높은 수목은 가급적 배제한다.
⑥ 개발 가치가 높은 향토 수종을 권장 수종으로 한다.

4) 식재의 기능과 배식 순서

순서	구분	대상 공간	식재 방법	주요 수종
1	지표식재 (군식)	• 진입부 • 주요 결절부	• 식별성이 높은 수종 • 상징적 의미가 있는 수종	구상나무, 소나무, 배롱나무, 모과나무 등
2	요점식재 (단식)	• 지표식재와 동일 • 강조 요소	• 단식으로 독립적으로 식재	반송, 둥근 소나무, 주목, 섬잣나무, 배롱나무 등
3	녹음식재	• 휴게공간, 광장 • 보행로변	• 장소에 따라 단식, 군식 • 수목보호대, 파고라, 벤치 주변	회화나무, 느티나무, 팽나무, 칠엽수, 은행나무, 백합나무, 벽오동 등
4	유도식재 가로식재	• 원로변 가로	• 수관이 큰 캐노피형 수종 • 6~8m 간격으로 정형식 열식	은행나무, 느티나무, 왕벚나무, 이팝나무, 메타세쿼이아, 계수나무, 중국단풍 등
5	차폐식재 완충식재 경계식재	• 부지의 외곽 • 기능 상충 공간	• 상록 교목/관목 혼식 • 2열 교호식재	잣나무, 스트로브잣나무, 서양측백, 사철나무, 꽝꽝나무, 피라칸타 등
6	경관식재	• 진입부 • 상징가로, 잔디밭	• 부등변삼각형 식재 • 5~7점 임의식재	칠엽수, 모감주, 소나무, 매화나무, 감나무 등
7	관목식재	• 원로 모서리	• 자연스런 형태로 식재	광나무, 사철나무, 산철쭉 등
8	지피식재	• 원로 모서리	• 자연스런 형태로 식재	비비추, 맥문동, 벌개미취 등

5) 식재 간격

① 속성수 : 수종과 규격에 따라 다를 수 있지만 일반적으로 4~6m가 적당하다.

② 일반 낙엽교목 : 2~4m 간격으로 식재하는 것이 적당하다.

③ 원통형, 원주형 상록수 : 측백나무류, 주목, 섬잣나무, 구상나무 등 수고에 비해 수관폭이 좁게 자라는 상록수는 일반 교목보다 좁게 1~3m 간격으로 식재하는 것이 적당하다.

④ 독립수로 식재하는 관목 : 반송, 화살나무, 수국, 옥향 등 수형이 정리된 관목은 수관폭의 2배 정도 이격하여 식재하는 것이 적당하다.

⑤ 관목의 군식 : 모아심기 하는 관목은 가지가 맞닿을 정도로 간격 없이 식재하는 것이 적당하다.

구 분	식재 간격(m)	식재 밀도	비 고
작고 성장이 느린 관목	0.45~0.6	3~5주/m²	단식 또는 군식
크고 성장이 보통인 관목	1.0~1.2	1주/m²	
성장이 빠른 관목	1.5~1.8	2~3m²당 1주	
산울타리용 관목	0.25~0.75	1.5~4주/m²	밀식
지피·초화류	0.2~0.3	11~25주/m²	군식
	0.14~0.2	25~49주/m²	

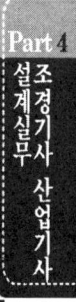

6) 관목의 수량산출

① 식재 밀도를 식재 면적에 곱하여 수량을 산출한다.

② 산출한 값에서 10단위로 반올림하여 기입한다.

③ W0.4 관목을 5m² 면적에 식재할 경우 (계산식 : 9주×5m²=45≒50주)

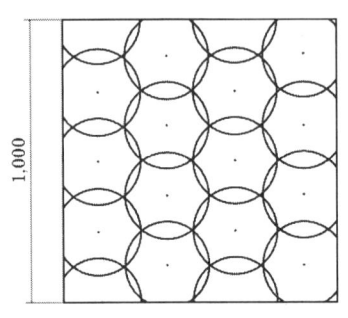
W0.3일 때 16주/m²

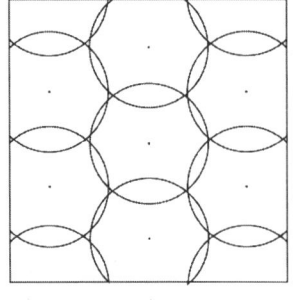
W0.4일 때 9주/m²

[관목·초화류 식재]

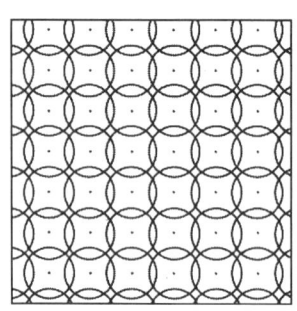
지피·초화류일 때 50주/m²

7) 주요 수목 규격표

성상	수목명	규격	성상	수목명	규격
상록 교목	소나무	H5.0×W2.5×R20	상록 교목	가시나무	H4.5×R12
	소나무	H4.0×W2.0×R15		굴거리나무	H2.5×W1.0
	스트로브잣나무	H2.5×W1.2		동백나무	H2.5×R8
	전나무	H2.5×W1.2		먼나무	H3.5×R12
낙엽 교목	느티나무	H4.0×R15		아왜나무	H3.5×W2.0
	모과나무	H3.0×R8		워싱턴야자수	H4.0
	목련	H3.0×R10		당종려	H2.0
	배롱나무	H3.0×R12		태산목	H2.5×W1.2
	산딸나무	H3.0×R8		후박나무	H4.0×R15
	산수유	H2.5×W1.2×R8		목서	H3.0×W1.5
	왕벚나무	H4.5×B15		호랑가시나무	H1.8×W0.8
	청단풍	H3.5×R12		남천	H0.8×2가지
상록 관목	눈주목	H0.3×W0.3	상록 관목	돈나무	H0.5×W0.4
	회양목	H0.3×W0.3		회양목	H0.3×W0.3
낙엽 관목	수수꽃다리	H1.5×W0.6		영산홍	H0.3×W0.4
	영산홍	H0.3×W0.3		치자나무	H0.6×W0.4
	자산홍	H0.3×W0.3		팔손이	H0.6×W0.4
	조팝나무	H0.6×w0.3		광나무	H1.2×W0.4

2. 수목의 표현

1) 상록침엽교목 표현

① 템플릿을 사용하여 원을 가는선으로 그리고 원 외곽에 침 모양으로 뾰족하게 표현한다.

② 잎의 모양과 나무의 규격에 따라 템플릿의 크기를 달리하여 그린다.

③ 수고×수관폭으로 규격을 표시하므로 주어진 수관 폭(W) 값 그대로 표현한다.

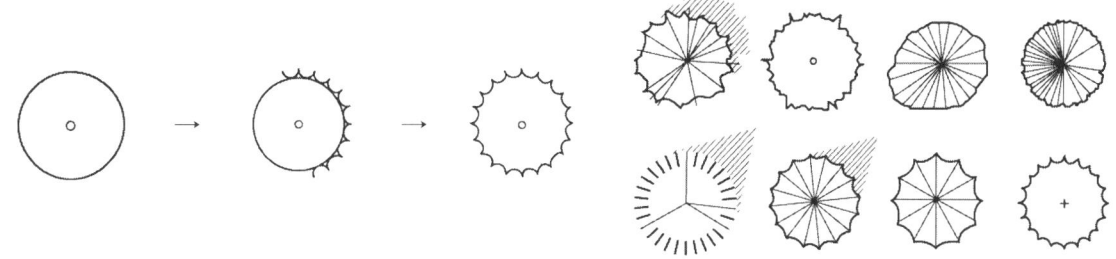

[상록침엽교목 그리기]　　　　　　　[상록침엽교목 표현 방법]

2) 낙엽활엽교목 표현

① 템플릿을 사용하여 원을 살짝 겹치게 2줄로 그린다. 중앙의 점이 뚜렷이 보이도록 한다.

② 잎의 모양과 나무의 규격에 따라 템플릿의 크기를 달리하여 그린다.

③ 수고(H)의 60%를 수관폭(W)으로 보고 작도한다.

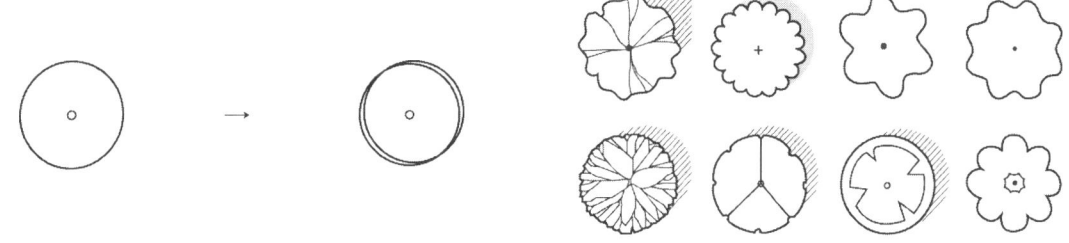

[낙엽활엽교목 그리기]　　　　　　　[낙엽활엽교목 표현 방법]

3) 관목 표현

① 관목은 군식 표현을 기본으로 한다.

② 침엽은 침 모양으로 뾰족하게 표현하고, 활엽은 부드러운 질감으로 표현한다.

③ 초화류도 관목 표현과 같게 한다.

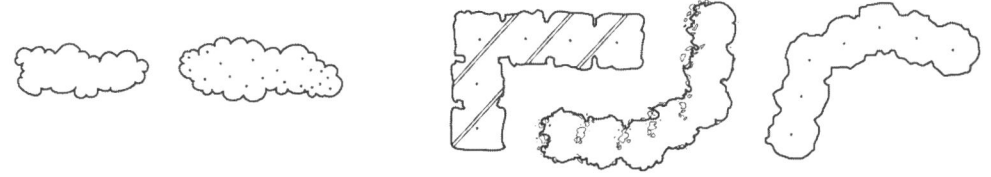

[관목 군식의 다양한 표현 방법]

4) 교목의 입면 표현

① 상록침엽교목, 낙엽활엽교목을 성상에 맞게 간략하게 그린다.

② 수고, 수관폭을 맞춰 우선 간략하게 도시한 후 상세하게 그린다.

③ 침엽은 침 모양으로 뾰족하게 표현하고, 활엽은 부드러운 질감으로 표현한다.

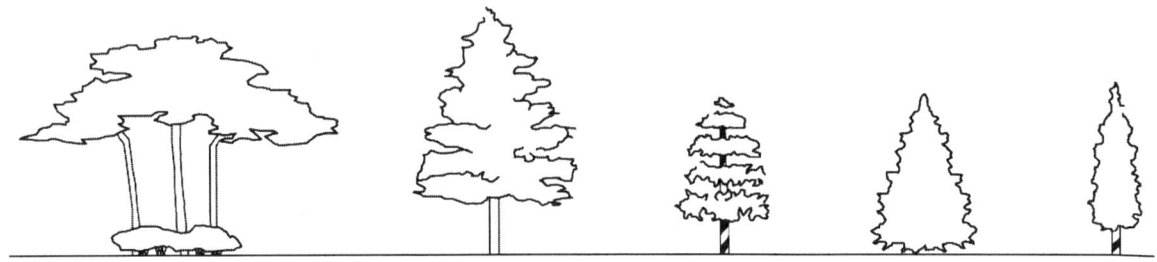

[침엽수 입면 표현]

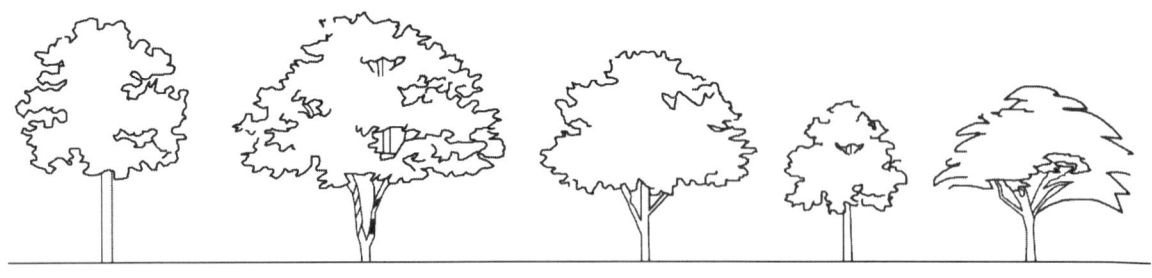

[활엽수 입면 표현]

5) 관목의 입면 표현

① 관목은 주로 군식하므로 전체 외형선을 그린다.

② 관목 군식은 식재 공간을 전체 수관폭으로 하고 수고에 맞춰 그린다.

③ 수간을 다간으로 표시한다.

④ 침엽은 침 모양으로 뾰족하게 표현하고, 활엽은 부드러운 질감으로 표현한다.

[관목 입면 표현]

3. 수목의 배식

1) 정형식 배식

① 단식 : 중요한 지점, 시선의 종점에 시각적인 강조, 식재의 인지성 등을 나타낼 수 있는 지점에 수형이 잘 다듬어진 정형수를 식재하는 방법

② 대식 : 시선의 축을 중심으로 좌우에 같은 종류의 수목 한 쌍을 대칭 식재하는 방법. 진입구에 요점식재로 인지성을 높이고 좌우대칭으로 정연한 질서감을 표현한다.

③ 열식 : 같은 수종을 일직선으로 식재하는 방법. 비스타 경관을 표현할 수 있다.

④ 교호식재 : 두 줄의 열식을 서로 어긋나게 식재하는 방법. 여러 줄로 식재하여 완충, 차폐의 역할을 할 수 있다.

⑤ 집단식재 : 같은 수종을 일정한 간격으로 무리지어 식재하는 방법. 수형이 좋지 못한 수목을 서로 보완하여 전체적인 수형을 갖추고자 할 때 사용한다.

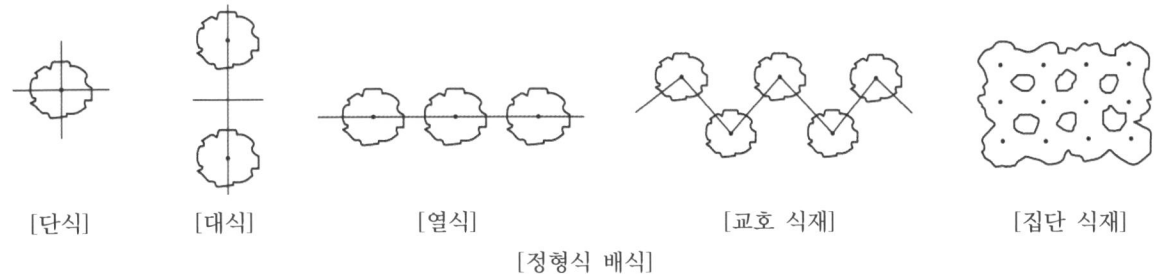

[단식]　　[대식]　　[열식]　　[교호 식재]　　[집단 식재]

[정형식 배식]

2) 자연식 배식

① 부등변삼각형 식재 : 크기가 다른 세 그루의 수목을 세 변의 길이가 다른 삼각형의 꼭짓점에 식재하는 방법으로 자연스러운 풍경을 연출하기에 가장 알맞은 배식 기법이다.

② 임의 식재 : 규모가 큰 공간에 수목을 배식할 때 부등변삼각형 식재를 계속 연결시켜 배식(5점, 7점, 9점, …)하는 방법. 위요공간 식재, 공원의 녹지공간, 자연풍경식 소나무 군식, 활엽수 경관식재 등에 활용

③ 무리 식재 : 자연상태의 숲과 같이 동일한 수목을 자연스러운 배식으로 군식하거나, 서로 다른 두 가지 이상의 수목을 자연스럽게 숲과 같이 형식에 얽매지 않고 부정형으로 배식하는 방법

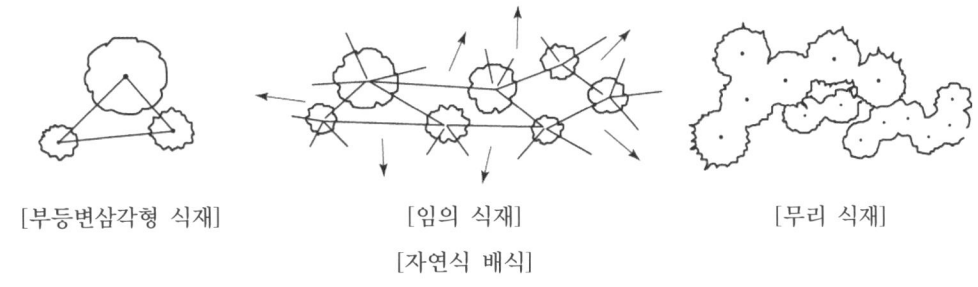

[부등변삼각형 식재]　　[임의 식재]　　[무리 식재]

[자연식 배식]

4. 공간별 식재

1) 옥상조경

① 옥상조경 분류

㉠ 저관리·경량형
- 토심 20cm 이하로 주로 인공경량토를 사용하고 주로 건축물 지붕에 활용
- 관수, 예초, 시비 등 유지관리를 최소화할 수 있다.

㉡ 관리·중량형
- 토심 20cm 이상으로 주로 60~90cm 정도이고, 다층구조 식재가 가능하다.
- 이용객의 접근이 용이하고, 공간을 다양하게 이용할 수 있다.

㉢ 혼합형
- 토심 30cm 내외이고, 지피식물과 작은 관목 위주로 식재한다.

② 옥상녹화 시스템의 구성

㉠ 방수층 : 수분이 건물로 전파되는 것을 차단
㉡ 방근층 : 식물의 뿌리로부터 방수층과 건물을 보호
㉢ 배수층 : 침수와 과습으로 인해 식물의 뿌리가 썩는 것을 방지
㉣ 토양여과층 : 빗물에 의해 세립토양이 시스템 하부로 유출되는 것을 방지
㉤ 육성토양층 : 식물의 지속적 생장을 좌우하는 가장 중요한 시스템 요소
㉥ 식생층 : 녹화시스템의 최상단으로 토양을 피복하는 기능을 갖는다.

구 분	자연토 토심	인공토 토심	적용 수종
초화·지피	15cm 이상	10cm 이상	기린초, 벌개미취, 원추리, 채송화
소관목	30cm 이상	20cm 이상	회양목, 철쭉류, 조팝나무
대관목	45cm 이상	30cm 이상	사찰나무, 무궁화, 수수꽃다리
교목	70cm 이상	60cm 이상	섬잣나무, 단풍나무, 산수유

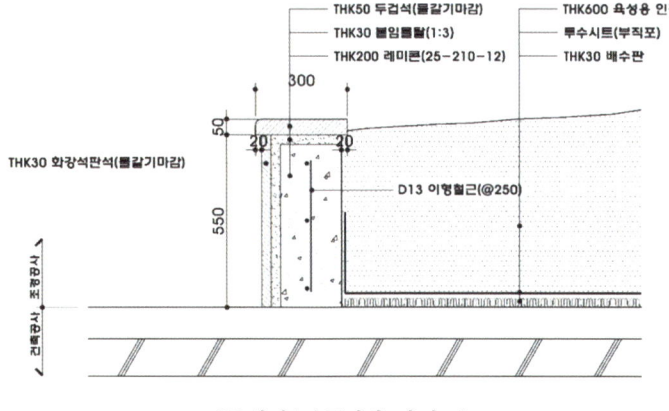

[플랜터/인공지반 단면도]

[옥상조경]

2) 생태연못

① 생태연못의 특성
- ㉠ 자연 친화 구조 : 인공적인 정화장치 없이 자연의 자정 능력을 활용함
- ㉡ 수질 정화 기능 : 수생식물(부레옥잠, 갈대 등)이 물질 흡수
- ㉢ 자연 순환 시스템 : 빗물과 지하수를 활용하여 물 자원 재활용
- ㉣ 교육 및 가치 : 생태교육의 장으로 활용 가능

② 수종 선정 기준
- ㉠ 자연경관과 조화되고 척박한 환경에 잘 적응할 것
- ㉡ 적용 대상지의 식생복구 목표에 적합할 것
- ㉢ 환경조건에 잘 적응하는 지역 내 자생하는 식물일 것
- ㉣ 자생능력이 강하고 자연적인 번식이 가능할 것
- ㉤ 근계가 치밀하여 뿌리의 빠른 신장으로 토양 안정 효과가 가능할 것
- ㉥ 다양한 하천 생태계 구성요소의 발생을 촉진할 것

③ 생태연못 적용 수종

구 분	생육 특징	적용 수종
습생식물	물가에서 습지보다 육지 쪽에 서식	갈풀, 달뿌리풀, 물억새, 갯버들, 버드나무 등
정수식물	물가에서 육지보다 습지 쪽에 서식	갈대, 물옥잠, 창포, 애기부들, 줄 등
부엽식물	뿌리를 토양에 내리고 잎은 수면에 띄움	수련, 마름, 연꽃, 노랑어리연꽃
침수식물	물속에서 생육	검정말, 나사말, 붕어마름
부유식물	물위에 떠서 생육	개구리밥, 부레옥잠, 생이가래

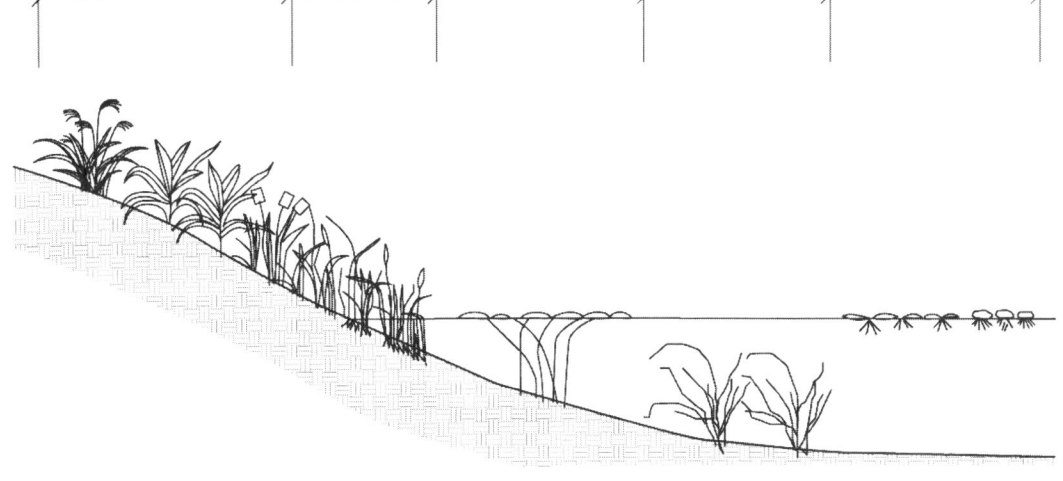

[습지식물 생육 특징]

MEMO

PART V

조경산업기사 설계실무

기출문제

조경산업기사 기출문제

기출...1 근린공원

1. 설계 문제

중부지방 도시 내 하천을 끼고 있는 (50m×40m) 근린공원의 부지 현황도이다.
축척 1/200로 확대하여 주어진 요구 조건을 반영시켜 설계개념도(답안지 1), 시설물배치도 및 식재설계도(답안지 2)를 작성하시오.

2. 요구 조건

① 동선 계획 시 진입구는 현황도에 표시된 3곳으로 한정하고, 주동선의 폭은 5m, 부동선의 폭은 3m로 설계하며 레벨 차이가 있는 입구에는 계단을 설치한다.
② 남서쪽 정적 휴게공간(280m^2)을 계획하고 포장은 잔디와 판석포장으로 한다.
③ 북서쪽은 휴게공간(250m^2)을 계획하고 포장은 ILP로 한다.
④ 북동쪽으로는 매점(150m^2)을 계획한다.
⑤ 남동쪽으로는 어린이놀이터(225m^2)를 계획하고, 포장은 모래포장으로 한다.
⑥ 시설물은 장퍼걸러 2개(10×6m), 퍼걸러 3개(4×4m), 휴지통 5개, 빗물받이 4개, 놀이시설은 임의로 설치한다.
⑦ 적당한 수종을 10수종 이상 선정하여 식재설계를 하시오.
⑧ 인출선을 사용하여 수종명, 수량, 규격을 표시하고, 식재한 수량을 집계하여 범례란에 수목수량표를 도면 우측에 작성하시오.

■ 현황도

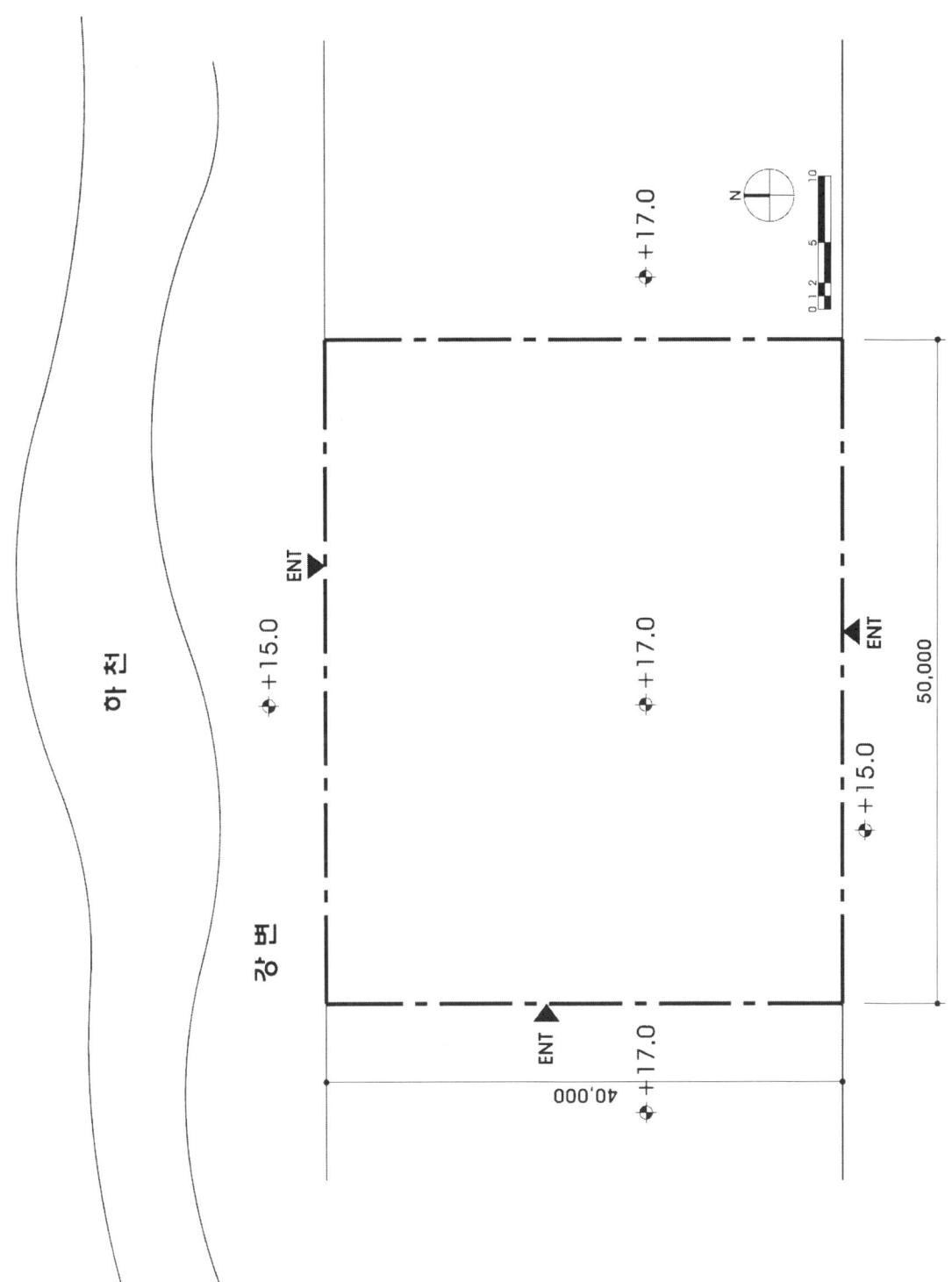

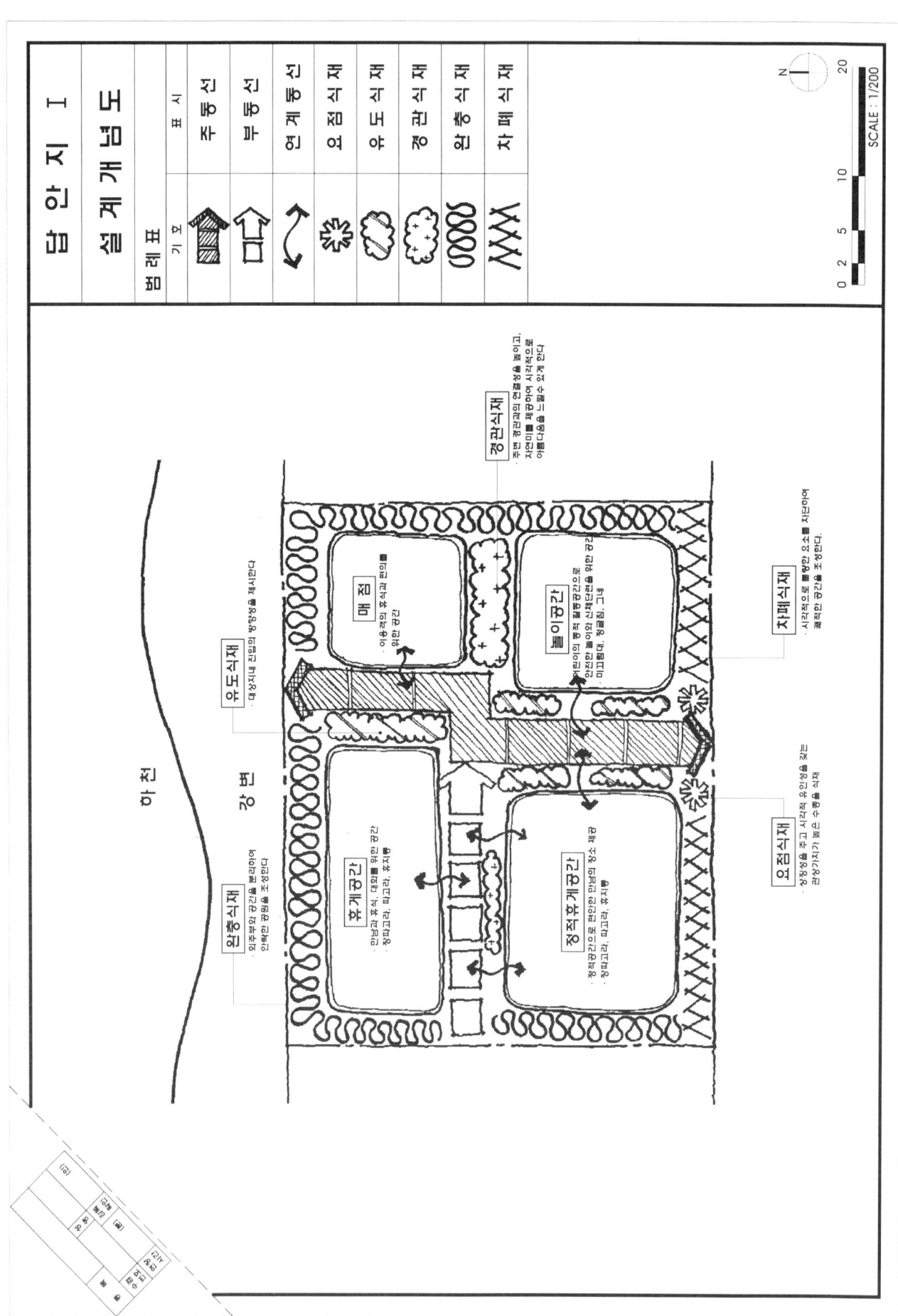

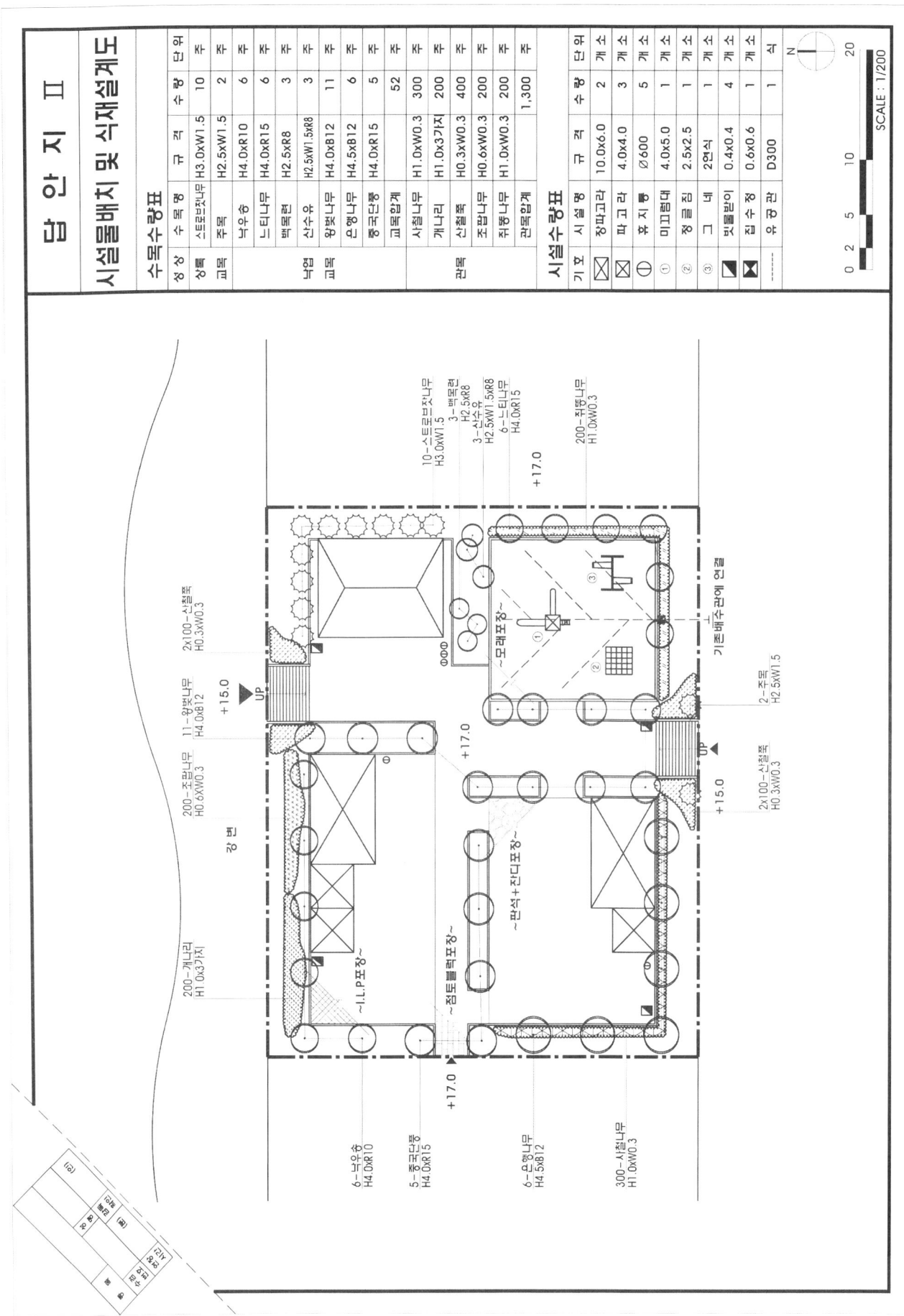

Part 5 조경산업기사 설계실무 기출문제

 **2009년, 2014년, 2019년 조경산업기사(근린공원)**

1. 설계 문제

다음은 중부지방의 도시 내에 위치한 근린공원 부지 현황도이다.
축척 1/200로 확대하여 주어진 요구 조건을 반영시켜 설계개념도(답안지 1)와 시설물배치도(답안지 2) 및 식재설계도(답안지 3)를 작성하시오.

2. 요구 조건

① 근린공원 내의 진출입은 반드시 현황도에 지정된 곳(4곳)에 한정한다.
② 적당한 곳에 운동, 놀이, 휴게, 진입광장, 중앙광장, 녹지공간 등을 조성한다.
③ 적당한 곳에 경계식재, 차폐녹지, 수경녹지공간 등을 조성한다.
④ 주동선과 부동선, 진입관계, 공간배치, 식재개념 배치 등을 개념도의 표현기법을 사용하여 나타내고, 각 공간의 명칭, 성격, 기능을 약술하시오.
⑤ 시설물배치도(답안지 2)의 범례란 여백에 자연형 호안 연못의 단면 상세도를 작성하시오. (급수구, 배수구, 오버플로어, 월동용 고기집을 표현할 것)
⑥ 요구시설

구 분	배치 위치	시설명, 규격 및 배치 수량
운동공간	북서측	길거리 농구장(10×20m) 1면, 배드민턴장(14×6m) 1면, 평의자 6개
놀이공간	남동측	3연식 그네, 2방식 미끄럼대, 시소(3연식), 철봉(3m), 놀이집, 퍼걸러 1개, 평의자 5개, 음수대 1개소
휴게공간	북동측	퍼걸러(4×8m) 2개소, 벤치 10개, 휴지통, 음수전 등
수경공간	동측	자연형 호안연못 100㎡, 계류 20m 이상, 계류 외곽부에 마운딩 설치 (1.5m 내외, 마운딩 등고선 간격은 0.5m로 설계할 것)
진입광장	남서측	화장실(5×10m), 수목보호대(1.5×1.5m), 장의자 4개소
중앙광장	부지중앙부	퍼걸러(4×8m) 2개소, 벤치 등
녹지공간	부지경계부	차폐식재, 경계식재, 경관식재가 필요한 곳에 설계

⑦ 차폐식재, 경계식재, 경관식재가 필요한 곳에 설계
⑧ 각 공간의 경관과 기능을 고려하여 교목 8종, 관목 4종, 수변식물 3종 이상의 수종을 선정하여 식재설계하시오.
⑨ 식재한 수량을 집계하여 수목수량표를 도면 우측에 작성하시오.

■ 현황도

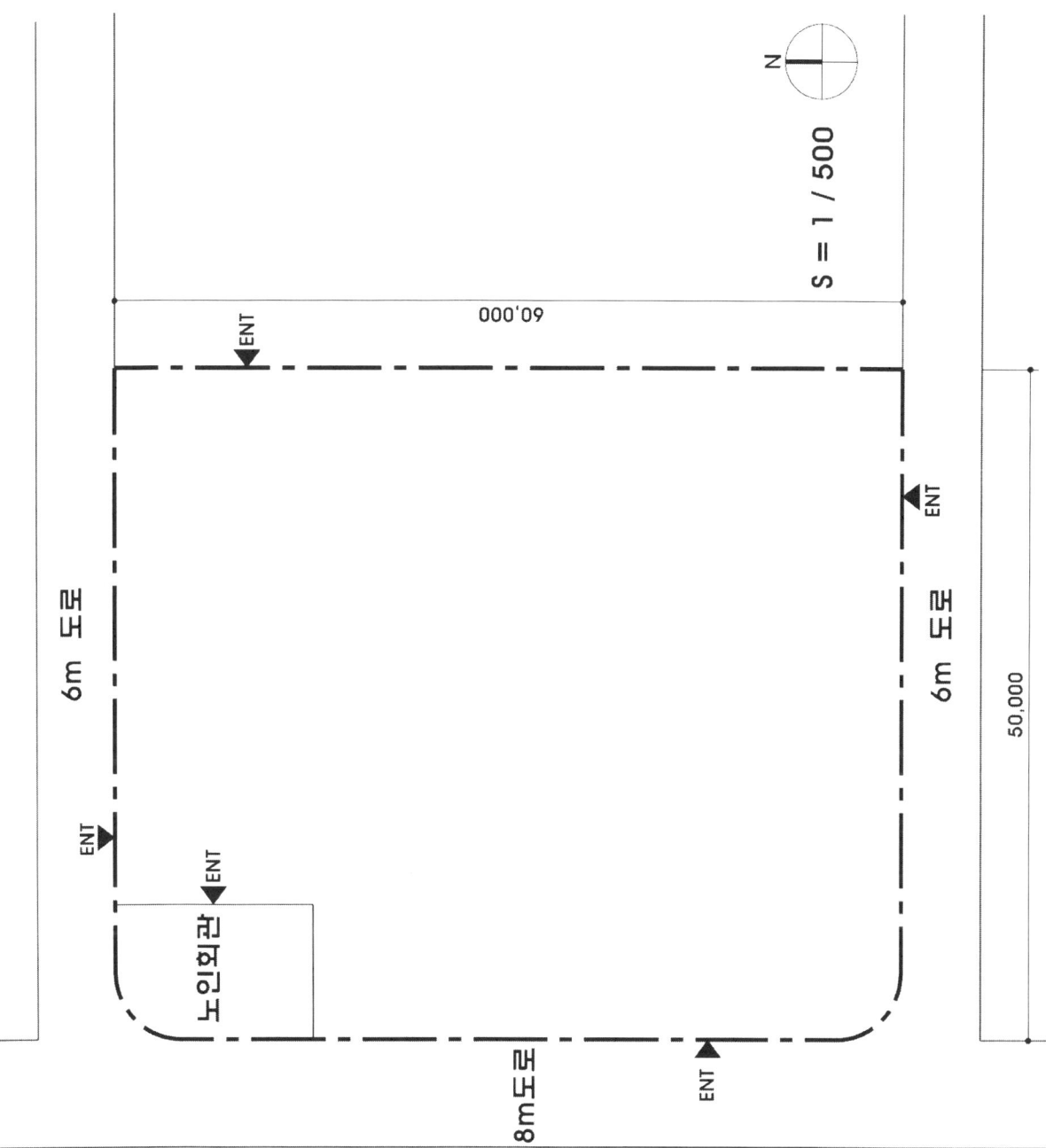

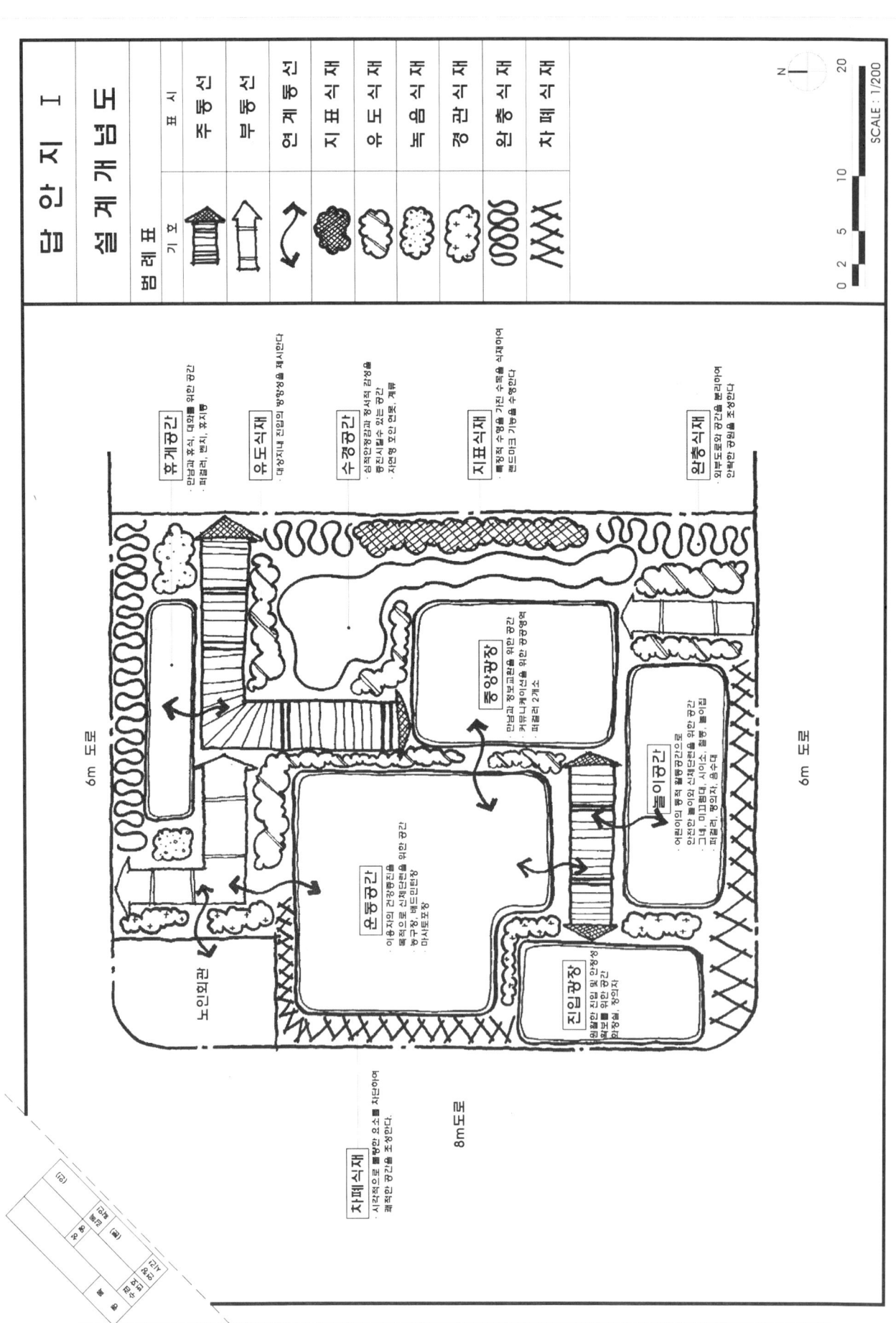

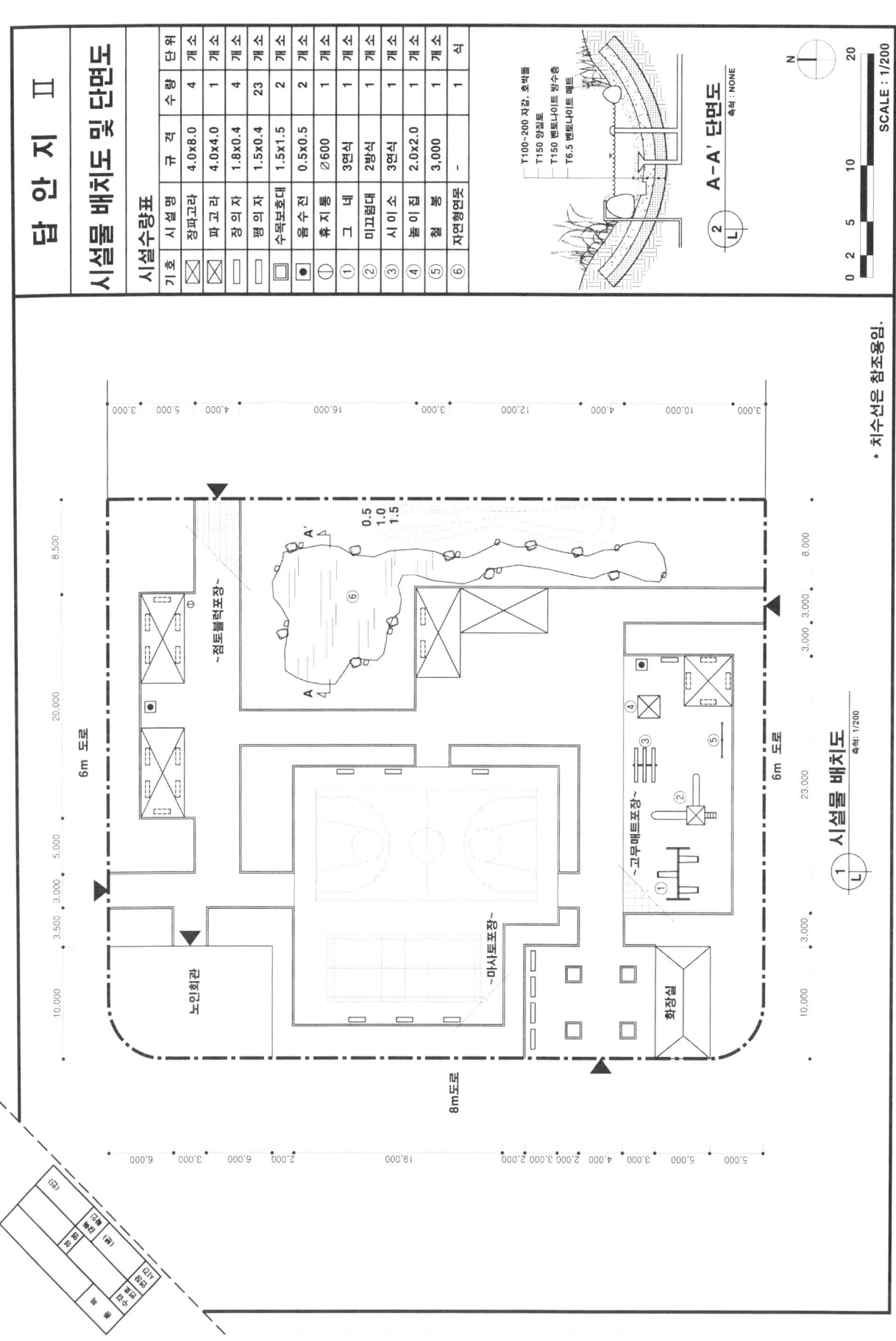

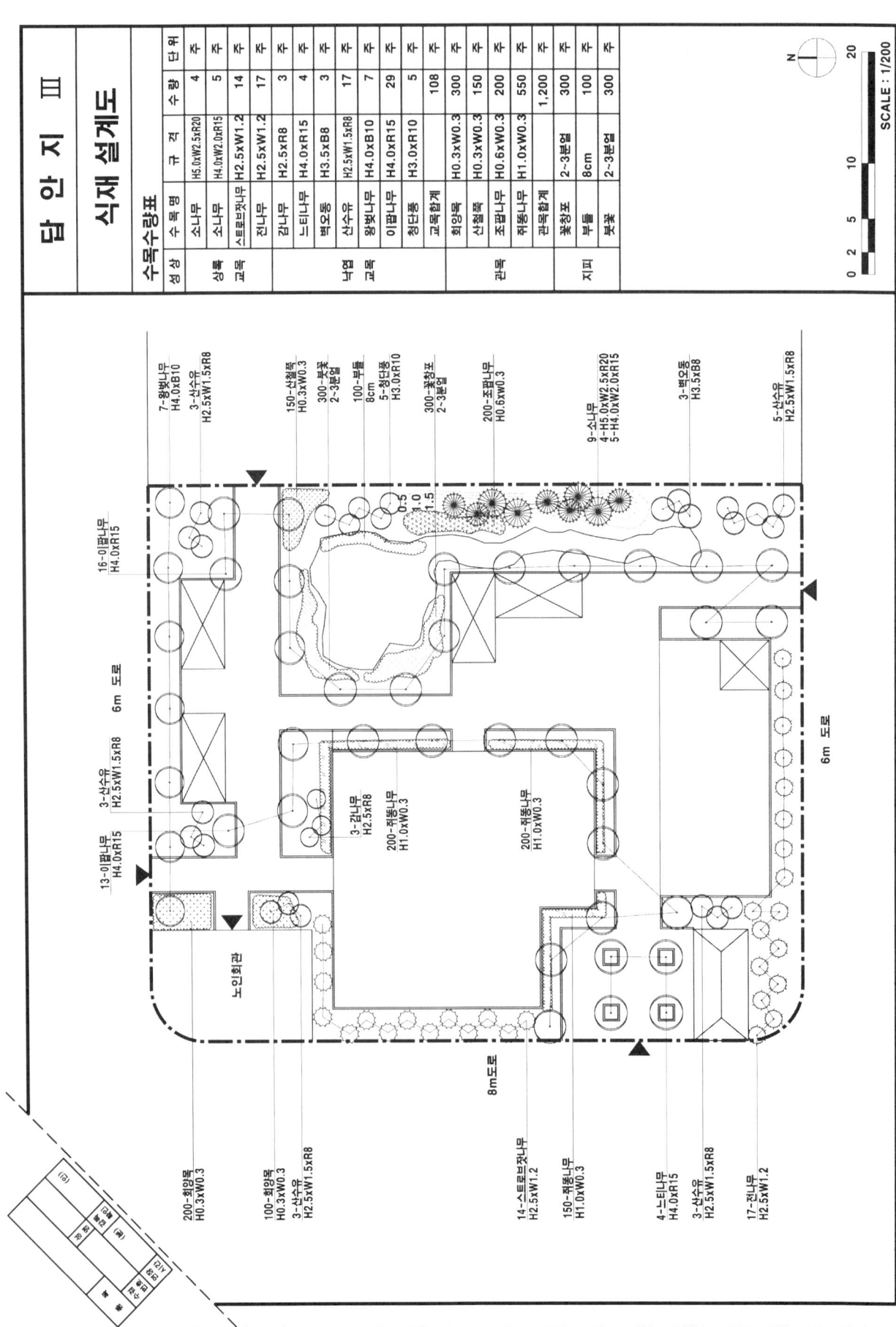

 **2000년, 2019년 조경산업기사(어린이공원)**

1. 설계 문제

다음은 중부지방의 도시 내에 위치한 어린이공원 부지 현황도이다.
축척 1/200로 확대하여 주어진 요구 조건을 반영시켜 설계개념도(답안지 1)와 시설물 배치 및 식재설계도(답안지 2)를 작성하시오.

2. 요구 조건

① 어린이공원 내의 진·출입은 반드시 현황도에 지정된 곳(2곳)에 한정한다.
② 녹지의 비율은 40% 정도로 한다.
③ 적당한 곳에 차폐녹지, 녹음 겸 완충녹지, 수경공간 등을 조성한다.
④ 부지 북동 방향에 휴게공간을 계획하고, 그 아래쪽에 놀이공간을 배치한다.
⑤ 화장실은 중학교 부지에 인접하여 배치한다.
⑥ 주동선과 부동선, 진입관계, 공간배치, 식재개념 배치 등을 개념도의 표현기법을 사용하여 나타내고, 각 공간의 명칭, 성격, 기능을 약술하시오.
⑦ 빈 공간에 범례를 작성할 것
⑧ 설계개념도를 반영하여 축척 1/200로 시설물 배치 및 식재설계도를 작성하시오.
⑨ 요구시설로는 다목적운동장(14m×16m), 화장실(4m×5m), 모래사장(10m×8m), 휴게시설은 파고라(퍼걸러) 2개소, 벤치 10개, 유희시설로는 미끄럼대, 그네 포함한 놀이시설물 3종 이상, 기타 수목보호대(1.5×1.5m)

Part 5 조경산업기사 설계실무 기출문제

■ 현황도

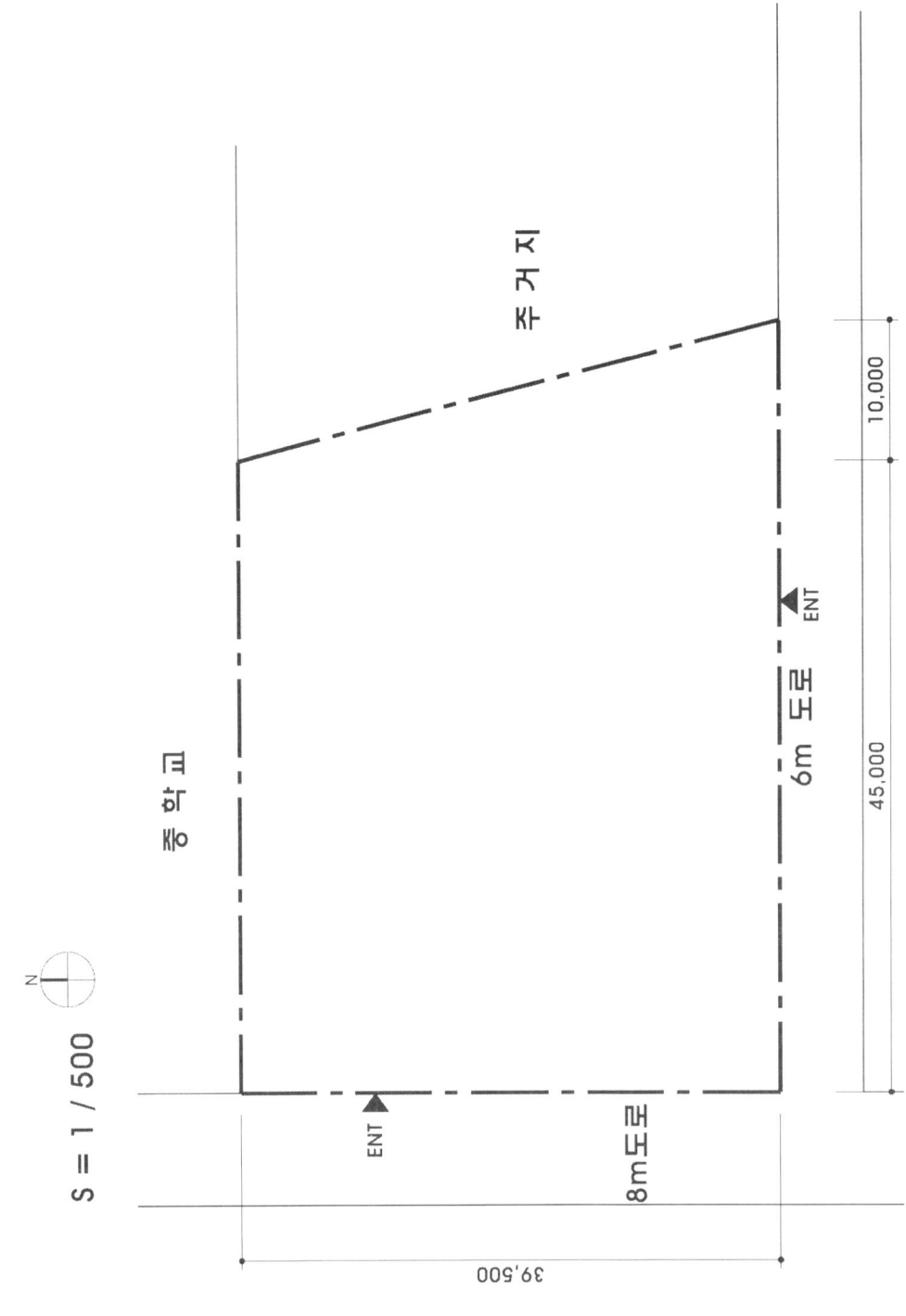

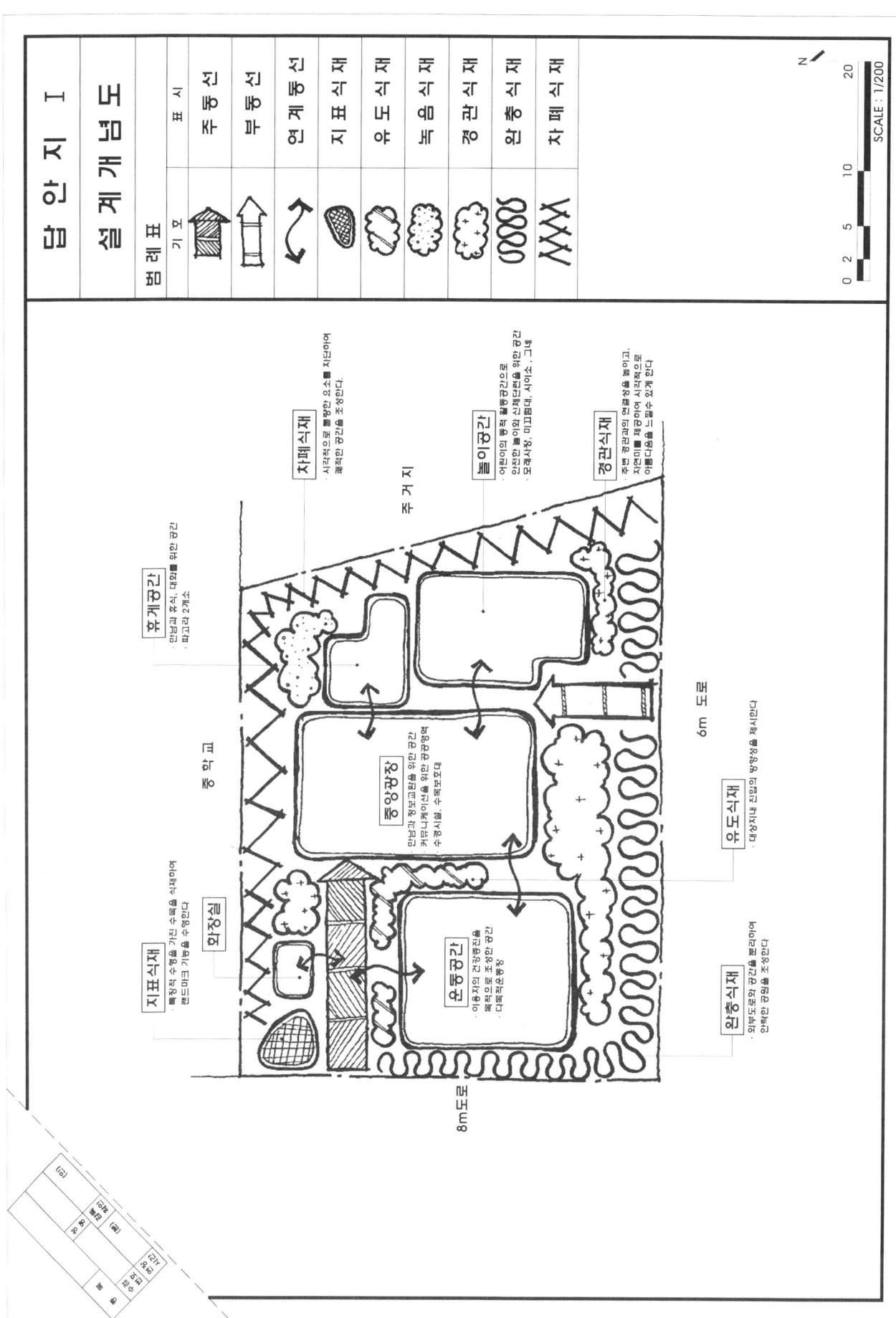

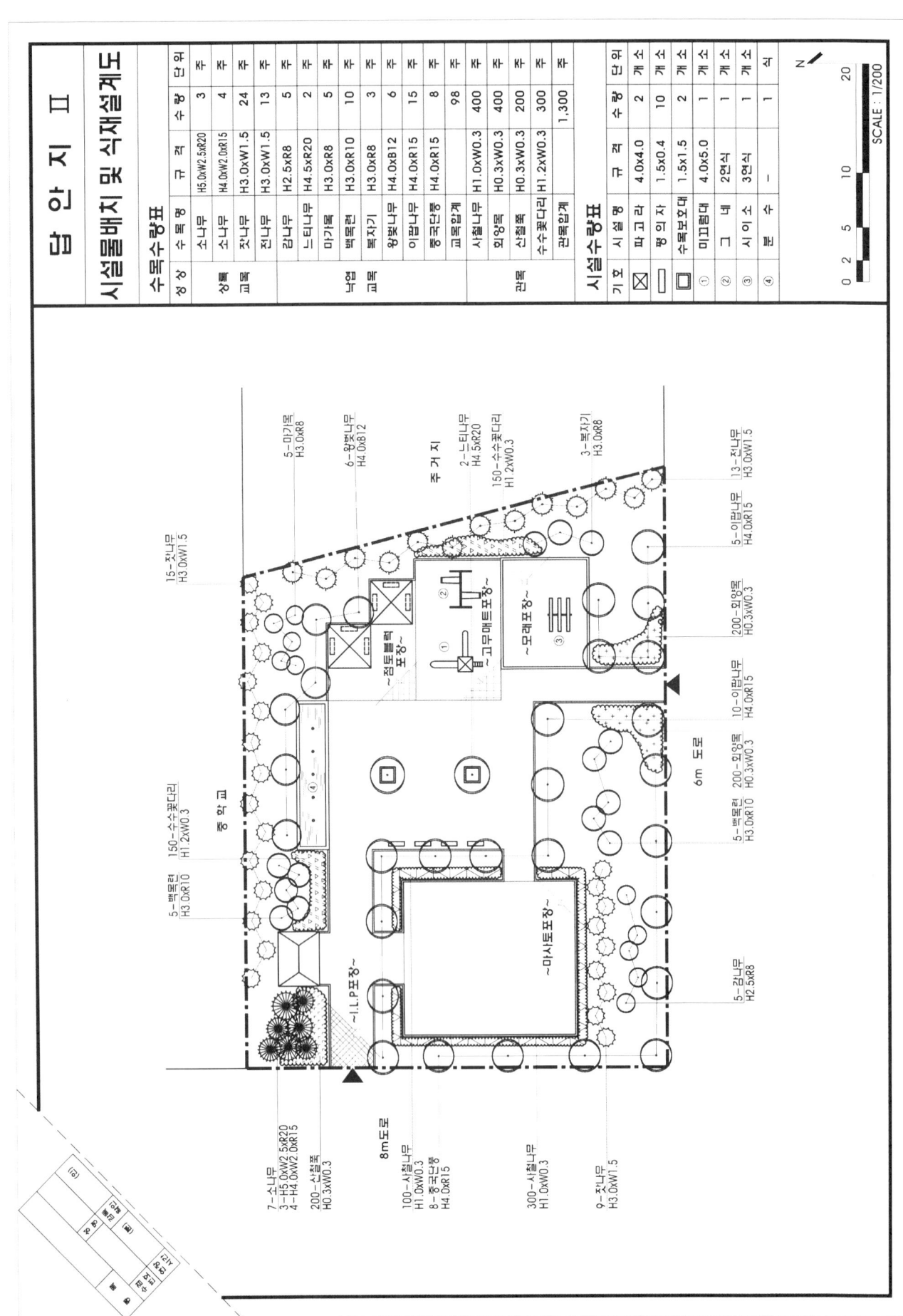

 **2011년 조경산업기사(상상어린이공원)**

1. 설계 문제

다음은 중부지방의 주택가 주변에 위치하고 있는 상상어린이공원 부지이다.
서쪽으로는 동사무소가 있으며, 현황도와 설계조건을 참고하여 설계개념도(답안지 1)와 시설물배치도 및 배식설계도(답안지 2)를 축척 1/100으로 작성하시오.

2. 요구 조건

① 부지 중앙부에 300㎡의 놀이공간을 배치하고, 놀이공간 동쪽으로는 60㎡의 유아놀이공간, 서쪽으로는 동사무소와의 접근이 용이하도록 100㎡의 휴게공간을 계획한다.
② 운동공간은 주민 이용이 자유로울 수 있도록 놀이공간의 남쪽, 동선 아래로 계획하고, 배드민턴 코트는 놀이공간의 북쪽에 배치한다.
③ 놀이공간과 유아놀이공간은 동선과 자연스럽게 연계될 수 있도록 하며, 부지 외곽부에 지역경관을 고려하여 마운딩한다.
④ 주동선과 부동선, 진입관계, 공간배치, 식재개념 배치 등을 개념도의 표현기법을 사용하여 나타내고, 각 공간의 명칭, 성격, 기능을 약술하시오.
⑤ 설계개념도를 반영하여 축척 1/100로 시설물 배치 및 식재설계도를 작성하시오.
⑥ 놀이공간은 흔들기구 2식, 조합놀이대 1식, 어린이의 상상력을 자극할 수 있는 상상놀이기구 1식을 설치하고, 포켓에 그네를 배치하며, 안전성을 고려한 포장을 한다.
⑦ 유아놀이공간은 상상놀이기구 1식을 설치하고, 모래로 포설한다.
⑧ 휴게공간 남서쪽으로 휴식을 위한 파고라 등의 시설물을 설치하고, 친환경적 포장을 한다.
⑨ 운동공간은 체력단련시설 4식을 연계하여 배치한다.
⑩ 배드민턴장 1면을 배치한다.
⑪ 휴게공간은 동사무소와 인접하여 배치하며, 야외탁자 3식을 설치한다.
⑫ 출입구 쪽에는 볼라드를 설치하여 차량의 진입을 차단하고, 안내판을 설치한다.
⑬ 동선에 포켓을 만들어 등의자를 설치하고, 놀이공간 주변 포켓에는 음수대를 설치한다.
⑭ 식재 설계 시 수종 10종 이상을 선정하고, 인출선을 사용하여 수량, 수종명, 규격을 표기하고, 범례란에 시설물수량표와 수목수량표를 작성하시오.

Part 5 조경산업기사 설계실무 기출문제

■ 현황도

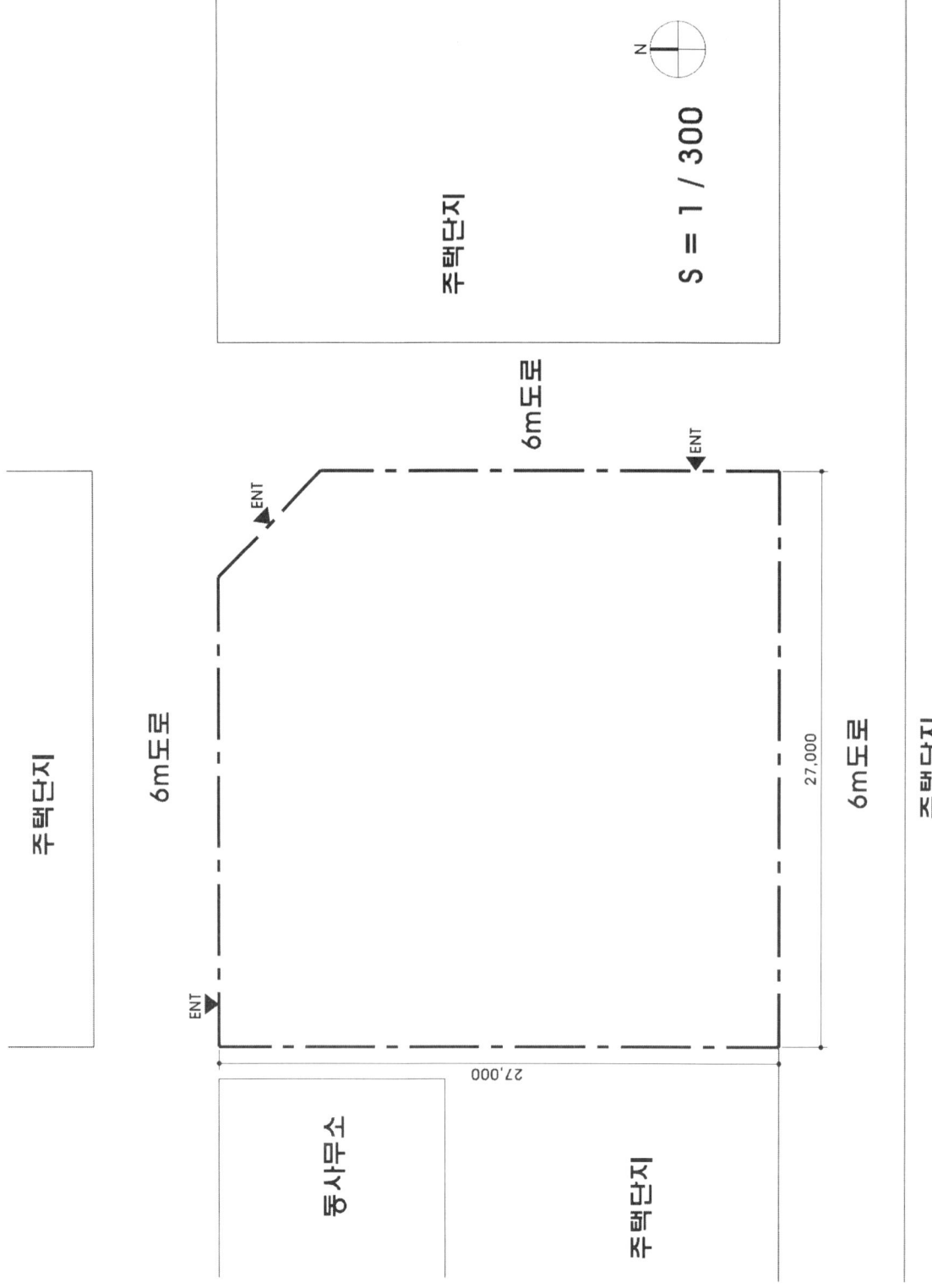

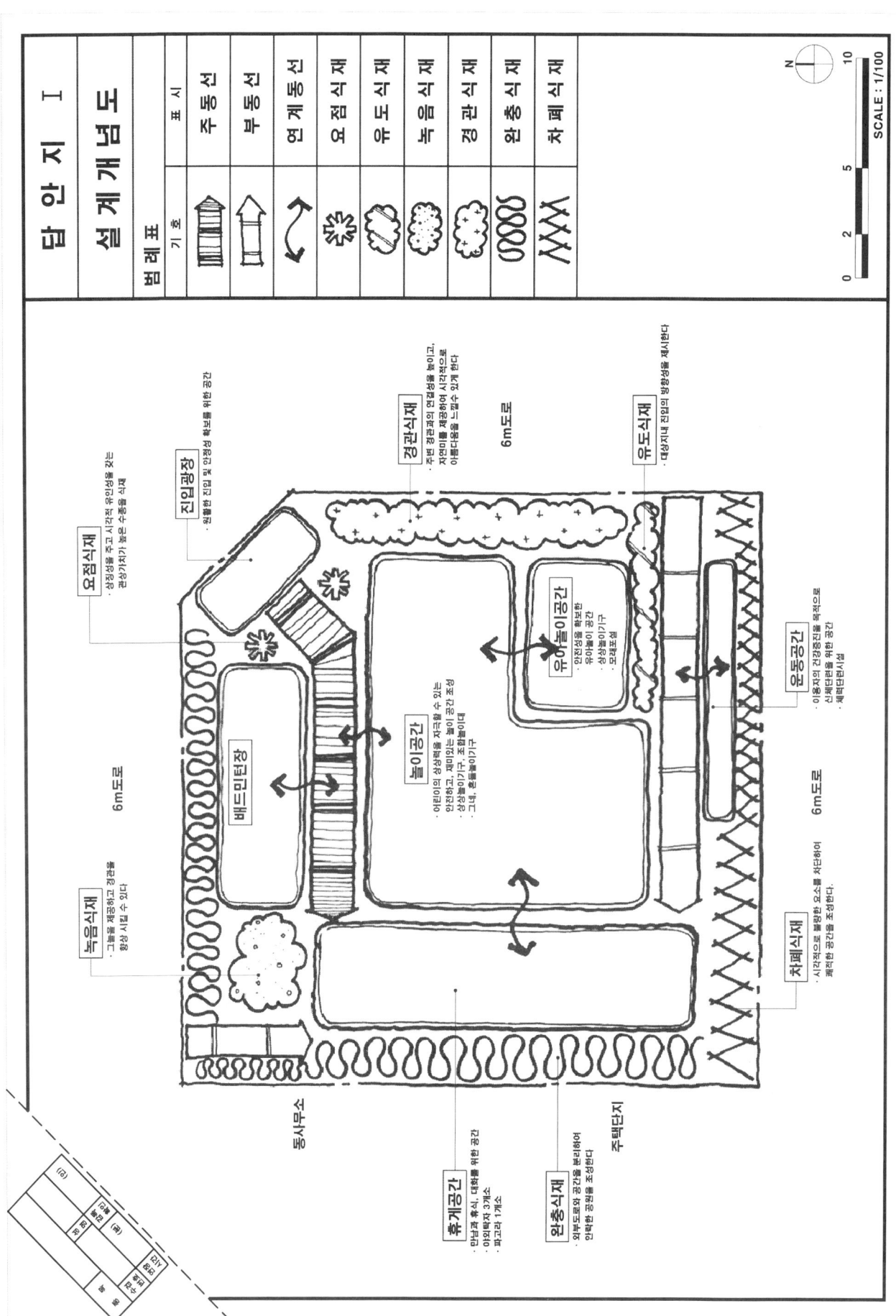

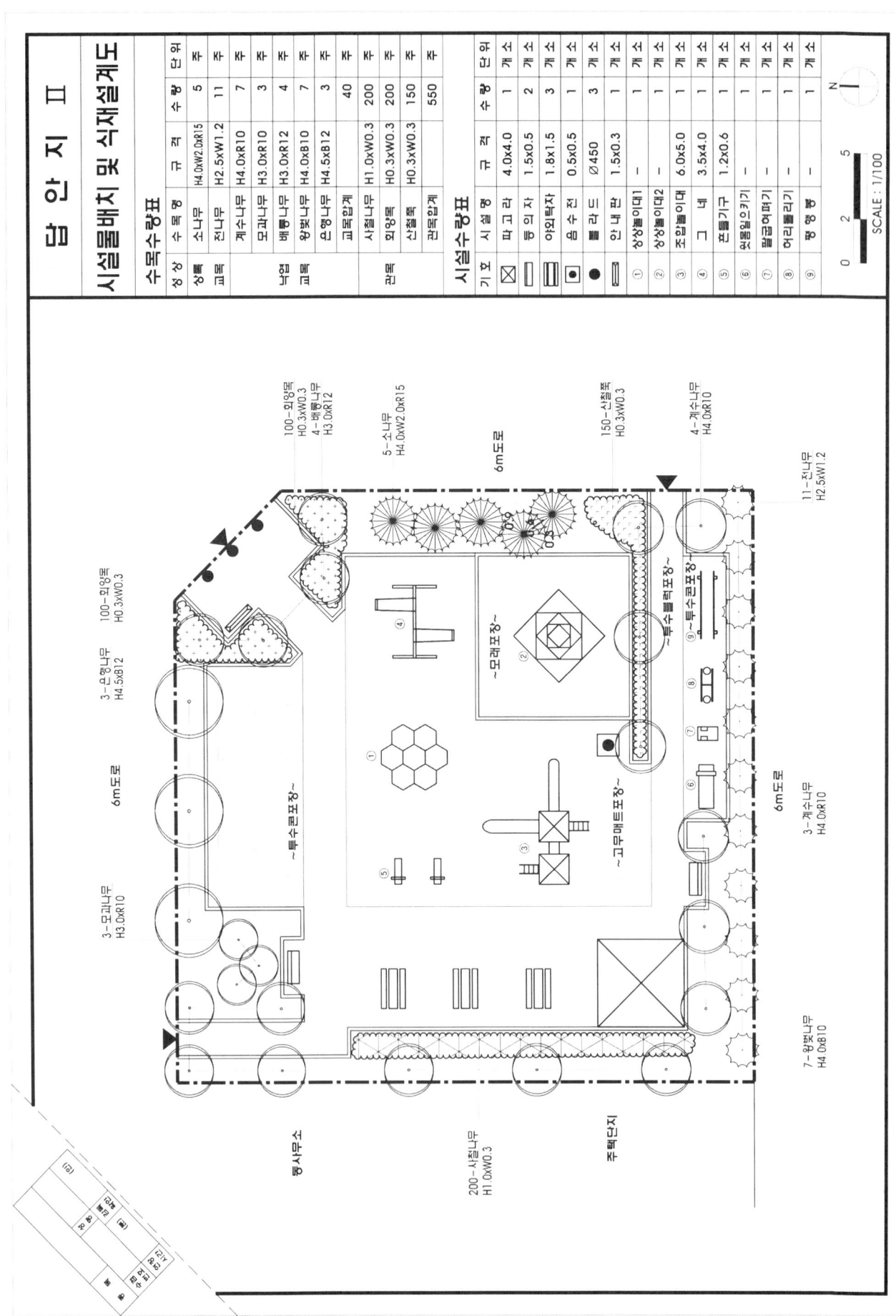

 **기출...5** 2009년, 2017년, 2018년, 2020년 조경산업기사(근린공원)

1. 요구 조건

① 중부지방 공원 내의 설치시설 및 공간은
  ㉠ 정적 휴식공간 : 약 900m²
  ㉡ 다목적 운동공간 : 약 1,000m²
  ㉢ 운동시설(배드민턴 코트 2면) : 20×20m
  ㉣ 어린이놀이터 : 약 300m²(3종류 이상 놀이시설 배치)
  ㉤ 파고라(5×10m) : 1~2개소, 파고라(5×5m) : 2~4개소
  ㉥ 음수전 : 2개소
  ㉦ 벤치 : 10개소
② 동선은 기존 동선을 최대한 반영하여 동선계획을 수립하되 산책로의 연장길이는 150m 이상 되도록 처리한다.
③ 정적 휴식공간에는 잔디포장, 다목적 운동공간에는 마사토포장, 기타는 보도블록포장, 어린이놀이터는 모래포장으로 각각 포장하며, 별도의 공간 계획 시 적합한 포장을 임의로 배치한다.

[문제 1]
  ① 요구 조건과 아래의 조건을 참고하여 지급된 용지 1매에 현황도를 1/400로 확대하여 평면 기본구상도(개념도)를 작성하시오.
  ② 공간 및 기능분배를 합리적으로 구분하고 공간 성격 및 도입시설 등을 간략히 기술한다.
  ③ 공간배치계획, 동선계획, 식재계획 등의 개념이 포함되어야 한다.

[문제 2]
  ① 요구 조건과 아래의 조건을 참고하여 지급된 용지 1매에 현황도를 1/400로 확대하여 시설물 배치와 수목 기본설계가 나타나도록 조경설계도를 작성하시오.
  ② 공원 소요시설물 및 공간배치는 적절하게 하고 동선계획, 포장설계 등을 합리적으로 한다.
  ③ 설치시설물에 대한 범례표는 우측 여백에 반드시 작성한다. (단, 설치시설물 개수도 반드시 기재할 것)
  ④ 주동선 보도와 산책로는 포장을 하지 않고, 각 공간별로는 필요한 포장을 한다.
  ⑤ 계절의 변화감을 고려하고 다음 수종 중 13가지 이상을 선택하여 배식한다.

 보기

소나무, 은행나무, 잣나무, 굴거리나무, 동백나무, 후박나무, 왕벚나무, 쥐똥나무, 계수나무, 단풍나무, 섬잣나무, 자작나무, 산철쭉, 꽝꽝나무, 광나무, 산수유, 겹벚나무, 황매화, 느티나무, 주목, 좀작살나무, 회양목, 사철나무, 등나무, 송악

Part 5 조경산업기사 설계실무 기출문제

■ 현황도

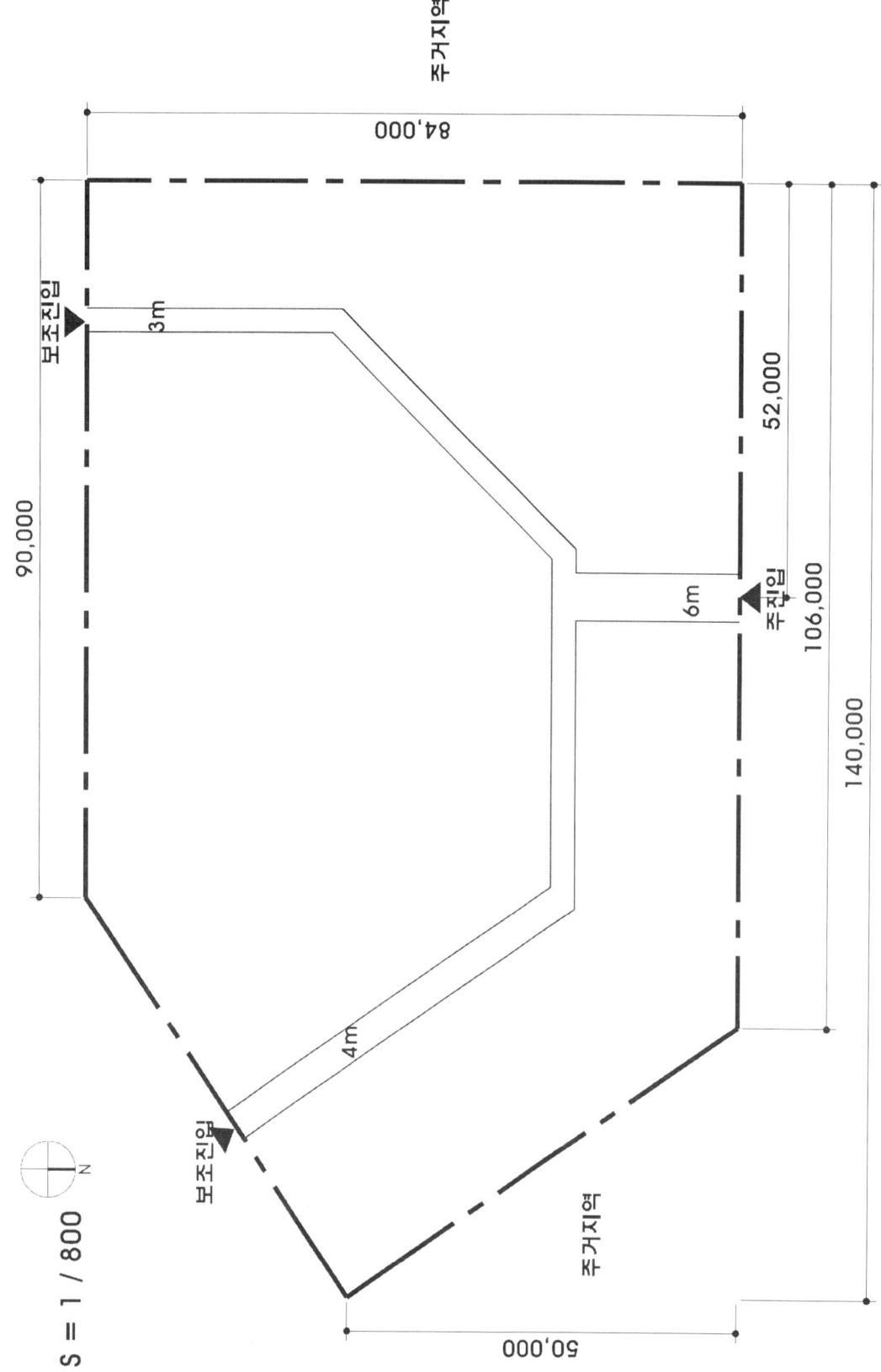

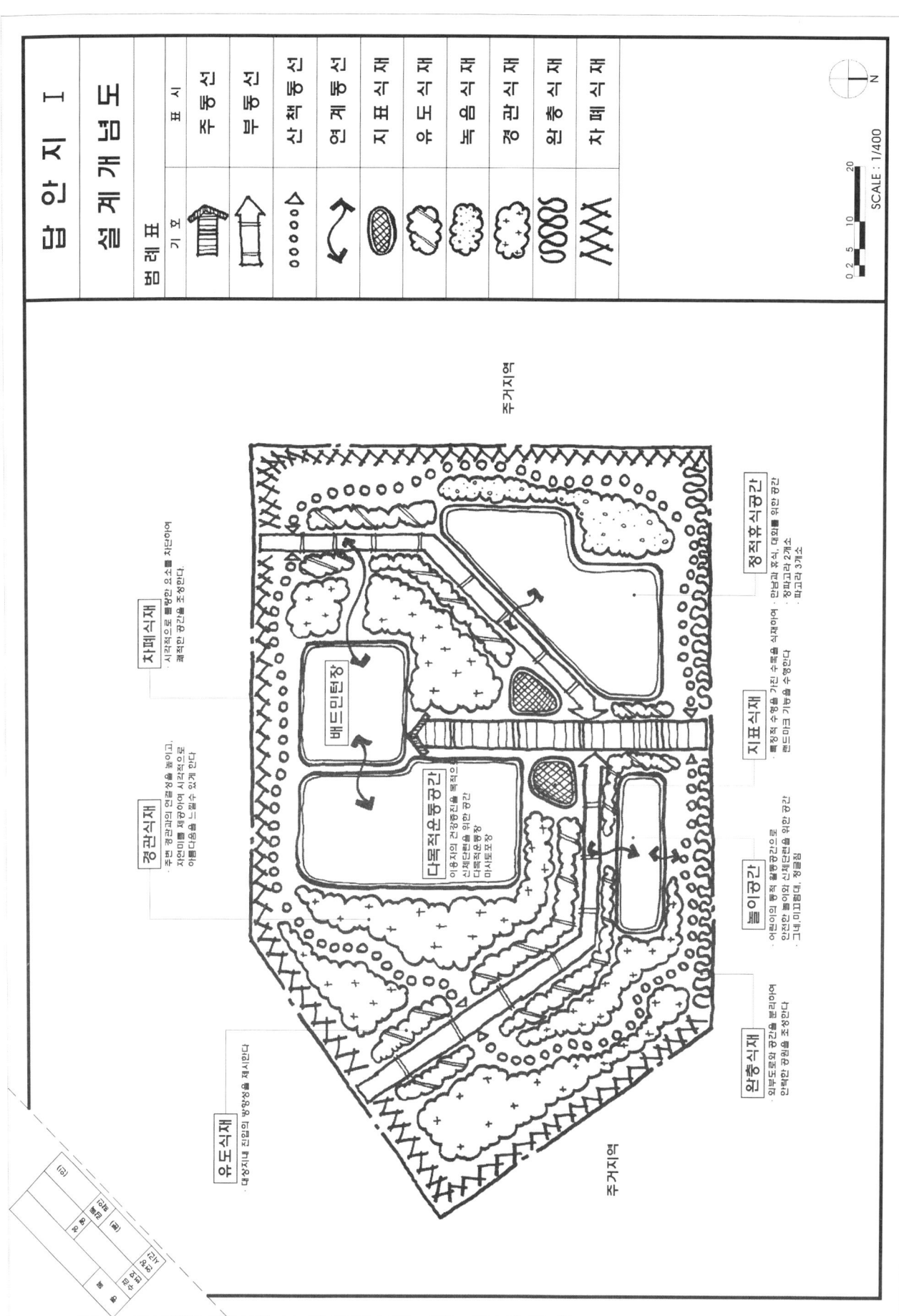

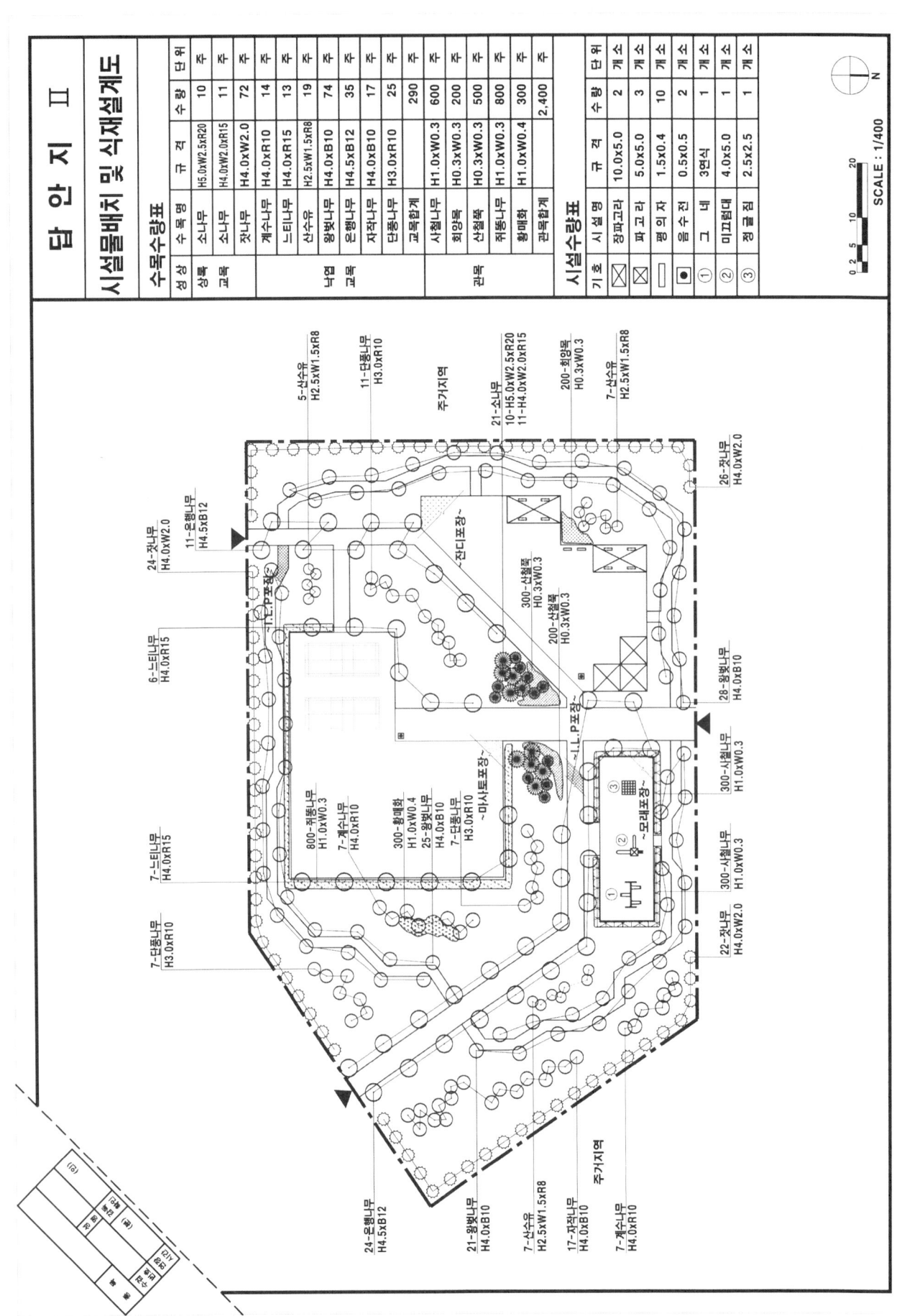

 **2000, 2002년 조경산업기사(유치원)**

1. 설계 문제

중부지방에 위치하고 있는 면적 규모가 35×30m인 유치원을 설계하고자 한다.
주어진 현황도면을 고려하여 문제 1, 2에서 요구한 계산문제를 계산식과 답으로 구분하여 산출하고, 다음의 설계 조건을 고려하여 기본구상개념도와 설계도를 작성하시오.

[문제 1]
건폐율을 산정하시오. (단, 소수 2자리까지만 취하고, 소수 3자리 이하는 버릴 것)

[문제 2]
부지의 좌측 도로에 인접한 두 등고선 간격인 A, B 두 점 사이의 지형경사도를 산정하시오. (단, 소수 2자리까지만 취하고, 소수 3자리 이하는 버릴 것)

[문제 3]
축척 1/200로 Base map을 그리고, 기본구상개념도를 작성하시오. (답안지 1)

[문제 4]
기본구상개념도와 아래의 설계 조건을 고려하여 기본설계도 및 배식설계도를 축척 1/100으로 작성하시오. (답안지 2)

2. 요구 조건

① 공간의 구성은 휴식공간, 놀이공간, 주차공간, 전정, 후정 등으로 기능을 분할하고, 동선계획은 어린이들의 안전을 고려하여 보행동선, 차량동선을 분리시켜 구상할 것
② 보행동선은 대문의 위치를 선정하고 대문으로부터 건물의 현관 진입구까지 2m 폭원으로 하고 차량동선은 대문으로부터 주차공간까지는 4m 폭원으로 구상하시오.
③ 다이어그램 표현기법을 사용하여 설계 개념도를 작성하고 각 공간의 기능, 성격, 시설 등을 약술하시오.
④ 축척 1/100로 확대(등고선은 확대하지 말 것)하여 Basemap을 그리시오.
⑤ 시설물은 벤치(W0.4×L1.2m) 5개, 모래밭(5×5m)은 반드시 설치할 것
⑥ 소형 주차장(2.5×5.0m) 2대 확보
⑦ 보행동선의 폭원은 2m, 차량동선의 폭원은 4m로 설계할 것
⑧ 포장재료는 2가지 이상 선정하여 명기할 것
⑨ 놀이공간에 3종 이상의 놀이시설을 설치할 것
⑩ 수종은 10가지 이상 식재하고, 수목수량표를 작성할 것
⑪ 인출선을 사용하여 수종, 수량, 규격을 표기하고 수목수량표를 우측 여백에 표시하시오.

 보기

측백, 배롱나무, 후박나무, 잣나무, 향나무, 백목련, 벽오동, 자귀나무, 느티나무, 자작나무, 녹나무, 수수꽃다리, 꽝꽝나무, 홍단풍, 개나리, 회양목, 쥐똥나무, 잔디, 철쭉, 눈향, 주목, 동백

■ 현황도

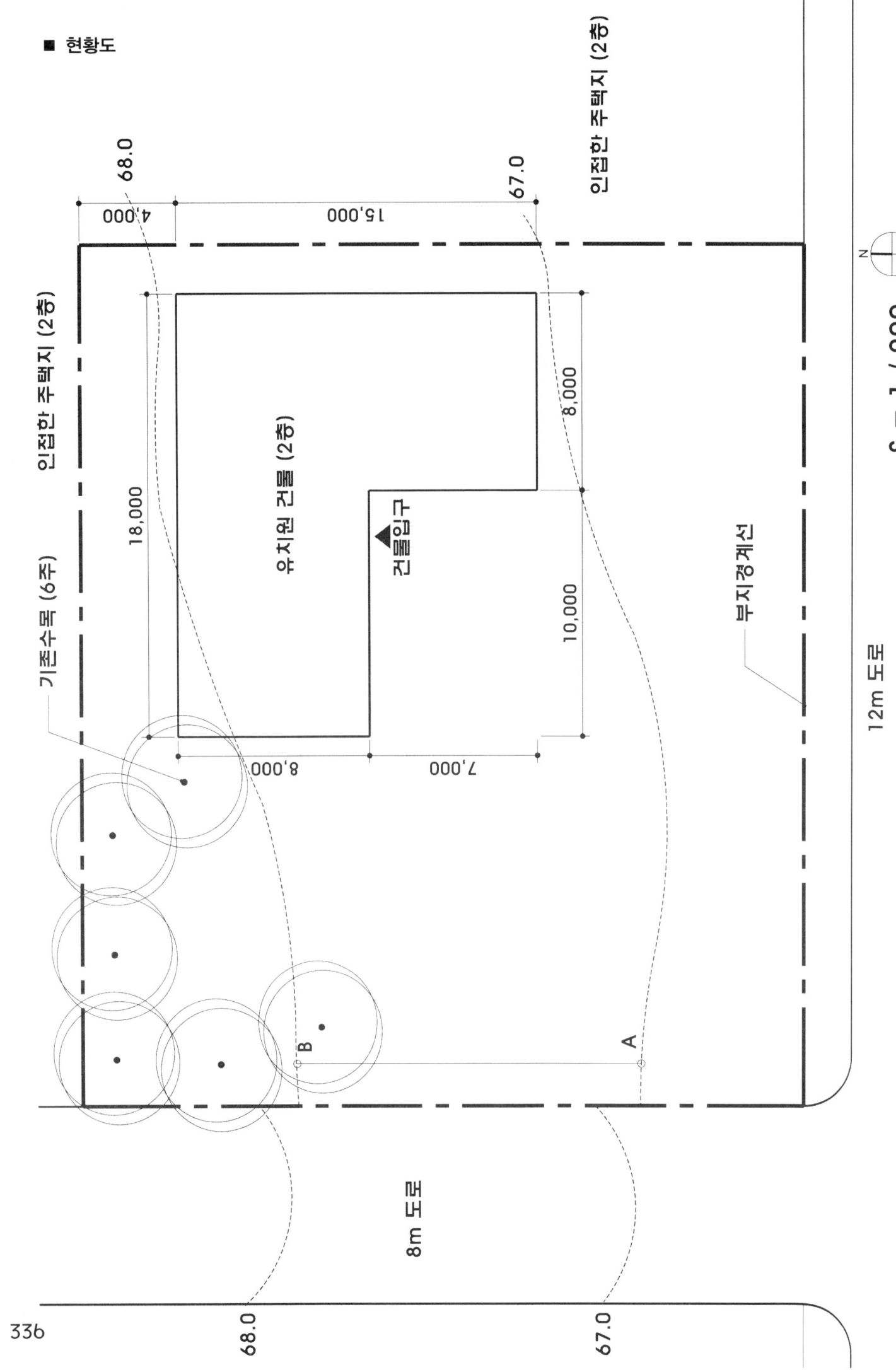

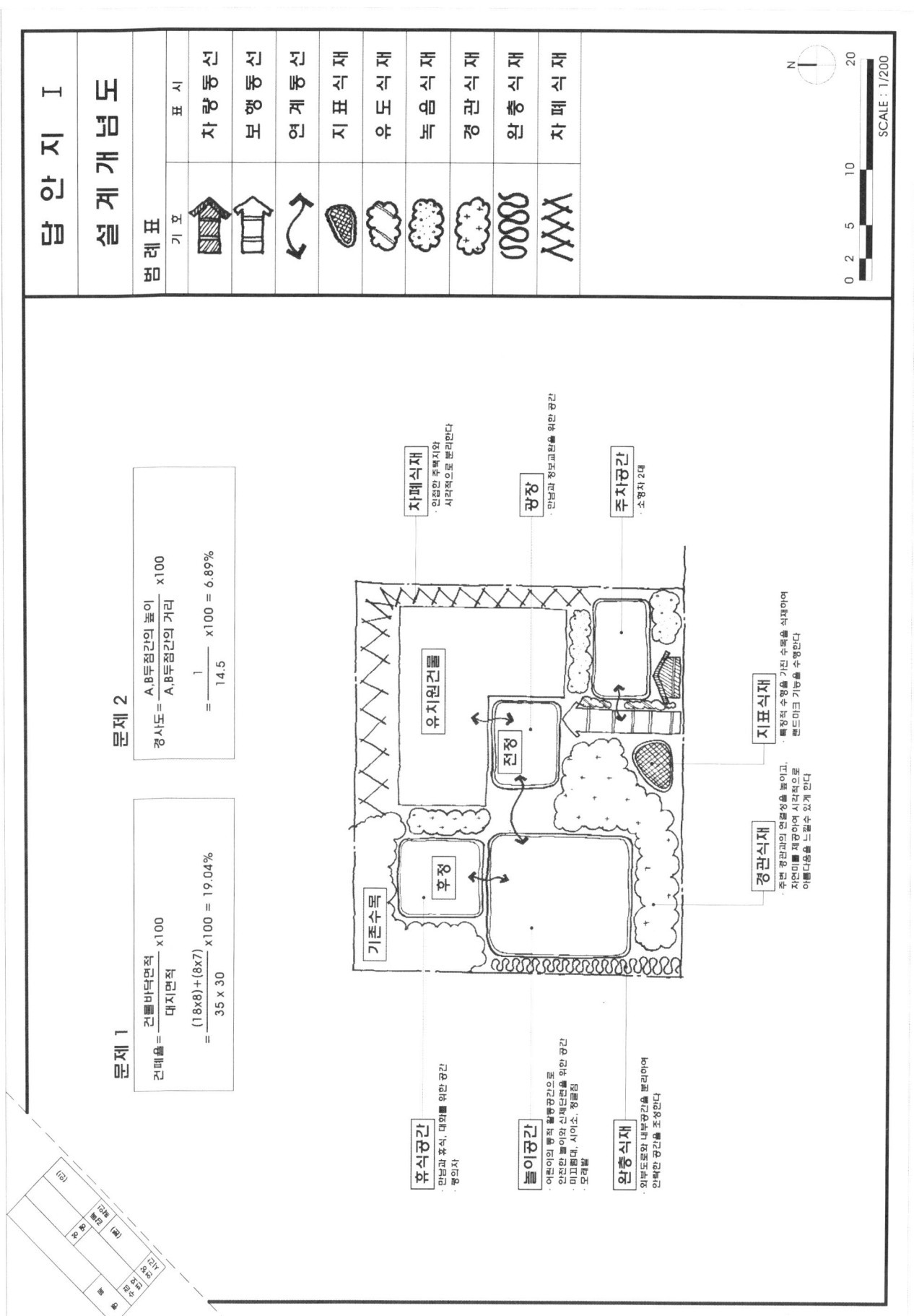

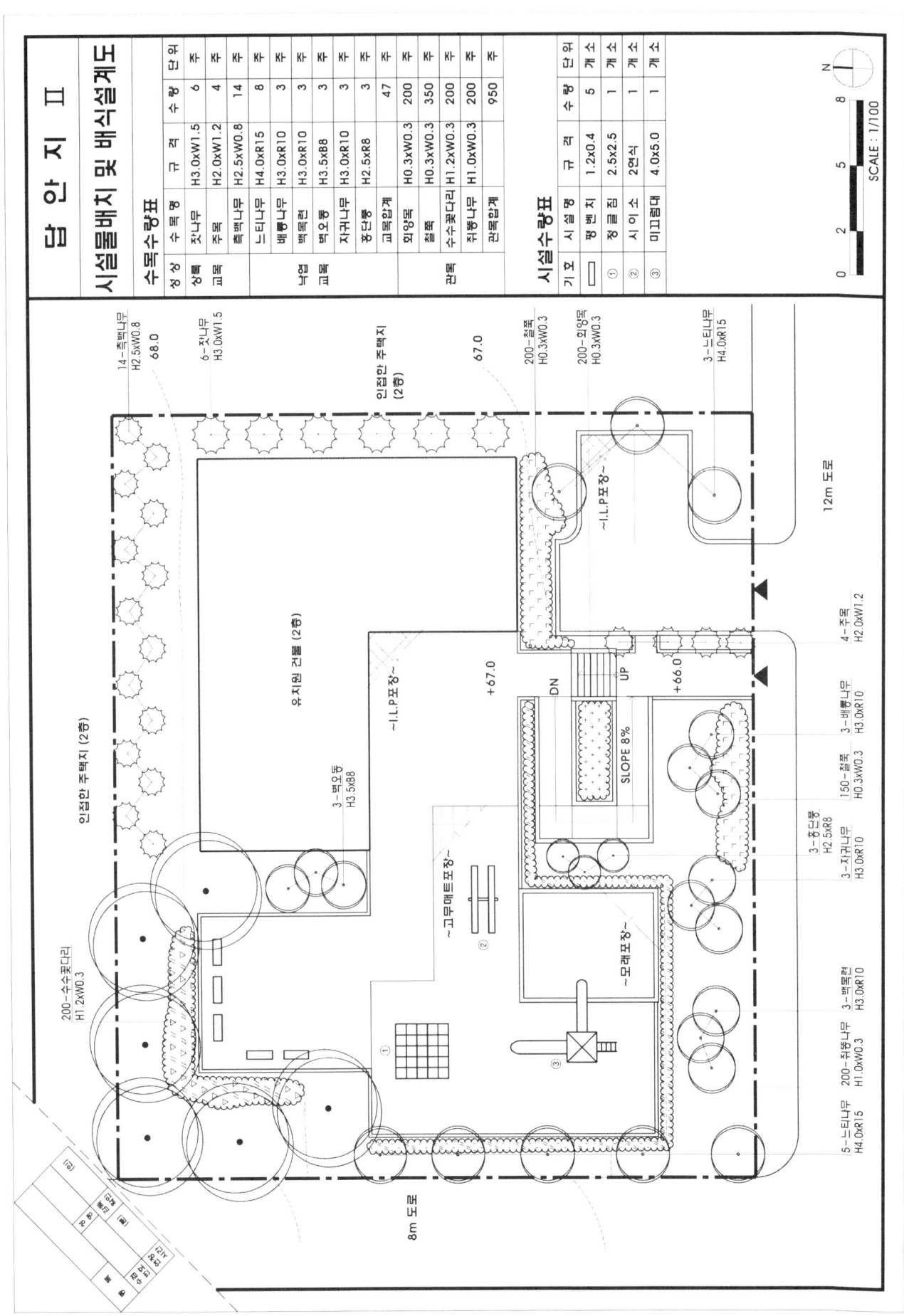

기출...7 2000년, 2003년 조경산업기사(근린공원)

1. 설계 문제

우리나라 중부지방 도시주택지 내에 소규모 운동공원을 조성하려 한다.
제시된 현황도를 축척 1/300로 확대하여 계획, 설계하되 등고선의 형태는 프리핸드로 개략적으로 옮겨 제도하고, 아래의 설계지침에 의거하여 주어진 트레이싱지에 문제 1, 문제 2를 작성하시오.

2. 요구 조건

① 설치시설물
  ㉠ 체육시설 : 테니스코트 2면, 배구코트 1면, 농구코트 1면, 다목적 운동구장(50×40m 이상) 1개소
  ㉡ 휴게시설 : 잔디광장(500m² 이상), 휴게소 2개소(휴게소 내에 파고라(6×6m) 7개소), 산책로
  ㉢ 주차시설 : 소형 주차 10대분 이상
② 북측 진입(8m)을 주진입으로, 남측 진입(6m)을 부진입으로 하되, 부진입측에서만 차량의 진·출입이 허용되도록 하고, 필요한 곳에 산책동선(2m)을 배치하도록 한다.
③ 주진입로 중앙선을 따라 6m 간격으로 수목보호대(2.0×2.0m)를 설치하시오.
④ 시설배치는 기존 등고선을 고려하여 계획하되, 시설배치에 따른 기존 등고선의 조정, 계획은 도면상에 표시하지 않는 것으로 한다. 92m 이상은 양호한 기존 수림지이므로 보존하도록 한다.

[문제 1]
  상기의 설계지침에 의거하여 공간구성, 동선, 배식개념 등이 표현된 설계개념도를 축척 1/300로 작성하시오.

[문제 2]
① 설계개념도를 토대로 아래 사항에 따라 시설배치계획도와 배식설계도를 축척 1/300로 작성하시오.
② 배식개념에 부합되는 배식설계도를 작성하되, 10가지 이상의 수종을 선정하여 수량, 수종, 규격 등을 인출선을 사용하여 명시하고, 적당한 여백에 수목수량표를 작성하시오.

Part 5 조경산업기사 설계실무 기출문제

■ 현황도

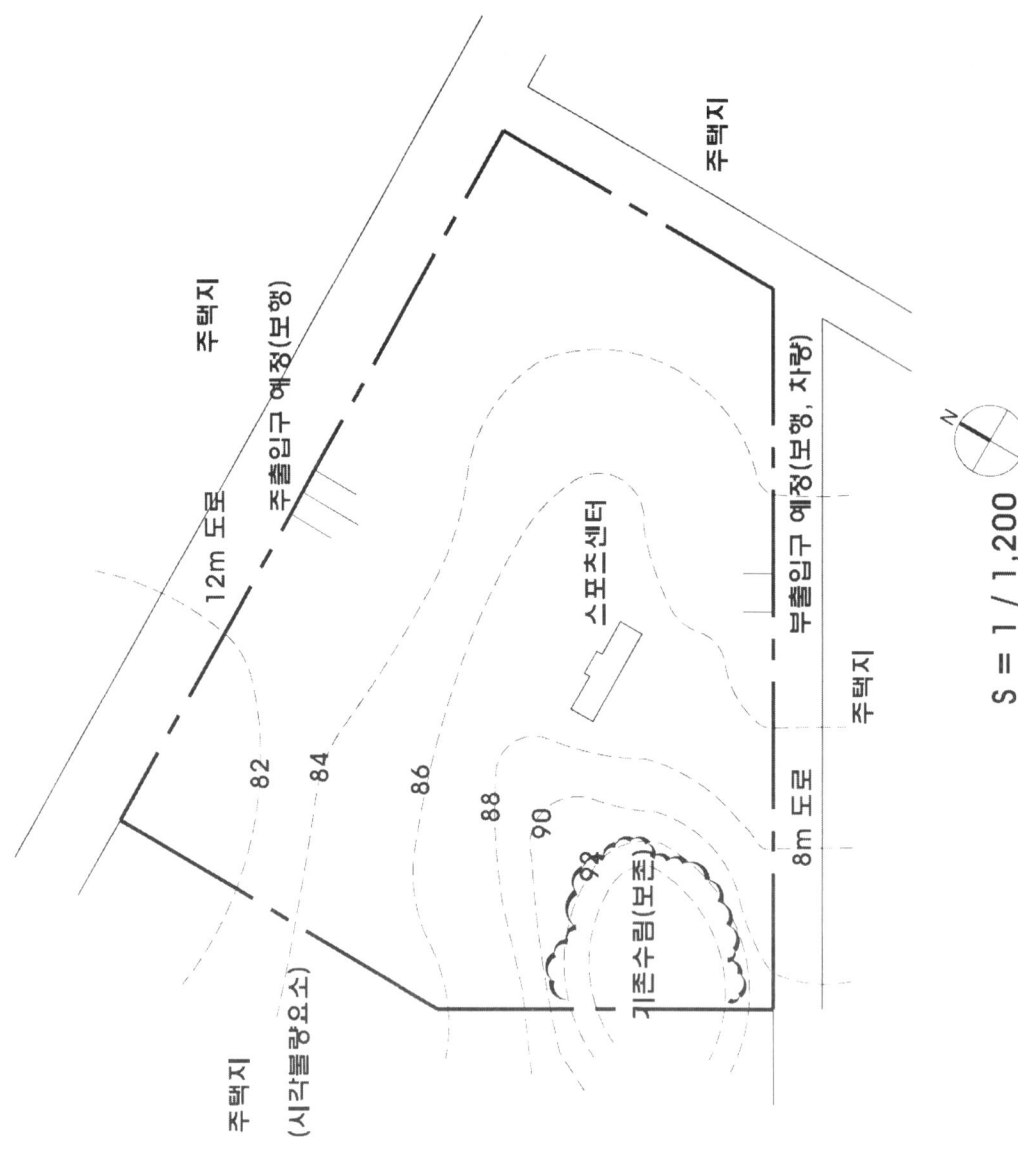

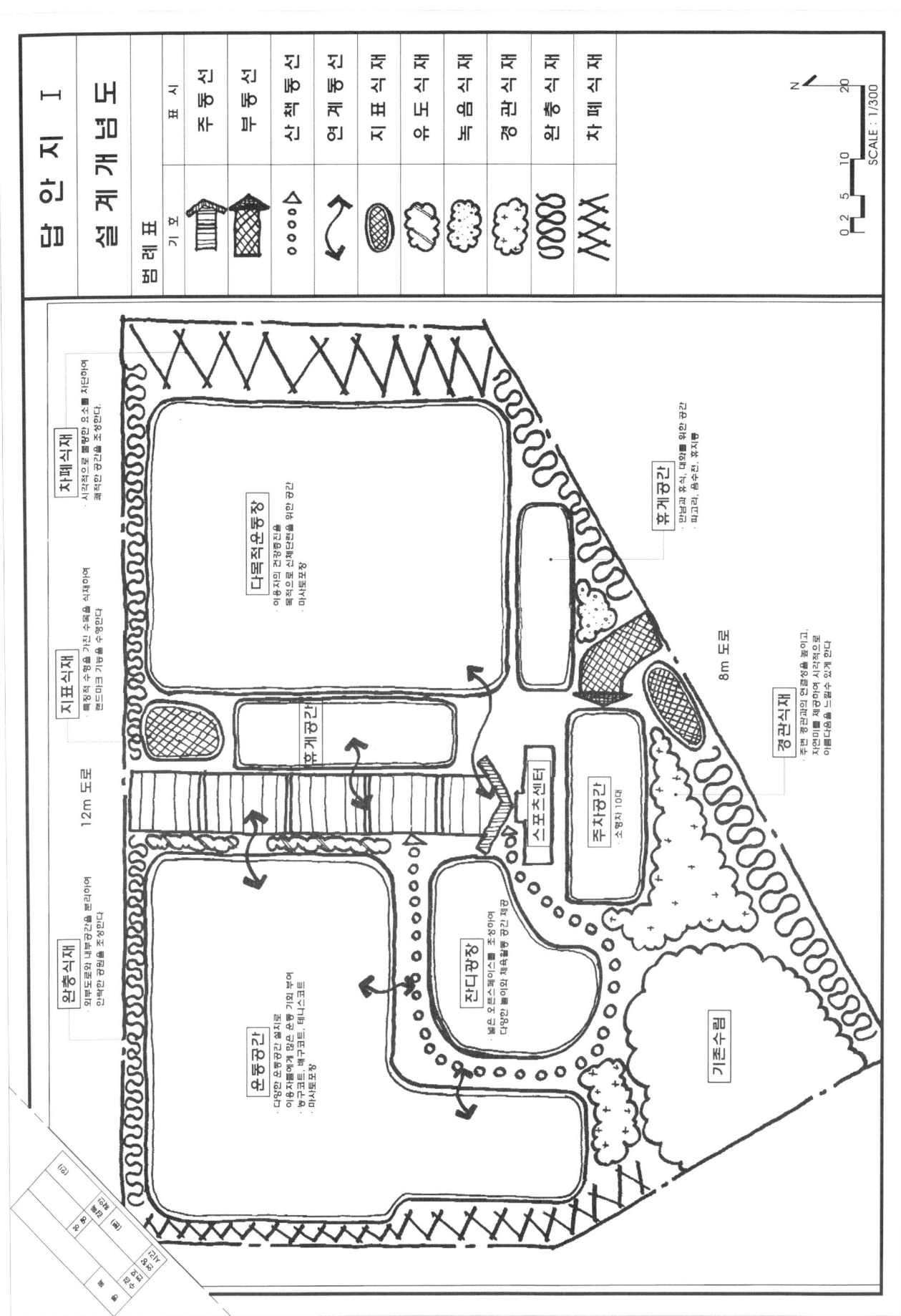

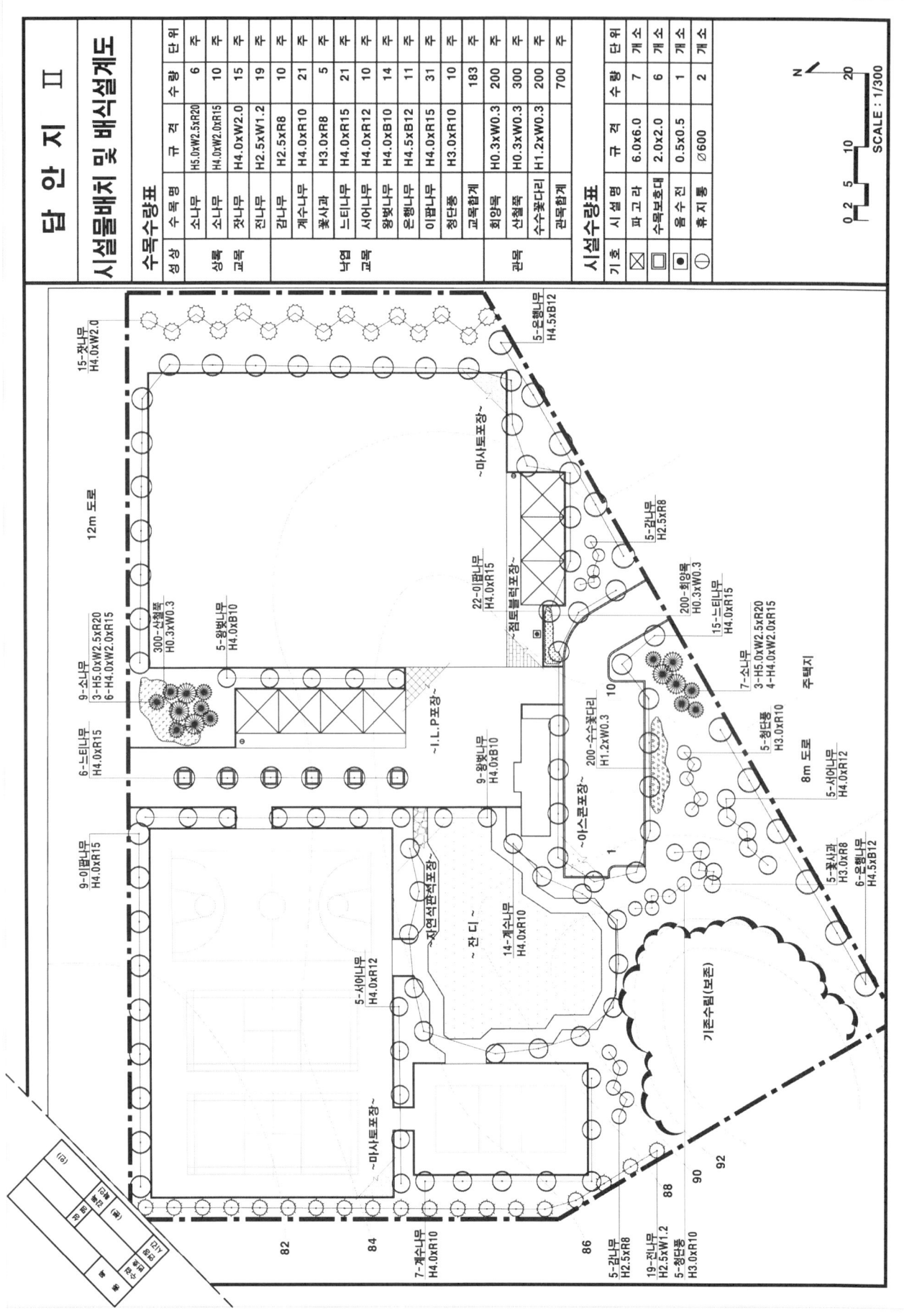

2010년, 2014년, 2020년 조경산업기사(상상어린이공원)

1. 설계 문제

다음은 도심에 위치한 면적 약 1,600㎡의 어린이공원 부지 현황도이다. 대상지는 2~4층 높이의 주택과 빌라로 둘러싸여 있으며 대상지의 3면은 4~6m의 도로와 인접해 있다.
주어진 요구 조건을 반영하여 트레이싱지에 축척 1/200로 제도하시오.

[문제 1] 설계 요구 조건
① 주요 공간을 보행도로 및 광장, 휴게공간, 놀이공간, 운동공간 및 녹지공간으로 구분하고 공간 둘레에 순환형 산책로를 계획하시오.
② 출입구는 현황도에 표시된 위치 4곳으로 제한한다.
③ 동쪽에서 남쪽방향으로 빗물계류장을 만들고, 동남쪽 출입구에서 목교를 통해 어린이공원으로 연결될 수 있도록 하시오.
④ 「도시공원 및 녹지 등에 관한 법률」에서 정한 어린이공원의 건폐율 및 공원시설률에 만족하도록 계획하고 건폐율과 공원시설률 및 면적을 설계개념도의 여백을 이용하여 기입하시오.
⑤ 부지 중앙의 서쪽에 위치한 기존의 경로당 전면부에 면적 300㎡ 규모의 광장을 계획하고, 광장 동쪽으로 면적 300㎡의 어린이놀이공간을 배치하시오.
⑥ 광장과 어린이공원 북쪽으로 면적 30㎡의 유아놀이터와 40㎡의 운동공간을 계획하시오.
⑦ 빗물 계류변에 적당한 휴게공간을 조성하시오.
⑧ 주동선과 부동선, 진입관계, 공간배치, 시설물 및 식재 배치 등을 개념도의 표현기법을 사용하여 나타내고, 각 공간의 명칭, 성격, 기능 등을 약술하시오.

[문제 2] 시설물 배치 및 식재의 요구 조건
① 어린이놀이터에는 조합놀이대 1식, 2인용 그네 1식을 설치하고, 놀이터의 서쪽 모서리에 물놀이터를 계획하시오.
② 유아놀이터 중앙에 모래놀이터를 계획하고 놀이터 둘레에 보호자의 감시와 쉼터를 위한 앉음벽과 음수대 각각 1식을 배치하시오.
③ 어린이와 유아놀이터에는 안전을 고려한 바닥포장을 선정하시오.
④ 운동공간에는 체력단련시설 3식을 배치하시오.
⑤ 계류변 휴게공간에는 태양열 파고라를 1식 배치하고, 내부에 평의자를 배치하여 바닥은 점토벽돌로 포장하시오.
⑥ 각 공간의 경관과 기능을 고려하여 상록, 낙엽교목 10종 이상 관목을 선정하여 식재설계를 하시오.
⑦ 북동쪽의 진입광장 중앙부에는 초점식재를 하고, 빗물계류장에는 주변 환경을 고려한 적정 수종을 도입하시오.

Part 5 조경산업기사 설계실무 기출문제

■ 현황도

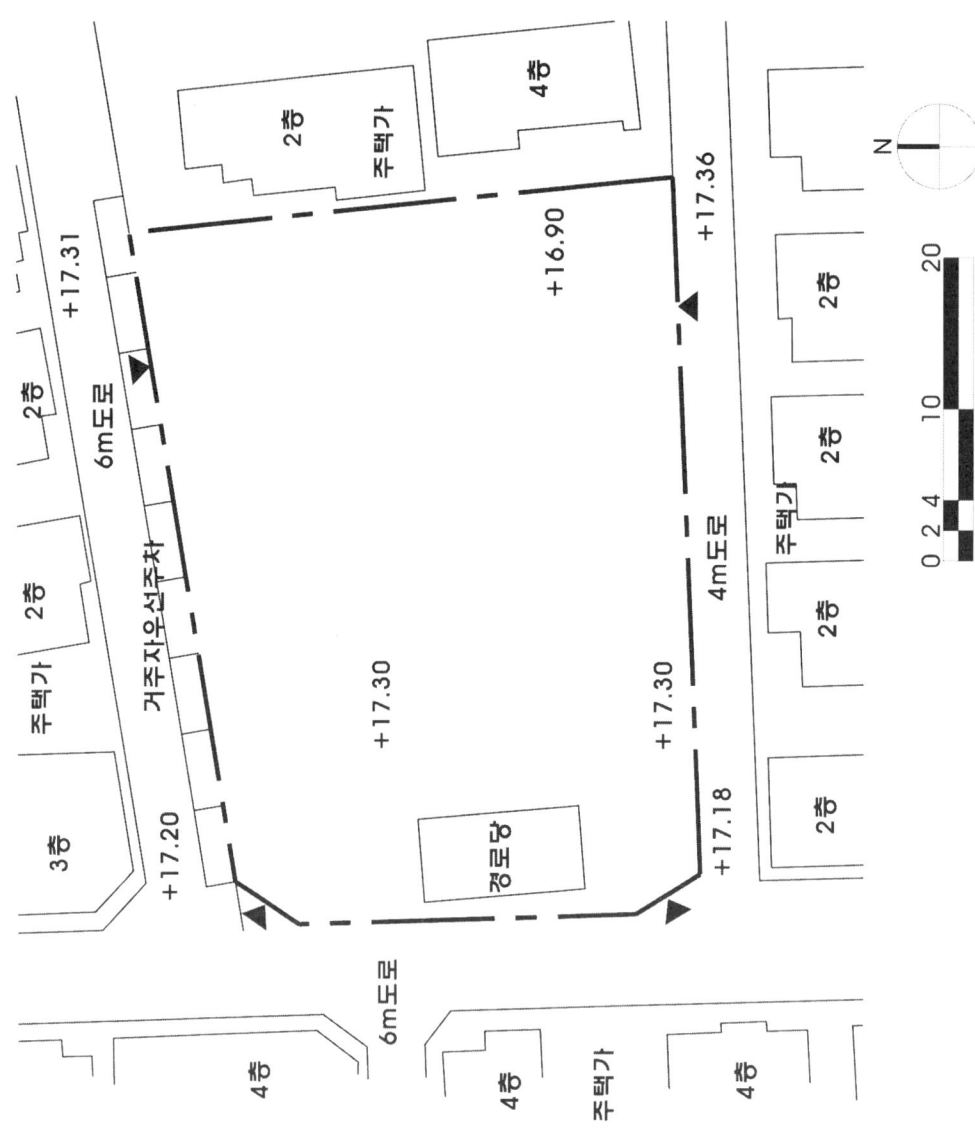

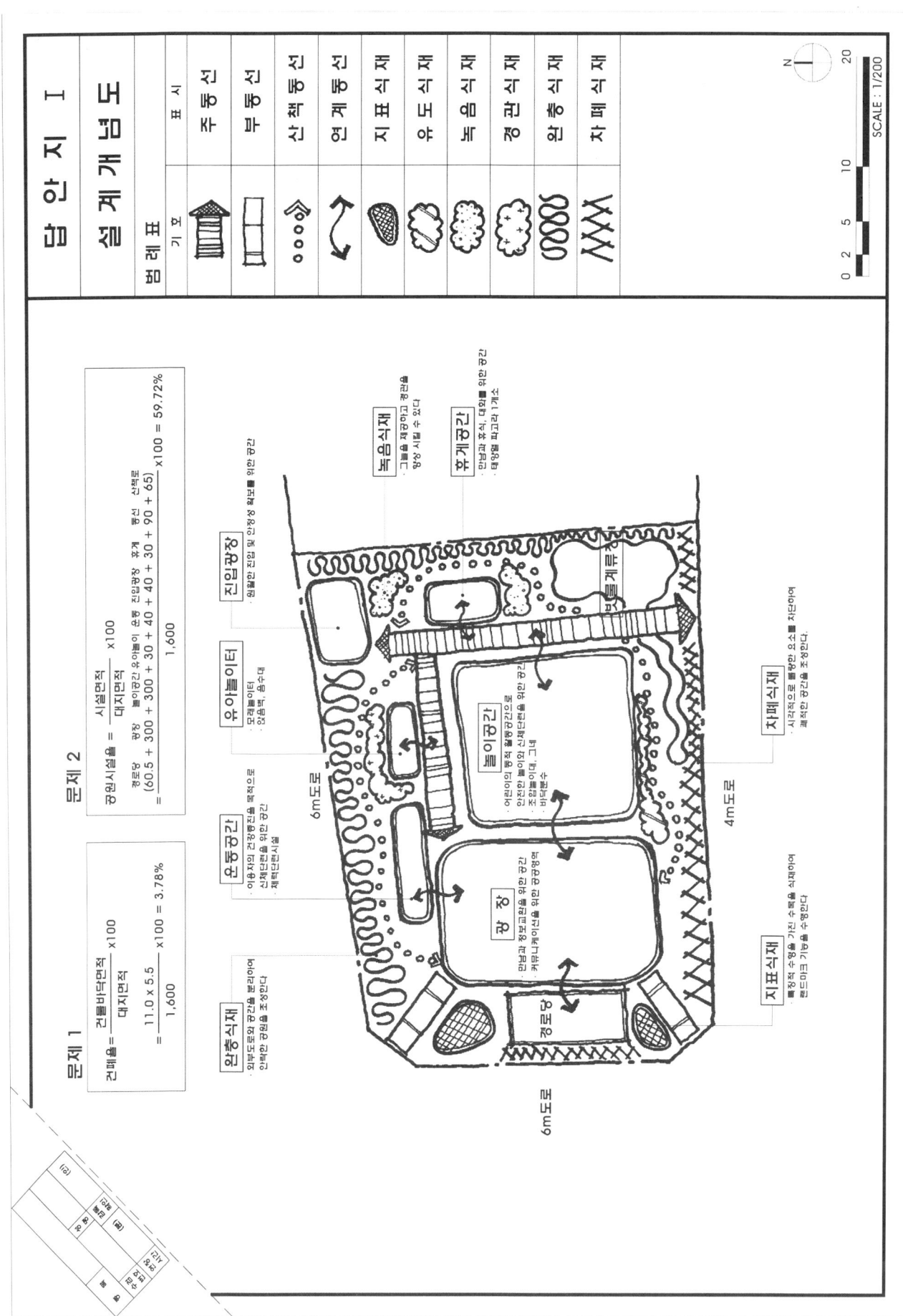

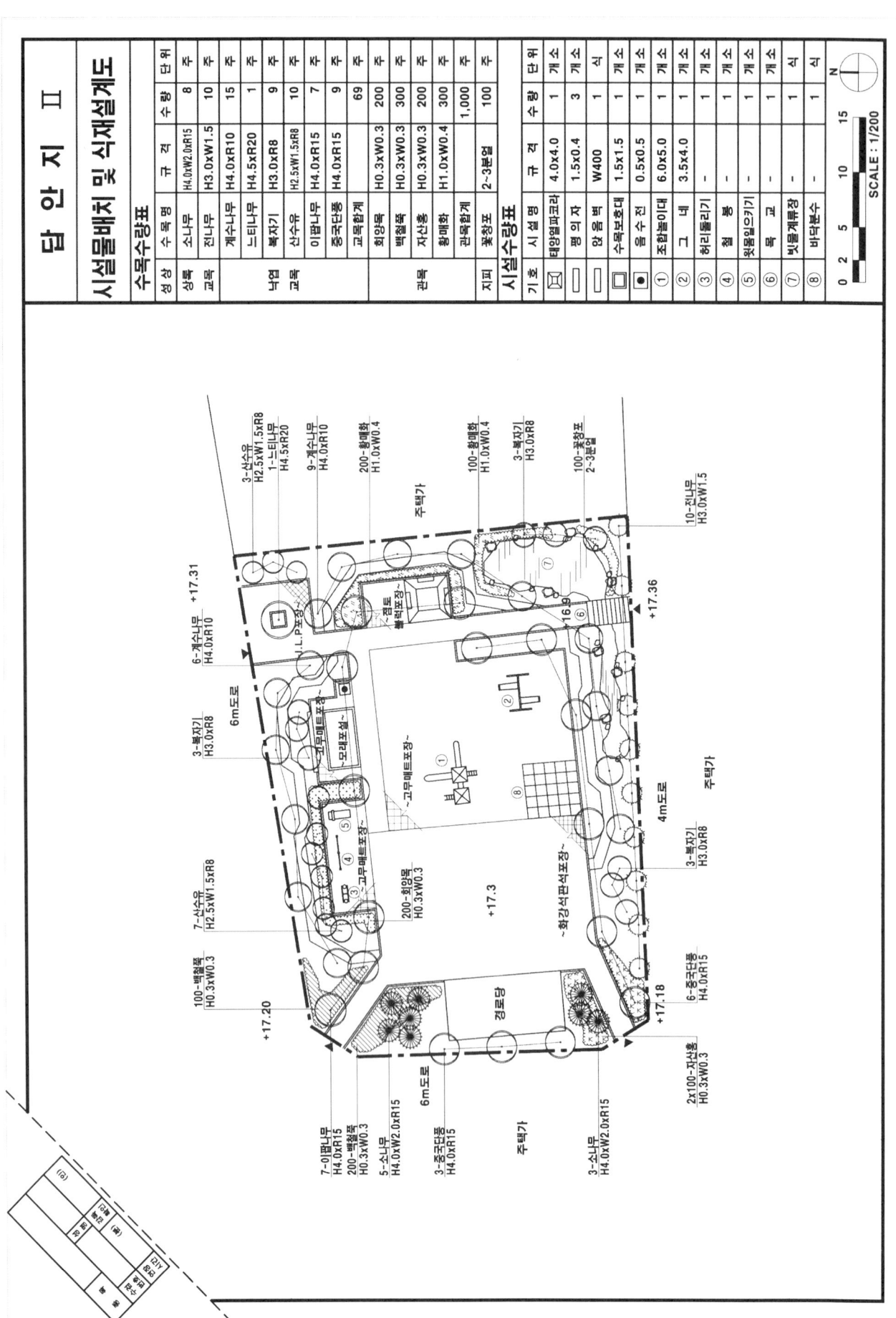

 **2013년 조경산업기사(주제공원)**

1. 설계 문제

다음은 채석장의 절개지를 암벽등반을 위한 주제공원으로 조성하려 할 때 다음의 조건으로 개념도(답안지 1)와 시설물과 식재를 위한 조경계획도 및 단면도(답안지 2)를 축척 1/200로 작성하시오.

2. 요구 조건

① 주동선 : 폭 5m 콘크리트블록포장 설계
② 부동선 : 폭 3m 콘크리트블록포장 설계
③ 암벽등반공간 : 36×10m 목재 데크 설치
④ 쉼터공간 : 80m² 내외의 크기로 2개소 설치(북서, 북동), 파고라(4×4m) 4개소 설치
⑤ 주민체육시설공간 : 160m² 내외로 파고라, 체력단련시설 5종 설치
⑥ 어린이 모험놀이공간 : 240m² 내외로 놀이시설 3종 설치
⑦ 화장실 : 4×7m
⑧ "가" 지역은 등반시설공간으로 식재를 생략하고, "나" 지역은 최소 4m 이상의 식재대 설치
⑨ 식재 시 중부지방에 적합한 수종 13종 이상 배식 (교목 10종 이상, 관목 3종 이상)
⑩ 단면도는 녹지대를 경유한 동서 방향의 단면도로 작성
⑪ 개념도 작성 시 계획 개념 등 서술

Part 5 조경산업기사 설계실무 기출문제

■ 현황도

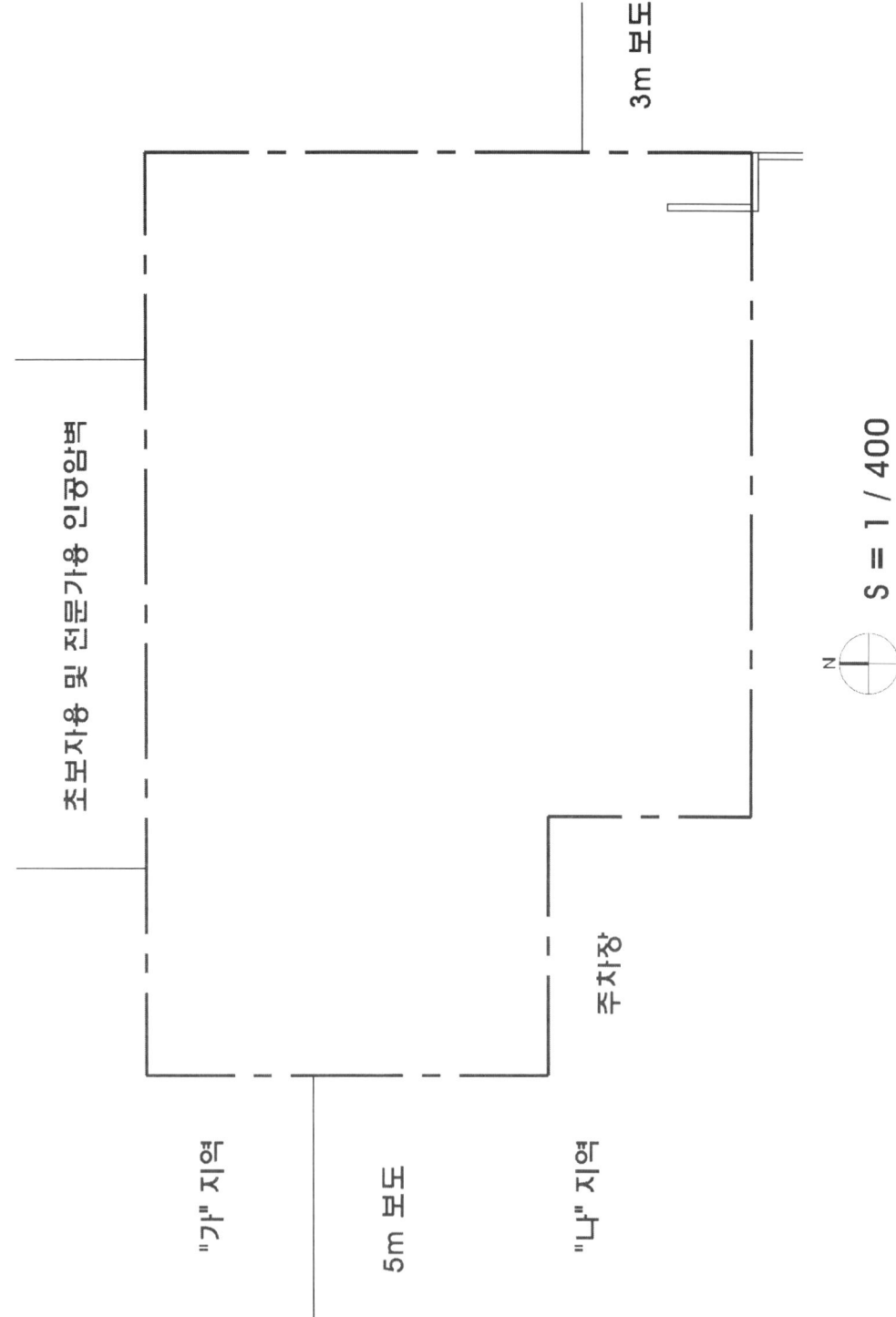

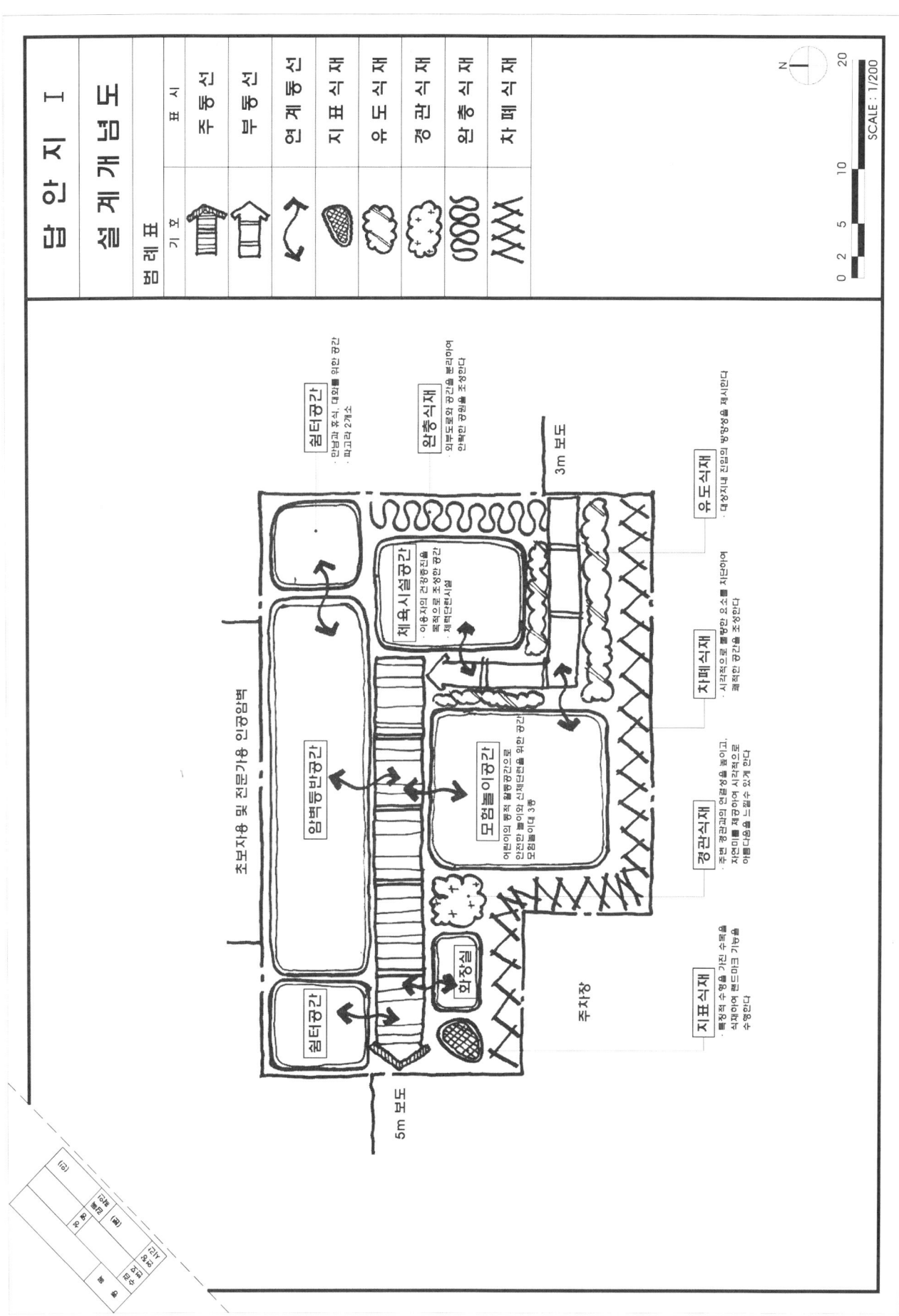

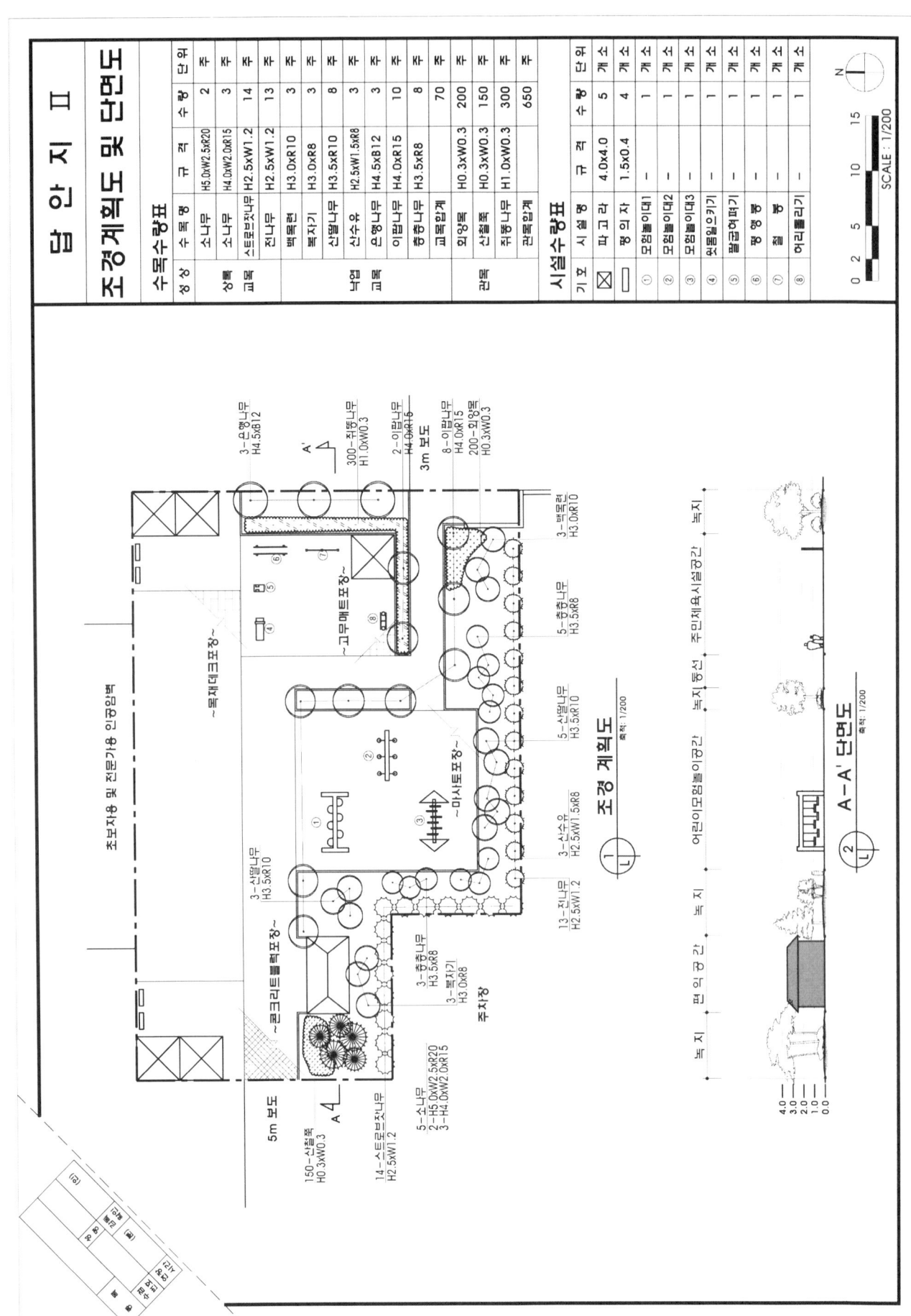

기출...10 2008년, 2016년, 2018년, 2024년 조경산업기사(근린공원)

1. 설계 문제

① 다음은 중부지방의 도시 내에 위치한 근린공원의 부지 현황도이다.
② 요구하는 축척으로 확대하여 주어진 요구 조건을 반영시켜 설계개념도 및 단면도(답안지 I)와 기본설계도 및 식재설계도(답안지 II)를 작성하시오.
③ 주어진 요구 조건을 반영시켜 축척 1/200로 설계 개념도를 작성하시오. 또한 부지의 면적을 구하고 계산식과 답을 도면의 여백에 작성하시오. (답안지 I)

2. 요구 조건

① 표고 12.0m로 부지 정지할 것
② 기존 수림지는 최대한 보존하되, 수림지 내에 전망대를 설치하고, 오솔길로 연결시킬 것
③ 주동선과 부동선, 진입관계, 공간배치, 식재개념 배치 등을 개념도의 표현기법을 사용하여 나타내고, 각 공간의 명칭, 성격, 기능을 약술하시오.
④ 요구 시설

구 분	배치 위치	배치 위치	시설명, 규격 및 배치 수량
광장	60m²	남서측	포장, 벤치, 휴지통 등
휴게공간	60m²	남동측	파고라, 벤치, 휴지통, 음수전 등
놀이공간	80m²	북동측	4연식 그네 1조, 2방식 미끄럼대 1조 등 놀이시설물 3종 이상
녹지공간	최소폭 2m 이상	부지경계부	경계, 차폐식재가 필요한 곳에 설계

⑤ 설계개념도를 반영시켜 기본설계도 및 식재설계도를 축척 1/100로 작성하시오. (답안지 II)
⑥ 근린공원 내의 진·출입은 반드시 현황도에 지정된 곳(2곳)에 한정한다.
⑦ 개념도의 요구 조건을 반영시켜 광장, 놀이공간, 휴게공간, 녹지공간 등을 조성한다.
⑧ 포장재료는 2가지 이상 사용하여 표기하고, 재료명을 기입할 것
⑨ 적당한 곳에 경계식재, 차폐식재, 보존녹지공간 등을 조성한다.
⑩ 식재 설계 시 10수종 이상을 선정하고, 인출선을 사용하여 수량, 수종명, 규격을 표기하고, 수목수량표와 시설물 수량표를 작성
⑪ 기본설계도의 대표적인 곳을 단면 절단하여(답안지I)의 여백에 축척 1/100로 단면도를 작성하시오.

Part 5 조경산업기사 설계실무 기출문제

■ 현황도

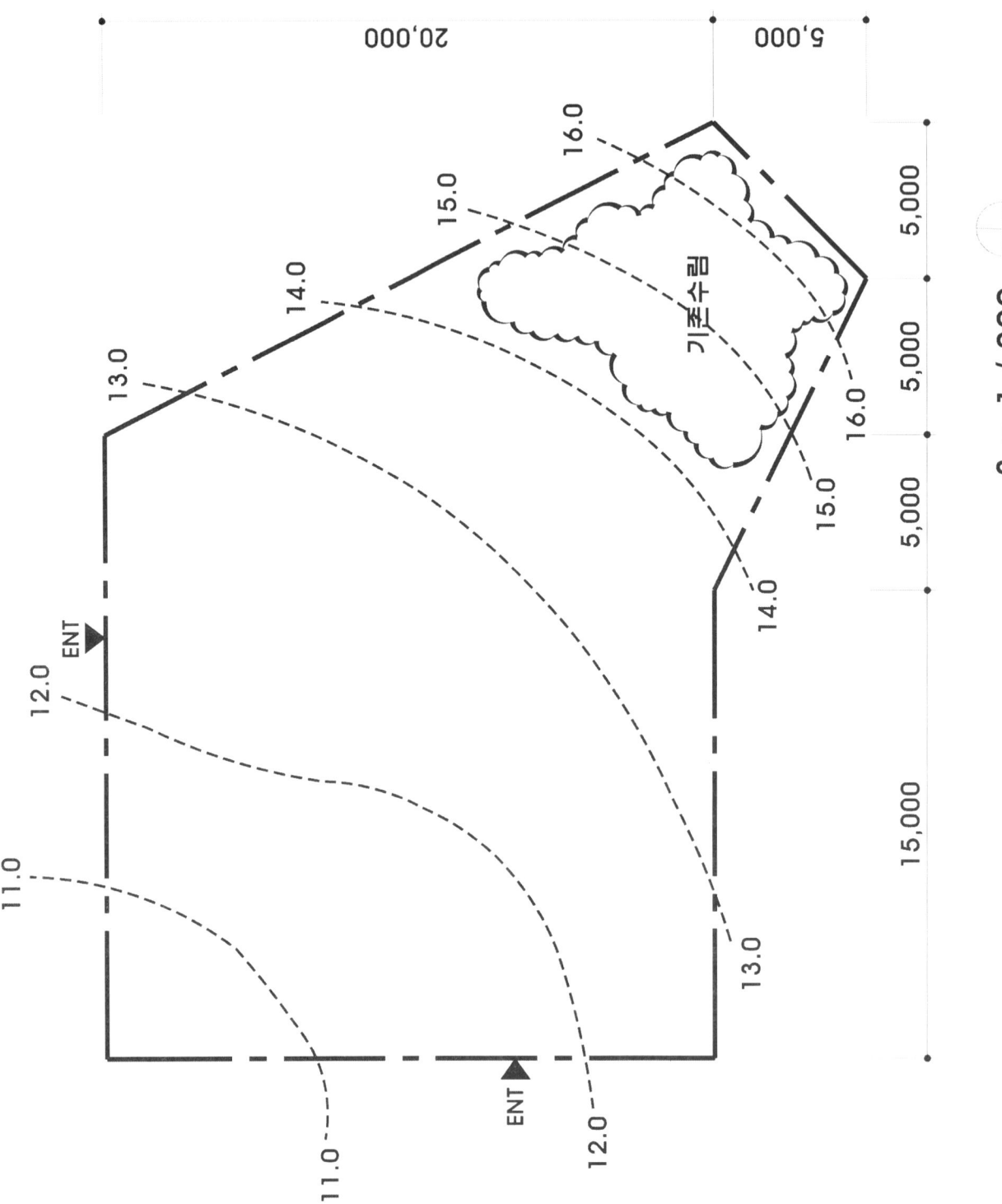

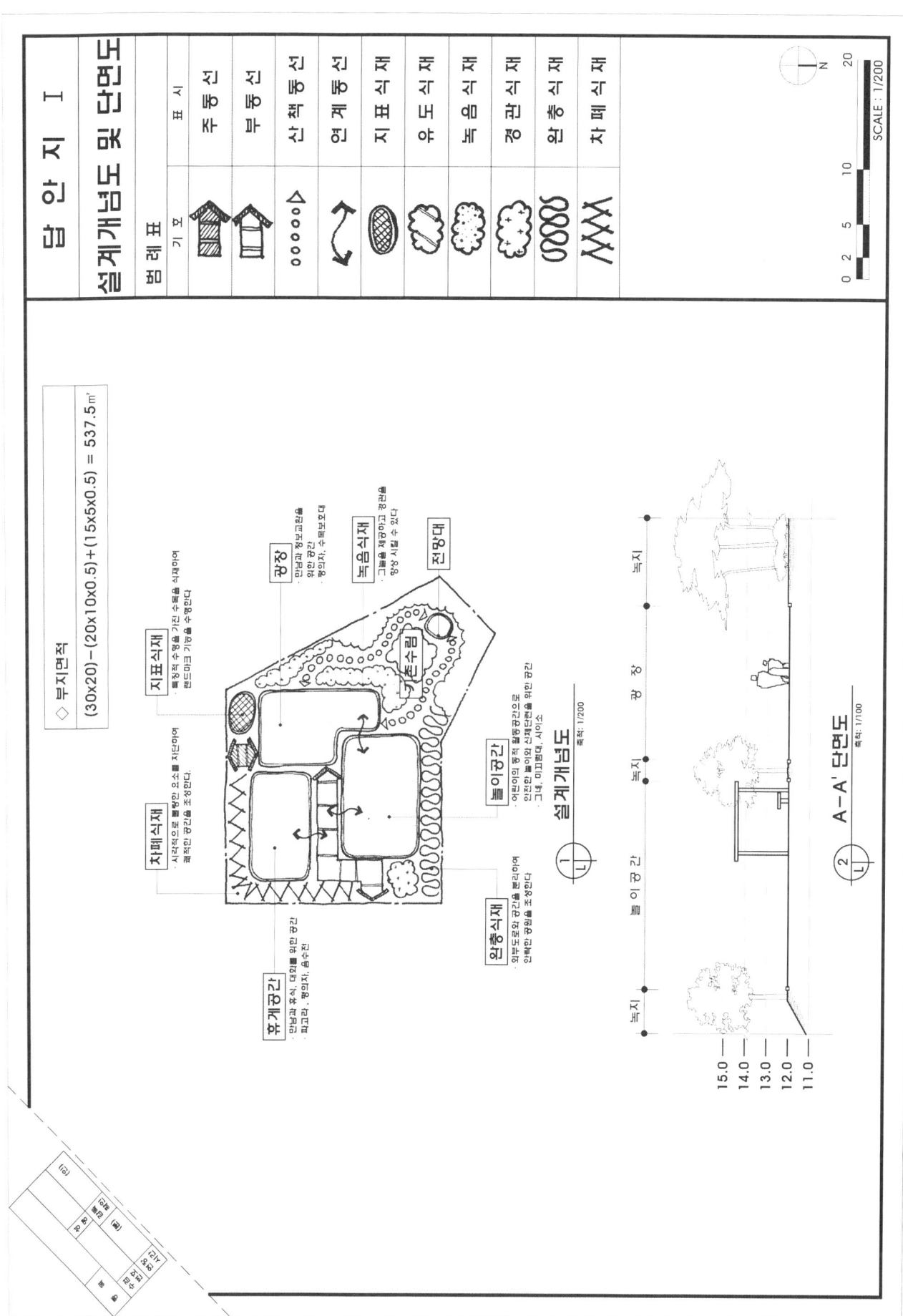

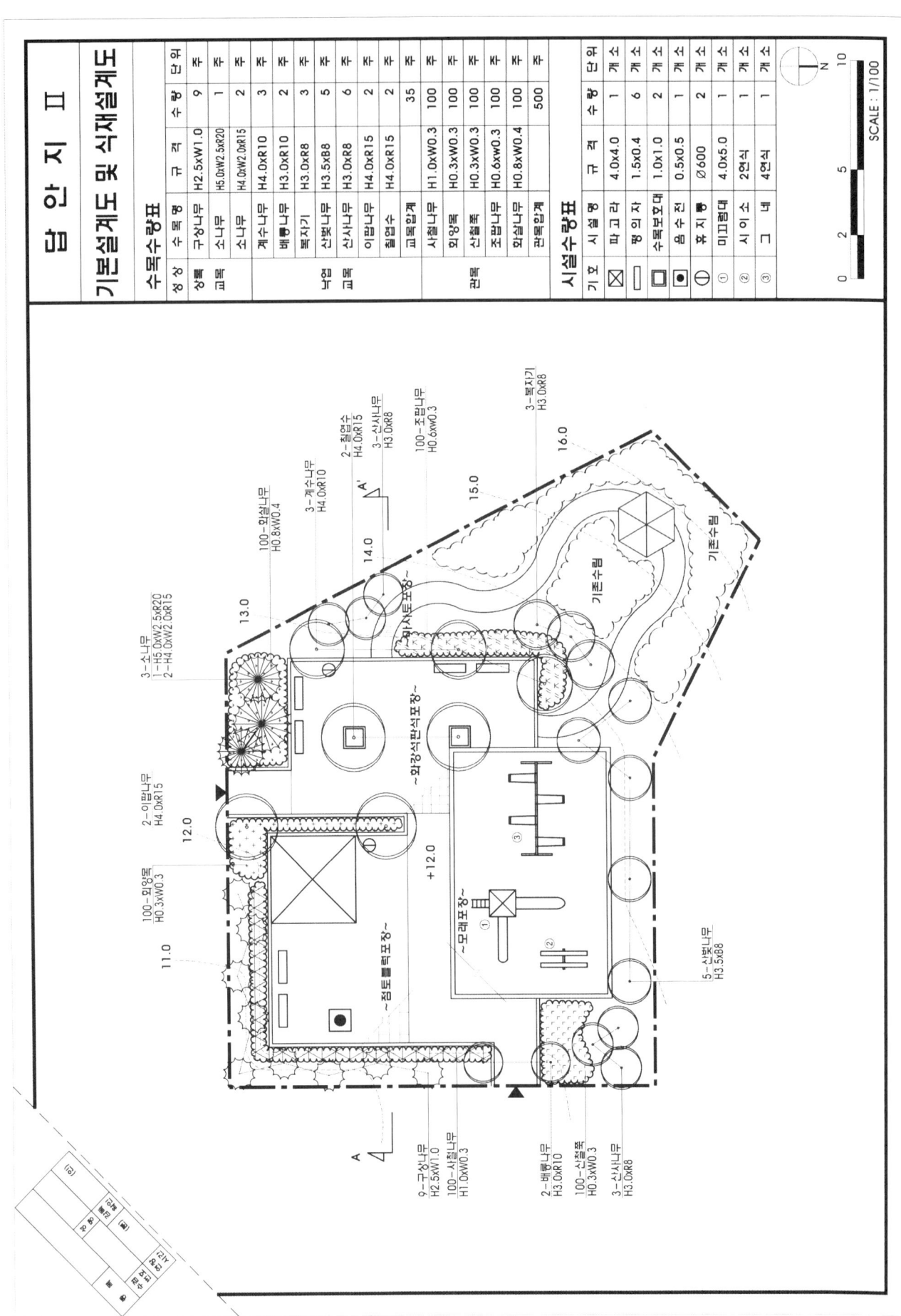

 2008, 2015년 조경산업기사(휴식광장)

1. 설계 문제

다음에 중부지방의 도시 내에 위치한 휴식광장을 계획 및 설계하고자 한다.
주어진 요구 조건을 이해하고 계획개념도 및 조경설계도(시설물 및 수목배치도)를 각각 작성하시오.

2. 요구 조건

① 주어진 트레싱지에 1/150 축척으로 계획개념도를 작성하시오.
② 부지 내는 각 위치별로 차이가 있는 지역으로 높이를 고려한 계획을 실시하시오.
③ 공간 구성은 주 진입공간 1개소(60m^2 정도), 중앙광장 1개소(150m^2 정도), 휴게공간 1개소(80m^2 정도), 수경공간(70m^2 정도, 연못과 벽천 포함), 벽천 주변에 계단식 녹지 및 녹지공간 조성을 계획하시오.
④ 각 공간의 범위를 나타내고, 공간의 명칭을 기재한 후 개념을 약술하시오.
⑤ 주어진 트레이싱지의 여백을 이용하여 현황도 부지 대지면적을 산출하시오. (단, 반드시 계산식을 포함하여 답을 작성한다.)
⑥ 주어진 트레싱지에 1/150 축척으로 계획개념도와 일치하는 시설물 및 식재설계도를 적절하게 배치하여 완성하시오.
⑦ 주 진입구에는 진입광장을 계획하고 광장 내 적당한 위치에 시계탑 1개를 설치한다. (단, 규격 및 형상은 임의로 한다.)
⑧ 중앙광장의 중심 부근에 기념조각물 1개소를 설치한다. (단, 규격 및 형상은 임의로 한다.)
⑨ 연못과 벽천이 조합된 수경공간을 지형 조건을 감안하여 도입하고, 계획내용에 따라 등고선을 조작하며, 필요한 곳에 계단 및 마운딩 처리를 한다. (단, 연못의 깊이는 해당공간의 계획 부지 표고보다 -1m 낮게 계획한다.)
⑩ 벽천 주변 녹지는 높이 차이를 고려하여 마운딩 및 계단식 녹지(또는 화계를 2~3단 정도)를 설치한다.
⑪ 휴게공간에 파고라(5.0×10.0×H2.0m) 1개소, 등벤치 2개소를 설치한다.
⑫ 대상지의 공간 성격을 고려하여 평벤치를 적당한 곳에 4개 이상 설치한다.
⑬ 광장 내에 녹음수를 식재한 곳에 수목보호홀 덮개를 설치하고 식재한다.
⑭ 바닥 포장은 소형 고압블록 또는 점토블록으로 한다.
⑮ 식재 식물은 반드시 10종 이상으로 하고, 광장 성격에 부합되도록 적절한 수종을 선정한다.
⑯ 상록수, 낙엽수, 교목, 관목을 적절히 사용한다.

Part 5 조경산업기사 설계실무 기출문제

■ 현황도

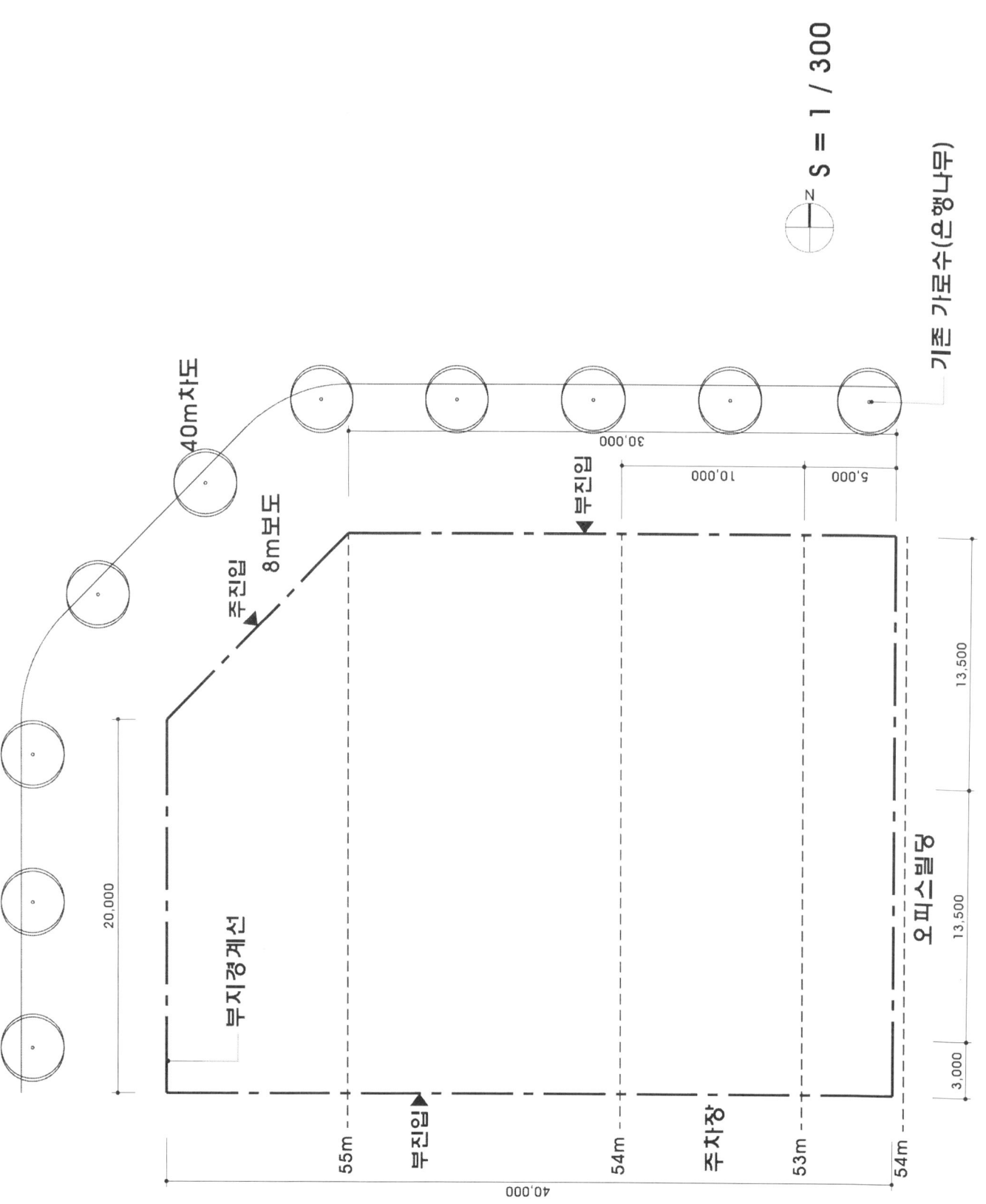

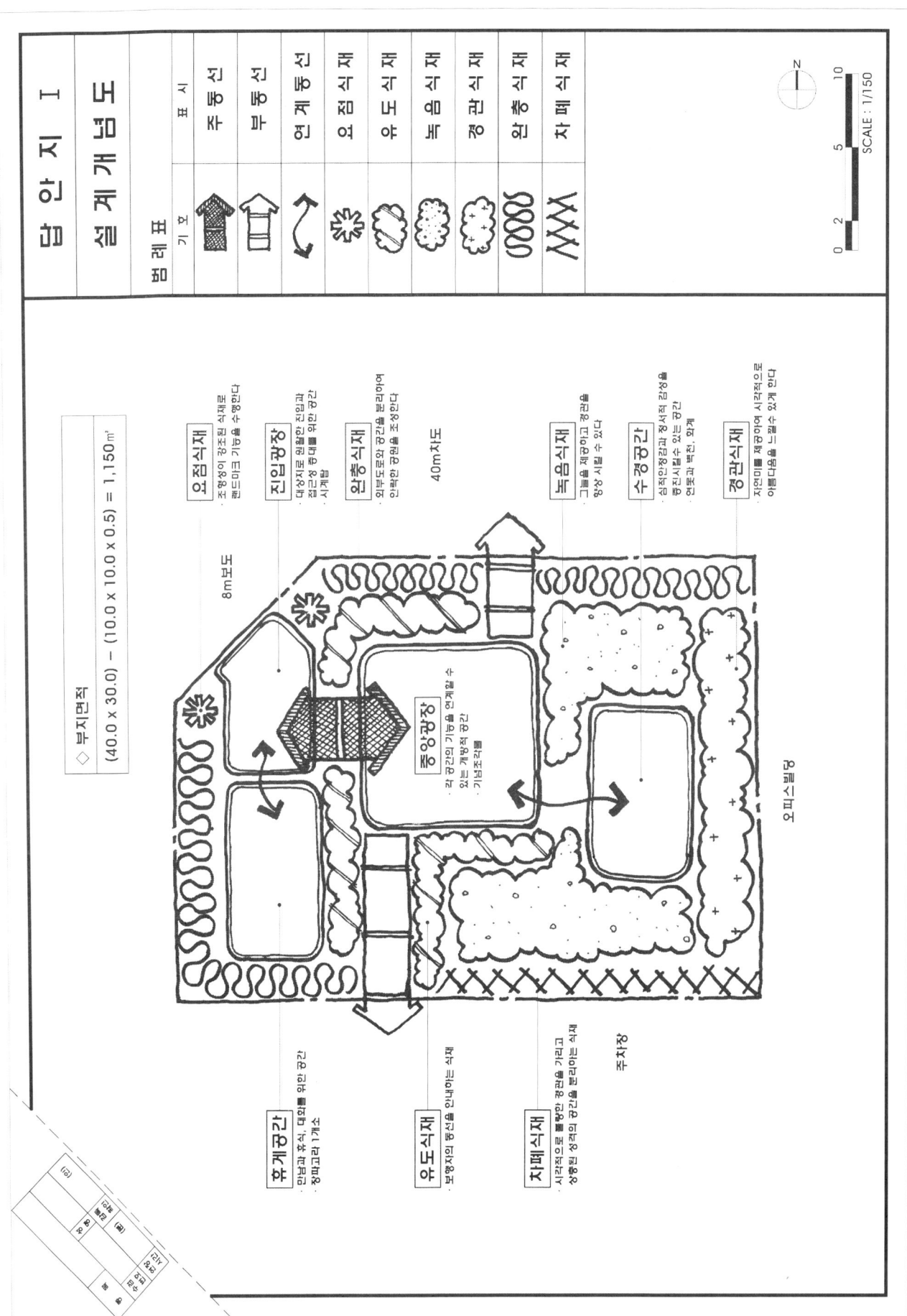

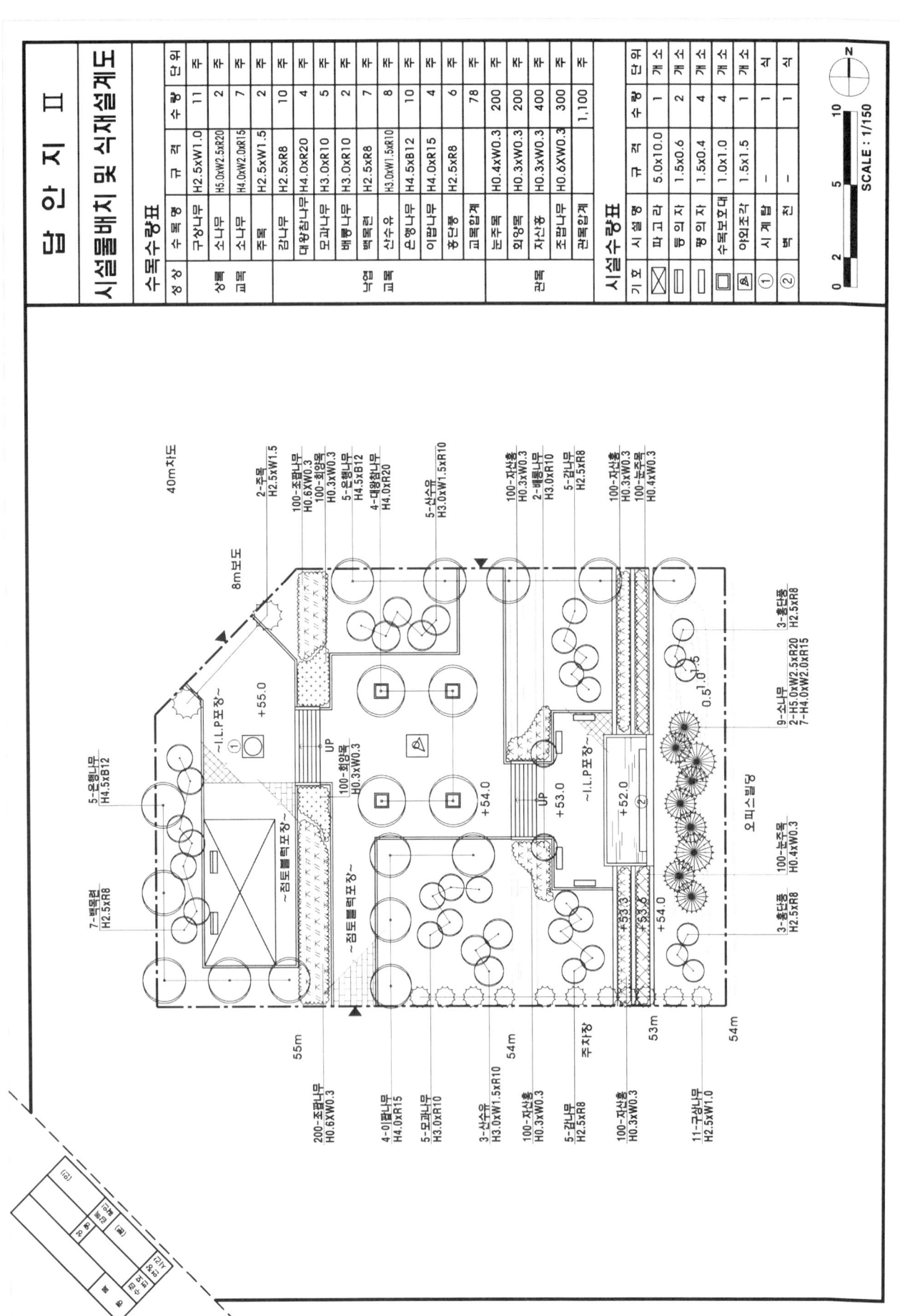

2011년, 2015년, 2017년 조경산업기사(어린이공원)

1. 설계 문제

대상지는 중부지방의 주택가와 보차도변에 접하여 있으며, 기존 공지(대상지)와 종이 재활용 공장이 이전됨에 따라 공지(굵은 실선 부분)를 시험대상지로 계획하려 할 때 주어진 요구 조건에 따라 포장광장, 소공연장, 어린이놀이터, 경계식재대 등이 포함된 어린이공원을 계획하여 제출하시오.

2. 요구 조건

① (답안지 I)에는 개념도를 작성하여 제출하시오. (S=1/200)
   ㉠ 각 공간의 적절한 위치와 공간개념이 잘 나타나도록 다이어그램을 이용하여 표현하시오.
   ㉡ 각 공간의 공간명과 도입시설개념을 서술하시오.
   ㉢ 주동선과 부동선의 출입구를 표시하고 구분하여 표현하시오.
   ㉣ 배식 개념을 내용에 맞게 표현하고 서술하시오.

② (답안지 II)에는 시설물계획과 배식계획이 나타나는 조경계획도를 작성하여 제출하시오. (S=1/200)
   ㉠ 주택 쪽과 차로 쪽에 인접한 대상지에는 보행로(폭 3m)를 전체적으로 계획하시오. 또한 가로수 식재(수목보호대, 1×1m)를 조성하시오.
   ㉡ 공장이전부지와 계획대상지와의 경계에는 철재 펜스(H1.8m)를 설치하시오.
   ㉢ 주어진 곳에서 주동선(폭 3m) 2개소를 계획하시오.
     • 남쪽 진입 시 레벨차+0.75m로 계단(h=15cm, b=30cm, 화강석)을 설치하시오.
     • 계단은 총 단수대로 그리고 up, down 표시 시 −1단을 표기하시오.

③ 주동선이 서로 만나는 교차점 지역에는 포장광장을 계획하시오.
   ㉠ 모양 : 정육각형
   ㉡ 규격 : 내변길이(직경) 12m
   ㉢ 포장 : 콘크리트블록포장

④ 부동선(폭 2m, L=35m 내외, 자유곡선방향, 동서방향, 도섭지와 접하시오) 1개소를 계획하시오.

⑤ 포장광장의 중심에 정육각형 플랜터 박스(내변길이 3m)를 설치하여 낙엽대교목(H8.0×R25)을 식재하시오.

⑥ 소공연장은 포장광장에 접하도록 북동쪽에 계획하시오.
   ㉠ 모양 : 포장광장 중심으로부터 확장된 정육각형(반경 10m)
   ㉡ 면적 : 80m² 내외
   ㉢ 포장 : 잔디와 판석 포장
   ㉣ 용도 : 휴식, 공연장
   ㉤ 스탠드 : 소공연장 외곽부에는 관람용 스탠드(h=30cm, b=60cm 2단, 콘크리트 시공 후 방부 목재마감 L=20m 내외)를 설치하시오.

⑦ 어린이놀이터를 계획하시오.
   ㉠ 면적 : 250m² 내외
   ㉡ 포장 : 탄성고무칩 포장(친환경)
   ㉢ 원형 파고라 : 직경 5m, 부동선 입구 근처, 하부 벽돌포장
   ㉣ 놀이시설물 : 조합놀이대(영역 10×10m, 4종 조합형) 1개소, 흔들형 의자놀이대 3개소

⑧ 부지 남쪽 보행로와 접한 구간은 폭 3m의 경계식재대(border planting)를 계획한 후 식재 처리하시오.

Part 5 조경산업기사 설계실무 기출문제

⑨ 벽천(면적 25m², 저수조 포함)에서 발원하는 도섭지는 물놀이공간으로 부동선과 놀이터 사이에 평균 폭 1.5m, L=25m 내외, 자연석 판석경계, 물높이 최대 10cm로 계획하고, 목교(폭 90cm) 2개소를 놀이터와 연결하여 계획하시오.

⑩ 포장광장 우측에 휴식공간(면적 40m² 내외)을 계획하고, 쉘터(평면의 모양은 사다리꼴, 밑변 7×윗변 11m, 폭 3m)를 1개소 설치하시오.

⑪ 기타 시설물 계획 시 다음을 참고하시오.
  ㉠ 음수전(1×1m) 1개소, 볼라드(직경 20cm) 5개소, 휴지통(600×600) 2개소,
  ㉡ 조명등(H=5m) 4개소, 부동선과 놀이터 주변에 벤치(1,800×450) 4개소 8개, 포장 3종류 이상
  ㉢ 기타 문제에서 언급하지 않은 곳에는 레벨을 조작하지 말 것

⑫ 동서방향의 단면도를 반드시 벽천이 경유되도록 S=1/200로 작성하시오.

⑬ 배식 계획 시 마운딩(H=1.5m, 폭=3m, 길이=25m) 조성 후 경관식재, 녹음식재, 산울타리식재(놀이터 주변, 폭 60cm, 길이 30m 내외), 경계식재대(border planting, 관목류) 등을 계획 내용에 맞게 배식하시오. (온대 중부 수종으로 교목 10종 이상, 관목 3종 이상으로 하시오.)

 보기

느티나무, 독일가문비, 때죽나무, 플라타너스(양버즘), 소나무(적송), 복자기, 산수유, 수수꽃다리, 스트로브잣나무, 아왜나무, 왕벚나무, 은행나무, 주목, 측백나무, 후박나무, 구실잣밤나무, 산딸나무, 층층나무, 앵두나무, 개나리, 꽝꽝나무, 눈향나무, 돈나무, 철쭉, 진달래

■ 현황도

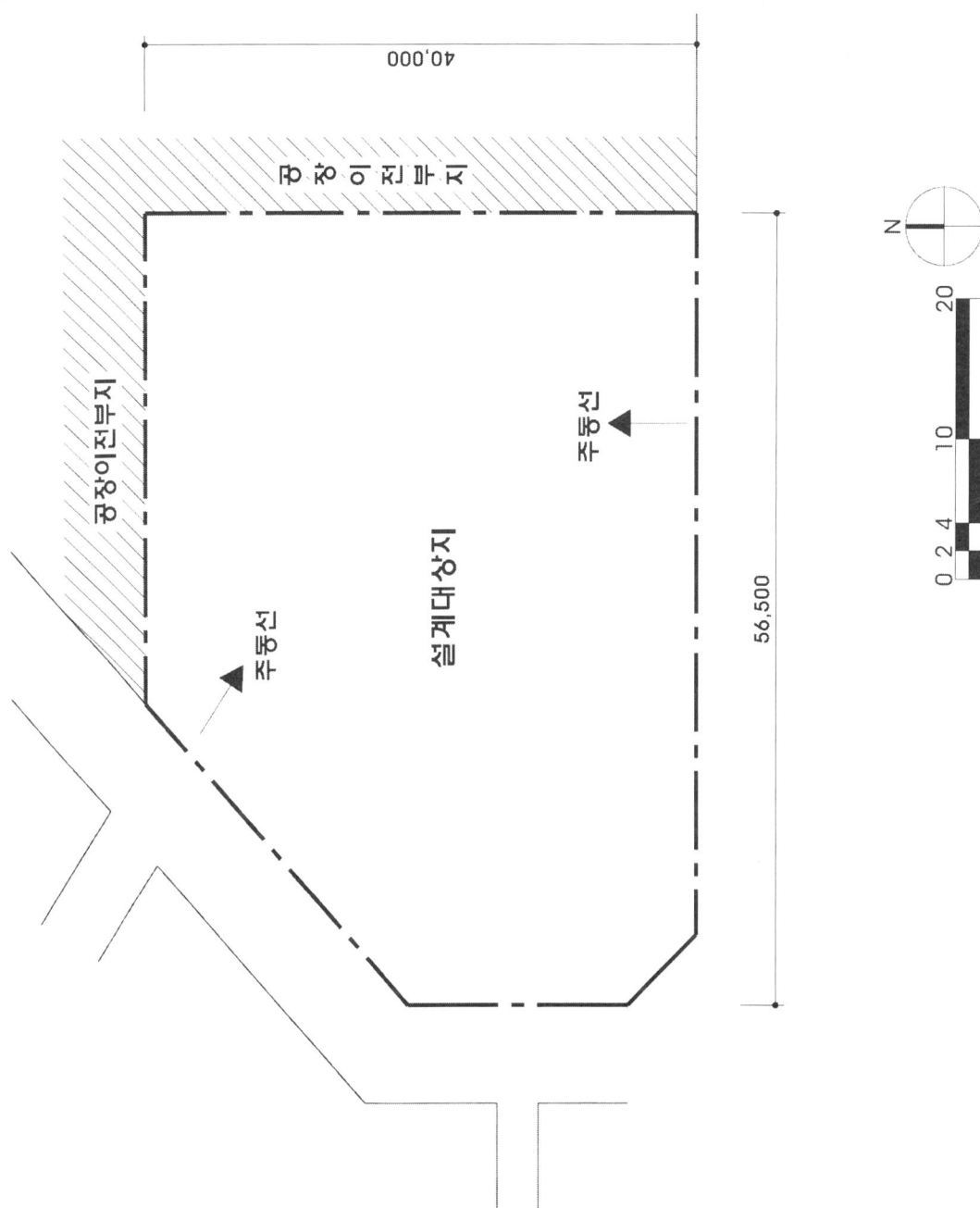

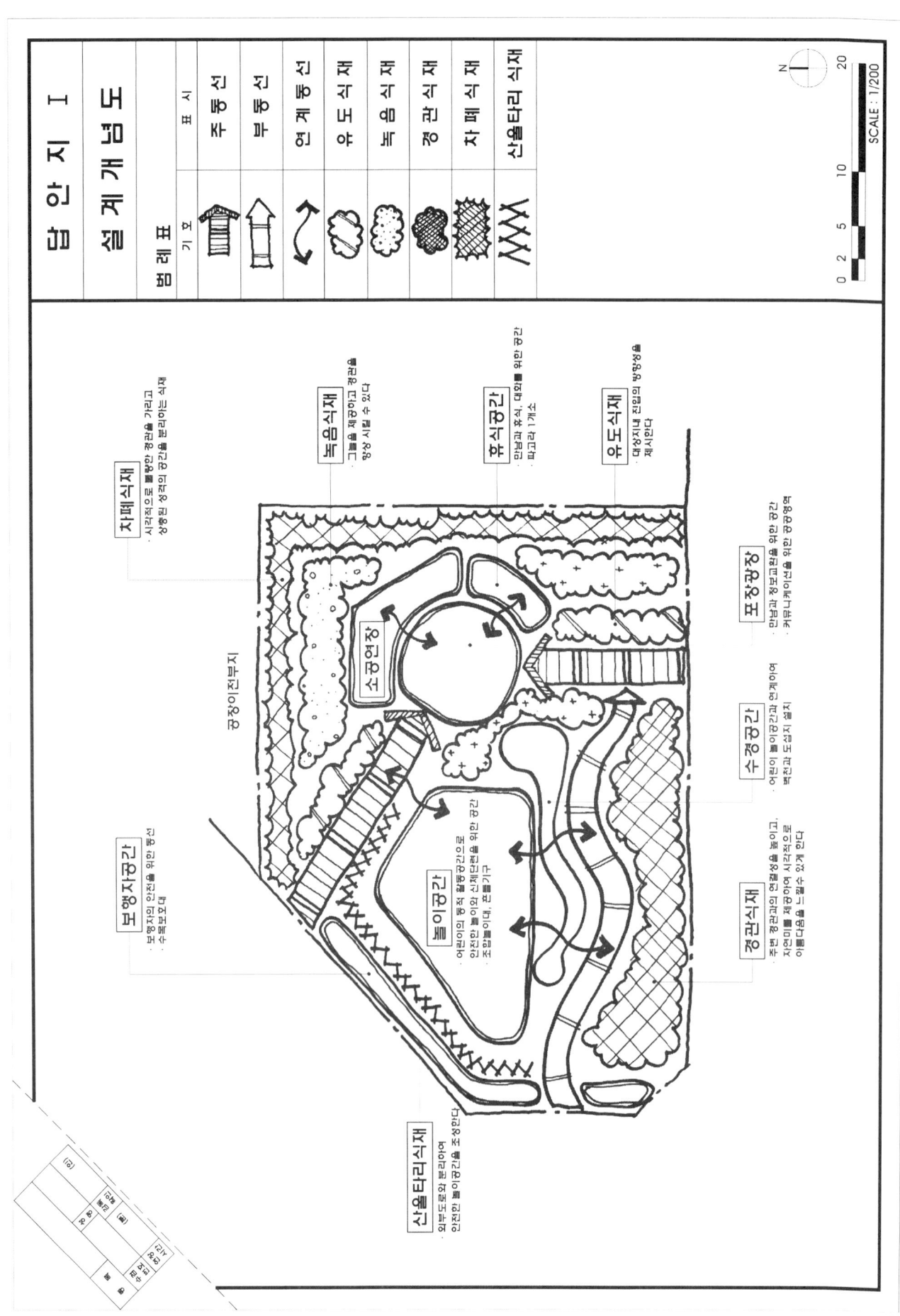

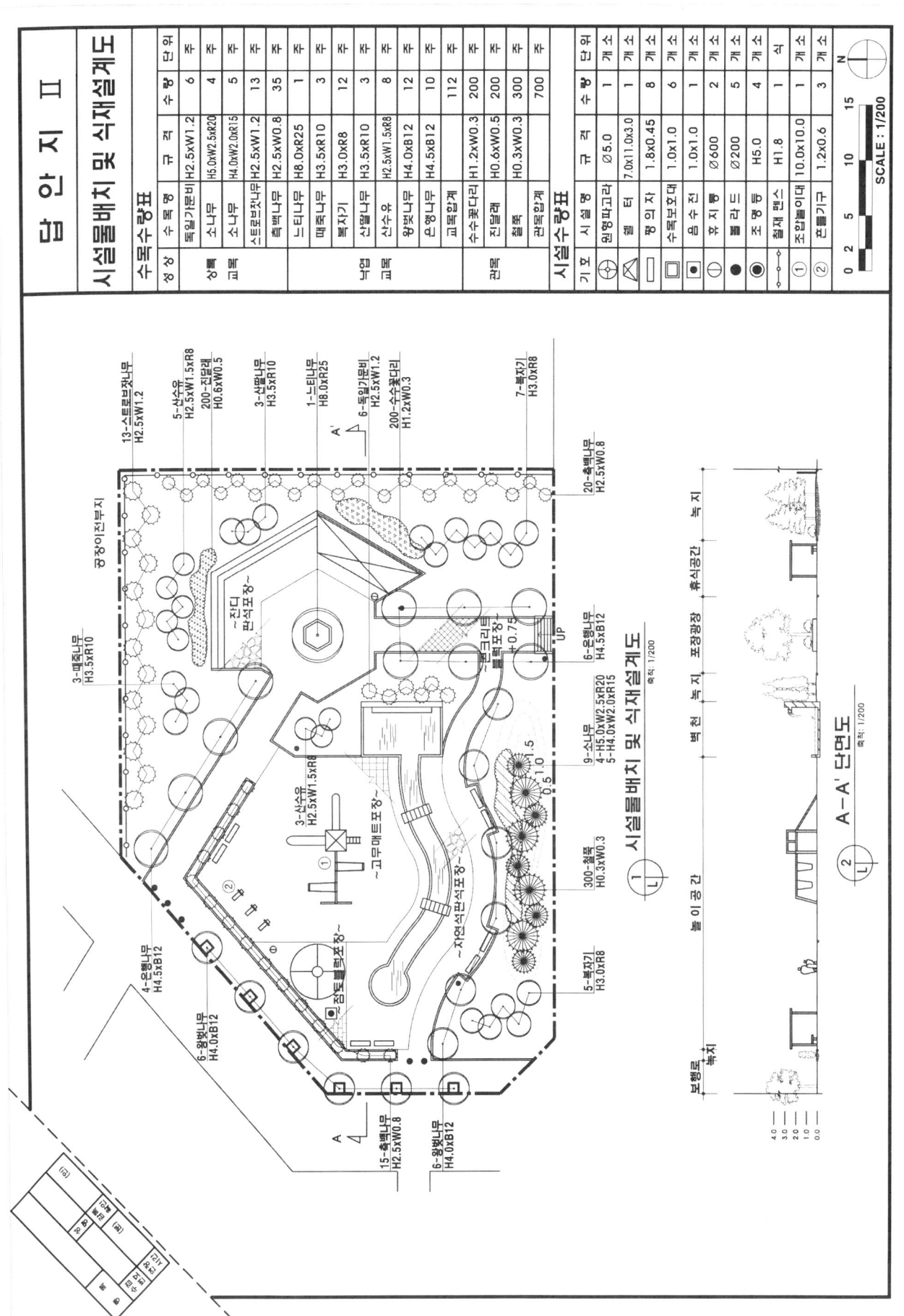

Part 5 조경산업기사 설계실무 기출문제

기출...13 2000년 조경산업기사(어린이공원)

1. 설계 문제

대상지는 중부지방의 도시 주택가의 어린이공원 부지이다.
주변환경과 지형은 도면의 표기와 같으며, 지표면은 나지이고 토양상태는 양호하다.

2. 요구 조건

① 답안지 1에는 개념도를 작성하여 제출하시오. (S=1/200)
　㉠ 어린이공원의 기능에 맞는 토지이용계획, 동선계획, 시설물계획을 나타내는 기본구상 개념도를 작성하시오.
　㉡ 각 공간의 구성방안을 간단하게 서술하시오.
② 답안지 2에는 시설물계획과 배식계획이 나타나는 조경계획도를 작성하여 제출하시오. (S=1/200)
　㉠ 시설물은 도시공원법 시행규칙 제6조에 있는 필수적인 시설물을 반드시 배치하시오.
　㉡ 적당한 곳에 도섭지(Wading pool)를 설치하시오.
③ 답안지 3에는 조경계획도의 내용을 가장 잘 나타낼 수 있는 A-A´의 단면 절단선을 표시하고 A-A´ 단면도를 작성하시오. (S=1/200)
　㉠ 도섭지의 단면 상세도
　㉡ Paving의 단면 상세도

> 「도시공원법」 시행규칙 제6조
>
> 「도시공원법」 시행규칙 제6조는 공원시설의 설치 기준에 관한 내용으로 어린이공원 관련 내용은 다음과 같다. 어린이공원을 설치할 수 있는 공원시설은 조경시설, 휴양시설(노인복지회관은 제외), 유희시설, 운동시설로 하되, 휴양시설은 제외하고는 원칙적으로 어린이 전용시설에 한한다.

■ 현황도

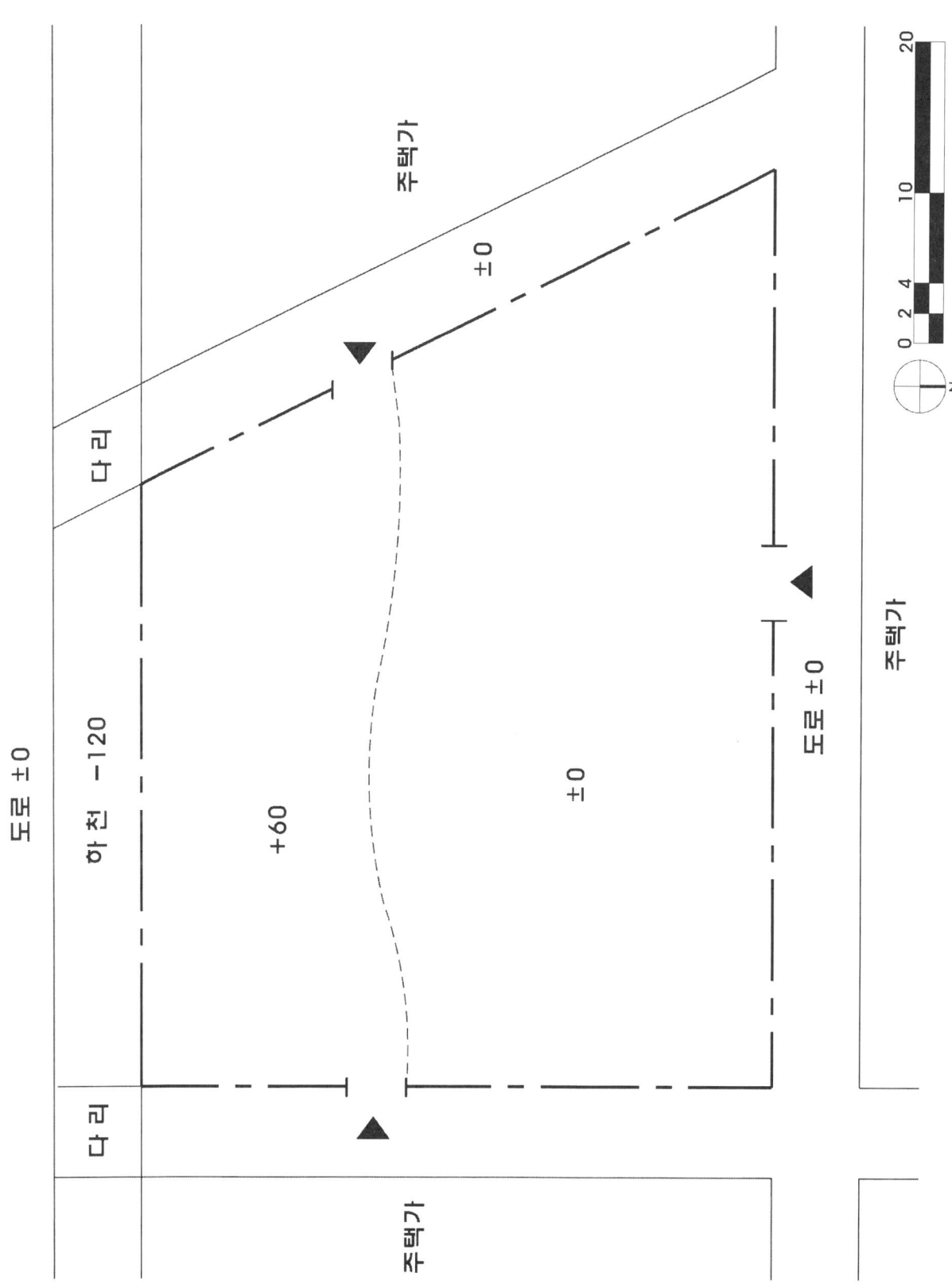

Part 5 조경산업기사 설계실무 기출문제

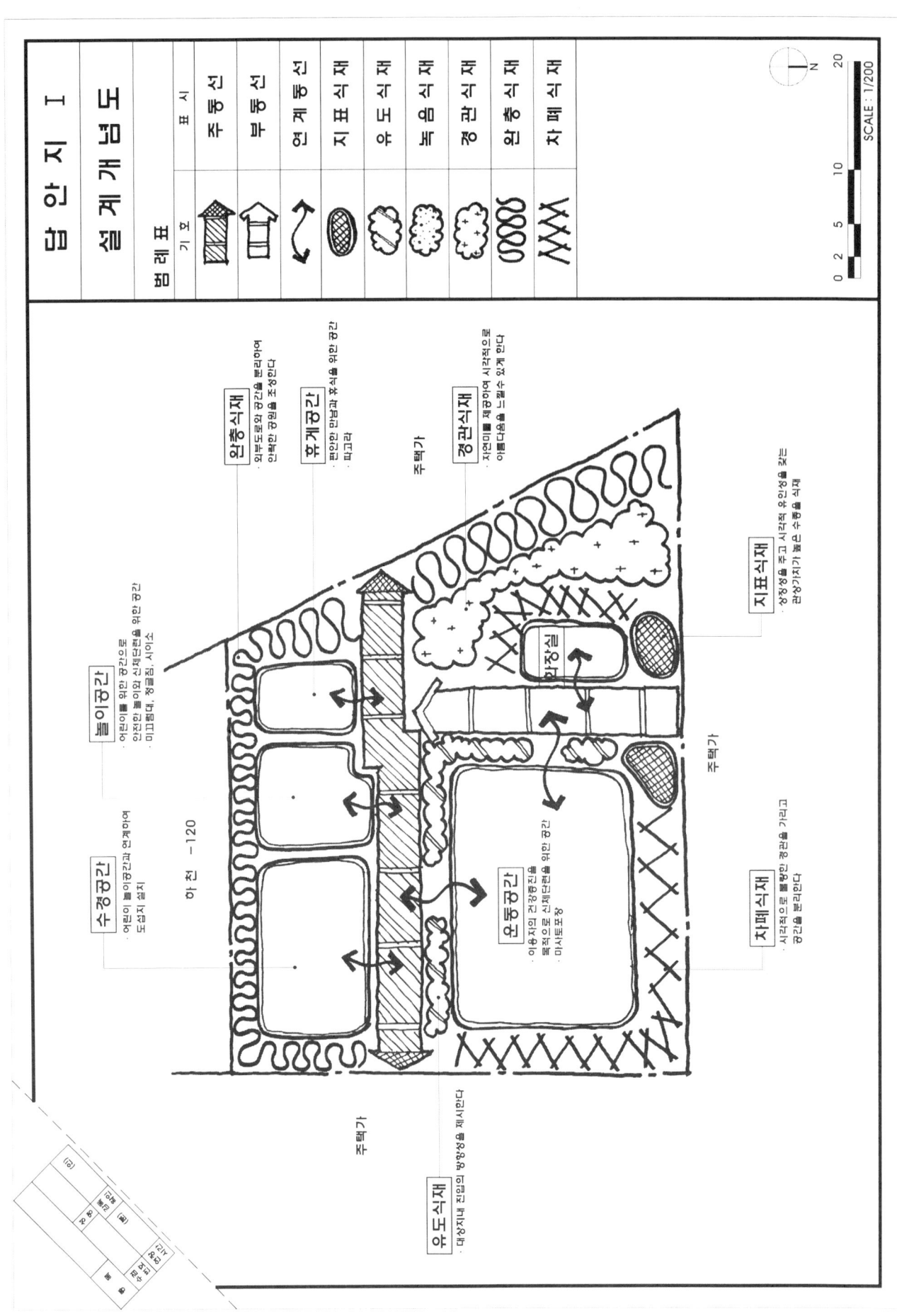

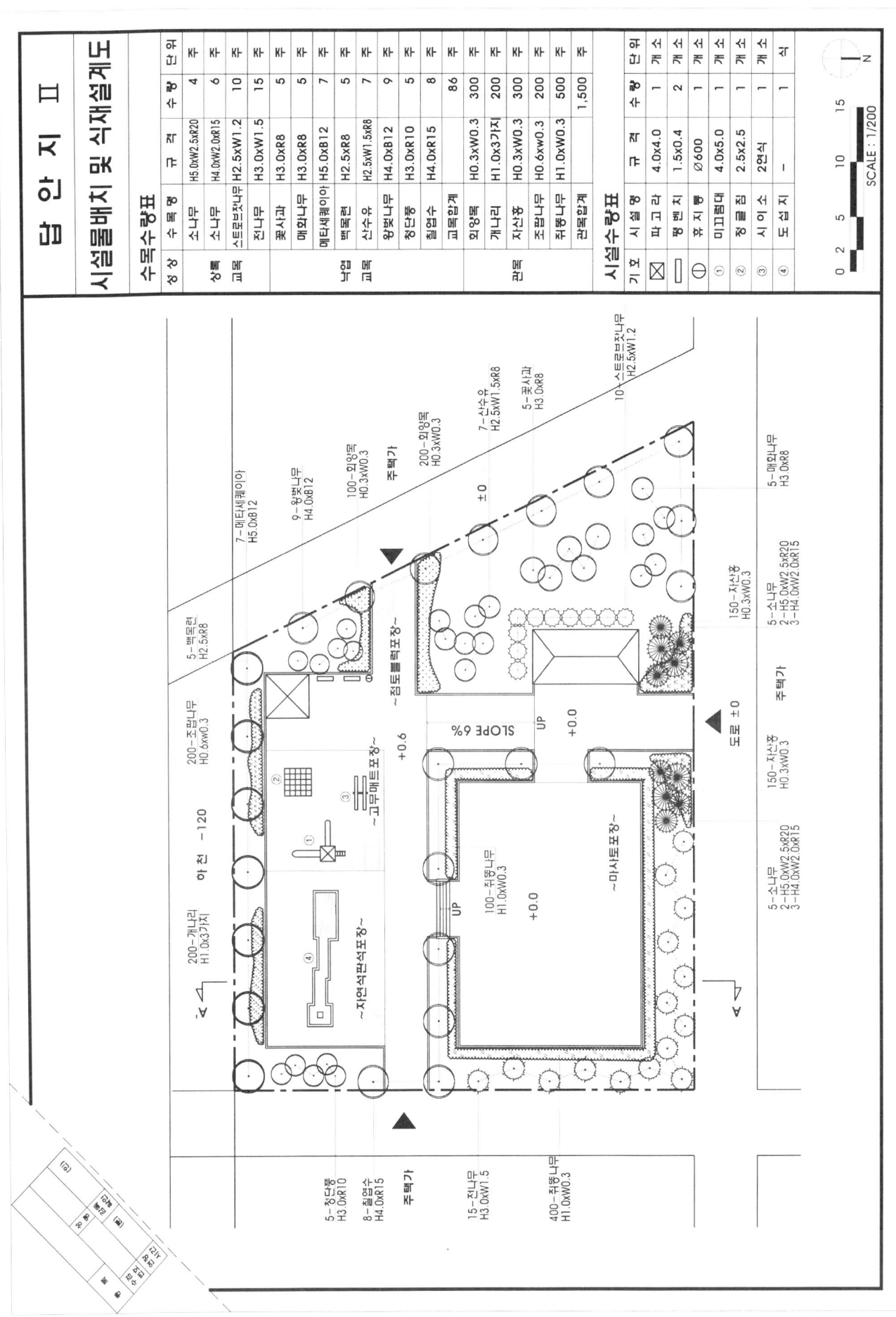

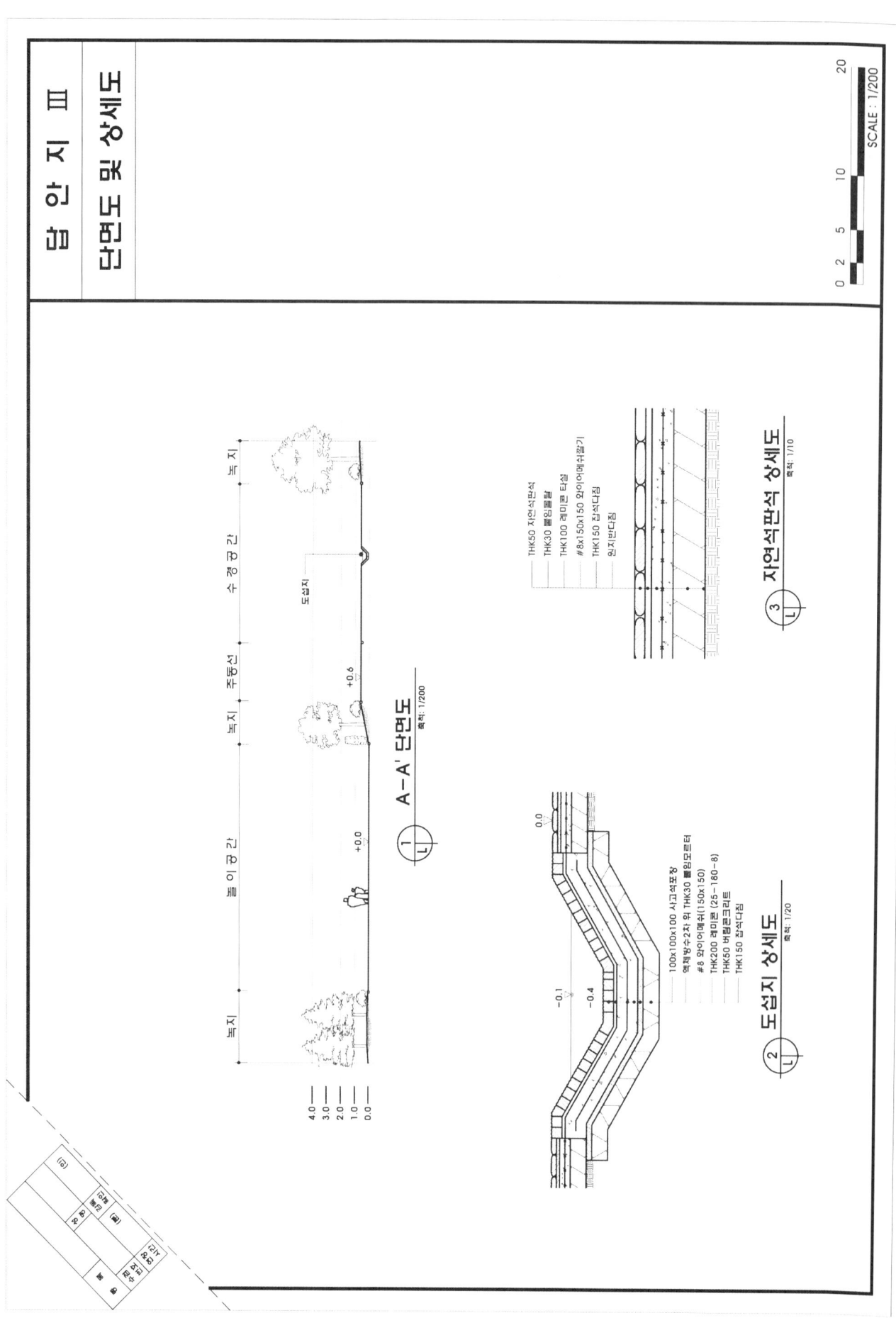

2012, 2013, 2017, 2019 조경산업기사(어린이공원)

1. 요구 조건

다음은 중부지방에 위치하고 있는 어린이공원의 설계부지이다. 현황도와 주어진 설계조건을 고려하여 주어진 트레이싱지에 답안지 I, II의 도면을 작성하시오.

[문제 1]

① 축척 1/200로 확대하여 베이스 맵을 그리고 아래 주어진 설계 조건을 고려하여 시설물배치도와 배식 설계도를 작성하시오. (답안지 I)

② 다음의 설계개념도를 설계에 적용시킬 것

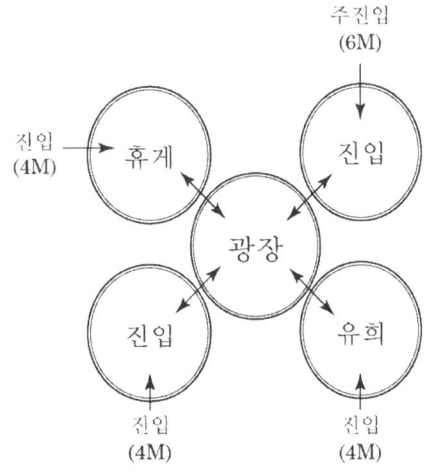

③ 시설물은 화장실(6×4m) 1개소, 벤치(180×45cm) 6개소, 유희시설로 그네, 미끄럼틀, 철봉 각 1조 설치

④ 현황도의 원형 파고라와 원형 플랜트는 현 위치에 고정시켜 배치할 것

⑤ 포장은 2종류 이상 적용하고, 포장 재료명을 표기할 것

⑥ 수종은 10종 이상 사용하여 배식설계를 하고, 인출선을 사용하여 수종명, 수량, 규격을 표기하고 수목수량표를 작성할 것

[문제 2]

원형 플랜트 박스의 A-A′ 부분의 단면도, 입면도를 축척 1/10로 답안지 II에 작성하시오. (단, 플랜트의 구조는 적벽돌 1.0B 쌓기로 하고, 높이는 설계자가 임의로 설계하되 최상단은 모로 세워쌓기로 할 것)

Part 5 조경산업기사 설계실무 기출문제

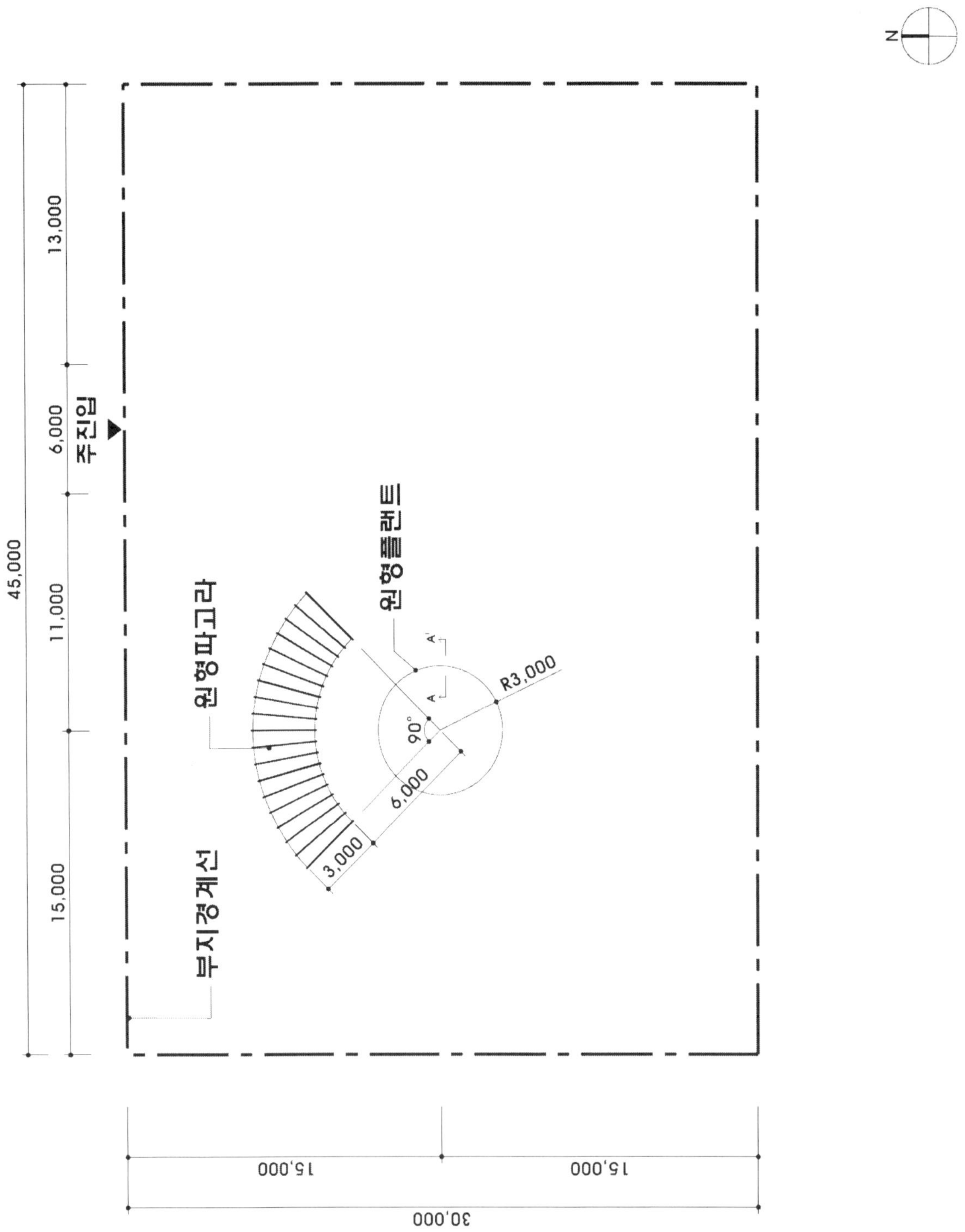

■ 현황도

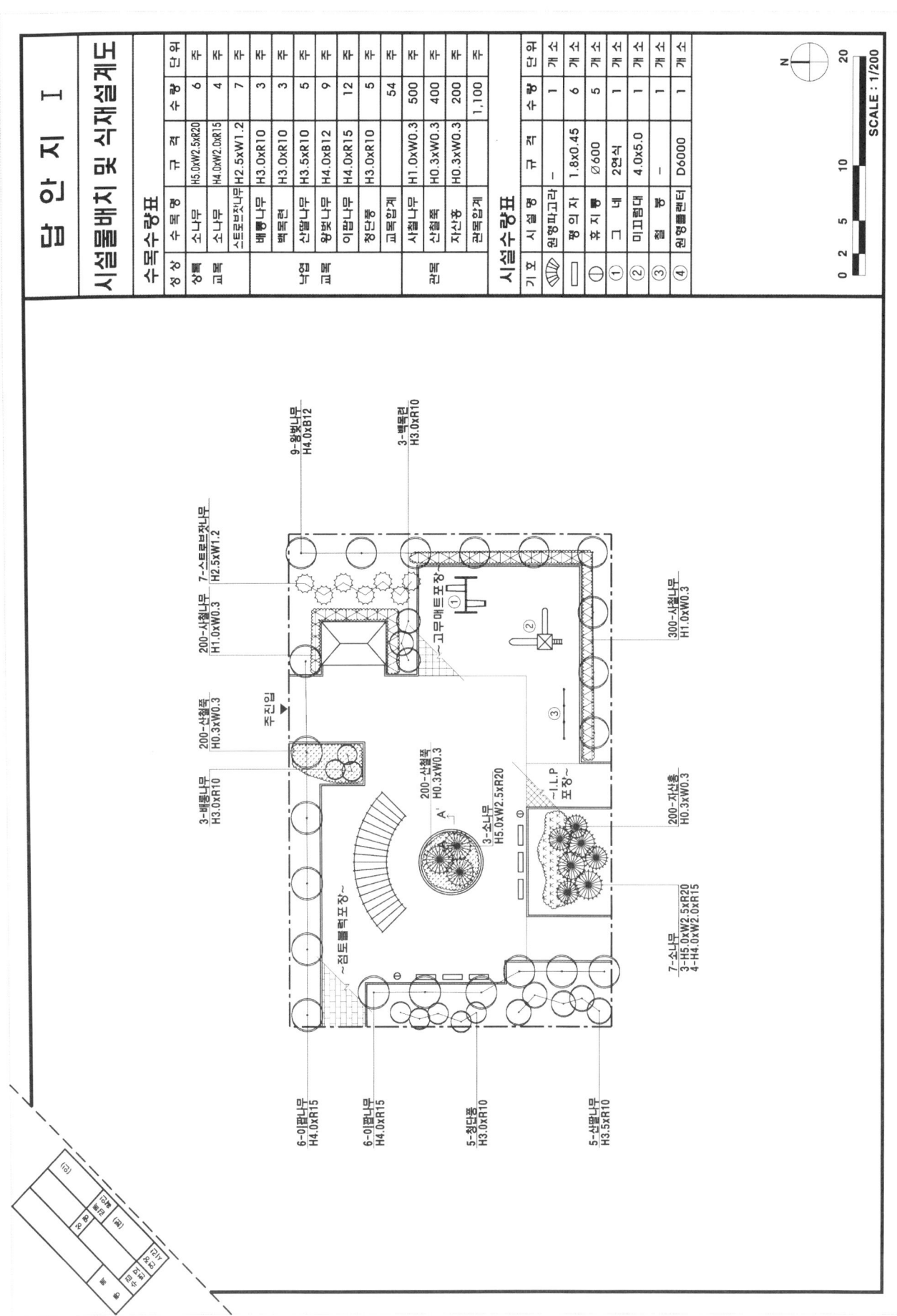

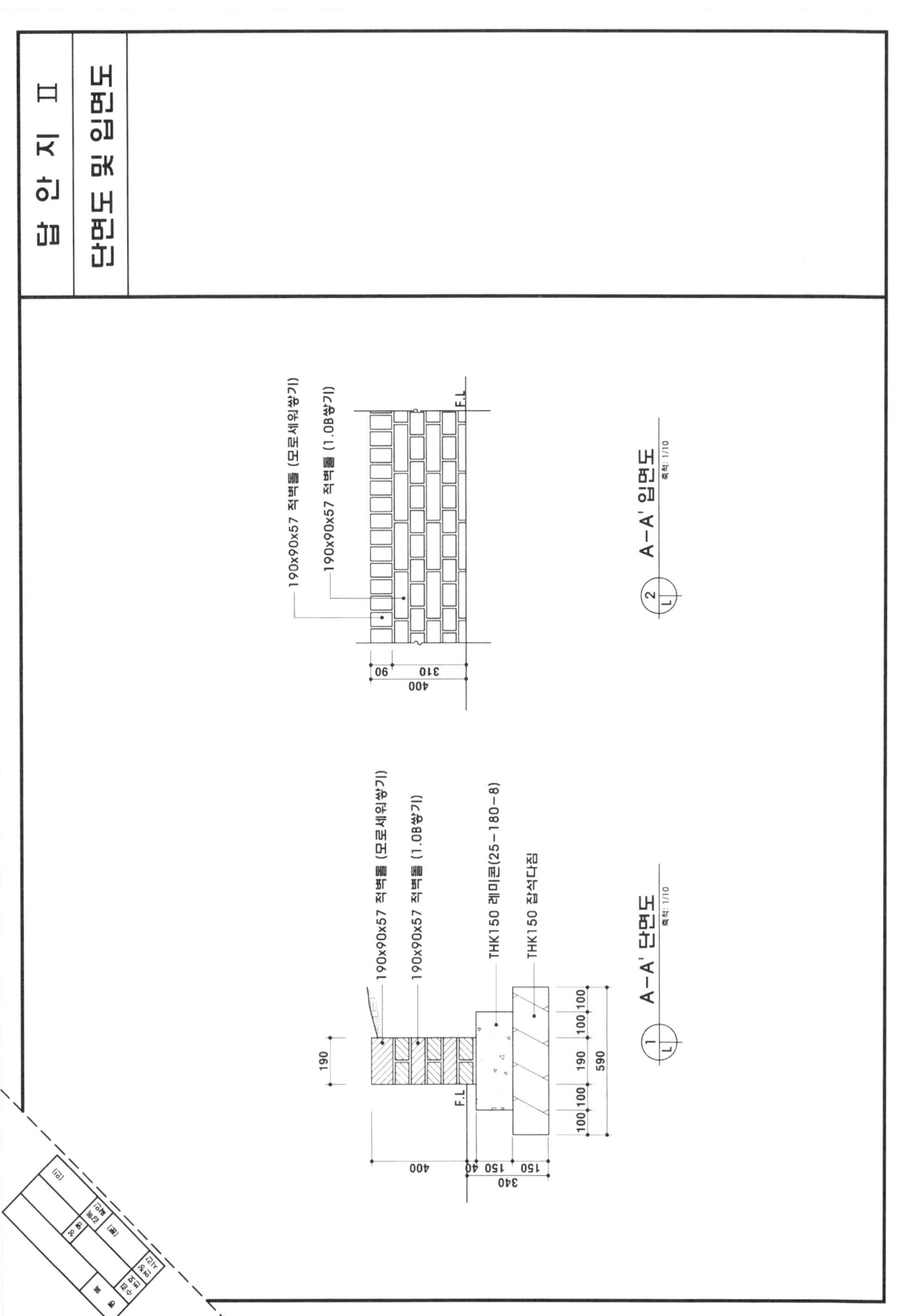

2012년 조경산업기사(근린공원)

1. 요구 조건

중부 이북지방의 소규모 공원용지에 근린공원을 조성하려고 한다.
제시된 현황도 및 다음 사항을 참고하여 도면을 작성하시오. 단, 지급용지(트레이싱지)의 긴 변을 가로로 놓고 작업한다.

[문제 1]
① 주어진 현황도와 아래의 조건을 참고하여 지급된 용지 1매에 1/200의 축척으로 설계개념도를 작성하시오.

구 분	규 격	배치 위치
놀이공간	200m²	도면의 좌상
서비스공간	100m²	도면의 좌하
다목적 운동공간	400m²	도면의 우상
휴게공간	200m²	도면의 우하

[문제 2]
① 설계조건을 참고하여 지급된 트레이싱지 용지 1매에 시설물배치 및 배식설계를 1/200로 확대하여 작성하시오.
② 설치되는 시설물은 미끄럼대, 그네, 철봉, 시소, 모래판, 회전무대, 정글짐, 파고라, 쉘터, 블럭포장, 배구장 또는 농구장, 벤치, 음수전 중에서 택한다.
③ 해당 근린공원의 녹지율은 반드시 40% 이상으로 한다.
④ 설치 시설물에 대한 수량표는 도면 우측 여백에 반드시 작성하시오.
⑤ 계절의 변화감을 고려하여 12수종 이상의 수목을 선택하여 배식설계를 하고, 인출선을 사용하여 수목의 명칭, 규격, 수량을 표기하되 수목명, 규격, 단위, 수량의 전체적인 것을 도면 우측에 작성한다.
⑥ 유치원과 접한 부분에는 상록수를 이용한 차폐식재를 식재한다.

Part 5 조경산업기사 설계실무 기출문제

■ 현황도

주택가
6m 도로
주택가
6m 도로
6m 도로
주택가
유치원

N
S = 1 / 500

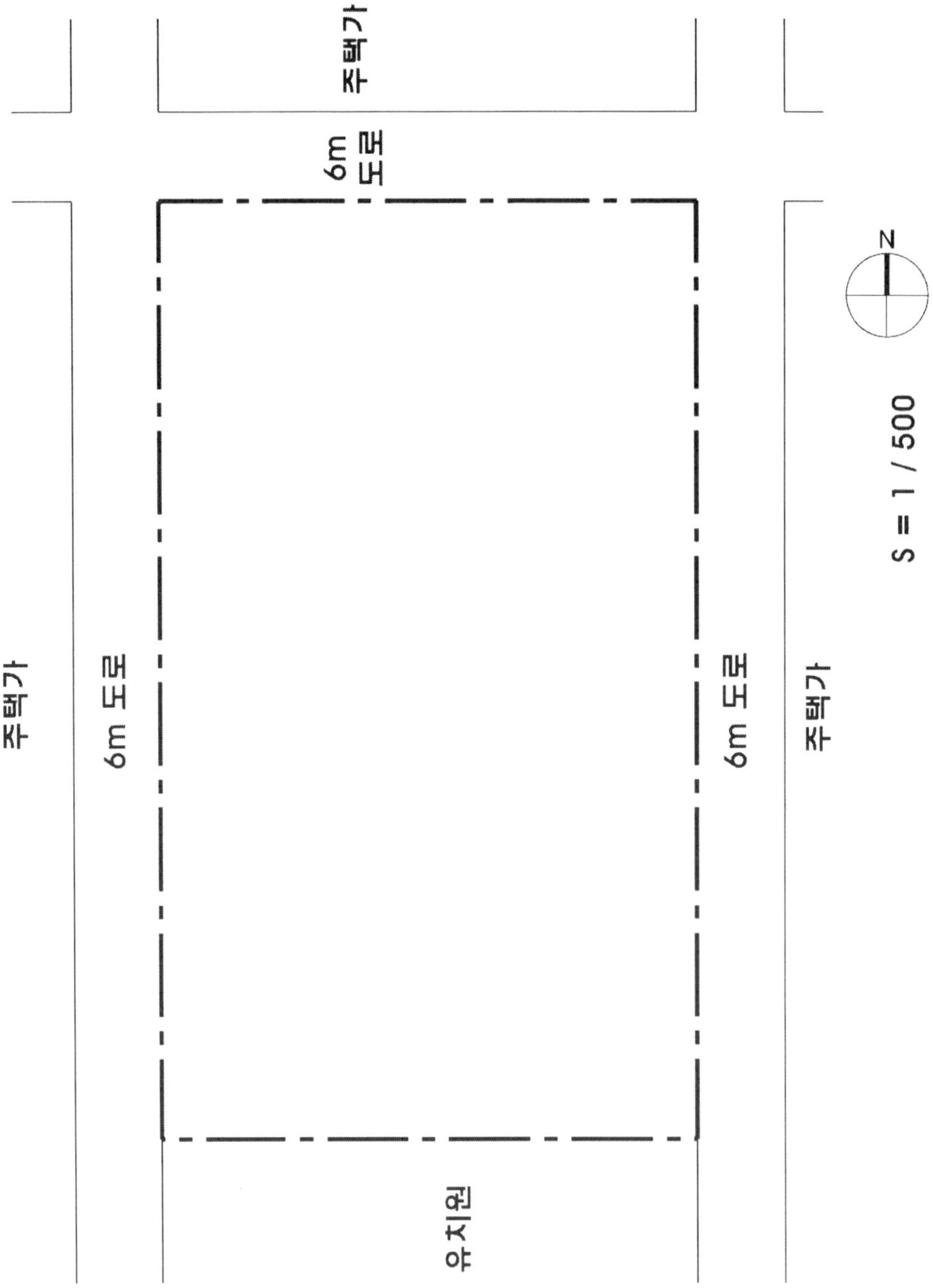

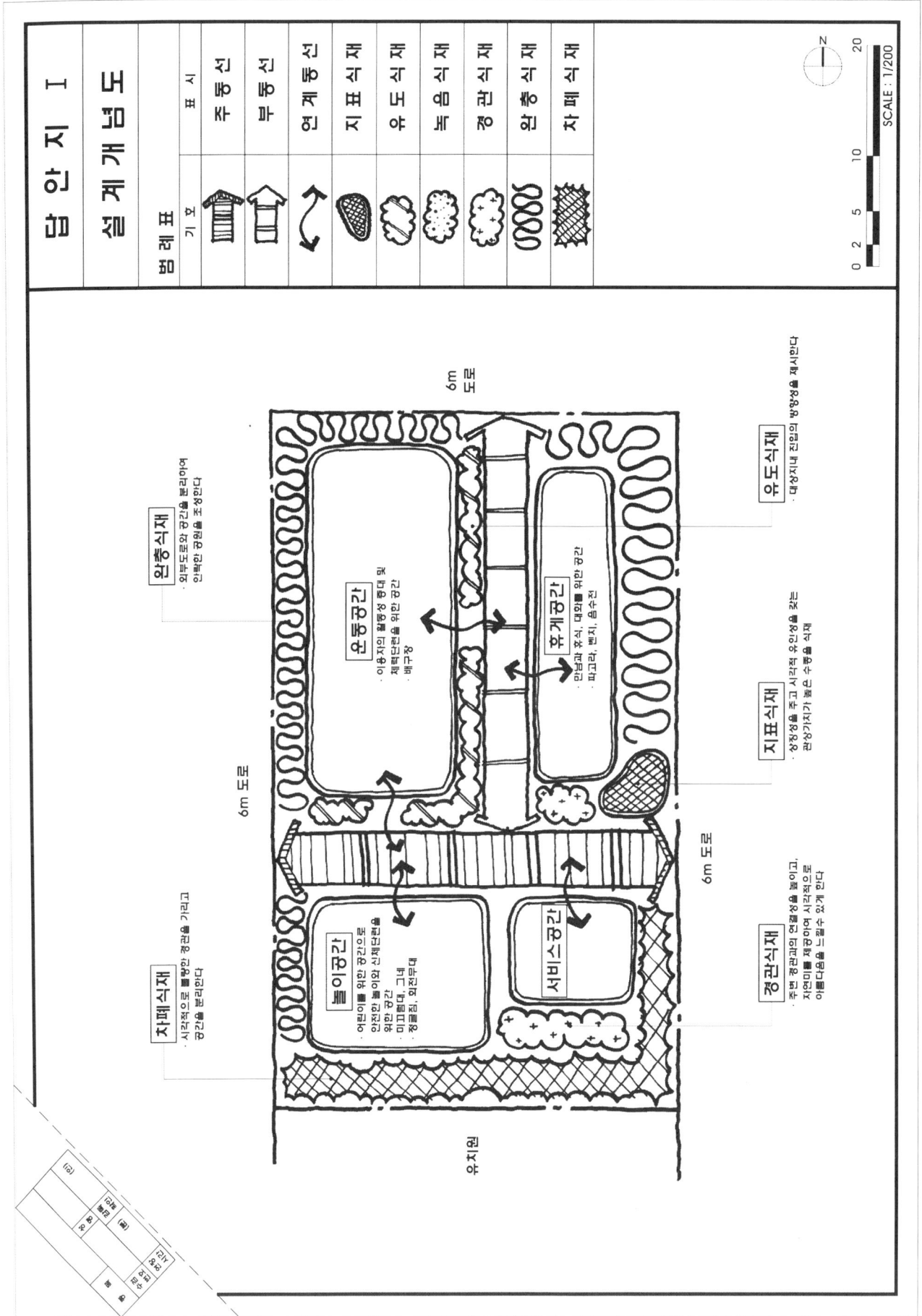

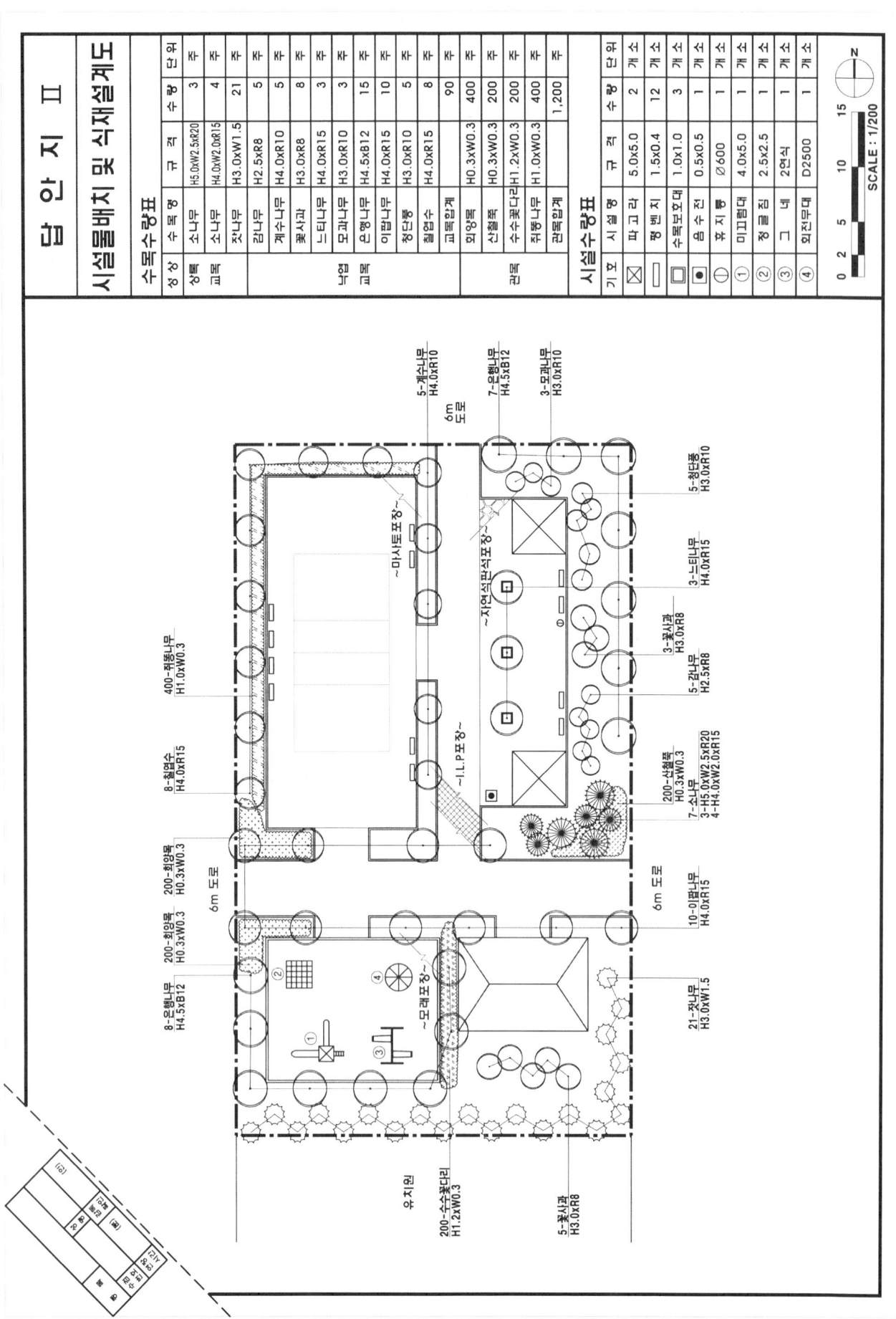

2007년 조경산업기사(근린공원)

1. 요구 조건

[문제 1] 도면 1은 근린공원의 계획부지이다. 주변환경과 부지 내의 지형 등을 참고로 하여 요구사항에 따라 주어진 트레이싱지에 도면을 작성하시오.

① 도면 1을 축척 1/600로 확대하여 설계할 것 (단, 확대된 도면에는 등고선은 그리지 않아도 됨)
② 확대된 도면에 다음 공간들을 수용하는 토지이용계획 구상개념도를 수립하고 그 공간 내부에 해당되는 공간의 명칭을 기입하시오. (예 : 놀이공간)
③ 수용하여야 할 공간
  ㉠ 운동공간(축구장)(65m×100m) 1개소, 휴게공간(15×35m) 1~2개소, 광장 2개소[포장광장(400m²) 1개소, 비포장광장(500m²) 1개소]
  ㉡ 놀이공간(20×25m) 1개소, 수경공간(400m²) 1개소, 청소년회관공간(건폐면적 600m²) 1개소, 보존공간 1개소, 완충녹지공간(필요한 부분에 배치)
④ 공간배치에 고려할 사항
  ㉠ 축구장은 남북방향으로 배치하고, 수경공간은 지형등고선을 고려하여 굴착토량을 최소화하는 곳에 배치한다.
  ㉡ 청소년 회관은 부지 서쪽의 상가 지역과 인접하여 배치하고, 비포장 광장은 휴게공간, 수경공간과 인접하여 배치한다.
  ㉢ 놀이공간은 주택가와 인접한 곳에 배치한다.

[문제 2] 도면 2는 중부지방에 위치하는 어린이놀이터의 부지이다. 아래의 조건을 참고로 주어진 트레이싱지에 기본설계도를 작성하시오.

① 도면 2를 축척 1/200로 확대하시오.
② 계획부지 면적을 산출하여 도면 상단의 답란에 계산식과 면적을 쓰시오.
③ 어린이 놀이시설 5종 이상을 배치하고 반드시 도섭지 1개소를 설치하시오.
④ 휴게시설로 파고라 1개, 벤치 10개를 배치하시오.
⑤ 식재지역은 부지 둘레를 따라 2m 이상의 폭으로 배치하시오.
⑥ 필요한 곳에 모래, 자갈, 보도블록 등을 사용하고 도면상에 표시하시오.
⑦ 수목의 명칭, 규격, 수량은 인출선을 사용하여 표기할 것
⑧ 수종은 다음 중에서 선택하여 사용하되 계절의 변화감을 고려하여 10종 이상을 사용하고, 도면 우측 여백에 수량표를 작성하시오.

 보기

은행나무, 후박나무, 아왜나무, 느티나무, 왕벚나무, 아까시나무, 단풍나무, 동백나무, 잣나무, 측백나무, 쥐똥나무, 산철쭉, 협죽도, 호랑가시나무, 수수꽃다리, 잔디, 맥문동, 마삭줄

■ 현황도 Ⅰ

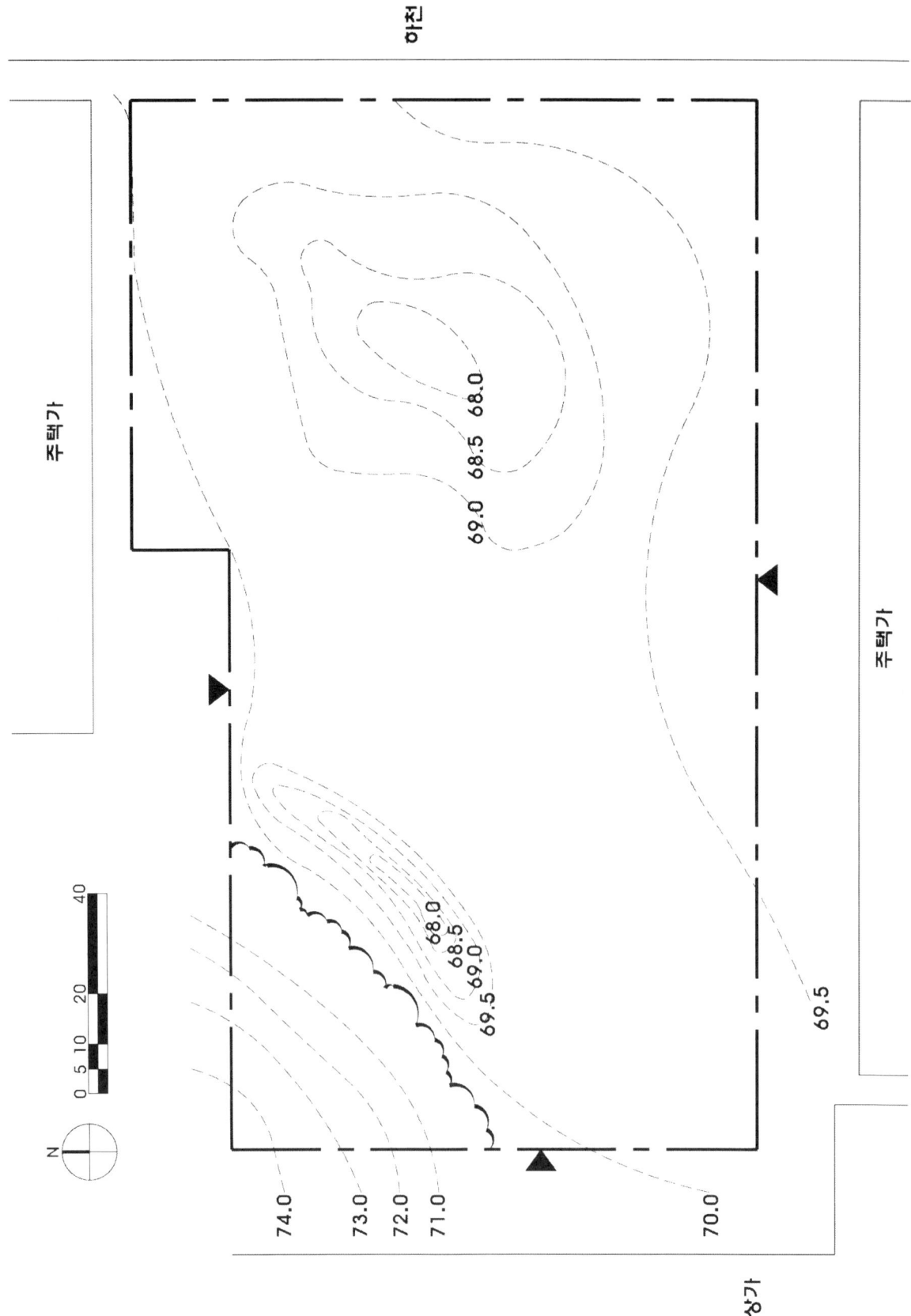

■ 현황도 Ⅱ

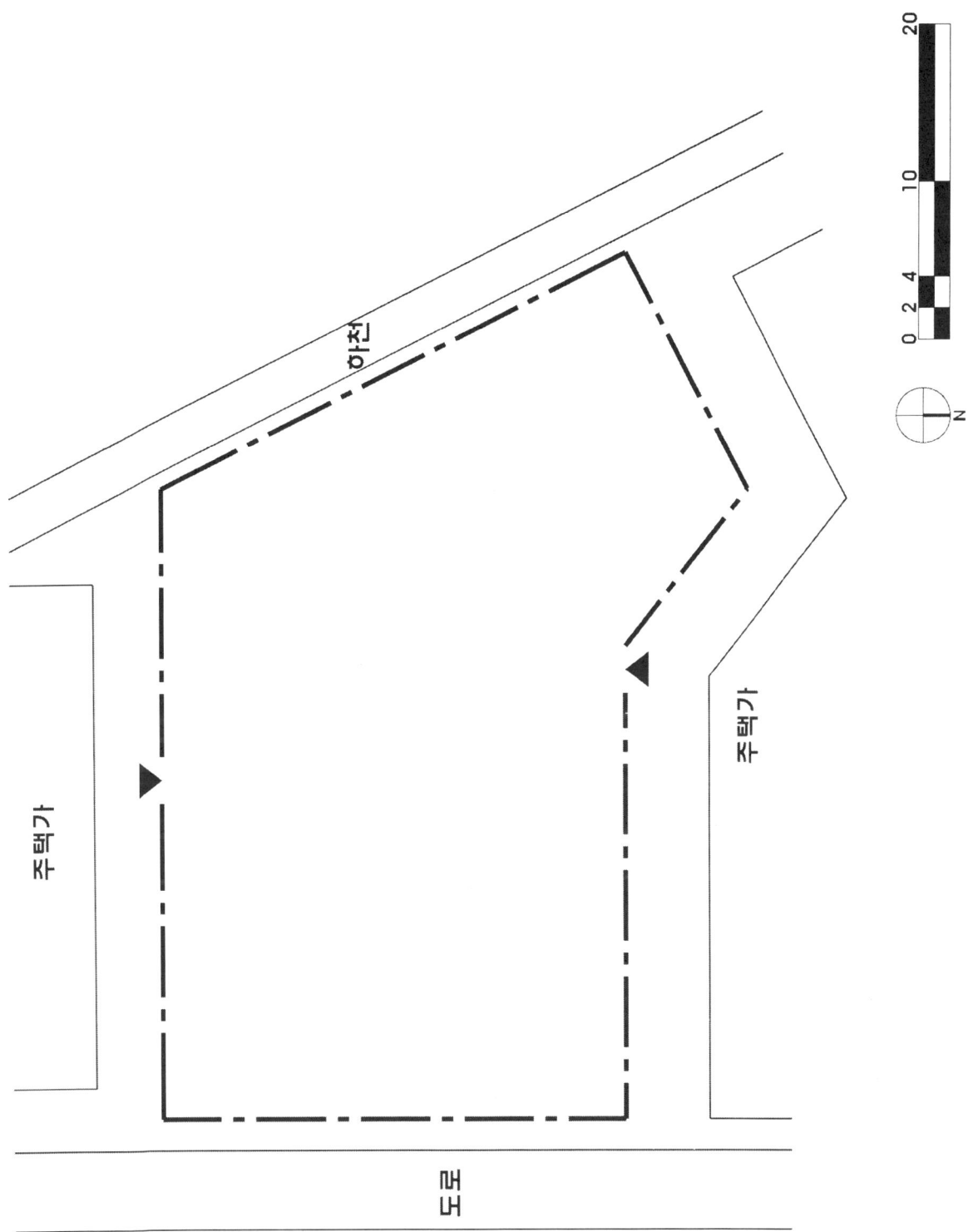

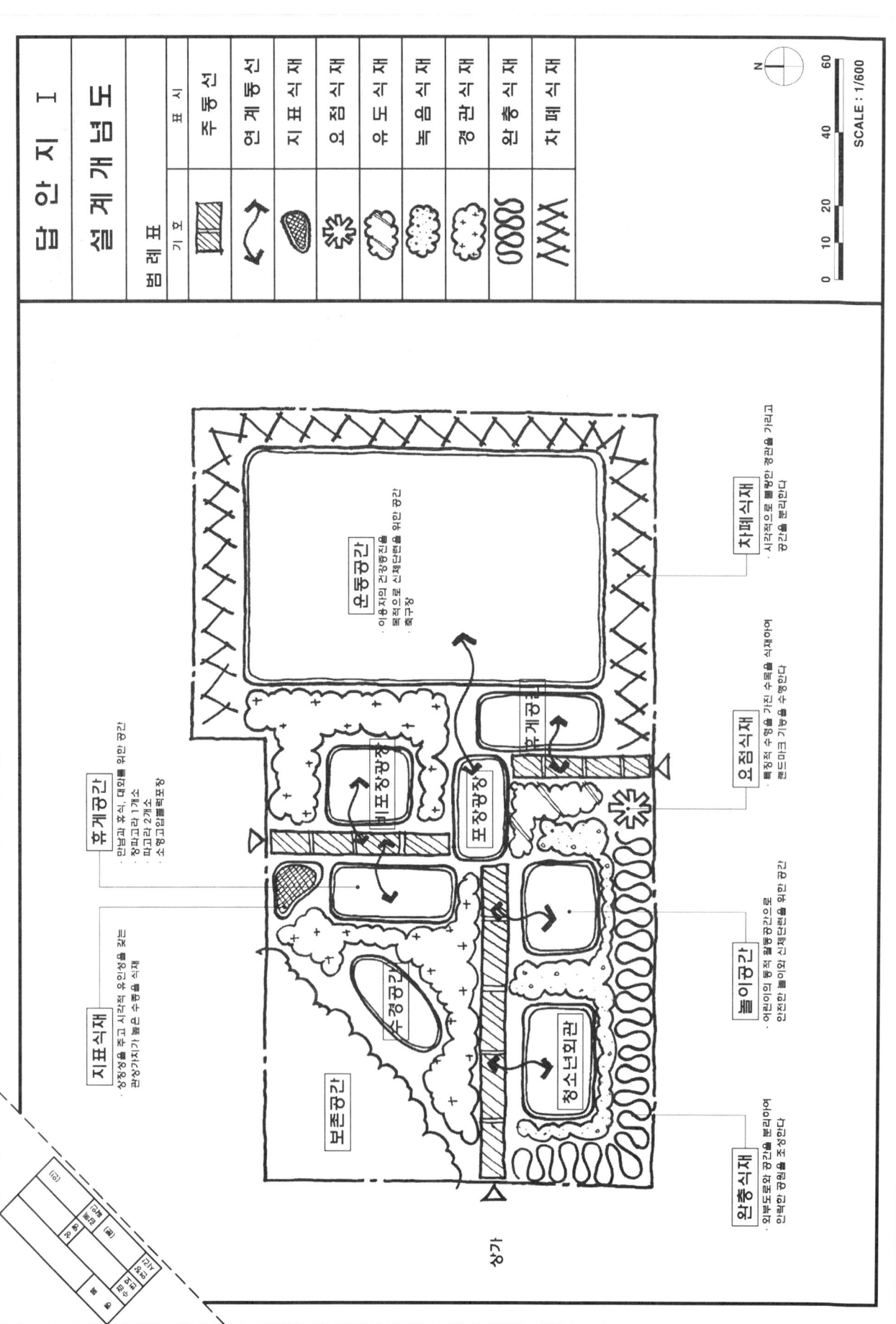

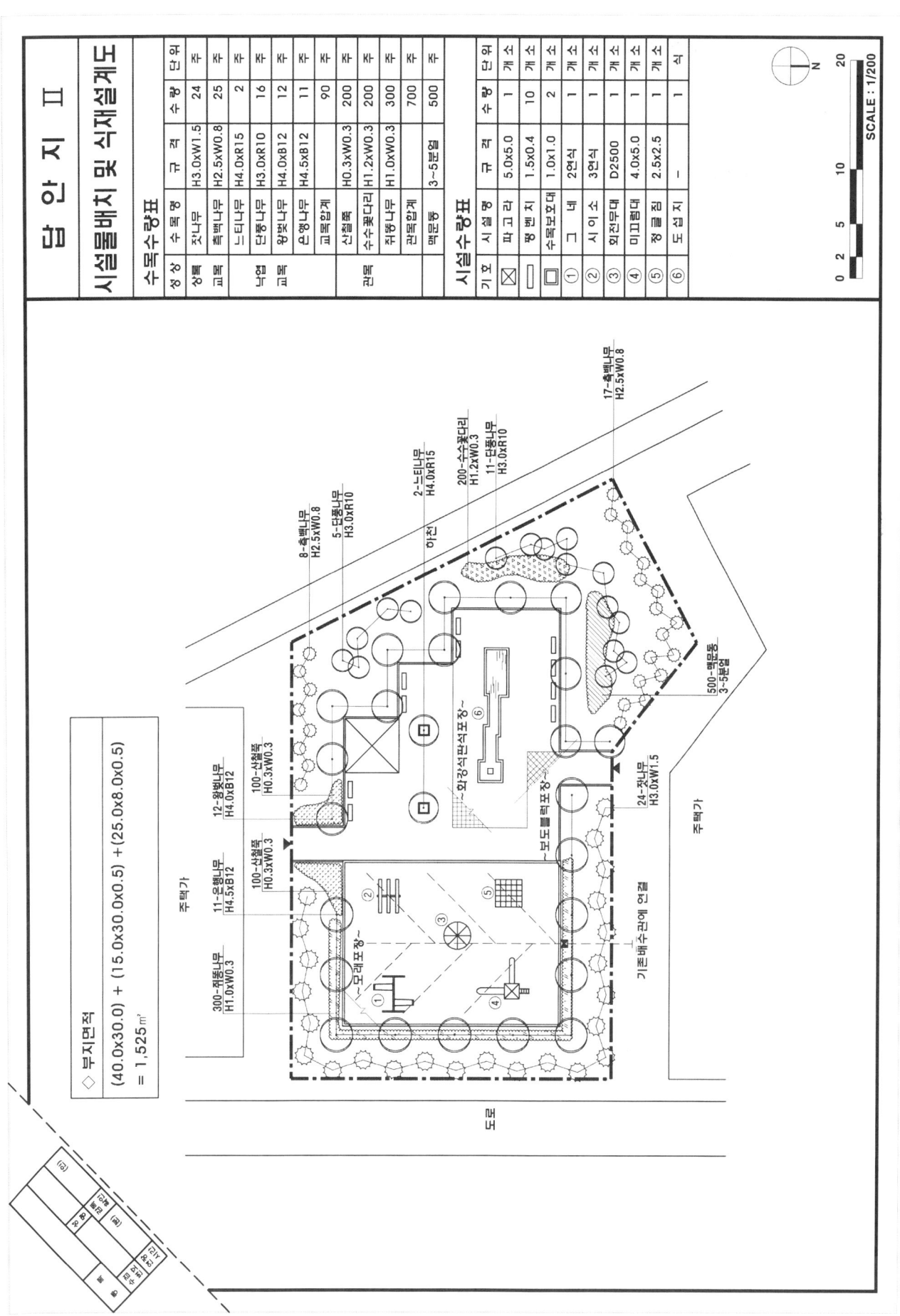

Part 5 조경산업기사 설계실무 기출문제

 **2009년, 2011년 조경산업기사(어린이공원)**

1. 요구 조건

중부 이북지방의 아파트 단지 내에 위치한 1500m^2의 어린이공원 부지이다.
주어진 현황도와 설계조건을 참고로 하여 요구사항에 따라 주어진 트레이싱지에 도면을 작성하시오.

[문제 1] 아래의 설계조건에 의한 평면기본구상도(계획개념도)를 주어진 트레이싱지에 작성하시오.
  ① 현황도를 축척 1/200로 확대하여 할 것
  ② 주동선(폭원 2m), 부동선(폭원 1.5m)으로 동선을 구분하여 동선계획을 하시오.
  ③ 각 공간을 휴게공간, 놀이공간, 운동공간, 잔디공간, 녹지로 구분하고 각 공간의 배치 위치와 규모는 다음 기준을 고려하여 배분할 것

구 분	내 용
휴게공간	• 부지 중앙에 위치, 포장규모는 100m^2 이상 • 소형 고압블록으로 바닥 포장
놀이공간	• 서측 녹도와 북측 차도에 접한 위치에 배치하여 규모는 50m^2 이상, 모래 포장
운동공간	• 남측 근린공원과 동측 아파트에 접한 위치에 배치 • 규모는 다목적 운동장으로 24×12m 크기, 마사토 포장
잔디공간	• 남측 근린공원과 서측 녹도에 접하여 배치, 규모는 250m^2 이상 • 가장자리를 따라 경계, 녹음 등의 식재
녹지	• 위의 공간을 제외한 나머지 공간으로 식재개념을 경계, 녹음, 차폐, 요점 식재 등으로 구분하여 표현하시오.

  ④ 공간의 성격, 개념과 문제 2에서 요구된 시설 등을 간략히 기술하시오.

[문제 2] 문제 1의 평면기본구상도(계획개념도)에 부합되도록 주어진 트레이싱지에 다음 사항을 참조하여 기본설계도(시설배치 및 배식설계)를 작성하시오.
  ① 현황도를 축척 1/200로 확대하여 설계할 것
  ② 수용해야 할 시설물은 다음과 같다.
    ㉠ 수목보호대(2×2m) : 1개소
    ㉡ 화장실(3×4m) : 1개소
    ㉢ 파고라(5×5m) : 2개소
    ㉣ 음수대(ϕ1m) : 1개소
    ㉤ 휴지통(0.6×0.7m) : 3개 이상
    ㉥ 벤치 : 5개 이상(파고라 벤치는 제외)
    ㉦ 미끄럼대, 그네, 정글짐 : 각 1대

③ 설계 시 수용시설물의 크기와 기호는 다음 그림으로 한다.

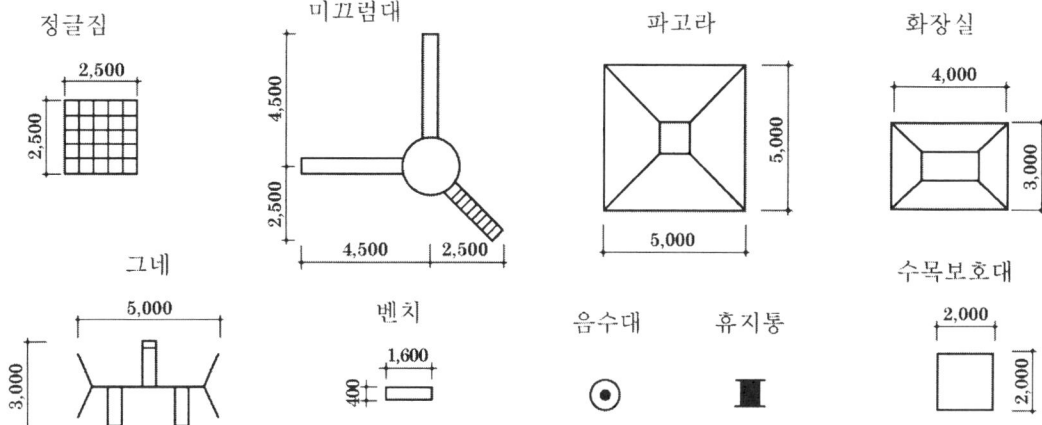

④ 공간유형에 주어진 포장재료를 선택하여 표현하고, 그 재료를 명시할 것
⑤ 식재수종은 다음 중에서 선택하여 사용하되 계절의 변화감 등을 고려하여 10종 이상을 사용할 것

 보기

소나무, 잣나무, 히말라야시다, 섬잣나무, 동백나무, 청단풍, 홍단풍, 사철나무, 회양목, 후박나무, 느티나무, 쥐똥나무, 향나무, 산철쭉, 피라칸다, 팔손이나무, 산수유, 백목련, 왕벚나무, 수수꽃다리, 자산홍 등

⑥ 수목의 명칭, 규격, 수량은 인출선을 사용하여 표기할 것
⑦ 도면의 우측 여백에 시설물과 식재 수목의 수량표를 표기하시오.
⑧ 배식 평면의 작성은 식재개념과 부합되어야 하며, 대지 경계의 위치하는 경계식재의 폭은 2m 이상 확보하여야 한다.

Part 5 조경산업기사 설계실무 기출문제

■ 현황도

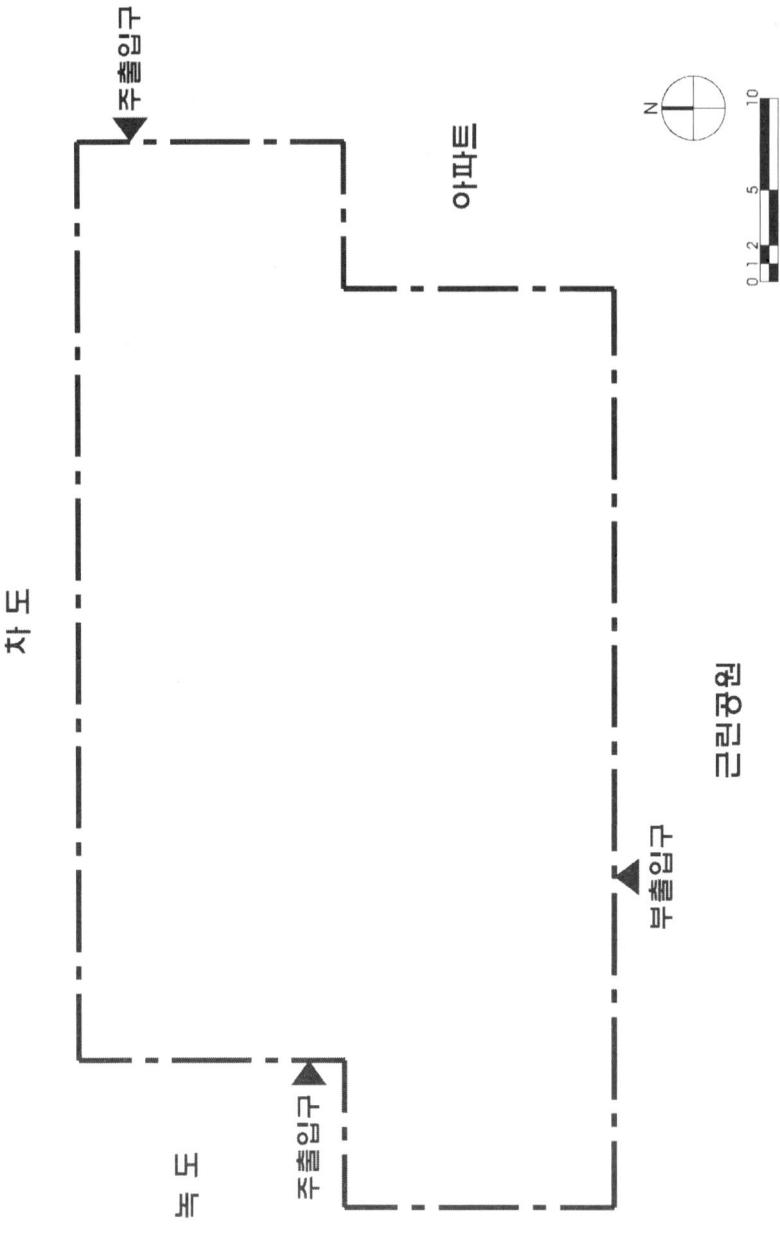

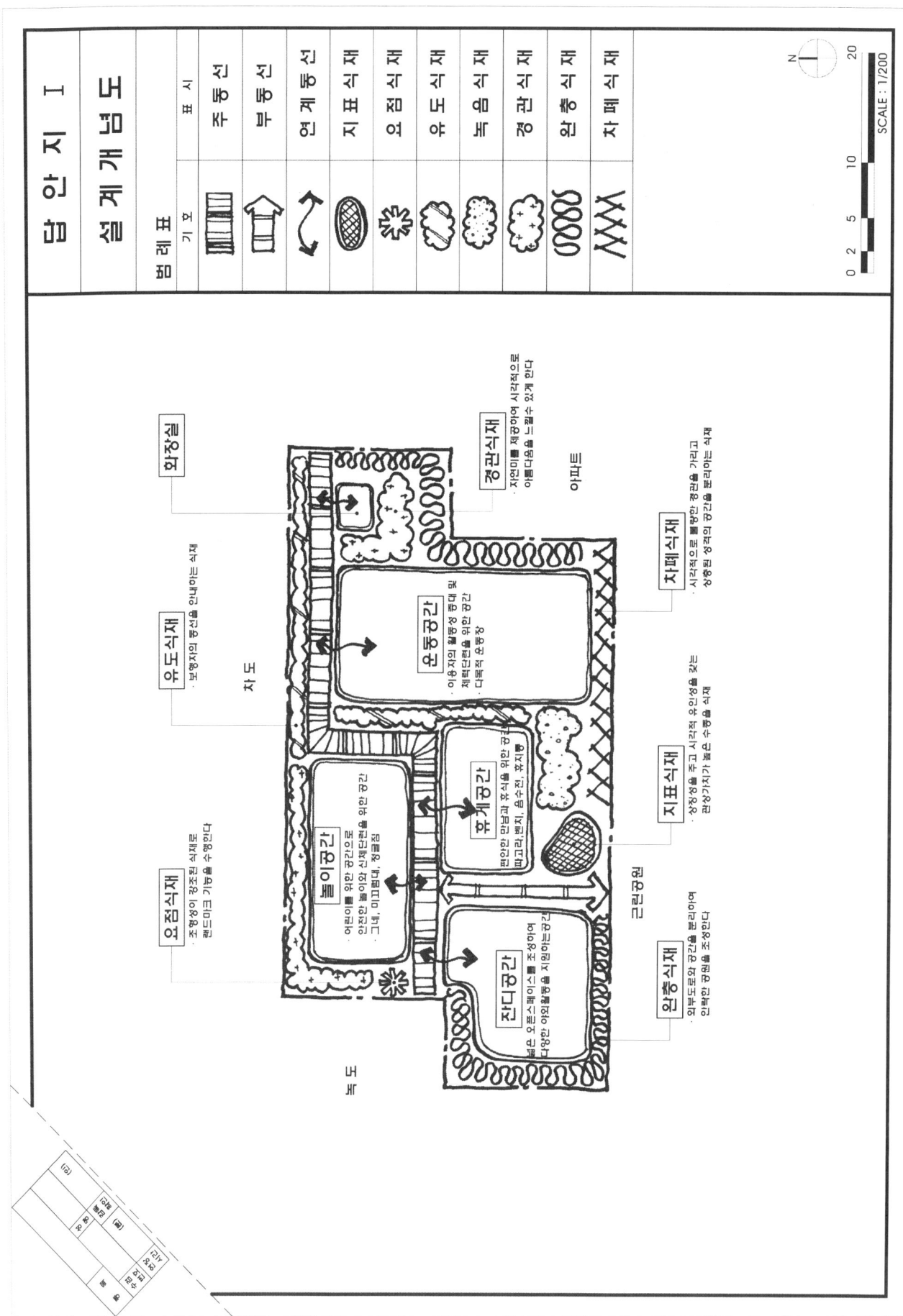

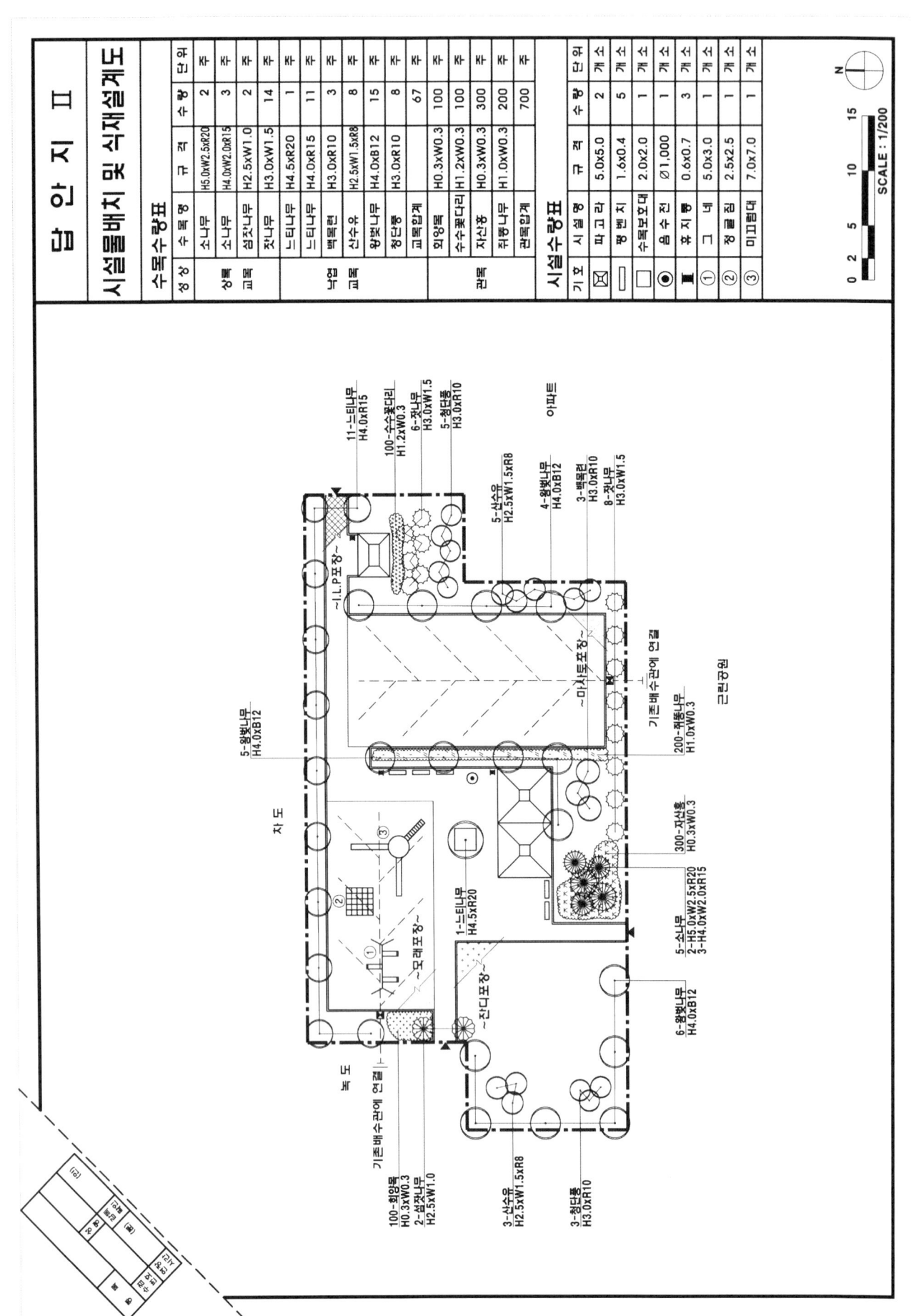

2000년 조경산업기사(옥상정원)

1. 요구 조건

서울 도심의 상업지역에 위치한 18층 오피스 건물의 저층부(5층 floor)에 옥상 정원을 조성하려고 한다.
주어진 현황도면(4, 5층 평면도)과 다음에 제시하는 조건들을 고려하여 옥상정원 배식설계도, 단면도, 단면상세도를 작성하시오.

2. 현황

서측편에 폭원 50m의 광로가 있으며, 남쪽과 북쪽에는 본 건물과 유사한 규모의 건물이 있음. 건물의 주용도는 업무시설(사무실)이다.
5층 옥상정원의 기본 바닥면은 설계 시 전체 바닥면이 ±0.00인 것으로 간주하여 모든 요구사항을 맞게 설계하시오.

[문제 1] 주어진 트레이싱지 1매에 5층 옥상정원 계획부지의 현황도를 1/100로 확대하고, 확대된 도면에 4층 평면도를 참조하여 기둥의 위치를 도면 표기법에 맞게 그려 넣고, 식재할 식재대(planter box) 및 시설물, 포장 등을 다음 조건을 고려하여 옥상정원의 기본설계 및 배식설계도를 작성하시오. (답안지 I)

① 식재대를 높이가 다른 3개의 단으로 구성하되, 전체적으로 대칭형의 배치가 되도록 하며, 옥상정원의 출입구 정면에서 바라볼 때 변화감 있는 입면이 만들어질 수 있도록 구상할 것
② 옥상 경계의 패러핏의 높이는 1.8m임. 하중 때문에 제일 높은 식재대의 높이는 1.2m 이상이 되지 않도록 하며, 가급적 마운딩도 고려하지 않는다.
③ 각 식재대의 높이 등의 점표고를 이용하여 표시하도록 함
④ 식재대의 크기를 치수선으로 표기하도록 함
⑤ 식재대 이외의 지역은 석재타일로 포장하려고 함
⑥ 휴게를 위한 장의자를 2개소 이상 고려하여 배치함
⑦ 다음에 주어진 수종 중에 상록교목, 낙엽교목(각 2종 이상), 관목(5종 이상), 지피, 화훼류(5종 이상)를 이용하도록 하여, 수목별로 인출선을 긋고 수량, 수종, 규격 등을 표기함
⑧ 도면의 우측에 집계된 수목수량표를 작성하되, 상록교목, 낙엽교목, 관목, 지피, 화훼류로 구분하여 집계하시오.

 보기

둥근소나무(H1.2×W1.5), 수수꽃다리 (H1.8×W0.8), 주목(둥근 형)(H0.4×W0.3), 주목(선형)(H1.5×W0.8), 꽃사과(H2.0×W0.8), 영산홍(H0.3×W0.3), 산수국(H0.4×W0.6), 맥문동(3~5분얼), 산수유(H2.0×R3), 회양목(H0.3×W0.3), 꽃창포(2~3분얼), 장미(3년생 2가지), 담쟁이(L0.3), 소나무(H3.0×W1.5×R10), 조릿대(H0.4×W0.2), 후록스(2~3분얼)

[문제 2] 계획된 설계안에 대해 동서 방향으로 단면 절단선 A-A'를 표시하고, 표시된 부분의 단면도를 1/100로 그리되, 반드시 옥상정원의 출입구를 지나도록 그리시오. 또 다음의 조건들을 고려하여 그 일부분을 1/10로 부분 확대하여 단면 상세도를 그리시오. (단, 확대하는 부분은 반드시 식재대와 포장의 단면상이 같이 나타날 수 있는 부분을 선택하고 단면도상에 확대된 부분을 표기할 것 (답안지 II)

① 단면도상에는 각 부분의 표고를 기입할 것
② 하중의 저감을 위하여 경량토를 쓰도록 하는데, 그 상세는 내압투수판(THK 30) 위에 투수 시트(THK 5)를 깔고, 배수용 인공 혼합토(THK 50), 그 위에 육성용 인공 혼합토를 쓰도록 한다. 육성용 인공 혼합토의 두께

는 소관목 30cm, 대관목 50cm, 교목의 경우는 최소 60cm 이상이 되도록 해야 한다.

③ 포장 부분은 옥상 바닥면의 마감이 시트 방수로 방수 처리된 상태이므로 석재타일(THK 30)의 부착을 위한 붙임 모르타르(THK 20)만을 고려한다.

■ 현황도

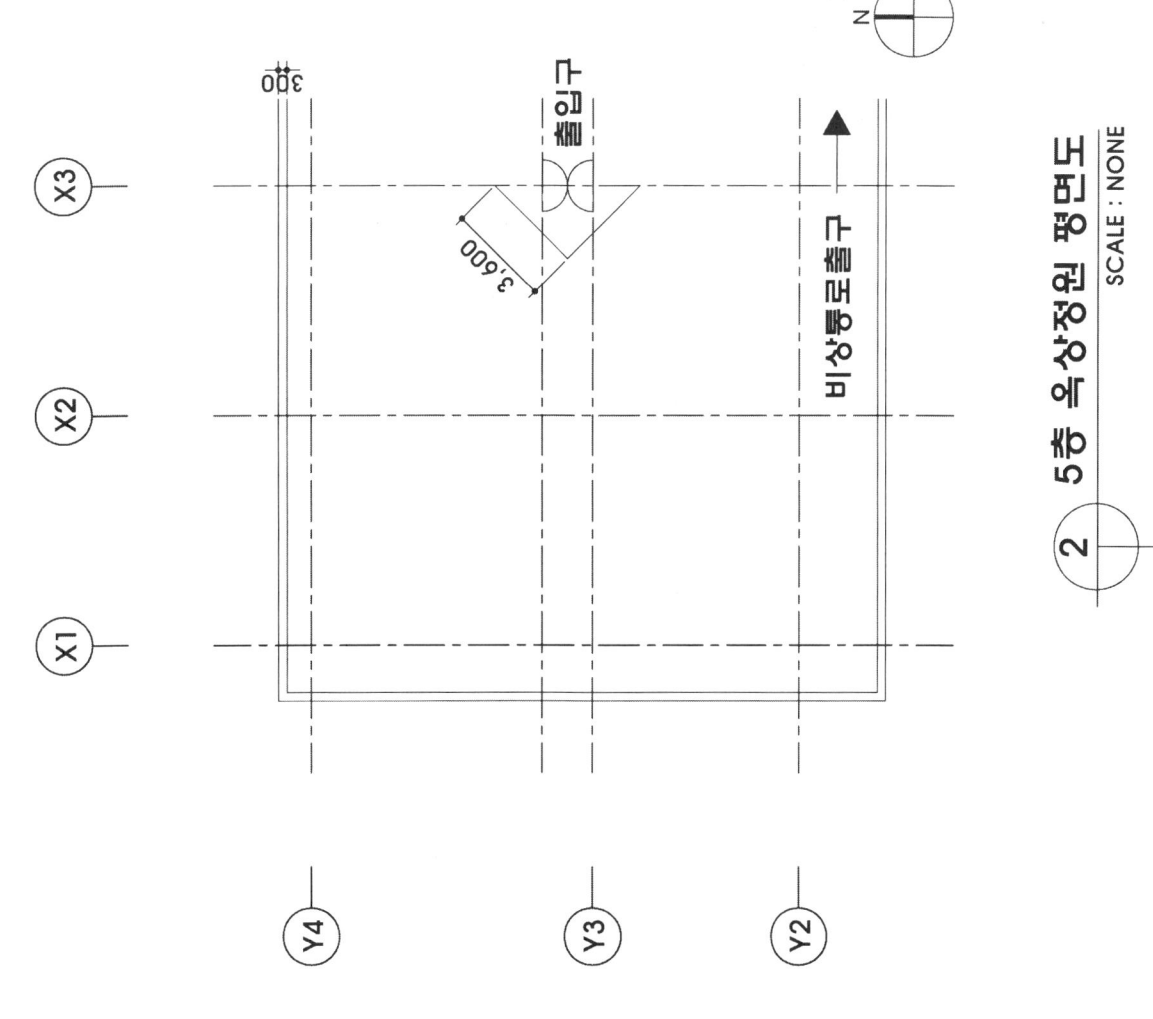

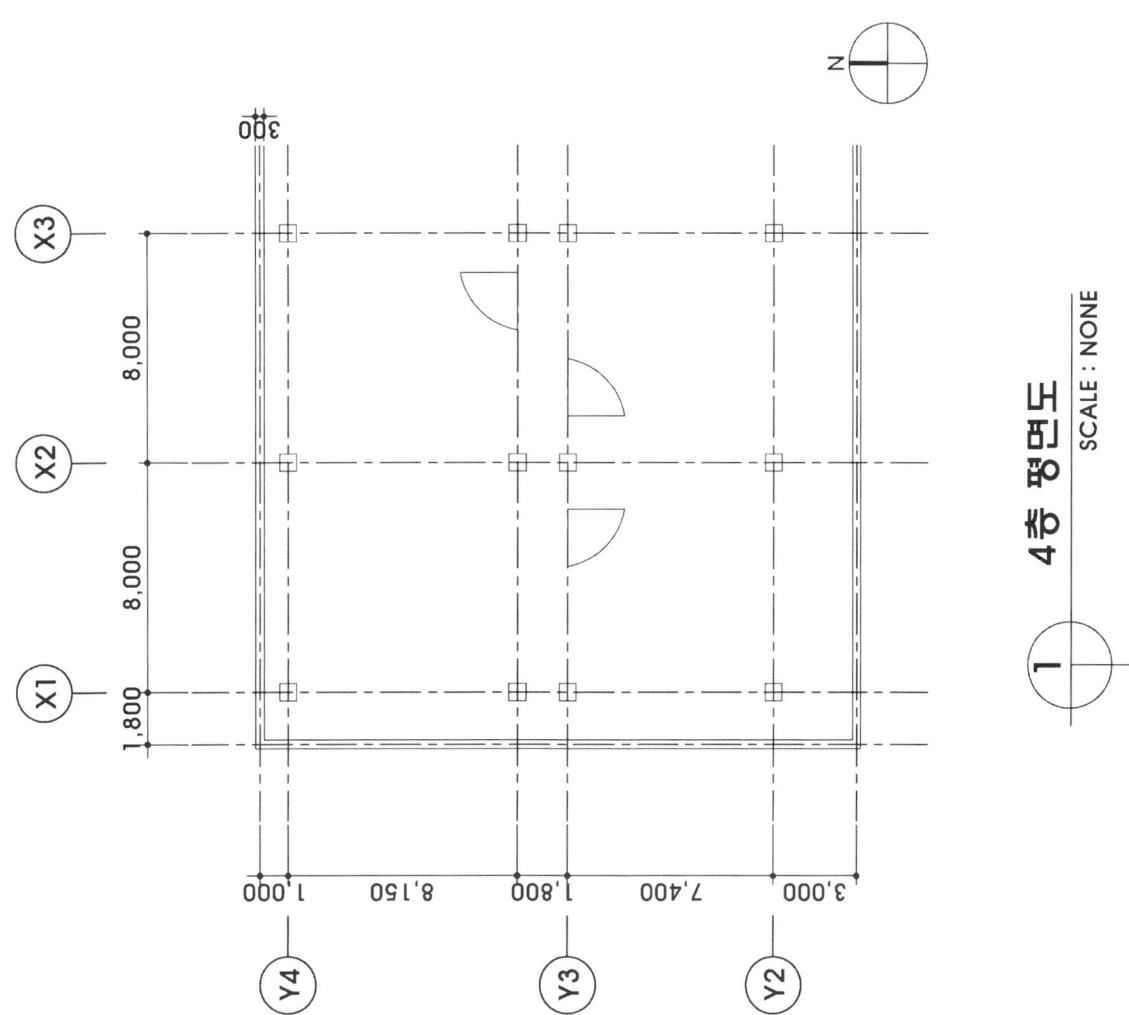

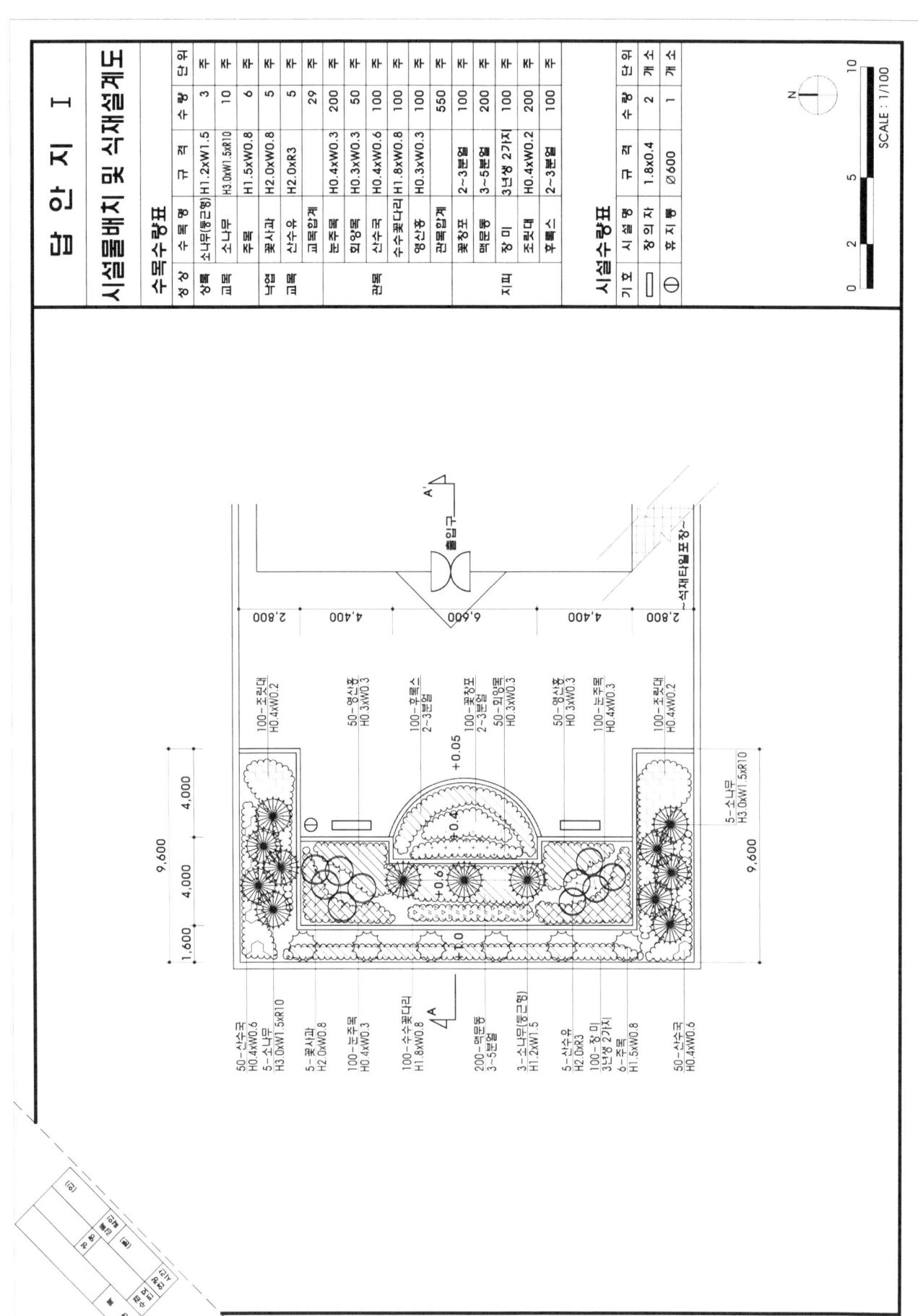

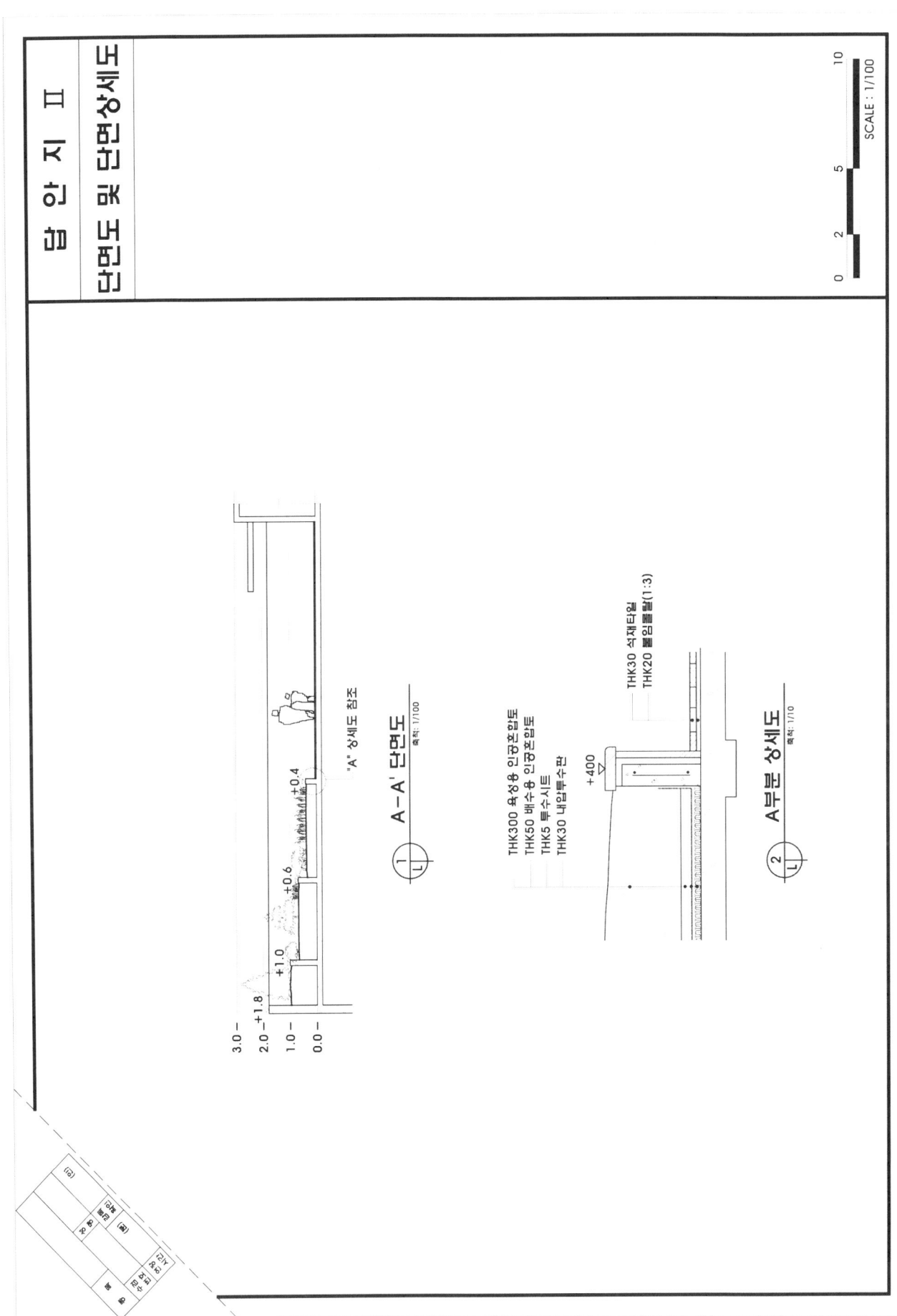

Part 5 조경산업기사 설계실무 기출문제

 **2015년 조경산업기사(근린공원)**

1. 요구 조건

중부지방에 근린공원을 조성하려고 한다.
제시된 현황도 및 다음 사항을 참고하여 시설물배치도, 식재설계도를 작성하시오.

2. 공통사항

구 분	규 격	배치 위치
출입구	주동선 5m	
	부동선 1.5m	
	산책동선 1.5m	
중앙광장	원형 또는 정방형 620m^2	북서쪽
운동공간	280m^2 내외	남서쪽
휴게공간 2개소	120m^2 내외	중앙광장의 서쪽
	타원형 150m^2	남쪽 주출입과 동쪽 부출입 사이에 배치
놀이공간	230m^2 내외	북동쪽

[문제 1] 주어진 조건을 참고하여 지급된 용지 1매에 1/300의 축척으로 시설물배치도를 작성하시오. (답안지 I)

① 중앙광장에 2m 이상의 원형(정방형) 식재대를 2개소 설치하고, 북서쪽에 스탠드 2단을 설치하시오.
② 중앙광장 근처에 계류를 설치하시오.
③ 중앙광장과 휴게공간 사이에 산책로를 조성하고, 부동선과 연계되도록 설계하시오.
④ 서쪽 휴게공간에 등의자 2개소, 남쪽 휴게공간에 평의자 2개, 등의자 3개를 설치하시오.
⑤ 산책로에 트렐리스(H3,000) 3개소를 설치하시오.
⑥ 운동공간에 다목적구장(20m×12m)과 야외헬스시설 3종을 설치하시오.
⑦ 놀이공간에 조합놀이대, 정글짐, 시소, 그네, 회전무대 등 놀이시설을 3종 이상 설치하시오.
⑧ 포장은 3종 이상의 재료를 사용하시오.

[문제 2] 설계조건을 참고하여 지급된 용지 1매에 배식설계도를 축척 1/300로 작성하시오.(답안지 II)

① 차폐식재, 녹음식재, 요점식재 등을 하시오.
② 도로변은 상록교목으로 차폐식재, 지하주차장 주변은 경계식재하시오.
③ 수목은 상록·낙엽 비율을 적절히 고려해서 12종 이상 식재하시오.

■ 현황도

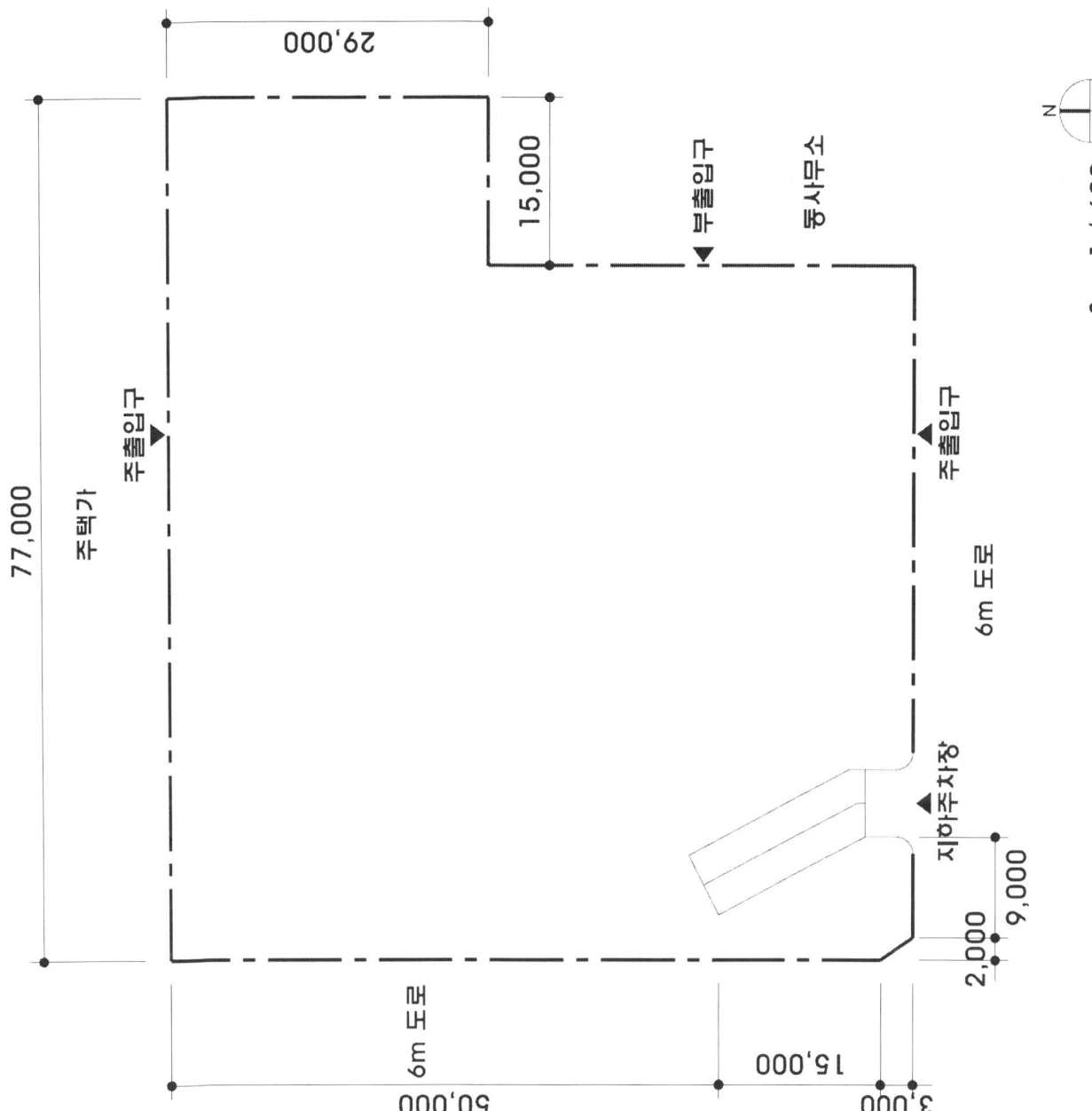

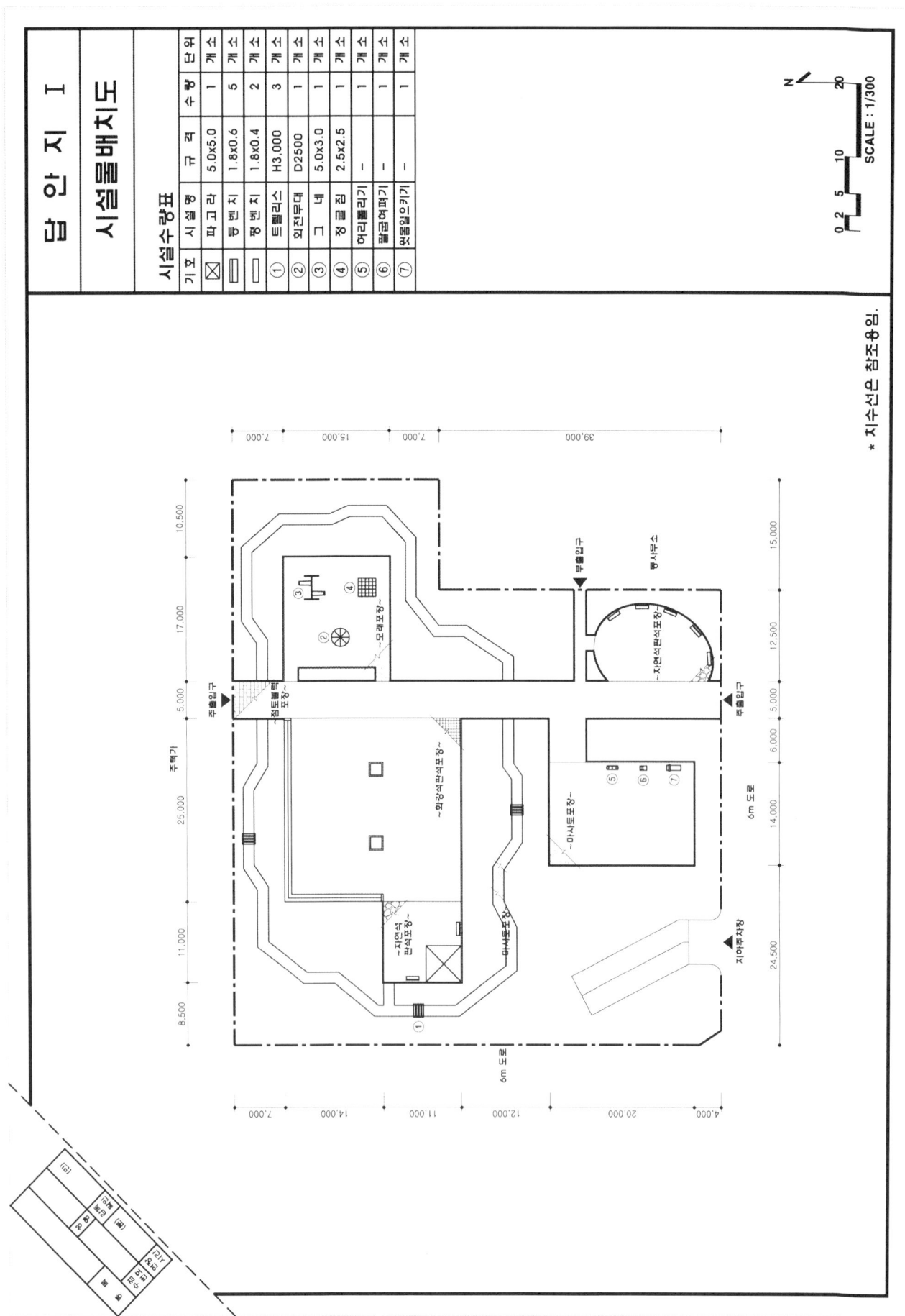

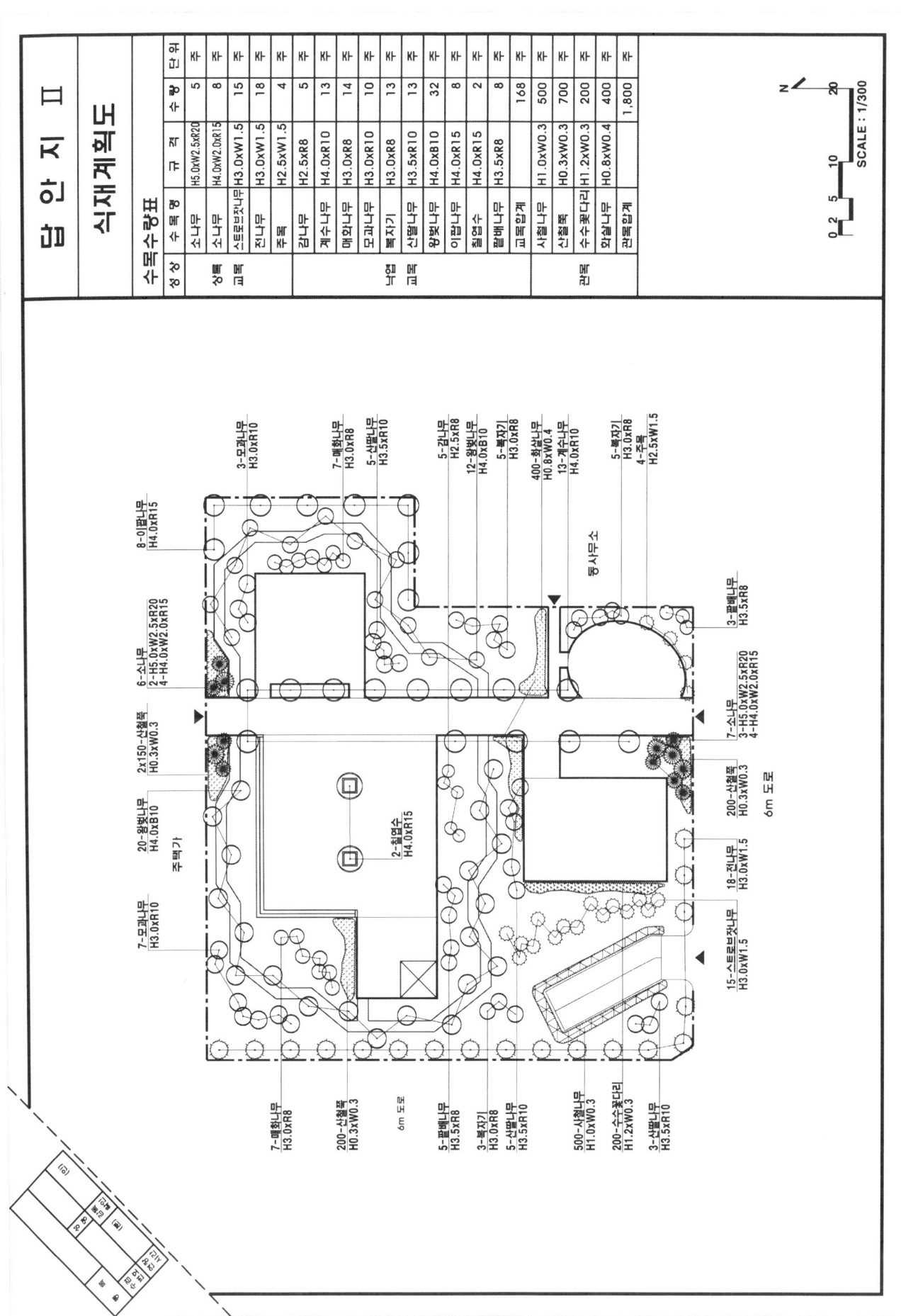

Part 5 조경산업기사 설계실무 기출문제

 **2005년, 2018년 조경산업기사(어린이공원)**

1. 요구 조건

중부지방의 도시 내 주택가에 위치한 어린이공원을 조성하려고 한다. 부지 내 남북으로 1%의 경사가 있고, 부지 밖으로는 5%의 경사가 있다. 다음 사항을 참고하여 시설물배치도 및 단면도와 식재평면도를 작성하시오.

2. 공통사항

① 기존의 옹벽을 제거하고 여러 방면에서 접근이 용이하도록 출입구 5개를 조성한다.
② ①의 조건을 만족하려면 남북방향으로 3~4단을 만들어야 한다.
③ 간이농구대와 롤러스케이트장을 설치한다.
④ 소규모 광장이나 운동장, 휴게공간과 휴게시설을 설치한다.
⑤ 기존의 소나무와 느티나무, 조합놀이대(이동 가능)를 이용한다.
⑥ 화장실(4×5m) 1개소, 휴지통, 가로등, 음수대를 설치한다.
⑦ 주택지역과 인접한 곳은 차폐식재를 한다.
⑧ 각 공간의 기능에 알맞은 바닥포장을 한다.

[문제 1]

주어진 조건을 참고하여 지급된 용지 1매에 1/200의 축척으로 시설물 배치도, 단면도를 작성하시오.(답안지 I)
① 부지 내 변경된 지형을 점표고로 나타내시오.
② 기존 부지와 변경된 부지의 단면도를 그리시오.
③ 시설물 및 바닥포장의 물량표를 만드시오.

[문제 2]

설계 조건을 참고하여 지급된 용지 1매에 식재평면도를 축척 1/200로 작성하시오.(답안지 II)
① 수목은 상록, 낙엽 비율을 적절히 고려해서 15종 이상 식재하시오.

 보기

소나무(적송), 잣나무, 섬잣나무, 동백나무, 히말라야시다, 청단풍, 홍단풍, 사철나무, 후박나무, 느티나무, 서양측백, 감나무, 산수유, 왕벚나무, 수수꽃다리, 영산홍, 백철쭉, 태산목, 아왜나무, 후박나무, 구실잣밤나무, 꽝꽝나무, 회양목

■ 현황도

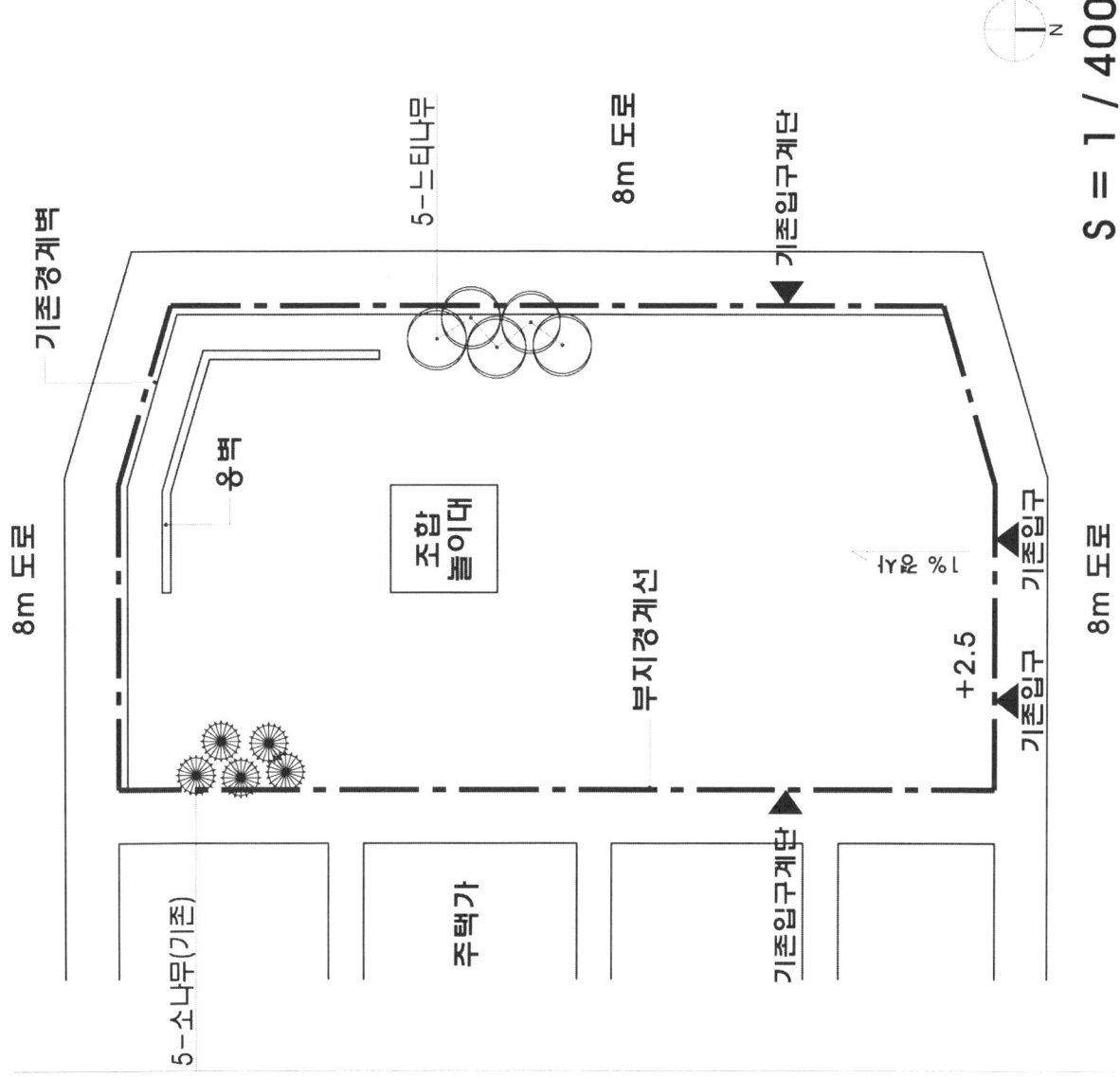

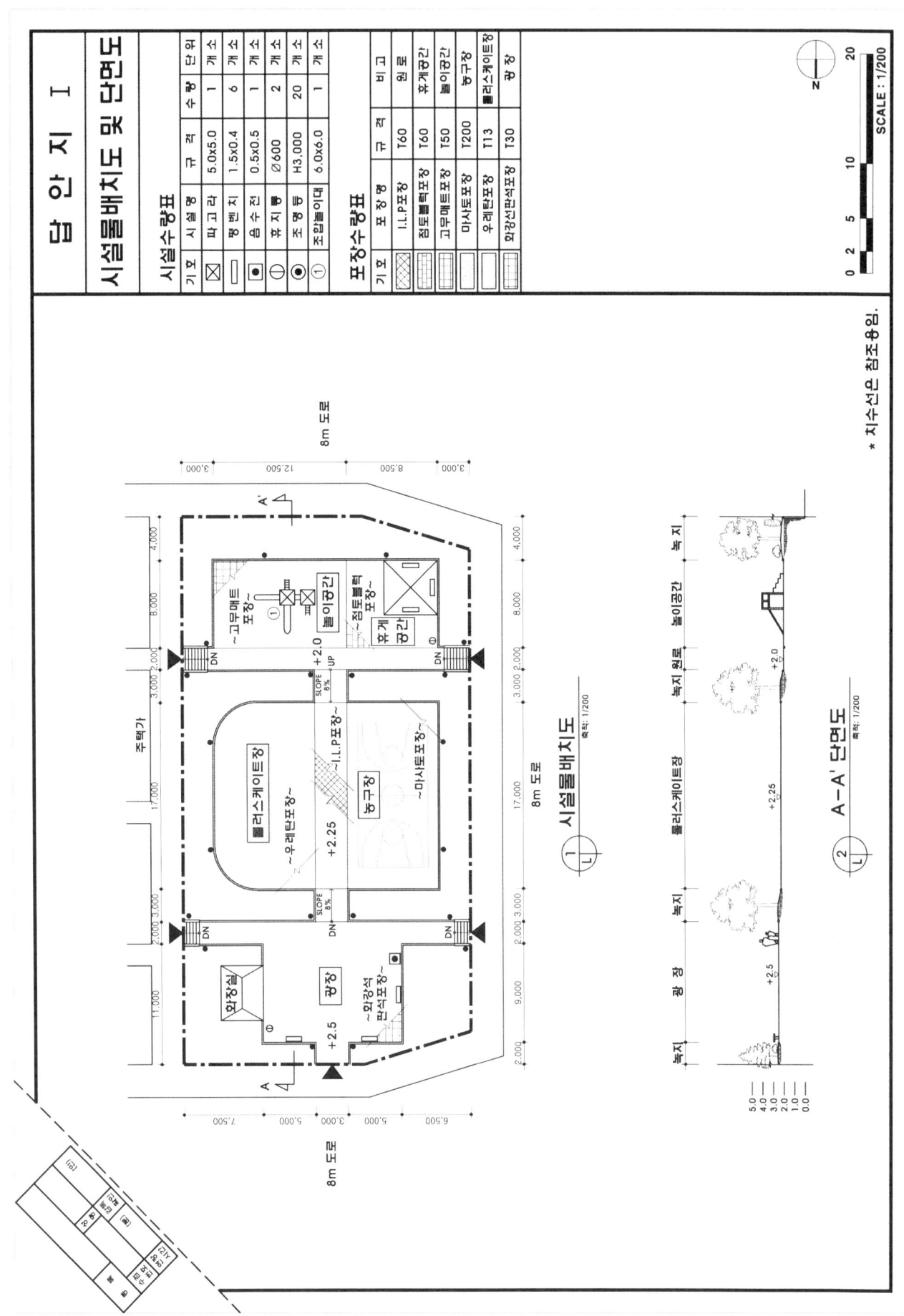

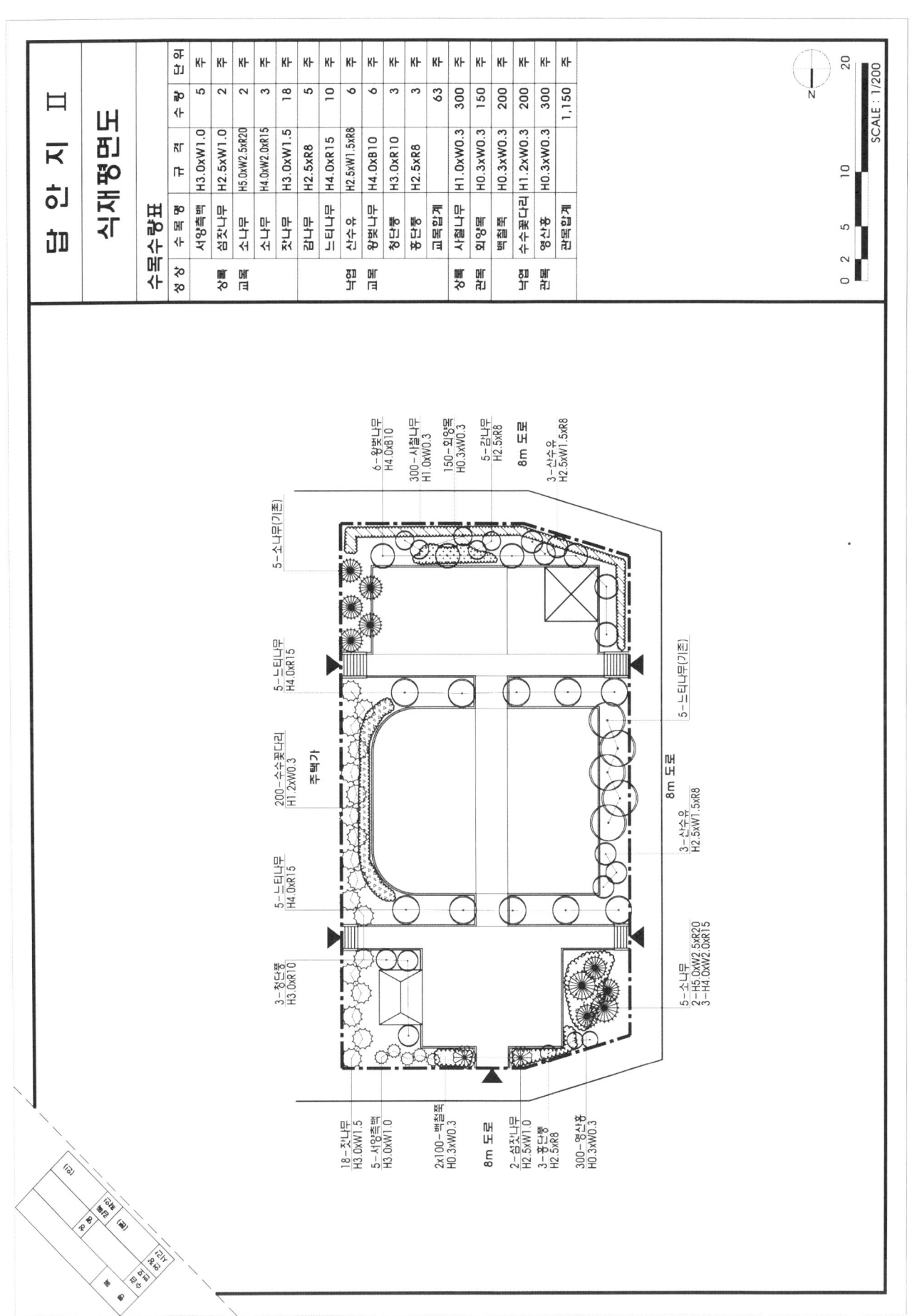

MEMO

PART VI

조경기사 설계실무

기출문제

조경기사 기출문제

Part 6 조경기사 설계실무 기출문제

 2000년, 2001년, 2006년, 2014년, 2019년 조경기사(생태공원)

1. 요구 조건

다음에 주어진 도면은 중부지방의 도시에 위치한 근린공원 예정 부지의 현황도이다.
주어진 자연환경 조건을 활용하여 생태공원을 조성하려고 한다. 현황도면을 축척 1/300로 확대하고 아래에 주어진 요구 조건을 참고하여 도면을 작성하시오.

[문제 1] 설계개념도를 작성하시오.
① 접근을 고려하여 적당한 지역에 진입광장 2개소(1개소 면적은 100m² 정도) 조성
② 적당한 곳에 휴게공간 1개소(50m² 정도) 조성
③ 자연림과 인접한 북측에 인공수림대 산림지구(1,000m² 정도) 조성
④ 부지 내 가장 적당한 곳에 저수지 1개소(500m² 정도) 조성
⑤ 저수지와 인접하여 습지지구 1개소(1,000m² 정도) 조성
⑥ 주동선, 관찰학습에 관한 동선(동선폭 : 1.5~2.0m)을 설치한다. (필요한 재료의 선정과 시공은 가능한 한 자연친화적인 방법으로 함)

[문제 2] 시설물배치도를 작성하시오.
① 진입광장에 종합안내판을 설치하고, 녹음수 식재를 위하여 수목보호덮개를 설치한다.
② 휴게공간에 퍼걸러(4×4m) 1개소, 평의자 5개소, 휴지통 1개소 설치
③ 저수지 주변에 조류관찰소 1개소, 안내판 1개 설치
④ 습지지구에 동선형 관찰 데크와 안내판 5개소 설치
⑤ 인공수림대에 관찰로 조성, 수목표찰 10개 이상 설치
⑥ 각 공간별 지반의 계획고를 표기하고, 마운딩을 할 때는 등고선으로 나타냄
⑦ 시설물수량표를 작성하시오.

[문제 3] 식재설계평면도를 작성하시오.
① 인공수림대 산림지구는 경관을 고려하여 20수종 이상의 수종을 [보기]에서 선택하여 식재설계하시오.
② 습지지구에 적당한 식물들을 선택하여 식재하시오. 특히 조류의 식이식물을 선정하시오.
③ 각 공간에 적당한 식물을 선택하여 식재하시오
④ 삼림지구, 습지지구 각 지구별로 식재한 수량을 집계하여 수목수량표를 작성하시오.
⑤ 도면의 여백 10×10m의 면적에 식재평면상세도와 입면도를 상층, 중층, 하층 식생이 구분되게 NONE SCALE로 작성하시오.

보기

소나무, 은행나무, 물푸레나무, 느티나무, 메타세쿼이아, 낙우송, 신갈나무, 갈참나무, 상수리나무, 가시나무, 팥배나무, 산벚나무, 층층나무, 꽃사과, 생강나무, 단풍나무, 붉나무, 갯버들, 갈대, 물억새, 굴참나무, 오리나무, 찔레, 자귀나무, 함박꽃나무, 말발도리, 화살나무, 감탕나무, 돈나무, 붉은병꽃나무, 산딸나무

■ 현황도

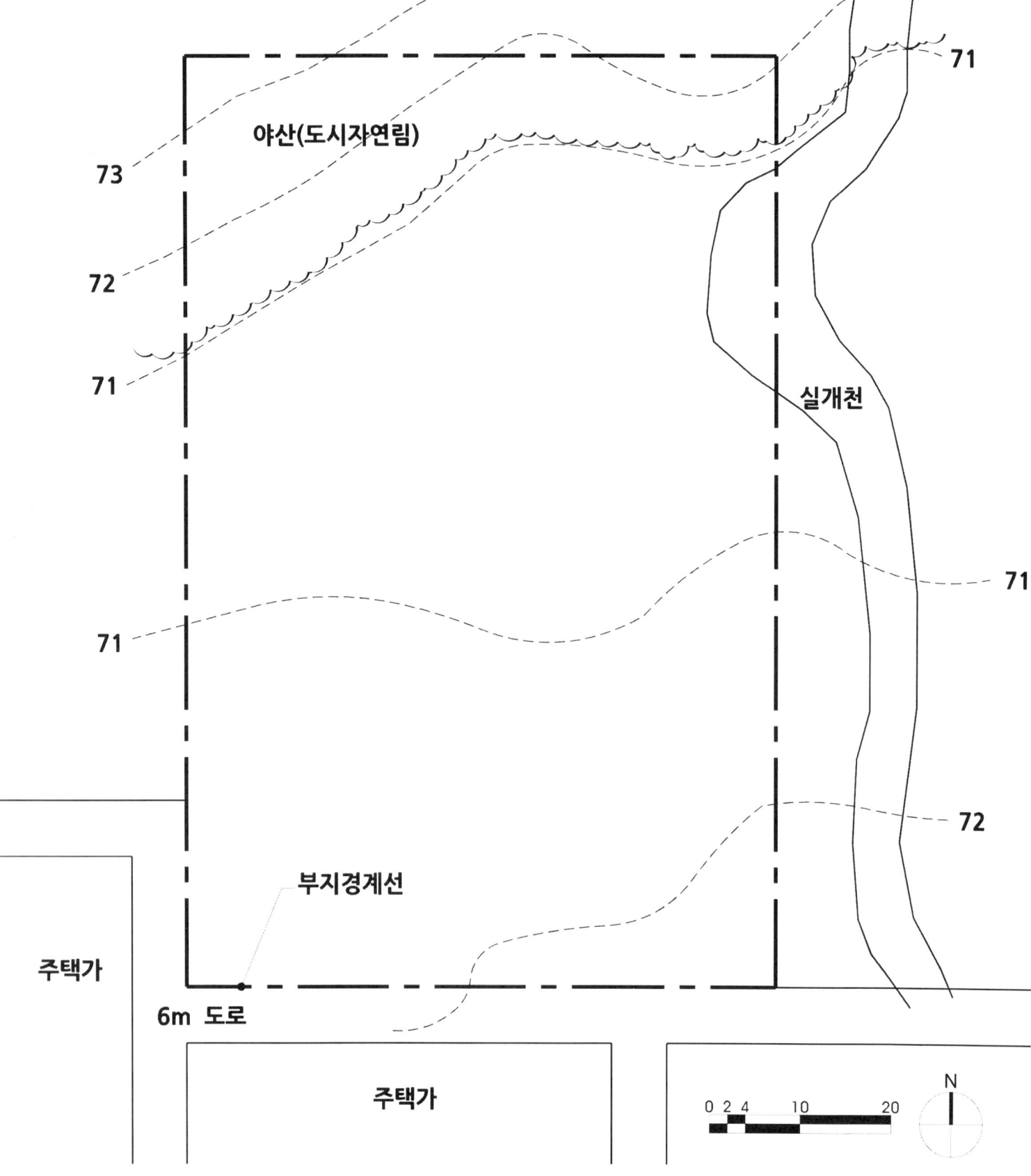

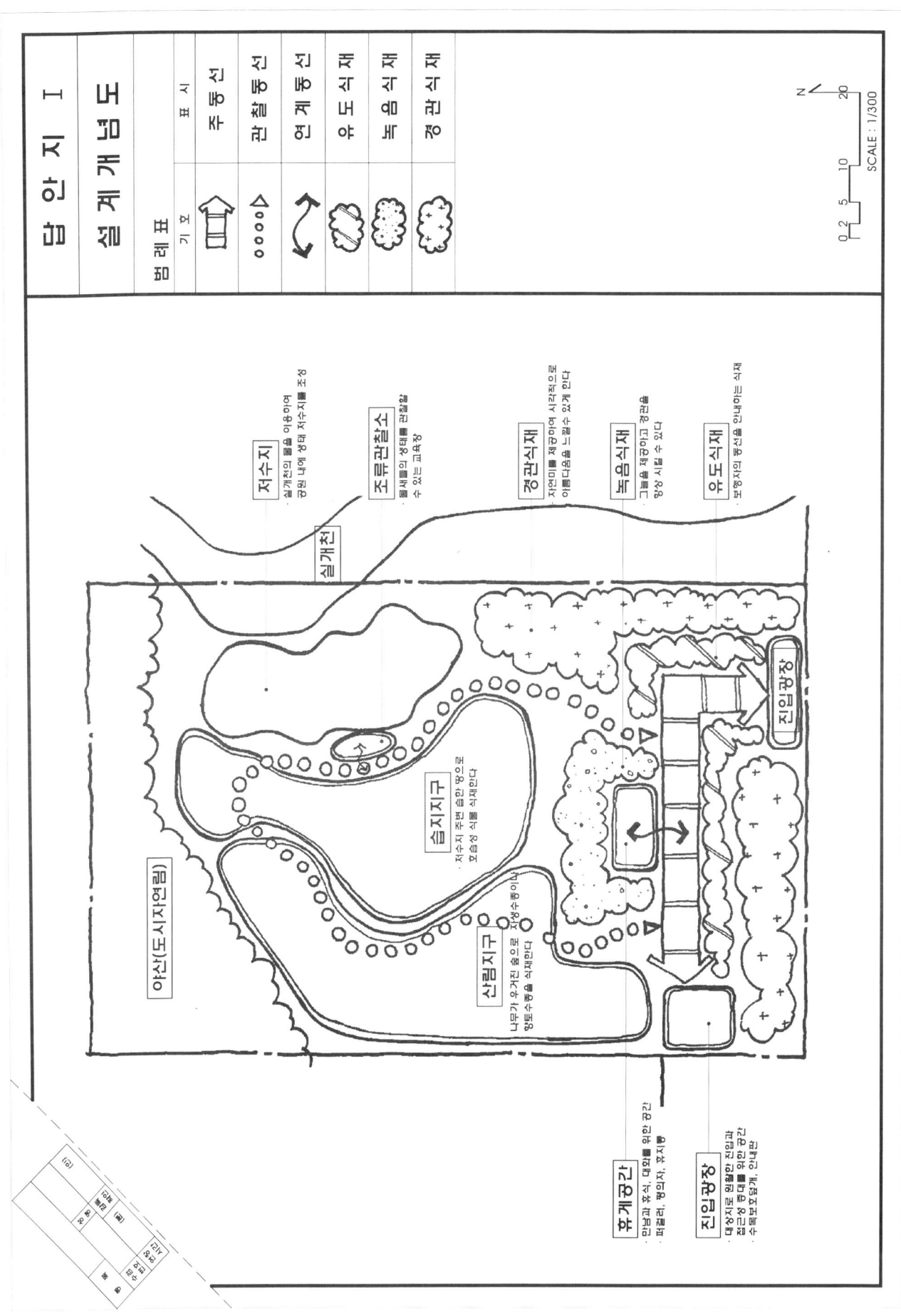

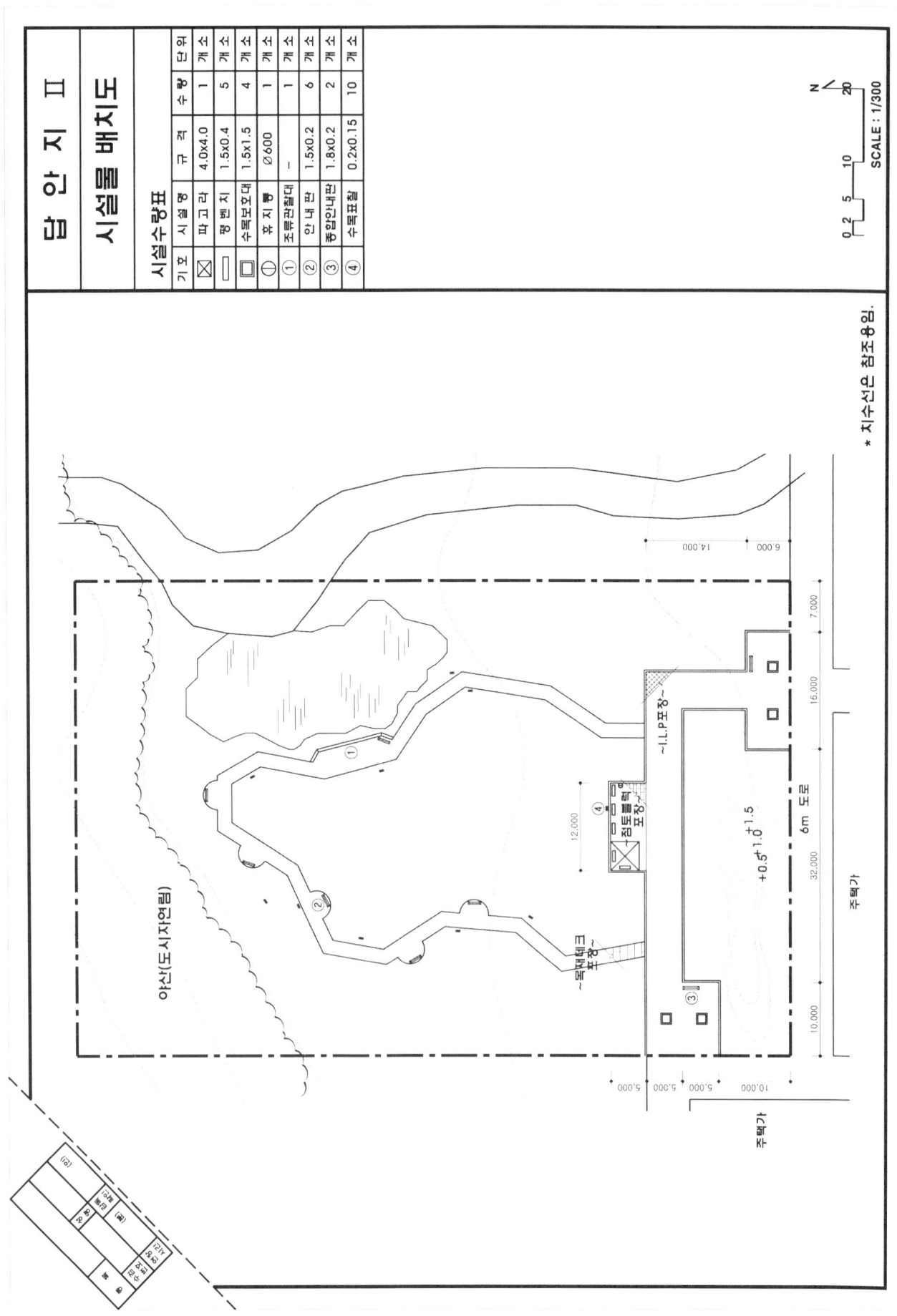

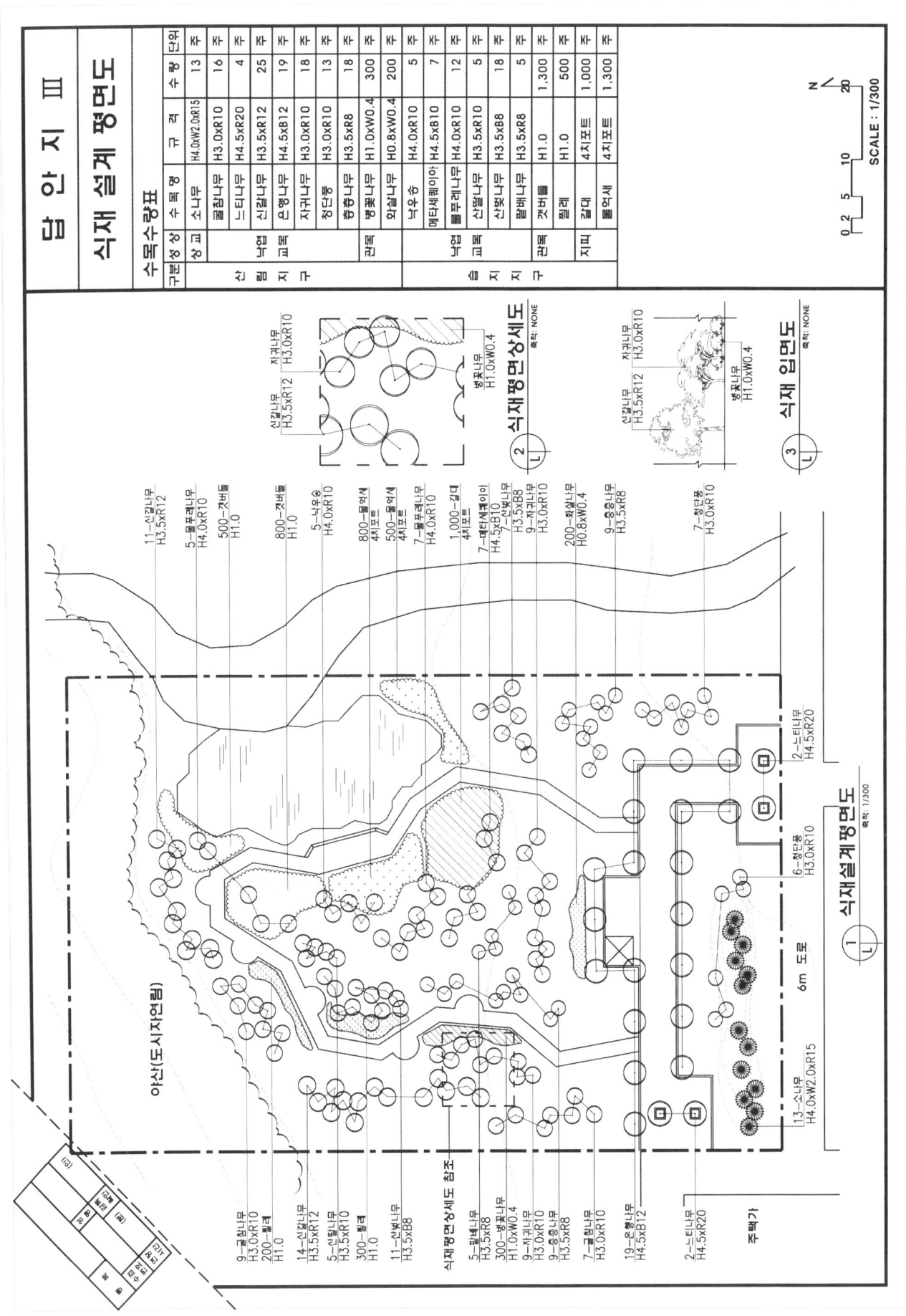

Part 6 조경기사 설계실무 기출문제

 2001, 2008, 2011, 2016, 2023년 조경기사(사적지)

1. 요구 조건

중부지방의 어느 사적지 주변의 조경설계를 하고자 한다.

사적지 탐방은 3계절형(최대일률 1/60)이고, 연간 이용객수는 120,000명이다. 이용자수의 65%는 관광버스를 이용하고, 10%는 승용차, 나머지 25%는 영업용 택시, 노선버스 및 기타 이용이라 할 때 관광버스 및 승용차 주차장을 계획하려고 한다. (단, 체재시간은 2시간으로 회전율은 1/2.50이다.)

[문제 1] 공통사항과 아래의 조건을 참고하여 지급된 용지 1매에 현황도를 축척 1/300로 확대하여 설계개념도를 작성하시오.

① 공간구성 개념은 경외지역에 주차공간, 진입 및 휴게공간, 경내지역에는 보존공간, 경관녹지공간을 구분하여 구성할 것
② 경계지역에는 시선차단 및 완충식재 개념을 도입할 것
③ 각 공간은 기능배분을 합리적으로 구분하고 공간의 성격 및 도입시설 등을 간략히 기술할 것
④ 공간배치계획, 동선계획, 식재계획의 개념을 포함할 것

[문제 2] 아래의 조건을 참고하여 지급된 용지 1매에 현황도를 축척 1/300로 확대하여 설계계획도(시설물+식재)를 작성하시오.

① 관광버스 평균 승차인원 40명, 승용차의 평균 승차인원 4인을 기준으로 하고, 기타 25%는 면적을 고려하지 말고 최대일 이용자수를 구하여 주차공간을 설치할 것 (단, 주차방법은 직각주차로 하고, 관광버스 12m×3.5m, 승용차 5.5m×2.5m)
② 주차대수는 쉽게 식별할 수 있도록 버스와 승용차의 주차 일련번호를 기입할 것
③ 주차장 주위에 2~3m 폭의 인도를 두며, 주차장 주변에 2~3m 폭의 경계식재를 할 것
④ 전체공간의 바닥포장 재료는 4가지로 구분하되 마감재료의 재료명을 명시하여 표현할 것
⑤ 편익시설(벤치 3인용 10개 이상, 음료수대 2개소, 휴지통 10개 이상)을 경외에 설치할 것
⑥ 상징조형물은 진입과 시설을 고려하여 광장 중앙에 배치하되 형태와 크기는 자유로 한다.
⑦ 계획고를 고려하여 경외 진입광장에서 경내로 경사면을 사용하여 답고 15cm의 계단을 설치할 것
⑧ 수목의 명칭, 규격, 수량은 인출선을 사용하여 표기하고 전체적인 수량을 도면의 우측 여백에 표로 작성하여 나타낼 것
⑨ 계절의 변화감을 고려하여 가급적 전통 수종을 선택하되, 다음 수종 중에서 20가지 이상을 선택하여 배식할 것

 보기

소나무, 은행나무, 잣나무, 굴거리나무, 동백나무, 후박나무, 개나리, 벽오동, 회화나무, 대추나무, 자귀나무, 모과나무, 수수꽃다리, 회양목, 이태리포플러, 수양버들, 산수유, 불두화, 눈향나무, 영산홍, 옥향, 산철쭉, 진달래, 느티나무, 느릅나무, 백목련, 일본목련, 꽝꽝나무, 가시나무, 리기다소나무, 왕벚나무, 광나무, 홍단풍, 테다소나무, 송악

[문제 3] A-A′ 단면도를 축척 1/300로 그리시오.

■ 현황도

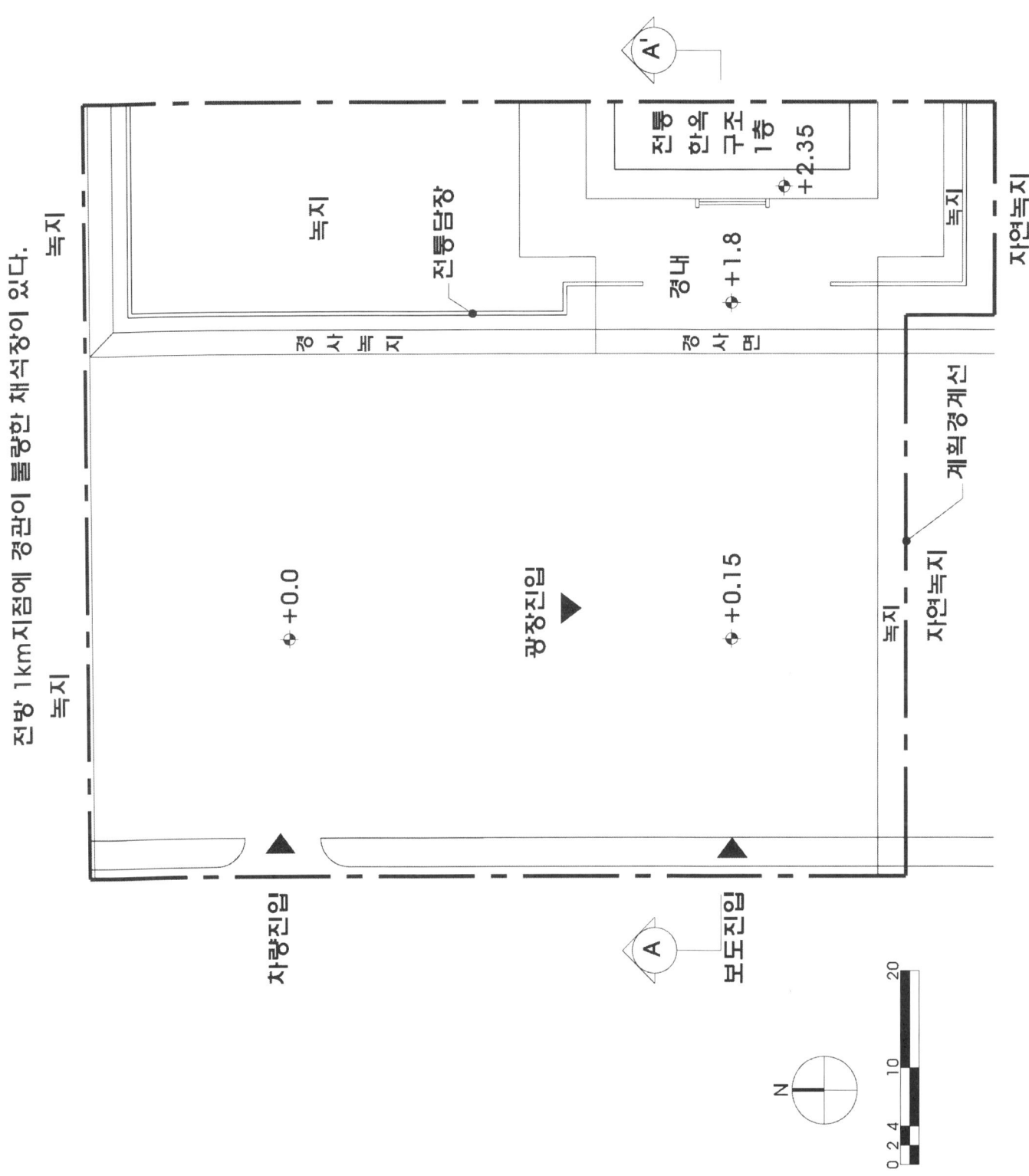

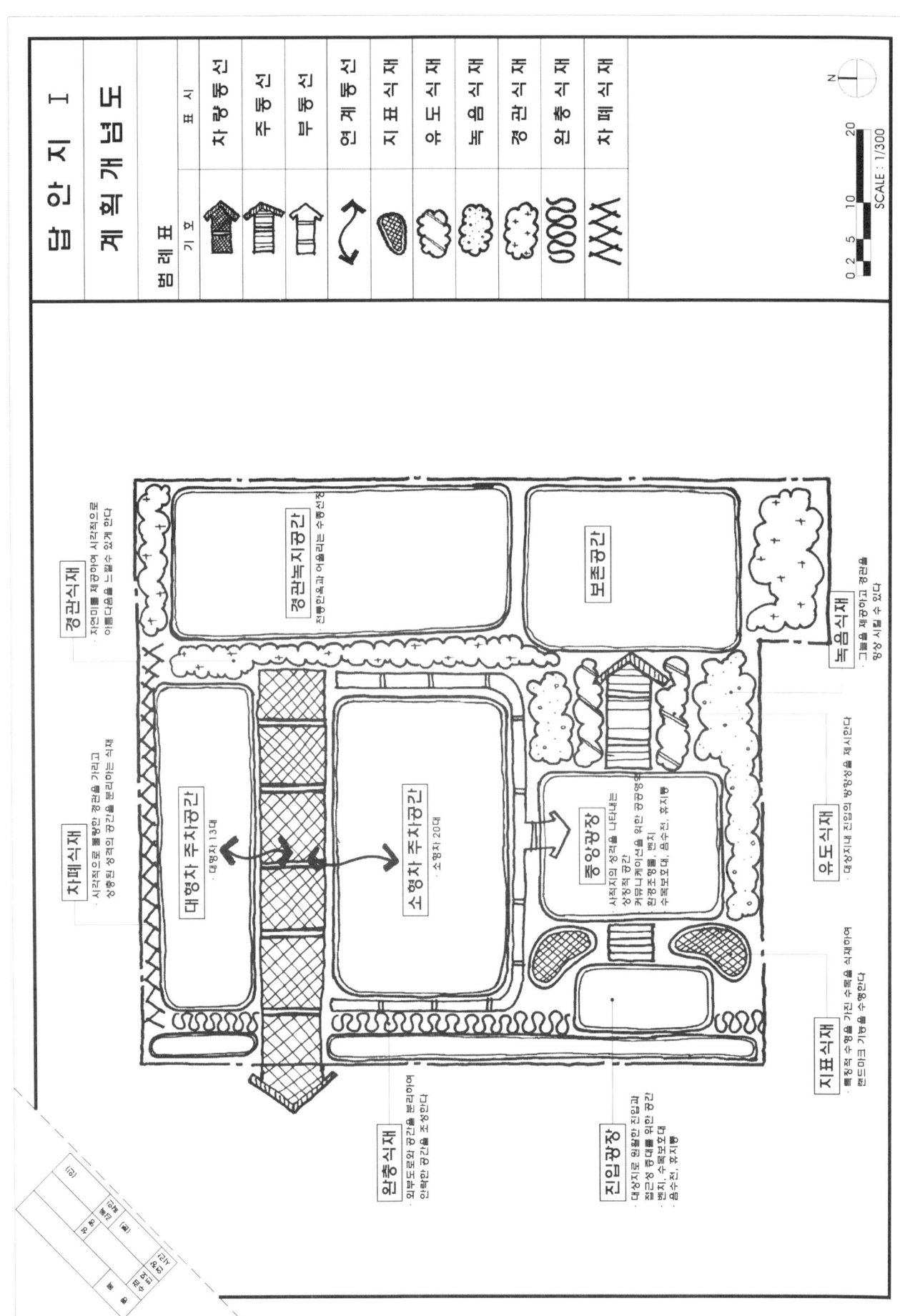

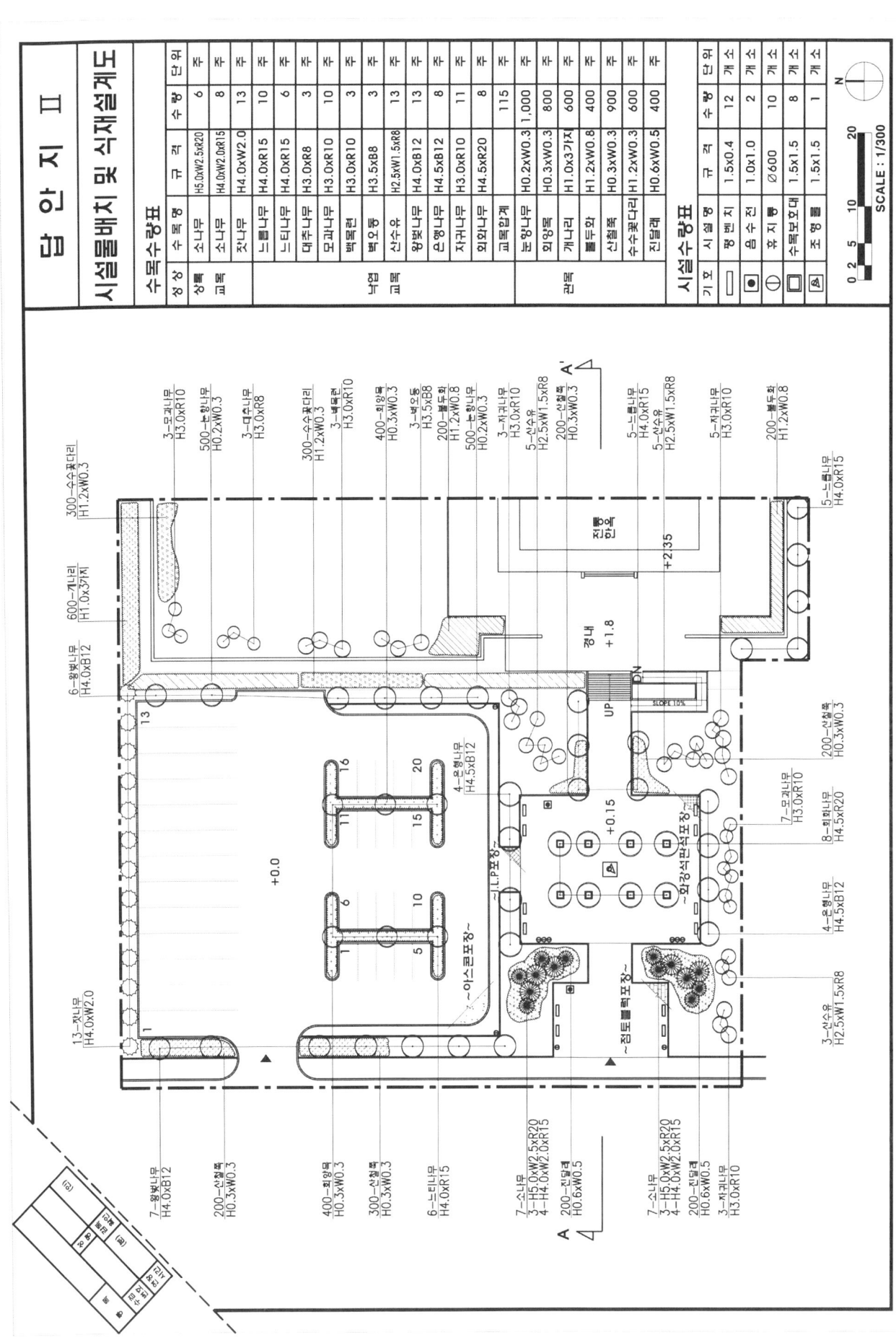

Part 6 조경기사 설계실무 기출문제

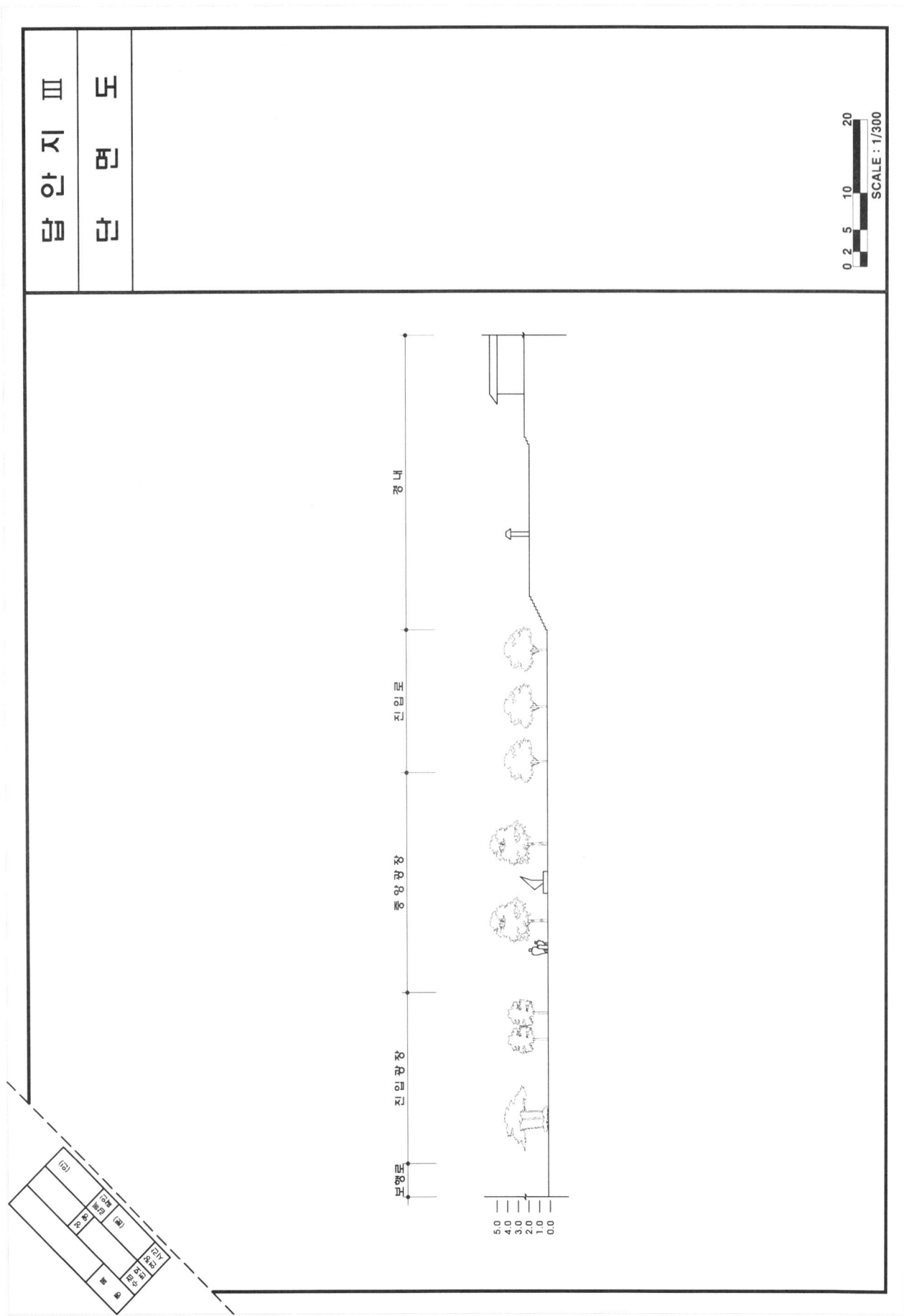

기출...3 2006, 2017, 2021년 조경기사(옥상정원)

1. 요구 조건

본 옥상정원 대상지는 중부지방의 12층 업무용 빌딩 내 5층으로 식당과 휴게실이 인접하고 있다. 대상지는 건물 전면부에 위치하고 있으므로 외부에서 조망되고 있다.
이 옥상정원은 다음 사항을 원칙적으로 고려한다.
① 본 빌딩 이용자들의 옥외 휴식장소로 제공한다.
② 시설물은 하중을 고려하여 설치한다.
③ 공간구성 및 시설물은 이용자의 편의를 고려한다.
④ 야간 이용도 가능하도록 한다.

[문제 1] 주어진 현황도를 축척 1/100로 확대하여 지급된 트레이싱지에 다음 요구사항을 충족시키는 계획개념도를 작성하시오.
① 집합 및 휴게공간 1개소, 휴식공간 1개소, 간이 휴게공간 2개소, 수경공간 2개소, 식재공간 수개소

[문제 2] 주어진 현황도를 축척 1/100로 확대하여 지급된 트레이싱지에 다음 요구사항을 충족시키는 시설물배치도를 작성하시오.
① 집합 및 휴게공간은 본 바닥 높이보다 30~60cm 높게 하며, 중앙에는 환경조각물을 설치한다.
② 휴게공간 및 휴식공간은 긴 벤치를 설치한다. 그리고 휴식공간에는 퍼걸러를 1개 설치한다.
③ 수경시설 공간은 분수를 설치한다.
④ 적당한 곳에 조명 등 휴지통을 배치한다.
⑤ 대상 도면의 기둥 및 보의 표현은 생략하고, 급수파이프, 전기 배선을 나타낸다.
⑥ 식재공간 중 교목 식재지는 적합한 토심이 유지되도록 적당히 마운딩한다.
⑦ 도면 우측에 범례를 작성한다.

[문제 3] 주어진 현황도를 축척 1/100로 확대하여 지급된 트레이싱지에 다음 요구사항을 충족시키는 식재설계 평면도와 횡단면도를 작성하시오.
① 옥상정원에 적합한 식물을 선택한다.
② 교목과 관목, 상록과 낙엽 등의 비율을 고려한다.
③ 인출선상에 식물명, 규격, 수량 등을 나타낸다.
④ 도면 하단에 횡단면도를 축척 1/100로 나타내시오.

■ 현황도

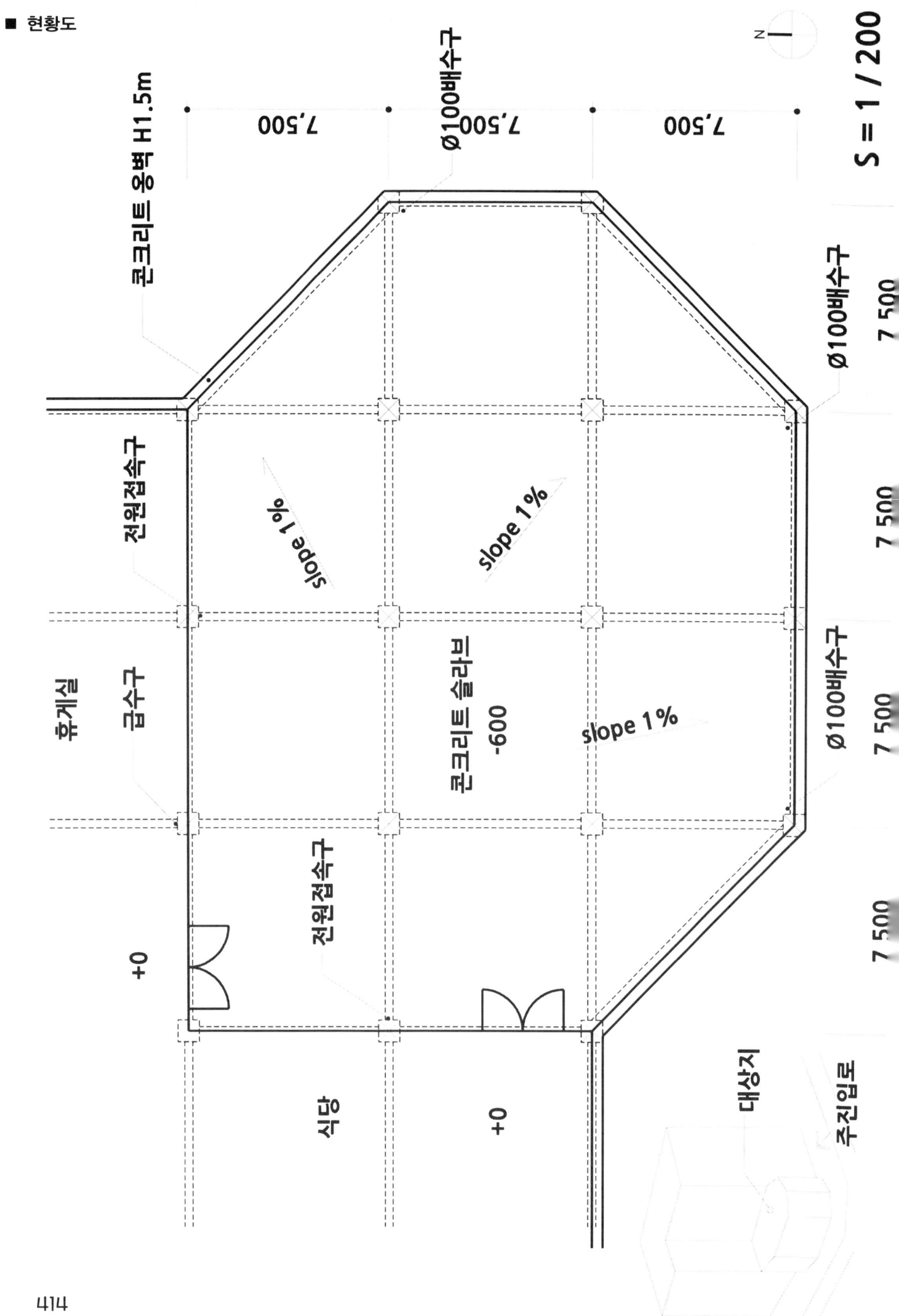

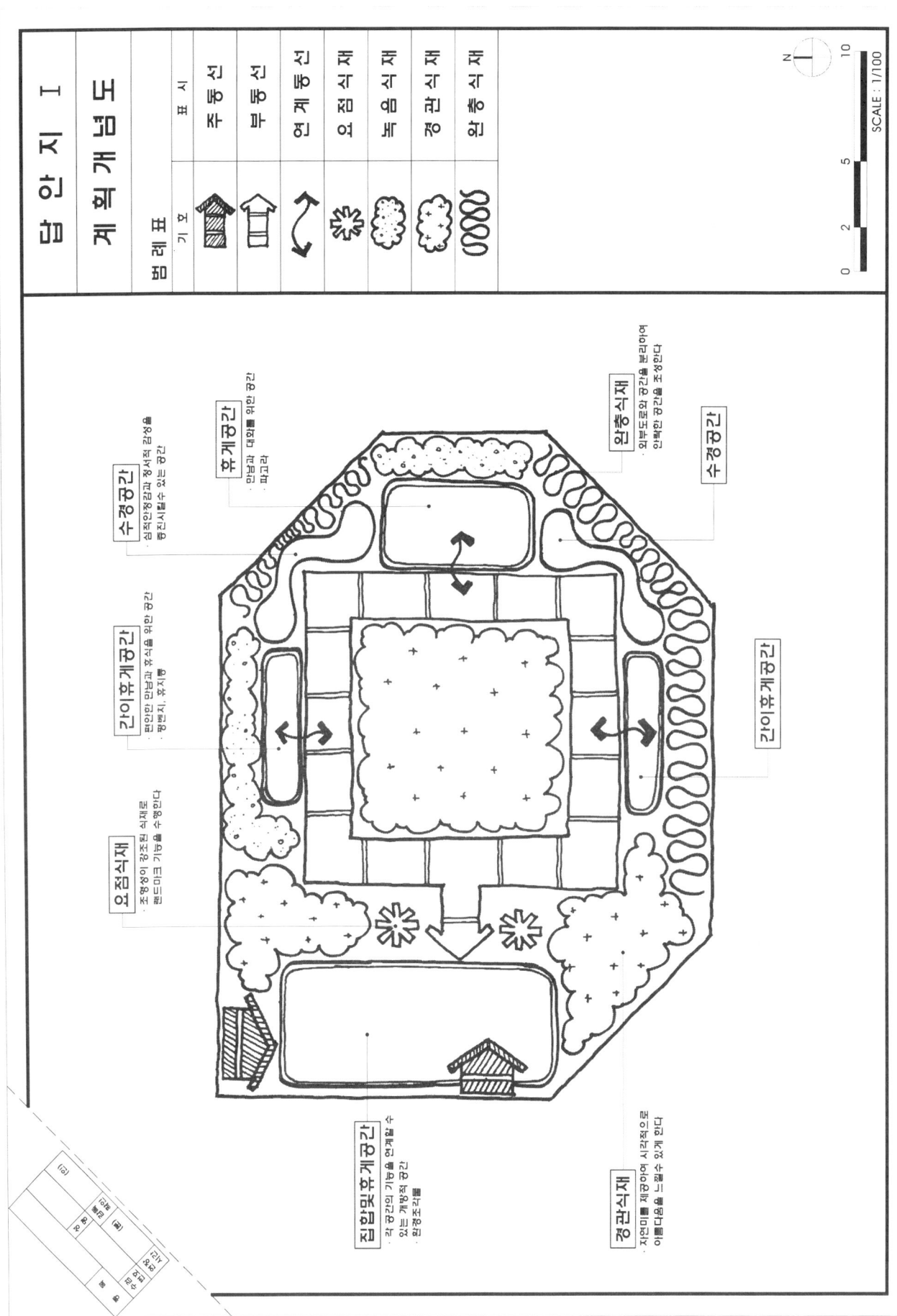

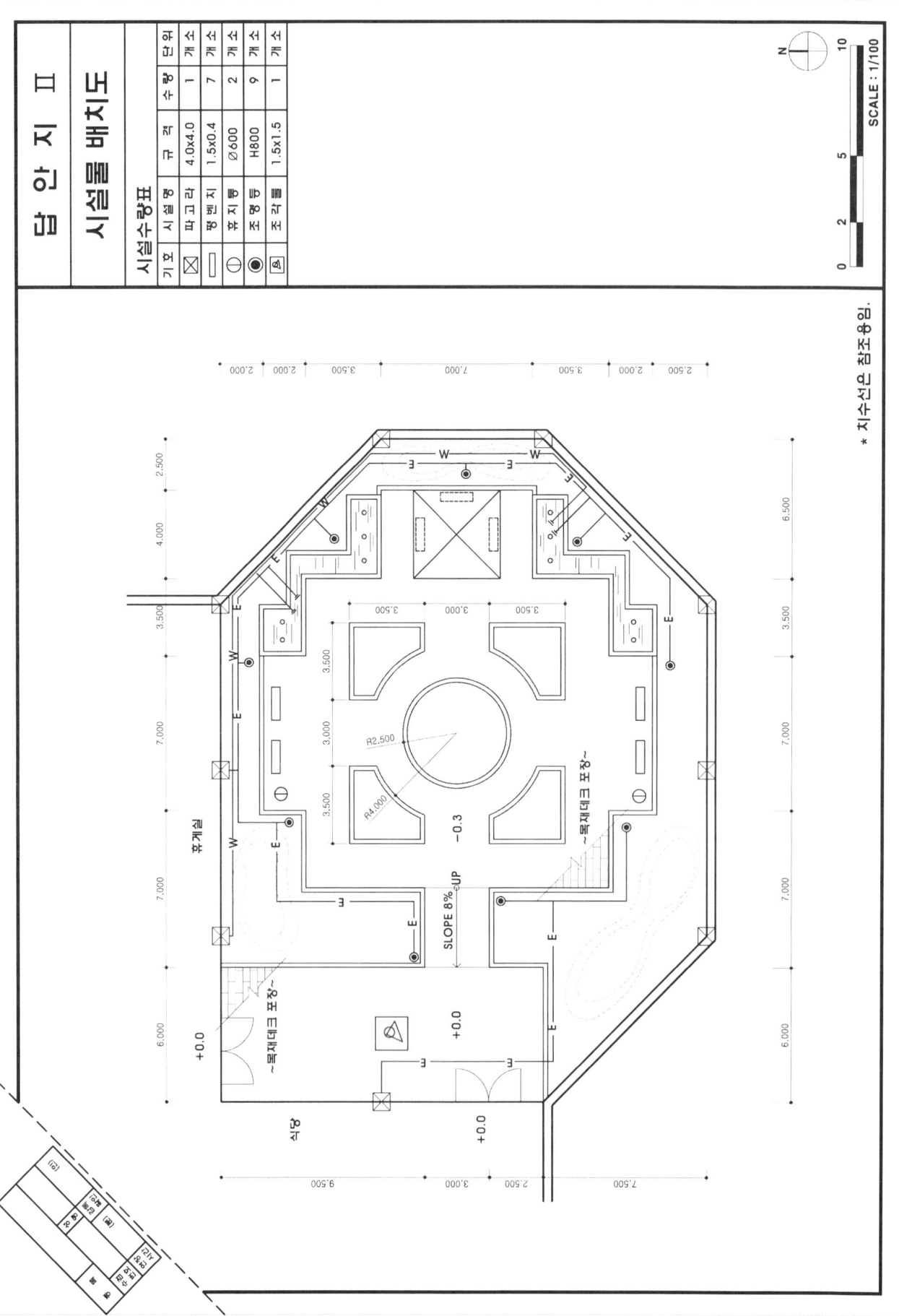

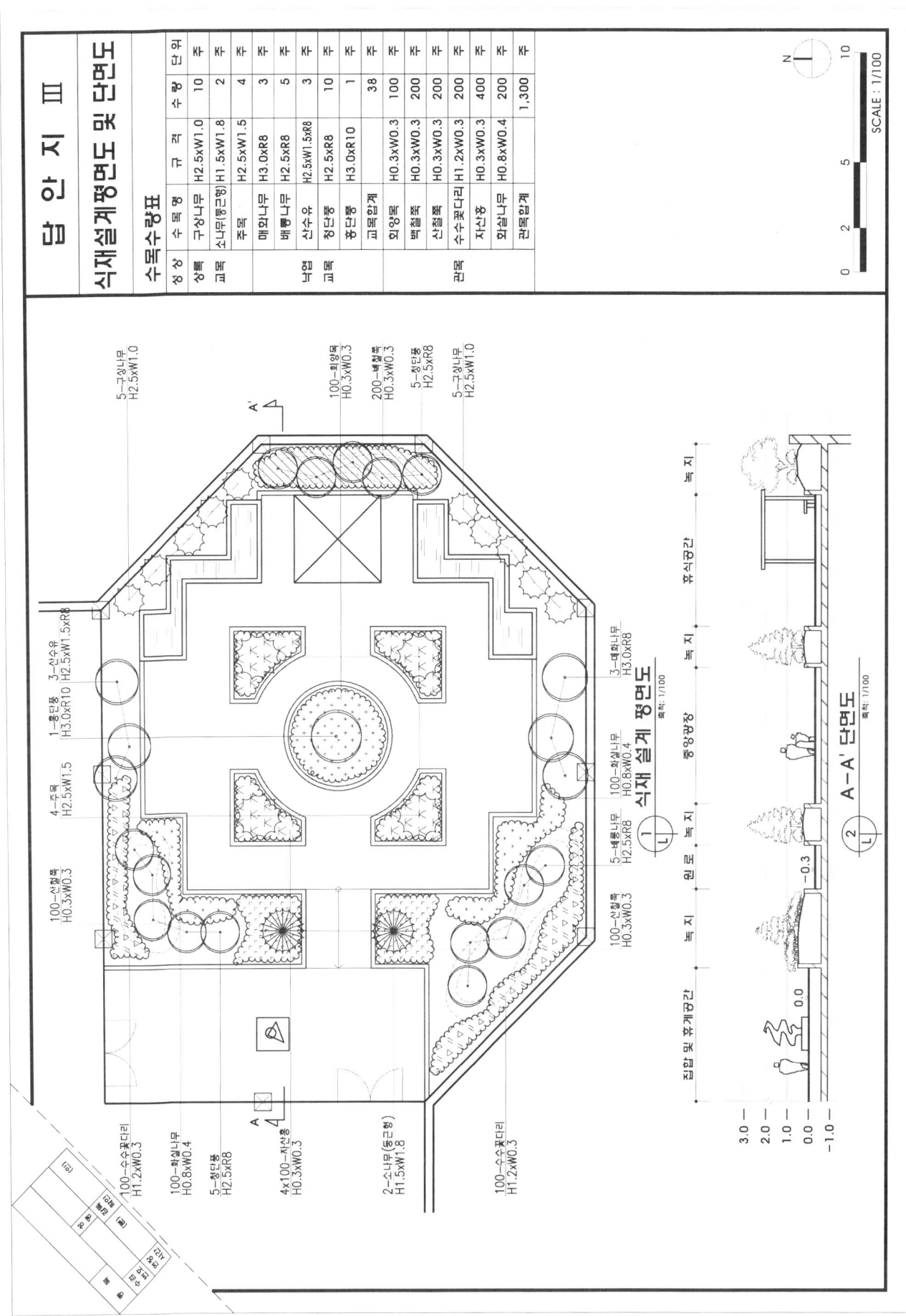

Part 6 조경기사 설계실무 기출문제

 **2006년 조경기사(어린이공원)**

1. 요구 조건

다음은 중부지방의 도시 내의 아파트단지에 인접한 어린이공원의 부지 현황도이다.

설계부지의 북, 동쪽으로는 아파트에 인접하고, 남서쪽으로는 3m 보도에 접해 있으며, 가로 45m, 세로 55m이며 보도에 접한 모서리는 5×5m 구간에서 45° 사선으로 깎여 있다. 부지의 지상부는 어린이공원으로 설계하고, 부지 지하는 거의 전 면적을 지하주차장으로 설계하려 한다. 주어진 설계조건을 반영시켜 답안지 I에 설계개념도(1/150)와 답안지 II에 기본설계 및 배식설계도(1/150), 답안지 III에 종단면도(1/150)와 벽천 및 연못 스케치(non scale)를 작성하시오.

[문제 1]

① 지하주차장으로의 차량 진·출입은 반드시 현황도에 지정된 곳(2곳)에 한정한다.
② 공간 : 놀이공간(100㎡), 다목적 포장공간(100㎡), 중앙광장, 침상공간(100㎡), 휴게공간(100㎡), 화장실(20㎡), 녹지공간
③ 동선 : 주동선과 부동선, 진입관계, 공간배치, 식재개념 배치 등을 개념도의 표현기법을 사용하여 나타내고, 각 공간의 명칭, 성격, 기능을 약술하시오.
④ 포장재료를 3종 이상 선정하여 설계하고 재료명을 표기하시오.
⑤ 요구시설로는

구분	시설 배치 규격 및 배치수량
침상공간	환경조형물, 지하주차장 보행진입계단 등
다목적 포장공간	파고라 및 쉘터 2개 이상, 벤치 8개, 휴지통 6개, 음수전 1개
놀이공간	조합놀이대를 포함하여 5종 이상
휴게공간	놀이공간 인접한 곳, 중앙광장 주변에 설치, 파고라 또는 쉘터 4개 이상
중심광장	간이 무대, 스탠드
녹지공간	연못 및 벽천, 지하주차장 환기시설(4㎡) 2~4개소, 지하주차장 이용자 계단실 2개소를 녹지 내에 질서 있고 균등하게 설치

⑥ 식재 : 녹지공간에는 중부이북지방에 적합한 수종(낙엽교목 7종, 상록교목 4종 이상)을 선택하여 차폐 및 위요, 경계식재를 한다.
⑦ 식재한 수량을 집계하여 수목수량표를 도면 우측에 작성하시오.

■ 현황도

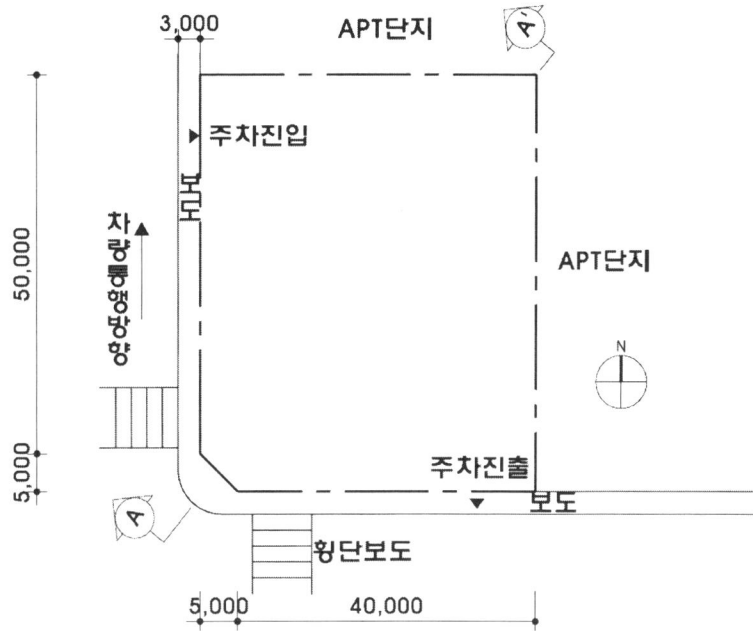

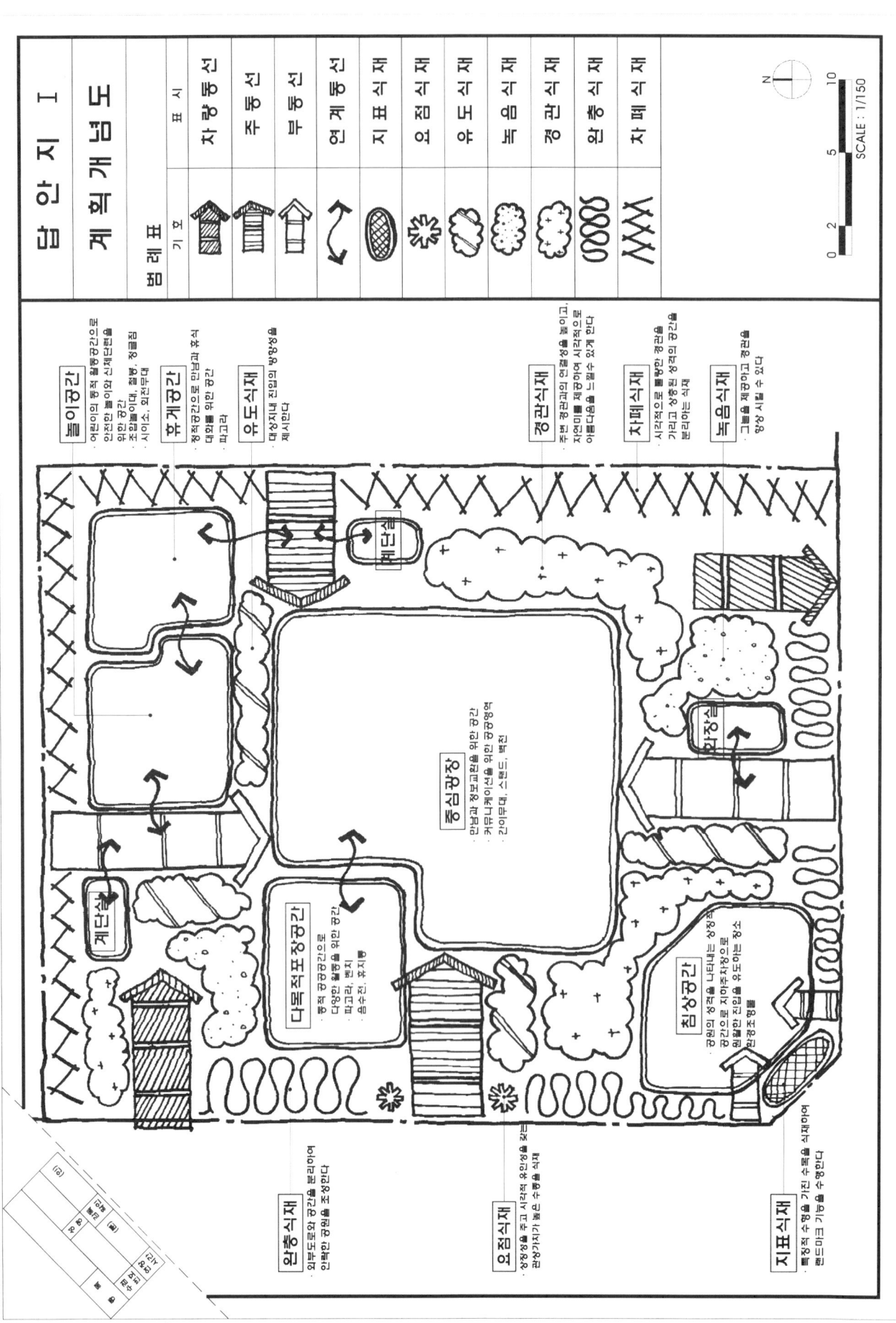

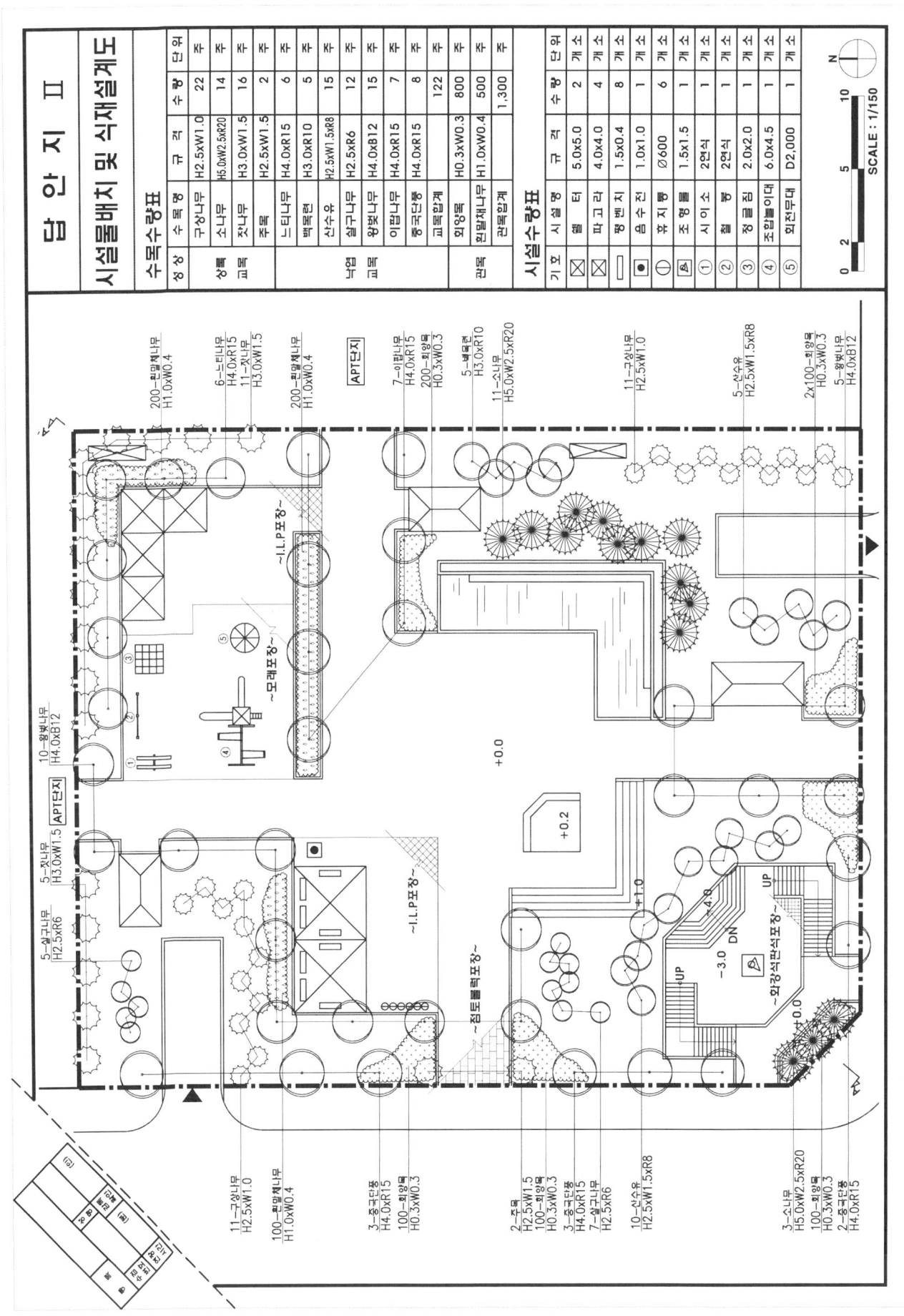

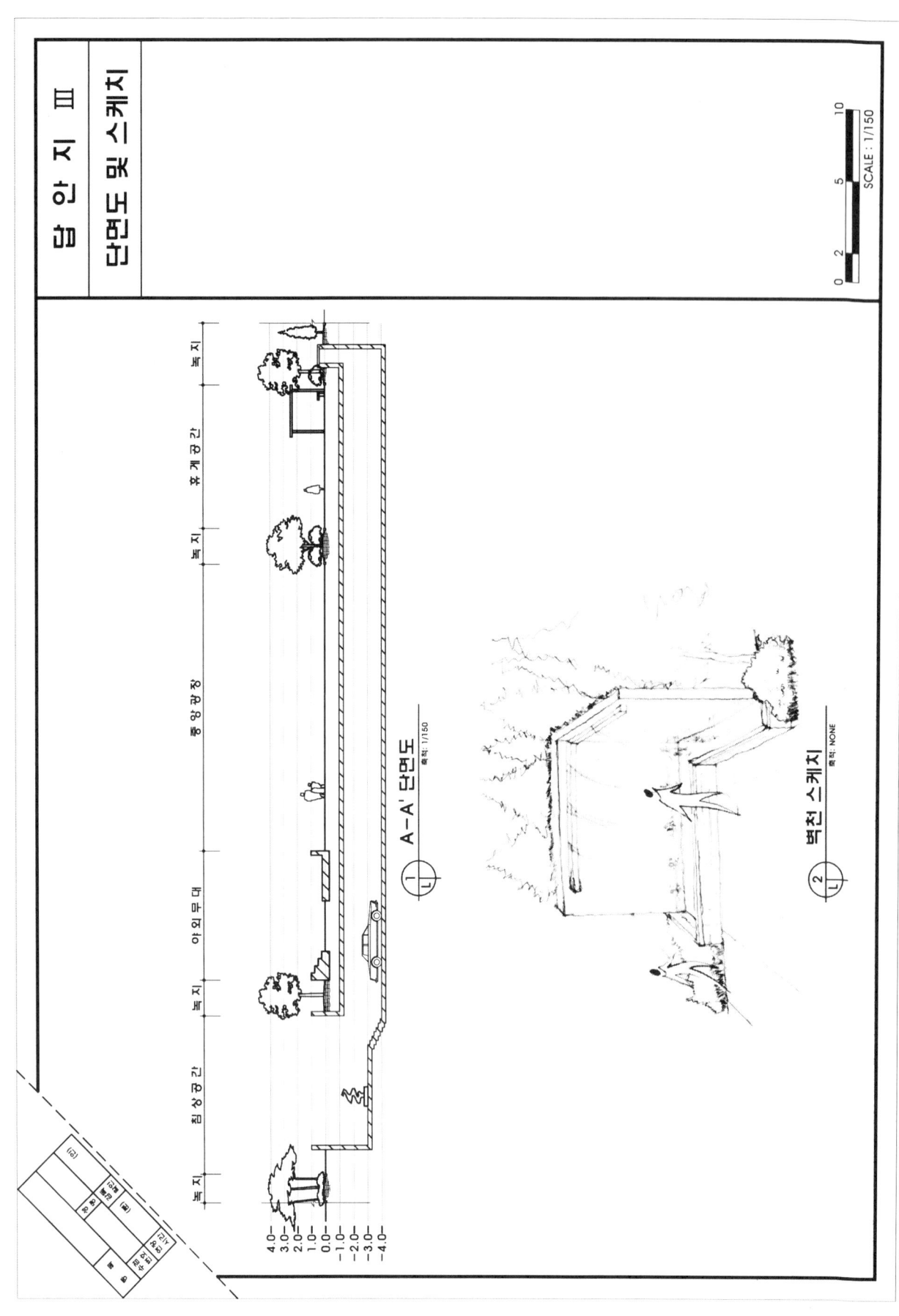

 **1997, 2000년 조경기사(국도변 휴게소)**

1. 요구 조건

주어진 현황도와 설계조건을 이용하여 문제 요구 순서대로 작성하시오.

[문제 1] 4차선의 국도변에 휴게소를 설치하려고 한다. 지급된 트레이싱지 1매의 좌측부분에 주어진 현황도를 축척 1/400로 확대하여 제도하고 다음 요구사항을 충족시키는 도면을 작성하시오.

- 부지 내는 지표고 27m 및 28m의 평지가 되도록 등고선을 조작하시오. 단, 휴게시설공간과 휴식공간은 지표고 28m의 평지에 위치하도록 한다.
- 부지 내의 다음 공간들이 휴게소 조건에 합리적이고 기능적이며 유기적인 것이 되도록 공간개념도를 작성하시오.

① 휴게시설공간(매점, 화장실 등) 30×12m 1개소
② 휴식공간 2개소
③ 완충공간 1개소
④ 차량동선과 보행동선 1개소
⑤ 소형차 주차장(20대 정도) 1개소
⑥ 버스 주차장(7~8대 정도) 1개소
⑦ 주유소 및 정비공간 1개소

[문제 2] 지급된 트레이싱지 1매 우측부분에 문제 1의 공간개념도를 참고로 하여 주어진 현황도를 축척 1/400로 확대하여 제도하고 다음 요구사항을 충족시키는 도면을 작성하시오.

① 휴게시설물의 건축물 위치(휴게시설물은 단일건물로 통합하여도 좋음)
② 소형차 주차장(20대 정도), 버스 주차장(7~8대 정도)
③ 퍼걸러 2~4개
④ 주유소 및 정비소(단일 건축물)
⑤ 완충공간은 현 지표고보다 1m 높게 성토하고 등고선 표기는 50cm 단위로 나타내시오.
⑥ 보행동선상에 필요한 곳은 계단에 램프를 설치하시오.
⑦ 식재 공간을 알아보기 쉽게 표현하시오.
⑧ 주차공간, 휴게공간에 계획고를 표시하시오.(2개소 이상)

■ 현황도

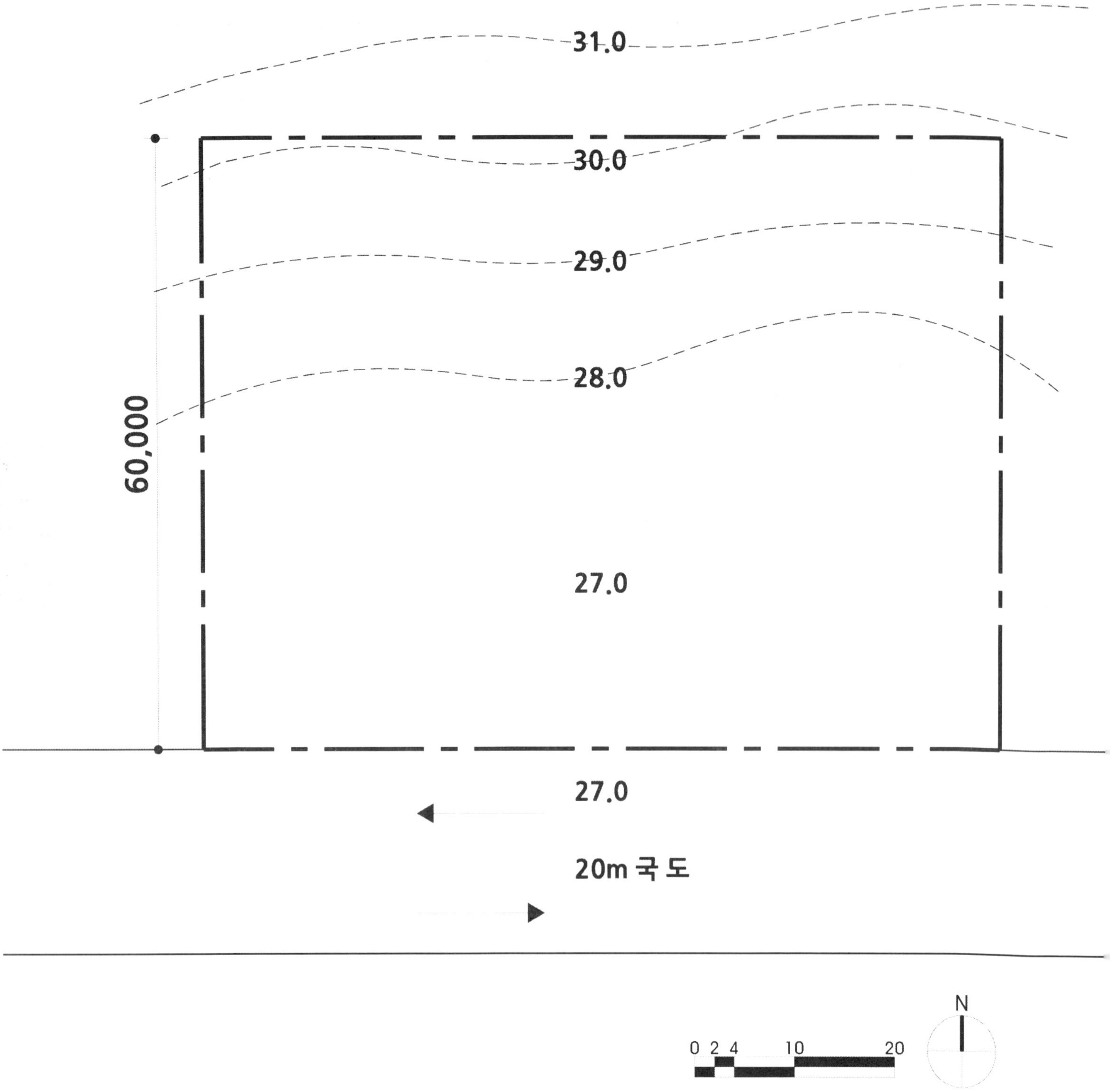

31.0
30.0
29.0
28.0
60,000
27.0
27.0
20m 국 도
0 2 4 10 20
N

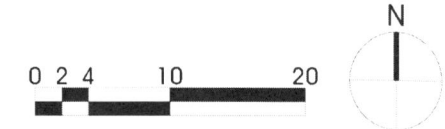

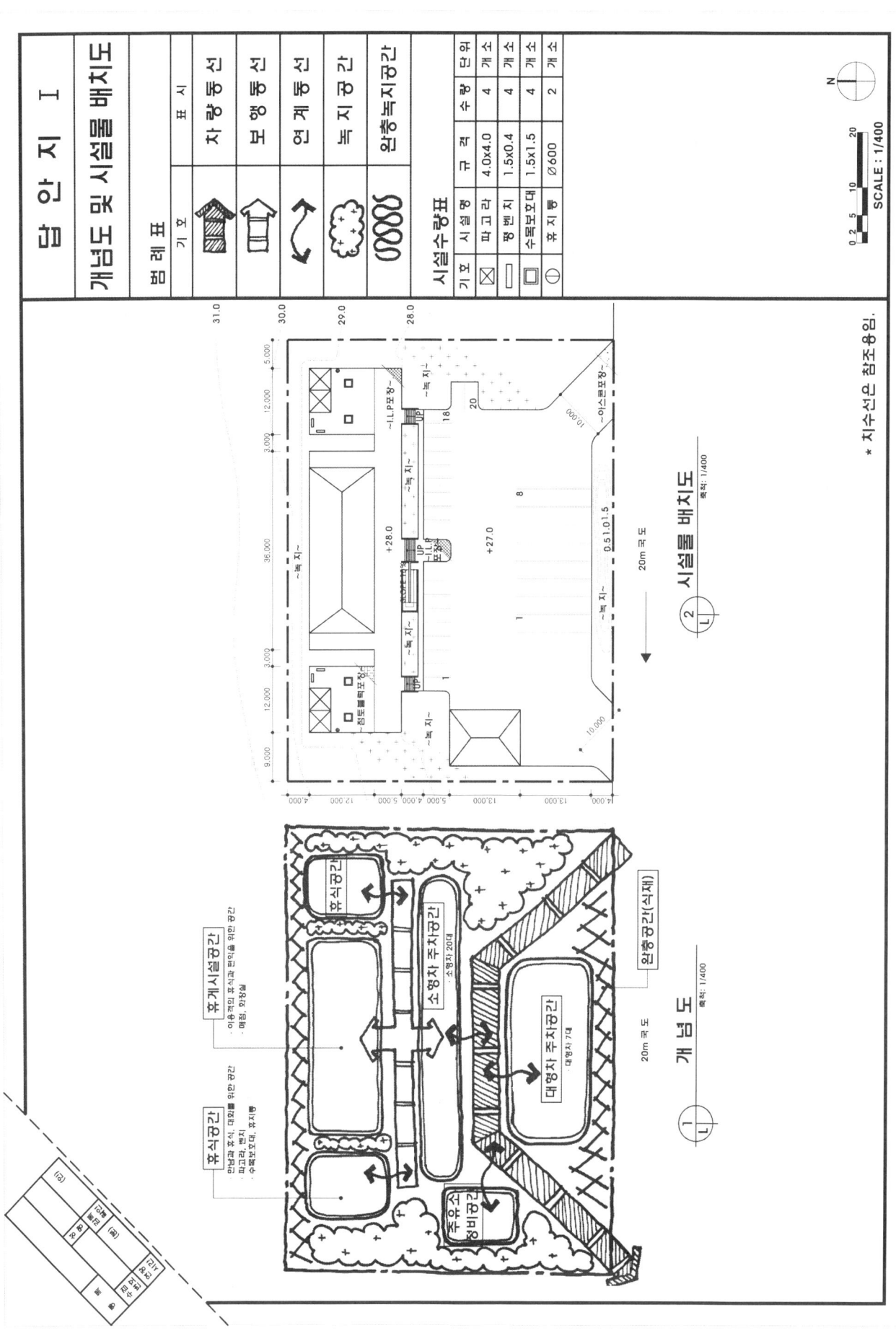

기출...6 2007, 2016, 2019년 조경기사(업무용 빌딩)

1. 요구 조건

주어진 도면과 같은 사무실용 건축물 외부공간에 조경설계를 하고자 한다.
- 지하층 슬래브 상단면의 계획고는 +10.50이다.
- 도면의 좌측과 후면 지역은 시각적으로 경관이 불량하고, 지역은 중부지방의 소도시로서 공해가 심하지 않은 곳

[문제 1] 주어진 현황도를 축척 1/300로 확대하여 지급된 트레이싱지에 다음 요구사항을 충족시키는 계획개념도를 작성하시오.
  ① 북측 및 서측에 상록수 차폐를 하고, 우측에 운동공간(정구장 1면) 및 휴게공간, 남측에 주차공간, 건물 전면에 광장을 계획
  ② 도면의 "가" 부분은 지하층 진입, "나" 부분은 건물 진입을 위한 보행로, "다" 부분은 주차장 진입을 위한 동선으로 계획
  ③ 건물 전면 광장 주요지점에 환경조각물 설치를 위한 계획
  ④ 공간 배치계획, 동선계획, 식재계획 개념을 기술할 것

[문제 2] 주어진 현황도를 축척 1/300로 확대하여 지급된 트레이싱지에 다음 요구사항을 충족시키는 시설물 배치평면도를 작성하시오.
  ① 도면의 a~j까지의 계획고에 맞추어 설계를 하고 "가" 지역은 폭 5m, 경사도 10%의 램프로 처리, "나" 지역은 계단의 1단 높이 15cm로 계단처리, 보행로의 폭은 3m 처리, "다" 지역은 폭 6m의 주차진입로로 경사도 10%의 램프로 처리
  ② ▨▨▨ 부분의 계획고는 +11.35로 건물로의 진입을 위하여 계단을 설치하고 계단 높이 15cm, 디딤판 폭 30cm로 한다.
  ③ 휴게공간에 퍼걸러 1개, 의자 4개, 음료수대 1개, 휴지통 2 이상 설치할 것
  ④ 건물 전면 공간에 높이 3m, 폭 2m의 환경조각물 1개소 설치할 것
  ⑤ 포장재료는 주차장 및 차도의 경우는 아스팔트, 그 밖의 보도 및 광장은 콘크리트 보도블록 및 화강석을 사용할 것
  ⑥ 차도측 보도에서 건축물 대지 쪽으로 정지 작업 시 경사도 1 : 1.5로 처리함
  ⑦ 정구장은 1면은 방위를 고려하여 설치할 것

[문제 3] 주어진 현황도를 축척 1/300로 확대하여 지급된 트레이싱지에 다음 요구사항을 충족시키는 식재기본설계도를 작성하시오.
  ① 사용 수량은 10수종 이상으로 하고 차폐에 사용되는 수목은 수고 3m 이상을 식재할 것
  ② 주차장 주변에 대형 녹음수로 수고 4m 이상 수관폭 3m 이상을 식재할 것
  ③ 진입부분 좌우측에는 상징이 될 수 있는 대형수를 식재할 것
  ④ 건물 전면 광장 전면에 녹지를 두고 식재하도록 할 것
  ⑤ 지하층의 상부는 토심을 고려하여 식재하도록 할 것
  ⑥ 수종의 선택은 지역적인 조건을 최대한 고려한다.

■ 현황도

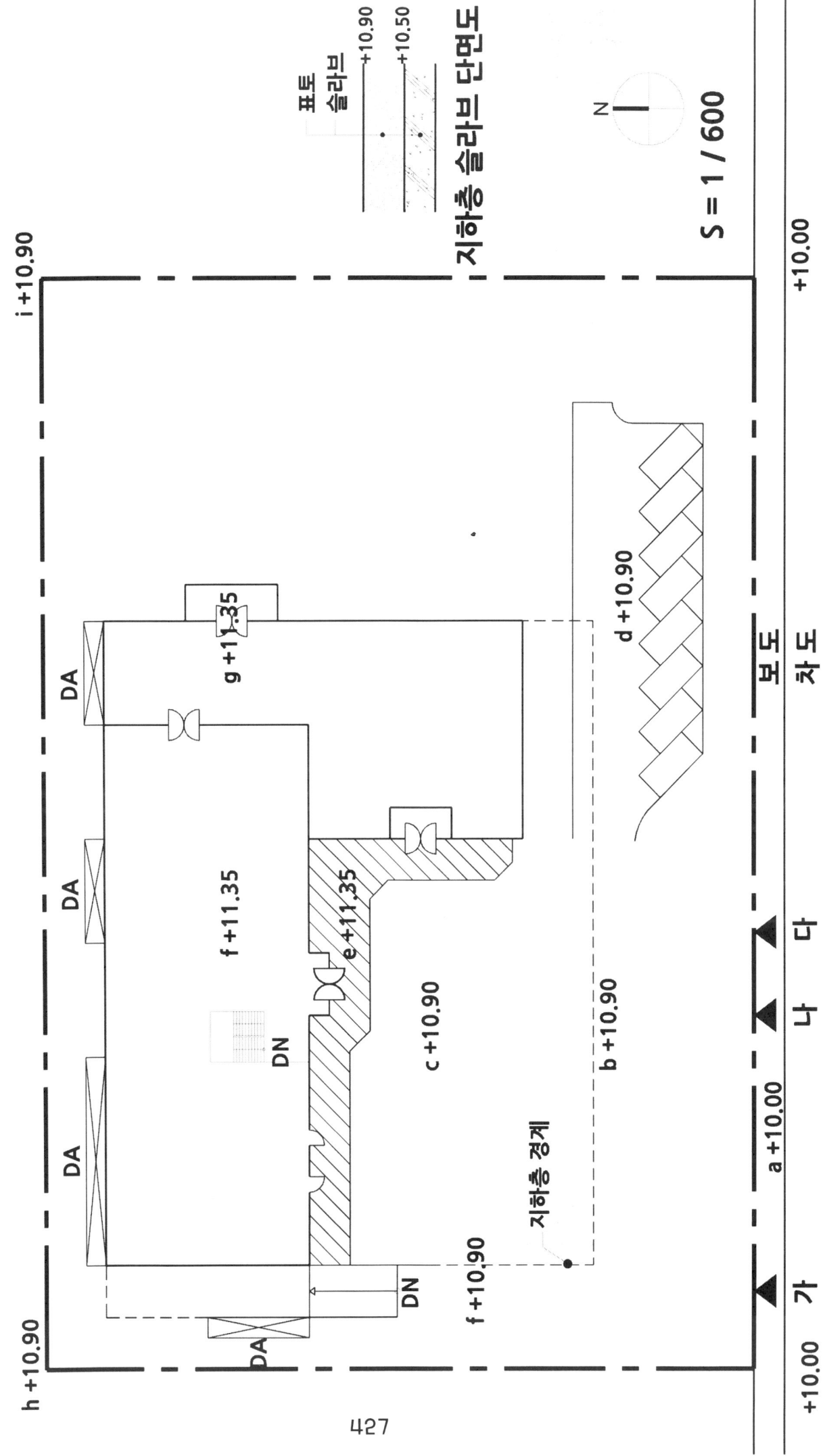

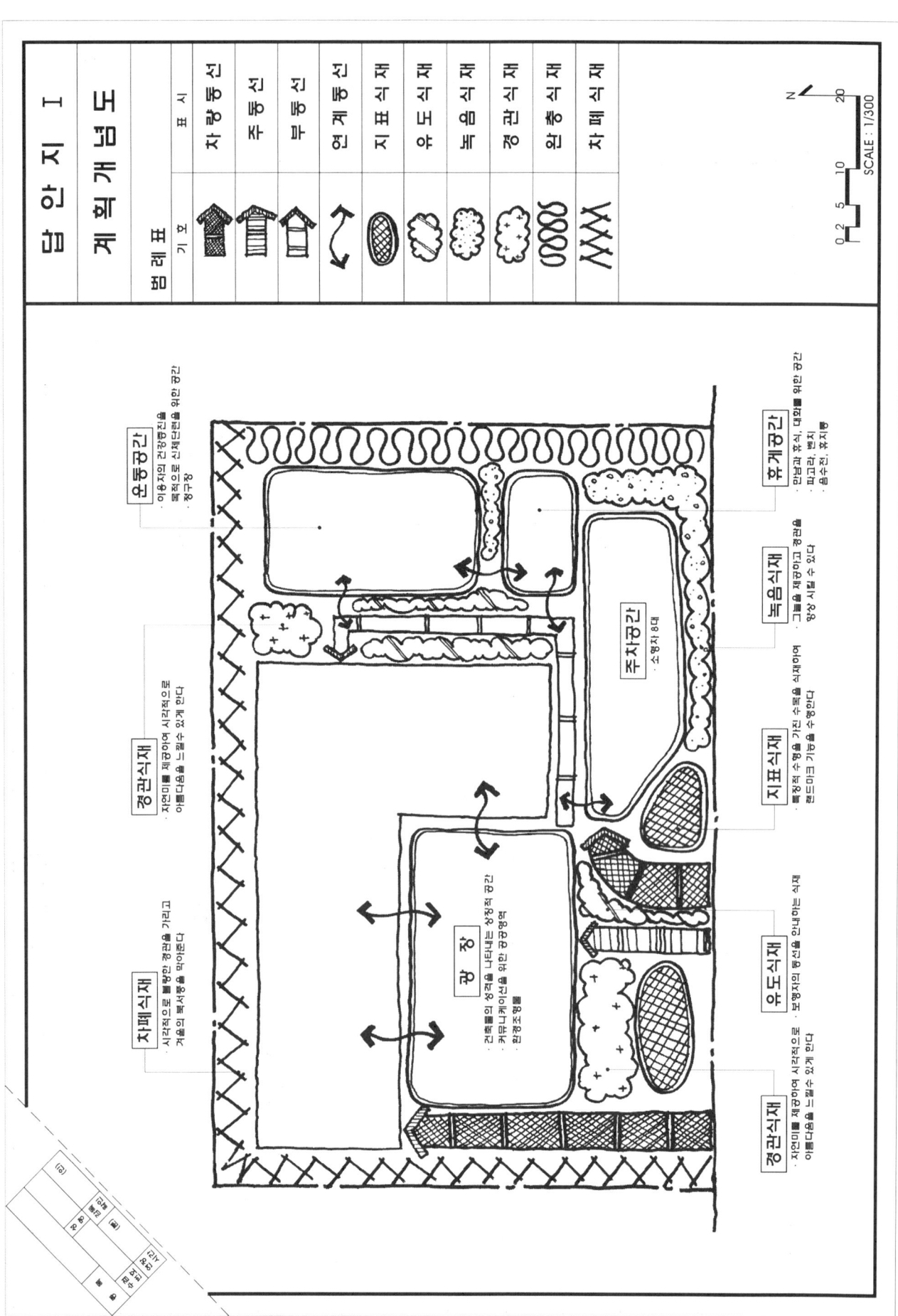

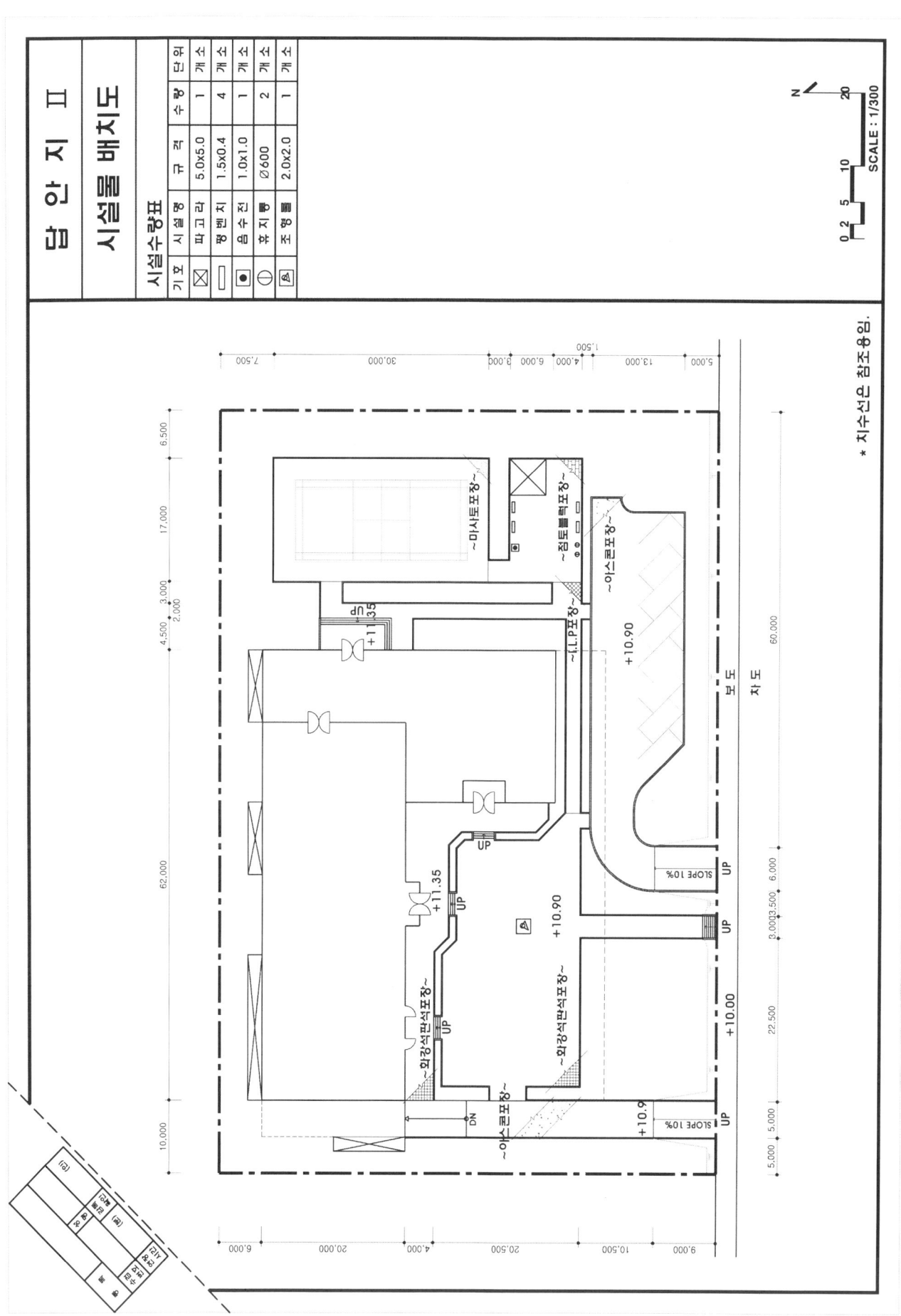

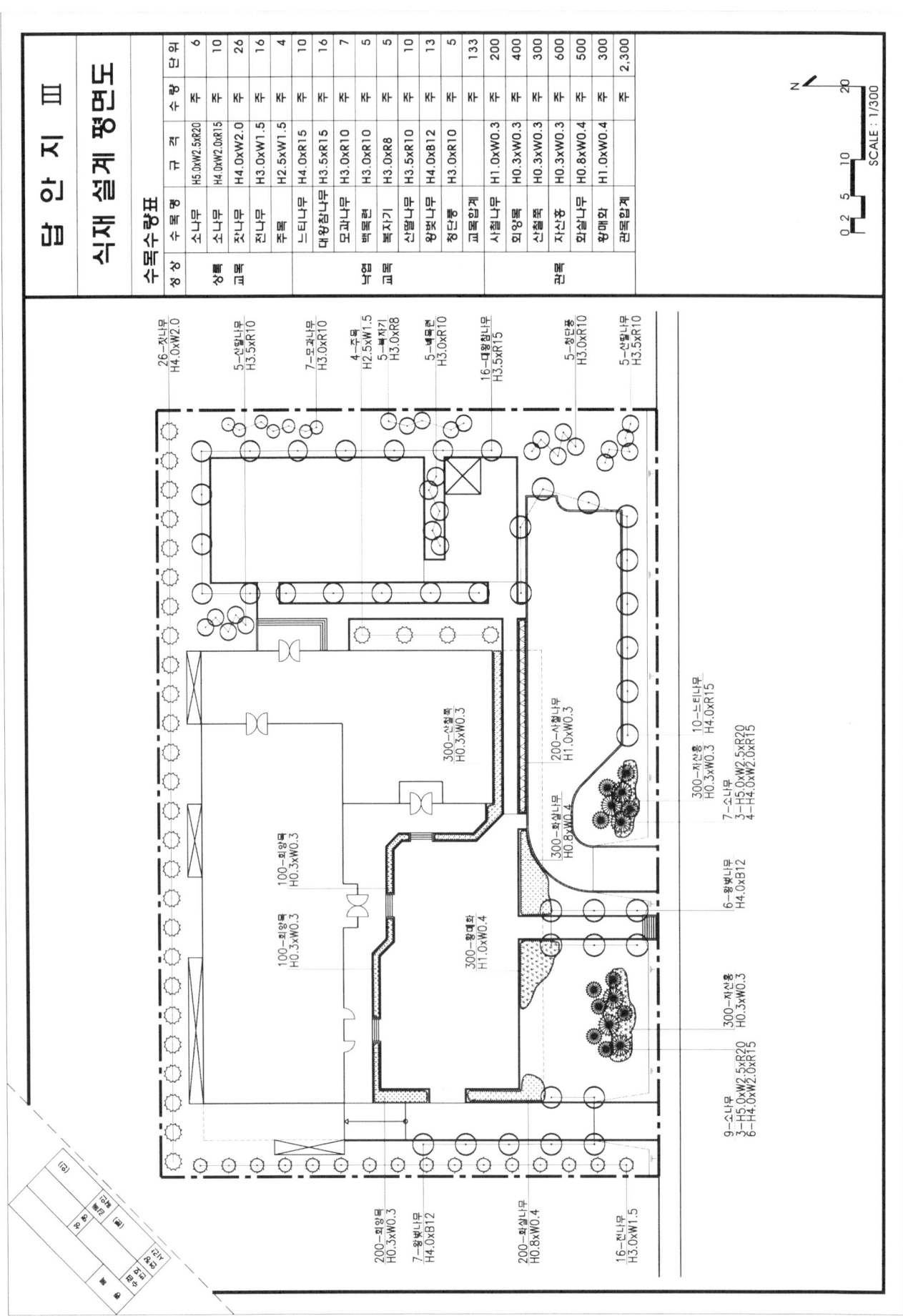

 **2002, 2020년 조경기사(아파트 진입부 광장)**

1. 요구 조건

제시된 현황도는 중부지방의 아파트단지 진입부이다. 도면 내용 중 설계 대상지(일점쇄선부분)만 요구 조건에 따라 설계하시오.

[문제 1] 설계 구상개념도 작성 (답안지 I)

① 주어진 부지를 축척 1/300로 확대하여 작성한다.

② 주민들이 쾌적하게 통행하고 휴식할 수 있도록 동선, 광장, 휴게 및 녹지공간 등을 배치한다.

③ 각 공간의 성격과 지형관계를 고려하여 배치한다.

④ 각 공간의 명칭과 구상개념을 약술한다.

[문제 2] 기본설계도 작성 (답안지 II)

① 주어진 부지를 축척 1/200로 확대하여 작성한다.

② 동선은 지형, 통행량을 고려하고 지체장애인도 통행 가능하도록 한다.

③ 적당한 곳에 퍼걸러 8개(크기, 형태 임의), 장의자 10개, 조명등 10개를 배치한다.

④ 포장재료는 2종 이상 사용하고 도면상에 표기한다.

⑤ 식재설계는 경관 및 녹음 위주로 하는 다음 [보기] 수종에서 10종 이상을 선택하여 설계한다.

⑥ 인출선을 사용하여 수종, 수량, 규격 등을 기재하고, 도면 우측에 수종집계표를 작성하시오.

 보기

벚나무, 은행나무, 아왜나무, 소나무, 잣나무, 느티나무, 백합목, 백목련, 청단풍, 녹나무, 돈나무, 쥐똥나무, 산철쭉, 기리시마철쭉, 회양목, 유엽도, 천리향

[문제 3] 단면도 작성(답안지 III)

① 문제지에 표시된 A-A′ 단면도를 설계된 내용에 따라 축척 1/200로 작성하시오.

② 설계 내용을 나타내는 데 필요한 곳에 점표고를 표시하시오.

Part 6 조경기사 설계실무 기출문제

■ 현황도

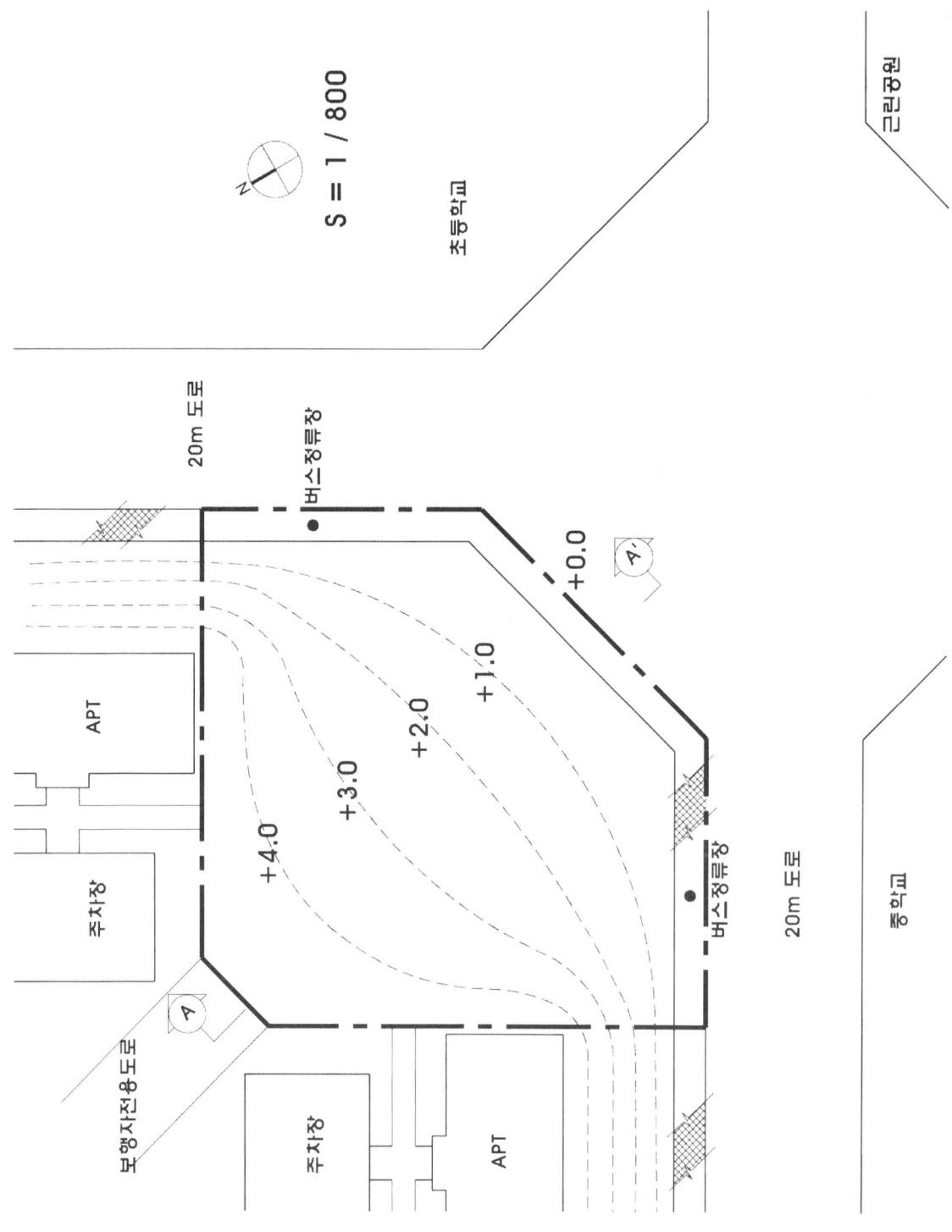

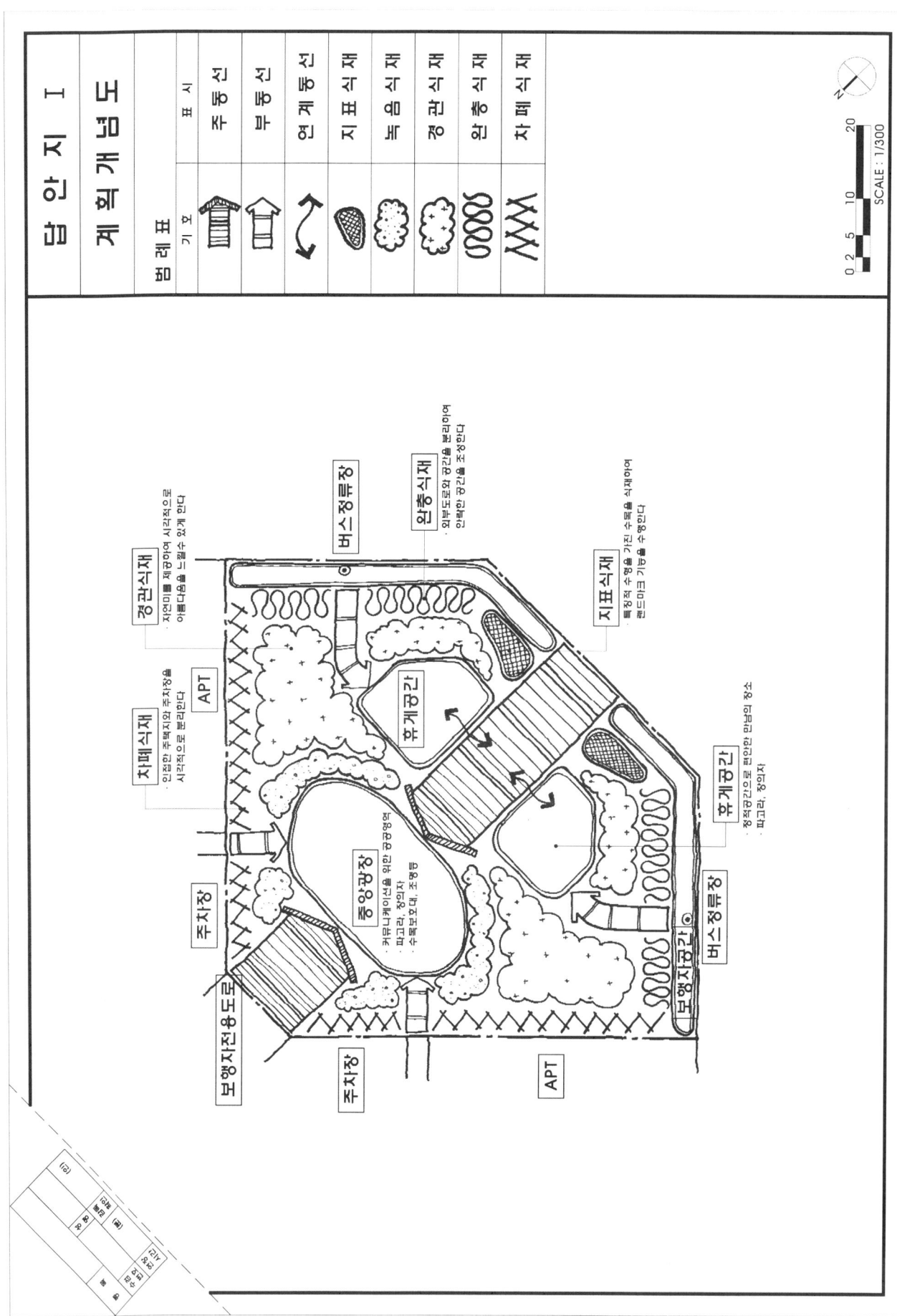

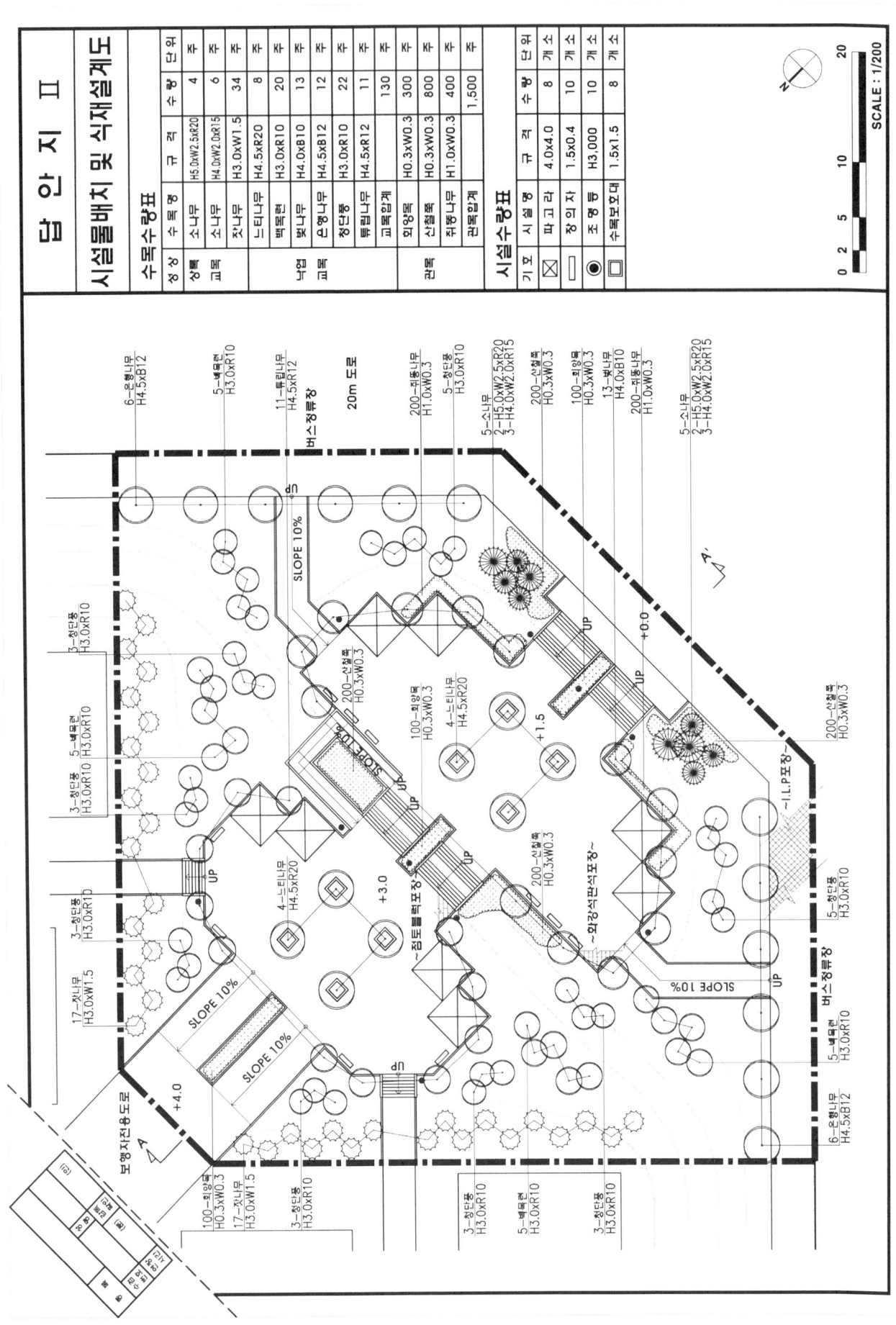

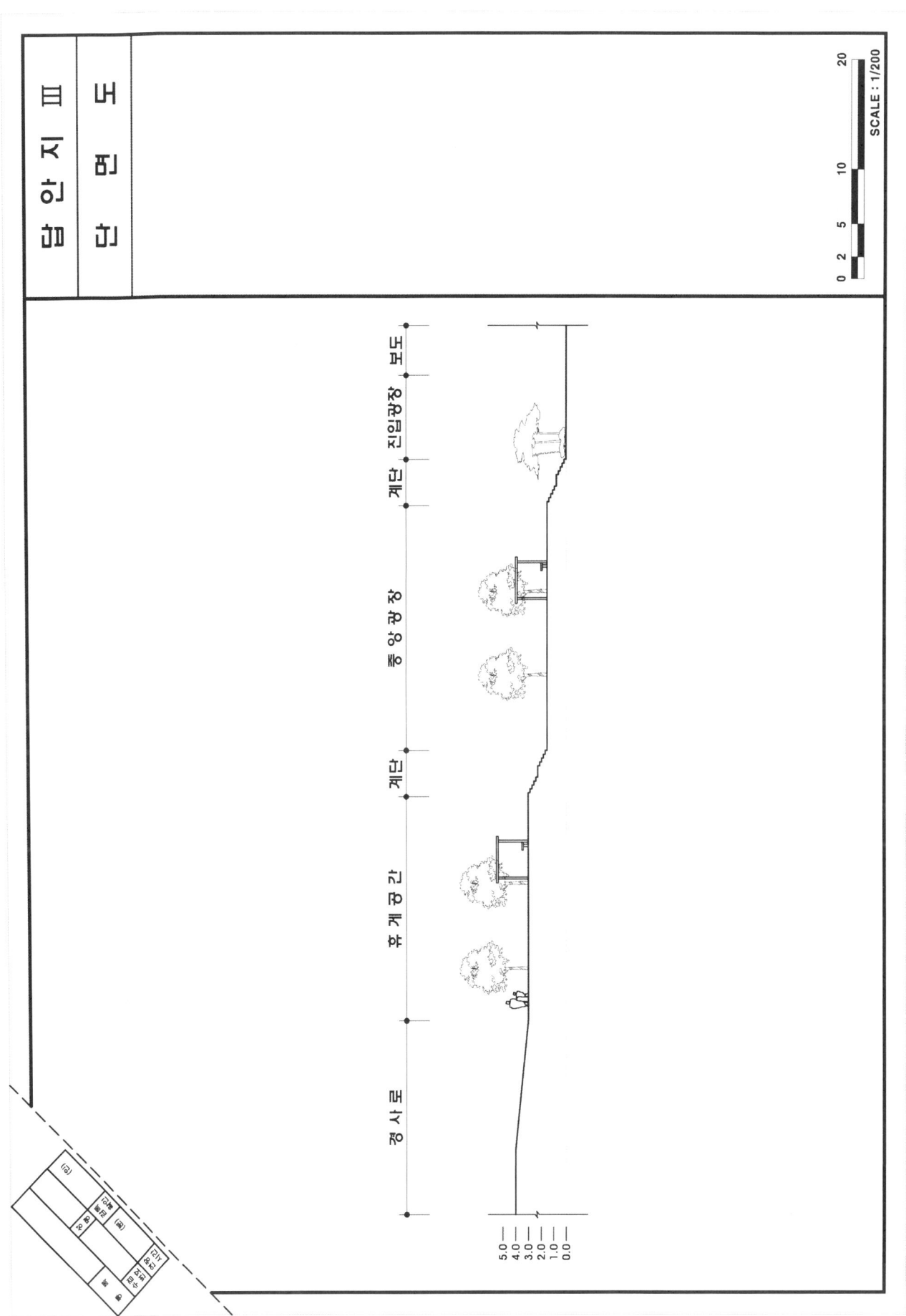

Part 6 조경기사 설계실무 기출문제

 2007, 2015, 2020년 조경기사(근린공원)

1. 요구 조건

다음은 중부지방에 위치한 주택지의 근린공원이다.

[문제 1] 주어진 현황도를 축척 1/300로 확대하여 지급된 트레이싱지에 다음 요구사항을 충족시키는 설계개념도를 작성하시오.
① 주동선과 부동선을 구분하고 산책동선을 설계할 것
② 중앙광장, 운동공간, 전망 및 휴게공간, 놀이공간 등을 배치할 것
③ 도로에 차폐식재(완충녹지대)를 계획하고, 경관, 녹음, 요점, 유도 등 식재개념을 표기하시오.

[문제 2] 주어진 현황도를 축척 1/300로 확대하여 지급된 트레이싱지에 다음 요구사항을 충족시키는 시설물배치도를 작성하시오.
① 주동선은 남측 중앙(폭 9m), 부동선은 동측(폭 4m)에 설계하며, 주민들이 산책할 수 있는 산책로(폭 2m)를 배치하고, 이들이 서로 순환할 수 있도록 설계할 것
② 중앙광장 : 높이+10.3, 폭 15m로 조성, 수목보호대(1×1m) 설치할 것
③ 전망 및 휴게공간 :
  ㉠ 높이+14.5, 주동선(정면)과 같은 축선상에 위치
  ㉡ 중앙광장에서 계단, 램프를 이용하여 접근할 수 있도록 설계할 것
  ㉢ 계단(단높이 15cm, 단너비 30cm), 램프(경사도 14% 미만), 계단과 램프는 붙여서 그릴 것
④ 운동공간 : 다목적 운동공간(28×40m) 내에 테니스 코트(24×11m) 설치, 배수시설 설치할 것
⑤ 놀이공간 : 시소(3연식), 그네(2연식), 미끄럼틀(활주판 2개), 철봉(4단), 정글짐, 회전무대 또는 조합놀이대 등 놀이시설 6개 배치, 배수시설 설치할 것
⑥ 파고라(3×5m) 2개소, 벤치 20개소, 음수대 1개소 설치할 것
⑦ 등고선은 점선으로 표기하고, 등고선 조작이 필요 시 조작 가능하며, 정지로 생긴 경사면은 1 : 1로 조절할 것
⑧ 도면의 우측 여백에 시설물의 수량집계표를 작성할 것

[문제 3] 주어진 현황도를 축척 1/300로 확대하여 지급된 트레이싱지에 다음 요구사항을 충족시키는 배식설계도를 작성하시오.
① 경사 구간은 관목을 군식할 것
② 도로와 인접한 곳은 완충 녹지대를 3m 이상 조성하고, 완충녹지대는 상록교목을 식재할 것
③ 각 공간의 기능과 경관을 고려하여, 지역조건에 맞는 수목 12종 이상을 선정하되, 상록 : 낙엽의 비율이 3 : 7이 되도록 식재
④ 도면의 우측 여백에 수목의 수량집계표를 작성할 것

■ 현황도

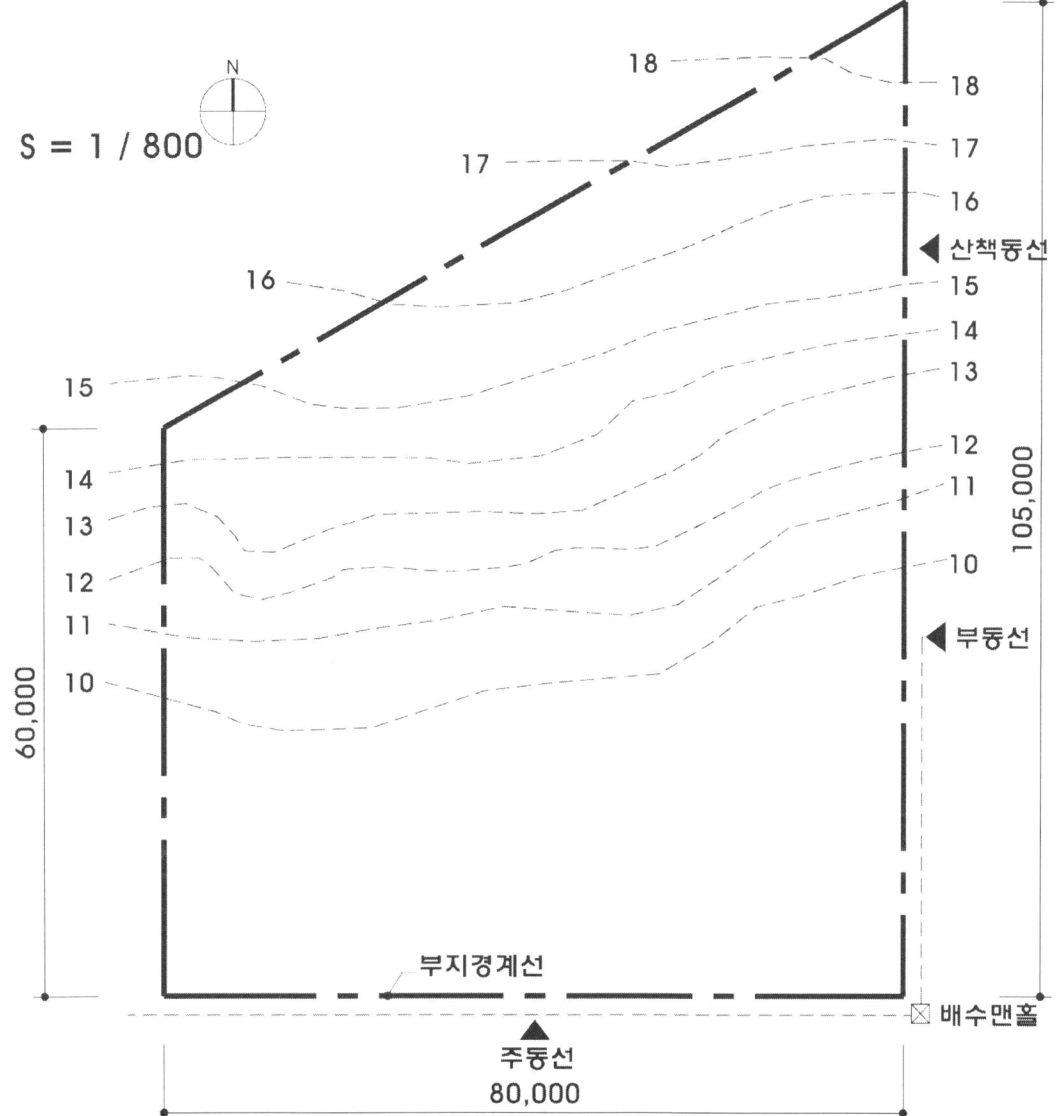

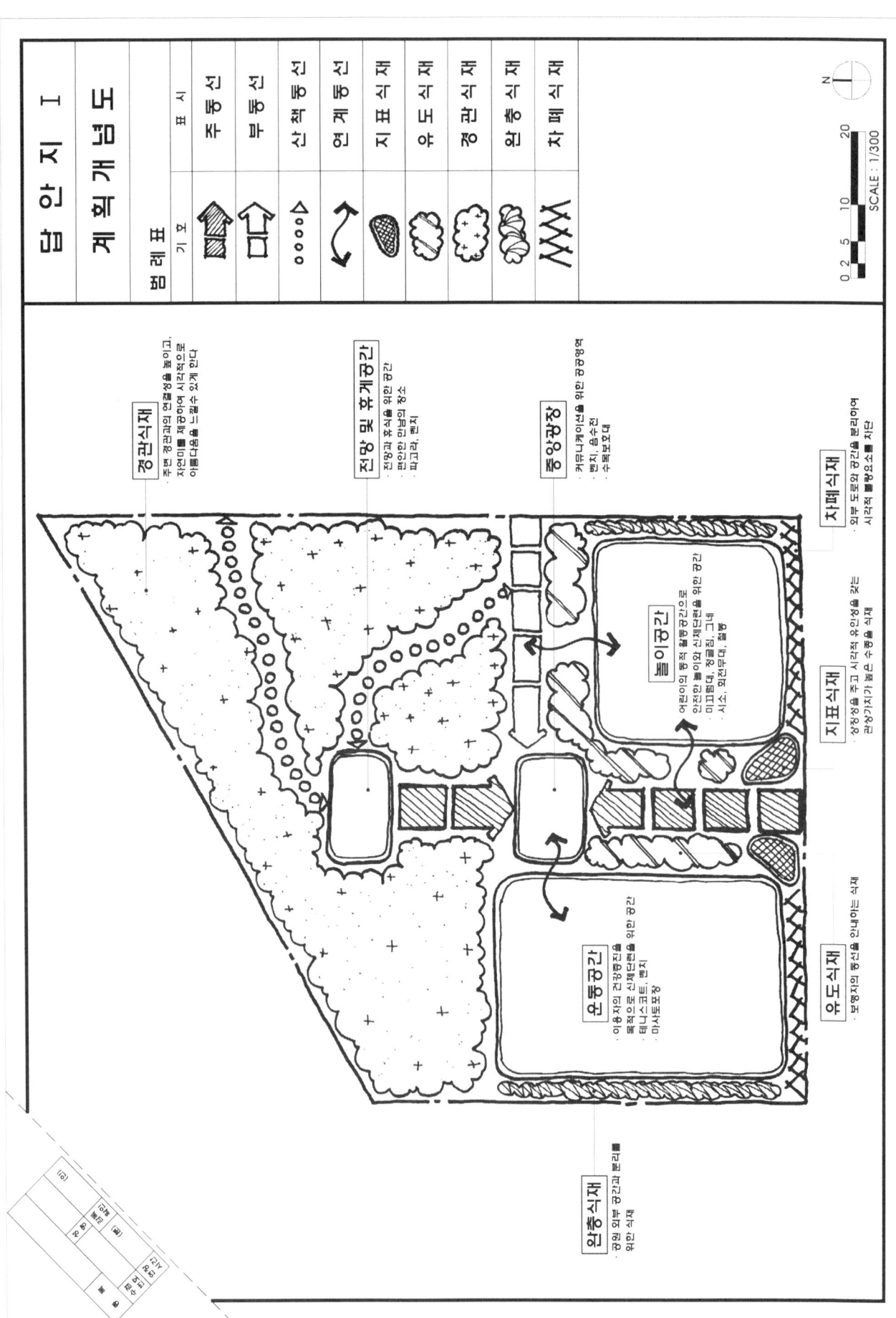

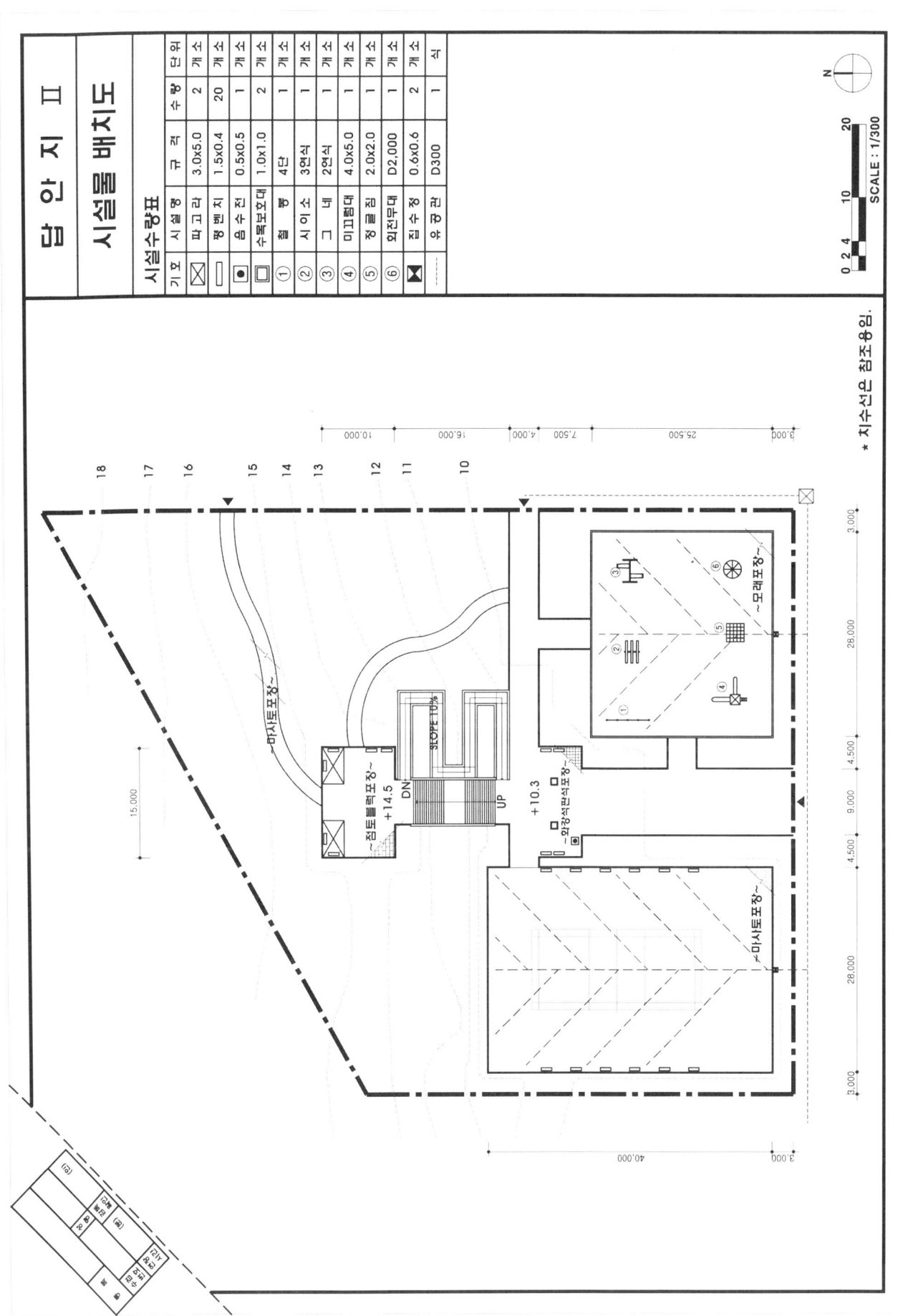

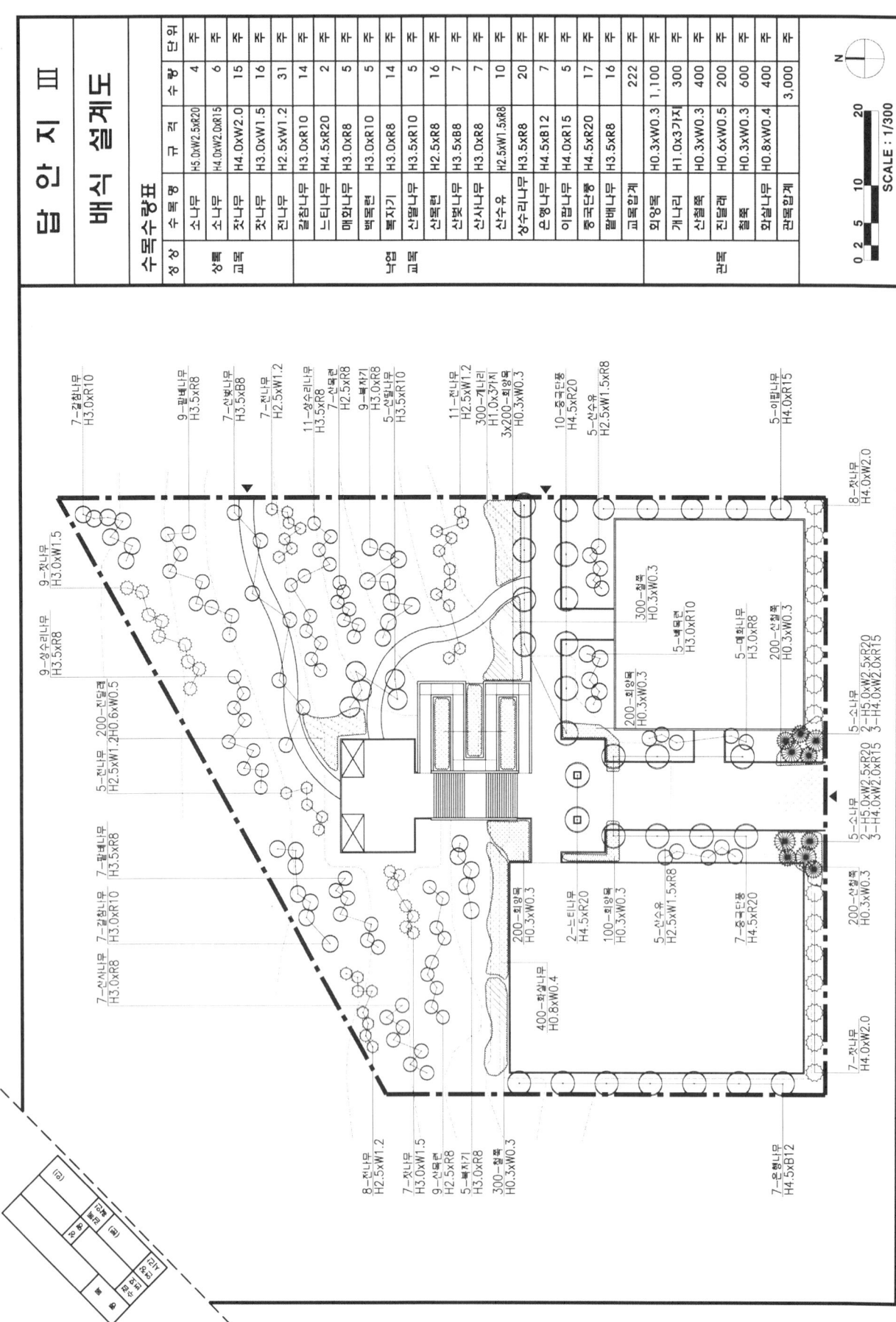

 2013, 2018, 2022년 조경기사(항일운동 추모공원)

1. 요구 조건

경기지역에 독립정신의 계승을 위한 항일운동 추모공원을 조성할 때, 다음의 조건에 따라 개념도(답안지 I), 시설물배치도(답안지 II), 배식평면도(답안지 III)를 축척 1/300로 작성하시오.

2. 공통사항

① "가" 지역과 "나" 지역은 36.4m, "다" 지역의 지반고는 38.4m로 하여 설계
② 주동선은 폭 8m 이상의 투수성 포장으로 설계
③ 식재 계획은 녹음, 경관, 완충식재 등을 도입하고 개념도는 공간의 특징 표기

3. 설계조건

① "가" 지역 : 진입공간으로 주차장과 연계하여 소형 승용차 10대와 장애인 주차 2대 설치
② "나" 지역 : 중앙광장(22×22m)을 설치하고 높이 4m의 문주(800×800) 4개 설치, 기록기념관(600㎡ 내외)을 단층 팔작지붕으로 하고, 전면에는 80㎡ 내외의 정형 연못 2개 설치, 휴식공간(480㎡ 내외)은 시설물공간과 잔디공간을 구분하고 파고라(5×10m) 설치
③ "가" 지역과 "나" 지역은 H2.2m 사괴석 담장과 W1.2m의 기와지붕 중문 설치
④ "다" 지역 : 추모기념탑 공간(23×20m)으로의 진입은 계단과 산책로로 설계하고, 장축은 동서방향, 중심에는 직경 5m의 원형 좌대(H15cm) 설치 후 직경 2m의 스테인리스 기념탑(H18m) 설치
⑤ 다음 수종 중 적합한 수종 13종 이상으로 배식 설계

 보기

소나무, 잣나무, 주목, 측백나무, 갈참나무, 노각나무, 느티나무, 매화나무, 목련, 물푸레나무, 산딸나무, 산수유, 수수꽃다리, 은행나무, 자작나무, 태산목, 눈향나무, 개나리, 남천, 무궁화, 백철쭉, 진달래, 협죽도, 잔디

■ 현황도

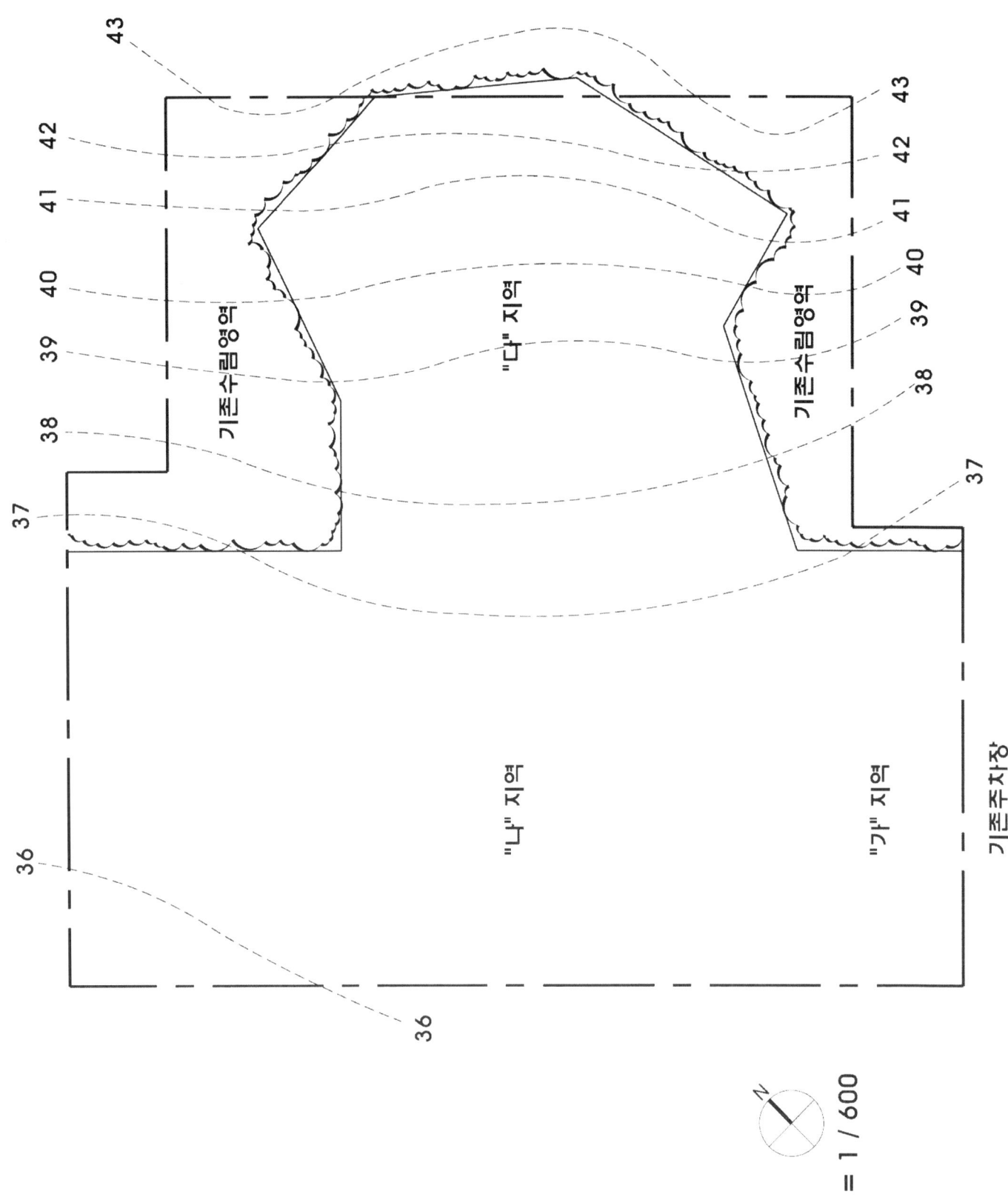

S = 1 / 600

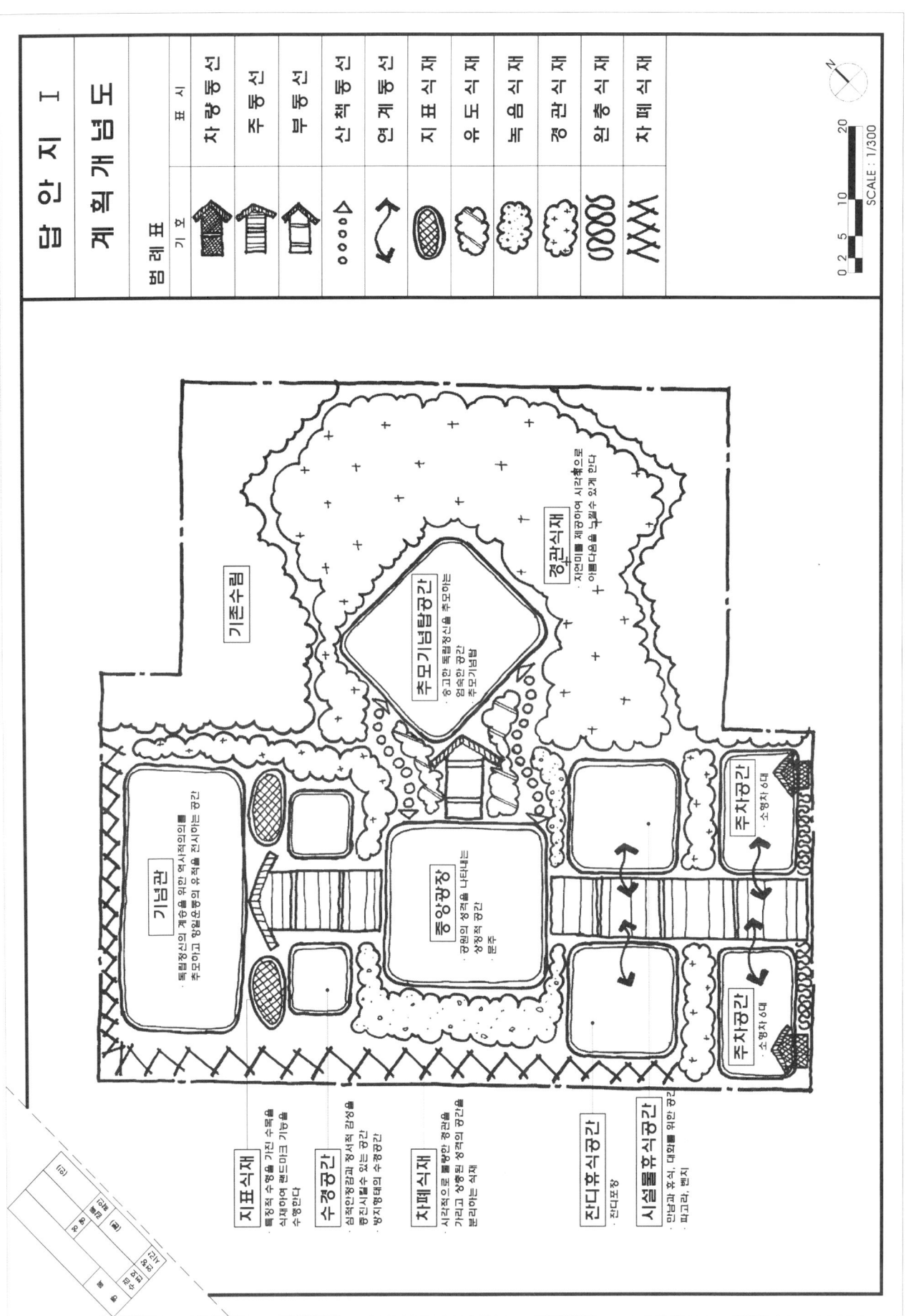

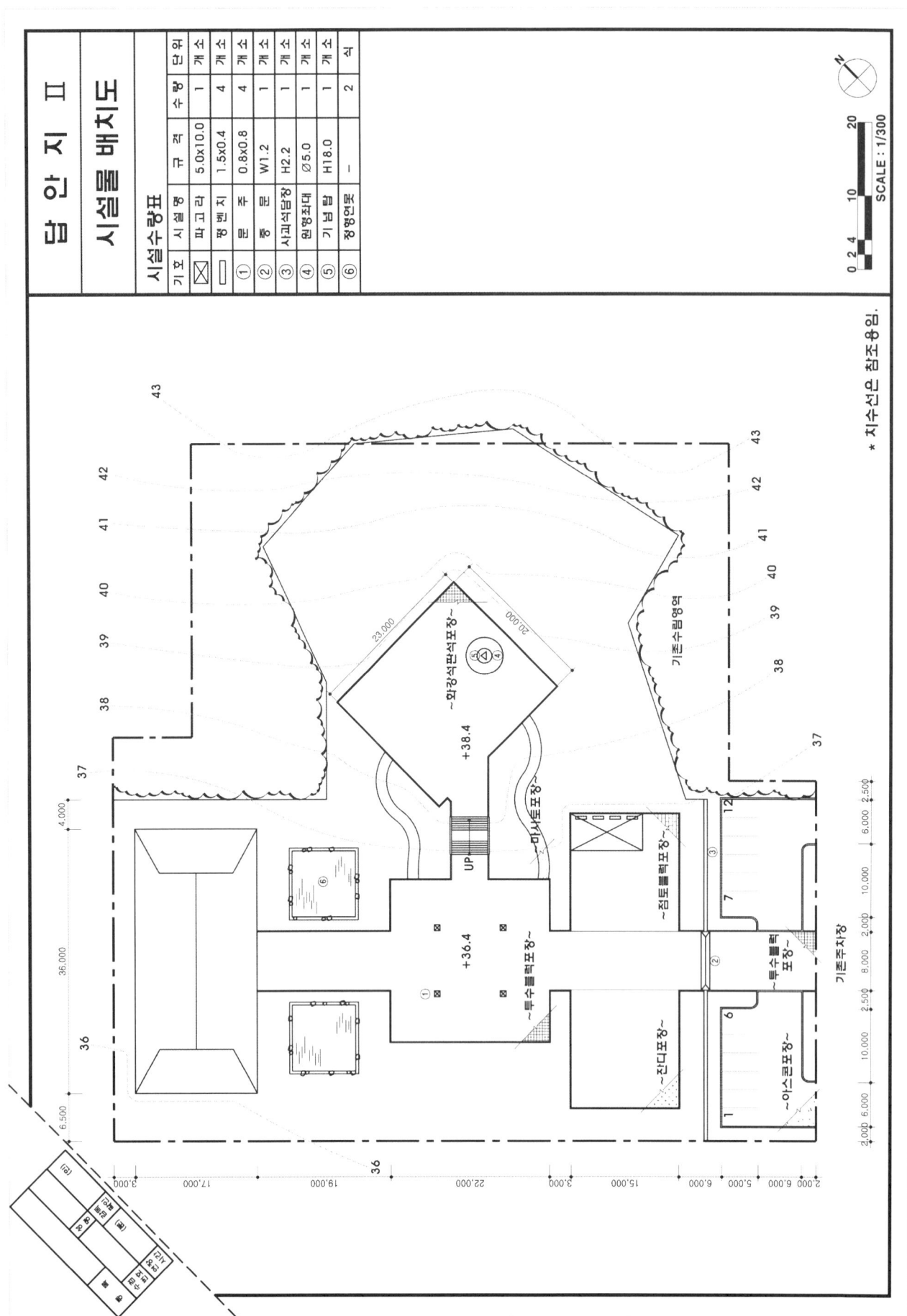

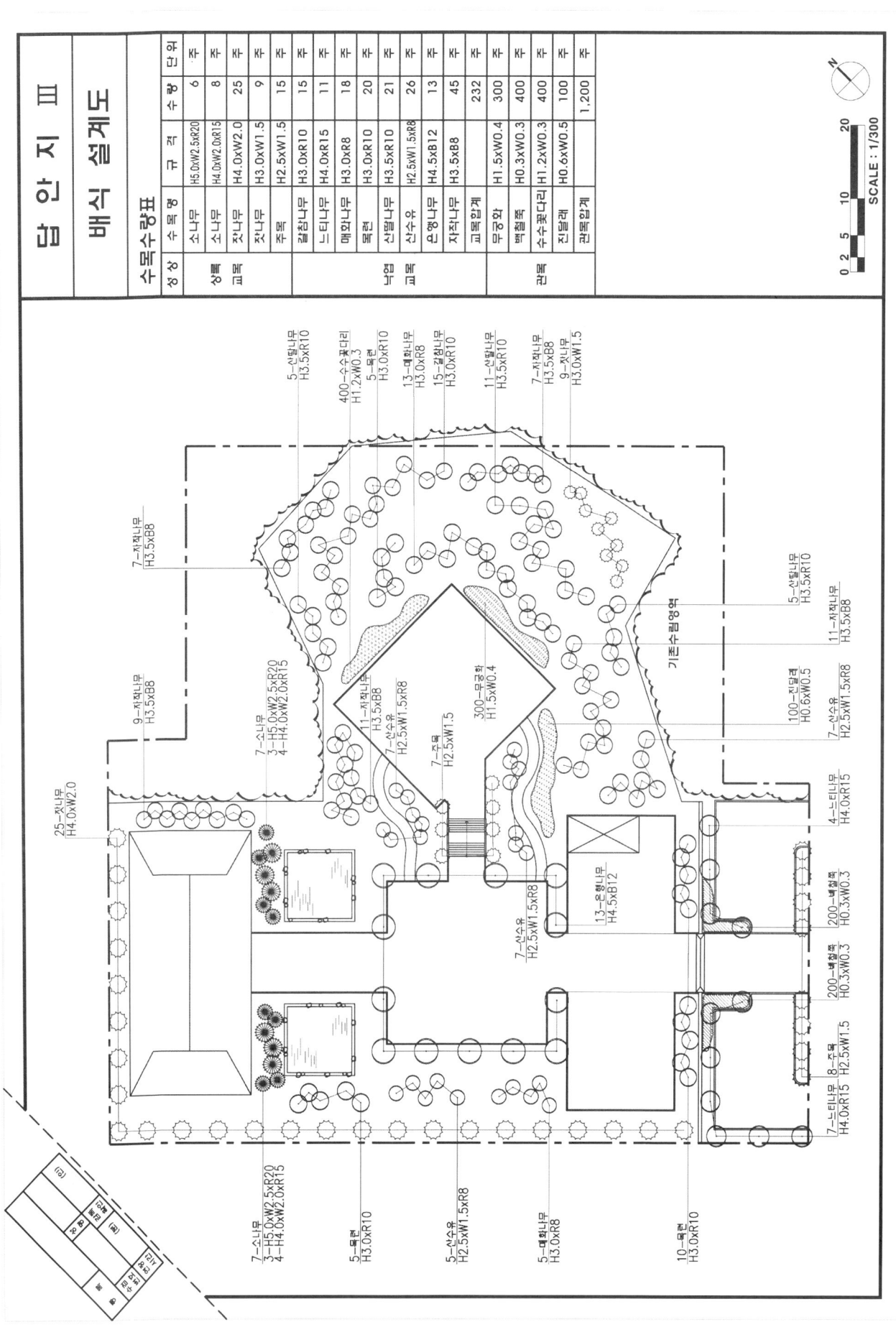

Part 6 조경기사 설계실무 기출문제

 **2007, 2020, 2022년 조경기사(주차공원)**

1. 요구 조건

다음은 중부지방에 위치한 주차공원 부지이다.

[문제 1] 주어진 현황도를 축척 1/300로 확대하여 지급된 트레이싱지에 다음 요구사항을 충족시키는 설계개념도를 작성하시오.
 ① 차량 진출입 공간, 보행 진출입 공간, 휴게공간, 중앙광장, 관리공간 등을 배치할 것
 ② 지하주차장의 차량 진출입은 이면도로 북쪽, 부지 상단에 설치할 것
 ③ 설계의 요구 조건을 반영시켜 공간과 동선을 배치하고, 각 공간의 특성, 기능, 시설 등을 간단한 설명과 함께 개념도를 그리시오.

[문제 2] 주어진 현황도를 축척 1/300로 확대하여 다음 요구사항을 충족시키는 기본설계도(시설물배치도 및 식재설계도)를 작성하시오.
 ① 휴게공간에 파고라(4×4m) 2개소, 벤치 6개 이상 설치할 것
 ② 필요한 곳에 볼라드, 음수대, 휴지통, 조명등을 배치할 것
 ③ 중앙광장의 중심에 환경조형물을 설치하고, 이동식 화분대 4개 이상 설치할 것
 ④ 포장재료를 2가지 이상 사용하여 설계하고 재료명을 표기할 것
 ⑤ 식수대(플랜터)에 폭 30cm의 연식의자를 배치할 것
 ⑥ 중부지방의 기후를 고려하여 교목 10종 이상과 관목 및 초화류의 수종을 선정하여 배식 설계를 하고 인출선을 사용하여 수종명, 수량, 규격을 표시하시오.
 ⑦ 식재한 수량을 집계하여 범례란에 수목수량표를 작성하되, 수목수량표의 목록을 상록교목, 낙엽교목, 관목, 화훼류, 지피류 등 수목성상별로 구분하여 나열하시오.

[문제 3] 주어진 현황도를 축척 1/300로 확대하여 다음 요구사항을 충족시키는 단면도와 단면상세도를 작성하시오.
 ① 바닥은 콘크리트 슬래브 30cm 두께임
 ② 부지 중앙광장의 식수대를 지나는 종·횡단면도 중 한 가지를 그릴 것
 ③ 식수대 단면도 바닥은 콘크리트 맨 하단 내압투수판 30mm, 위 투수시트 5mm 설치 후 인공경량토로 교목, 관목 식재가 가능한 깊이로 설계하시오.
 ④ 포장 단면 상세도는 식재대가 나오도록 하여 축척 1/20로 그리며 바닥은 콘크리트면으로 되어 있으므로 붙임 모르타르 50mm 설치 후 포장 단면을 그리시오.

■ 현황도

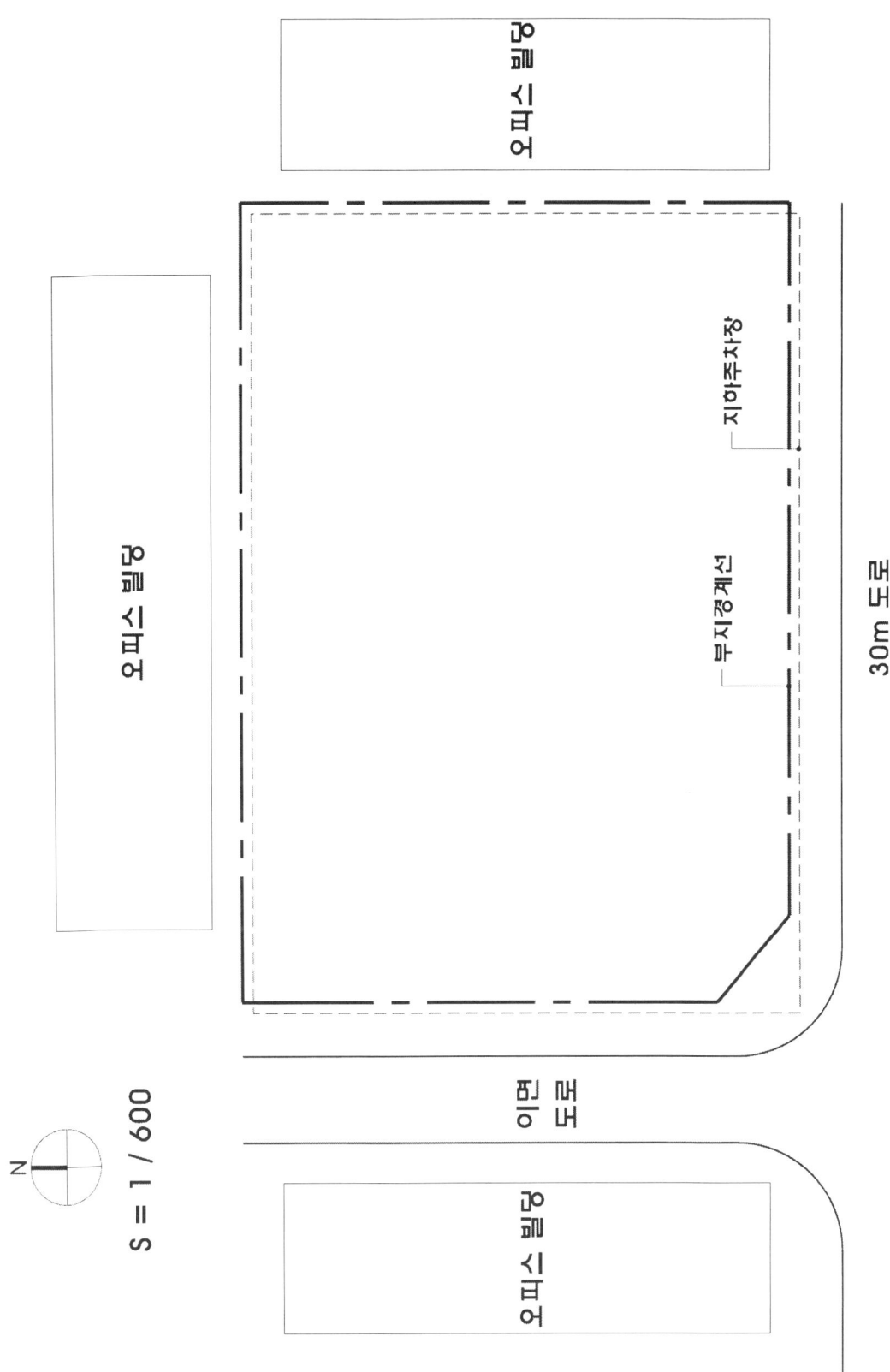

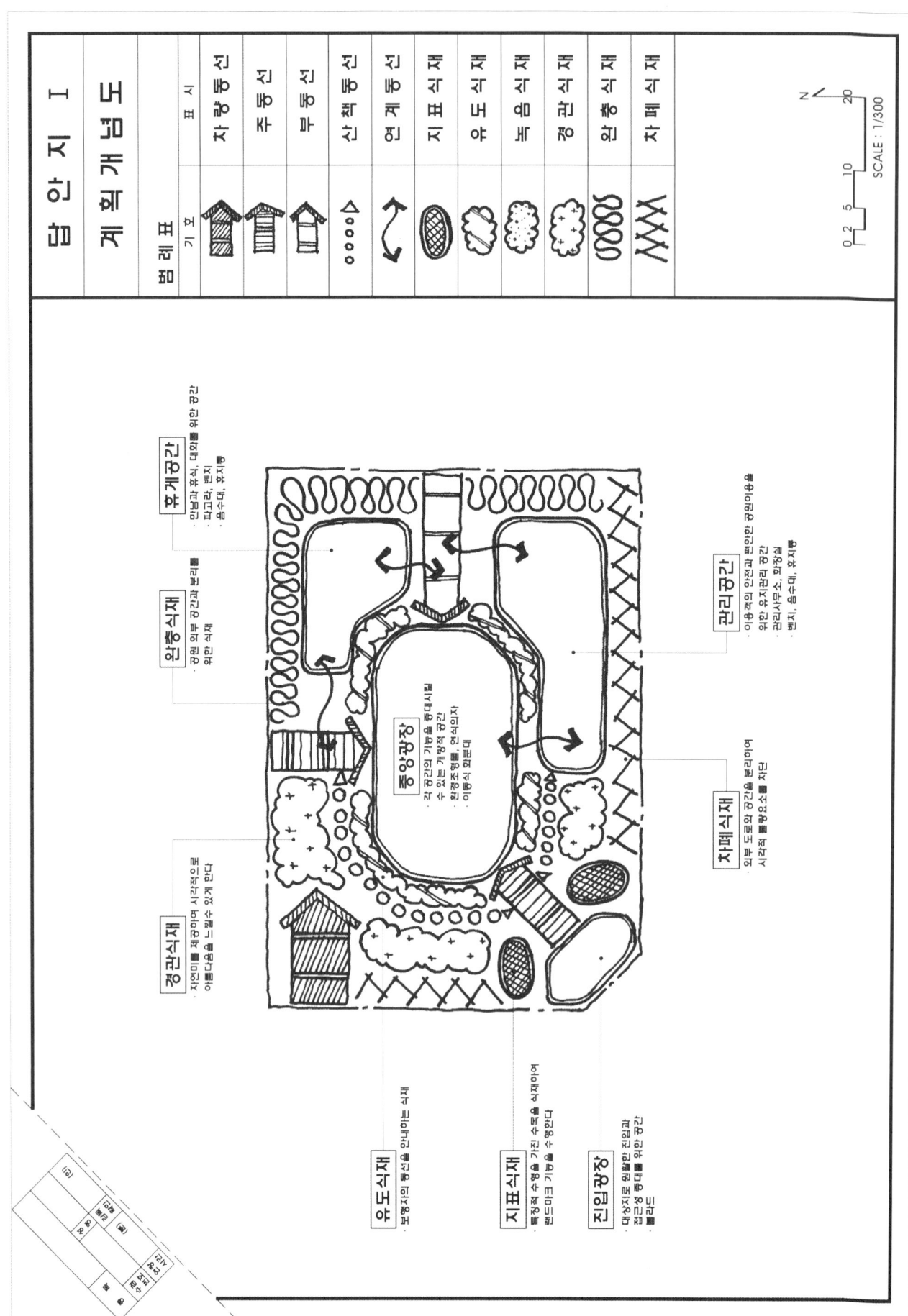

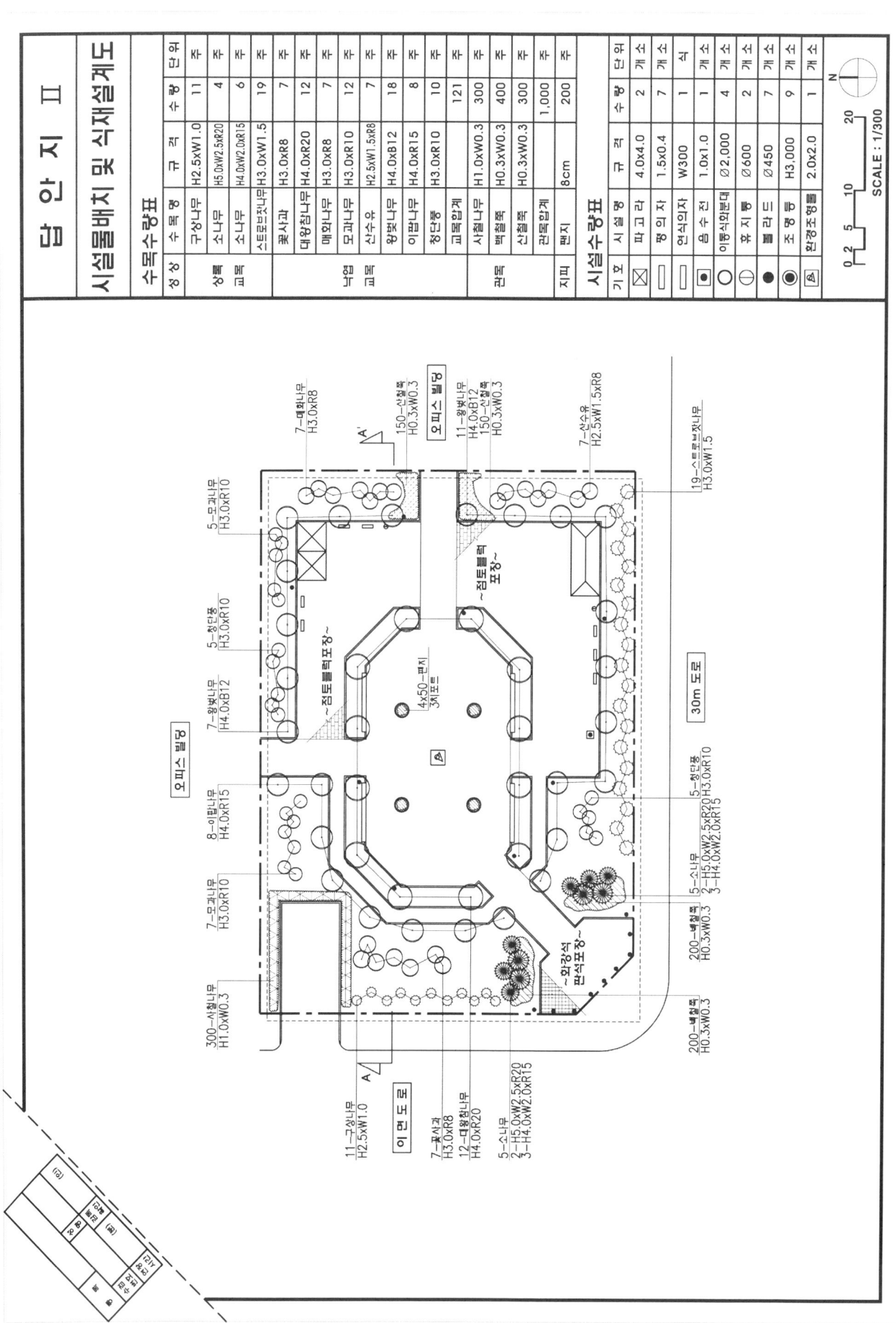

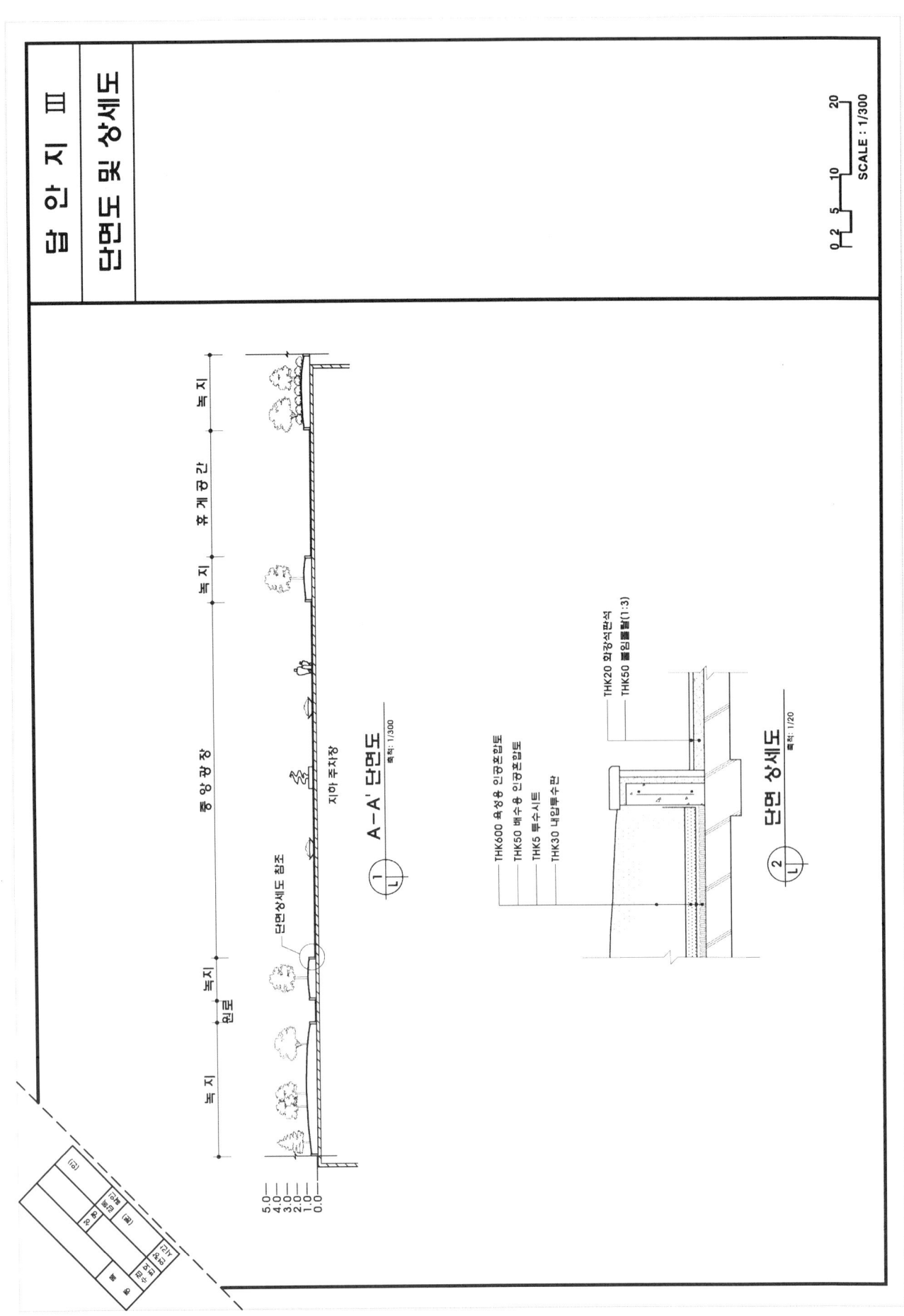

 **2012, 2015년 조경기사(생태하천변)**

1. 요구 조건

다음은 남부지방 어느 하천 주변이다. 기존 하천에는 블록 제방이 조성되어 있으며, 이를 이용한 사주부(point bar) 호안 및 고수부지 주변의 식생공법을 시행하려고 한다.
Unit 2를 중심으로 우측에 자전거 도로를 설치하며, 조각공원, 휴식공간 및 주차장 등의 조경 시설지를 설계하시오. 하천은 최대수위를 넘지 않는 것으로 한다.

① Unit 1부분 : 평면도와 단면도 작성 시 사주부 호안 공법으로 시행하며, 다음 조건을 참고하여 하천선으로부터 설계하시오.
  ㉠ 기존 호안 블록(30×30cm), 폭 2m로 설계한다.
  ㉡ 나무말뚝박기 : 원재(120×L1,000mm), 호안블록을 따라 1m 간격으로 1열로 박는다.
  ㉢ 야자섬유 두루마리(2열) : 300×L4,000mm의 원통형으로 길게 배치하고, 두루마리를 고정시키기 위해 나무말뚝(15mm, 길이 60cm)을 1m 간격으로 설치한다.
  ㉣ 갈대심기 : 갈대 뗏장은 9매/m² 정도로 자유롭게 점떼붙이기로 심고, 전체폭은 1m로 피복하며, 비탈면 바닥공의 설치를 위해 퇴적물을 제거한 후, 갈대 뗏장(20×20cm)을 구덩이에 배치한다. 또한 돌로 가볍게 눌러준다.
  ㉤ 갯버들 꺾꽂이(L60cm) : 나머지 상단부 1m의 폭에 갯버들 그루터기를 16주/m² 정도로 심는다.
  ㉥ 도면상에 표현이 불가능한 사항은 인출선을 사용하여 설계하시오.
  ㉦ 사주부 호안 공법에 적용되는 나무말뚝박기, 야자섬유 두루마리, 갈대심기, 갯버들 꺾꽂이의 수량은 시설물 및 수목수량표에 포함하지 않는다.
② Unit 2부분 : 제방지역으로 좌우측 공간보다 1m 높게 성토한다. 단, 하천식생에 적합한 수종을 선별하여 식재한다.
③ Unit 3부분 : 휴식공간, 조각공간, 잔디공간으로 분리하여 설계하되, 조각공원을 중심으로 상하로 휴식공간과 잔디공간으로 분리하여 설계한다.
  ㉠ 자전거도로는 제방 하단 우측에 설계하며, 폭 2m로 투수콘으로 포장한다.
  ㉡ 자전거도로 우측에는 2.5m의 보행로를 설계한다.
  ㉢ 조각공원의 면적은 160m² 이상으로 하고, 중앙에는 원형 연못(직경 4m)을 두며, 그 주위로 2m 폭의 원형 동선(포장 : 투수콘)을 계획한다. 조각을 전시하는 공간은 잔디로 하며, 다수의 조각을 배치한다.
  ㉣ 휴식공간의 면적은 120m² 이상으로 하고, 이동식 쉘터(4×4m) 2개소, 이동식 벤치(1.8×0.4m) 6개, 휴지통(직경 0.3m) 2개를 설치하며, 포장은 투수콘으로 한다.
  ㉤ 잔디공간의 면적은 150m² 이상으로 하고, 원형 쉘터(직경 3m) 4개를 설치하며, 잔디공간 주변부로는 화관목을 식재한다.
④ Unit 4부분 : 주차장 설계구역으로서 주차배치는 직각주차방식(일방통행)을 사용하여 10대 분의 소형 주차공간(5×2.5m)을 확보한다. 포장은 아스콘 포장이며 보행자의 안전을 위하여 Unit 3과 주차장 사이에 3m 폭 이상의 보행자용 완충공간을 확보한다. 차도와 접한 부분은 완충녹지대를 설치한다.
⑤ 기타 시설물은 적절한 위치에 설치하되, 배수시설은 도로 쪽으로 출수한다.
⑥ 따로 지정하지 않은 공간은 주변지역과의 조화를 고려하여 식재한다.
⑦ 식재 시 다음 사항을 참고하여 적절한 수종과 식물을 선정하여 교목 2종 이상, 하층식물 5종 이상을 식재하시오.
  ㉠ 저수호안 수종은 갈대, 부들, 부처꽃, 금불초, 꽃창포, 꼬리조팝, 붓꽃(7~10분얼) 등이 있다.
  ㉡ 고수호안 수종으로는 질경이, 민들레, 쑥부쟁이, 구절초, 패랭이, 층꽃, 유채 등이 있다.
  ㉢ 교목으로는 낙우송, 물푸레나무, 왕버들, 후박나무 등이 기본적으로 사용되며 그 외 수종을 사용할 수 있다.

② 하층식물 도입 시 규격은 3~4인치 포트(pot)로 한다.
  ⑩ 교목은 제방 상층부에만 식재한다.

[문제 1]
  공간구상 및 도입요소를 설명한 공간개념도를 축척 1/200로 작성하시오. (도면 1)

[문제 2]
  시설물배치도 및 배식평면도가 포함된 종합계획도를 축척 1/200로 작성하시오. (도면 2)

[문제 3]
  사주부 호안 공법 평면도(폭 2m, 길이 12m 이상 표현)와 C-C′ 단면상세도를 축척 1/50로 작성하시오. (도면 3)

■ KEY MAP

하천
SITE
도로
주거지

■ 현황도

55,000
하천
호안
제방
공원
주차장
2,000
8m
4.72m
5.28m
Unit 1
Unit 2
Unit 3
Unit 4
차량동선
+0.0
-1.0
보행동선
1:2
1:2
기존하천선
여름 집중강우시 하천선
40,000
0 2 4 10 20
N

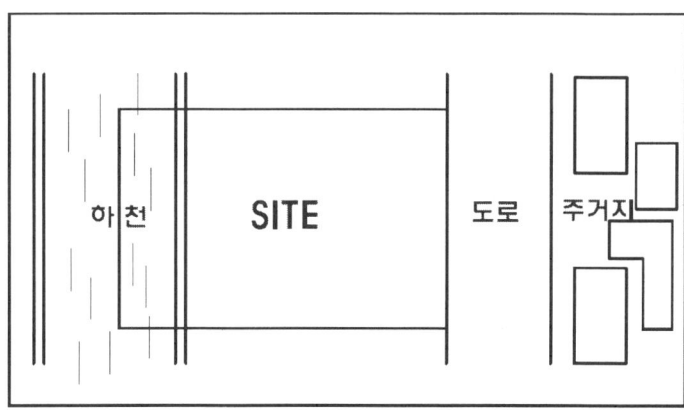

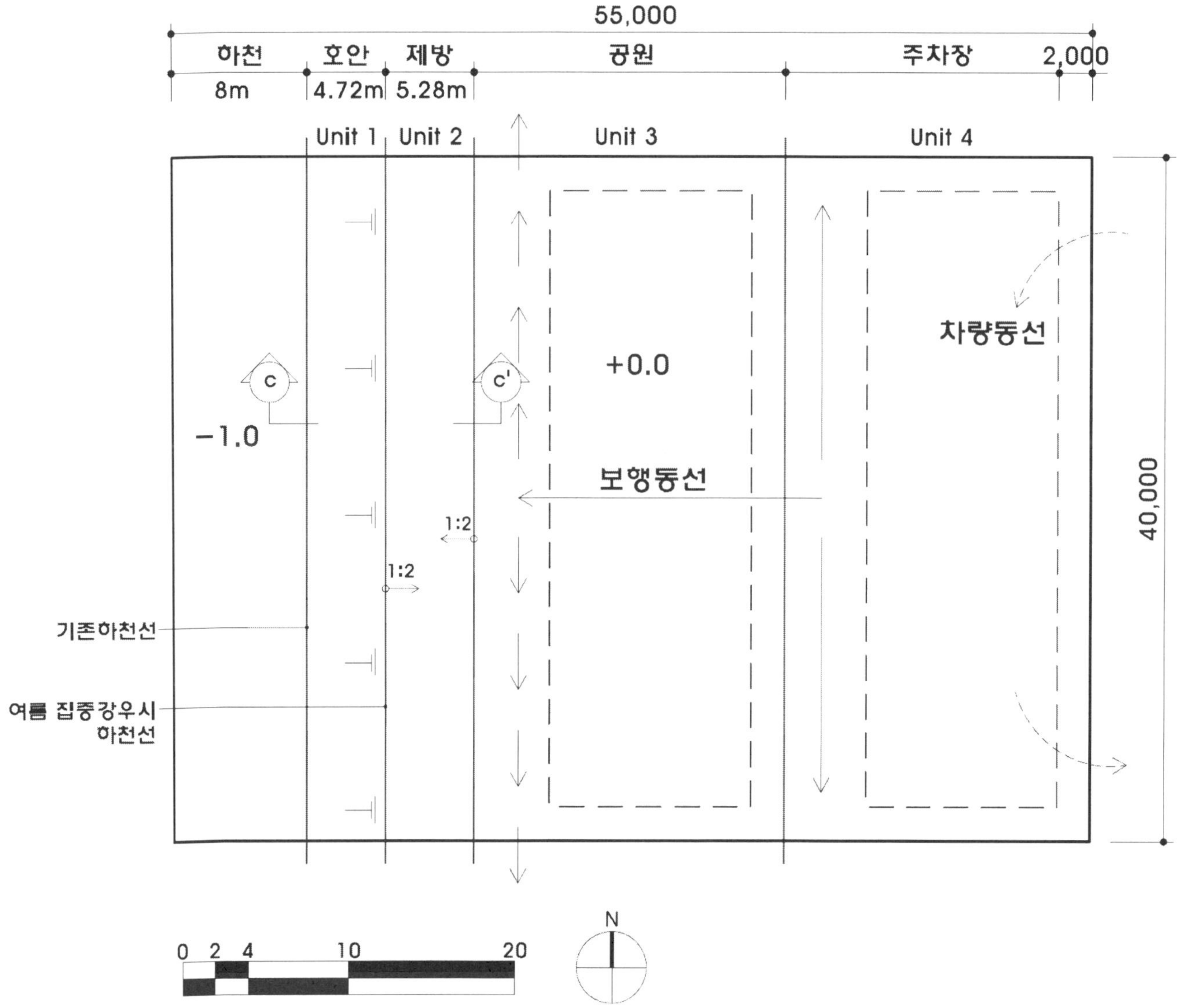

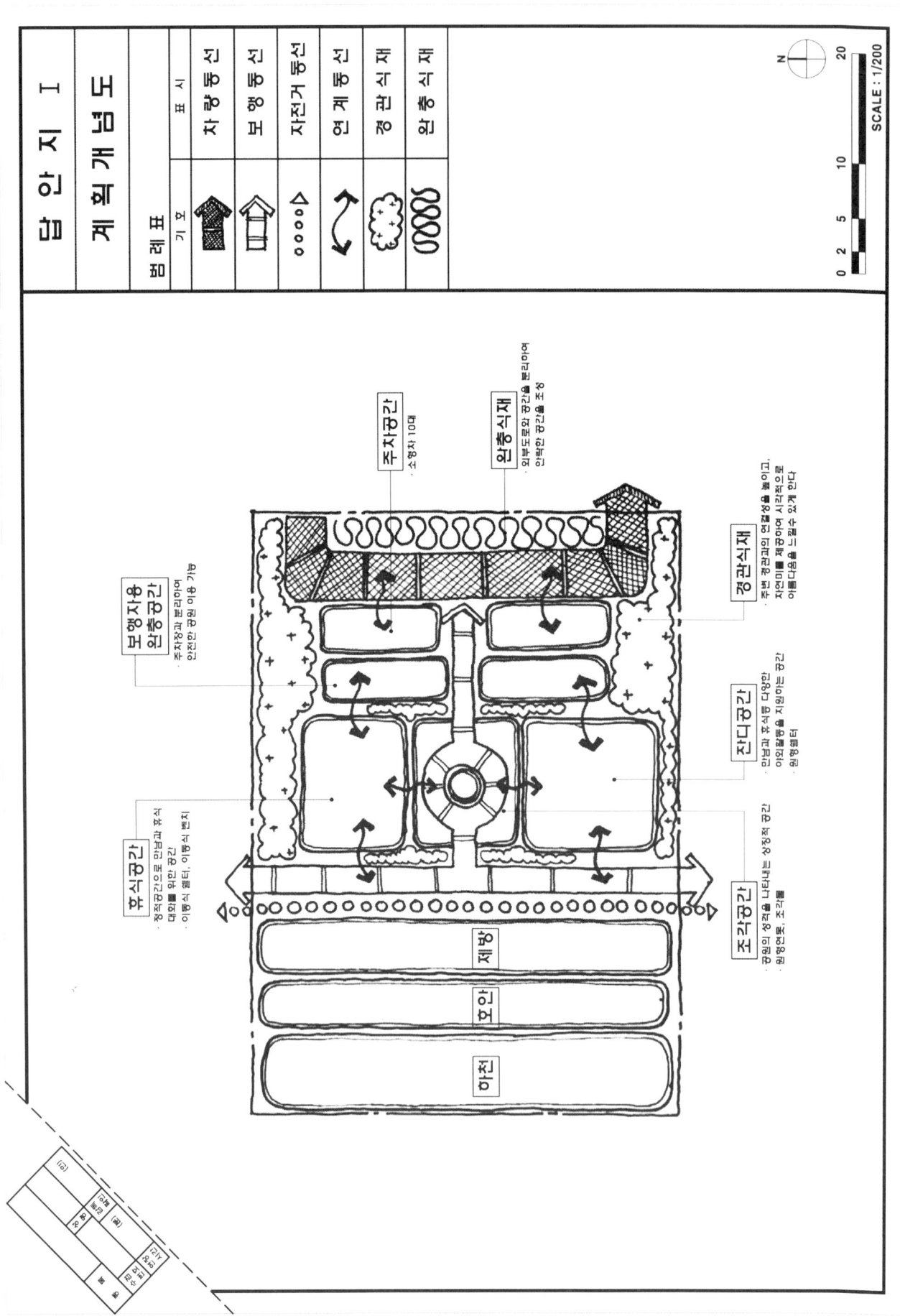

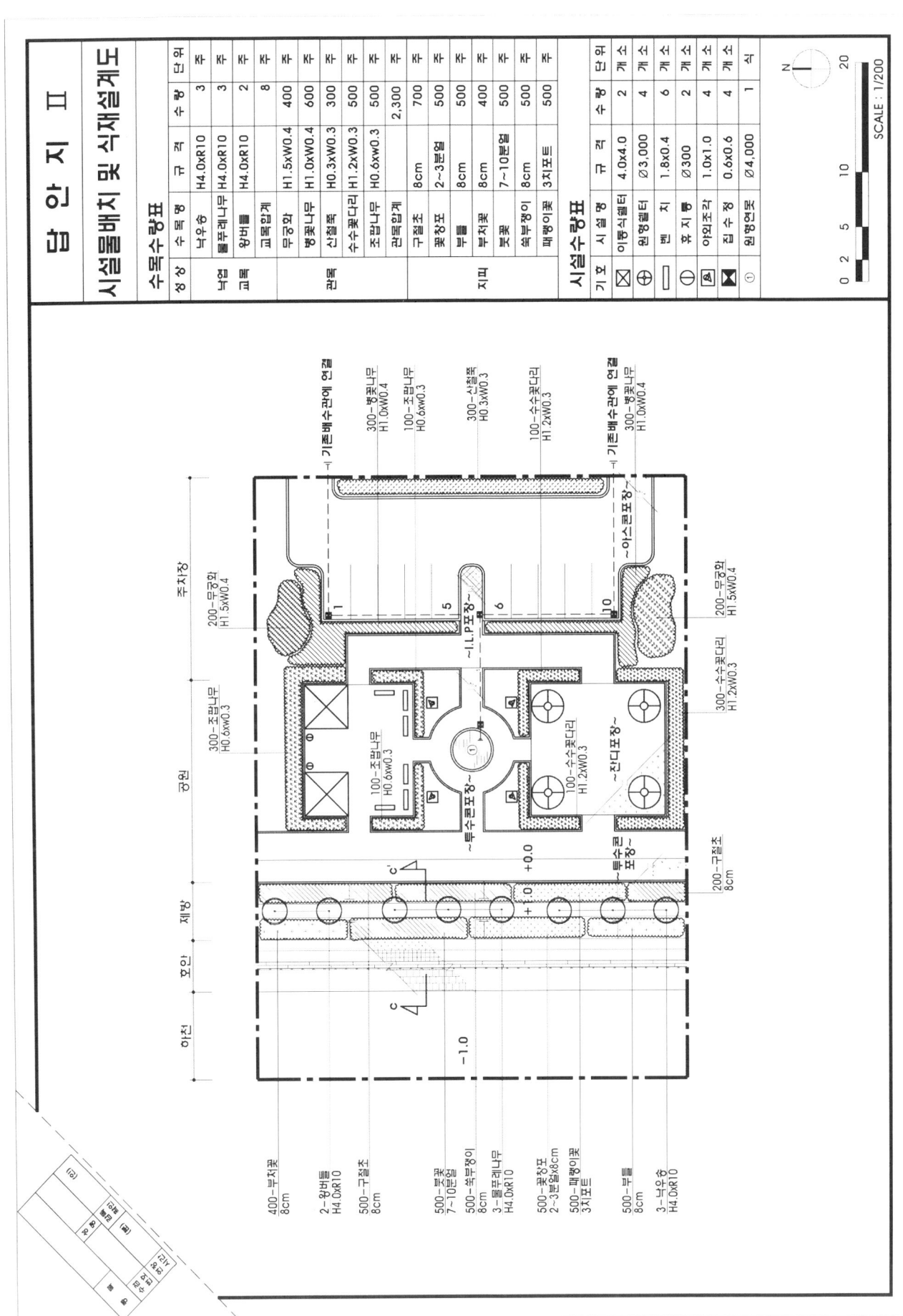

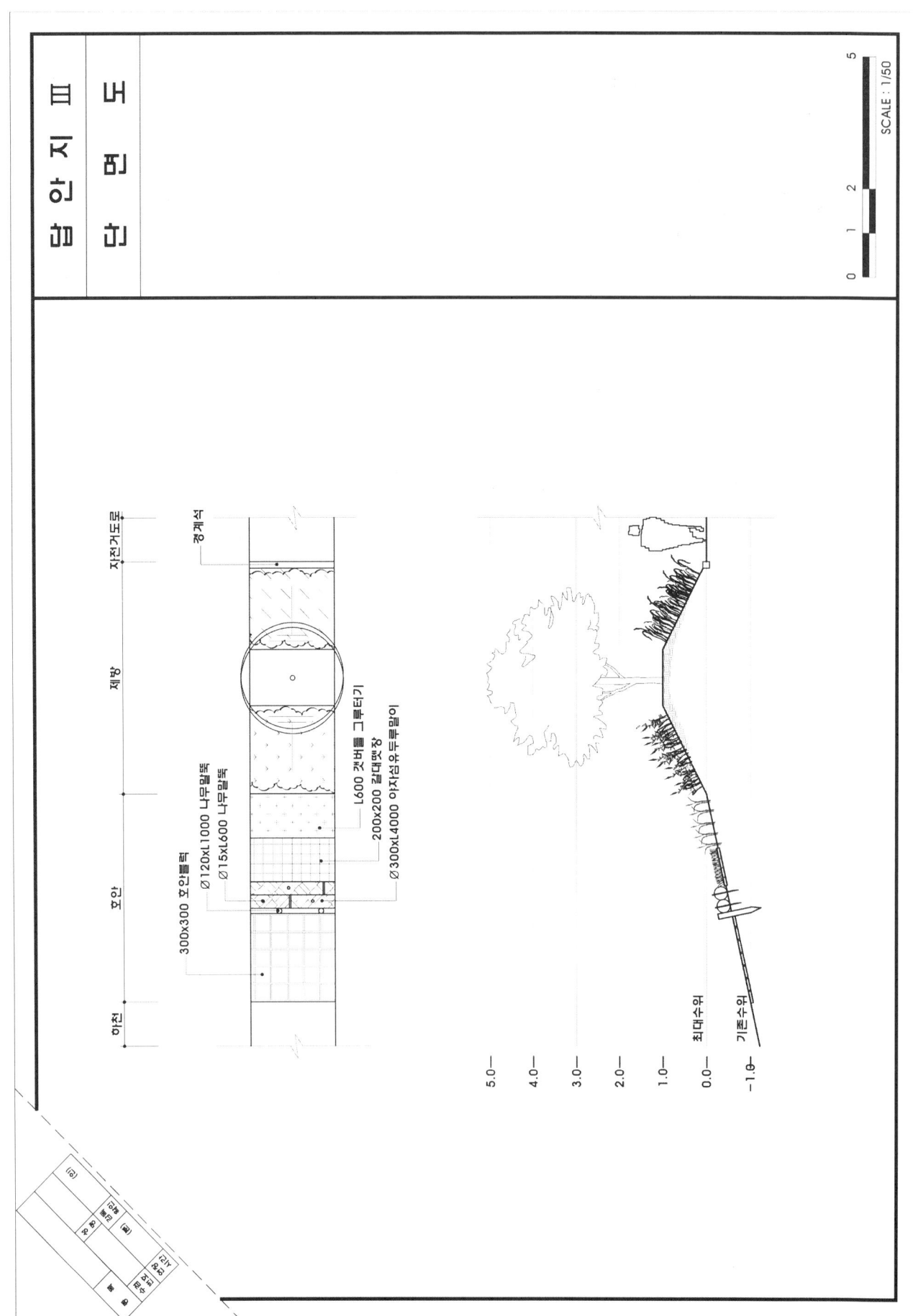

 **2011년, 2018년 조경기사(가로소공원)**

1. 요구 조건

주어진 현황도에 제시된 설계대상지는 우리나라 중부지방의 중소도시의 가로 모퉁이에 위치하고 있으며, 부지의 남서쪽은 보도, 북쪽은 도시림과 고물수집장, 동쪽은 학교 운동장으로 둘러싸여 있다.
주어진 트레이싱지와 다음의 설계조건에 따라 현황도를 확대하여 도면 1에는 기본구상도(1/200), 도면 2에는 시설물배치도(1/200) 및 단면도(1/60) 2개소, 도면 3에는 식재설계도(1/200)를 작성하시오.

2. 공통사항

대상지의 현지반고는 5.0m로서 균일하며, 계획 지반고는 "나" 지역을 현 지반고대로 하고, "가" 지역은 이보다 1.0m 높게, "다" 지역의 주차구역은 0.3m 낮게, "라" 지역은 3.0m 낮게 설정하시오.

3. 공간개념도 조건

부지 내에 보행자 휴식공간, 주차장, 침상공간, 경관식재공간을 설치하고, 필요한 곳에 경관, 완충, 차폐녹지를 배치하며 공간별 특성과 식재 개념을 각각 설명하시오.
또한 현황도상에 제시한 차량진입, 보행자진입, 보행자동선을 고려하여 동선체계구상을 표현하시오.

4. 시설물배치도 및 단면도

각 공간의 시설물 배치 시는 도면의 우측에 시설물 수량표를 반드시 작성하시오.

① "가" 지역 : 경관식재공간
  ㉠ 잔디와 관목을 식재하시오.
  ㉡ "나" 지역과 연계하여 가장 적절한 곳에 8각형 정자(한 변 길이 3m) 1개를 설치하시오.

② "나" 지역 : 보행자 휴식공간
  ㉠ "가" 지역과의 연결되는 동선은 계단을 설치하고, 경사면은 기초식재 처리하시오.
  ㉡ 바닥포장은 화강석 포장으로 하시오.
  ㉢ 화장실 1개소, 파고라(4×5m) 3개소, 음수대 1개소, 벤치 6개소, 조명등 4개소를 설치하시오.

③ "다" 지역 : 주차장 공간
  ㉠ 소형 10대분(2.5×5m/대)의 주차공간으로서 폭 5m의 진입로를 계획하고 바닥은 아스콘 포장을 하시오.
  ㉡ 주차공간과 초등학교 운동장 사이는 높이 2m 이하의 자연스러운 형태의 마운딩 설계를 한 후 식재 처리하시오.

④ "라" 지역 : 침상공간(Sunken Space)
  ㉠ "라" 지역의 서쪽면(W1과 W2를 연결하는 공간)은 폭 2m의 연못을 만들고 서쪽벽은 벽천을 만드시오.
  ㉡ 연못과 연결하여 폭 1.5m, 바닥높이 2.3m의 녹지대를 만들고 식재하시오.
  ㉢ S1 부분에 침상공간으로 진입하는 반경 3.5m, 폭 2m의 라운드형 계단을 벽천 방향으로 진입되도록 설치하시오.
  ㉣ S2 부분에 직선형 계단(수평거리 : 10m, 폭 : 설계자 임의)을 설치하되 신체장애자의 접근도 고려하시오.
  ㉤ S1과 S2 사이의 벽면(북측 벽면과 동측 벽면)에는 폭 1m, 높이 1m의 계단식 녹지대 2개를 설치하고 식재하시오.
  ㉥ 중앙부분에 직경 5m의 원형 플랜터를 설치하시오.

Part 6 조경기사 설계실무 기출문제

ⓢ 바닥포장은 적색과 회색의 타일포장을 하시오.
ⓞ 벽천과 연못, 녹지대가 나타나는 단면도를 축척 1/60로 그리시오. (도면 2에 함께 작성하시오.)
ⓩ 계단식 녹지대의 단면도를 축척 1/60로 그리시오. (도면 2에 함께 작성하시오.)

5. 식재설계도

① 도로변에는 완충식재를 하되, 50m 광로 쪽은 수고 3m 이상, 24m 도로 쪽은 수고 2m 이상의 교목을 사용하시오.
② 고물수집장 경계부분은 반드시 식재 처리하고, 도시림 경계부분은 식재를 생략하시오.
③ 식재설계는 다음 보기 수종 중 적합한 식물을 10종 이상 선택하여 인출선을 사용하여 수량, 식물명, 규격을 표시하고, 도면 우측에 식물수량표(교목, 관목 등)를 작성하시오. (단, 인출선으로 나타내는 수종의 1가지를 도면의 여백을 사용하여 학명을 추가로 기재하시오.)
④ 각 공간의 기능과 시각적 측면을 반드시 고려하여 배식하시오.

  보기

소나무, 느티나무, 배롱나무, 가중나무, 벚나무, 쥐똥나무, 철쭉, 회양목, 주목, 향나무, 사철나무, 은행나무, 꽝꽝나무, 동백나무, 수수꽃다리, 목련, 잣나무, 개나리, 장미, 황매화, 잔디, 맥문동

■ 현황도

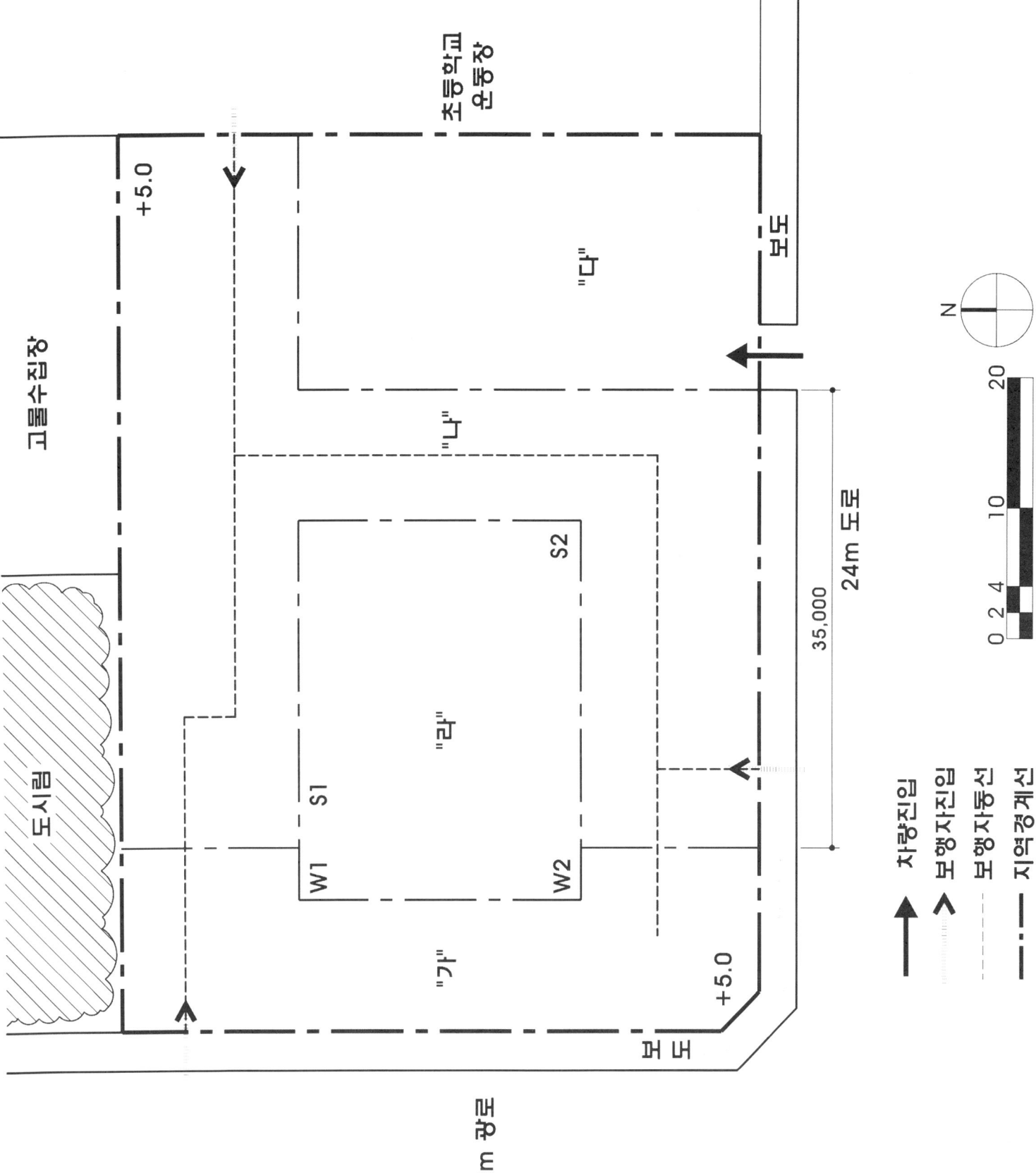

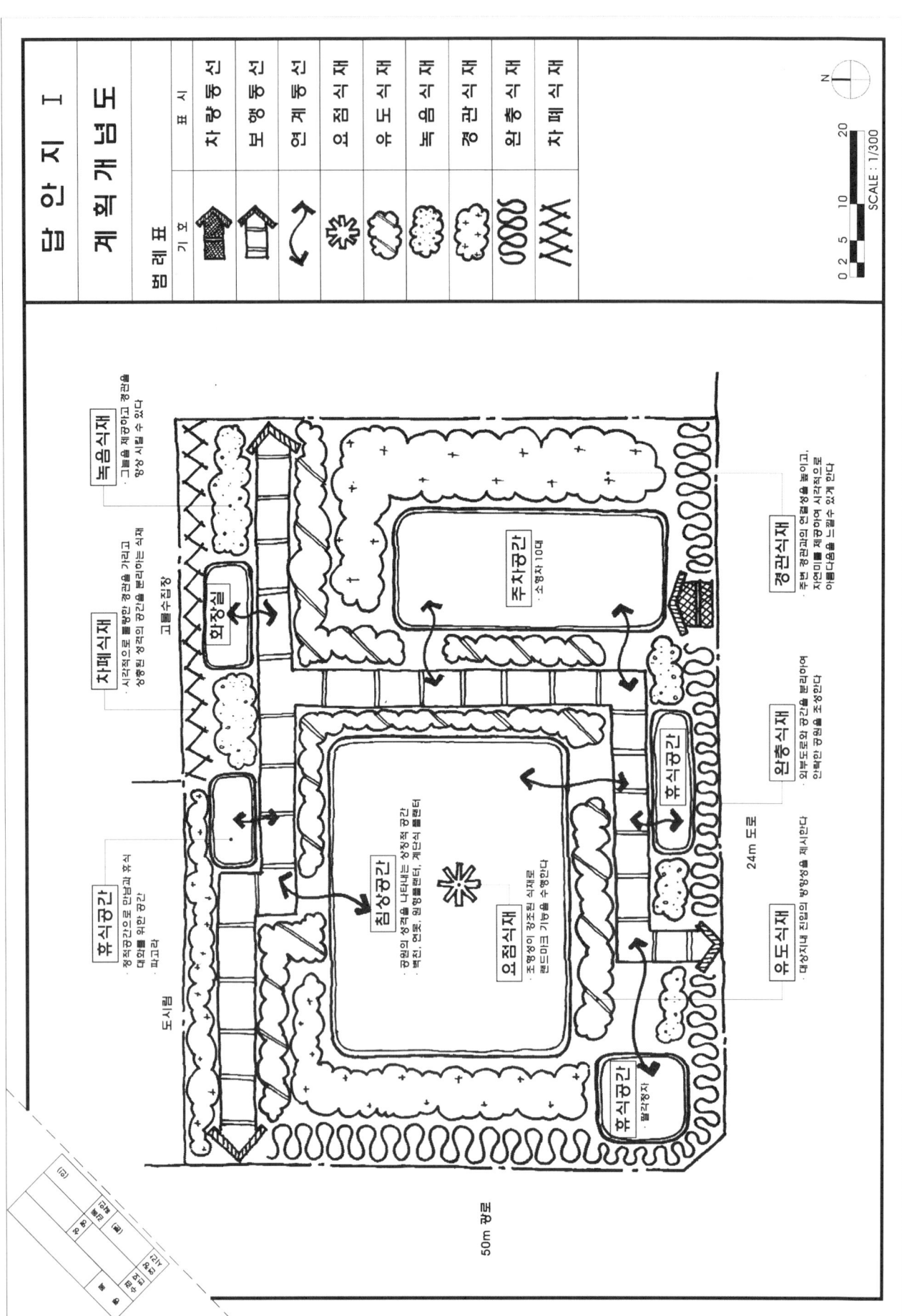

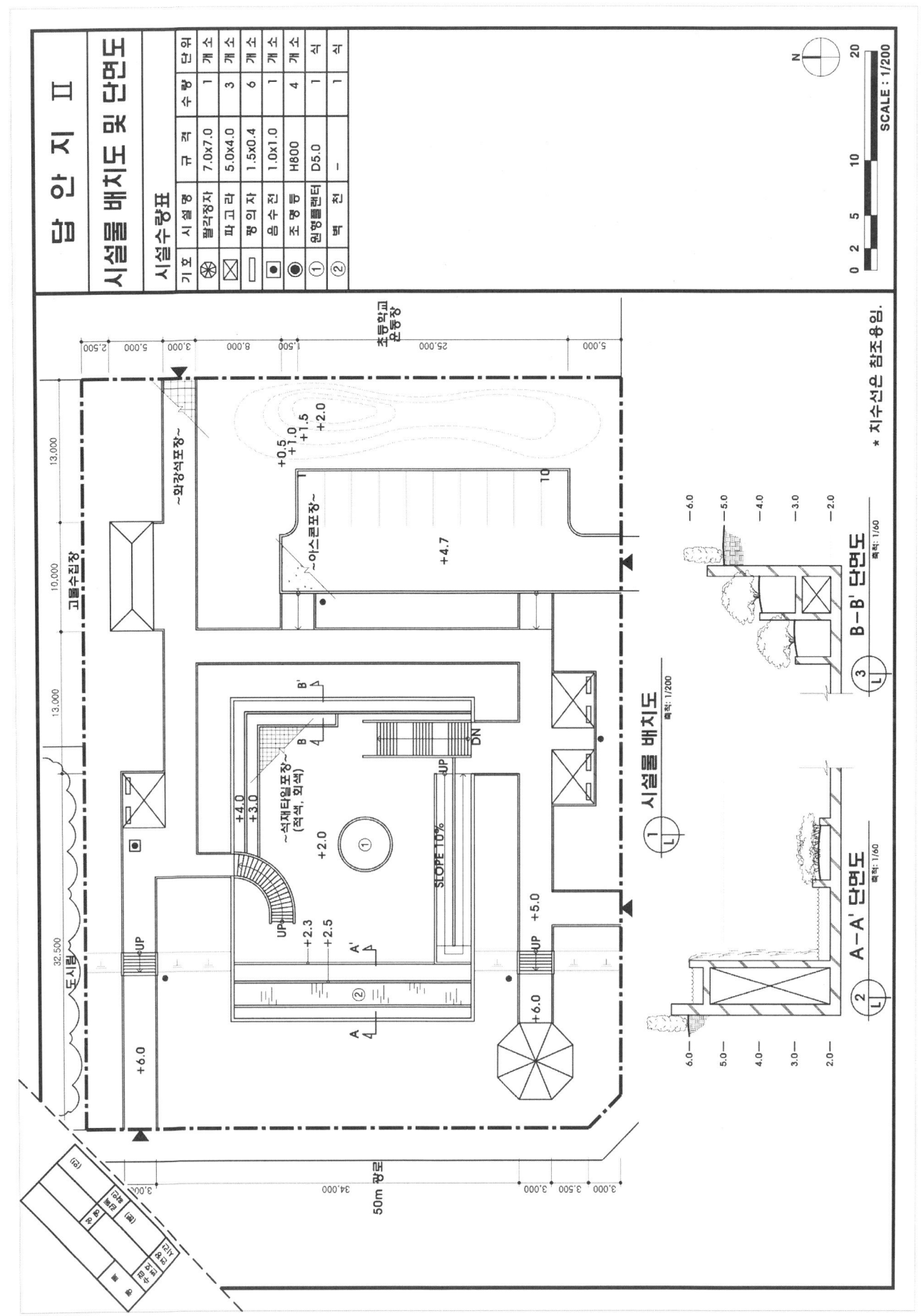

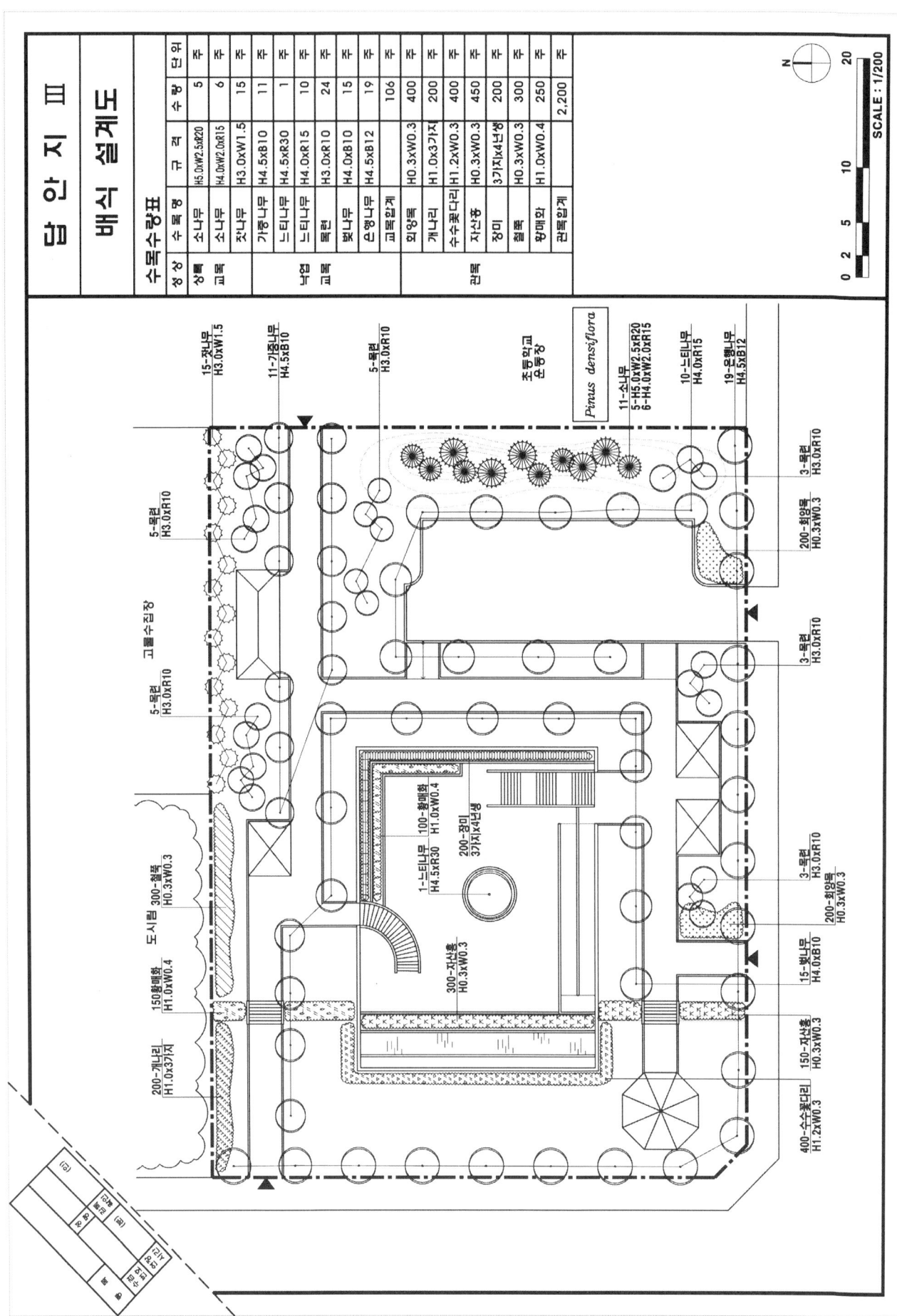

 **2013, 2017년 조경기사(주택정원)**

1. 요구 조건
다음은 주택정원을 설계하고자 한다. 공통사항과 각 설계조건을 고려하여 문제의 요구 순서대로 도면을 작성하시오.

2. 공통사항
① 주어진 부지의 표고차를 고려한다.
② 부지의 지형은 북에서 남측으로 완만한 하향경사를 이루고 있다.
③ 서측은 경관이 불량하고, 북측은 배수가 불량하여 비가 오면 우수가 고인다.
④ 북동측에는 보호수목인 참나무(H6.0×R40)가 위치하고 있다.
⑤ 주택의 평면은 문제지에 제시된 도면의 원안대로 축척에 맞게 작성하시오.

[문제 1] 아래 설계 조건을 참고하여 지급된 트레이싱 용지 1매에 설계개념도를 1/100로 확대하여 작성하시오.
① 대문 주변에 소형 주차장(승용차)을 배치하고, 주변은 차폐식재를 하시오.
② 주어진 조건을 고려하여 외부공간을 전정, 주정, 후정(연못 및 휴식공간), 작업정, 소형 주차장(승용차 1대)으로 구분하여 공간을 구성하시오.
③ 동선은 정원 전체를 순환할 수 있도록 계획하시오.
④ 개념도는 공간구성과 동선구상을 표현하고 각 공간별 개념, 배식설계 개념, 배치설계 개념을 간단히 기술하시오.

[문제 2] 아래 설계 조건을 참고하여 지급된 트레이싱 용지 1매에 시설물배치도를 1/100로 확대하여 작성하시오. 단, 여백을 이용하여 연못 단면상세도를 함께 작성한다.
① 배수가 불량한 곳에 $20m^2$ 이상의 크기로 자연형 연못을 배치하시오.
② 보호수목과 연못을 연계하여 휴게공간을 조성하고, 등의자(L1,600×W450)를 적절히 배치하시오.
③ 경사진 곳을 한 곳 선정하여 침목계단(단높이 : 15cm, 단면의 폭 : 30cm)을 5m 정도 설치하고, 침목계단 좌우로 자연석 쌓기를 하며, 계단 상단 및 하단에 높이를 표시하시오.
④ 포장재료는 주차장은 투수콘 포장, 현관까지의 주진입로는 점토벽돌포장, 산책로는 자연석 판석포장을 반드시 실시하고, 기타 지역은 잔디포장을 적절하게 실시하시오.
⑤ 부지 남측에는 경관을 고려하여 자연스럽게 마운딩(높이 : 1.0m 이상)을 설치하시오.
⑥ 주정에는 주요한 시각초점에 야외조각 1점을 설치하시오.
⑦ 대문 주변에 소형 주차장(승용차용)을 관련규정에 맞도록 설치하시오.
⑧ 주정의 적절한 위치에 경관석(3석조)을 1개소 설치하시오.
⑨ 정원 내에 적합한 장소에 정원등을 3개소 이상 설치하시오.
⑩ 각 공간별 주요지점(전정, 주정, 후정의 연못, 보호수목 주변, 작업장, 소형 주차장) 6곳에 마감고를 표기하시오.
⑪ 설치시설물에 대한 범례표는 도면 우측 여백에 반드시 작성하시오.
⑫ 도면의 하단에 자연형 연못의 단면도(축척 1/30)를 반드시 작성하시오.

[문제 3] 아래 설계 조건을 참고하여 지급된 트레이싱 용지 1매에 배식설계도(수목배치도)를 1/100로 확대하여 작성하시오.

① 식재수종은 정원의 기능 및 계절의 변화감을 고려하여 적합한 수목을 15종 이상(연못 주변 초화류 포함) 배식하시오.
② 연못 주변에는 적합한 초화류를 3종 이상 반드시 식재하시오.
③ 부지 남측부에는 마운딩(높이 : 1.0m 이상) 지역에는 소나무와 관목을 사용하여 경관식재를 하시오.
④ 경관이 불량한 곳은 차폐식재를 하시오.
⑤ 수종의 선택은 공간기능 및 부지조건을 고려하여 선택하시오.
⑥ 수목은 인출선에 의하여 수량, 수종, 규격을 표기하시오.
⑦ 수목의 범례는 도면의 우측에 표를 만들어 반드시 작성하시오.

■ 현황도

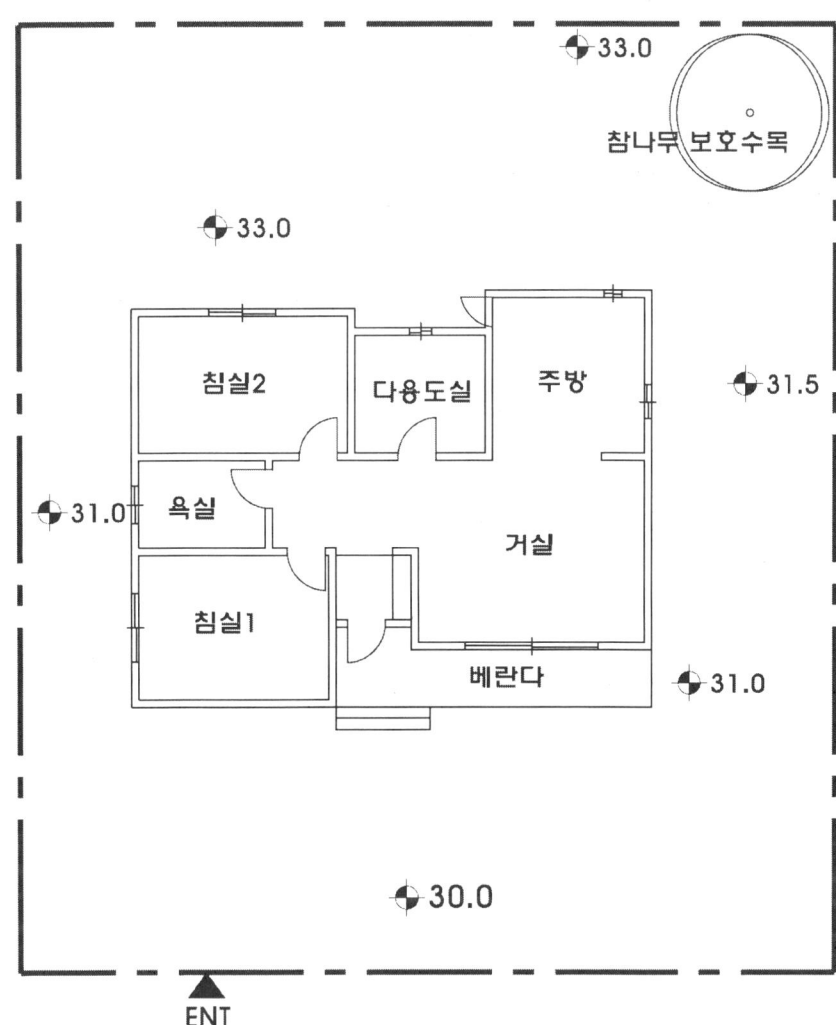

S = 1 / 200

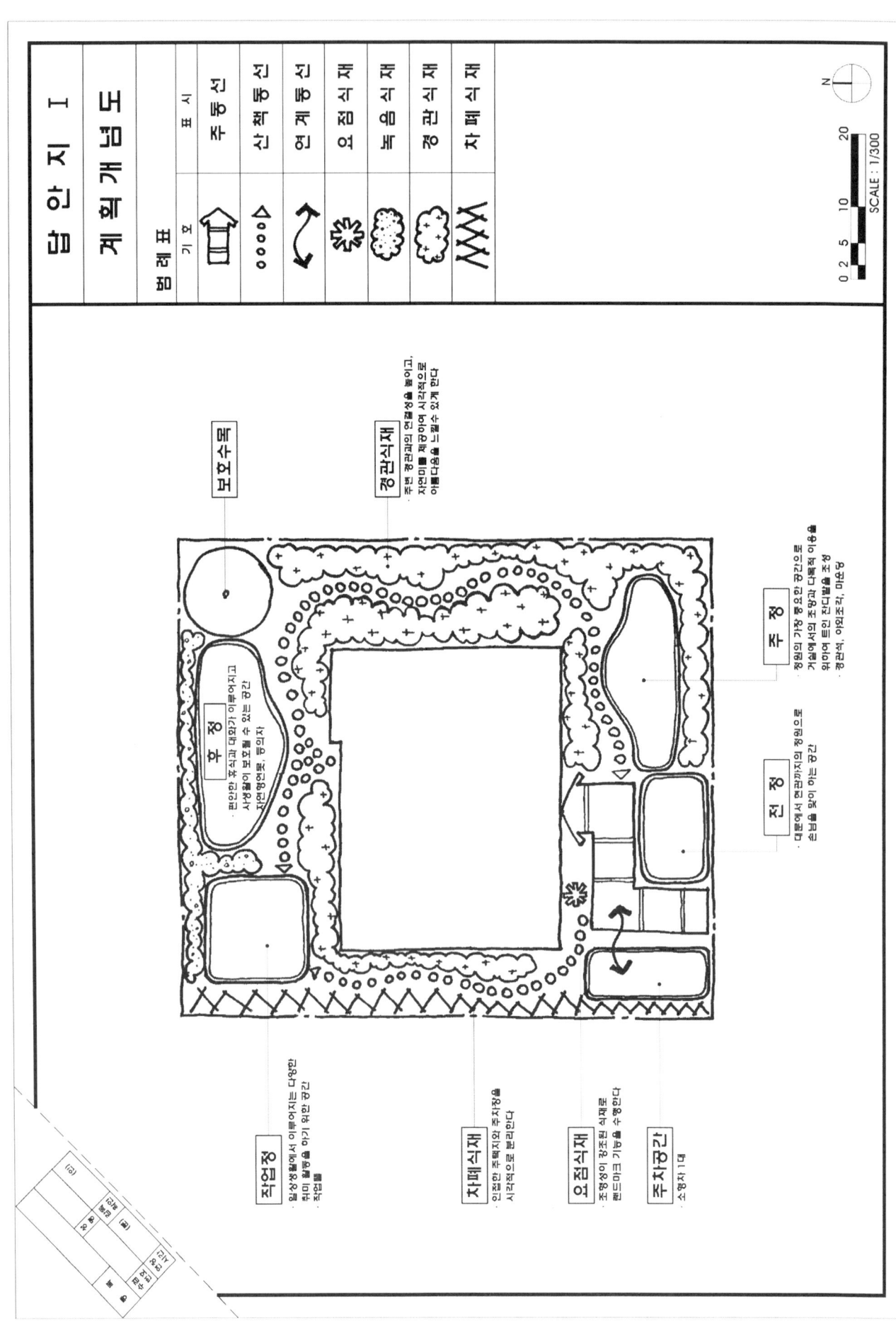

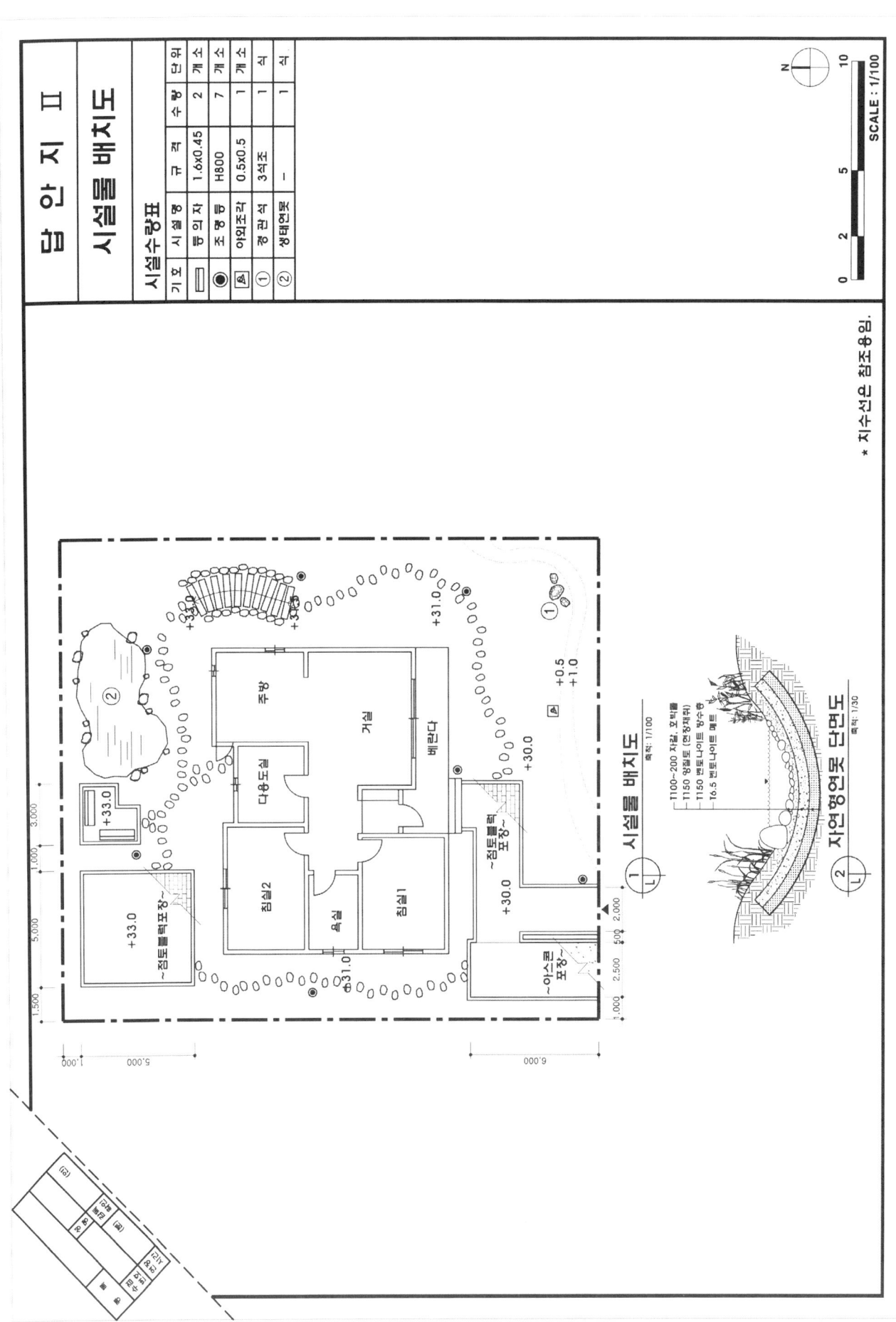

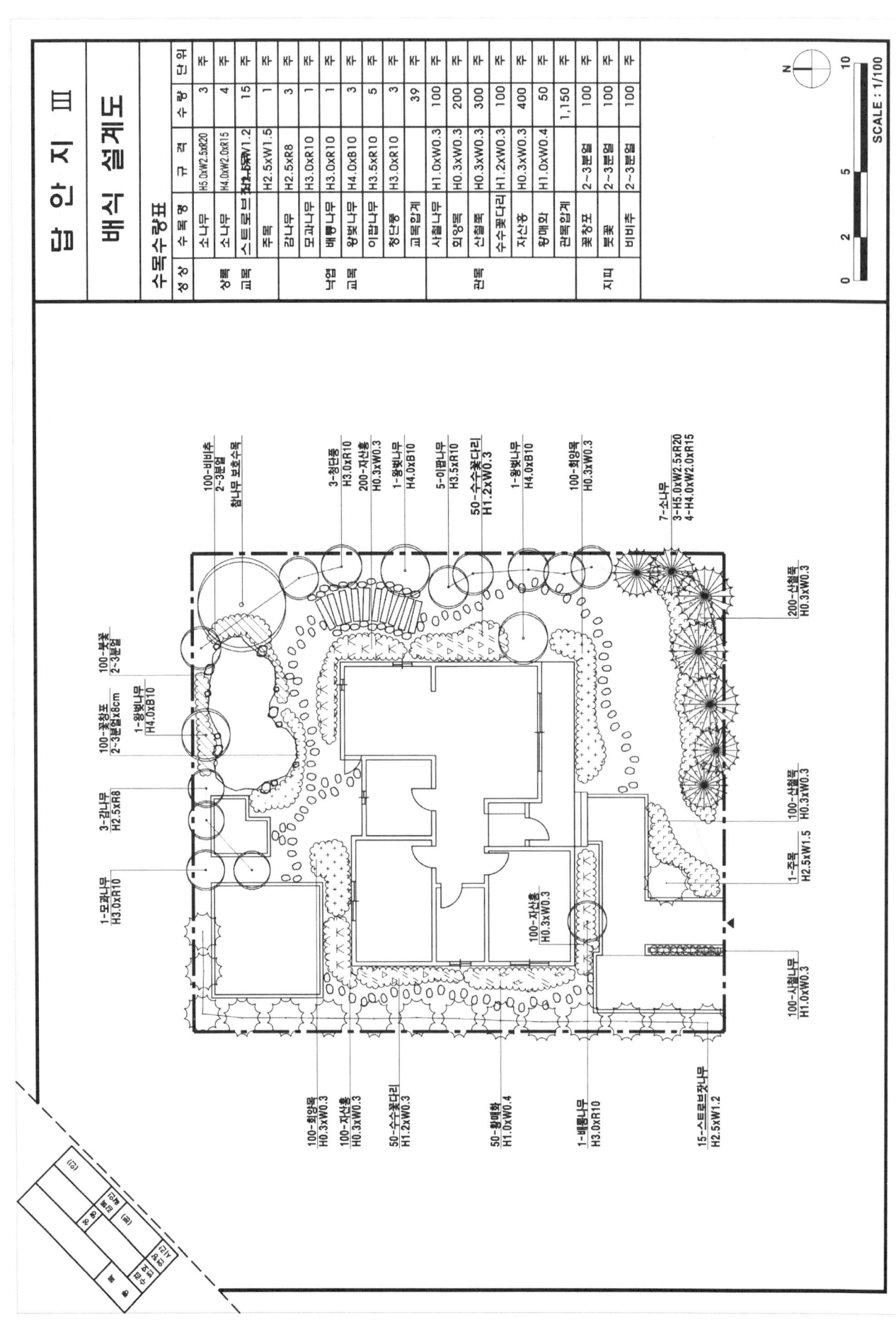

조경기사 기출문제

 **2011, 2017, 2019년 조경기사(근린공원)**

1. 공통사항

다음은 중부지방에 도보권 근린공원(A, B구역)으로 총면적 47,000m² 중 "A" 구역이 우선 시험설계 대상지이다. 대상지 주변으로는 차로와 보행로가 계획되어 있으며, 북쪽 상가, 동쪽 아파트, 서쪽 주택가로 인접한 곳이다. 설계 시 차로와 보행로의 레벨은 동일하다.

[문제 1] 주어진 현황도를 축척 1/300로 확대하여 답안지 I에 다음 요구사항을 충족시키는 설계개념도를 작성하시오.
 ① 각 공간의 영역은 다이어그램을 이용하여 표현하고, 각 공간의 공간명, 적정개념을 설명하시오.
 ② 식재 개념을 표현하고 약식 서술하시오.
 ③ 문제 2에서 요구한 [문 1], [문 2], [문 3]의 답을 아래 표와 같이 개념도 상단에 작성하시오.

문제	[문 1]	[문 2]	[문 3]
답			

[문제 2] 주어진 현황도를 축척 1/300로 확대하여 답안지 II에 다음 요구사항을 충족시키는 시설물 배치를 작성하시오.
 ① 법면 구간 계획 시 아래 사항을 적용하시오.
  ㉠ 법면 1 : 1.8 적용, 절토, 법면 폭을 표시하시오. 예) W=1.08
  ㉡ 식재 : '조경설계기준'에서 제시한 '식재비탈면의 기울기' 중 해당 '식재 가능식물'에 따른다.
  ※ [문 1] 개념도에 해당 내용을 답하시오.
 ② 주동선 계획 시 현황도에서 주어진 곳으로 하시오.
  ㉠ 보행동선은 폭 5m로 적당한 포장을 사용하시오. (입구 계획 시 R=3m를 확보하여 다소 넓힌다.)
  ㉡ 계단 : h=15cm, b=30cm, w=5m (계단은 총 단수대로 그리고 up, down 표시 시 −1단으로 표기하시오.)
  ㉢ 램프 : 경사구배 8%, w=2m, 콘크리트 시공 후 석재로 마감한다.
  ※ [문 2] 경사로는 바닥면으로부터 높이 몇 m 이내마다 휴식을 할 수 있도록 수평면의 참을 설치해야 하는가?
   (단, 「장애인, 노인, 임산부 등의 편의 증진보장에 관한 법률」에 따르며, 개념도에 답하시오.)
 ③ 모든 공간은 서로 연계되어야 하고, 차량동선과 보행동선의 교차는 피하시오.
 ④ 차량동선(폭 6m) 진입 시 경사 구배는 「주차장법」에서 제시한 '지하주차장 진입로'의 직선 진입 경사구배값으로 계획하시오.
  ※ [문 3] 해당 경사 구배값(%)을 개념도에 답하시오.
 ⑤ 산책로는 폭 2m의 자유곡선형이며, 경사구간은 10%를 적용, 콘크리트 포장(경계석 없음)을 계획하시오.
 ⑥ 잔디광장을 계획하시오.
  ㉠ 면적 : 32×17m
  ㉡ 위치 : 부지의 중심지역
  ㉢ 포장 : 잔디깔기
  ㉣ 용도 : 휴식 및 공연장
  ㉤ 레벨 : −60cm, 외곽부는 스탠드로 활용(h=15cm, b=30cm, 화강석 처리)
 ⑦ 잔디광장 주변으로 폭 3m, 6m의 활동공간을 계획하고, 주동선에서 진입 시 폭은 12m로 하시오. 또한, 수목보호대(1m×1m) 10개를 설치
 ⑧ 부지 동남쪽에는 농구장(15m×28m) 1개소를 계획하되 여유폭은 3m 이상으로 하며, 포장은 합성수지 포장으

로 하시오. 또한, 농구장 주변으로 벤치 설치 공간 4개소에 8개를 설치하며, 경계산울타리를 식재하시오.
⑨ 전체적으로 편익시설 공간(7m×26m)을 계획하고, 화장실(5m×7m) 1개소와 벤치 다수를 배치하시오.
⑩ 주차장은 소형 승용차 26대를 직각주차방식으로 계획하시오.
   ㉠ 주차장 규격은「주차장법」상의 '일반형'으로 하며, '1대당 규격'을 1개소에 적고 주차대수 표기는 예) ①, ②… 로 하시오.
   ㉡ 보행자 안전동선(w=1.5m)을 확보하고, 측구 배수 여유폭을 70cm 확보하시오.
⑪ 어린이 모험놀이공간을 계획하시오.
   ㉠ 면적은 300㎡ 내외로 하고, 포장은 탄성고무포장을 사용한다.
   ㉡ 모험놀이시설을 3종 이상 구상하고, 수량표에 표기하시오. (단, 개당 면적 15㎡ 이상으로 한다.)
⑫ 휴식공간(10×12m, 목재 데크)을 적당한 곳에 계획하고, 파고라(4.5×4.5m) 2개소, 음수대 1개소, 휴지통 1개를 배치하시오. 또한 휴식공간 주변에 연못(80㎡ 내외, 자연석 경계)을 계획하시오.
⑬ 배수계획은 대상지의 아래(서쪽) 공간에만 계획하시오.
   ㉠ 주차장, 연못, 농구장, 놀이터에는 빗물받이(510×410), 집수정(900×900)을 설치하시오.
   ㉡ 잔디광장에는 Trench drain(w=20cm, 측구 수로관용 그레이팅) 배수와 집수정을 설치하고 최종 배수 3곳에는 우수 맨홀(D900)을 설치

[문제 3] 주어진 현황도를 축척 1/300로 확대하여 답안지 Ⅲ에 다음 요구사항을 충족시키는 배식평면도를 작성하시오.
① 수종 선정 시 온대 중부수종으로 상록교목 3종, 낙엽교목 7종, 관목 3종 이상을 배식하시오.
② 주차장 좌측(부지 북쪽) 식재 지역은 참나무과 총림을 조성하시오. 단, 총림 조성 시 수고 4m 이상으로 40주 이상을 군식하시오.
③ 주요부 마운딩(h=1.5m, 규모 50㎡ 내외) 처리 후 경관식재 1개소, 산책로 주변과 수경공간 주변에는 관목 식재, 주동선은 가로수 식재, 완충식재, 녹음식재 등을 인출선을 사용하여 작성하시오.

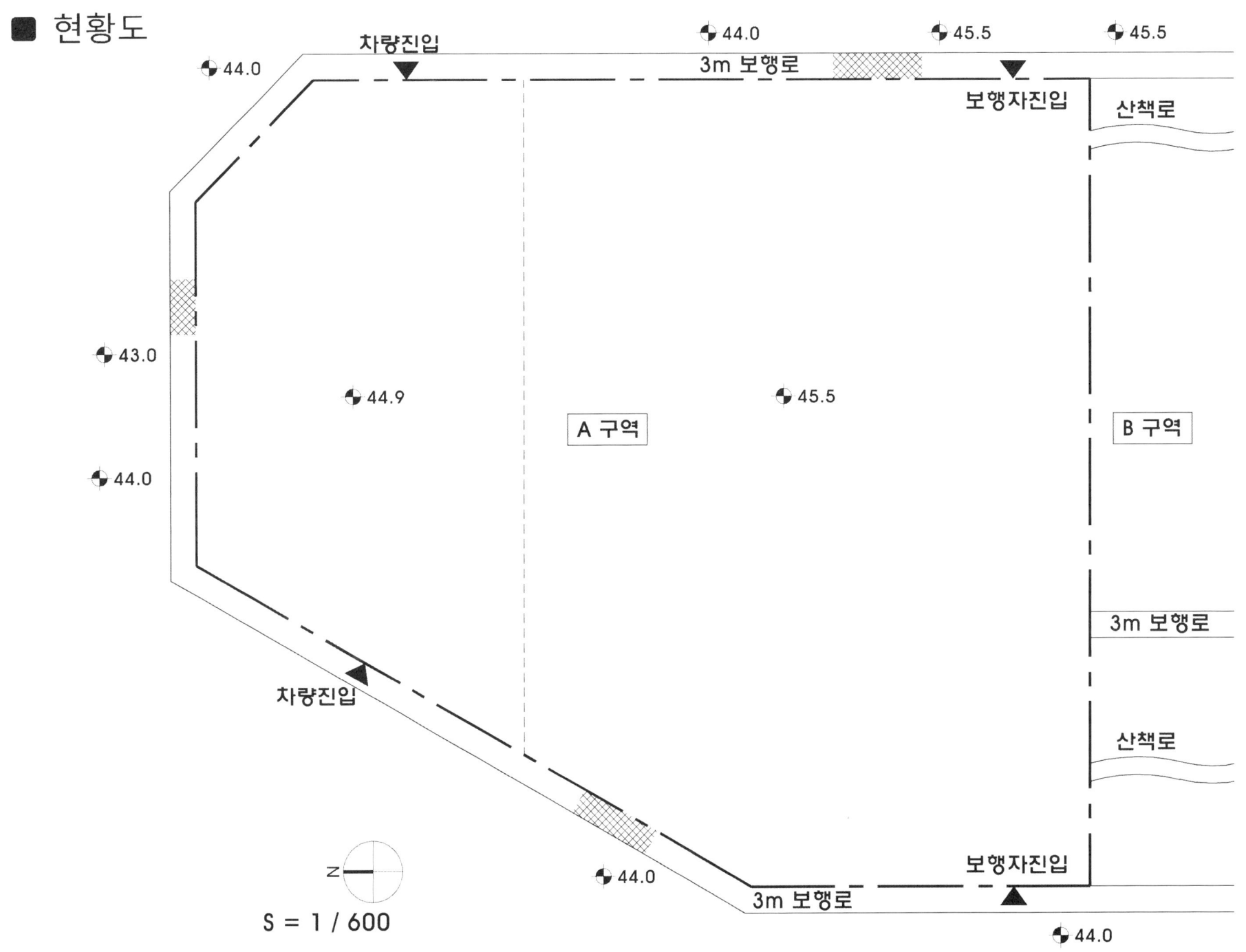

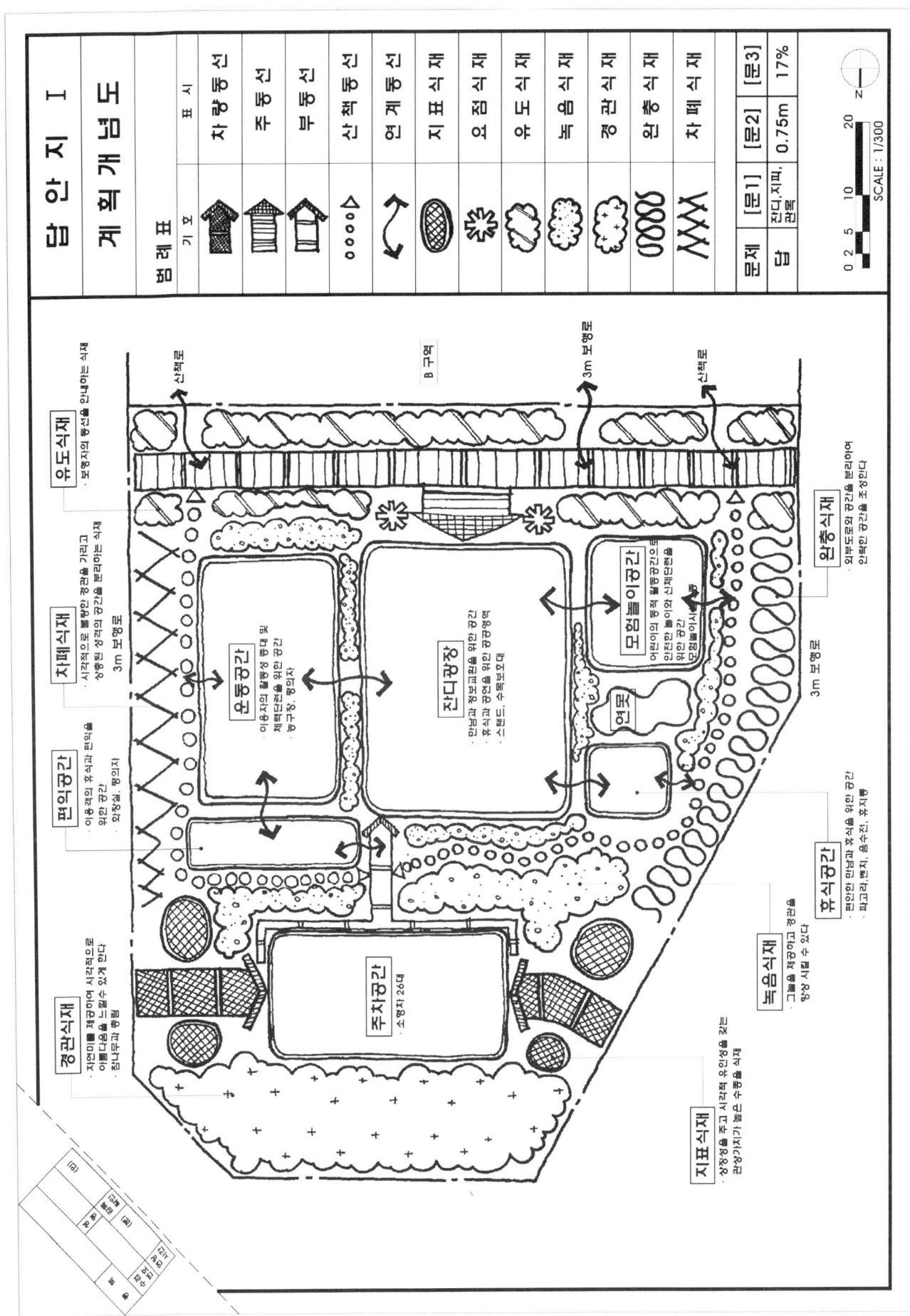

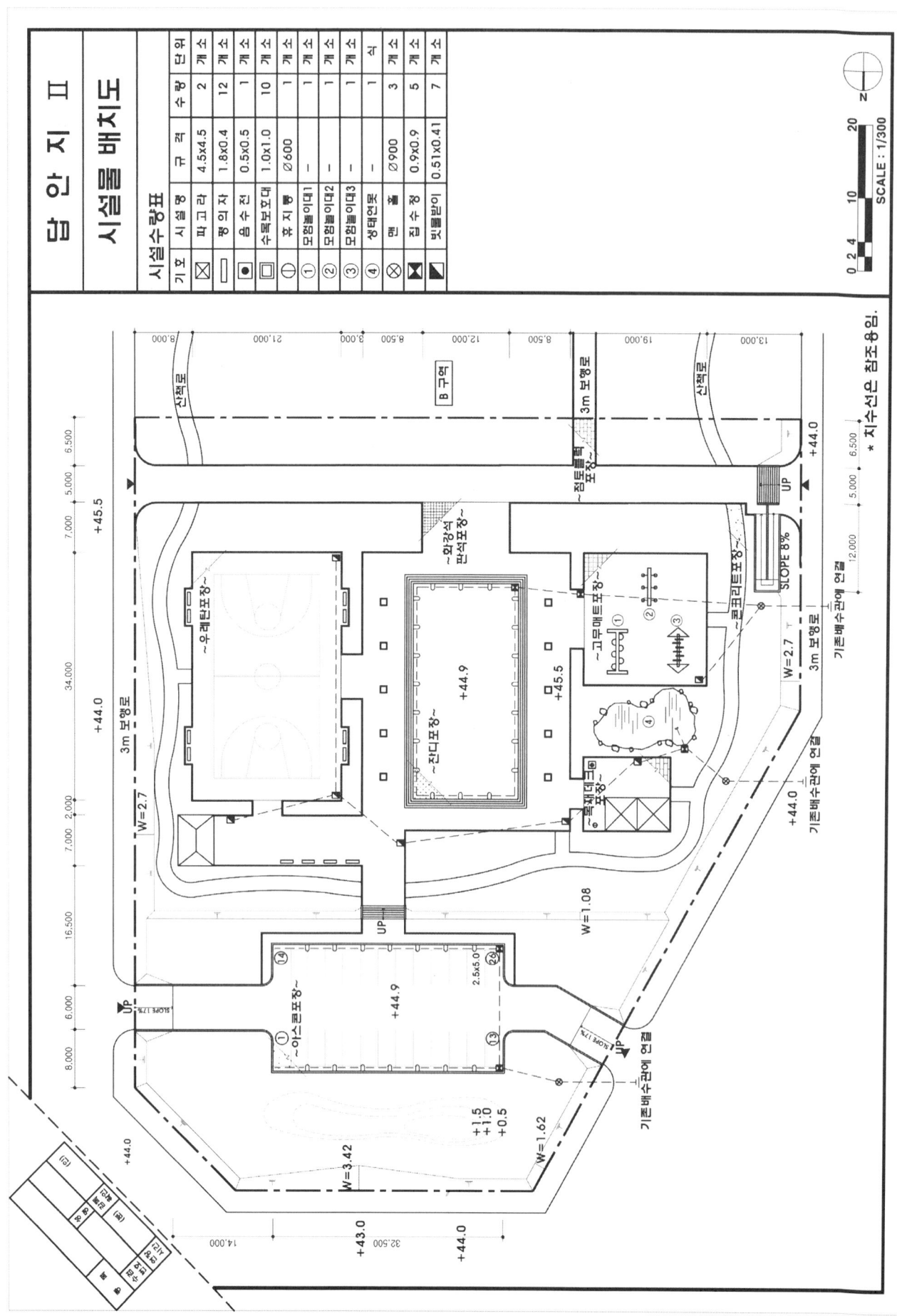

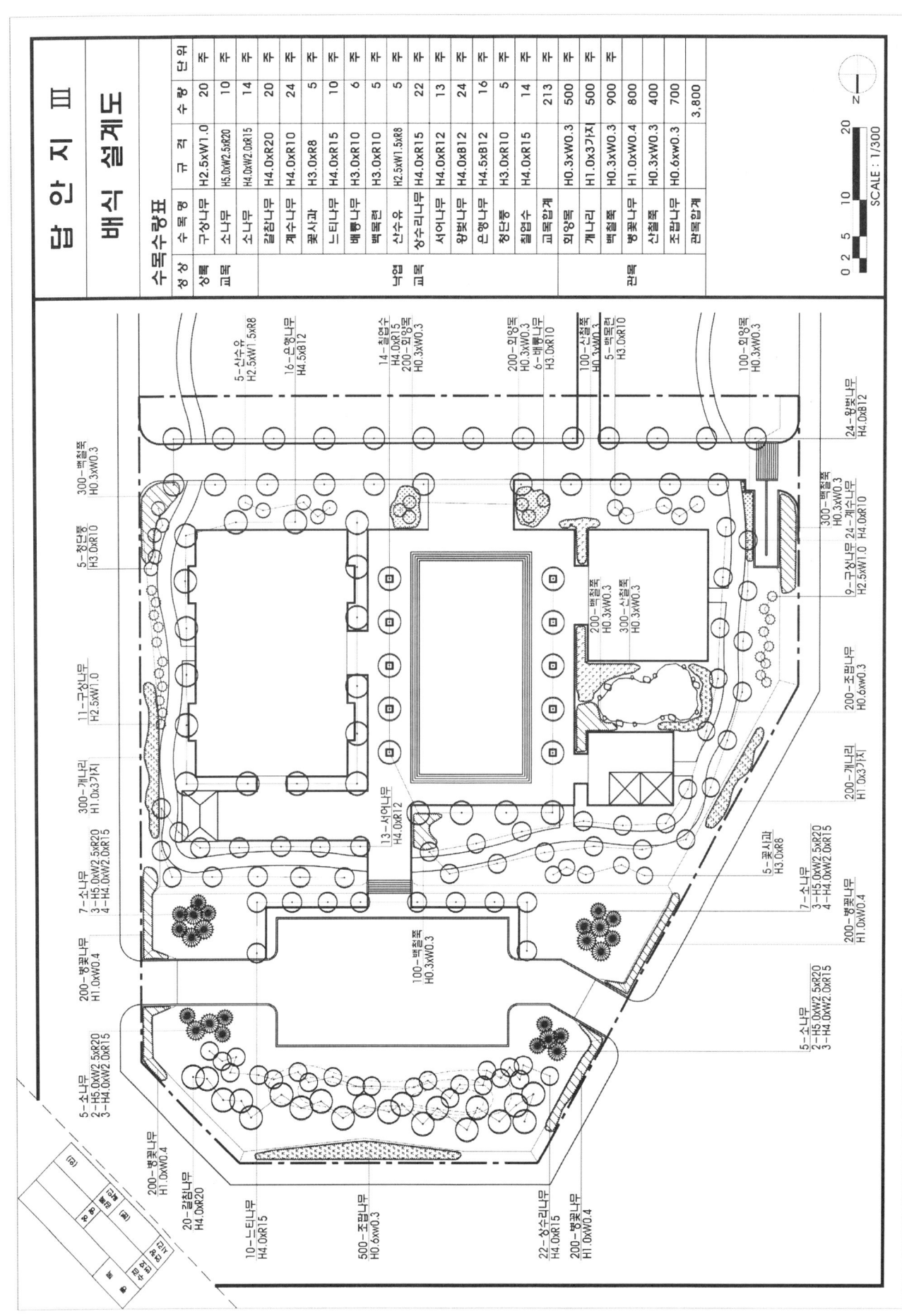

 **2004년 조경기사(전통정원)**

1. 요구 조건

다음은 중부지방의 사적지 내 한옥의 전통정원 부지 현황도이다. 축척 1/100로 확대하여 주어진 요구 조건을 반영시켜 식재설계도를 작성하시오. (답안지 2)

[문제 1]

① 안방에서 후문에 이르는 직선거리 진입동선을 원로 폭 1.6m로 설계한다. 후문에서 안방까지의 레벨 차이와 등경사도를 고려하여 계단을 설계하고, 적당한 지점에 계단참을 설계하시오.

② 식재지는 후문에서 일점쇄선까지이다.

③ 전통정원 후원의 특성을 고려하여 화계를 설계하고, 화계에 꽃을 감상할 수 있도록 필요한 초화류와 관목을 [보기] 수종 중에서 10수종 이상 선정하여 설계하시오.

④ 인출선을 사용하여 수종명, 수량, 규격을 표시하고, 식재한 수량을 집계하여 범례란에 수목수량표를 도면 우측에 작성하시오.

 보기

비비추, 옥잠화, 대왕참나무, 왕벚나무, 모과나무, 가이즈까향나무, 반송, 히말라야시다, 양버즘나무, 살구나무, 피라칸다, 매화나무, 산철쭉, 명자나무, 꽝꽝나무, 눈향나무

[문제 2]

① 문제 1에서 작성한 식재설계의 개념을 축척 1/100로 작성하고, 현황도면에 표시된 A-A′ 단면 절단선을 따라 단면도를 축척 1/50로 확대하여 작성하시오. (답안지 1)

② 식재 개념도를 그리고, 빈 공간에 화계에 대한 특성, 기능, 시설 등을 간단한 설명과 함께 개념도의 표현방법을 사용하여 그려 넣으시오.

③ 단면도상에서 장대석의 치수, 사괴석의 치수를 표기하시오.

현황도

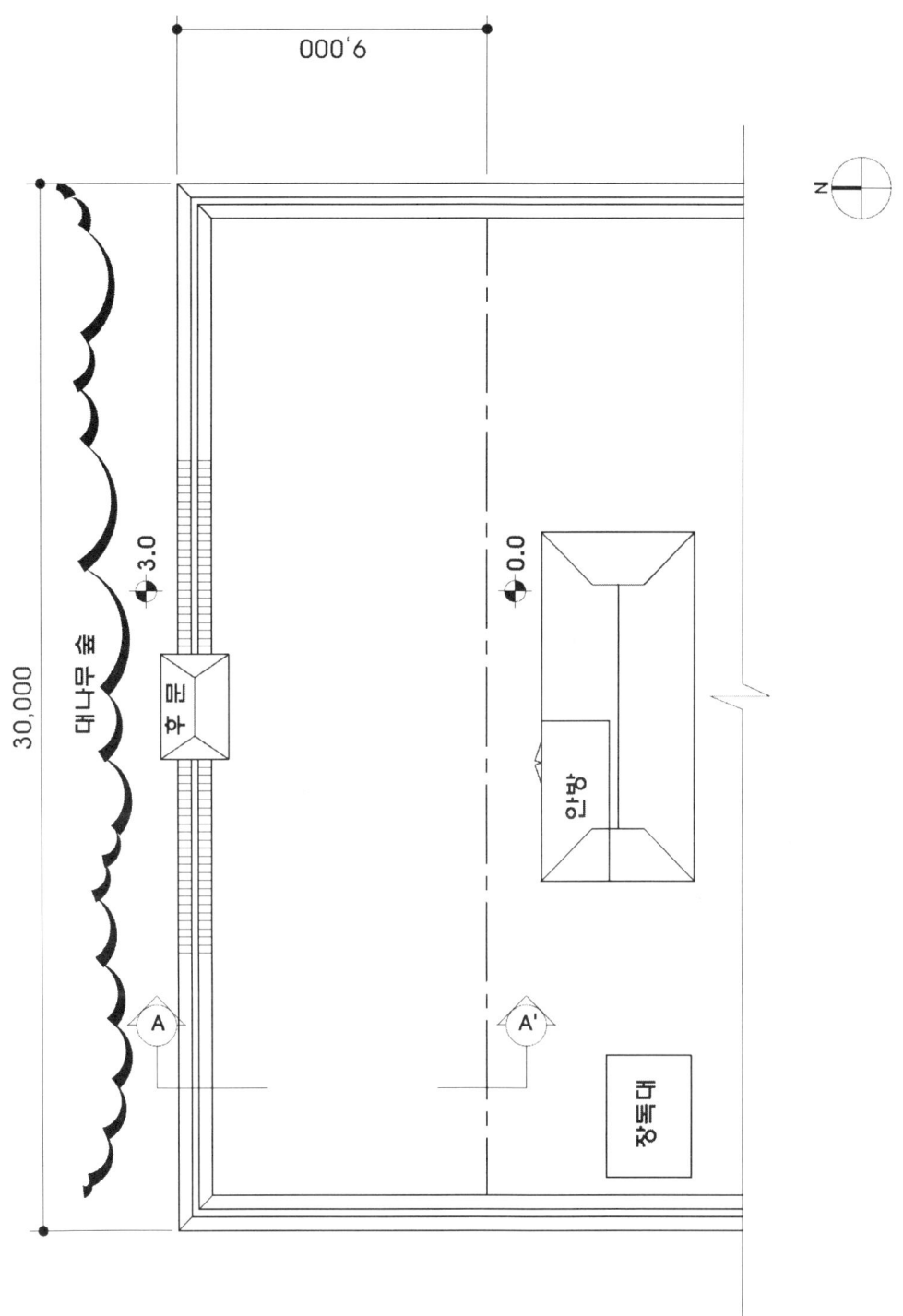

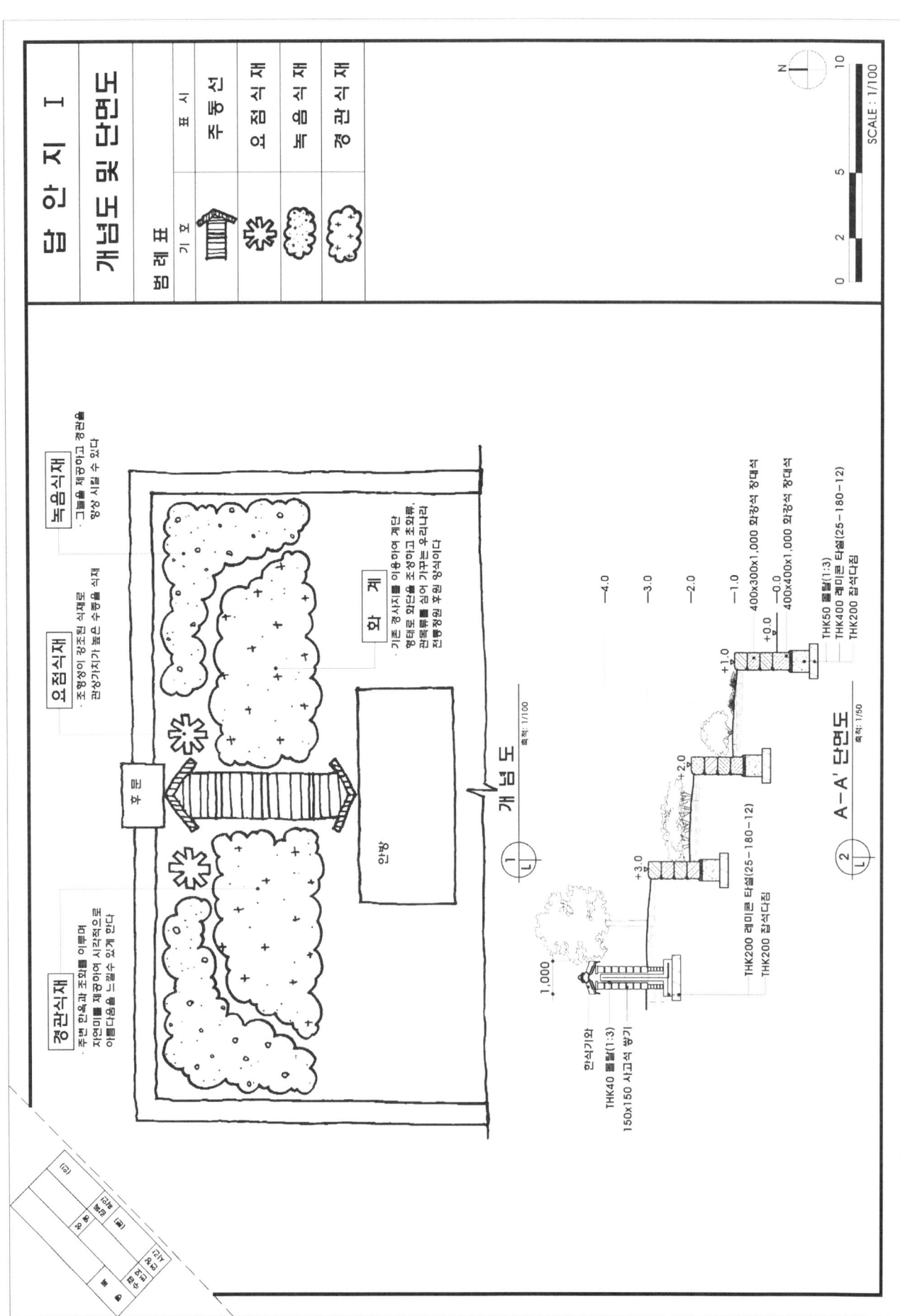

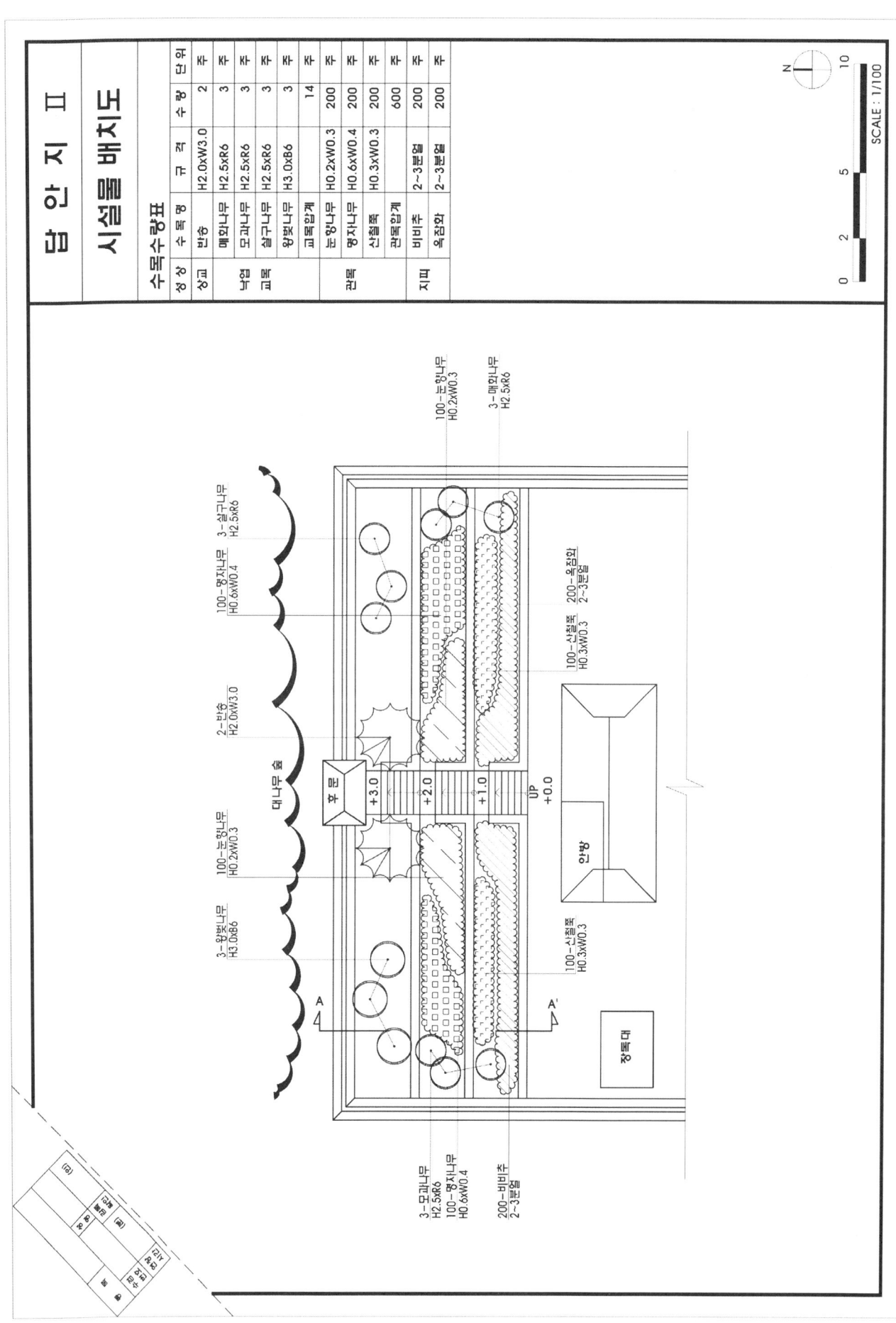

Part 6 조경기사 설계실무 기출문제

 **2008년 조경기사(공원묘지 및 도시 미관광장)**

[문제 1] 현황도 1에 주어진 부지를 그대로 트레이싱지에 제도하고, 아래의 조건을 반영한 설계 개념도를 작성하시오. (트레이싱지 1)

① 주어진 지형도는 도시 근교에 위치한 공원묘지의 부지이다. 이 도면에 지형의 잠재력을 잘 파악하여 요구사항에 따라 토지이용계획을 수립하시오. (단, 경사도 50% 이하에서 토질 형질을 변경하여 이용할 수 있으며, 경사도 50% 이상은 보존구역으로 한다. 토지 이용공간의 외곽을 각기 다른 표현 기호로 나타내고, 그 내부에 이용 공간의 명칭을 굵게 기재한다.) 축척 1/6,000로 작성하시오.

② 산마루 능선과 계곡은 보존공간으로 보존 계획한다.

③ 오목사면에 해당하는 곳에는 납골묘역공간, 평사면에 해당하는 곳에는 기독교인의 매장 묘역공간을 각각 1개소씩 조성한다.

④ 볼록사면과 기타의 사면에는 일반인 매장 묘역공간으로 각각 조성 계획한다.

⑤ 가장 평탄한 곳에 납골당 1개소, 그 좌측에 장제장 1개소를 각각 설치 계획한다.

⑥ 가장 적당한 곳에 수경을 겸한 휴게공간과 진입구 위치를 고려한 입구광장, 중앙광장을 계획한다.

⑦ 가장 적당한 곳에 생산공간(잔디, 묘목, 원예작물 등)과 석물가공공장을 조성하고, 생산물(석물포) 전시판매장을 각각 설치 계획한다.

⑧ 각종 시설공단(납골당, 장제장, 관리사무실, 전시판매장, 광장, 휴게소, 주차장)과 묘역공간 사이는 녹지를 설치하여 분리 계획한다.

[문제 2] 현황도 2와 아래 설계조건을 참고하여 지급된 트레이싱 용지 1매에 시설물배치도 및 수목 배치도를 각각 작성하시오. (트레이싱지 2, 3)

① 주어진 대상지는 남부지방의 도심에 위치한 도시 미관광장 부지이다. 부지 내부는 평탄한 지형이며, 공지 상태이다. 설계 시 요구사항에 따라 변형되는 지반고 및 시설물의 높이 등은 현 지반고를 '0'으로 기준하여 나타낸다(예 : -40). 이 미관광장은 부지를 남북으로 똑같은 면적이 되게 양분하고 그 중앙에 동선을 설치하며 북측 공간은 벽천, 분수, 연못이 함께 있는 "수경공간"으로, 남측 공간은 조각물을 전시하는 "조각전시공간"으로, 그리고 부지 주변부는 녹지공간으로 조성한다. 다음의 요구사항을 잘 읽고 지급된 트레이싱지에 축척 1/200로 설계한다.

② 중앙 동선
 ㉠ 부지의 동서방향으로 부지 중앙에 폭 4.0m의 동선을 설치한다.
 ㉡ 동선의 중앙(부지의 중앙)에 직경 4.0m의 넓이, 그리고 40cm의 지반을 조성한다. 높이 40cm의 외벽(유토벽)은 석재(마름돌)를 사용함
 ㉢ 위의 "나"항에서 조성된 지반의 중앙에 반경 1.0m의 넓이 그리고 "나"항에서 조성한 지반을 기준으로 높이 30cm의 단을 설치하고 시계탑 겸 상징탑을 세운다. 단, 석재를 사용하며, 시계탑 겸 상징탑의 형태의 높이는 임의로 한다.
 ㉣ 동선의 바닥 포장은 녹색 투수콘크리트로 한다.

③ 부지 외곽
 ㉠ 출입구를 제외한 부지의 외곽부는 폭 4.0m, 높이 80cm의 식재함(플랜트 박스)을 설치하고 식재한다.
 ㉡ 식재함은 철근콘크리트로 시공한 후 노출부는 소성벽돌로 치장쌓기한다.

④ 수경공간

㉠ 수경공간은 전체적으로 현 지반보다 60cm 낮게 하고, 중앙 동선에서 장애자, 노약자 등 누구나 접근할 수 있도록 계단, 램프를 설치한다.

㉡ 수경시설은 북쪽면의 식재함과 연결하여 조성하되, 연못의 평면적 형태는 직선과 곡선이 조합된 기하학적 형태로 벽천과 분수 등이 공존하도록 설계한다.

㉢ 연못의 곡선 부분은 부지 동·서면의 경계선 중앙에서 반경 10m의 원호로 하고 적당한 위치에서 직선과 연결시킨다.

㉣ 직선부분의 연못 폭은 최소 3m로 한다.

㉤ 분수 있는 연못 바닥의 높이는 수경공간의 지면보다 30cm 낮게 하고, 연못 경계 부위의 높이는 수경공간의 지면보다 40cm 높게 한다.

㉥ 벽천을 식재함과 연결시켜 설치하되 높이는 연못 바닥에서 3m의 수직벽으로 한다.

㉦ 연못과 벽천은 콘크리트로 시공하고 석재로 마감한다.

㉧ 연못 주변의 적당한 식재 공간에 2.0m×3.0m의 순환펌프실 2개소, 파고라(3.6m×3.6m) 4개소, 6.0m의 장의자 2개를 설치한다.

㉨ 연못 주변의 적당한 곳에 집수구 2개소를 설치하고 수경공간 바닥은 소형 고압블록(ILP)을 포장한다.

⑤ 조각물 전시공간

㉠ 조각물 전시공간의 지면은 현 지면과 같게 하고, 조각물을 전시할 장소는 현 지반보다 40cm 높게 한다.

㉡ 조각물을 전시할 장소는 남측 식재함과 연결하여 조성하되 평면적 형태는 수경시설의 형태와 같은 대칭으로 조성(수경 "나"~"라" 참조)

㉢ 조각물을 배치하고, 파고라 2개소를 설치하되 평면길이 9.0m×6.0m×3.0m의 "ㄱ"자형으로 한다.

㉣ 화장실(6.0m×4.0m) 1개소, 관리소 겸 매점(5.0m×4.0m) 1개소, 장의자(4.0m) 4개소, 집수구 2개소를 설치하고 바닥은 소형 고압블록 포장

⑥ 식재

㉠ 상록수 위주로 구성하되 계절적 변화감이 있도록 설계하고, 교목과 관목 등의 구성이 조화롭게 식재한다.

㉡ 식재함 외에 수경공간과 조각물 전시공간 내부의 적당한 곳에 식재하여 보호조치하고, [보기] 중에 12종 이상을 선택한다.

㉢ 인출선을 사용하여 식물명, 규격, 수량을 기입하고 도면 우측에 반드시 수목수량표를 작성한다.

보기

소나무, 잣나무, 해송, 감탕나무, 태산목, 느티나무, 은행나무, 후박나무, 천리향, 가시나무, 가이즈까향나무, 목서, 아까시나무, 능수버들, 피라칸다, 단풍나무, 호랑가시나무, 영산홍, 눈향나무, 느릅나무, 현사시나무, 잔디, 아주가, 맥문동

■ 현황도 1

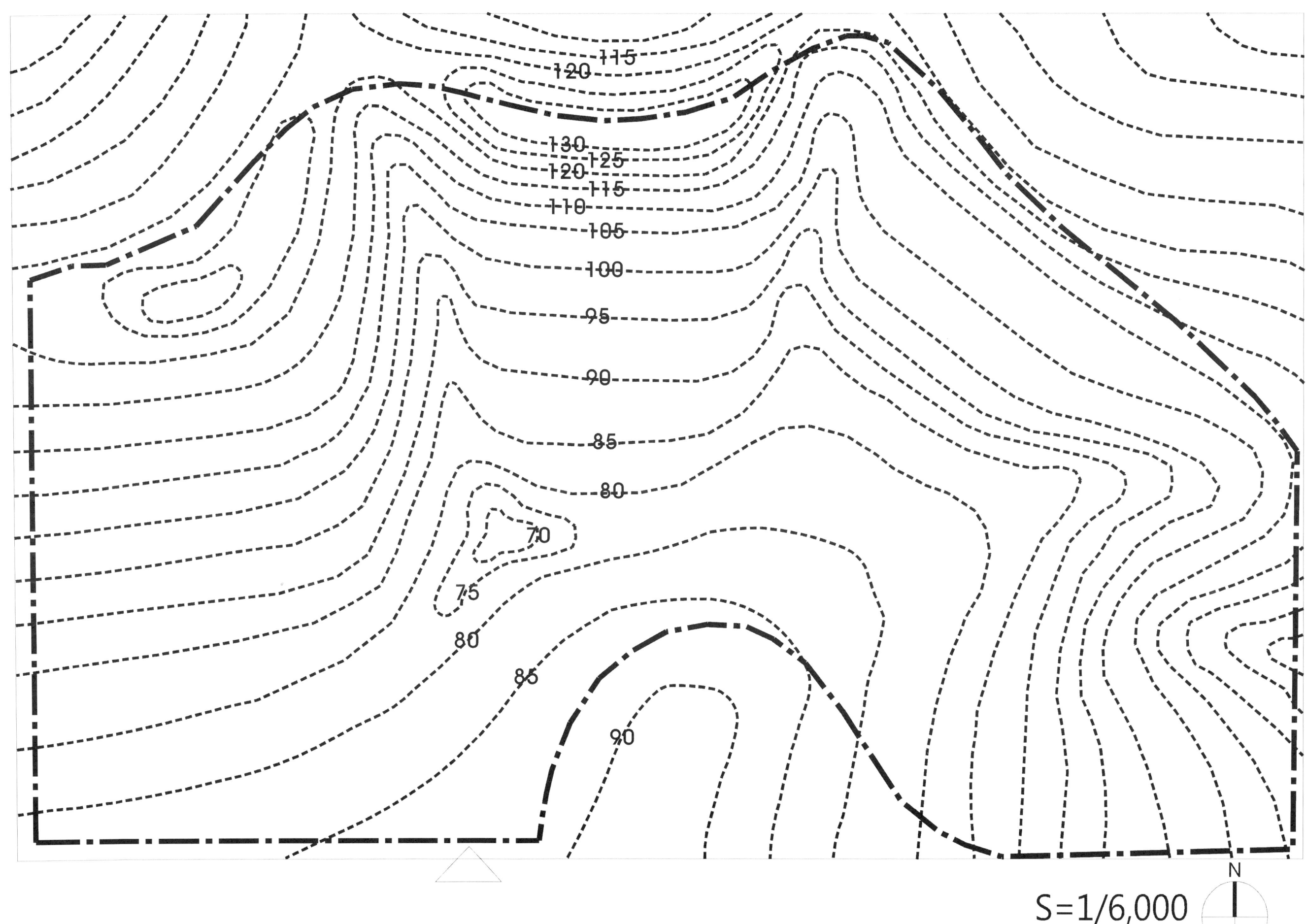

S=1/6,000

■ 현황도 II

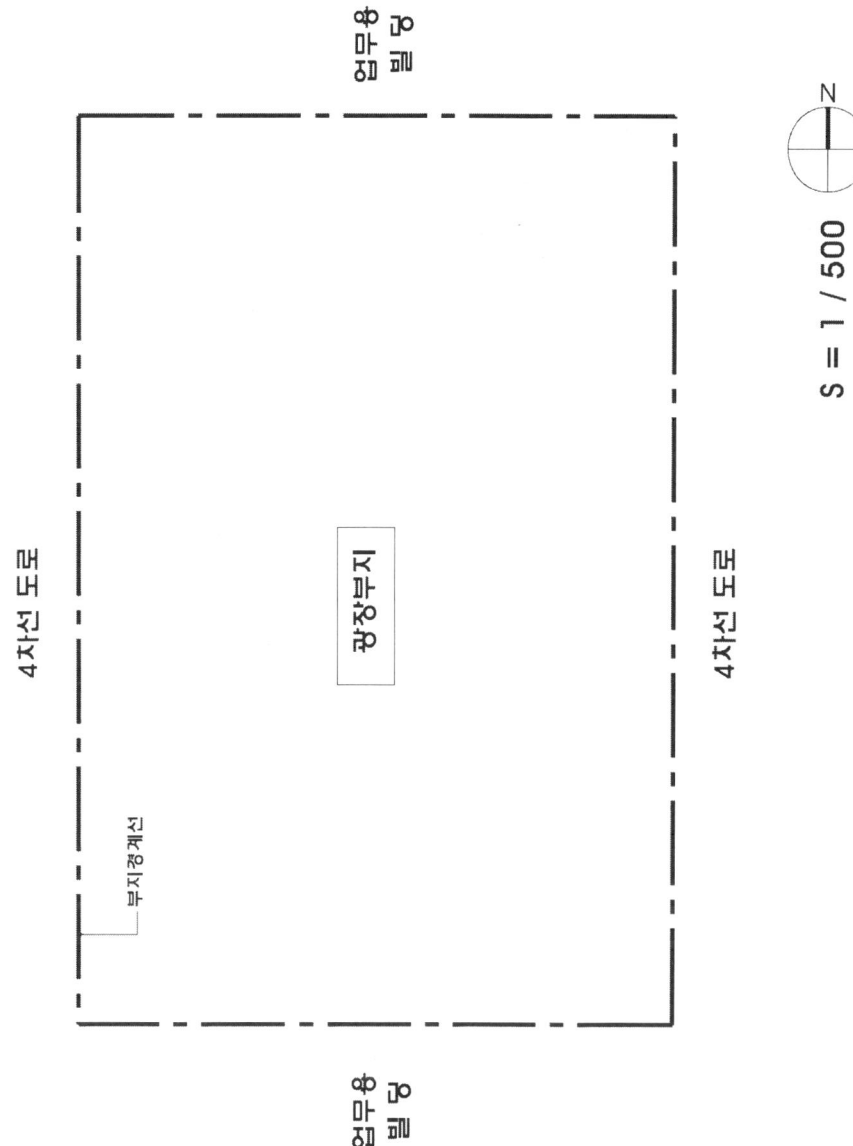

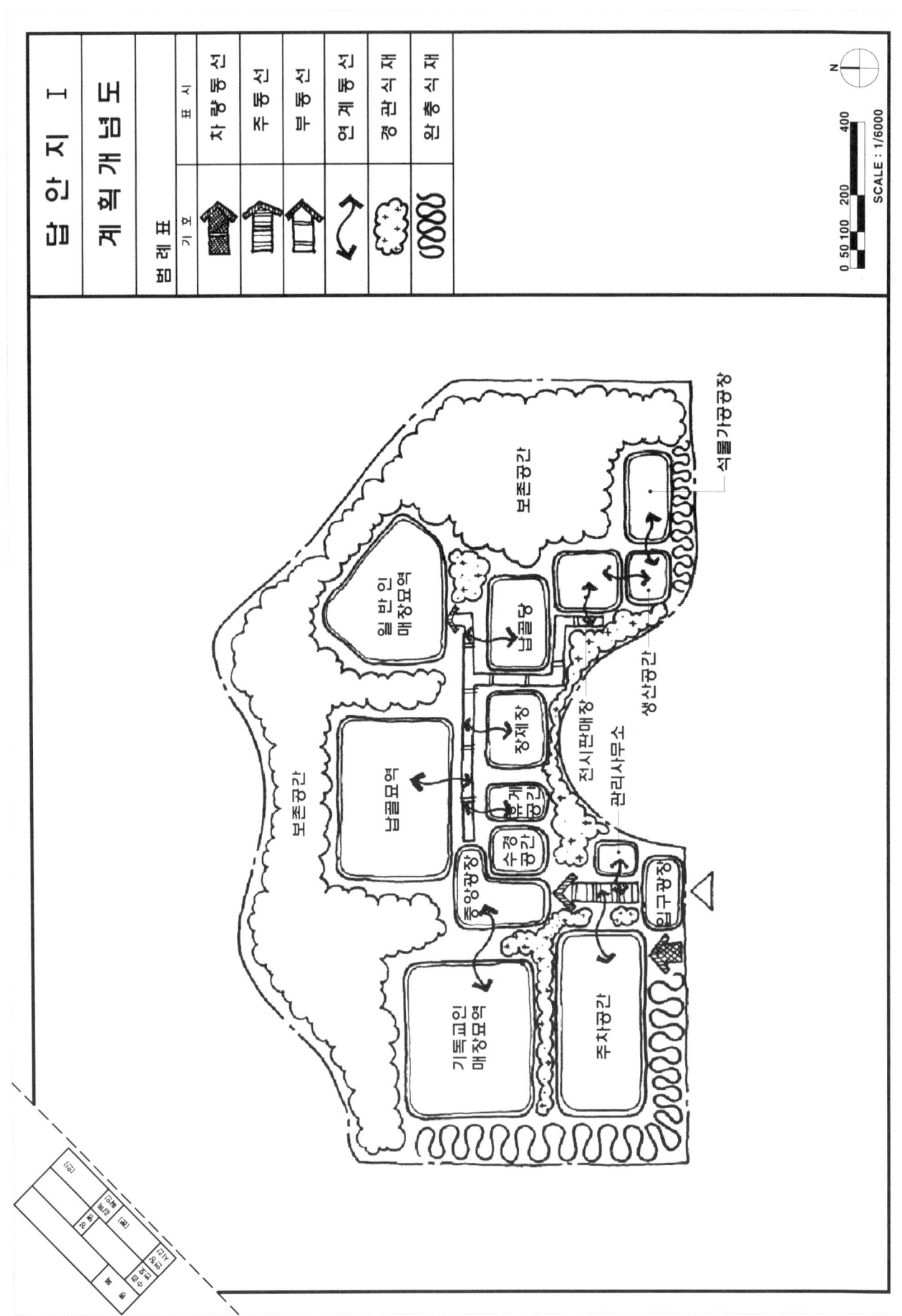

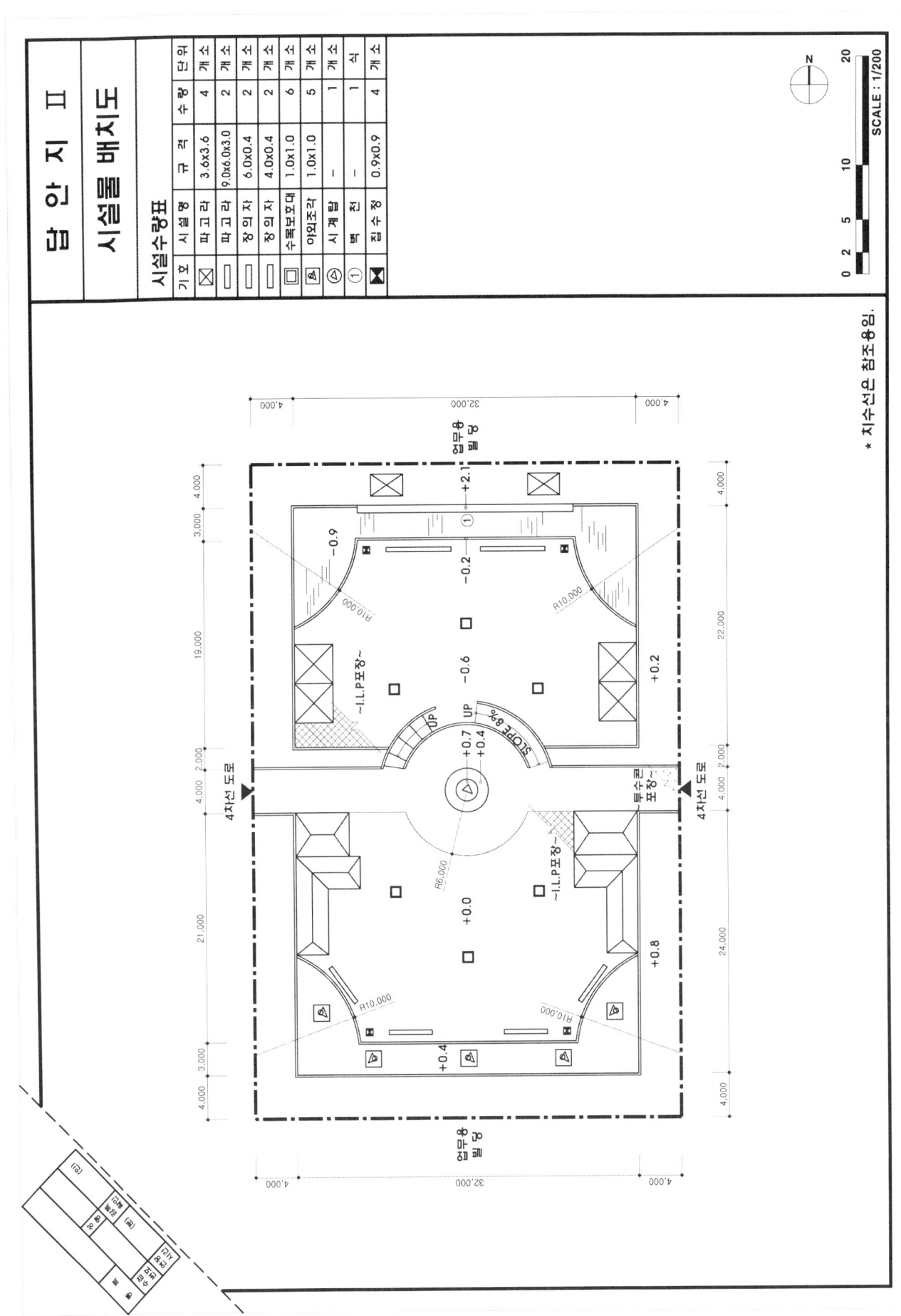

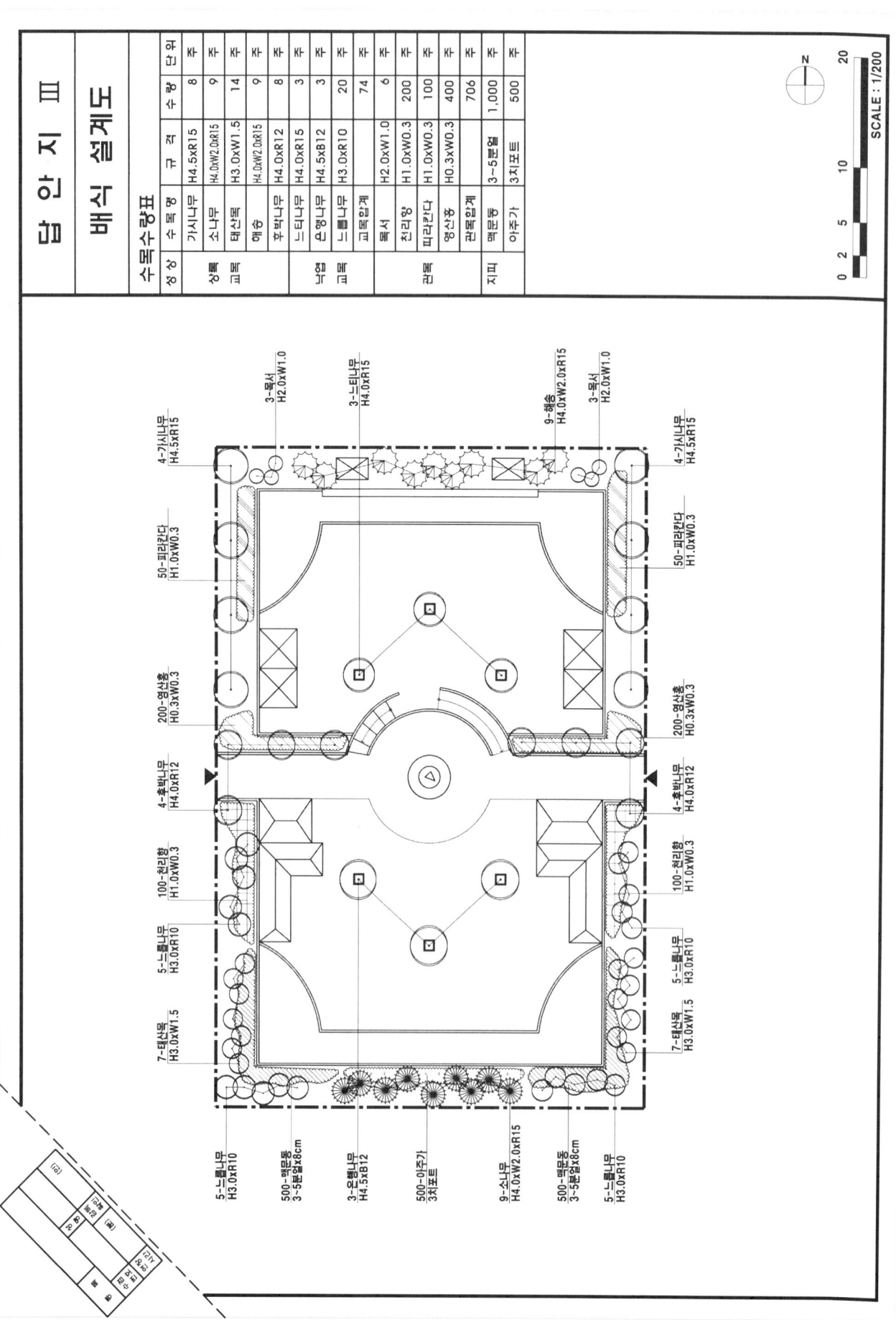

조경기사 기출문제

 **2013, 2018, 2020, 2022년 조경기사(주차장)**

1. 요구 조건

다음은 중부지방의 도시 내 지하철 역세권 주차장의 설계부지이다.
현황도와 주어진 설계조건을 고려하여 주어진 트레이싱지에 답안지 I, II의 도면을 작성하시오.

[문제 1] 현황도를 축척 1/400로 확대하여 베이스 맵을 그리고 아래 주어진 기능 상관도의 개념을 적용하여 기본구상 개념도를 작성하시오.

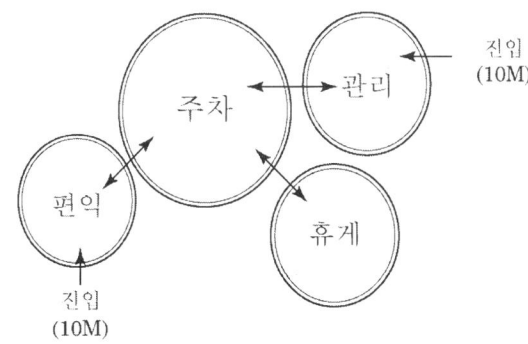

[문제 2] 현황조건과 아래 주어진 설계조건들을 고려하여 축척 1/400로 시설물배치도 및 식재설계도를 작성하시오.
 ① 소형 주차(2.5×5.0) 300대 이상의 주차 공간을 구획하고 주차대수를 확인할 수 있도록 기입하시오.
 ② 북측에 12m, 서측에 8m 폭으로 녹지대를 확보하시오.
 ③ 전체 녹지 면적을 부지 면적의 30% 이상 확보하시오.
 ④ 휴게공간에 파고라 2개소, 벤치 20개소, 음수전 1개소를 설치할 것
 ⑤ 편익 공간에 공중화장실, 관리공간에 관리사무소를 설치할 것
 ⑥ 포장을 3종류 이상 사용하고, 포장 재료명을 명기할 것
 ⑦ 수종은 10수종 이상 사용하여 식재 설계를 하고, 인출선을 사용하여 수종명, 규격, 수량을 표기하며 우측 여백에 수목수량표와 시설물 범례를 표시하시오.

Part 6 조경기사 설계실무 기출문제

■ 현황도

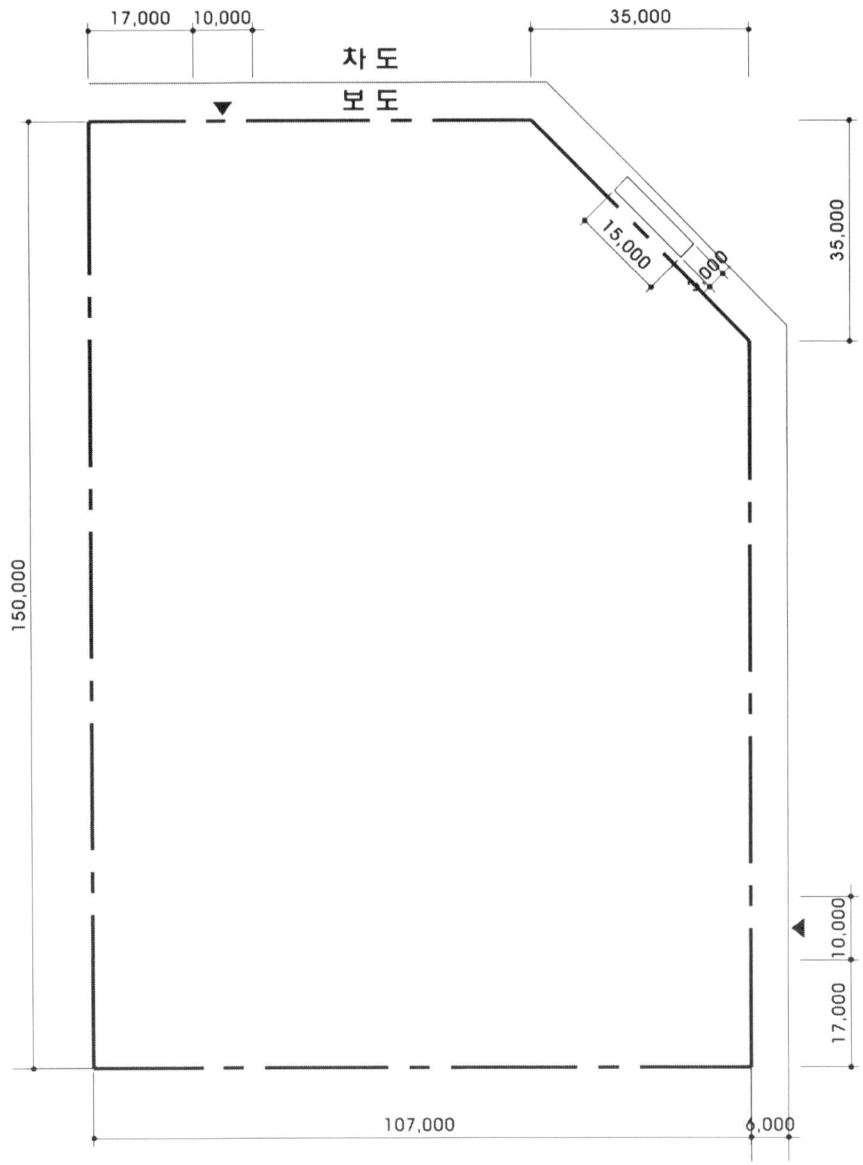

S = 1 / 1,200

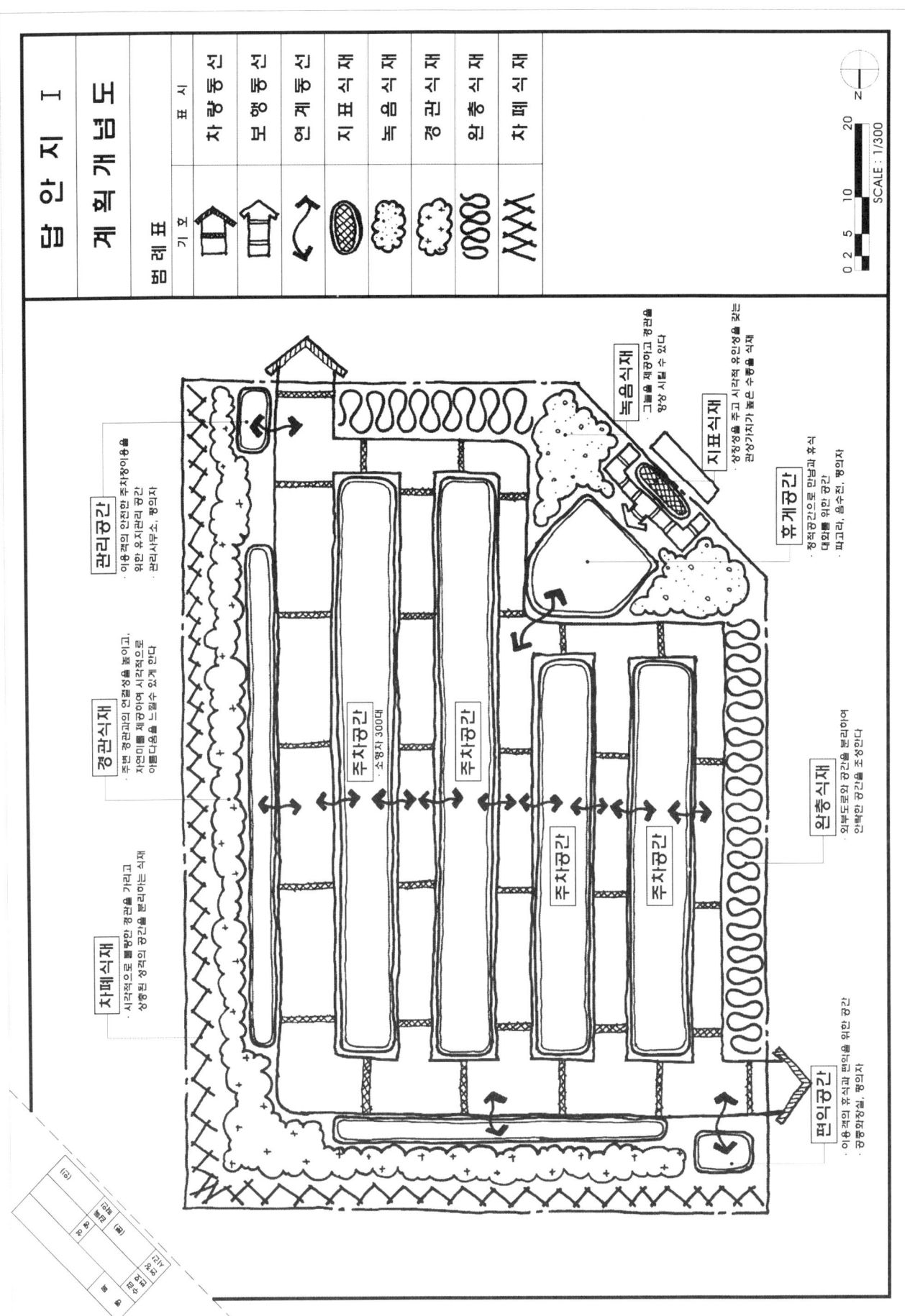

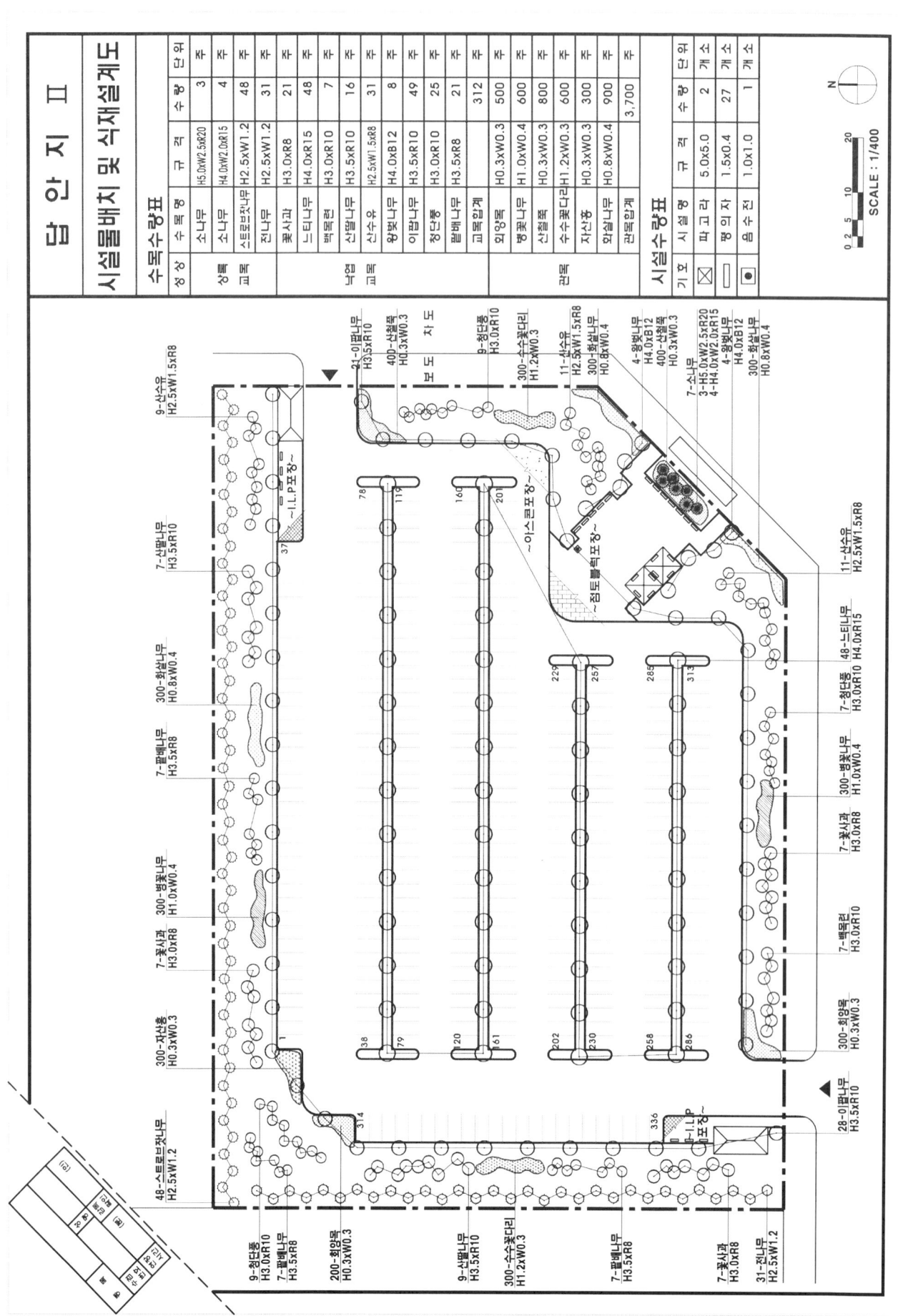

 **2015, 2024년 조경기사(생태공원)**

1. 요구 조건

다음은 남부지방으로 서쪽에서 계류가 흘러 유입되어 북쪽 하천으로 출수된다.
수심은 +0.0~-0.8 정도로 완만한 지형을 유지하고 있다.

2. 공통사항

① 단면도 작성 시 A지역 내 남북방향으로 흙무덤을 경유하여 시설물배치도에 축척 1/200로 작성하시오.
① 단면도 작성 시 레벨, 공간 명칭을 기입하시오.

[문제 1] 다음 사항을 참고하여 개념도를 축척 1/300로 작성하시오. (답안지 I)
 ① B지역에는 주차공간, 수경휴식공간을 계획하며 A지역을 친수공간으로 계획하시오.
 ② 동선 계획 시 주차동선, 보행동선, 관찰동선으로 구분 계획하시오.
 ③ 공간 및 동선 구상을 표현하고 각 공간별 개념, 배식설계 개념을 서술하시오.

[문제 2] 다음 사항을 참고하여 시설물배치도를 축척 1/300로 작성하시오. (답안지 I)
- A지역
 ① 기존 못의 가장자리에서 2m 여유를 두어 통나무 펜스로 울타리를 계획하시오.
 ② 목재 데크(폭 2m, 레벨+8.5)를 사용하여 흙무덤을 경유하는 관찰 및 산책로를 조성하고, 데크가 서로 교차하는 곳에는 완충공간 2곳 이상 계획하시오.
 ③ 학습안내판 2곳 이상, 적당한 곳에 솟대 10곳을 설치하시오.
 ④ 적당한 곳에 전망대(육각)를 설치하시오.
 ⑤ B지역에서 A지역으로 진입 시 경사로 2곳을 계획하고, 경사로 길이를 도면에 기입하시오.
- B지역
 ① A지역과 B지역 경계부분(레벨+9.0)에 펜스 처리하시오.
 ② 보행동선은 폭 3m, 주차장 계획 시 차량동선은 적당한 2곳을 선정하며 폭 6m(순환동선형)로 각각 조성하고, 16대 이상의 소형 승용차(2.5m×5m) 주차장을 계획하시오.
 ③ 수경휴식공간 조성 시 방지원도형 연못(12×12m)을 조성하시오.
 ④ 연못 주변부에는 휴식을 할 수 있도록 목재 파고라(4×4m)를 2개소 설치한 후 하부에는 평벤치를 설치하고 평상형 파고라(3.5×3.5m)를 2개소 설치하시오.

[문제 3] 다음 사항을 참고하여 배식평면도를 축척 1/300로 작성하시오.(답안지 Ⅲ)
 ① A지역 배식 시 아래 사항을 참조하여 식재하시오.

대상	구분	비고
연못	수생식물 3종 이상	수련 등, 피복률 20%
8.0~8.5	초화류 3종 이상	벌개미취 등, 피복률 50%
8.5~9.0	관목 3종 이상	진달래, 갯버들 등
	교목 5종 이상	남부수종 2종 이상

 ② B지역 배식 시 주변 경관과 조화되도록 교목 3종 이상과 관목 2종 이상을 적당히 배식하시오.

Part 6 조경기사 설계실무 기출문제

■ 현황도

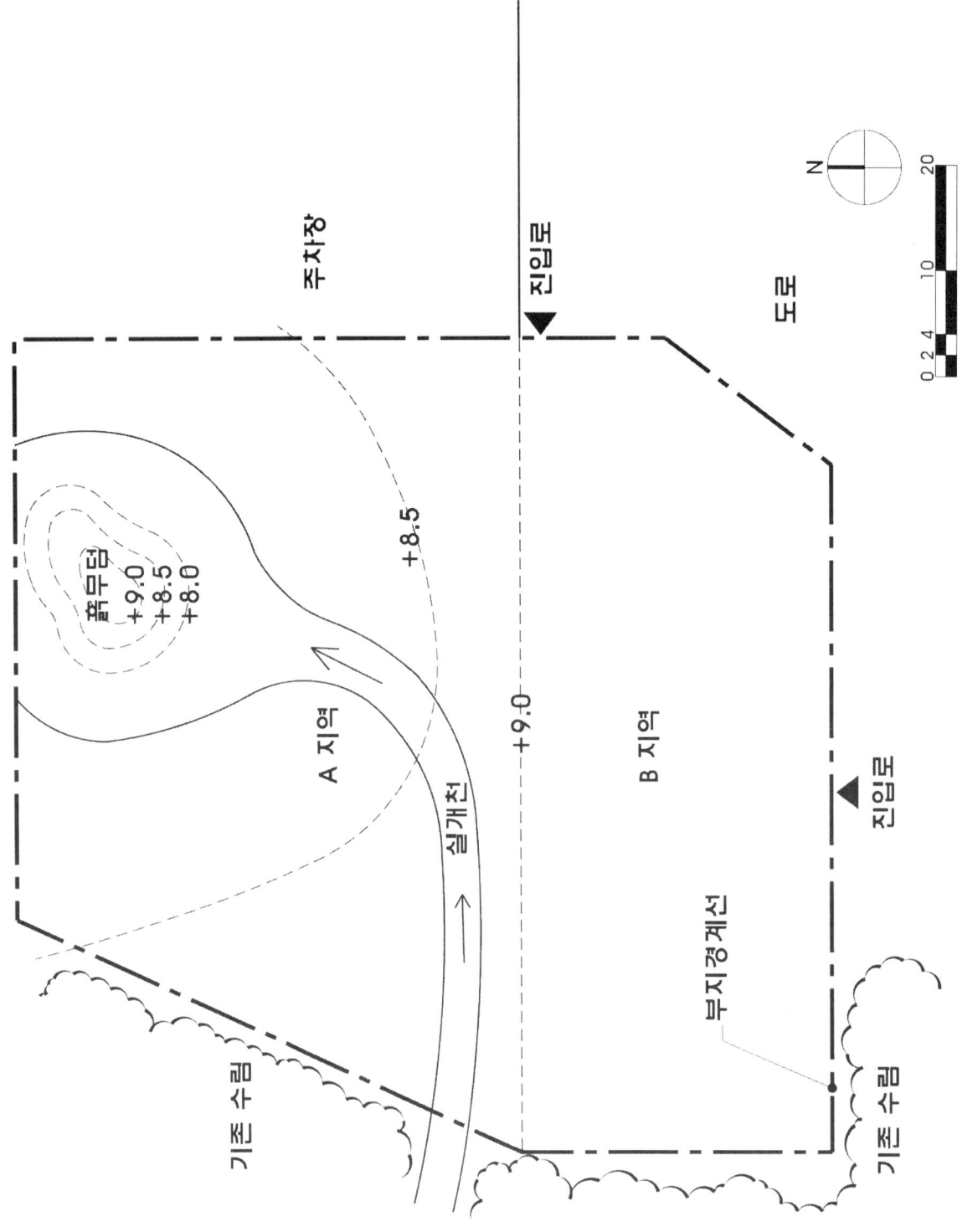

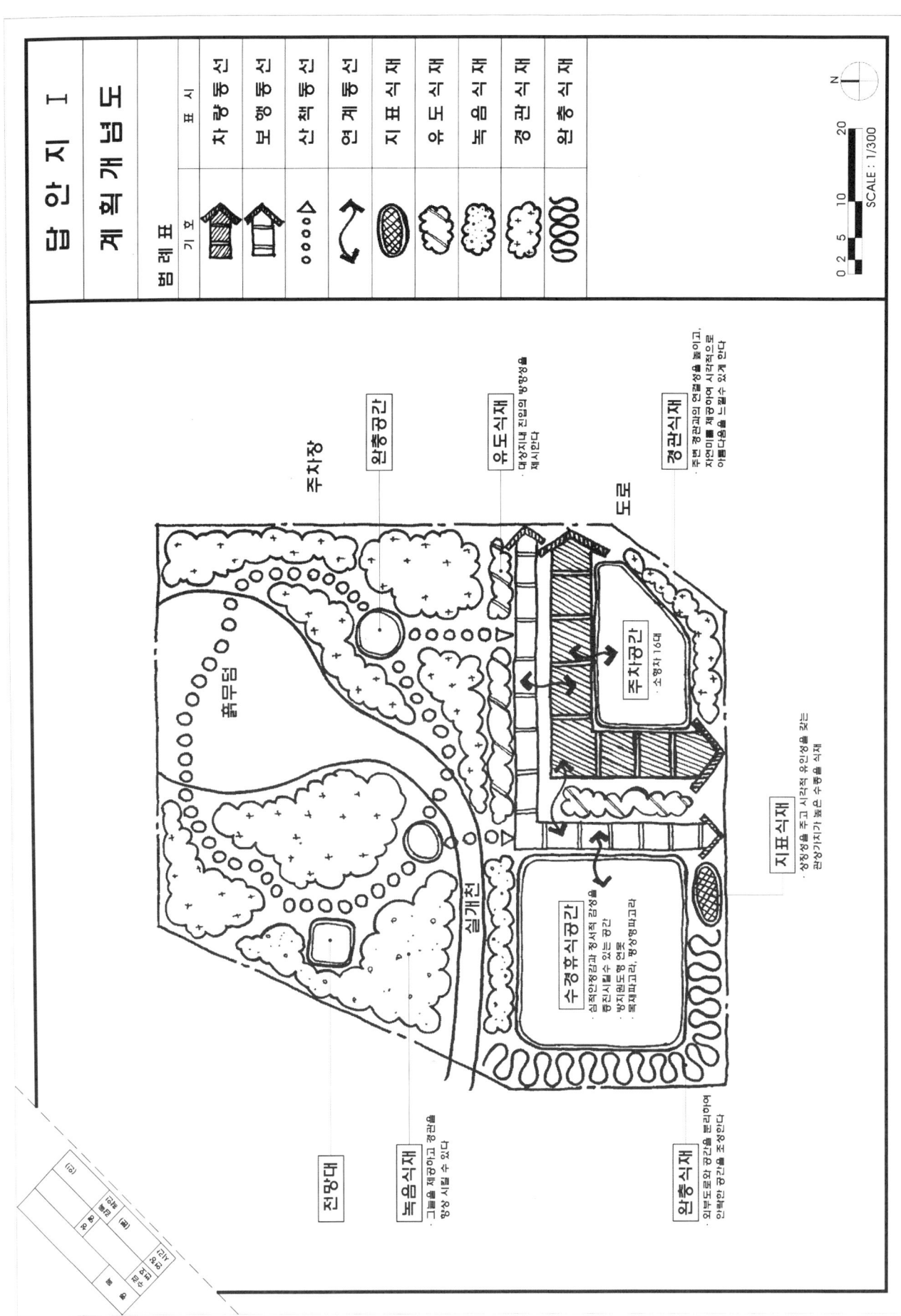

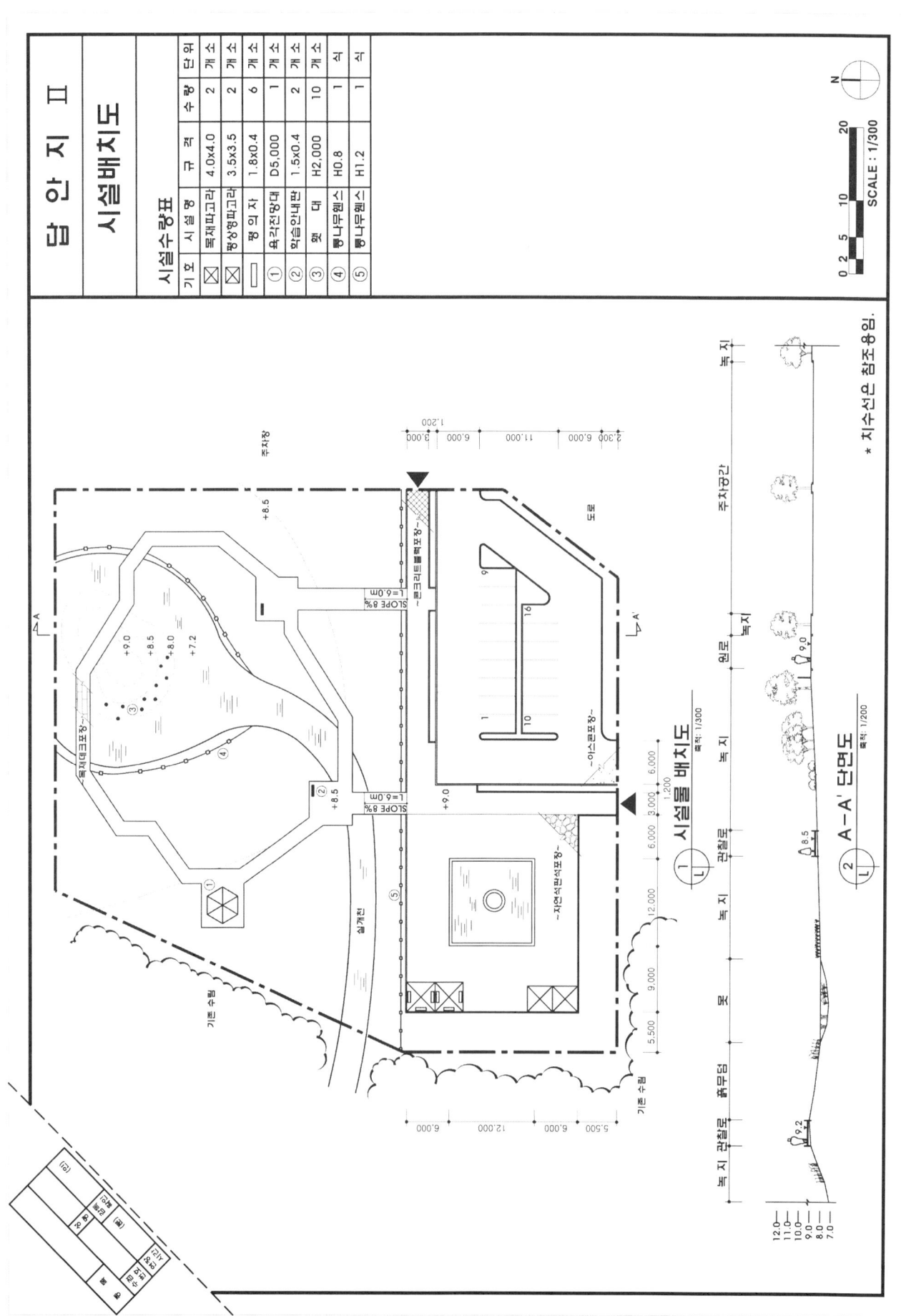

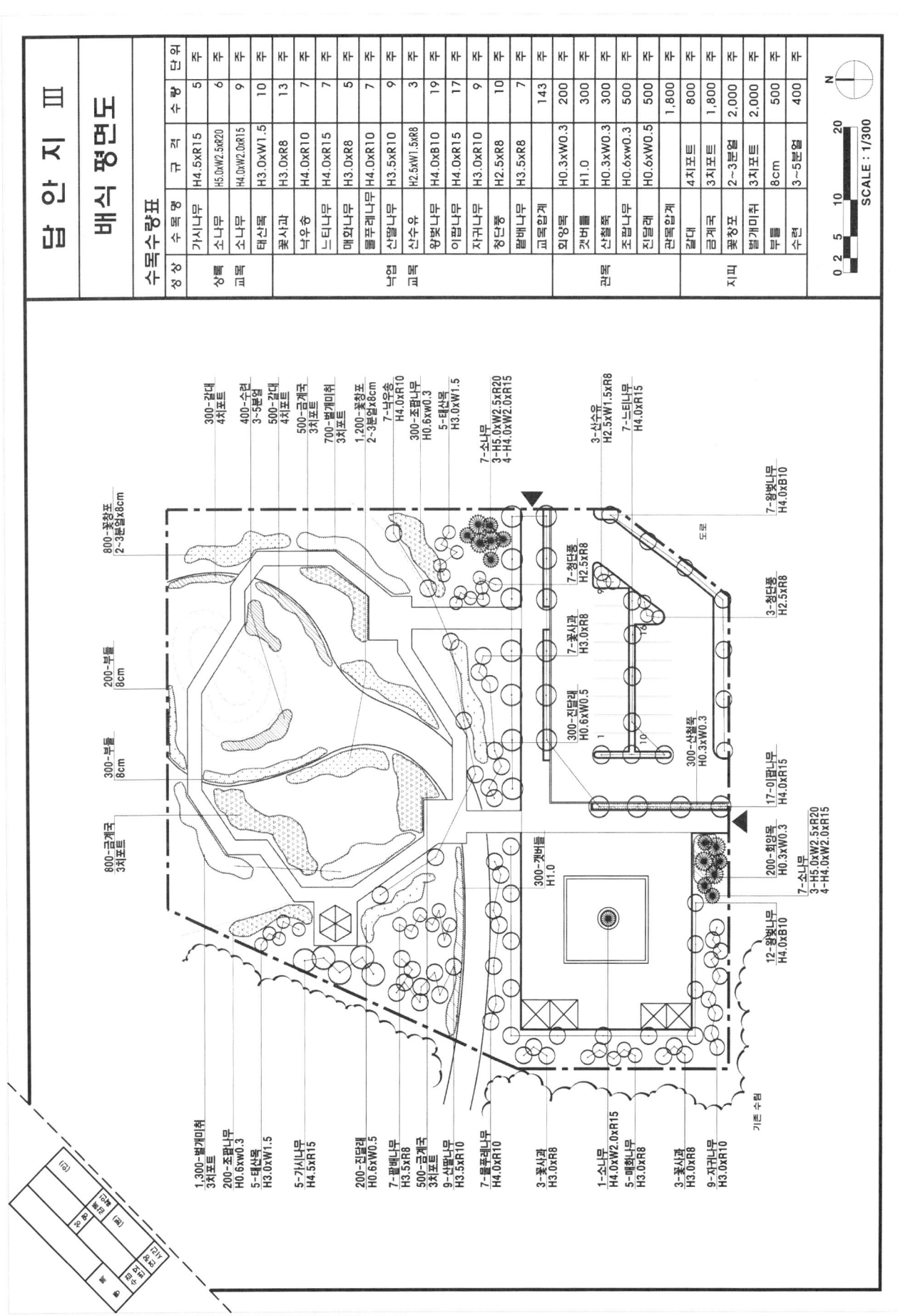

Part 6 조경기사 설계실무 기출문제

 2000, 2002년 조경기사(방조림 및 조각공원)

1. 요구 조건
다음은 남해안의 매립지로 방조림(Zone I)과 조각공원(Zone II)을 조성하려고 한다.

2. 공통사항
이곳은 강한 바닷바람이 육지를 향해 불어오며, 매립지는 토양 염분이 다량 함유되어 있을 뿐 아니라 중장비로 매립공사를 하여 토양이 다져진 상태이다. 지형은 평활하며 현황도에 나타난 바와 같이 바다와 인접한 매립지 남단은 콘크리트 옹벽을 설치하였으며, 부지의 북쪽과 동쪽 12m와 6m의 도로가 인접해 있고, 지하에 배수관이 매설되어 있다. 그리고 12m 도로(양쪽에 1.5m 보도가 있음) 건너편이 주택단지 예정이다.

[문제 1] 다음 사항을 참고하여 요구사항을 만족하는 도면을 작성하시오. (답안지 I)
① 계획부지에서 Zone I은 방조림 조성지역이고, Zone II는 조각공원 조성지역이다. 이들 부지는 토양염분 용탈과 토양개량을 하기 위해 사구(砂丘)를 설치한 후 2~3년간 방치한 다음 조성한다.
② 계획부지에서 Zone I은 강한 바닷바람을 막기 위한 식생대 조성지역이다. 기존의 해안 자연식생이 갖는 임관선이 잘 나타날 수 있도록 해안 생태적인 측면에서 식재한다.
③ 주어진 트레이싱지에 가장 일반적으로 적용하는 사구 설치에 대한 평면도를 1/250의 축척으로 나타내시오.
④ 사구 2~3개 정도가 나타나는 단면도를 축척 1/50으로 작성하시오.
⑤ Zone I의 Belt 1, 2, 3에 최적인 식물을 아래 [보기]에서 제시된 식물 중에서 15종 이상 선택하여 작성한 사구 평면도 위에 식재 설계하고 인출선으로 식물명, 수량, 규격을 나타내시오. 단, 식재 식물은 동종의 것을 군식으로 표현하시오.
⑥ Zone I에 설계된 식물을 Belt 1, 2, 3으로 구분하여 수량표를 도면 우측 여백에 작성하시오.
⑦ Zone I에 설계된 방조림의 식생단면도를 축척 1/200로 답안지 I의 도면 하단에 나타내시오.

 보기

돈나무, 목련, 다정큼나무, 개나리, 죽도화, 은행나무, 동백나무, 벚나무, 우묵사스레피나무, 후박나무, 일본목련, 해송, 해당화, 사철나무, 눈향나무, 단풍나무, 백목련, 팔손이, 협죽도, 독일가문비, 왕쥐똥나무, 개비자나무, 중국단풍, 잎갈나무, 벽오동, 들장미, 맥문동, 아주가, 원추리, 버뮤다 글래스, 켄터키 블루글래스, 갯방풍, 땅채송화, 녹나무

[문제 2] 다음 사항을 참고하여 조각공원을 조성하려는 공간(Zone II)을 축척 1/200으로 작성하시오.(답안지 2)
① Zone II의 남단 경계선(A-B)과 동서 경계선(A-C, B-D)에서 부지 내부쪽으로 5.0m씩 경관식재공간으로 조성하고, 이때 동서쪽의 식재공간은 출입동선에서 지장이 되지 않도록 길이를 조절한다.
② ①항의 경관녹지공간과 연결(부지 내부쪽)하여 폭 3.0m, 높이 0.6m의 단을 설치하고 흙을 채운 후 지피식물을 식재하여, 조각물을 적당히 배치한다.
③ 부지중앙부에 동서 방향으로 15m, 남북 방향으로 4.0m, 높이 0.6m의 조각물 전시공간을 조성하는데 식재와 단의 처리는 ②항과 같다.
④ 부지 북쪽 경계선(C-D)에서 부지 내부쪽으로 폭 4.0m의 녹지대를 조성하는데 적당히 마운딩한 후 식재 설계한다.
⑤ 식물은 주변의 환경과 공원의 성격에 부합되는 것을 임의로 선택하여 설계한다.

⑥ 부지 내부의 적당한 곳에 장방형 파고라 2개소, 정방형 파고라 4개소를 설치한다.
⑦ 부지 내부의 적당한 곳에 녹음수를 5~6주 식재하고 녹음수 밑에 수목보호 겸 벤치를 설치한다.
⑧ 화장실과 음수대를 설치한다.
⑨ 12m 도로에 소형 자동차를 주차할 수 있는 평행주차장을 설치한다.

■ 현황도

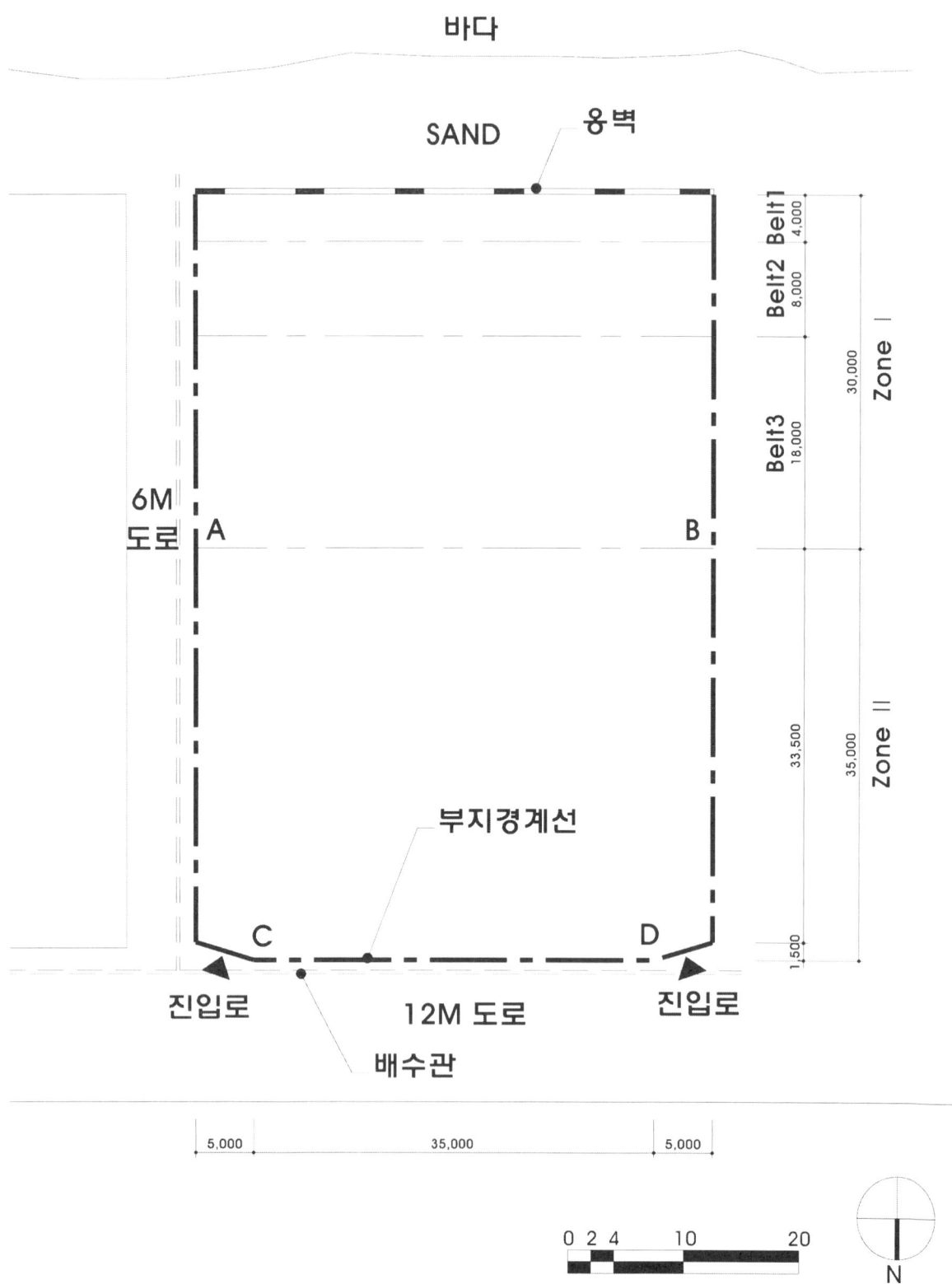

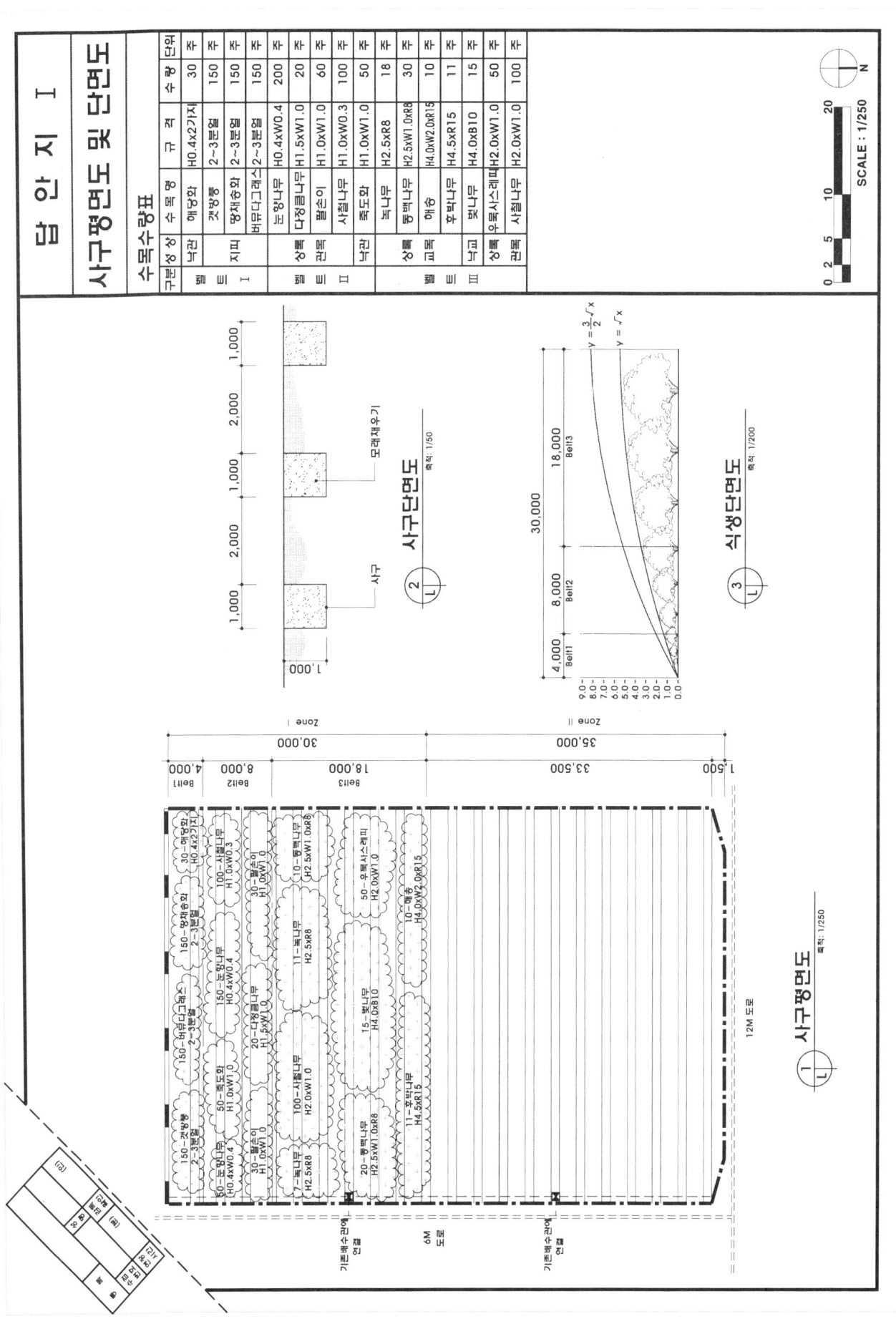

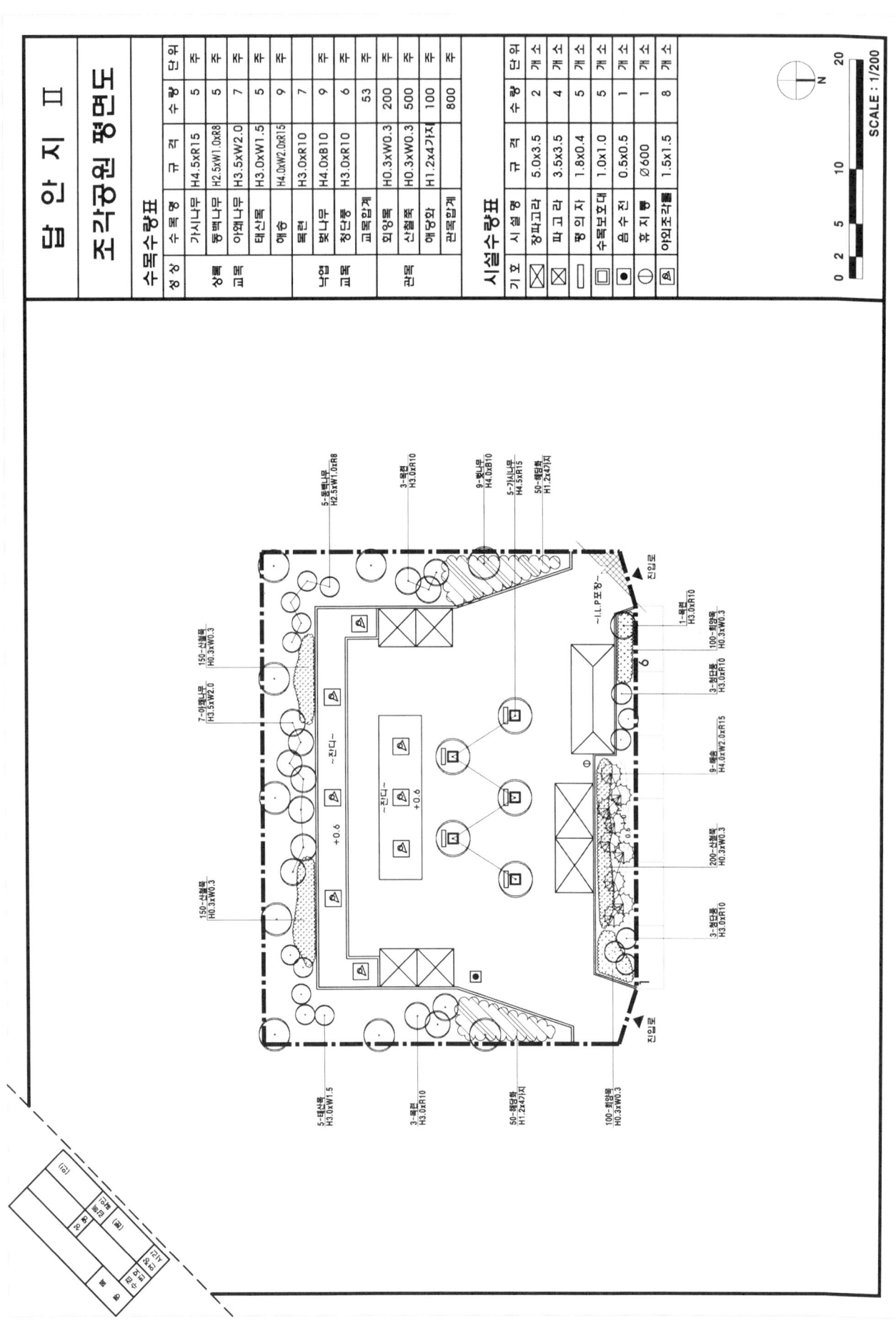

2009, 2016년 조경기사(근린공원)

1. 요구 조건

주택가에 위치한 근린공원의 부지 현황도이다.
제시된 현황도 및 다음 사항을 참고하여 도면 3매를 완성하시오.

구 분	규 격	배치 위치	기 타
어린이놀이터	18m×18m 정도	서(좌하)	정사각형, 조합놀이대
다목적운동장	18m×17m 정도	중앙	사각형
포장광장	210m²	중앙 우측	사각 또는 원형
노인정	6m×13m	북(좌상)	가로 배치
녹지	폭 4m 이상	외곽부위	마운딩(위요감 조성)
사각파고라	5m×5m	중앙을 기준으로 상, 하 각 1개소	
벤치(등의자)	1.8m×0.5	포장구간, 산책로	10개소 이상
주진입로	폭 5m 정도	좌, 좌상, 좌하(3개소)	
부진입로	폭 2m 정도	우상, 우하(2개소)	
산책로	폭 1m 정도	우상, 우하, 우측	

[문제 1]
　위의 설계조건을 참고하여 지급된 트레이싱지 용지 1매에 설계개념도를 1/200로 확대하여 작성하시오.

[문제 2]
　위의 설계조건을 참고하여 지급된 트레이싱지 용지 1매에 시설물배치도를 1/200로 확대하여 작성하시오.
　① 설계지침 및 현황도를 참조하여 시설 및 공간의 위치를 선정하고 조건에 알맞게 설계하시오.
　② 분할된 공간에 알맞게 바닥 재료를 선정하여 표기하시오.
　③ 설치 시설물에 대한 수량표는 도면 우측 여백에 반드시 작성하시오.

[문제 3]
　위의 설계조건을 참고하여 지급된 트레이싱지 용지 1매에 식재배치도를 1/200로 확대하여 작성하시오.
　① 중부 이북지방을 기준하여 수종은 공원의 기능 및 계절의 변화감을 고려하여 적합한 수목을 15종 이상 배식하시오.
　② 수종의 선택은 공간 기능 및 부지조건을 고려하여 선택하시오.
　③ 수목은 인출선에 의하여 수량, 수종, 규격을 표기하시오.
　④ 수목의 범례는 도면의 우측에 표를 만들어 반드시 작성하시오.

현황도

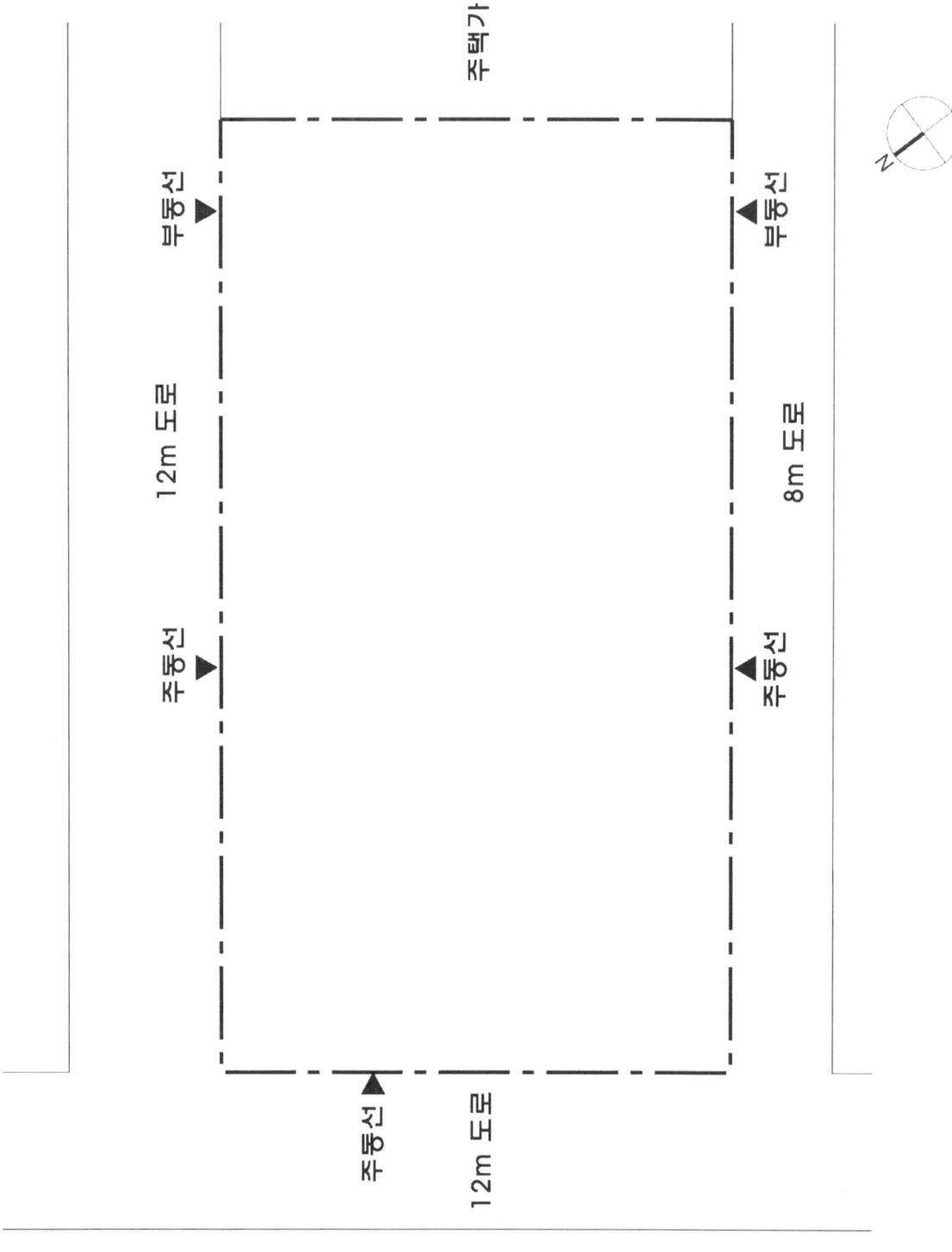

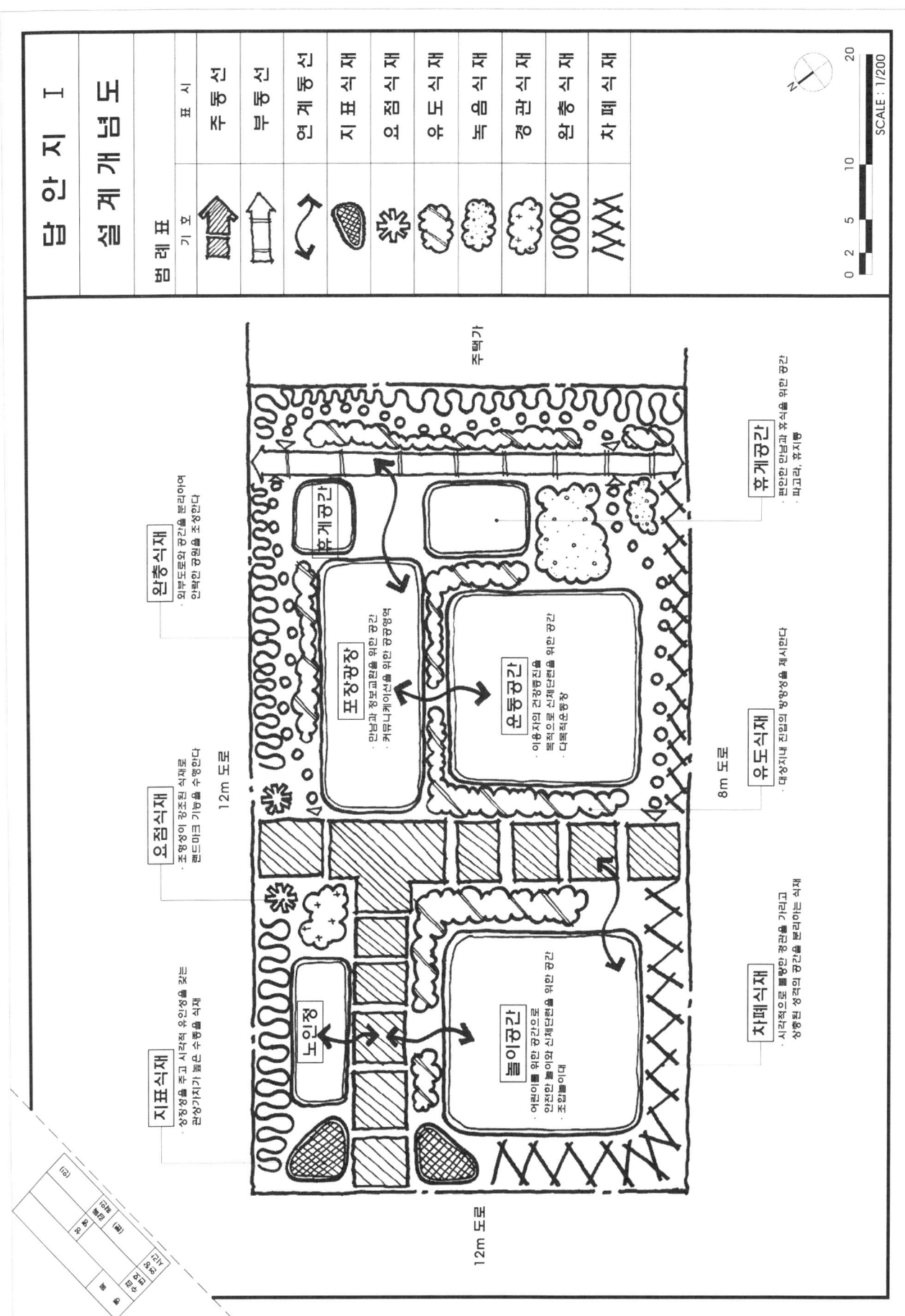

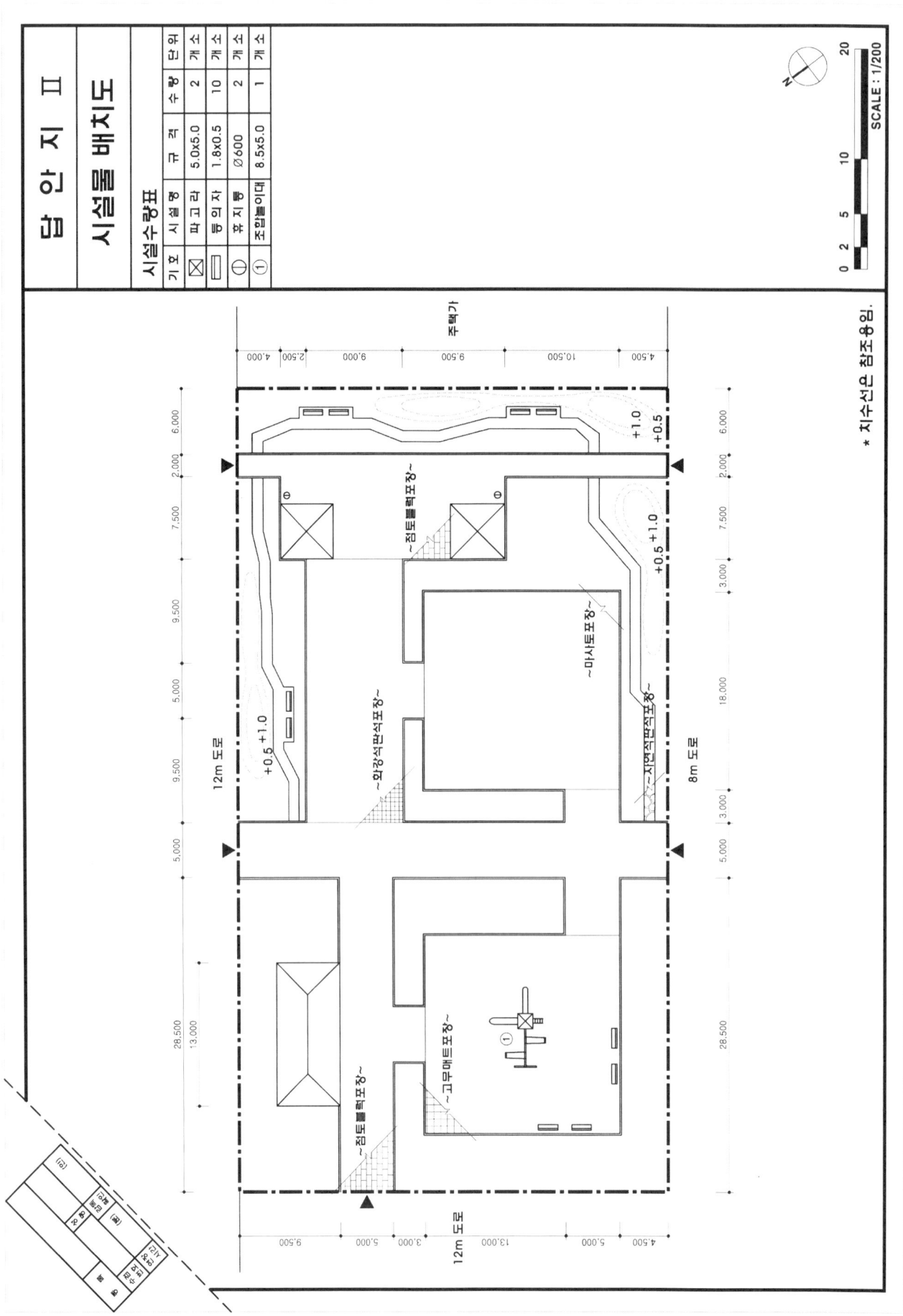

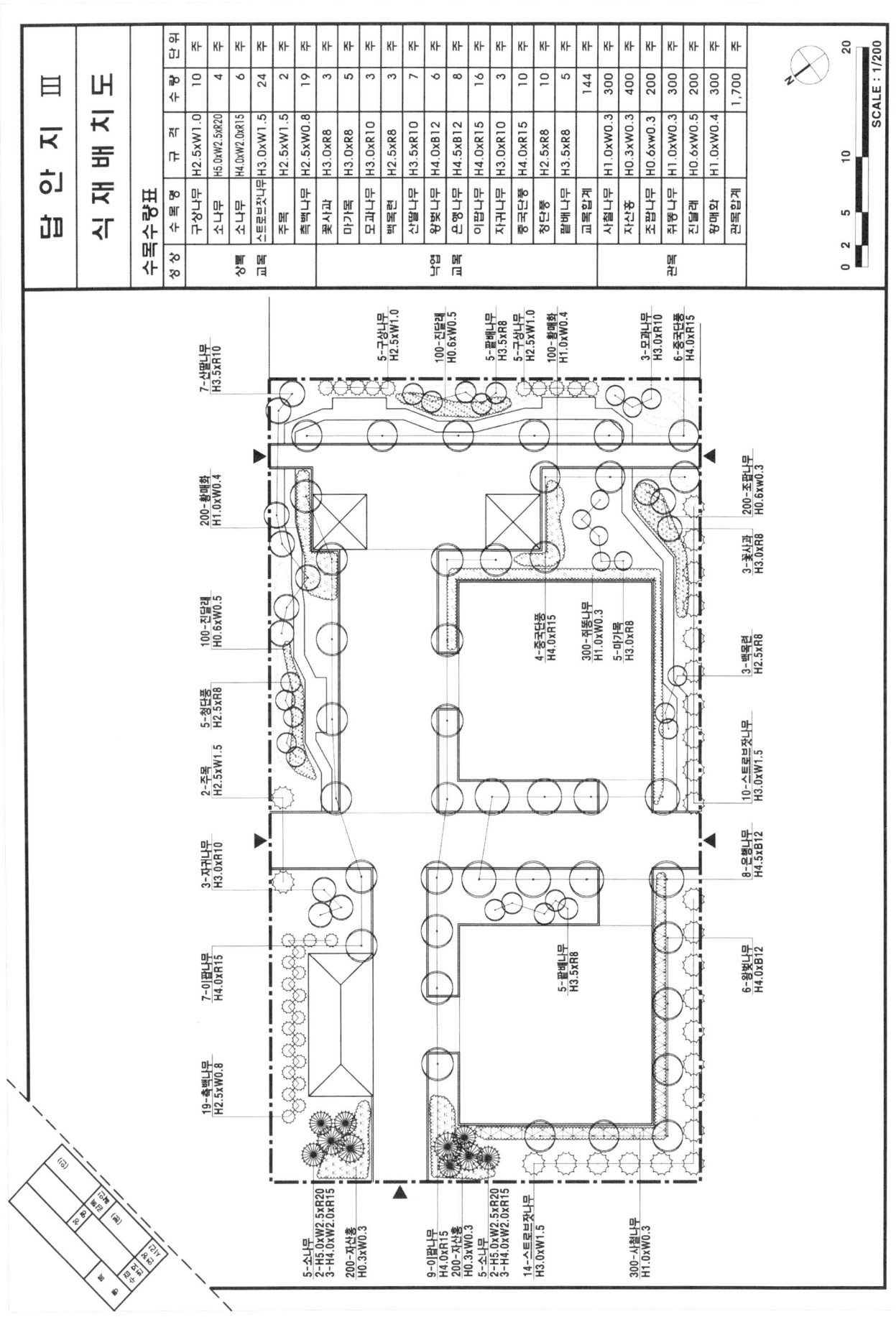

MEMO

PART VII

조경기사 · 산업기사

조경설계 주요 수목

조경수목의 분류

1. 수목의 성상별 분류

1) 식물의 성상에 따른 분류

① 나무 고유의 모양
  ㉠ 교목 : 곧은 줄기가 있고 줄기와 가지의 구별이 명확하며 줄기의 길이 생장이 현저하여 키가 큰 나무
  ㉡ 관목 : 뿌리 부근에서 여러 줄기가 나와 줄기와 가지의 구별이 뚜렷하지 않은 키가 작은 나무
  ㉢ 덩굴성 수목 : 스스로 서지 못하고 다른 물체를 감아 올라가는 수목(만경목)

② 잎의 모양
  ㉠ 침엽수 : 겉씨식물. 나자식물에 속하는 나무들로 일반적으로 잎이 좁다.
  ㉡ 활엽수 : 속씨식물. 피자식물에 속하는 나무들로 일반적으로 잎이 넓다.

구 분	주요 수종
침엽수	소나무, 곰솔, 잣나무, 주목, 전나무, 구상나무, 백송, 편백, 낙우송, 메타세쿼이아, 측백나무, 향나무, 독일가문비, 눈향나무 등
활엽수	태산목, 먼나무, 사철나무, 동백나무, 버드나무, 회양목, 단풍나무, 층층나무, 굴거리나무, 호두나무, 서어나무, 살구나무, 상수리나무, 느티나무, 칠엽수, 벽오동, 버즘나무, 자작나무, 왕벚나무, 팔손이, 해당화, 산철쭉, 무궁화, 수수꽃다리, 박태기나무 등

③ 잎의 생태
  ㉠ 상록수 : 항상 푸른 잎을 가지고 있는 나무
  ㉡ 낙엽수 : 가을철 생리현상으로 잎이 모두 떨어지거나 고엽이 일부 붙어 있는 나무
  ㉢ 반상록수 : 영산홍, 남천, 댕강나무 등과 같이 가을에 잎의 일부만 떨어짐

구분	주요 수종	구분	주요 수종
상록 침엽 교목	소나무, 곰솔, 반송, 전나무, 주목, 잣나무, 섬잣나무, 서양측백, 향나무, 개잎갈나무(히말라야시다), 스트로브잣나무, 섬잣나무 등	상록 침엽 관목	개비자나무, 눈주목, 눈향나무, 옥향, 둥근측백나무 등
상록 활엽 교목	가시나무, 녹나무, 참가시나무, 후박나무, 굴거리나무, 감탕나무, 먼나무, 동백나무, 아왜나무, 담팔수 등	상록 활엽 관목	광나무, 피라칸타, 자금우, 회양목, 사철나무, 호랑가시나무, 꽝꽝나무, 금식나무, 돈나무, 금목서, 치자나무, 팔손이 등
낙엽 침엽 교목	메타세쿼이아, 은행나무, 낙우송, 일본잎갈나무(낙엽송)	낙엽 침엽 관목	-
낙엽 활엽 교목	느티나무, 자작나무, 모과나무, 이팝나무, 꽃사과나무, 매화나무, 마가목, 복자기, 층층나무, 말채나무, 산수유 등	낙엽 활엽 관목	생강나무, 나무수국, 황매화, 앵도나무, 화살나무, 흰말채나무, 미선나무, 개나리, 쥐똥나무, 좀작살나무, 장미, 해당화, 병꽃나무 등

2. 조경수목의 외형적 특성

1) 조경수목의 수형

① 수형 : 나무 전체의 생김새로 수관과 수간에 의해 이루어진다.
② 수관 : 가지와 잎이 뭉쳐서 이루어진 부분으로 가지의 생김새에 따라 수관의 모양이 달라진다.
③ 수간 : 줄기와 뿌리솟음의 2가지 요소로 이루진 줄기의 생김새, 갈라진 수에 따라 수형이 달라진다.
④ 자연수형과 인공수형
    ㉠ 자연수형 : 나무가 자란 그대로의 수형
    ㉡ 인공수형 : 인위적으로 만든 수형

구 분	주요 수종
원추형	낙우송, 삼나무, 전나무, 메타세쿼이아, 독일가문비, 일본잎갈나무, 주목, 구상나무 등
우산형	편백, 화백, 반송, 층층나무, 왕벚나무, 복사나무 등
구형	졸참나무, 가시나무, 녹나무, 수수꽃다리, 화살나무 등
난형	백합나무, 측백나무, 동백나무, 태산목, 계수나무, 목련, 버즘나무, 모과나무, 꽃사과나무, 목서 등
원주형	포플러류, 무궁화, 부용, 자작나무, 미루나무 등
배상형	느티나무, 가죽(가중)나무, 단풍나무, 배롱나무, 산수유, 자귀나무, 석류나무, 회화나무, 매화나무 등
능수형	능수버들, 용버들, 능수벚나무, 실편백, 능수단풍나무 등
포복형	눈향나무, 눈잣나무, 눈주목 등
만경형	능소화, 담쟁이덩굴, 등, 으름덩굴, 인동덩굴, 송악, 줄사철나무, 다래나무 등

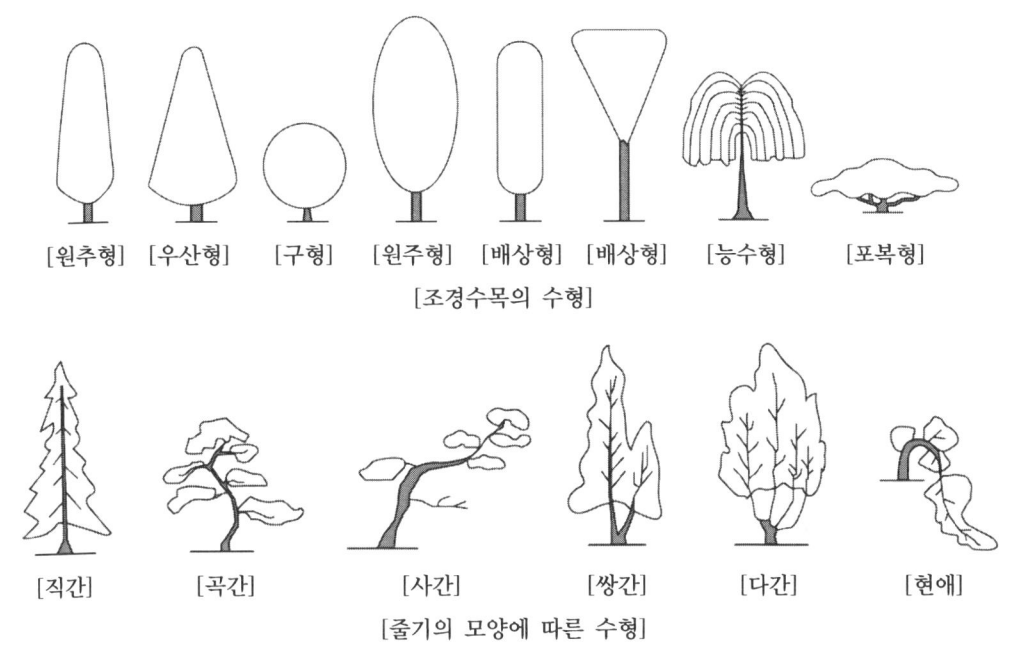

[원추형] [우산형] [구형] [원주형] [배상형] [배상형] [능수형] [포복형]
[조경수목의 수형]

[직간] [곡간] [사간] [쌍간] [다간] [현애]
[줄기의 모양에 따른 수형]

3. 조경식물의 생리·생태적 특성

1) 조경수목과 환경

① 기온

㉠ 식물의 천연분포를 결정짓는 가장 주된 요인은 기후 인자이며 그중에서도 온도 조건이 식물의 천연분포를 결정한다.

㉡ 식물의 천연분포는 위도와 고도에 따라 다르고 수종분포도 띠에 따라 변한다.

구 분		연평균기온	주요 수종
난대 (상록활엽수)		14℃ 이상	녹나무, 동백나무, 가시나무류, 멀구슬나무, 사철나무, 아왜나무 등
온대	남부	12~14℃	곰솔, 대나무류, 서어나무, 팽나무, 굴피나무, 사철나무, 단풍나무 등
	중부	10~12℃	소나무, 신갈나무, 졸참나무, 전나무, 향나무, 밤나무, 때죽나무 등
	북부	5~10℃	박달나무, 신갈나무, 사시나무, 전나무, 물푸레나무, 잣나무 등
한 대 (침엽수)		5℃ 미만	잣나무, 전나무, 주목, 분비나무, 가문비나무, 잎갈나무, 종비나무 등

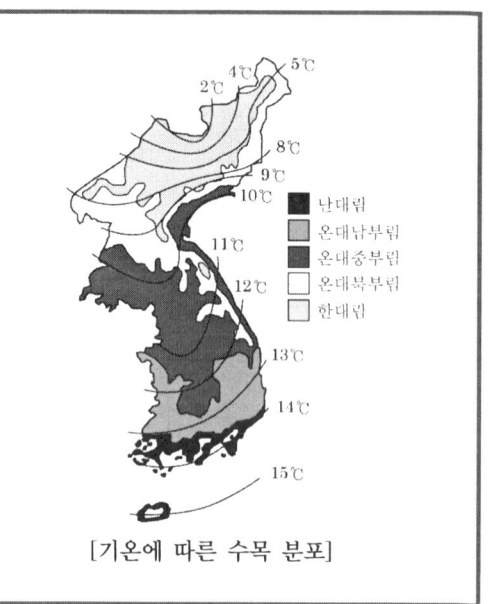

[기온에 따른 수목 분포]

② 광선 : 녹색 식물의 엽록소에서 일어나는 탄소 동화작용의 한 형식인 광합성의 주요인으로 식물이 생장해 나가는 데 매우 중요한 요소이다. 수종의 고유 특성에 따라 음수와 양수, 중성수로 분류된다.

㉠ 음수 : 전 광선량의 50% 이하의 약한 광선으로도 비교적 좋은 생육을 하는 나무

㉡ 양수 : 전 광선량의 70% 내외의 충분한 광선을 받아야 좋은 생육을 하는 나무

㉢ 중용수 : 양지바른 곳은 물론 그늘진 곳에서도 생육할 수 있는 나무로 대부분의 수종이 중용수이다.

※ 내음성 : 광선이 부족한 곳에서도 광합성을 할 수 있는 정도

구 분	주요 수종
음 수	주목, 전나무, 비자나무, 독일가문비, 가시나무, 녹나무, 후박나무, 동백나무, 호랑가시나무, 팔손이, 회양목 등
중용수	잣나무, 섬잣나무, 화백, 목서, 회화나무, 칠엽수, 벚나무류, 단풍나무, 쪽동백나무, 수국, 담쟁이덩굴, 목련류, 진달래, 개나리 등
양 수	소나무, 곰솔, 향나무, 측백나무, 일본잎갈나무(낙엽송), 자작나무, 은행나무, 철쭉류, 삼나무, 느티나무, 포플러류, 가죽(가중)나무, 무궁화, 백목련, 모과나무, 두릅나무, 산수유 등

③ 바람
  ㉠ 방풍림 : 수림대의 구조는 수고를 높게 하고 너비를 넓게 해야 효과적이다.
  ㉡ 방풍용 수종 : 심근성이고 줄기나 가지가 바람에 강하며 잎이 치밀한 상록수
  ㉢ 곰솔, 소나무, 편백, 화백, 삼나무, 가시나무류, 구실잣밤나무, 녹나무, 후박나무, 느티나무, 오리나무, 떡갈나무, 버즘나무, 일본잎갈나무 등

④ 토양
  ㉠ 토양의 단면 : 모든 환경요소 중에서 가장 중요한 요소

구 분		내 용	[모식도]	
A0층 (유기물층)	L층	낙엽이 분해되지 않고 원형 그대로 쌓여 있는 층	L	유기물층
	F층	낙엽이 작은 동물이나 미생물에 의해 분해되지만 다소 원형을 유지하고 있고 식물의 조직을 육안으로 식별 가능한 층	F	
	H층	육안으로 낙엽의 기원을 전혀 알 수 없는 유기물층(흑갈색)	H	
A층 (표층, 용탈층)		기후, 식생, 생물의 영향을 직접적으로 받는 층, 식물에 필요한 양분이 풍부	A1 A2	용탈층
B층 (하층, 집적층)		A층으로부터 용탈된 물질이 쌓인 층	B	집적층
C층 (기층, 모재층)		토양화가 거의 진행되지 않은 거친 모래 형태의 모재층	C	모재층
D층 (기암, 모암층)		암석층	D	모암층

  ㉡ 토양의 분류
   • 토양은 식토, 식양토, 양토, 사양토, 사토, 사력지로 구분된다.
   • 수목의 생육에는 식양토, 양토, 사양토가 알맞다.
  ㉢ 토양의 구성 : 고상비율 50%, 액상비율 25%, 기상비율 25%
  ㉣ 뿌리의 깊이에 따른 분류
   • 천근성 수종 : 뿌리가 얕게 뻗는 것으로 토양층이 얕은 곳에도 식재할 수 있다.
   • 심근성 수종 : 뿌리가 깊게 뻗는 것으로 토양층이 깊은 곳에 식재한다.

구 분	주요 수종
천근성 수종	독일가문비, 향나무, 일본잎갈나무(낙엽송), 편백, 자작나무, 버드나무, 아까시나무, 포플러류, 현사시나무, 매화나무, 황철나무 등
심근성 수종	소나무, 곰솔, 전나무, 주목, 동백나무, 느티나무, 백합나무, 상수리나무, 은행나무, 칠엽수, 백목련, 회화나무 등

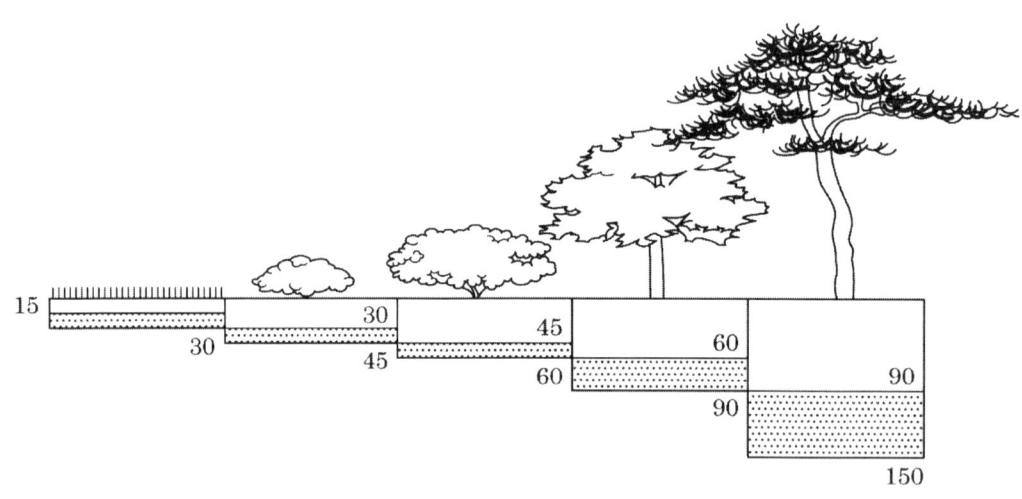

[잔디, 초본]　　[소관목]　　[대관목]　　[천근성 교목]　　[심근성 교목]

[식물 생육에 필요한 토양의 깊이]

ⓜ 토양산도
- 한국의 토양은 비교적 강한 산성(밭토양은 pH 5.0~6.5, 산림토양은 pH 4.5~6.5)
- 식토에는 모래를, 사토나 사력지에는 점토 등을 섞어 물리적 성질을 개량해 주어야 한다.
- pH 4.0 미만의 강산성 토양은 탄산석회나 소석회(수산화칼슘)를 넣어 토양산도를 높여 주어야 한다.
- 수국의 꽃색은 토양의 산도에 따라 달라지는데 산성에서는 파란색 꽃이 핀다.

구 분	주요 수종
강산성에 견디는 수종	키가 작은 관목류, 지의류, 선태류, 열대지방의 식물 등
산성에 견디는 수종	소나무, 잣나무, 곰솔, 전나무, 상수리나무, 밤나무, 일본잎갈나무 (낙엽송), 편백, 아까시나무, 진달래 등
약산성, 중성에 견디는 수종	가시나무, 녹나무, 떡갈나무, 느티나무, 백합나무, 피나무, 졸참나무 등
알칼리성에 견디는 수종	낙우송, 가래나무, 단풍나무, 물푸레나무, 서어나무, 개나리, 조팝나무, 남천, 회양목, 고광나무 등

ⓑ 토양양분

구 분	주요 수종
척박지에 견디는 수종	소나무, 오리나무, 버드나무, 자작나무, 등, 아까시나무, 자귀나무, 보리수나무, 다릅나무, 골담초 등
비옥지를 좋아하는 수종	주목, 벽오동, 벚나무, 측백나무, 회양목, 철쭉, 불두화, 장미, 부용, 모란 등

⑤ 수분
㉠ 미세한 흙일수록 유기물과 수분 보유에 유리하여 식물의 생장을 이롭게 한다.

구 분	주요 수종
건조지에 견디는 수종	곰솔, 소나무, 노간주나무, 자작나무, 오리나무류, 사시나무, 아까시나무, 가죽나무 등
습지에 견디는 수종	계수나무, 낙우송, 메타세쿼이아, 수양버들, 위성류, 오동나무, 수국 등
습지·건조지에 견디는 수종	플라타너스(양버즘나무), 보리수나무, 자귀나무, 사철나무, 꽝꽝나무, 명자나무, 박태기나무 등

⑥ 공해
  ㉠ 대기오염물질
    - 아황산가스(SO_2), 일산화탄소(CO), 질소산화물(NO_x), 탄화수소(CH), 황화수소(H_2S), 염소(Cl_2)등
    - 아황산가스가 가장 큰 피해를 주며 자동차 배기가스, 분진과 옥시던트 및 산성비도 식물의 생육에 피해를 준다.
  ㉡ 피해증상
    - 식물의 잎 끝이나 엽맥 사이에 회백색 또는 갈색반점으로 시작된다.
    - 광합성, 호흡, 증산작용이 곤란해진 낙엽에서 다시 새싹이 나오므로 체내 영양분이 크게 감소된다.
    - 결국 나무 끝이 말라 죽기 시작하고 수관이 한쪽으로 기울거나 기형이 되어 수형이 망가진다.
  ㉢ 식물의 저항성은 상록활엽수가 낙엽활엽수보다 비교적 강하다.

구 분	주요 수종
대기오염(아황산가스)에 강한 수종	편백, 화백, 향나무, 비자나무, 태산목, 아왜나무, 가시나무, 녹나무, 벽오동, 은행나무, 능수버들, 플라타너스(양버즘나무), 사철나무, 쥐똥나무, 돈나무, 호랑가시나무, 갈참나무, 무궁화, 칠엽수, 종려나무, 백합나무 등
대기오염(아황산가스)에 약한 수종	소나무, 전나무, 독일가문비, 삼나무, 개잎갈나무(히말라야시다), 느티나무, 감나무, 벚나무, 단풍나무, 자작나무, 매화나무, 섬잣나무, 반송, 일본잎갈나무, 고로쇠나무 등

⑦ 염해
  ㉠ 피해 증상 : 염분이 잎에 붙어 기공을 막아 호흡작용을 방해하고 공중습도가 높으면 염분이 엽육에 침투하여 세포의 원형질로부터 수분을 빼앗아 생리기능을 저하시킨다.
  ㉡ 염분의 한계농도 : 수목은 0.05% 정도이고 잔디는 0.1% 정도이다.

구 분	주요 수종
내염성이 큰 수종	곰솔, 눈향나무, 해당화, 비자나무, 사철나무, 동백나무, 모감주, 해당화, 무궁화, 쥐똥나무, 유카, 찔레나무, 회양목 등
내염성이 작은 수종	소나무, 독일가문비, 일본잎갈나무(낙엽송), 목련, 단풍나무, 오리나무, 왕벚나무, 수양버들, 피나무, 개나리 등

4. 조경수목의 구비 조건

① 관상 가치와 실용적 가치가 높고 이식이 쉬운 수종
② 환경 적응성이 크고 병해충에 대한 저항성이 강한 수종
③ 번식이 잘되고 다량으로 구입 가능 하며, 다듬기 작업 등의 유지관리가 용이한 수종
④ 사용 목적에 적합해야 하고 주변 경관과의 조화가 잘 이루어지는 수종

구 분		식재 방법	수 종
경관 조절	지표식재	• 식별성이 높은 수종 • 상징적 의미가 있는 수종	주목, 구상나무, 소나무, 반송 등
	경관식재	• 아름다운 꽃과 열매, 단풍 • 수형이 단정하고 아름다운 수종	칠엽수, 모감주, 소나무, 이팝나무 등
	차폐식재	• 지하고가 낮고 지엽이 치밀한 수종 • 전정에 강하고 관리가 용이한 수종 • 아랫 가지가 말라 죽지 않는 상록수	잣나무, 스트로브잣나무, 서양측백, 사철나무, 광나무, 꽝꽝나무, 피라칸다
공간 조절	경계식재	• 잎과 가지가 치밀하고 전정에 강한 수종 • 생장이 빠르고 유지관리가 쉬운 수종	잣나무, 스트로브잣나무, 서양측백, 화백, 광나무, 쥐똥나무 등
	유도식재	• 수관이 큰 캐노피형 수종 • 정돈된 수형의 수종	은행나무, 느티나무, 왕벚나무, 이팝나무, 메타세쿼이아, 가죽나무 등
환경 조절	녹음식재	• 지하고가 높은 낙엽수 • 병충해에 강하고 유해요소가 없는 수종	회화나무, 느티나무, 팽나무, 칠엽수, 은행나무, 백합나무, 벽오동 등
	방풍식재	• 지엽이 치밀하고 심근성 수종	곰솔, 소나무, 잣나무, 삼나무, 독일가문비, 후박나무, 은행나무 등
	방음식재	• 낮은 지하고와 잎이 치밀한 수종	회화나무, 광나무, 식나무, 사철나무, 동백나무, 아왜나무 등
	방화식재	• 잎이 두꺼워 함수량이 많은 수종	가시나무, 동백나무, 식나무, 주목, 호랑가시나무, 은행나무 등
	지피식재	• 키가 작고 밀생하게 피복 가능한 수종 • 답압에 강하고 번식과 생장이 양호한 수종	광나무, 사철나무, 조릿대, 이대, 비비추, 맥문동, 벌개미취 등
	임해매립지 식재	• 내염, 내조성이 강한 수종	곰솔, 후박나무, 모감주나무, 물푸레나무, 광나무, 사철나무 등
	사면식재	• 토양고정력, 척박지 토양에 강한 수종 • 맹아력과 생장속도가 빠른 수종	참죽나무, 붉나무, 쉬나무, 인동덩굴, 골담초 등

chapter 2 상록침엽교목

1. 곰솔(해송, 흑송)

- 학명 : *Pinus thunbergii* (소나무과)
- 성상 : 상록침엽교목
- 수고 : 25~30m
- 수형 : 성목부터 원추형
- 분포 : 중부해안
- 수분 : 건조지
- 맹아력 : 강함
- 음양성 : 양수
- 이식 : 용이
- 내공해성 : 강함
- 내염성 : 강함
- 근계 : 심근성
- 생장속도 : 빠름
- 특성 : 수피가 검고 남성적인 이미지. 잎 2개가 한 묶음으로 끝이 뾰족하고 단단하며, 길이 9~14cm이다.
- 배식 : 해풍에 잘 견디는 내염성 수종으로 해안의 조경용으로 적합, 공원 및 녹지 외곽에 주연부 식재

2. 소나무(육송, 적송)

- 학명 : *Pinus densiflora* (소나무과)
- 성상 : 상록침엽교목
- 수고 : 25~35m
- 수형 : 비정형원추형
- 분포 : 북부, 중부
- 수분 : 건조지
- 맹아력 : 약함
- 음양성 : 양수
- 이식 : 불량
- 내공해성 : 보통
- 내염성 : 약함
- 근계 : 심근성
- 생장속도 : 느림
- 특성 : 수피가 적색이고 여성적인 이미지. 잎 2개가 한 묶음으로 끝이 뾰족하다. 잎 길이는 8~12cm.
- 배식 : 수형이 아름다워 독립수, 군식으로 자연경관을 조성하는데 적합. 건축물 주변, 아파트 단지 입구 등 중요지점에 군식 및 단식. 공원의 중요지점, 자연지역과의 경계지역에 식재

Part 7 조경설계 주요 수목

3. 백송

- 학명 : *Pinus bungeana* (소나무과)
- 성상 : 상록침엽교목
- 수고 : 15m
- 수형 : 원추형 → 원정형
- 분포 : 중부, 남부
- 수분 : 적윤지
- 맹아력 : 약함
- 음양성 : 음수 → 양수
- 이식 : 불량
- 내공해성 : 보통
- 내염성 : 보통
- 근계 : 심근성
- 생장속도 : 느림 → 빠름
- 특성 : 중국 원산지
  수피가 큰 비늘처럼 벗겨지고 흰빛이 돈다.
  잎 3개가 한 묶음으로 끝이 뾰족하고 단단하다.
- 배식 : 줄기의 수피가 특이하여 독립수로 적합
  건축물 입구에 독립수로 식재
  공원 및 녹지 외곽에 주연부 식재

4. 반송

- 학명 : *Pinus densiflora* for. *multicaulis* (소나무과)
- 성상 : 상록침엽교목
- 수고 : 2~5m
- 수형 : 구형
- 분포 : 중부, 남부
- 수분 : 건조지
- 맹아력 : 약한
- 음양성 : 양수
- 이식 : 불량
- 내공해성 : 보통
- 내염성 : 약함
- 근계 : 심근성
- 생장속도 : 느림
- 특성 : 수피가 적색이고 여성적인 이미지 잎 2개가 한 묶음으로 끝이 뾰족하다. 잎 길이는 8~12cm. 소나무의 변종으로 줄기가 여러개로 자란다.
- 배식 : 독특한 수형을 감상하기 위해 독립수로 이용 건축물 입구에 기념수로 식재

5. 스트로브잣나무

- 학명 : *Pinus strobus* L.(소나무과)
- 성상 : 상록침엽교목   • 수고 : 25~30m
- 수형 : 원추형   • 분포 : 중부, 남부
- 수분 : 적윤지   • 맹아력 : 보통
- 음양성 : 음수 → 양수   • 이식 : 용이
- 내공해성 : 강함   • 내염성 : 약함
- 근계 : 심근성   • 생장속도 : 느림 → 빠름
- 특성 : 수피가 녹갈색이고 밋밋하지만 늙으면 세로로 깊이 갈라진다.
  잎은 5개가 한 묶음으로 짧은 가지 끝에 달린다.
  잎 길이는 6~14cm이고, 뒷면에 흰 숨구멍줄이 있다.
  잎 끝은 뾰족하지만 부드러우며, 2~3년간 달려 있다.
- 배식 : 생장이 빠르고 공해에 강하여 녹지대 경관수로 많이 이용. 공원의 유도식재, 녹지 외곽에 완충, 차폐식재

6. 잣나무

- 학명 : *Pinus koraiensis* (소나무과)
- 성상 : 상록침엽교목   • 수고 : 20~30m
- 수형 : 원추형   • 분포 : 북부, 중부, 남부
- 수분 : 적윤지   • 맹아력 : 보통
- 음양성 : 음수 → 양수   • 이식 : 용이
- 내공해성 : 보통   • 내염성 : 강함
- 근계 : 심근성   • 생장속도 : 느림 → 빠름
- 특성 : 수피가 흑갈색이고 얇은 조각이 떨어지며 잎은 5개가 한 묶음으로 짧은 가지 끝에 달린다. 잎 길이는 8~12cm이고, 흰빛을 띤다. 잣 열매가 열린다.
- 배식 : 수고가 높고 수형이 좋아 경관수로 많이 이용. 공원의 유도식재, 녹지 외곽에 완충, 차폐식재

7. 구상나무

- 학명 : *Abies koreana* (소나무과)
- 성상 : 상록침엽교목
- 수고 : 5~10m
- 수형 : 원추형
- 분포 : 중북부, 남부 산지
- 수분 : 적윤지
- 맹아력 : 강함
- 음양성 : 음수 → 양수
- 이식 : 불량
- 내공해성 : 약함
- 내염성 : 약함
- 근계 : 심근성
- 생장속도 : 느림
- 특성 : 우리나라 특산수종
  높은 산에서 자라는 고산수종으로 해발고가 낮은 지역에서는 생장이 나쁘다. 가지에 돌아가며 잎이 난다.
  잎끝이 둥글고, 뒷면에 2줄로 흰색 숨구멍줄이 있다.
- 배식 : 건축물, 공원의 주요지점에 독립수, 기념수로 식재

8. 젓나무(전나무)

- 학명 : *Pinus holophylla* Maxim(소나무과)
- 성상 : 상록침엽교목
- 수고 : 30~40m
- 수형 : 원추형
- 분포 : 중부, 북부
- 수분 : 적윤지
- 맹아력 : 보통
- 음양성 : 음수 → 양수
- 이식 : 보통
- 내공해성 : 약함
- 내염성 : 약함
- 근계 : 심근성
- 생장속도 : 느림 → 빠름
- 특성 : 회갈색 수피에 비늘처럼 잘게 갈라진다.
  길이 4cm 정도의 잎이 가지를 빙 둘러 어긋나게 달린다. 잎 끝이 뾰족하고, 납작한 바늘 모양으로 뒷면에 2줄의 흰 숨구멍 줄이 있다.
- 배식 : 공원의 유도식재, 녹지 외곽에 완충, 차폐식재 사찰주변, 궁궐 정원에 많이 쓰임

9. 주목

- 학명 : *Taxus cuspidata* (주목과)
- 성상 : 상록침엽교목
- 수고 : 15m
- 수형 : 원추형
- 분포 : 전국
- 수분 : 적윤지
- 맹아력 : 강함
- 음양성 : 강음수
- 이식 : 불량
- 내공해성 : 보통
- 내염성 : 강함
- 근계 : 심근성
- 생장속도 : 매우 느림
- 특성 : 수피와 심재의 색깔이 적색이라서 주목이라 부름. 곁가지에 잎이 2줄로 나란히 난다. 잎이 부드러워 찔려도 아프지 않다. 잎 뒷면에는 2개의 황록색 줄이 있다.
- 배식 : 짙은 녹색 잎과 맹아력이 강하여 토피아리로 이용 건축물, 공원의 주요지점에 독립수, 기념수로 식재
  공원의 중요지점, 평면기하학식 정원의 초점 식재

10. 측백나무

- 학명 : *Platycladus orientalis* (측백나무과)
- 성상 : 상록침엽교목
- 수고 : 15~25m
- 수형 : 원추형
- 분포 : 중부, 북부
- 수분 : 적윤지
- 맹아력 : 강함
- 음양성 : 양수
- 이식 : 용이
- 내공해성 : 강함
- 내염성 : 보통
- 근계 : 천근성
- 생장속도 : 빠름
- 특성 : 수피가 흑갈색, 비늘 모양의 잎이 뾰족하며 앞뒤 구별이 없음
- 배식 : 건축물 측벽, 외곽 울타리식재
  공원의 울타리식재, 녹지 외곽에 완충, 차폐 식재
- 참고 : 서양측백은 가지가 사방으로 퍼지고 향기가 있고 잎이 넓다.

상록활엽교목

1. 가시나무

- 학명 : *Quercus myrsinaefolia* (참나무과)
- 성상 : 상록활엽교목
- 수고 : 15~30m
- 수형 : 원정형
- 분포 : 남해안
- 수분 : 건조지
- 맹아력 : 강함
- 음양성 : 중용수 → 양수
- 이식 : 불량
- 내공해성 : 강함
- 내염성 : 강함
- 근계 : 중근성
- 생장속도 : 빠름
- 특성 : 바람에 흔들린다는 뜻의 가서목에서 유래. 종가시나무의 잎에 비에 잎 폭이 길고 가늘고, 잎 상단부 2/3 이상까지 둥근 톱니가 있다. 잎 길이는 6~12cm. 열매 깍지에 둥글게 나이테 모양이 있다.
- 배식 : 수형이 아름다우며 내염성이 강해 해안공원에 적합. 남부지방 건축물 주변 경관, 녹음식재. 공원의 녹음, 가로수 식재

2. 먼나무

- 학명 : *Ilex rotunda* (감탕나무과)
- 성상 : 상록활엽교목
- 수고 : 10~15m
- 수형 : 원형
- 분포 : 남해안
- 수분 : 적윤지
- 맹아력 : 보통
- 음양성 : 중용수
- 이식 : 보통
- 내공해성 : 강함
- 내염성 : 강함
- 근계 : 천근성
- 생장속도 : 느림
- 특성 : 수형이 좋은 나무로 멋나무에서 먼나무가 유래됨. 잎 자루와 가지는 보라색을 띠며, 잎이 가죽질이고 광택이 강하다. 6월경 흰색꽃이 피며, 늦가을에 붉은색 열매가 열린다.
- 배식 : 붉은색 열매가 겨울내내 달려있어 관상가치가 높다. 남부지방 건축물 주변 경관, 녹음식재. 공원의 녹음식재

chapter 3. 상록활엽교목

3. 감탕나무

- 학명 : *Ilex integra* (감탕나무과)
- 성상 : 상록활엽소교목
- 수고 : 10m
- 수형 : 원형
- 분포 : 남해안
- 수분 : 적윤지
- 맹아력 : 보통
- 음양성 : 중용수
- 이식 : 불량
- 내공해성 : 강함
- 내염성 : 강함
- 근계 : 중근성
- 생장속도 : 보통
- 특성 : 잎 양면 모두 잎맥이 거의 보이지 않으며, 톱니가 없다. 잎 길이는 5~8cm, 3~5월 황록색 꽃이 피고 10~12월 붉은 열매가 아름답다. 암수딴몸이다.
- 배식 : 조해, 공해에 강하여 남부 해안지역과 공단지역에 녹화와 방화용으로 식재.
  공원의 녹음, 가로수 식재

4. 금목서

- 학명 : *Osmanthus fragrans* var. *aurantiacus* (물푸레나무과)
- 성상 : 상록활엽소교목
- 수고 : 5~7m
- 수형 : 원형
- 분포 : 남부
- 수분 : 적윤지
- 맹아력 : 강함
- 음양성 : 중용수
- 이식 : 보통
- 내공해성 : 강함
- 내염성 : 보통
- 근계 : 천근성
- 생장속도 : 느림
- 특성 : 잎 표면은 짙은 녹색이고 뒷면은 연한 녹색, 잎은 마주나고, 긴 타원상의 넓은 피침 모양. 9~10월에 주황색 잔꽃이 피고, 향기가 짙고, 녹색의 콩 같은 열매를 맺는다.
- 배식 : 가을에 나무 전체를 덮는 주황색꽃이 아름답고, 향기가 매우 진하다.
  남부지방 건축물, 공원의 주요지점에 독립수, 기념수로 식재
- 참고 : 은목서는 흰색 꽃이 피고, 금목서에 비해 향기가 약하다.

5. 녹나무

- 학명 : *Cinnamomum camphora* (녹나무과)
- 성상 : 상록활엽교목
- 수고 : 15~20m
- 수형 : 원정형
- 분포 : 남해안
- 수분 : 적윤지
- 맹아력 : 강함
- 음양성 : 중용수→양수
- 이식 : 불량
- 내공해성 : 약함
- 내염성 : 보통
- 근계 : 중근성
- 생장속도 : 빠름
- 특성 : 잎맥이 밑부분에서 3개로 갈라지며, 타원형으로 길이 6~10cm이다. 잎 가장자리에 톱니가 없고 광택이 난다. 잎을 찢으면 장뇌향이 난다. 5~6월경 황백색 꽃이 피고, 10~11월경 흑색 열매가 성숙한다.
- 배식 : 원정형의 수형이 아름다워 경관수로 이용. 남부지방 건축물 주변 경관, 녹음식재. 공원의 녹음, 가로수 식재.

6. 후박나무

- 학명 : *Machilus thunbergii* (녹나무과)
- 성상 : 상록활엽교목
- 수고 : 10~20m
- 수형 : 원정형
- 분포 : 남해안
- 수분 : 적윤지
- 맹아력 : 강함
- 음양성 : 음수 → 양수
- 이식 : 용이
- 내공해성 : 강함
- 내염성 : 강함
- 근계 : 심근성
- 생장속도 : 빠름
- 특성 : 수피가 회색이고 갈라지지 않으며 매끈하다. 잎은 가지 끝에 모여 나며 긴 타원형으로 잎 길이는 7~15cm. 5~6월경 황록색 꽃이 핀다. 세계적 희귀종으로 풍해, 임해에 강하다.
- 배식 : 빨간색 새잎과 녹색의 묵은 잎이 섞여 특이하고 수형이 단정하여 경관수로 이용. 공원의 녹음, 가로수 식재. 남부지방 바닷가에 정자목으로 많이 이용. 매우 크게 자라므로 넓은 녹지공간에 적합.

7. 동백나무

- 학명 : *Camellia japonica* (차나무과)
- 성상 : 상록활엽교목　　• 수고 : 10~15m
- 수형 : 원형　　• 분포 : 남부
- 수분 : 건조지　　• 맹아력 : 강함
- 음양성 : 중용수　　• 이식 : 보통
- 내공해성 : 강함　　• 내염성 : 강함
- 근계 : 심근성　　• 생장속도 : 느림
- 특성 : 잎이 두껍고 딱딱하며, 광택이 있고, 잎 가장자리에 물결모양 잔톱니가 있다. 잎 길이는 5~10cm.
  추운 겨울 동백꽃의 수분을 돕는 동박새와 공생관계이다.
- 배식 : 개화기간이 길고 수형이 단정하여 경관수로 이용, 남부지방 건축물 주변 경관, 녹음식재. 공원의 녹음식재, 요점식재.

8. 태산목

- 학명 : *Magnolia grandiflora* (목련과)
- 성상 : 상록활엽교목　　• 수고 : 10~20m
- 수형 : 원형　　• 분포 : 남부
- 수분 : 적윤지　　• 맹아력 : 약함
- 음양성 : 중용수 → 양수　　• 이식 : 불량
- 내공해성 : 보통　　• 내염성 : 강함
- 근계 : 중근성　　• 생장속도 : 빠름
- 특성 : 목련과 중에 꽃과 잎이 크기 때문에 태산목이다. 잎몸은 긴 타원형이며 앞면은 짙은 녹색이고, 뒷면은 갈색빛이 난다. 잎 길이는 12~23cm.
  5~6월경 큰 흰색 꽃이 피고, 향기가 좋다.
  열매는 10월경 붉게 맺는다.
- 배식 : 광택이 있는 잎과 흰색의 큰 꽃이 특장점이다. 남부지방 건축물 주변 경관, 녹음식재. 공원의 녹음식재

# 낙엽침엽교목

1. 메타세쿼이아

- 학명 : *Metasequoia glyptostroboides* (낙우송과)
- 성상 : 낙엽침엽교목
- 수고 : 20~35m
- 수형 : 좁은 원추형
- 분포 : 중부, 남부
- 수분 : 습윤지
- 맹아력 : 약함
- 음양성 : 양수
- 이식 : 보통
- 내공해성 : 보통
- 내염성 : 보통
- 근계 : 심근성
- 생장속도 : 매우 빠름
- 특성 : 가는 잎은 2장씩 마주나기를 하고, 곁가지도 2개씩 마주난다. 습기 많은 계곡을 좋아하고, 침엽수이지만 가을에 적갈색으로 단풍 들고 낙엽 진다.
- 배식 : 수형이 단정하고 웅장하여 가로수, 경관수로 식재 건축물 주변 유도, 녹음식재. 건축물 측벽식재. 공원에 열식으로 녹음, 가로수 식재. 매우 크게 자라므로 넓은 녹지공간에 적합.
- 참고 : 낙우송 - 어긋나기

2. 은행나무

- 학명 : *Ginkgo biloba* (은행나무과)
- 성상 : 낙엽침엽교목
- 수고 : 20~30m
- 수형 : 원정형
- 분포 : 전국
- 수분 : 적윤지
- 맹아력 : 강함
- 음양성 : 양수
- 이식 : 용이
- 내공해성 : 강함
- 내염성 : 약함
- 근계 : 심근성
- 생장속도 : 느림
- 특성 : 은행은 은빛의 살구씨라는 뜻이다. 잎이 부채모양으로 2갈래로 갈라진다. 잎몸의 너비는 5~7cm임. 수피가 세로로 깊게 갈라지면 코르크질이 발달. 대기오염에 강하고 노란색 단풍이 아름답다. 암수딴몸이다.
- 배식 : 수형과 단풍이 아름다워 가로수, 경관수로 식재. 공원에 열식으로 녹음, 가로수 식재.

chapter 5. 낙엽활엽교목

1. 감나무

- 학명 : *Diospyros kaki* (감나무과)
- 성상 : 낙엽활엽교목
- 수고 : 10~20m
- 수형 : 원정형
- 분포 : 중부, 남부
- 수분 : 적윤지
- 맹아력 : 약함
- 음양성 : 양수
- 이식 : 불량
- 내공해성 : 강함
- 내염성 : 강함
- 근계 : 심근성
- 생장속도 : 빠름 → 느림
- 특성 : 수피가 그물망처럼 갈라진다. 잎몸은 두껍고 광택이 있다. 톱니가 없으며 어긋나기 한다. 5~6월에 연노랑색 꽃이 피고, 9~10월 경에 감이 달린다.
- 배식 : 열매가 탐스러운 유실수로 정원, 공원의 경관 수로 이용. 건축물 주변 경관, 녹음식재. 공원의 녹음식재.

2. 계수나무

- 학명 : *Cercidiphyllum japonicum* (계수나무과)
- 성상 : 낙엽활엽교목
- 수고 : 20~30m
- 수형 : 타원형
- 분포 : 중부, 남부
- 수분 : 적윤지
- 맹아력 : 강함
- 음양성 : 중용수 → 양수
- 이식 : 용이
- 내공해성 : 보통
- 내염성 : 강함
- 근계 : 심근성
- 생장속도 : 빠름
- 특성 : 잎몸은 하트 모양이고 둥그스름한 톱니가 있다. 잎 길이 4~8cm. 가지에 잎이 마주난다. 잎자루는 붉은색이고, 가을에 노란색 단풍이 아름답다. 분홍색 꽃이 5월경 개화하고 향이 좋다.
- 배식 : 하트모양 잎과 수형, 단풍이 아름다워 가로수, 경관수로 식재. 공원에 열식으로 녹음, 가로수 식재.

3. 벽오동

- 학명 : *Firmiana simplex* (벽오동과)
- 성상 : 낙엽활엽교목
- 수고 : 10~15m
- 수형 : 타원형
- 분포 : 중부, 남부
- 수분 : 적윤지
- 맹아력 : 보통
- 음양성 : 양수
- 이식 : 불량
- 내공해성 : 보통
- 내염성 : 강함
- 근계 : 심근성
- 생장속도 : 매우 빠름
- 특성 : 오동나무 잎과 비슷하고 줄기가 녹색이기 때문에 벽오동이란 이름이 붙여짐.
  3~5갈래로 갈라진 잎이 15~30cm이다.
  잎자루는 잎몸의 길이와 비슷하다.
  열매는 10월에 갈색으로 익는다.
- 배식 : 큰 잎과 녹색 줄기가 특이하여 녹음수로 적합하다. 공원에 열식으로 녹음식재.

4. 오동나무

- 학명 : *Paulownia coreana* (현삼과)
- 성상 : 낙엽활엽교목
- 수고 : 15~20m
- 수형 : 원형
- 분포 : 남부
- 수분 : 적윤지
- 맹아력 : 강함
- 음양성 : 양수
- 이식 : 강함
- 내공해성 : 보통
- 내염성 : 강함
- 근계 : 심근성
- 생장속도 : 매우 빠름
- 특성 : 우리나라 특산수종.
  잎은 마주나기 하며 오각형으로 길이 15~23cm, 폭 12~29cm로 가장자리에 톱니가 없다.
  5~6월 가지 끝에 원뿔 모양 자주색 꽃이 핀다.
  수피는 담갈색이며 거친줄이 세로로 나 있다.
  토심이 깊고 배수가 잘 되는 비옥 적윤한 곳을 좋아하고, 중부 이남 따뜻한 곳에 자생한다.
- 배식 : 큰 잎과 향기 있는 자주색 꽃이 특징 생장 속도가 빨라 조기녹화에 이용.
  공원에 열식으로 녹음식재.

5. 느티나무

- 학명 : *Zelkova serrata* (느릅나무과)
- 성상 : 낙엽활엽교목
- 수고 : 20~30m
- 수형 : 원정형
- 분포 : 전국
- 수분 : 적윤지
- 맹아력 : 강함
- 음양성 : 양수
- 이식 : 보통
- 내공해성 : 보통
- 내염성 : 약함
- 근계 : 심근성
- 생장속도 : 빠름
- 특성 : 커갈수록 티(멋)가 나는 나무라는 뜻이다. 잎몸은 좁은 달걀형으로 길이 3~7cm. 잎 가장자리에 커브모양 톱니가 있다. 수피는 회갈색으로 밋밋하다.
- 배식 : 수관이 넓게 퍼지고 지하고가 높아 녹음수로 이용.
  예로부터 정자목으로 많이 이용.
  공원에 열식으로 녹음, 가로수 식재.
  매우 크게 자라므로 넓은 녹지공간, 광장에 적합.

6. 팽나무

- 학명 : *Celtis sinensis* (느릅나무과)
- 성상 : 낙엽활엽교목
- 수고 : 15~20m
- 수형 : 원정형
- 분포 : 전국
- 수분 : 적윤지
- 맹아력 : 강함
- 음양성 : 중용수
- 이식 : 용이
- 내공해성 : 강함
- 내염성 : 강함
- 근계 : 심근성
- 생장속도 : 빠름 → 느림
- 특성 : 열매를 대나무 총에 총알로 사용하였다 하여 붙여진 이름이다. 잎몸은 넓은 타원형으로 길이는 4~9cm. 잎 앞면에는 광택이 있고, 가장자리에는 반만 톱니가 있다.
- 배식 : 수형이 아름다워 독립수, 녹음수로 이용.
  정자목으로 많이 이용됨.
  공원에 열식으로 녹음, 가로수 식재.
  매우 크게 자라므로 넓은 녹지공간, 광장에 적합.

7. 단풍나무

- 학명 : *Acer palmatum* (단풍나무과)
- 성상 : 낙엽활엽교목
- 수고 : 10~15m
- 수형 : 원정형
- 분포 : 중부, 남부
- 수분 : 적윤지
- 맹아력 : 강함
- 음양성 : 중용수
- 이식 : 용이
- 내공해성 : 강함
- 내염성 : 약함
- 근계 : 중근성
- 생장속도 : 느림
- 특성 : 수피가 회갈색으로 매끈하다.
  잎몸이 5~7갈래로 갈라진 손바닥 모양이다.
  두 장의 날개가 있는 열매가 열리고, 바람에 멀리 날아간다.
- 배식 : 붉은색 단풍이 매우 아름다워 단식, 군식.
  공원의 경관식재로 이용

8. 복자기

- 학명 : *Acer triflorum* (단풍나무과)
- 성상 : 낙엽활엽교목
- 수고 : 15~20m
- 수형 : 타원형
- 분포 : 전국
- 수분 : 습윤지
- 맹아력 : 보통
- 음양성 : 음수 → 양수
- 이식 : 용이
- 내공해성 : 보통
- 내염성 : 약함
- 근계 : 심근성
- 생장속도 : 느림
- 특성 : 잎자루에 3개의 잎이 붙어있다.
  잎 가장자리에 2~3개의 굵은 톱니가 있다.
  수피가 얇은 조각으로 벗겨진다.
- 배식 : 붉은색 단풍이 매우 아름다워 단식, 군식.
  공원의 경관식재로 이용.

9. 중국단풍

- 학명 : *Acer buergerianum* Miq. (단풍나무과)
- 성상 : 낙엽활엽교목
- 수고 : 12~15m
- 수형 : 타원형
- 분포 : 중부, 남부
- 수분 : 적윤지
- 맹아력 : 강함
- 음양성 : 중용수
- 이식 : 용이
- 내공해성 : 강함
- 내염성 : 약함
- 근계 : 천근성
- 생장속도 : 빠름
- 특성 : 잎 모양이 세 갈래로 갈라져서 삼각단풍이라고 한다. 잎 가장자리에 톱니가 없다. 수피는 회갈색으로 얇게 벗겨진다.
- 배식 : 붉은색 단풍이 매우 아름다워 단식, 군식. 줄기가 곧고 수형이 단정해서 공원에 열식으로 녹음, 가로수 식재로 이용.

10. 때죽나무

- 학명 : *Styrax japonica* (때죽나무과)
- 성상 : 낙엽활엽소교목
- 수고 : 10m
- 수형 : 원정형
- 분포 : 중부, 남부
- 수분 : 건조지
- 맹아력 : 강함
- 음양성 : 중용수
- 이식 : 보통
- 내공해성 : 강함
- 내염성 : 강함
- 근계 : 천근성
- 생장속도 : 느림
- 특성 : 수피는 회갈색으로 세로로 갈라지며 매끈하다. 잎몸은 달걀형으로 길이는 4~8cm. 가장자리에 톱니가 있거나 없는 것도 있다. 5~6월 종모양의 흰색꽃이 아래를 향하여 핀다. 9월에 회백색 열매가 열리고 독성이 있다.
- 배식 : 종처럼 피는 흰색 꽃이 아름다워 정원, 공원의 경관수로 이용. 척박지, 황폐지 등 열악한 지역에 적합.

11. 산딸나무

- 학명 : *Cornus kousa* (층층나무과)
- 성상 : 낙엽활엽교목
- 수고 : 7~10m
- 수형 : 원정형
- 분포 : 중부, 남부
- 수분 : 적윤지
- 맹아력 : 강함
- 음양성 : 중용수
- 이식 : 용이
- 내공해성 : 보통
- 내염성 : 불량
- 근계 : 천근성
- 생장속도 : 빠름 → 느림
- 특성 : 열매가 딸기와 비슷하여 붙여진 이름이다. 잎끝이 뾰족하고 길이 5~12cm이다. 잎 가장자리에 톱니가 없으며 잎이 마주난다. 잎맥이 둥글게 위로 뻗어 있다.
- 배식 : 수형이 단정하고 흰색 꽃받침과 붉은색 열매가 아름다워 단식, 군식, 열식 등 공원의 경관 식재로 이용.

12. 산수유

- 학명 : *Cornus officinalis* (층층나무과)
- 성상 : 낙엽활엽소교목
- 수고 : 5~7m
- 수형 : 원정형
- 분포 : 중부, 남부
- 수분 : 적윤지
- 맹아력 : 강함
- 음양성 : 양수
- 이식 : 용이
- 내공해성 : 약함
- 내염성 : 약함
- 근계 : 천근성
- 생장속도 : 빠름
- 특성 : 산에서 먹을 수 있는 붉은색 열매라는 의미로 붙여진 이름이다. 잎끝이 뾰족하고 길이 4~12cm이다. 잎가장자리에 톱니가 없으며 잎이 마주난다. 잎맥이 둥글게 위로 뻗어 있다. 3~4월 잎보다 먼저 노란색 꽃이 핀다. 9~10월 붉게 익는 열매는 약용으로 사용한다. 수피는 회갈색으로 비늘조각처럼 벗겨진다.
- 배식 : 이른 봄 잎 보다 먼저 피는 노란색 꽃과 가을에 붉은 열매가 아름다워 단식, 군식, 열식 등 공원의 경관 식재로 이용.

13. 층층나무

- 학명 : *Cornus controversa* (층층나무과)
- 성상 : 낙엽활엽교목
- 수고 : 20m
- 수형 : 타원형
- 분포 : 전국
- 수분 : 습윤지
- 맹아력 : 강함
- 음양성 : 중용수
- 이식 : 보통
- 내공해성 : 약함
- 내염성 : 약함
- 근계 : 천근성
- 생장속도 : 매우 빠름
- 특성 : 줄기에서 가지가 바퀴살 모양으로 돌려나서 층을 이루기 때문에 붙여진 이름이다. 잎 끝이 뾰족하고 길이 5~12cm이다. 잎 가장자리에 톱니가 없으며 잎이 어긋난다. 잎맥이 둥글게 위로 뻗어 있다.
  5월에 흰색 꽃이 피고 밀원식물이다.
  8~9월에 흑자색 열매가 열린다.
  생장 속도가 빠르고 크게 자란다.
- 배식 : 계단형 수형과 흰색 꽃, 열매가 아름다워 단식, 군식, 열식 등 공원의 경관식재로 이용

14. 마가목

- 학명 : *Sorbus commixta* (장미과)
- 성상 : 낙엽활엽소교목
- 수고 : 6~10m
- 수형 : 원정형
- 분포 : 전국
- 수분 : 적윤지
- 맹아력 : 강함
- 음양성 : 중용수
- 이식 : 보통
- 내공해성 : 강함
- 내염성 : 보통
- 근계 : 천근성
- 생장속도 : 빠름
- 특성 : 잎의 모양이 말의 이빨모양처럼 가지런하여 붙여진 이름이다. 작은 잎이 4~6쌍인 홀수깃꼴겹잎이며, 잎 가장자리에 가늘고 날카로운 톱니가 있다.
  9~10월경 적색의 열매가 익으며 새의 먹이가 된다
- 배식 : 흰색 꽃과 붉은 열매가 아름다워 단식, 군식, 열식 등 공원의 경관식재로 이용

15. 매화나무 (매실나무)

- 학명 : *Prunus mume* (장미과)
- 성상 : 낙엽활엽소교목
- 수고 : 4~6m
- 수형 : 구형
- 분포 : 중부, 남부
- 수분 : 적윤지
- 맹아력 : 양호
- 음양성 : 양수
- 이식 : 용이
- 내공해성 : 보통
- 내염성 : 약함
- 근계 : 중근성
- 생장속도 : 빠름
- 특성 : 야매계, 홍매계, 풍후계, 행계 등 여러 품종이 있다. 잎은 벚나무에 비해 약간 작고 잎의 앞부분이 길고 뾰족하다. 잎 길이는 4~9cm, 2~4월경 잎보다 먼저 흰색 또는 분홍색 꽃이 피고, 향기가 좋다. 6월경 녹색 열매가 열린다.
- 배식 : 이른 봄 잎 보다 먼저 피는 분홍색 꽃이 아름답고 향기가 좋아 단식, 군식, 열식 등 공원의 경관식재로 이용.

16. 모과나무

- 학명 : *Chaenomeles sinensis* (장미과)
- 성상 : 낙엽활엽교목
- 수고 : 7~10m
- 수형 : 원정형
- 분포 : 중부, 남부
- 수분 : 적윤지
- 맹아력 : 강함
- 음양성 : 양수
- 이식 : 용이
- 내공해성 : 강함
- 내염성 : 약함
- 근계 : 심근성
- 생장속도 : 빠름
- 특성 : 나무에서 참외 같은 열매(목과)가 열려서 붙여진 이름. 잎몸은 달걀형이고, 길이 4~8cm, 가장자리에 잔톱니가 있다. 4~5월 잎과 함께 분홍색 꽃이 핀다.
  10월에 황색 열매가 열린다.
- 배식 : 얼룩무늬 수피가 매끄럽고 매우 특이하다.
  가을에 열리는 열매는 노랗게 익으며 향기가 좋다.
  단정한 수형으로 정원, 공원의 독립수, 경관식재로 이용.

17. 왕벚나무

- 학명 : *Prunus yedoensis* (장미과)
- 성상 : 낙엽활엽교목
- 수고 : 10~15m
- 수형 : 원형
- 분포 : 중부, 남부
- 수분 : 적윤지
- 맹아력 : 불량
- 음양성 : 양수
- 이식 : 보통
- 내공해성 : 불량
- 내염성 : 보통
- 근계 : 중근성
- 생장속도 : 빠름
- 특성 : 벚나무 중에 꽃이 크고 많이 피기 때문에 붙여진 이름이다. 한라산에 자생지가 있는 특산수종이다.
  잎몸은 타원형으로 길이 8~12cm이다.
  잎 가장자리에 예리한 톱니가 있고 잎자루 끝에 1쌍의 꿀샘이 있다.
  4월 초순 잎보다 먼저 분홍색 꽃이 핀다.
  6월경 흑자색 열매가 열린다.
  30년생이 가장 아름답고, 그 후 노쇠한다.
- 배식 : 이른 봄, 잎 보다 먼저 피는 분홍색 꽃이 나무 전체를 뒤덮는다. 단식, 군식, 녹음수, 가로수로 적합.

18. 산벚나무

- 학명 : *Prunus sargentii* Rehder (장미과)
- 성상 : 낙엽활엽교목
- 수고 : 10~15m
- 수형 : 원형
- 분포 : 중부, 남부
- 수분 : 적윤지
- 맹아력 : 불량
- 음양성 : 양수
- 이식 : 보통
- 내공해성 : 보통
- 내염성 : 보통
- 근계 : 중근성
- 생장속도 : 빠름
- 특성 : 잎몸은 타원형으로 길이 8~12cm이다.
  잎 가장자리에 잔톱니가 있고 잎자루 끝에 1쌍의 꿀샘이 있다. 4월 잎과 같이 분홍색 꽃이 핀다.
  8월경 1cm 정도로 붉은색 열매가 열리고 흑자색으로 익는다.
- 배식 : 이른 봄 피는 분홍색 꽃이 나무 전체를 뒤덮는다. 군식, 녹음수, 경관수로 적합.

19. 산사나무

- 학명 : *Crataegus pinnatifida* (장미과)
- 성상 : 낙엽활엽교목
- 수고 : 5~10m
- 수형 : 원정형
- 분포 : 전국
- 수분 : 건조지
- 맹아력 : 강함
- 음양성 : 중용수
- 이식 : 용이
- 내공해성 : 보통
- 내염성 : 보통
- 근계 : 심근성
- 생장속도 : 느림
- 특성 : 산에서 자라는 아침의 나무라는 뜻에서 유래한 이름이다. 잎몸이 5~7갈래로 갈라지며 좌우가 비대칭이다.
  잎 길이는 5~10cm. 5월경 가지 끝에 흰색 꽃이 핀다.
  9~10월 1.5cm 정도 크기의 붉은색 열매가 익는다.
  열매는 새의 먹이가 된다.
- 배식 : 늦봄의 흰색 꽃과 가을의 붉은 열매가 아름답다. 단식, 군식, 열식 등 공원의 경관식재로 이용.

20. 팥배나무

- 학명 : *Sorbus alnifolia* (장미과)
- 성상 : 낙엽활엽교목
- 수고 : 10~15m
- 수형 : 원형
- 분포 : 전국
- 수분 : 건조지
- 맹아력 : 강함
- 음양성 : 중용수
- 이식 : 보통
- 내공해성 : 약함
- 내염성 : 강함
- 근계 : 천근성
- 생장속도 : 빠름
- 특성 : 배꽃을 닮은 꽃과 팥 모양의 붉은 열매가 열리기 때문에 붙여진 이름이다.
  잎몸은 타원형으로 길이 5~10cm이다.
  잎 가장자리에 불규칙한 겹톱니가 있다.
  5월 흰색 꽃이 피고, 9월 적색 열매가 익는다.
  열매는 새의 먹이가 된다.
- 배식 : 늦봄의 흰색 꽃과 가을의 붉은 열매가 아름답다. 단식, 군식, 열식 등 공원의 경관식재로 이용. 척박지, 황폐지 등 열악한 지역에 적합.

21. 물푸레나무

- 학명 : *Fraxinus rhynchophylla* (물푸레나무과)
- 성상 : 낙엽활엽교목
- 수고 : 15~20m
- 수형 : 원형
- 분포 : 중부, 남부
- 수분 : 습윤지
- 맹아력 : 보통
- 음양성 : 중용수
- 이식 : 용이
- 내공해성 : 강함
- 내염성 : 강함
- 근계 : 심근성
- 생장속도 : 빠름
- 특성 : 가지를 물에 담가놓으면 푸른빛이 난다하여 붙여진 이름이다. 3~4쌍인 홀수깃꼴겹잎이다. 수피는 회백색으로 세로로 얕게 갈라진다. 8~9월경 2~4cm의 장타원형 열매가 열린다.
- 배식 : 노란색 단풍과 줄기의 흰무늬가 아름답다. 습기가 많은 수경공간에 적합.

22. 이팝나무

- 학명 : *Chionanthus retusa* (물푸레나무과)
- 성상 : 낙엽활엽교목
- 수고 : 20~25m
- 수형 : 원정형
- 분포 : 중부, 남부
- 수분 : 적윤지
- 맹아력 : 강함
- 음양성 : 중용수
- 이식 : 보통
- 내공해성 : 강함
- 내염성 : 강함
- 근계 : 천근성
- 생장속도 : 빠름 → 느림
- 특성 : 개화기에 수형이 밥그릇과 비슷하여 이밥나무라 불려진데서 유래한 이름이다. 수피는 회갈색으로 세로로 불규칙하게 갈라진다. 잎몸은 타원형으로 길이는 4~10cm이고, 잎 가장자리에 톱니가 없다. 5~6월 흰색 꽃이 핀다.
- 배식 : 늦은 봄 피는 흰색 꽃이 나무 전체를 뒤덮는다. 단정한 수형으로 정원, 공원의 독립수, 가로수로 이용.

23. 모감주나무

- 학명 : *Koelreuteria paniculata* (무환자나무과)
- 성상 : 낙엽활엽교목
- 수고 : 8~15m
- 수형 : 원정형
- 분포 : 중부, 남부
- 수분 : 건조지
- 맹아력 : 보통
- 음양성 : 양수
- 이식 : 용이
- 내공해성 : 강함
- 내염성 : 강함
- 근계 : 심근성
- 생장속도 : 빠름
- 특성 : 3~7쌍인 홀수깃꼴겹잎. 작은 잎은 깊게 갈라진다. 6월경 노란색 꽃이 핀다.
  10월경 꽈리모양의 열매가 익으며 그 안에 단단한 씨앗으로 염주를 만드는데 사용한다.
- 배식 : 노란색 꽃, 꽈리모양의 열매, 단풍, 수형이 아름다워 정원, 공원의 독립수, 가로수, 경관식재로 이용.
  건조지, 척박지 등 열악한 지역에 적합.

24. 배롱나무

- 학명 : *Lagerstroemia indica* (부처꽃과)
- 성상 : 낙엽활엽소교목
- 수고 : 5~10m
- 수형 : 원정형
- 분포 : 중부, 남부
- 수분 : 적윤지
- 맹아력 : 보통
- 음양성 : 양수
- 이식 : 용이
- 내공해성 : 보통
- 내염성 : 강함
- 근계 : 중근성
- 생장속도 : 빠름 → 느림
- 특성 : 개화기간이 100일 정도라고 해서 목백일홍이라 한다. 얼룩무늬의 매끈한 수피가 아름답다. 타원형 잎몸으로 길이 3~7cm이고, 잎 가장자리에 톱니가 없고 어긋나기 한다.
  7~10월 붉은색, 분홍색, 흰색 꽃이 오랫동안 핀다.
- 배식 : 꽃이 귀한 여름에서 가을까지 핀다.
  단정한 수형으로 정원, 공원의 독립수, 경관수로 이용.

25. 백목련

- 학명 : *Magnolia denudata* (목련과)
- 성상 : 낙엽활엽교목
- 수고 : 10~15m
- 수형 : 원정형
- 분포 : 전국
- 수분 : 적윤지
- 맹아력 : 약함
- 음양성 : 중용수
- 이식 : 불량
- 내공해성 : 보통
- 내염성 : 강함
- 근계 : 심근성
- 생장속도 : 빠름
- 특성 : 잎몸은 도란형으로 잎끝이 갑자기 뾰족해진다.
  길이는 10~15cm이다.
  3~4월경 잎보다 먼저 흰색 꽃이 핀다.
  목련에 비해 잎이 크다.
- 배식 : 이른 봄, 잎 보다 먼저 피는 흰색 꽃이 나무 전체를 뒤덮는다.
  단식, 군식, 녹음수, 경관수로 적합.

26. 백합나무(튤립나무)

- 학명 : *Liriodendron tulipifera* (목련과)
- 성상 : 낙엽활엽교목
- 수고 : 20~30m
- 수형 : 타원형
- 분포 : 중부, 남부
- 수분 : 적윤지
- 맹아력 : 보통
- 음양성 : 중용수
- 이식 : 불량
- 내공해성 : 강함
- 내염성 : 약함
- 근계 : 심근성
- 생장속도 : 매우 빠름
- 특성 : 꽃이 백합과 비슷하여 붙여진 이름이다.
  잎이 T자 모양으로 잎가장자리에 톱니가 없고 길이는 10~15cm이다.
  5~6월경 연노랑색 꽃이 핀다.
  노란색 단풍이 아름답다.
- 배식 : 줄기가 곧고 수형이 단정해서 공원에 열식으로 녹음, 가로수 식재로 이용.
  매우 크게 자라므로 넓은 녹지공간에 적합.

27. 칠엽수

- 학명 : *Aesculus turbinata* (칠엽수과)
- 성상 : 낙엽활엽교목
- 수고 : 20~30m
- 수형 : 타원형
- 분포 : 중부, 남부
- 수분 : 적윤지
- 맹아력 : 약함
- 음양성 : 음수→양수
- 이식 : 불량
- 내공해성 : 강함
- 내염성 : 보통
- 근계 : 심근성
- 생장속도 : 느림 → 빠름
- 특성 : 작은 잎이 7장이라서 붙여진 이름이며, 5~6장 잎도 있다.
  4~5월 흰색 또는 연한 황색으로 꽃이 핀다.
  9~10월 5cm의 갈색 열매가 열린다.
  마로니에는 칠엽수와 달리 열매에 가시가 있다.
  열매는 기근에 대체식량으로 사용했다.
  이식이 어렵지만 매우 크게 자란다.
- 배식 : 큰 잎이 이국적인 이미지를 연출, 줄기가 곧고 수형이 단정해서 공원에 열식으로 녹음, 가로수 식재로 이용. 매우 크게 자라므로 넓은 녹지공간에 적합.

28. 자작나무

- 학명 : *Betula platyphylla* var. *japonica* (자작나무과)
- 성상 : 낙엽활교목
- 수고 : 20~25m
- 수형 : 원주형
- 분포 : 북부, 중부
- 수분 : 적윤지
- 맹아력 : 약함
- 음양성 : 극양수
- 이식 : 불량
- 내공해성 : 약함
- 내염성 : 약함
- 근계 : 천근성
- 생장속도 : 빠름
- 특성 : 얇게 벗겨지는 수피가 불에 탈 때 자작자작하는 소리가 난다하여 이름이 붙여졌다.
  잎몸은 삼각형의 넓은 달걀형으로 길이 5~8cm이다.
  잎 가장자리에 겹톱니가 있다.
- 배식 : 흰색 수피가 매우 아름답다.
  공원에 군식하여 경관수로 이용.
  남부지방에서는 생육이 좋지 않다.

29. 자귀나무

- 학명 : *Albizia julibrissin* Durazz. (콩과)
- 성상 : 낙엽활엽소교목
- 수고 : 3~5m
- 수형 : 불규칙형
- 분포 : 중부, 남부
- 수분 : 건조지
- 맹아력 : 약함
- 음양성 : 양수
- 이식 : 불량
- 내공해성 : 약함
- 내염성 : 강함
- 근계 : 중근성
- 생장속도 : 매우 빠름
- 특성 : 합환수, 합혼수, 귀신나무, 야합수 등 여러 가지 이름이 있다. 수피는 회갈색으로 밋밋하다. 잎몸은 작은 잎이 15~30쌍, 2회 짝수깃꼴겹잎이며, 잎 길이는 20~30cm. 6~7월 분홍색 꽃이 피고, 향기가 좋다. 10월 콩꼬투리 모양의 열매가 열린다.
- 배식 : 꽃이 귀한 여름철에 분홍색 꽃이 아름답고, 향기가 좋다. 정원, 공원의 독립수, 경관수로 이용. 척박지, 황폐지 등 열악한 지역에 적합.

30. 회화나무

- 학명 : *Sophora japonica* (콩과)
- 성상 : 낙엽활엽교목
- 수고 : 10~30m
- 수형 : 원정형
- 분포 : 전국
- 수분 : 건조지
- 맹아력 : 강함
- 음양성 : 중용수
- 이식 : 용이
- 내공해성 : 강함
- 내염성 : 보통
- 근계 : 심근성
- 생장속도 : 빠름 → 느림
- 특성 : 괴나무 → 홰나무 → 회화나무로 변함. 수피는 진한 회갈색으로 세로로 얕게 갈라진다. 작은 잎이 4~8쌍인 홀수깃꼴겹잎으로 길이 15~25cm이다. 잎이 아카시나무와 비슷하지만 잎끝이 뾰족하고 가시가 없다. 7~8월 황백색 꽃이 핀다. 열매는 10~11월 녹색으로 익는다.
- 배식 : 수형이 단정하고, 녹음효과가 좋아서 공원에 열식으로 녹음, 가로수 식재로 이용. 예로부터 서원, 사당 주변 학자수로 사용됨.

상록 관목

1. 광나무

- 학명 : *Ligustrum japonicum* (물푸레나무과)
- 성상 : 상록활엽관목
- 수형 : 타원형
- 수분 : 적윤지
- 음양성 : 중용수
- 내공해성 : 강함
- 근계 : 천근성
- 수고 : 3~5m
- 분포 : 남부
- 맹아력 : 강함
- 이식 : 보통
- 내염성 : 강함
- 생장속도 : 매우 빠름
- 특성 : 잎에서 광이 나서 붙여진 이름이다. 잎몸은 타원형으로 길이 4~8cm이고, 잎 가장자리에 톱니가 없으며 두껍고 광택이 있다. 6~7월 흰색 꽃이 피고 밀원식물이다. 10~11월 검은색 열매가 열린다.
- 배식 : 남부지방 정원, 공원 경계지역의 울타리로 이용

2. 사철나무

- 학명 : *Euonymus japonicus* (노박덩굴과)
- 성상 : 상록활엽관목
- 수형 : 원형
- 수분 : 가리지 않음
- 음양성 : 중용수
- 내공해성 : 강함
- 근계 : 천근성
- 수고 : 3~5m
- 분포 : 중부, 남부
- 맹아력 : 강함
- 이식 : 용이
- 내염성 : 강함
- 생장속도 : 빠름
- 특성 : 사철 푸르다 하여 붙여진 이름이다. 잎이 가지 끝에 모여 나며, 타원형으로 길이 3~6cm이다. 잎 가장자리에는 얕은 톱니가 있다. 어린가지는 녹색이다. 6~7월 황록색 꽃이 피고, 10~11월에 적색 열매가 열린다.
- 배식 : 맹아력이 좋아 울타리용으로 적합하고 내염성이 강해 해안조경에 활용 가능

3. 회양목

- 학명 : *Buxus microphylla* var. *koreana* Nak (회양목과)
- 성상 : 상록활엽관목
- 수고 : 1~3m
- 수형 : 원형
- 분포 : 전국
- 수분 : 건조지
- 맹아력 : 강함
- 음양성 : 중용수
- 이식 : 용이
- 내공해성 : 강함
- 내염성 : 보통
- 근계 : 천근성
- 생장속도 : 느림
- 특성 : 강원도 회양 지역에 자생하는 나무라는 뜻에서 유래되었다. 잎몸이 두껍고 광택이 있다. 잎 길이는 1~3cm이고, 잎끝이 오목하게 들어갔다.
  3~4월 연한 노란색 꽃이 피고, 6월 황갈색 열매가 익는다. 꽝꽝나무와 달리 잎이 마주난다. 우리나라 특산수종
- 배식 : 맹아력이 강하고 지엽이 치밀하여 군식하여 모서리 식재, 교목하부식재, 울타리식재로 이용

4. 꽝꽝나무

- 학명 : *Ilex crenata* (감탕나무과)
- 성상 : 상록활엽관목
- 수고 : 1~3m
- 수형 : 원형
- 분포 : 남부
- 수분 : 적윤지
- 맹아력 : 강함
- 음양성 : 중용수
- 이식 : 보통
- 내공해성 : 강함
- 내염성 : 강함
- 근계 : 천근성
- 생장속도 : 느림
- 특성 : 잎이 타면서 "꽝꽝" 소리가 난다하여 붙여졌다. 잎이 두껍고, 광택이 나며, 어긋나기 한다.
  5~6월에 황록색 꽃이 피고, 9~10월 검정색 열매가 열린다.
- 배식 : 맹아력이 강하고 지엽이 치밀하여 군식하여 모서리 식재, 교목하부식재, 울타리식재로 단식하여 토피아리용으로 이용. 내한성이 약한 남부수종이다.

5. 호랑가시나무

- 학명 : *Ilex cornuta* (감탕나무과)
- 성상 : 상록활엽관목
- 수고 : 2~3m
- 수형 : 타원형
- 분포 : 남부
- 수분 : 가리지 않음
- 맹아력 : 강함
- 음양성 : 중용수
- 이식 : 보통
- 내공해성 : 강함
- 내염성 : 강함
- 근계 : 천근성
- 생장속도 : 느림
- 특성 : 잎끝이 호랑이 발톱 같이 날카롭다 하여 유래되었다.
  잎몸은 두껍고 광택이 있으며, 길이 4~10cm.
  5~6월 황록색 꽃이 피고, 향기가 좋다.
  9~10월 붉은색 열매가 열린다.
- 배식 : 특이한 잎 모양과 붉은색 열매가 아름다워 군식하여 모서리식재, 교목하부식재, 울타리식재로 이용. 서양에서 크리스마스 트리용으로 많이 활용

6. 금식나무

- 학명 : *Aucuba japonica* for. *variegata* (층층나무과)
- 성상 : 상록활엽관목
- 수고 : 3m
- 수형 : 원형
- 분포 : 남부
- 수분 : 가리지 않음
- 맹아력 : 보통
- 음양성 : 강음수
- 이식 : 보통
- 내공해성 : 강함
- 내염성 : 강함
- 근계 : 천근성
- 생장속도 : 빠름
- 특성 : 잎몸은 긴 타원형이며 길이 5~20cm이고, 잎이 두껍고, 거친 톱니가 있다. 가지가 녹색이다.
  3월에 자주색 꽃이 핀다.
  11월~12월 붉은색 열매가 열리고 겨우내 달려 있다.
- 배식 : 붉은색 열매와 사철 푸른 잎이 아름다워 경관수로 이용. 강음수로 건축물 주변 음지의 초점식재, 울타리식재, 유도식재로 적합
- 참고 : 식나무 - 잎에 노란색 반점이 없음

7. 눈향나무

- 학명 : *Juniperus chinensis* var. *sargentii* (측백나무과)
- 성상 : 상록침엽관목
- 수고 : 1m
- 수형 : 포복형
- 분포 : 전국
- 수분 : 건조지
- 맹아력 : 강함
- 음양성 : 음수
- 이식 : 용이
- 내공해성 : 강함
- 내염성 : 보통
- 근계 : 천근성
- 생장속도 : 빠름
- 특성 : 잎끝과 단면이 둥글고 앞뒤의 구분이 없다.
  낮게 깔리며 옆으로 가지가 퍼진다.
  어린 가지나 강전정을 한 가지에는 바늘잎이 난다.
  절개지의 경관조성에 좋다.
- 배식 : 전정에 강하고 지엽이 치밀하여 모서리식재, 교목 하부식재로 이용. 특히 절개지에 피복용으로 활용

8. 돈나무

- 학명 : *Pittosporum tobira* (돈나무과)
- 성상 : 상록활엽관목
- 수고 : 2~3m
- 수형 : 원형
- 분포 : 남부
- 수분 : 적윤지
- 맹아력 : 강함
- 음양성 : 중용수
- 이식 : 용이
- 내공해성 : 강함
- 내염성 : 강함
- 근계 : 중근성
- 생장속도 : 빠름
- 특성 : 꽃에 벌레가 꼬이는 똥나무에서 유래한 이름이 돈나무로 변하였다.
  잎이 가지 끝에 모여나며 잎 가장자리에 톱니가 없고, 거꿀달걀형으로 길이 4~10cm이다.
  4~5월 흰색 꽃이 피고 점차 황색으로 변한다. 향기가 좋으며, 11월 황색 열매가 열린다.
  우리나라 특산수종
- 배식 : 자연수형이 단정하고 아름다워 단식하여 경관수로 활용. 내염성이 강해 해안조경에 활용 가능

9. 남천

- 학명 : *Nandina domestica* (매자나무과)
- 성상 : 상록활엽관목
- 수고 : 1~3m
- 수형 : 타원형
- 분포 : 남부
- 수분 : 적윤지
- 맹아력 : 강함
- 음양성 : 중용수
- 이식 : 용이
- 내공해성 : 보통
- 내염성 : 보통
- 근계 : 천근성
- 생장속도 : 느림
- 특성 : 열매가 불타는 촛불같다 하여 남천촉이라고도 한다. 3회 깃꼴겹잎이고, 반상록성이며, 붉은색 단풍이 매우 아름답다. 6~7월 흰색 꽃이 피고, 10~12월 지름 6~7mm의 붉은색 열매가 익는다.
- 배식 : 잎, 단풍, 열매가 아름다워 군식하여 모서리식재, 교목하부식재, 울타리식재로 이용. 장소에 따라 중부지방에서도 월동 가능하다.

10. 피라칸다

- 학명 : *Pyracantha angustifolia C. K. Schneid.* (장미과)
- 성상 : 상록활엽관목
- 수고 : 1~2m
- 수형 : 불규칙형
- 분포 : 남부
- 수분 : 적윤지
- 맹아력 : 강함
- 음양성 : 양수
- 이식 : 용이
- 내공해성 : 보통
- 내염성 : 강함
- 근계 : 천근성
- 생장속도 : 빠름
- 특성 : 피라칸다는 그리스어로 불꽃과 가시의 합성어이다. 잎몸은 좁고 긴 타원형으로 길이 5~6cm이다. 가지 끝에는 가시가 있다. 5~6월 흰색 꽃이 피고, 10~12월 적색, 등황색 열매가 열린다. 수형이 불규칙하므로 전정을 하여 다듬어 주어야 한다.
- 배식 : 열매가 아름다워 군식하여 모서리식재, 교목하부 식재, 울타리식재로 이용. 장소에 따라 중부지방에서도 월동 가능하다.

낙엽관목

1. 개나리

- 학명 : *Forsythia koreana* (물푸레나무과)
- 성상 : 낙엽활엽관목　　• 수고 : 2~3m
- 수형 : 처짐형　　• 분포 : 전국
- 수분 : 건조지　　• 맹아력 : 강함
- 음양성 : 중용수　　• 이식 : 용이
- 내공해성 : 강함　　• 내염성 : 강함
- 근계 : 천근성　　• 생장속도 : 빠름
- 특성 : 참나리와 비슷하지만 이보다 덜 이쁘다 하여 붙여진 이름. 잎몸은 긴타원형으로 길이는 3~12cm. 잎 가장자리 상단부에 날카로운 톱니가 있고 마주나기 한다. 3~4월 노란색 꽃이 잎보다 먼저 핀다. 우리나라 특산수종
- 배식 : 이른 봄 노란색 꽃이 나무 전체를 뒤덮는다. 군식하여 모서리식재, 교목하부 식재, 울타리식재로 이용. 법면, 절개지, 황폐지 등 열악한 지역에 적합.
맹아력이 강하고 생장속도도 빨라 조기 녹화용으로 이용

2. 미선나무

- 학명 : *Abeliophyllum distichum* (물푸레나무과)
- 성상 : 낙엽활엽관목　　• 수고 : 1m
- 수형 : 타원형　　• 분포 : 중부
- 수분 : 적윤지　　• 맹아력 : 보통
- 음양성 : 중용수　　• 이식 : 용이
- 내공해성 : 보통　　• 내염성 : 약함
- 근계 : 천근성　　• 생장속도 : 보통
- 특성 : 열매 모양이 부채와 같다 하여 미선이라 이름을 얻었다. 잎몸이 달걀형으로 잎끝이 뾰족하다. 잎 길이는 3~8cm. 잎 가장자리에 톱니가 없고 마주나기 한다. 3~4월에 흰색 꽃이 피고, 9~10월 부채모양 열매를 맺는다. 우리나라 특산이며 희귀종이다. (괴산, 부안)
- 배식 : 군식하여 모서리식재, 교목하부식재, 건축물 예각완화식재. 외곽 녹지의 경관식재로 이용

3. 가막살나무

- 학명 : *Viburnum dilatatum* (인동과)
- 성상 : 낙엽활엽관목
- 수고 : 2~3m
- 수형 : 타원형
- 분포 : 중부, 남부
- 수분 : 가리지 않음
- 맹아력 : 보통
- 음양성 : 중용수
- 이식 : 보통
- 내공해성 : 강함
- 내염성 : 강함
- 근계 : 천근성
- 생장속도 : 느림
- 특성 : 까마귀가 먹는 쌀이라는 데서 유래한 이름이다. 잎 모양이 둥그스름하며 가장자리에 물결모양 톱니가 있다. 잎맥은 깊게 패였으며 잎 끝이 갑자기 뾰족해진다. 잎 길이는 6~11cm. 5~6월 흰색 꽃이 피고, 9~10월 붉은색 열매가 열린다.
- 배식 : 봄철 흰색 꽃과 가을철 붉은색 열매가 아름답다. 군식하여 모서리식재, 교목하부 식재, 외곽 녹지의 주연부 식재로 이용

4. 병꽃나무

- 학명 : *Weigela subsessilis* (인동과)
- 성상 : 낙엽활엽관목
- 수고 : 2~3m
- 수형 : 타원형
- 분포 : 중부, 남부
- 수분 : 적윤지
- 맹아력 : 강함
- 음양성 : 중용수
- 이식 : 용이
- 내공해성 : 강함
- 내염성 : 약함
- 근계 : 천근성
- 생장속도 : 보통
- 특성 : 꽃봉오리가 술병을 매달아 놓은 것 같다 하여 붙여진 이름이다. 잎몸은 달걀형으로 잎끝이 길고 뾰족하다. 잎 길이는 3~7cm이고, 잎 양면에 털이 많다. 4~5월 황록색 꽃이 피고 점차 붉은색으로 변한다.
- 배식 : 군식하여 모서리식재, 교목하부 식재, 건축물 예각완화식재, 외곽 녹지의 경관식재로 이용. 수형이 거칠어서 단식은 어렵고, 법면, 절개지 등 열악한 지역에도 생육에 지장이 없지만 물기가 있는 곳을 좋아함

5. 수수꽃다리

- 학명 : *Syringa dilatata* (물푸레나무과)
- 성상 : 낙엽활엽관목
- 수고 : 2~4m
- 수형 : 부채꼴형
- 분포 : 전국
- 수분 : 건조지
- 맹아력 : 강함
- 음양성 : 중용수
- 이식 : 용이
- 내공해성 : 보통
- 내염성 : 강함
- 근계 : 천근성
- 생장속도 : 빠름
- 특성 : 잎몸이 하트형으로 길이 4~10cm이다. 잎 가장자리에 톱니가 없고 마주나기 한다. 4~5월 보라색 꽃이 피는데 향기가 매우 좋다.
- 배식 : 군식하여 모서리식재, 건축물 예각완화식재, 건조와 토성을 가리지 않기 때문에 여러 용도로 활용 가능. 특히, 옥상조경에 적합

6. 쥐똥나무

- 학명 : *Ligustrum obtusifolium* (물푸레나무과)
- 성상 : 낙엽활엽관목
- 수고 : 2~4m
- 수형 : 원형
- 분포 : 전국
- 수분 : 적윤지
- 맹아력 : 강함
- 음양성 : 중용수
- 이식 : 용이
- 내공해성 : 강함
- 내염성 : 강함
- 근계 : 천근성
- 생장속도 : 빠름
- 특성 : 열매 모양이 쥐똥을 닮은 데서 유래한 이름이다. 잎몸은 긴 타원형으로 길이 2~7cm, 잎 가장자리에 톱니가 없고, 마주나기 한다. 5~6월 흰색 꽃이 피고, 10~11월 검정색 열매가 열린다.
- 배식 : 맹아력이 강하고 전정이 용이하다. 군식하여 모서리 식재, 울타리 식재, 유도식재로 이용

7. 낙상홍

- 학명 : *Ilex serrata* (감탕나무과)
- 성상 : 낙엽활엽관목
- 수고 : 2~3m
- 수형 : 타원형
- 분포 : 전국
- 수분 : 적윤지
- 맹아력 : 강함
- 음양성 : 중용수
- 이식 : 용이
- 내공해성 : 강함
- 내염성 : 강함
- 근계 : 천근성
- 생장속도 : 빠름 → 느림
- 특성 : 붉은 열매가 서리 내릴 때까지 달려있다 라는 뜻의 중국 이름을 그대로 가져왔다. 잎몸은 타원형이고 길이 3~8cm이다. 잎 가장자리에 톱니가 있고 앞면에 가는 털이 나있다. 5~6월 연한 자색 꽃이 피고, 9~10월 붉은색 열매가 열린다.
- 배식 : 가을철 붉은색 열매가 아름답다. 군식하여 모서리식재, 교목하부식재, 건축물 예각완화식재, 외곽 녹지의 경관식재로 이용

8. 박태기나무

- 학명 : *Cercis chinensis* (콩과)
- 성상 : 낙엽활엽관목
- 수고 : 3~5m
- 수형 : 부채꼴형
- 분포 : 중부, 남부
- 수분 : 가리지 않음
- 맹아력 : 보통
- 음양성 : 양수
- 이식 : 보통
- 내공해성 : 보통
- 내염성 : 강함
- 근계 : 천근성
- 생장속도 : 빠름
- 특성 : 꽃봉오리가 튀긴 쌀(밥티기)과 같다 하여 붙여진 이름이다. 잎몸은 하트 모양으로 길이는 6~10cm. 4월 잎보다 먼저 홍자색 꽃이 핀다.
- 배식 : 봄철에 피는 홍자색 꽃이 나무 전체를 뒤덮는다. 잔가지가 적어 왜소해 보이기 때문에 군식하여 모서리 식재, 외곽 녹지의 경관식재로 이용

9. 흰말채나무

- 학명 : *Cornus alba* (층층나무과)
- 성상 : 낙엽활엽관목
- 수고 : 3m
- 수형 : 타원형
- 분포 : 중부, 남부
- 수분 : 적윤지
- 맹아력 : 강함
- 음양성 : 중용수
- 이식 : 용이
- 내공해성 : 약함
- 내염성 : 약함
- 근계 : 천근성
- 생장속도 : 빠름
- 특성 : 말채찍으로 사용된 것에서 유래됨.
  줄기가 적색이고 겨울에는 더 붉어진다.
  잎몸은 타원형으로 길이 7~15cm이다.
  잎 가장자리에는 톱니가 없고 마주나기 한다.
  6~7월 황백색의 꽃이 피고, 8~9월 흰색 열매가 열린다.
- 배식 : 겨울철 눈이 쌓일 때 붉은색 수피와 대비되어 매우 아름답다. 군식하여 모서리식재, 교목하부식재, 건축물 예각완화식재, 외곽 녹지의 경관식재로 이용

10. 노랑말채나무

- 학명 : *Cornus alba* L. (층층나무과)
- 성상 : 낙엽활엽관목
- 수고 : 3m
- 수형 : 타원형
- 분포 : 중부, 남부
- 수분 : 적윤지
- 맹아력 : 강함
- 음양성 : 중용수
- 이식 : 용이
- 내공해성 : 약함
- 내염성 : 약함
- 근계 : 천근성
- 생장속도 : 빠름
- 특성 : 말채찍으로 사용된 것에서 유래됨.
  줄기가 노란색이다. 잎몸은 타원형으로 길이 7~15cm이다.
  잎 가장자리에는 톱니가 없고 마주나기 한다.
  6~7월 황백색의 꽃이 피고, 8~9월 흰색 열매가 열린다.
- 배식 : 노란색 수피가 매우 특이하다. 군식하여 모서리식재, 교목하부식재, 건축물 예각완화식재, 외곽 녹지의 경관식재로 이용

11. 무궁화

- 학명 : *Hibiscus syriacus* (아욱과)
- 성상 : 낙엽활엽관목
- 수고 : 3~4m
- 수형 : 타원형
- 분포 : 전국
- 수분 : 적윤지
- 맹아력 : 강함
- 음양성 : 양수
- 이식 : 용이
- 내공해성 : 강함
- 내염성 : 강함
- 근계 : 중근성
- 생장속도 : 빠름 → 느림
- 특성 : 잎몸은 마름모꼴이고 3갈래로 갈라진다. 길이 4~10cm이고, 잎 가장자리에 거친 톱니가 있다.
  7~10월 여러 가지 색의 꽃이 핀다. 배달계, 단심계, 아사달계 등 여러 종류의 품종이 있다. 동아시아 원산지
- 배식 : 여름 내내 피는 꽃이 아름답다. 우리나라를 상징하는 꽃으로 공공 건축물 주변 초점식재, 외곽 녹지의 경관식재로 이용

12. 보리수나무

- 학명 : *Elaeagnus umbellata* (보리수나무과)
- 성상 : 낙엽활엽관목
- 수고 : 3~5m
- 수형 : 부채꼴형
- 분포 : 중부, 남부
- 수분 : 건조지
- 맹아력 : 강함
- 음양성 : 중용수
- 이식 : 용이
- 내공해성 : 강함
- 내염성 : 강함
- 근계 : 천근성
- 생장속도 : 빠름
- 특성 : 열매가 보리를 수확하는 시기와 같다 하여 유래됨. 잎몸은 긴 타원형으로 길이 3~7cm이다. 잎 뒷면에 은백색 털로 덮여 있다. 톱니가 없고, 어긋나기 한다. 짧은 가지는 가시로 변한다. 4~5월 백색 꽃이 피고 향기가 있으며, 6월에 붉은색 열매가 익는다.
- 배식 : 흰색 꽃이 피고 노란색으로 변한다. 꽃 향기가 좋고 붉은색 열매가 아름답다. 건조지, 절개지, 황폐지 등 열악한 지역에 적합

13. 진달래

- 학명 : *Rhododendron mucronulatum* (진달래과)
- 성상 : 낙엽활엽관목
- 수고 : 2~3m
- 수형 : 타원형
- 분포 : 전국
- 수분 : 적윤지
- 맹아력 : 강함
- 음양성 : 중용수
- 이식 : 보통
- 내공해성 : 보통
- 내염성 : 강함
- 근계 : 천근성
- 생장속도 : 느림
- 특성 : 잎 가장자리는 밋밋하고 끝이 뾰족하다. 잎 뒷면에 작은 점이 산재되어 있다. 잎몸 길이는 3~7cm. 이른 봄 3월에 잎이 나기 전에 분홍색 꽃이 핀다.
- 배식 : 전국 산야에서 볼 수 있는 수종 건조와 토성을 가리지 않기 때문에 여러 용도로 활용가능. 군식하여 모서리식재, 교목하부식재, 건축물 예각완화식재. 외곽 녹지의 경관식재로 이용

14. 산철쭉

- 학명 : *Rhododendron yedoense* var. *poukhanense* (진달래과)
- 성상 : 낙엽활엽관목
- 수고 : 1~2m
- 수형 : 원형
- 분포 : 전국
- 수분 : 적윤지
- 맹아력 : 강함
- 음양성 : 중용수
- 이식 : 용이
- 내공해성 : 강함
- 내염성 : 강함
- 근계 : 천근성
- 생장속도 : 느림
- 특성 : 가지 끝에 잎이 4~5개씩 모여난다. 어린 가지나 잎 뒷면에 털이 난다. 잎몸은 타원형으로 길이는 5~8cm. 진달래가 질 때 4월~5월 홍자색 꽃이 핀다.
- 배식 : 군식하여 모서리식재, 교목하부식재, 건축물 예각완화식재. 외곽 녹지의 경관식재로 이용

15. 철쭉

- 학명 : *Rhododendron schlippenbachii* (진달래과)
- 성상 : 낙엽활엽관목
- 수고 : 2~5m
- 수형 : 타원형
- 분포 : 전국
- 수분 : 적윤지
- 맹아력 : 강함
- 음양성 : 음수
- 이식 : 용이
- 내공해성 : 약함
- 내염성 : 약함
- 근계 : 천근성
- 생장속도 : 빠름
- 특성 : 가지 끝에 잎이 4~5개씩 모여난다. 어린 가지나 잎 뒷면에 털이 난다. 잎몸 길이는 5~8cm. 진달래가 질 때 4~5월 연분홍색 꽃이 핀다.
- 배식 : 군식하여 모서리식재, 교목하부식재, 건축물 예각완화식재. 외곽 녹지의 경관식재로 이용

16. 생강나무

- 학명 : *Lindera obtusiloba* (녹나무과)
- 성상 : 낙엽활엽관목
- 수고 : 3~6m
- 수형 : 불규칙형
- 분포 : 전국
- 수분 : 건조지
- 맹아력 : 보통
- 음양성 : 중용수
- 이식 : 불량
- 내공해성 : 약함
- 내염성 : 강함
- 근계 : 천근성
- 생장속도 : 느림
- 특성 : 잎과 가지에서 생강 냄새가 난다하여 붙여진 이름. 잎몸이 3갈래로 갈라지기도 하고, 그렇지 않는 것도 있다. 노란색 단풍이 아름답다. 3~4월 잎이 나기 전에 노란색 꽃이 핀다. 꽃 피는 시기와 형태가 산수유와 유사하다.
- 배식 : 산림복원용 및 생태복원용 수종으로 녹지대 주연부 식재로 이용

17. 수국

- 학명 : *Hydrangea macrophylla* (범위귀과)
- 성상 : 낙엽활엽관목
- 수고 : 1~2m
- 수형 : 부채꼴형
- 분포 : 중부, 남부
- 수분 : 습윤지
- 맹아력 : 강함
- 음양성 : 중용수
- 이식 : 용이
- 내공해성 : 보통
- 내염성 : 약함
- 근계 : 천근성
- 생장속도 : 빠름
- 특성 : 둥근 공과 같은 꽃을 수놓았다는 뜻에서 유래된 이름이다.
  잎몸이 두껍고, 넓은 달걀형으로 길이 7~15cm.
  잎 가장자리에는 거친 톱니가 있다.
- 배식 : 꽃이 크고 화려하다. 군식하여 모서리식재, 교목 하부식재, 건축물 예각완화식재. 외곽 녹지의 경관식재로 이용

18. 화살나무

- 학명 : *Euonymus alatus* (노박덩굴과)
- 성상 : 낙엽활엽관목
- 수고 : 2~3m
- 수형 : 부채꼴형
- 분포 : 전국
- 수분 : 건조지
- 맹아력 : 강함
- 음양성 : 중용수
- 이식 : 용이
- 내공해성 : 보통
- 내염성 : 강함
- 근계 : 천근성
- 생장속도 : 느림
- 특성 : 긴 타원형 잎이 마주나며 가지나 줄기에 2~4줄의 코르크질 날개가 붙어 있다.
  붉은색 단풍이 매우 아름답다.
  9~10월 붉은 열매를 맺는다.
- 배식 : 가지에 특이한 날개가 있고, 가을 붉은색 단풍이 매우 아름답다. 군식하여 모서리식재, 교목 하부식재, 건축물 예각완화식재. 외곽 녹지의 경관식재로 이용

19. 작살나무

- 학명 : *Callicarpa japonica* Thunb. (마편초과)
- 성상 : 낙엽활엽관목　　• 수고 : 2~3m
- 수형 : 처짐형　　• 분포 : 전국
- 수분 : 적윤지　　• 맹아력 : 강함
- 음양성 : 중용수　　• 이식 : 용이
- 내공해성 : 보통　　• 내염성 : 강함
- 근계 : 천근성　　• 생장속도 : 빠름
- 특성 : 가지가 작살 같다 하여 붙여진 이름이다.
  잎몸은 긴타원형으로 길이 6~13cm이다.
  잎 가장자리에 톱니가 있고, 마주나기 한다.
  9~10월 지름 2~3mm로 보라색 열매가 열린다.
- 배식 : 가을철에 열리는 보라색 열매가 매우 특이하다.
  군식하여 모서리식재, 교목하부식재, 건축물
  예각완화식재. 외곽 녹지의 경관식재로 이용.
  법면, 절개지, 황폐지 등 열악한 지역에 적합

20. 해당화

- 학명 : *Rosa rugosa* (장미과)
- 성상 : 낙엽활엽관목　　• 수고 : 2m
- 수형 : 부채꼴형　　• 분포 : 전국
- 수분 : 건조지　　• 맹아력 : 강함
- 음양성 : 양수　　• 이식 : 용이
- 내공해성 : 강함　　• 내염성 : 강함
- 근계 : 심근성　　• 생장속도 : 빠름
- 특성 : 2~4쌍의 홀수우상복엽이다. 잎이 두껍고 주름
  이 많으며, 잔가시가 많다.
  5~7월 홍자색 꽃이 피고, 향기가 매우 좋다.
  8~9월 붉은 열매를 맺는다.
- 배식 : 군식하여 모서리식재, 교목하부식재, 건축물
  예각완화식재. 외곽 녹지의 경관식재로 이용.
  내염성이 강해 해안조경에 활용 가능

8 덩굴식물

1. 능소화

- 학명 : *Campsis grandiflora* (능소화과)
- 성상 : 만경류
- 수고 : 10m
- 분포 : 중부, 남부
- 수분 : 습윤지
- 맹아력 : 강함
- 음양성 : 양수
- 이식 : 용이
- 내공해성 : 강함
- 내염성 : 강함
- 근계 : 심근성
- 생장속도 : 느림
- 특성 : 작은 잎이 2~5쌍인 홀수깃꼴겹잎이며, 길이 20~30cm이다. 잎 가장자리에 거친 톱니가 있다. 7~9월 큼직한 주황색 꽃이 핀다.
- 배식 : 꽃이 귀한 여름철에 피는 주홍색 꽃이 매우 아름답다. 건축물 벽면녹화용, 투시형 담장의 경관식재용으로 적합

2. 담쟁이덩굴

- 학명 : *Parthenocissus tricuspidata* (포도과)
- 성상 : 만경류
- 수고 : 10m
- 분포 : 전국
- 수분 : 건조지
- 맹아력 : 강함
- 음양성 : 음수 → 양수
- 이식 : 용이
- 내공해성 : 강함
- 내염성 : 강함
- 근계 : 천근성
- 생장속도 : 빠름
- 특성 : 줄기가 담장을 차곡차곡 쟁이듯이 올라간다 하여 유래된 이름이다.
  잎몸은 3갈래로 갈라지기도 하고, 그렇지 않은 것도 있다. 잎보다 잎자루가 길고, 가을에 붉은색 단풍이 아름답다.
  6~7월 황록색 꽃이 피고, 8~9월 검은색 공모양의 열매가 열린다.
- 배식 : 흡착근이 있어 등반 성능이 매우 우수하다. 건축물 벽면녹화용으로 적합

3. 등

- 학명 : *Wisteria floribunda* (콩과)
- 성상 : 만경류　　• 수고 : 10m
- 분포 : 전국
- 수분 : 가리지 않음　　• 맹아력 : 강함
- 음양성 : 양수　　• 이식 : 용이
- 내공해성 : 보통　　• 내염성 : 강함
- 근계 : 심근성　　• 생장속도 : 느림
- 특성 : 작은 잎이 6~9쌍인 홀수깃꼴겹잎이며, 길이 20~30cm이다.
  잎 가장자리는 밋밋하지만 굴곡이 있다.
  5월 연보라색 꽃이 아까시나무와 비슷한 모양으로 핀다. 꽃 향기가 좋고, 밀원식물이다.
- 배식 : 덩굴성 식물로 파고라에 감아올려 녹음수로 이용. 법면, 절개지에 재해방지용으로 적합

4. 인동덩굴

- 학명 : *Lonicera japonica* Thunb. (인동과)
- 성상 : 만경류　　• 수고 : 2~4m
- 분포 : 전국
- 수분 : 건조지　　• 맹아력 : 강함
- 음양성 : 중용수　　• 이식 : 용이
- 내공해성 : 강함　　• 내염성 : 강함
- 근계 : 천근성　　• 생장속도 : 빠름
- 특성 : 인동이란 한겨울에도 추위에 잘 견딘다는 뜻이다. 잎몸은 긴 타원형으로 길이 3~6cm이고, 잎 가장자리에 톱니가 없다. 5~6월 흰색 꽃이 피었다가 점차 노란색으로 변한다. 꽃향기가 매우 좋다.
  10월에 검은색 열매가 익는다. 반상록형이다.
- 배식 : 건축물 벽면녹화용, 투시형 담장의 경관식재용, 법면, 절개지에 재해방지용으로 적합.
  장소에 따라 중부지방에서도 월동 가능하다.

참 고 문 헌

- 한국조경학회, 1994, 문운당, 조경계획론
- 한국조경학회, 1993, 문운당, 조경수목학
- 한국조경학회, 2020, 문운당, 조경시공학
- 한국조경학회, 1998, 문운당, 조경관리학
- 강태호, 1994, 도서출판 국제, 조경시공적산
- 강태호, 정운수, 2014, 기문당, 조경재료적산학
- 최기수, 1995, 일조각, 조경시공구조학
- (사)한국조경협회, 2020, ㈜한국조경신문, 조경공사 적산기준
- 차욱진 외, 2018, 문운당, 조경설계수목도감
- 교육부, 2019, 한국직업능력개발원, NCS 학습모듈(조경)
- 교육부, 2024, 한국직업능력개발원, NCS 학습모듈(조경)

조경기사·산업기사 실기

1판 1쇄 발행	2018. 5. 15	
2판 1쇄 발행	2019. 9. 15	
3판 1쇄 발행	2021. 7. 10	
4판 1쇄 발행	2025. 6. 10	

지은이 김 진 성
펴낸이 김 주 성
펴낸곳 도서출판 엔플북스
주 소 경기도 남양주시 오남읍 진건오남로 797번길 31, 101동 203호(오남읍, 현대아파트)
전 화 (031)554-9334
F A X (031)554-9335

등 록 2009. 6. 16 제398-2009-000006호

정가 38,000원
ISBN 978-89-6813-423-4   13520

※ 파손된 책은 교환하여 드립니다.
　본 도서의 내용 문의 및 궁금한 점은 저희 카페에 오셔서 글을 남겨주시면 성의껏 답변해 드리겠습니다.
　http://cafe.daum.net/enplebooks